CISCO

Cisco | Networking Academy®
Mind Wide Open™

思科网络技术学院教程

CCNA网络安全运营

CCNA Cybersecurity Operations

Companion Guide

[美] 艾伦 · 约翰逊（Allan Johnson） 著
思科系统公司 译

人 民 邮 电 出 版 社
北 京

图书在版编目（CIP）数据

思科网络技术学院教程. CCNA网络安全运营 / (美)
艾伦·约翰逊 (Allan Johnson) 著 ; 思科系统公司译
. -- 北京 : 人民邮电出版社, 2019.8（2021.1 重印）
ISBN 978-7-115-51424-0

Ⅰ. ①思… Ⅱ. ①艾… ②思… Ⅲ. ①网络安全－计
算机网络管理－高等学校－教材 Ⅳ. ①TP393

中国版本图书馆CIP数据核字(2019)第105578号

版权声明

◆ 著　[美] 艾伦·约翰逊（Allan Johnson）
译　思科系统公司
责任编辑　傅道坤
责任印制　焦志炜

◆ 人民邮电出版社出版发行　北京市丰台区成寿寺路 11 号
邮编 100164　电子邮件 315@ptpress.com.cn
网址 http://www.ptpress.com.cn
北京京师印务有限公司印刷

◆ 开本：787×1092 1/16
印张：25.75
字数：760 千字　2019 年 8 月第 1 版
印数：3 001 – 4 000 册　2021 年 1 月北京第 2 次印刷

著作权合同登记号 图字：01-2018-7751 号

定价：80.00 元

读者服务热线：(010) 81055410　印装质量热线：(010) 81055316
反盗版热线：(010) 81055315
广告经营许可证：京东市监广登字 20170147 号

内容提要

思科网络技术学院项目是 Cisco 公司在全球范围内推出的一个主要面向初级网络工程技术人员的培训项目，旨在让更多的年轻人学习先进的网络技术知识，为互联网时代做好准备。

本书是思科网络技术学院 CCNA 网络安全运营（Cybersecurity Operations）课程的配套纸质教程，共分为 13 章，内容包括：网络和数据受到攻击的原因以及应对方法、Windows/Linux 操作系统的功能和特性、网络协议与服务、网络基础设施、网络安全原理、深入了解网络攻击、保护网络、加密和公钥基础设施、终端安全和分析、安全监控、入侵数据分析、事件响应和处理等。本书每章的最后提供了复习题，并在附录中给出了答案和解释，以检验读者每章知识的掌握情况。

本书适合开设了网络安全运营课程的学生阅读，还适合有志于进入网络安全行业的入门用户阅读。

关于特约作者

Allan Johnson 于 1999 年进入学术界，将所有的精力投入教学中。在此之前，他做了 10 年的企业主和运营人。他拥有 MBA 和职业培训与发展专业的教育硕士学位。他曾在高中教授过 7 年的 CCNA 课程，并且已经在得克萨斯州 Corpus Christi 的 Del Mar 学院教授 CCNA 和 CCNP 课程。2003 年，Allan 开始将大量的时间和精力投入 CCNA 教学支持小组，为全球各地的网络技术学院教师提供服务以及开发培训材料。当前，他在思科网络技术学院担任全职的课程负责人。

前言

本书是思科网络技术学院 CCNA Cybersecurity Operations v1.x（网络安全运营 v1.x）课程的官方补充教材。思科网络技术学院是在全球范围内面向学生传授信息技术技能的综合性项目。本课程强调现实世界的实践性应用，同时为您提供机会学习处理安全运营中心（SOC）助理级网络安全分析师的任务、职责和责任所需的技能。

作为教材，本书为解释与在线课程完全相同的概念、技术、协议以及工具提供了现成的参考资料。您可以在老师的指导下使用在线课程，然后使用本书帮助您巩固对于所有主题的理解。

本书的读者

本书与在线课程一样，均是对网络安全运营的介绍，主要面向旨在成为网络安全分析师的人们。本书简明地呈现主题，从最基本的概念开始，逐步进入对安全监控、入侵分析、事件响应的全面理解。本书的内容可用于备考 CCNA 网络运营认证考试（SECFND 和 SECOPS）。

本书的特点

本书的教学特色是将重点放在支持主题范围、可读性和课程材料实践几个方面，以便于您充分理解课程材料。

主题范围

本书每章中的特色内容有助于读者全面了解本章所介绍的主题，从而科学分配学习时间。

- **目标**：在每章的开头列出，指明本章所包含的核心概念。该目标与在线课程中相应章节的目标相匹配；不过，本书中提问的形式是为了鼓励读者在阅读本章时勤于思考，发现答案。
- **注意**：这些简短的补充内容指出了有趣的事实、节约时间的方法以及重要的安全问题。
- **小结**：每章最后是对本章关键概念的总结，它提供了本章的摘要，以辅助学习。

实践

实践铸就完美。本书为您提供了充足的机会将所学知识应用于实践。您将发现下面这些有价值且有效的方法帮助您有效巩固所接受的指导。

- **复习题和答案**：每章末尾都有复习题，可作为自我评估的工具。这些问题的风格与在线课程中您所看到的问题相同。附录 A 提供了所有问题的答案及其解释。

本书的组织结构

本书与思科网络技术学院 CCNA 网络安全运营 v1 课程密切相关，分为 13 章和一个附录。

- **第 1 章，“网络安全和安全运营中心”**：本章探讨网络和数据受到攻击的原因以及如何为网络安全运营事业做好准备。
- **第 2 章，“Windows 操作系统”**：本章讨论 Windows 操作系统的功能和特性，包括其操作以及如何保护 Windows 终端。
- **第 3 章，“Linux 操作系统”**：本章讨论 Linux 操作系统的特点和特性，包括 Linux shell 中的基本操作、基本管理任务以及 Linux 主机上安全相关的基本任务。

- **第 4 章，“网络协议和服务”**：本章讨论网络协议和服务的操作，包括网络运营、以太网和 IP、通用测试实用程序、地址解析、传输功能以及提供网络服务的应用程序。
- **第 5 章，“网络基础设施”**：本章讨论网络基础设施，包括有线和无线网络、网络安全设备和网络拓扑。
- **第 6 章，“网络安全原理”**：本章讨论各种类型的网络攻击，包括网络受到攻击的方式以及各种类型的威胁和攻击。
- **第 7 章，“深入了解网络攻击”**：本章深入探讨网络攻击，包括如何使用网络监控工具识别攻击。此外，还讨论了 TCP / IP 和网络应用程序的漏洞。
- **第 8 章，“保护网络”**：本章讨论防止恶意访问网络、主机和数据的方法，包括网络安全防御方法、访问控制方法以及使用各种情报来源来查找当前安全威胁。
- **第 9 章，“加密和公钥基础设施”**：本章讨论加密对网络安全监控的影响，包括加密和解密数据的工具以及公钥基础设施（PKI）。
- **第 10 章，“终端安全和分析”**：本章讨论如何调查终端漏洞和攻击，包括恶意软件分析和终端漏洞评估。
- **第 11 章，“安全监控”**：本章讨论如何识别网络安全警报，包括网络安全技术如何影响安全监控以及安全监控中使用的日志文件类型。
- **第 12 章，“入侵数据分析”**：本章讨论如何分析网络入侵数据以验证潜在漏洞，包括评估警报、确定警报来源以及确保攻击正确归因的证据处理过程。
- **第 13 章，“事件响应和处理”**：本章讨论如何应用事件响应模型来管理安全事件。 响应模型包括 Cyber Kill Chain、Diamond 入侵模型、VERIS 架构和 NIST 800-61r2 标准。
- **附录 A，“复习题答案”**：本附录列出了每章末尾的复习题的答案。

资源与支持

本书由异步社区出品，社区（https://www.epubit.com/）为您提供相关资源和后续服务。

提交勘误

作者和编辑尽最大努力来确保书中内容的准确性，但难免会存在疏漏。欢迎您将发现的问题反馈给我们，帮助我们提升图书的质量。

当您发现错误时，请登录异步社区，按书名搜索，进入本书页面，单击“提交勘误”，输入勘误信息，单击“提交”按钮即可。本书的作者和编辑会对您提交的勘误进行审核，确认并接受后，您将获赠异步社区的100积分。积分可用于在异步社区兑换优惠券、样书或奖品。

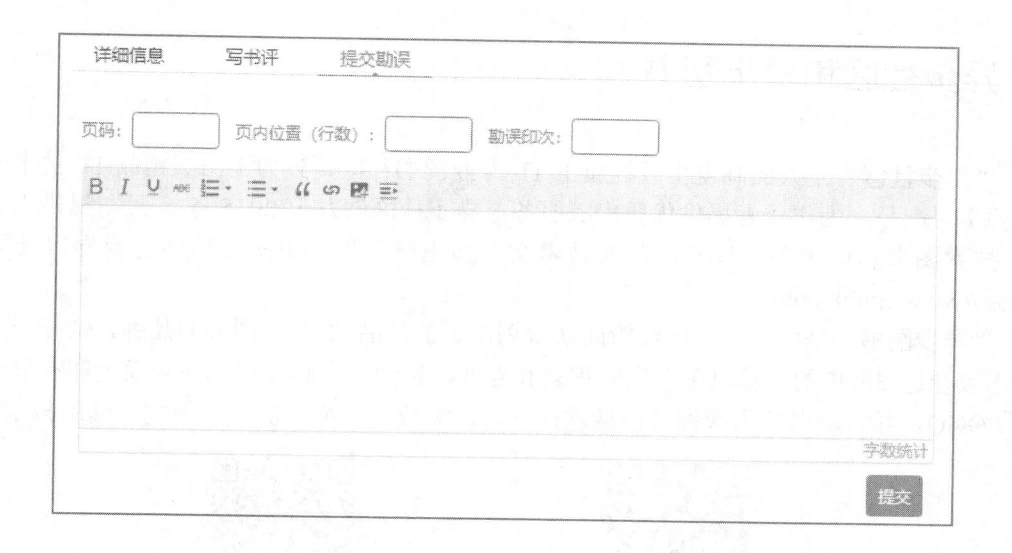

扫码关注本书

扫描下方二维码，您将会在异步社区微信服务号中看到本书信息及相关的服务提示。

与我们联系

我们的联系邮箱是 contact@epubit.com.cn。

如果您对本书有任何疑问或建议，请您发邮件给我们，并请在邮件标题中注明本书书名，以便我们更高效地做出反馈。

如果您有兴趣出版图书、录制教学视频，或者参与图书翻译、技术审校等工作，可以发邮件给我们；有意出版图书的作者也可以到异步社区在线提交投稿（直接访问 www.epubit.com/selfpublish/submission 即可）。

如果您是学校、培训机构或企业，想批量购买本书或异步社区出版的其他图书，也可以发邮件给我们。

如果您在网上发现有针对异步社区出品图书的各种形式的盗版行为，包括对图书全部或部分内容的非授权传播，请您将怀疑有侵权行为的链接发邮件给我们。您的这一举动是对作者权益的保护，也是我们持续为您提供有价值的内容的动力之源。

关于异步社区和异步图书

“**异步社区**”是人民邮电出版社旗下 IT 专业图书社区，致力于出版精品 IT 技术图书和相关学习产品，为作译者提供优质出版服务。异步社区创办于 2015 年 8 月，提供大量精品 IT 技术图书和电子书，以及高品质技术文章和视频课程。更多详情请访问异步社区官网 https://www.epubit.com。

“**异步图书**”是由异步社区编辑团队策划出版的精品 IT 专业图书的品牌，依托于人民邮电出版社近 30 年的计算机图书出版积累和专业编辑团队，相关图书在封面上印有异步图书的 LOGO。异步图书的出版领域包括软件开发、大数据、AI、测试、前端、网络技术等。

异步社区

微信服务号

目 录

第 1 章 网络安全和安全运营中心 1
学习目标 1
1.1 危险 1
1.1.1 战争故事 1
1.1.2 威胁发起者 2
1.1.3 威胁的影响 3
1.2 打击网络犯罪的斗士 4
1.2.1 现代安全运营中心 4
1.2.2 成为守卫者 7
1.3 小结 9
复习题 9
第 2 章 Windows 操作系统 11
学习目标 11
2.1 Windows 概述 11
2.1.1 Windows 发展史 11
2.1.2 Windows 架构和操作 15
2.2 Windows 管理 24
2.2.1 Windows 配置和监控 24
2.2.2 Windows 安全 35
2.3 小结 41
复习题 42
第 3 章 Linux 操作系统 44
学习目标 44
3.1 Linux 概述 44
3.1.1 Linux 基础知识 44
3.1.2 使用 Linux Shell 46
3.1.3 Linux 服务器和客户端 50
3.2 Linux 管理 51
3.2.1 基本服务器管理 52
3.2.2 Linux 文件系统 57
3.3 Linux 主机 61
3.3.1 使用 Linux GUI 61
3.3.2 使用 Linux 主机 63
3.4 小结 71
复习题 72
第 4 章 网络协议和服务 74
学习目标 74
4.1 网络协议 74
4.1.1 网络设计流程 75
4.1.2 通信协议 77
4.2 以太网和互联网协议（IP） 89
4.2.1 以太网 89
4.2.2 IPv4 91
4.2.3 IPv4 编址基础知识 95
4.2.4 IPv4 地址的分类 100
4.2.5 默认网关 102
4.2.6 IPv6 104
4.3 验证连接 106
4.3.1 ICMP 106
4.3.2 ping 和 tracerout 实用程序 109
4.4 地址解析协议 115
4.4.1 MAC 和 IP 115
4.4.2 ARP 117
4.4.3 ARP 问题 119
4.5 传输层 121
4.5.1 传输层的特征 121
4.5.2 传输层操作 129
4.6 网络服务 136
4.6.1 DHCP 136
4.6.2 DNS 138
4.6.3 NAT 143
4.6.4 文件传输和共享服务 145
4.6.5 邮件 147

4.6.6 HTTP ······149
4.7 小结······152
复习题······153
第 5 章 网络基础设施······155
学习目标······155
5.1 网络通信设备······155
5.1.1 网络设备······155
5.1.2 无线通信······167
5.2 网络安全基础设施······171
5.2.1 安全设备······171
5.2.2 安全服务······178
5.3 网络表示方式······184
5.4 小结······190
复习题······190
第 6 章 网络安全原理······192
学习目标······192
6.1 攻击者及其工具······192
6.1.1 谁在攻击我们的网络······192
6.1.2 威胁发起者工具······195
6.2 常见威胁和攻击······197
6.2.1 恶意软件······197
6.2.2 常见网络攻击······201
6.3 小结······209
复习题······211
第 7 章 深入了解网络攻击······213
学习目标······213
7.1 网络监控和工具······213
7.1.1 网络监控简介······213
7.1.2 网络监控工具简介······215
7.2 攻击基础······218
7.2.1 IP 漏洞和威胁······218
7.2.2 TCP 和 UDP 漏洞······224
7.3 攻击我们的操作······227
7.3.1 IP 服务······227
7.3.2 企业级服务······233
7.4 小结······237
复习题······237
第 8 章 保护网络······239
学习目标······239
8.1 了解防御······239
8.1.1 纵深防御······239
8.1.2 安全策略······242
8.2 访问控制······244
8.2.1 访问控制概念······244
8.2.2 AAA 使用与操作······245
8.3 威胁情报······248
8.3.1 信息来源······248
8.3.2 威胁情报服务······250
8.4 小结······251
复习题······251
第 9 章 加密和公钥基础设施······253
学习目标······253
9.1 加密······253
9.1.1 什么是加密······253
9.1.2 完整性和真实性······259
9.1.3 保密性······263
9.2 公钥基础架构······272
9.2.1 公钥密码学······272
9.2.2 机构和 PKI 信任系统······276
9.2.3 密码学的应用与影响······282
9.3 小结······284
复习题······286
第 10 章 终端安全和分析······288
学习目标······288
10.1 终端保护······288
10.1.1 反恶意软件保护······288
10.1.2 基于主机的入侵防御······293
10.1.3 应用安全······295
10.2 终端漏洞评估······297
10.2.1 网络和服务器配置文件······297
10.2.2 通用漏洞评分系统······300
10.2.3 合规性框架······304
10.2.4 安全设备管理······306
10.2.5 信息安全管理系统······311
10.3 小结······314
复习题······315
第 11 章 安全监控······317
学习目标······317
11.1 技术和协议······317
11.1.1 监控常用协议······317
11.1.2 安全技术······321
11.2 日志文件······325
11.2.1 安全数据的类型······325
11.2.2 终端设备日志······328
11.2.3 网络日志······334
11.3 小结······340

复习题……341
第 12 章　入侵数据分析……343
学习目标……343
12.1　评估警报……343
12.1.1　警报来源……343
12.1.2　警报评估概述……349
12.2　使用网络安全数据……351
12.2.1　通用数据平台……351
12.2.2　调查网络数据……354
12.2.3　提升网络安全分析师的工作能力……361
12.3　数字取证……362
12.4　小结……365
复习题……365
第 13 章　事件响应和处理……367
学习目标……367
13.1　事件响应模型……367
13.1.1　网络杀伤链……367
13.1.2　入侵的钻石模型……371
13.1.3　VERIS 方案……374
13.2　事件处理……378
13.2.1　CSIRT……378
13.2.2　NIST 800-61r2……380
13.3　小结……386
复习题……387
附录 A　复习题答案……389

第 1 章
网络安全和安全运营中心

学习目标

在学完本章后，您将能够回答下列问题：

- 网络安全事件示例的主要特征是什么？
- 在特定的网络安全事件背后，威胁发起者的动机是什么？
- 网络安全攻击的潜在影响是什么？
- 安全运营中心（SOC）是什么？
- 为了从事网络安全运营职业，有哪些可用的资源？

在本章中，您将学习网络攻击的目标、经过和原因。不同的人实施网络犯罪的原因不同。安全运营中心致力于打击网络犯罪。人们通过获得认证、接受正规教育以及利用就业服务获取实习经验和工作等方式，为安全运营中心（SOC）的工作做好准备。

1.1 危险

在本节中，您将会了解一些在网络安全舞台上常见的攻击事件，以及一些主要的威胁发起者和威胁的影响。

1.1.1 战争故事

在本小节中，您将会了解网络犯罪的三类受害者：个人、组织和国家/地区。

1. 被挟持的个人

Sarah 来到她最喜欢的咖啡店喝下午茶。她下了订单，向店员付了款，然后等待，与此同时，咖啡师争分夺秒地工作，处理积压的订单。Sarah 掏出手机，打开无线客户端，连接到她认为的咖啡店免费无线网络。

然而，坐在咖啡店角落里的黑客刚刚设置了一个开放的“欺诈”无线热点，假装是咖啡店的无线网络。当 Sarah 登录到她的银行网站时，黑客劫持了她的会话，并且获得了对她银行账户的访问权限。

在本课程中，您将了解一些安全技术，轻松预防这类攻击。

2. 被勒索的公司

Rashid 在一家大型上市公司的财务部门上班，他收到了 CEO 发来的一封包含 PDF 附件的邮件。该 PDF 与公司的第三季度收益情况有关。Rashid 不记得他的部门创建过这份 PDF。他好奇心高涨，便打开了附件。

相同的情景在整个公司上演，其他几十名员工也被成功引诱，点击了附件。在员工打开 PDF 时，勒索软件被安装到员工的计算机上，开始收集和加密公司数据。可以推测攻击者的目标是获得经济利益，因为他们拿着公司的数据进行勒索，直到公司向他们支付酬金为止。

3. 国家/地区

最近出现的某些恶意软件创建起来非常复杂，而且成本高昂，以致于安全专家认为，只有国家（地区）层面才可能有创建这种恶意软件的影响力和资金实力。此类恶意软件可以定向攻击他国的脆弱基础设施，例如供水系统或电网。

这曾经是 Stuxnet 蠕虫的目标，它感染了一些 USB 驱动器，这些驱动器由 5 家某国组件供应商持有，目的是渗入这些供应商支持的核设施。Stuxnet 旨在渗入 Windows 操作系统，然后攻击 Step 7 软件。Step 7 是西门子公司为其可编程逻辑控制器（PLC）开发的软件。Stuxnet 寻找特定型号的西门子 PLC，它们控制核设施中的离心机。蠕虫从受感染的 USB 驱动器传送至 PLC 并最终损坏许多离心机。

Zero Days 是 2016 年发行的一部影片，记录了 Stuxnet 定向恶意软件攻击的开发和部署。您可以在互联网上搜索并观看这部影片。

1.1.2　威胁发起者

在本小节中，您将会了解到一些安全事件背后的威胁发起者的动机。

1. 业余爱好者

威胁发起者包括但不限于业余爱好者、黑客主义者、有组织的犯罪团伙、国家资助的黑客和恐怖组织。威胁发起者指的是对其他个人或组织执行网络攻击的个人或群体。网络攻击是蓄意的恶意行为，企图对其他个人或组织造成负面影响。

业余爱好者也称为脚本小子，他们几乎没有什么技能，而是经常使用从互联网找到的现有工具或教程发动攻击。其中有些只是出于好奇，而其他的则是想要造成危害以证明自己的技能。尽管他们使用的工具很基础，但结果依然具有破坏性。

2. 激进黑客

激进黑客指的是对抗各种政治和社会理念的黑客。激进黑客通过发布文章和视频、泄漏敏感信息以及在分布式拒绝服务（DDoS）攻击中利用非法流量中断 Web 服务，公开抗议组织或政府。

3. 经济利益

许多持续威胁我们安全的黑客活动以获取经济利益为动机。这些网络犯罪分子希望能够访问我们的银行账户、个人数据以及他们可以用来获得现金流动的任何其他信息。

4. 商业秘密和全球政治

过去几年，有许多关于黑客攻击其他国家/地区或干扰其内政的报道。有些国家/地区还对使用网络空间进行工业间谍活动感兴趣。抵御国家/地区赞助的网络间谍活动和网络战依然是网络安全专业人员的重要任务。

5. 物联网的安全程度如何?

物联网（IoT）无处不在，而且在迅速扩展。我们才刚开始从物联网中获益，而且还在不断开发万物互联的新方法。物联网有助于人们连接万物从而改善生活质量。例如，现在有许多人正在使用可穿戴设备跟踪其健身活动。您目前有多少设备连接到您的家庭网络或互联网？

这些设备的安全程度如何？例如，谁编写的固件？程序员是否注意到安全缺陷？您的互联之家温控器是否易受攻击？您的数字视频录像机（DVR）是否易受攻击？如果发现了安全漏洞，能不能为设备中的固件安装补丁程序以消除漏洞？互联网上的许多设备没有更新到最新固件。有些旧设备甚至无法使用补丁程序更新。这两种情况给威胁发起者创造了机会，给设备所有者造成了安全风险。

2016 年 10 月，以域名提供商 Dyn 为目标的 DDoS 攻击摧毁了许多常用网站。这次攻击来自许多被恶意软件入侵的网络摄像头、DVR、路由器和其他物联网设备。这些设备形成了一个受黑客控制的“僵尸网络”。此僵尸网络被用来创建大规模的 DDoS 攻击，由此导致基础的互联网服务瘫痪。Dyn 发布了一篇博文，解释了这次攻击以及他们采取的响应措施。

美国约翰·霍普金斯大学计算机科学教授、信息安全学院技术主任 Avi Rubin 强调了不保护我们的互联设备的种种危害。您可以在互联网上找到他的 TED 演讲。

1.1.3 威胁的影响

在本小节中，您将会了解到网络安全攻击的潜在影响。

1. PII 和 PHI

网络攻击的经济影响很难精确地确定；然而，《福布斯》上的一篇文章表示，企业每年因网络攻击蒙受的经济损失估计达 4000 亿美元。

个人身份信息（PII）是指任何可用于确定个体身份的信息，例如：

- 名称；
- 社会保险号；
- 出生日期；
- 信用卡号；
- 银行账号；
- 政府签发的 ID；
- 地址信息（街道、电子邮件、电话号码）。

对于网络犯罪分子来说，更加有利可图的目标之一是获取 PII 列表，然后在暗网上销售。暗网只能使用特殊软件访问，被网络犯罪分子用来掩盖其活动。失窃的 PII 可以用来创建假账户，例如信用卡和短期贷款。

PII 的一个子集是受保护的健康信息（PHI）。医疗社区创建和维护包含 PHI 的电子病历（EMR）。在美国，PHI 的处理受健康保险转移与责任法案（HIPAA）管辖。欧盟也有同类法规，叫作“数据保护”。

大多数被新闻报道出来的针对公司和组织的黑客攻击都涉及失窃的 PII 或 PHI。仅在 2016 年的 3 个月里，就发生了以下攻击。

- 2016 年 3 月，一家医疗服务提供商的数据泄漏暴露了 220 万病人的个人信息。
- 2016 年 4 月，一家政府机构丢失了一台笔记本电脑和几块便携式驱动器，其中包含 500 万人的个人信息。
- 2016 年 5 月，一家就业服务公司的数据泄漏暴露了超过 60 万家公司的薪资、税费和福利信息。

2. 失去竞争优势

多家公司越来越担心网络空间里的商业间谍。另一个令人担忧的重要问题是，当公司无法保护客户的个人数据时，公司会失去信誉。有时，失去信誉（而不是商业秘密被另一家公司窃取）是导致公司失去竞争优势的更主要的原因。

3. 政治与国家安全

遭受黑客攻击的不仅仅是企业。2016 年 2 月，一名黑客公布了 20000 名美国联邦调查局（FBI）员工和 9000 名美国国土安全局（DHS）员工的个人信息。显然，这名黑客的动机是政治。

Stuxnet 蠕虫是为阻碍某国的铀浓缩进度而专门设计的。铀可以用在核武器中。Stuxnet 是以国家安全问题为动机的网络攻击的典型例子。网络战是非常有可能发生的。国家支持的黑客士兵会中断和破坏敌对国的重要服务和资源。互联网已成为商业和金融活动的重要媒介。这些破坏活动足以摧毁一个国家的经济。控制器（类似于 Stuxnet 攻击的那些设备）也可以用来控制水坝的水流和电网上的配电。针对此类控制器的攻击会产生可怕的后果。

1.2 打击网络犯罪的斗士

在本节中，您将会了解安全运营中心（SOC），以及如何成为网络安全舞台上的一名防卫者。

1.2.1 现代安全运营中心

在本小节中，您将会了解到 SOC 中的人员、流程和技术。

1. SOC 元素

抵御今天的威胁，需要格式化、结构化和纪律化的方法，而这正是安全运营中心的专业人员正在执行的方法。SOC 广泛提供各种服务，从监控、管理，到可以根据客户需求定制的全方位威胁解决方案和托管安全服务。SOC 可以完全在内部部署，归企业所有，由企业运营。也可以将 SOC 元素外包给安全服务提供商，例如思科的托管安全服务部。

图 1-1 所示为 SOC 的主要元素：人员、流程和技术。

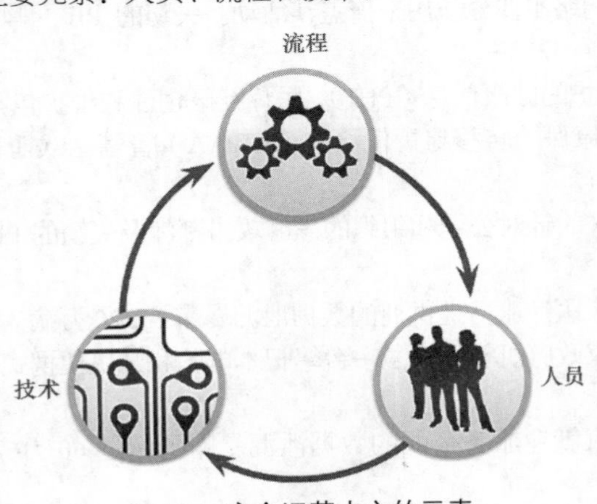

图 1-1　安全运营中心的元素

2. SOC 的人员

美国系统网络安全协会将人们在 SOC 中担任的角色分为 4 种职务。

- **一级警报分析师**：这些专业人员监控传入警报，确认发生了真正的事件，并在必要时将故障单转发给二级事件响应人员。
- **二级事件响应人员**：这些专业人员负责深入调查事件，并推荐应该要采取的补救措施或行动。
- **三级主题专家（SME）/搜索人员**：这些专业人员在网络、终端、威胁情报和恶意软件逆向工程等领域具备专家级技能。他们擅长跟踪恶意软件的进程，确定其影响，以及删除恶意软件。他们也深入地参与搜索潜在威胁并构建威胁检测工具。
- **SOC 经理**：该专业人员管理 SOC 的所有资源，并充当大型组织或客户的联系人。

本课程可以让您为获得适合一级警报分析师（也称为"网络安全分析师"）职位的认证做好准备。图 1-2 所示为这些角色相互作用的方式。

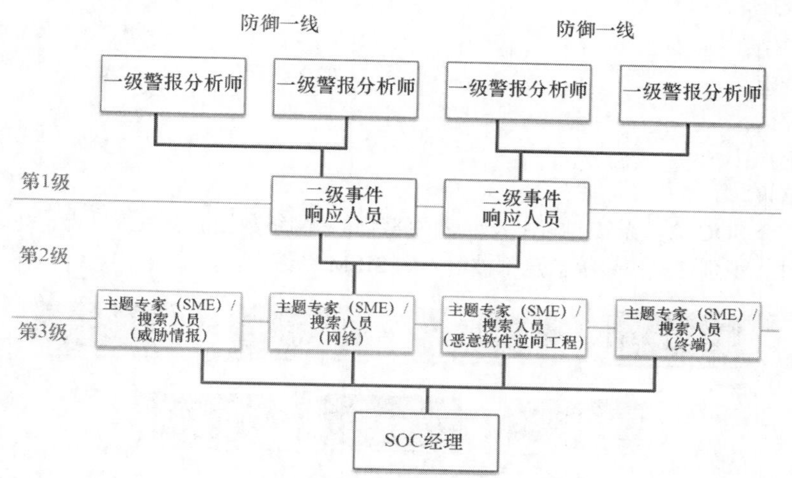

图 1-2 安全运营中心的人员角色

3. SOC 的流程

一级分析师的一天从监控安全警报队列开始。分析师通常会用故障单系统从队列中选择要调查的警报。因为生成警报的软件可能触发假警报，所以一级分析师的工作之一是确认安全警报代表真正的安全事件。确认成立的安全事件会被转发给调查者或者其他安全人员处理，其他的则被视为假警报。

如果故障无法解决，一级分析师会将故障单转发给二级分析师，进行更深入的调查和补救。如果二级分析师无法解决故障，则会将故障单转发给具有深厚知识积累和高超威胁搜索技能的三级分析师。

图 1-3 总结了一级、二级和三级分析师的角色。

4. SOC 中的技术

如图 1-4 所示，SOC 需要用到安全信息和事件管理系统（SIEM）或同等系统。此系统将来自多种技术的数据组合在一起。SIEM 系统用于收集和过滤数据、检测并分类威胁、分析和调查威胁，以及管理资源，以实施预防措施和抵御未来威胁。SOC 技术包括下列一项或多项：

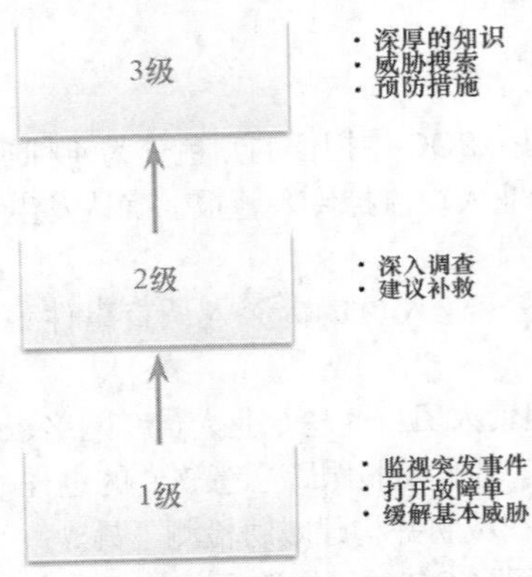

图 1-3 SOC 的流程

- ■ 事件收集、关联和分析；
- ■ 安全监控；
- ■ 安全控制；
- ■ 日志管理；
- ■ 漏洞评估；
- ■ 漏洞跟踪；
- ■ 威胁情报。

图 1-4 是一个 SOC 监控系统的简化表示。网络流量、网络数据流、系统日志、终端数据、威胁情报源、安全事件、识别资产情景等信息都被输入到 SIEM 系统中。

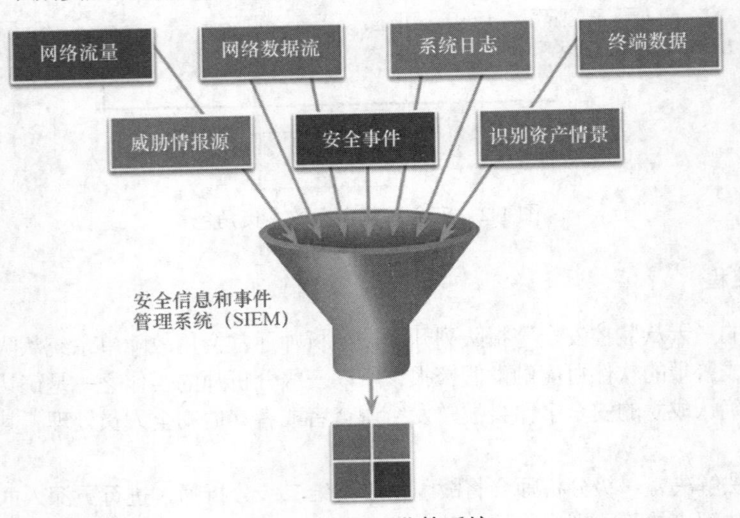

图 1-4 SOC 监控系统

5. 企业和托管安全

对于大中型网络，组织将从实施企业级 SOC 中获益。SOC 可以是完整的内部解决方案。然而，许多较大型的组织至少需要将部分 SOC 运营外包给安全解决方案提供商。

思科拥有专家团队，确保提供及时、精确的事件处理。思科提供非常广泛的事件响应、应对准备和管理能力：

- ■ 思科智能网络全面服务；

- 思科产品安全事件响应团队（PSIRT）；
- 思科计算机安全事件响应团队（CSIRT）；
- 思科托管服务；
- 思科战术运营（TacOps）；
- 思科安全与物理安全计划。

6. 安全性与可用性

大多数企业网络必须始终处于在线运行状态。安全人员知道，要让组织完成其首要任务，必须保护网络可用性。

每个企业或行业对网络中断的承受度都是有限的。这种容忍度通常基于停机造成的损失与防止停机带来的成本这两者之间的权衡。例如，在一家只有一个经营地点的小型零售企业，可以容忍路由器作为单一故障点。然而，如果企业的大部分销售额来自在线顾客，业主可能会决定提供一定级别的冗余，确保连接始终可用。

首选的运行时间通常以一年中的关机分钟数来衡量，如表 1-1 所示。例如，“五个九”运行时间表示网络运行时间比例高达 99.999%，或者一年中的停机时间不超过 5 分钟。“四个九”表示一年中的停机时间为 53 分钟。

表 1-1 可用性和关机时间

可用性	关 机 时 间
99.8%	17.52 小时
99.9%（“三个九”）	8.76 小时
99.99%（“四个九”）	52.56 分钟
99.999%（“五个九”）	5.256 分钟
99.9999%（“六个九”）	31.5 秒
99.99999%（“七个九”）	3.15 秒

然而，安全性不能太过强大，以至于干扰员工或业务职能的需求。始终要在强大的安全性和高效的业务运转之间权衡取舍。

1.2.2 成为守卫者

在本小节中，您将会了解到获取网络安全运营经验的一些认证、学位和机会。

1. 认证

有几家不同的组织提供各种与 SOC 中的职业相关的网络安全认证。

思科 CCNA 网络空间安全运营

CCNA 网络空间安全运营认证是学习在 SOC 团队工作所需的知识和技能的第一步，十分重要。它会成为在激动人心的、不断增长的网络空间安全运营领域寻求职业发展的重要组成部分。

CompTIA 网络安全分析师认证

CompTIA 网络安全分析师（CSA+）认证是不依赖于供应商的 IT 职业认证。它验证用于配置和使用威胁检测工具，执行数据分析，解释结果以识别组织的漏洞、威胁和风险所需的知识和技能，最终目的是有能力保护组织里的应用和系统。

(ISC)²信息安全认证

(ISC)² 是一个国际非营利性组织，提供享誉盛名的 CISSP 认证。他们还为网络安全领域的各种专业提供其他的一系列认证。

全球信息保障认证（GIAC）

GIAC 创建于 1999 年，是最早的安全认证组织之一。它在 7 个类别中提供非常广泛的认证。

其他安全相关的认证

搜索 cybersecurity certifications，查找依赖或不依赖供应商的其他认证的相关信息。

2. 继续教育

学位

任何人如果考虑在网络安全领域寻求职业发展，都应该认真考虑攻读计算机科学、电气工程、信息技术或信息安全等学科的技术学位或学士学位。许多教育机构提供安全相关的专业化跟踪和认证。

Python 编程

对于任何希望从事网络安全职业的人来说，计算机编程都是一项基本技能。如果您从未学过编程，那么 Python 可能是您要学习的第一种语言。Python 是网络安全分析师常用的一种面向对象的开源语言。它也是 Linux 系统和软件定义网络（SDN）中常用的编程语言。

3. 职业信息来源

有各种网站和移动应用推广信息技术职位。每个网站以不同的求职者为目标，并为求职者提供不同的工具来研究其理想职位。许多网站是招聘网站聚合器。招聘网站聚合器从其他招聘网站和公司招聘网站收集职位列表，并在单一位置列出。

4. 获得经验

有各种方法可以获得经验。下面列举一些方法。

实习

实习是步入网络安全领域的有效方法。有些实习让您有机会获得全职工作。然而，即便是临时实习，也会让您有机会接触网络安全组织的内部工作，积累经验。您在实习期间建立的联系，也会成为后续职业生涯中宝贵的资源。

在互联网上搜索福布斯的一篇文章“The 10 Best Websites For Finding An Internship”，了解 10 个最好的实习机会查询网站。

思科网络安全计划奖学金

为了帮助填补安全技能空缺，思科在 2016 年推出了全球网络安全奖学金计划。思科的动机是培养更多拥有关键网络安全技能的人才。该计划在春季开放注册，在深秋公布奖金。

劳务派遣公司

如果您难以找到第一份工作，劳务派遣公司会是很好的起点。大多数劳务派遣公司会帮助您润色简历，推荐您可能需要获得的额外技能，让您对潜在雇主更具吸引力。

许多组织利用劳务派遣公司在头 90 天内填补职位空缺。接下来，如果员工符合工作要求，组织可能会提出向劳务派遣公司购买合同，将员工转入永久性全职岗位。

您的第一份工作

如果您在网络安全领域没有经验，那么您很有可能需要寻找一家愿意为您提供培训，以胜任类似于一级分析师岗位的公司。为呼叫中心或服务台工作，可能是您获取职业生涯所需经验的第一步。

您的第一份工作应该干多久？一般情况下，在离开公司之前，您最好经历一个完整的审核周期。也就是说，您需要坚持 18 个月。潜在雇主通常想知道您是否达到或超出当前或以往工作的预期。

1.3 小结

在本章的开头，您了解到人员、公司甚至国家都有可能成为网络攻击的受害者。有各种类型的攻击者，业余爱好者为了取乐或获得威望，激进黑客为了政治原因，而专业的黑客为了获取利益而进行攻击。不只是由个人电脑和服务器组成的企业网络容易受到攻击，由千万设备组成的物联网在黑客攻击面前也是脆弱的。

SOC 的职责是预防、检测网络犯罪，并对其做出响应。SOC 的人员按照流程使用技术应对威胁。SOC 中有 4 个主要的角色。一级分析师利用网络数据核实安全警报。二级事件响应人员深入调查被核实的事件并决定如何应对。三级 SME/搜索人员是领域专家，能够在最高的层面上深入研究威胁。第四个角色是 SOC 经理。他们管理 SOC 的资源，并和客户进行沟通。客户可能是内部的或者外部的。SOC 可以由一个公司单独运营，也可以向多个公司提供服务。最后，尽管网络安全极为重要，但是它不能干扰公司及其员工完成组织交给的任务的能力。

为了在 SOC 中工作，您可以通过学习获得不同组织提供的认证。另外，您可以攻读学位，获得更高的网络运营相关的教育，并学习其他技能，比如 Python 编程。您可以在许多招聘网站上找到工作，而临时机构也可以帮您找到短期工作、实习或是永久的岗位。

复习题

请完成以下所有复习题，以检查您对本章主题和概念的理解情况。答案列在附录“复习题答案”中。

1. 一台计算机向用户展示付款界面，用户在支付之前无法访问所需的数据。这是什么类型的恶意软件？
   - A. 一种病毒
   - B. 一种逻辑炸弹
   - C. 一种勒索软件
   - D. 一种蠕虫
2. 什么是网络战争？
   - A. 针对军事目标的攻击
   - B. 针对大型企业的攻击
   - C. 只涉及机器人和僵尸机器的攻击
   - D. 干扰、破坏或掠夺国家利益的攻击
3. SOC 中的安全信息和事件管理系统怎样帮助个人对抗安全威胁？
   - A. 收集和过滤数据
   - B. 过滤网络流量
   - C. 在用户访问网络资源时认证用户
   - D. 加密用户和远程站点交流中的数据
4. SOC 安全信息和事件管理系统应该包含哪 3 个技术？（选择 3 个）
   - A. 代理服务
   - B. 用户认证
   - C. 威胁情报
   - D. 安全监控
   - E. 入侵预防
   - F. 事件收集、关联和分析

5. 因为政治或社会原因进行攻击的黑客被称为什么？

A. 白帽黑客
B. 骇客
C. 激进黑客
D. 蓝帽黑客

6. 哪个国际非营利组织提供 CISSP 认证？

A. $(ISC)^2$
B. IEEE
C. GIAC
D. CompTIA

7. 一个安全事件在 SOC 中被确认之后，如果事件响应人员检查了这个事件，却无法确定事件的来源以采取有效的缓解措施，此时故障单应该提交给谁？

A. 向网络运营分析师寻求帮助
B. 交给主题专家（SME）做深入调查
C. 交给警报分析师做进一步分析
D. 交给 SOC 经理，要求指派其他人员

8. 警报分析师指的是 SOC 中的哪一群人？

A. 一级人员
B. 二级人员
C. 三级人员
D. SOC 经理

9. 什么是欺诈无线热点？

A. 使用过时的设备搭建的热点
B. 不加密网络用户流量的热点
C. 不使用安全性强的用户认证机制的热点
D. 表面是合法的企业热点，但其实未经该企业允许而搭建的热点

第 2 章

Windows 操作系统

学习目标

在学完本章后，您将能够回答下列问题：

- Windows 操作系统的历史是怎样的？
- Windows 的架构和操作是什么？
- 如何配置和监控 Windows？
- Windows 如何保持安全？

Windows 操作系统在 1985 年问世时还比较简单粗陋，经过 30 多年的发展，已历经许多迭代：从 Windows 1.0 到今天的桌面版本 Windows 10 和服务器版本 Windows Server 2016。

本章介绍 Windows 的一些基本概念，包括该操作系统的工作方式以及用于保护 Windows 终端的工具。

2.1 Windows 概述

在本节中，您将会了解到 Windows 的发展史、架构和操作。

2.1.1 Windows 发展史

在本小节中，您将会了解到 Windows 的开始、Windows 的版本历史、Windows 的图形用户界面（GUI）和 Windows 的漏洞。

1. 磁盘操作系统

早期计算机没有现代存储设备，例如硬盘驱动器、光盘驱动器或闪存。早期的存储方法使用的是打孔卡、纸带、磁带以及录音带。

软盘和硬盘存储需要软件读取、写入和管理它们存储的数据。磁盘操作系统（DOS）是计算机用来在这些数据存储设备上读写文件的操作系统。DOS 提供了一个文件系统，在磁盘上以特定方式组织文件。MS-DOS 是 Microsoft 创建的 DOS。MS-DOS 使用命令行作为界面，供人们创建程序和操控数据文件，如图 2-1 所示。

有了 MS-DOS，计算机基本上知道如何访问磁盘驱动器，如何在引导过程中直接从磁盘加载操作系统文件。加载时，MS-DOS 可以轻松访问 DOS，因为它已内置于操作系统中。

早期版本的 Windows 在 MS-DOS 上运行的图形用户界面（GUI），第一个版本是 1985 年推出的 Windows 1.0。磁盘操作系统依然负责控制计算机及其硬件。Windows 10 等现代操作系统不算是磁盘操作系统。它构建于 Windows NT 之上，NT 代表“新技术”。操作系统本身直接控制计算机及其硬件。NT 是支持多用户进程的操作系统。这与单进程、单用户 MS-DOST 截然不同。

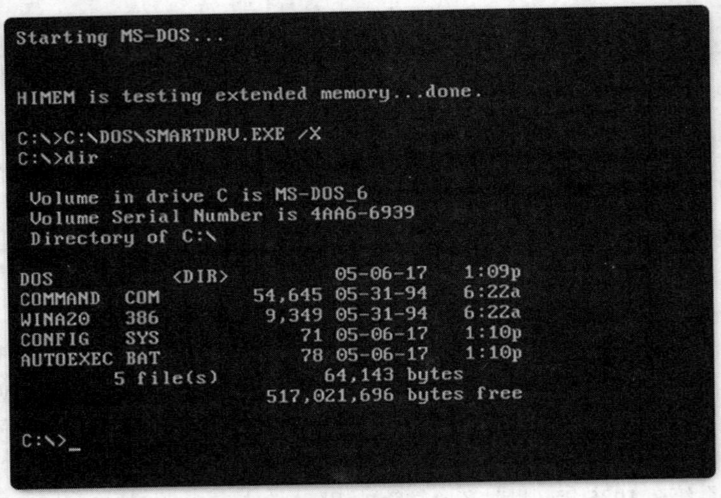

```
Starting MS-DOS...

HIMEM is testing extended memory...done.

C:\>C:\DOS\SMARTDRV.EXE /X
C:\>dir

 Volume in drive C is MS-DOS_6
 Volume Serial Number is 4AA6-6939
 Directory of C:\

DOS          <DIR>         05-06-17   1:09p
COMMAND  COM        54,645 05-31-94   6:22a
WINA20   386         9,349 05-31-94   6:22a
CONFIG   SYS            71 05-06-17   1:10p
AUTOEXEC BAT            78 05-06-17   1:10p
        5 file(s)       64,143 bytes
                   517,021,696 bytes free

C:\>_
```

图 2-1　MS-DOS 6.3

当前，通过 MS-DOS 命令行界面完成的任何操作均可在 Windows GUI 中完成。尽管现在您依然可以通过打开命令窗口体验 MS-DOS，但您看到的不是 MS-DOS，而是 Windows 的一个功能。若要简单体验一下 MS-DOS，请在 Windows 搜索框中输入 **cmd**，然后按 **Enter**，打开命令窗口。下面是可以使用的一些命令。

- **dir**：显示当前目录（文件夹）中所有文件的列表。
- **cd** 目录：将目录更改为指定的目录。
- **cd..**：将目录更改为当前目录的上层目录。
- **cd**：将目录更改为根目录（通常是 C:）。
- **copy**：将文件复制到另一个位置。
- **del**：删除一个或多个文件。
- **find**：在文件中搜索文本。
- **mkdir**：创建新目录。
- **ren**：重命名文件。
- **help**：显示可以使用的所有命令以及简要描述。
- **help** 命令：显示指定命令的详细帮助信息。

2. Windows 版本

自 1993 年起，已经有 20 多个基于 NT 操作系统的 Windows 版本。鉴于文件安全性由 NT 操作系统使用的文件系统提供，因此其中大部分版本供公众和企业使用。企业也采用基于 NT 操作系统的 Windows 操作系统。这是因为许多版本专为工作站、专业服务器、高级服务器和数据中心服务器（这些只不过是许多专用版本中的几个）而构建。

从 Windows XP 开始，就有 64 位版本可用了。64 位操作系统是一个全新的架构。它有 64 位地址空间，而不是 32 位地址空间。这不是简单的空间数量翻倍，因为这些位是二进制数字。虽然 32 位 Windows 可以处理略小于 4 GB 的 RAM，但 64 位 Windows 在理论上可以处理 1680 万 TB 的 RAM。当操作系统和硬件都支持 64 位操作时，可以使用非常大的数据集。这些大型数据集包括非常大的数据库、科学计算，以及操控高保真特效数字视频。通常，64 位计算机和操作系统可以向后兼容较早的 32 位程序，但 64 位程序不能在较早的 32 位硬件上运行。

随着每个后续 Windows 版本的发行，该操作系统引入了更多的功能，变得更加完善。Windows 7 提供 6 个不同的版本，Windows 8 提供 5 个不同的版本，Windows 10 提供 8 个不同的版本！每个版本不仅功能不同，而且定价也不相同。Microsoft 表示，Windows 10 是最新版本的 Windows，而且 Windows 不再只是一个操作系统，已经变成了一项服务。他们说，用户无需购买新操作系统，只需更新 Windows 10 即可。

表 2-1 列出了 Windows 的几个流行的现代版本。

表 2-1 当前的 Windows 版本

操 作 系 统	版 本
Windows 7	Starter、Home Basic、Home Premium、Professional、Enterprise、Ultimate
Windows Server 2008 R2	Foundation、Standard、Enterprise、Datacenter, Web Server、HPC Server、Itanium-Based Systems
Windows Home Server 2011	None
Windows 8	Windows 8、Windows 8 Pro、Windows 8 Enterprise、Windows RT
Windows Server 2012	Foundation、Essentials、Standard、Datacenter
Windows 8.1	Windows 8.1、Windows 8.1 Pro、Windows 8.1 Enterprise、Windows RT 8.1
Windows Server 2012 R2	Foundation、Essentials、Standard、Datacenter
Windows 10	Home、Pro、Pro Education、Enterprise、Education, IoT Core、Mobile、Mobile Enterprise
Windows Server 2016	Essentials、Standard、Datacenter、Multipoint Premium Server、Storage Server、Hyper-V Server

3. Windows GUI

Windows 有一个图形用户界面（GUI），供用户使用数据文件和软件。GUI 有一个叫作“桌面”的主区域，如图 2-2 所示。桌面可以使用不同的颜色和背景图进行自定义。Windows 支持多用户，因此，每个用户都可以根据自己的喜好自定义桌面。桌面可以存储文件、文件夹、位置和程序的快捷方式以及应用。桌面还可以包含回收站图标，回收站用来存储用户删除的文件。用户可以从回收站还原文件，或者清空回收站，彻底删除文件。

桌面底部是任务栏。任务栏有 3 个区域，分别用于不同的用途。左侧是“开始”菜单。它用于访问所有安装的程序、配置选项以及搜索功能。在任务栏的中心位置，用户可以放置快速启动图标，点击这些图标时，将运行特定的程序或打开特定的文件夹。最后，在任务栏右侧是通知区域。通知区域一目了然地显示许多不同程序和特性的功能。例如，闪烁的信封图标可能表示有新邮件，带有红色 x 的网络图标可能表示网络出现了故障。

通常，右键点击图标将会提供可使用的额外功能。该列表称为“右键菜单”，如图 2-3 所示。既有通知区域图标的右键菜单，也有快速启动图标、系统配置图标以及文件和文件夹的右键菜单。右键菜单提供许多最常用的功能，只需点击即可打开。例如，文件的右键菜单包含复制、删除、共享和打印等项目。要打开文件夹和操控文件，Windows 会使用 Windows 文件资源管理器。

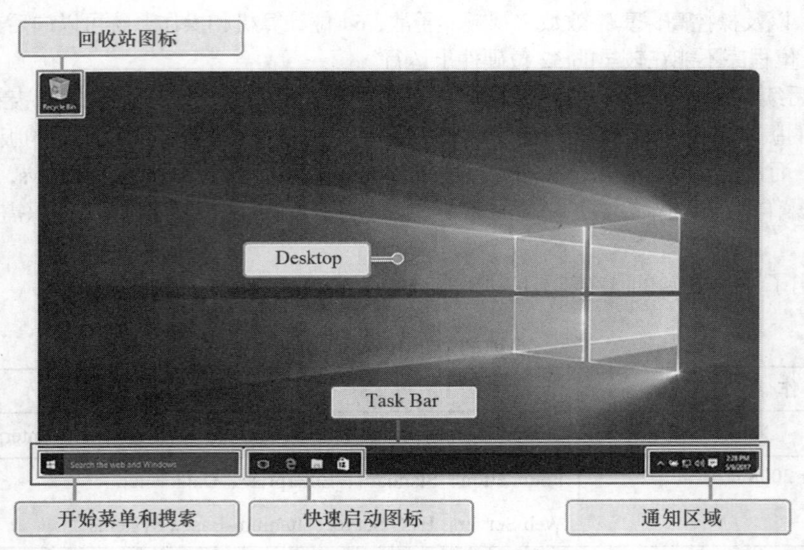

图 2-2 Windows 10 图形用户界面

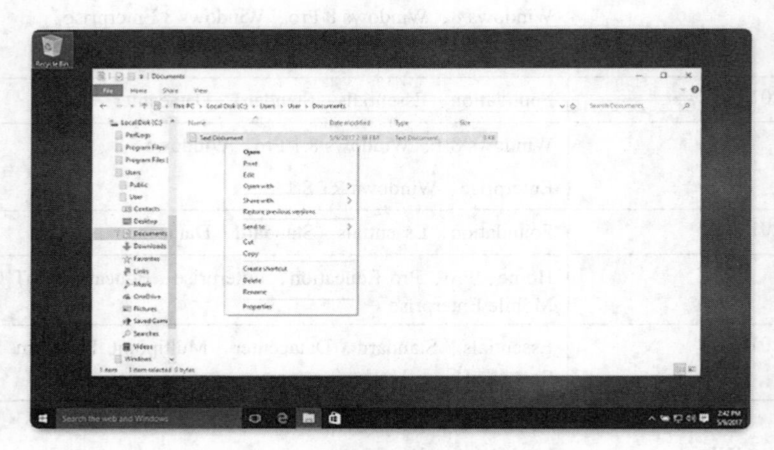

图 2-3 Windows 文件资源管理器

Windows 文件资源管理器是一个用于浏览计算机的整个文件系统的工具，包括多个存储设备和网络位置。使用 Windows 文件资源管理器，可以轻松创建文件夹，复制文件和文件夹，以及将它们移动到不同的位置和设备。基本上，该工具有两个主窗口。左侧窗口允许快速导航到存储设备、父文件夹和子文件夹。右侧窗口显示在左侧窗口中选择的位置的内容。

4. 操作系统漏洞

操作系统由数百万行代码组成。安装的软件也可能包含数百万行代码。漏洞会随这些代码而来。漏洞指的是某种缺陷或弱点，可被攻击者利用以降低计算机信息的可用性。要利用操作系统漏洞，攻击者必须使用技术或工具进行利用。然后，攻击者可以利用漏洞让计算机按照预期设计以外的方式运行。通常，利用漏洞的目的是获得对计算机的未授权控制，更改权限，或者操控数据。

下面列出了一些常见的 Windows 操作系统安全建议。

- **病毒或恶意软件防护**：默认情况下，Windows 使用 Windows Defender。Windows Defender 提供了一套内置于系统的防护工具。如果关闭 Windows Defender，系统对攻击和恶意软件缺乏抵抗力。

- **未知或未托管服务**：有许多服务在后台运行。确保每个服务都可识别且安全非常重要。后台有未知服务运行，计算机就容易遭受攻击。
- **加密**：数据不加密时，很容易被收集和利用。这不仅对台式计算机很重要，对移动设备也尤其重要。
- **安全策略**：必须配置和遵守完善的安全策略。Windows 安全策略控制中的许多设置都可以预防攻击。
- **防火墙**：默认情况下，Windows 使用 Windows 防火墙限制与网络上的设备通信。随着时间的推移，规则可能会不再适用。例如，端口不再可用时应保持关闭。定期检查防火墙设置，确保规则依然适用，删除任何不再适用的规则，这些操作非常重要。
- **文件和共享权限**：这些权限必须设置正确。为"Everyone"组提供"完全控制权"是很容易的，但这会让所有人对所有文件随心所欲。最好为每个用户或组提供所有文件和文件夹的最少且必要的权限。
- **弱密码或无密码**：许多人选择弱密码，或者根本不使用密码。确保所有账户，尤其是管理员账户拥有非常强的密码特别重要。
- **以管理员身份登录**：当用户以管理员身份登录时，他们运行的任何程序都将拥有该账户的权限。最好以标准用户身份登录，且仅使用管理员密码完成某些任务。

2.1.2 Windows 架构和操作

在本小节中，您将了解到 Windows 的硬件抽象层、用户模式、内核模式、文件系统、引导过程、启动、关闭、进程、线程、服务、内存分配、句柄和注册表。

1. 硬件抽象层

Windows 计算机使用许多不同类型的硬件。操作系统既可以安装在现成的计算机上，也可以安装在自己组装的计算机上。安装操作系统时，必须确保它与硬件的差异隔离开来。图 2-4 显示了基本的 Windows 架构。硬件抽象层（HAL）是处理硬件和内核之间所有通信的代码。内核是操作系统的核心，对整个计算机具有控制权。它管理所有输入输出请求、内存以及连接到计算机的所有外围设备。

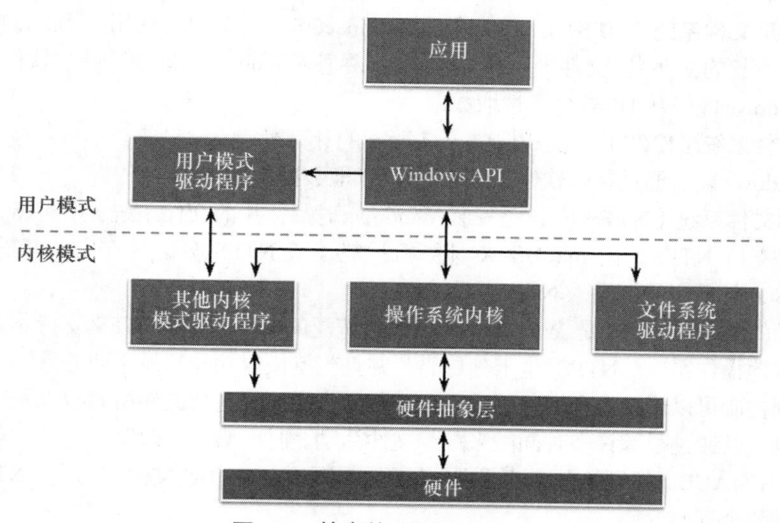

图 2-4 基本的 Windows 架构

在某些情况下，内核依然直接与硬件通信，因此，它不完全独立于 HAL。HAL 也需要内核执行某些功能。

2. 用户模式和内核模式

如果计算机已安装 Windows，则有两种不同的 CPU 运行模式：用户模式和内核模式。已安装的应用在用户模式下运行，操作系统代码在内核模式下运行。在内核模式下执行的代码对底层硬件的访问不受限制，并且能够执行任何 CPU 指令。内核模式代码还能直接引用任何内存地址。通常为操作系统的大多数可信任功能预留，内核模式中运行的代码崩溃会使整个计算机停止运行。相反，程序在用户模式下运行，例如用户应用，不能直接访问硬件或内存位置。用户模式代码必须经过操作系统访问硬件资源。由于用户模式提供了隔离，用户模式下的崩溃只会影响应用且可以恢复。Windows 中的大多数程序在用户模式下运行。设备驱动程序，即允许操作系统和设备通信的软件，可以在内核模式或用户模式下运行，具体视驱动程序而定。

在内核模式下运行的所有代码都使用相同的地址空间。内核模式驱动程序不与操作系统隔离。如果在内核模式下运行的驱动程序发生错误，并且它写入了错误的地址空间，操作系统或另一个内核模式驱动程序可能会受到负面影响。驱动程序可能崩溃，从而导致整个操作系统崩溃。

当用户模式代码运行时，内核会向它授予属于它自己的受限地址空间，以及专为应用创建的进程。此功能主要是防止应用更改同时正在运行的操作系统代码。有了自己的进程后，该应用也就有了自己的专用地址空间，其他应用也就无法修改其中数据。这也可以在该应用崩溃时，帮助防止操作系统和其他应用崩溃。

3. Windows 文件系统

文件系统管理存储介质上信息的组织方式。有些文件系统相对于其他文件系统来说可能是更好的选择，具体取决于将要使用的介质类型。以下为 Windows 支持的文件系统。

- **文件分配表（FAT）**：这是许多不同的操作系统支持的简单文件系统。FAT 在它能够支持的分区数、分区大小和文件大小方面存在局限性，因此，通常不再用于硬盘驱动器（HD）或固态硬盘（SSD）。FAT16 和 FAT32 均可使用，但 FAT32 最常用，因为它的限制比 FAT16 少得多。
- **exFAT**：这是 FAT 的扩展版本，限制比 FAT32 还少，但是在 Windows 生态系统以外，不怎么受支持。
- **扩展分层文件系统（HFS+）**：此文件系统在 macOS X 计算机上使用，相比以前的文件系统，它允许更长的文件名、文件大小和分区大小。尽管 Windows 只能使用特殊软件来支持该系统，但 Windows 能够从 HFS+分区读取数据。
- **扩展文件系统（EXT）**：这是用于基于 Linux 的计算机的文件系统。尽管不被 Windows 支持，但 Windows 能够通过特殊软件从 EXT 分区读取数据。
- **新技术文件系统（NTFS）**：这是安装 Windows 时最常用的文件系统。所有 Windows 和 Linux 版本都支持 NTFS，而 macOS X 计算机只能读取 NTFS 分区（在安装特殊驱动程序后，macOS X 计算机能够写入 NTFS 分区）。

由于多方面的原因，NTFS 是 Windows 中使用最广泛的文件系统。NTFS 支持非常大的文件和分区；易于兼容其他操作系统。NTFS 也十分可靠，并且支持恢复功能。最重要的是，它支持许多安全功能。数据访问控制可以通过安全描述符实现。这些安全描述符包含文件所有权以及直到文件级别的权限。NTFS 也可以通过跟踪许多时间戳来跟踪文件活动。时间戳“修改”“访问”“创建”和“条目修改”（有时称为 MACE）都经常在取证调查中使用，用于确定文件或文件夹历史。NTFS 还支持文件系统加密，保护整个存储介质。

备用数据流

NTFS 将文件存储为一系列属性，例如文件名或时间戳。文件中包含的数据存储在属性 $DATA 中，称为数据流。通过使用 NTFS，可以将备用数据流（ADS）连接到文件。这有时被应用用来存储关于文件的额外信息。在讨论恶意软件时，ADS 是一个非常重要的因素。这是因为在 ADS 中隐藏数据很容易。攻击者可能会在 ADS 中存储恶意代码，然后从其他文件调用这些代码。

在 NTFS 文件系统中，带有 ADS 的文件在文件名和冒号后面进行标识，例如，Testfile.txt:ADSdata。此文件名表示一个名为 ADSdata 的 ADS 与名为 Testfile.txt 的文件相关联。例 2-1 所示为一个 ADS 示例。

例 2-1　备用数据流

```
C:\ADS> echo "Alternative Data Here" > Textfile.txt:ADS

C:\ADS> dir
 Volume in drive C is OS
 Volume Serial Number is F244-E247

 Directory of C:\ADS

12/27/2017  03:03 PM    <DIR>          .
12/27/2017  03:03 PM    <DIR>          ..
12/27/2017  03:03 PM                 0 Textfile.txt
               1 File(s)              0 bytes
               2 Dir(s)  402,725,310,464 bytes free

C:\ADS> more < Testfile.txt:ADS
"Alternative Data Here"

C:\ADS> dir /r
 Volume in drive C has no label.
 Volume Serial Number is F244-E247
 Directory of C:\ADS

12/27/2017  03:03 PM    <DIR>          .
12/27/2017  03:03 PM    <DIR>          ..
12/27/2017  03:03 PM                 0 Textfile.txt
                                    24 Textfile.txt:ADS:$DATA
               1 File(s)              0 bytes
               2 Dir(s)  402,725,310,464 bytes free

C:\ADS>
```

- 第一个命令将文本“Alternate Data Here”放入名为“ADS”的文件 Testfile.txt 的 ADS 中。
- 第二个命令 **dir** 显示文件已创建，但 ADS 不可见。
- 下一个命令显示 Testfile.txt:ADS 数据流中有数据。
- 最后一个命令显示 Testfile.txt 文件的 ADS，因为 **r** 参数与 **dir** 命令一起使用。

在使用磁盘等存储设备之前，必须使用文件系统将其进行格式化。反过来，在将文件系统放入存储设备上的某个位置时，需要对设备进行分区。一个硬盘会被划分成多个区域，称为“分区”。每个分区是一个逻辑存储单元，格式化后即可存储信息，例如数据文件或应用。在安装过程中，大多数操作系统会自动分区并使用文件系统（例如，NTFS）对可用驱动器空间进行格式化。

NTFS 格式化可以在磁盘上创建用于文件存储的重要结构以及用于记录文件位置的表。

- **分区引导扇区**：这是驱动器的前 16 个扇区。它包含主文件表（MFT）的位置。最后 16 个扇区包含引导扇区的副本。
- **MFT**：此表包含分区上所有文件和目录的位置，其中包括文件属性，例如安全信息和时间戳。
- **系统文件**：这些都是隐藏文件，存储关于其他卷和文件属性的信息。
- **文件区域**：分区的主要区域，用于存储文件和目录。

注 意　当格式化分区后，以前的数据依然可以恢复，因为不是所有的数据都已完全删除。仍然可以查看可用空间以及检索文件，这将有损安全性。建议在重复使用的驱动器上执行安全擦除。安全擦除会向整个驱动器多次写入数据，确保没有残留数据。

4. Windows 引导过程

许多操作发生在按计算机电源按钮和 Windows 完全加载之间，如图 2-5 所示。

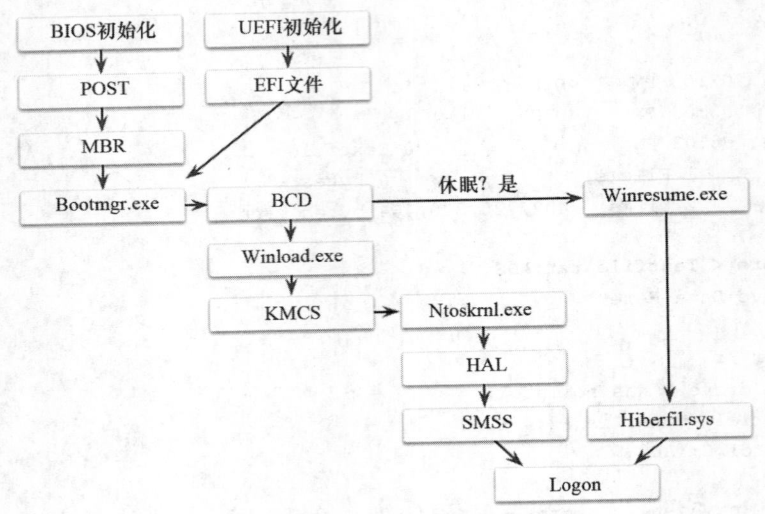

图 2-5　Windows 引导过程

有两种类型的计算机固件：基本输入输出系统（BIOS）和统一扩展固件接口（UEFI）。BIOS 固件出现于 20 世纪 80 年代早期，现在的工作方式与最初时的工作方式一样。随着计算机的演进，BIOS 固件越来越难以支持用户要求的所有新功能。UEFI 应运而生，旨在取代 BIOS 并支持新功能。

在 BIOS 固件中，过程从 BIOS 初始化阶段开始。在此过程中，对硬件设备进行初始化，并执行电源自检（POST），确保所有设备都在通信。当发现系统磁盘时，POST 终止。POST 中的最后指令是查找主引导记录（MBR）。

MBR 包含一个负责查找和加载操作系统的小程序。BIOS 执行此代码，操作系统开始加载。

与 BIOS 固件相反，UEFI 对引导过程有很高的可视性。UEFI 通过加载 EFI 程序文件进行引导，EFI 程序文件作为.efi 文件存储在称为 EFI 系统分区（ESP）的特殊磁盘分区中。

注 意　使用 UEFI 的计算机在固件中存储引导代码。这有助于在引导时增加计算机的安全性，因为计算机直接进入受保护模式。

无论固件是 BIOS 还是 UEFI，找到有效的 Windows 安装后，都会运行 Bootmgr.exe 文件。Bootmgr.exe 可以将系统从真实模式切换到受保护模式，以便能使用所有系统内存。

Bootmgr.exe 读取引导配置数据库（BCD）。BCD 包含启动计算机所需的任何额外代码，并指示计算机是从休眠中恢复，还是冷启动。如果计算机从休眠中恢复，引导过程使用 Winresume.exe 继续。这允许计算机读取 Hiberfil.sys 文件，其中包含计算机进入休眠时的状态。

如果计算机从冷启动引导，则加载 Winload.exe 文件。Winload.exe 文件在注册表中创建硬件配置记录。注册表是计算机拥有的所有设置、选项、硬件和软件的记录。本章后文将深入探讨注册表。Winload.exe 还使用内核模式代码签名（KMCS）确保所有驱动程序都有数字签名。这可确保驱动程序在计算机启动时安全加载。

检查驱动程序后，Winload.exe 运行 Ntoskrnl.exe，这将启动 Windows 内核并设置 HAL。最后，会话管理器子系统（SMSS）读取注册表，创建用户环境，然后启动 Winlogon 服务，并且准备每个用户的登录桌面。

5. Windows 启动和关闭

有两个重要的注册表项可用于自动启动应用和服务。

- **HKEY_LOCAL_MACHINE**：某些 Windows 配置存储在此项中，包括每次引导时启动的服务的相关信息。
- **HKEY_CURRENT_USER**：有关登录用户的某些信息存储在此项中，包括仅在用户登录计算机时启动的服务的相关信息。

这些注册表位置中的不同条目定义了将要启动哪些服务和应用，如其条目类型所示。这些类型包括 Run、RunOnce、RunServices、RunServicesOnce 和 Userinit。这些条目可以手动输入到注册表中，但是使用 Msconfig.exe 工具会更安全。此工具可用于查看和更改计算机的所有启动选项。可使用搜索框查找和打开 Msconfig 工具。

有 5 个包含配置选项的选项卡。

- **General**：可以在这里选择 3 个不同的启动类型。Normal 加载所有驱动程序和服务。Diagnostic 仅加载基本驱动程序和服务。Selective 允许用户选择启动时加载什么。图 2-6 所示为 General 选项卡。

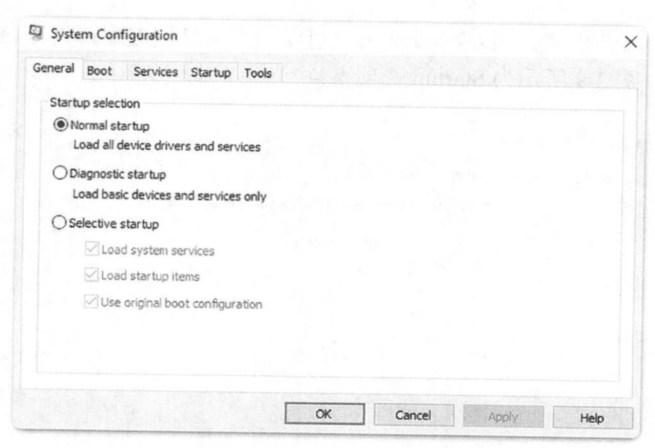

图 2-6 系统配置的 General 选项卡

- **Boot**：可以在这里选择启动任何已安装的操作系统。还有 Safe boot 选项，可用于对启动执行故障排除。图 2-7 所示为 Boot 选项卡。
- **Services**：这里列出了所有已安装的服务，可以选择在启动时启动。图 2-8 所示为 Services 选项卡。

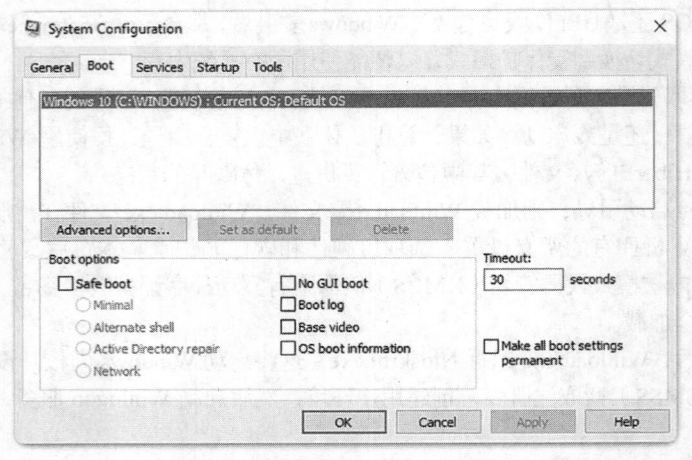

图 2-7　系统配置的 Boot 选项卡

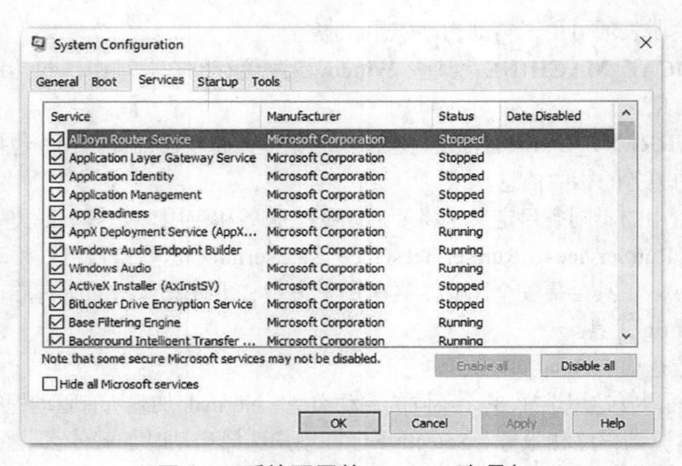

图 2-8　系统配置的 Services 选项卡

- **Startup**：从该选项卡打开 Task Manager，可以启用或禁用被配置为在启动时自动启动的所有应用和服务。图 2-9 所示为 Startup 选项卡。

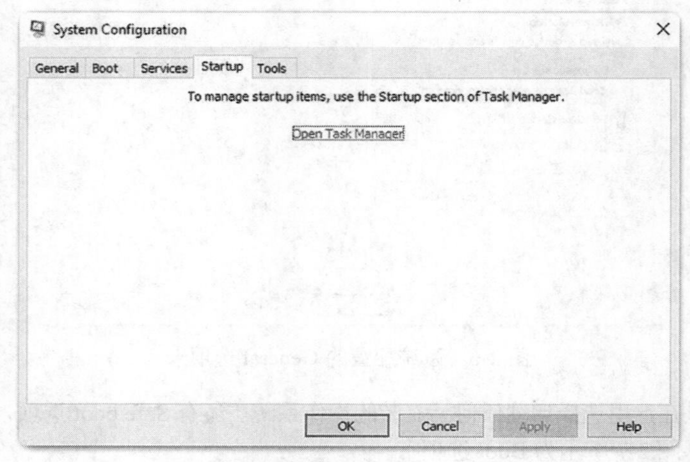

图 2-9　系统配置的 Startup 选项卡

■ **Tools**：许多常见操作系统工具可以直接从该选项卡启动。图 2-10 所示为 Tools 选项卡。

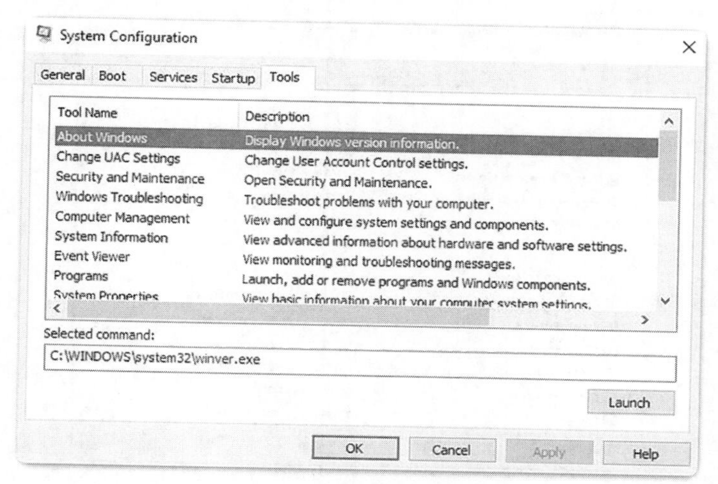

图 2-10　系统配置的 Tools 选项卡

关闭

最好执行适当的关机操作，以关闭计算机。在不事先通知操作系统的情况下关闭电源，打开的文件、因出现故障而关闭的服务、挂起的应用都会受损。在断电之前，计算机需要时间关闭每个应用，关闭每项服务，记录任何配置更改。

在关机过程中，计算机将首先关闭用户模式应用，然后关闭内核模式进程。如果用户模式进程在特定时间内不响应，操作系统将显示通知，允许用户等待应用响应，或者强行终止进程。如果内核模式进程不响应，关机看上去像是挂起，可能需要使用电源按钮关闭计算机。

有几种关闭 Windows 计算机的方法："开始"菜单的电源选项、命令行命令 **shutdown**，以及使用 **Ctrl+Alt+Delete** 组合键和点击电源图标。关闭计算机时，有 3 个不同的选项可供选择：关机，关闭计算机；重新启动，从头重新引导计算机；休眠，记录计算机和用户环境的当前状态，并将其存储在文件中。"休眠"允许用户非常快速地从离开的地方继续，而且用户的所有文件和程序依然保持打开。

6. 进程、线程和服务

Windows 应用由进程组成。应用可以有一个或多个专用进程。进程是指当前正在执行的任何程序。每个正在运行的进程至少由一个线程组成。线程是可以执行的进程的一部分。处理器在线程上执行计算。要配置 Windows 进程，请搜索 Task Manager。图 2-11 所示为 Task Manager 的 Processes 选项卡。

进程的所有专用线程都包含在同一地址空间内。这意味着这些线程可能无法访问任何其他进程的地址空间。这可以防止损坏其他进程。由于 Windows 是多任务的，因此可以同时执行多线程。同时执行的线程的数量取决于计算机的处理器数量。

Windows 运行的一些进程是服务。这些是在后台运行以支持操作系统和应用的程序。它们可被设置为在 Windows 引导时自动启动，或者手动启动。也可以停止、重新启动或禁用它们。服务提供长时间运行的功能，例如无线功能或访问 FTP 服务器。要配置 Windows 服务，请搜索 Services。图 2-12 所示为 Windows Services 控制面板小程序。在设置这些服务时，请务必小心。有些程序依赖一个或多个服务才能正常运行。关闭服务可能会给应用或其他服务造成负面影响。

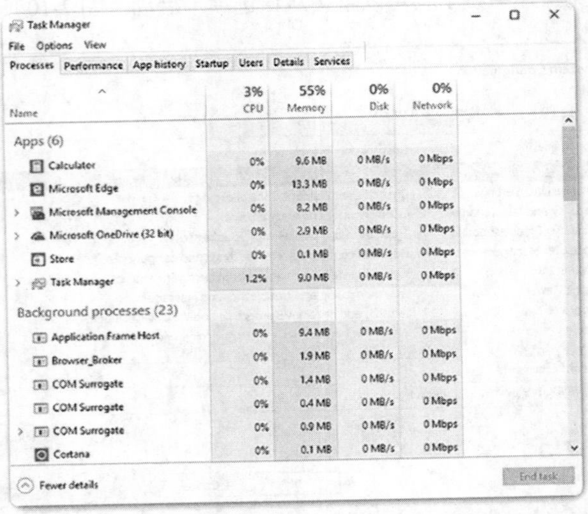

图 2-11 Windows Task Manager 的 Processes 选项卡

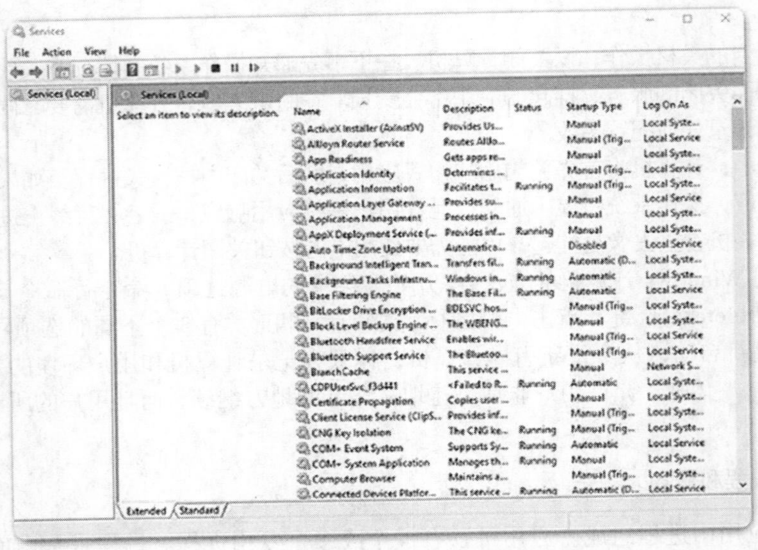

图 2-12 Windows Services 控制面板小程序

7. 内存分配和句柄

计算机的工作方式是在 RAM 中存储指令，直到 CPU 处理这些指令为止。进程的虚拟地址空间是进程可以使用的一组虚拟地址。虚拟地址不是内存中的实际物理地址，而是页表中可用于将虚拟地址翻译为物理地址的条目。

32 位 Windows 计算机中的每个进程均支持虚拟地址空间，最多可进行 4GB 的寻址。64 位 Windows 计算机中的每个进程均支持最多 8TB 的虚拟地址空间。

每个用户空间进程在专用地址空间里运行，与其他用户空间进程分开。当用户空间进程需要访问内核资源时，它必须使用进程句柄。这是因为不允许用户空间进程直接访问这些内核资源。进程句柄提供用户空间进程所需的访问，而无须直连用户空间进程。

查看内存分配的一个强大工具是 Sysinternal 的 RamMap，如图 2-13 所示。

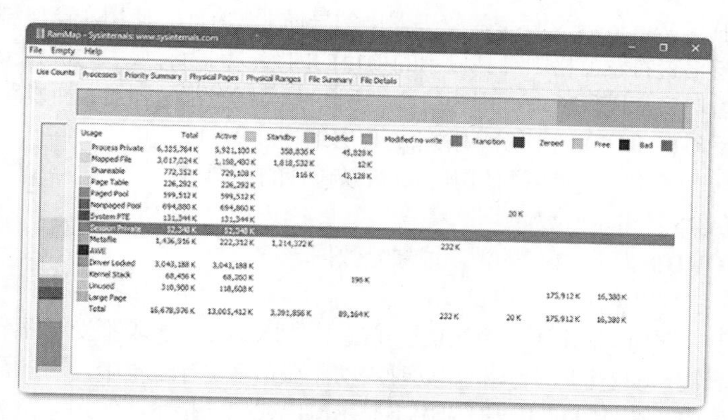

图 2-13　Sysinternals 的 RamMap

8. Windows 注册表

Windows 将硬件、应用、用户和系统设置的所有相关信息存储在一个被称为注册表的大型数据库中。这些对象的交互方式也被记录下来，例如应用打开什么文件，以及文件夹和应用的所有属性详情。注册表是一个分层数据库，其中最高层级被称为配置单元，下面是键，再下面是子键。存储数据的值存储在键和子键中。注册表键最大允许 512 层深度。

以下是 Windows 注册表的 5 个配置单元。

- **HKEY_CURRENT_USER（HKCU）**：存储当前登录用户的相关数据。
- **HKEY_USERS（HKU）**：存储主机上所有用户账户的相关数据。
- **HKEY_CLASSES_ROOT（HKCR）**：存储对象链接和嵌入（OLE）注册的相关数据。
- **HKEY_LOCAL_MACHINE（HKLM）**：存储系统相关数据。
- **HKEY_CURRENT_CONFIG（HKCC）**：存储当前硬件配置文件的相关数据。

我们无法创建新的配置单元。拥有管理员权限的账户可以在配置单元中创建、修改或删除注册表键和值。如图 2-14 所示，工具 regedit.exe 可用于修改注册表。使用此工具时，请务必小心。注册表的细微变化会产生巨大的影响，甚至造成灾难性的后果。

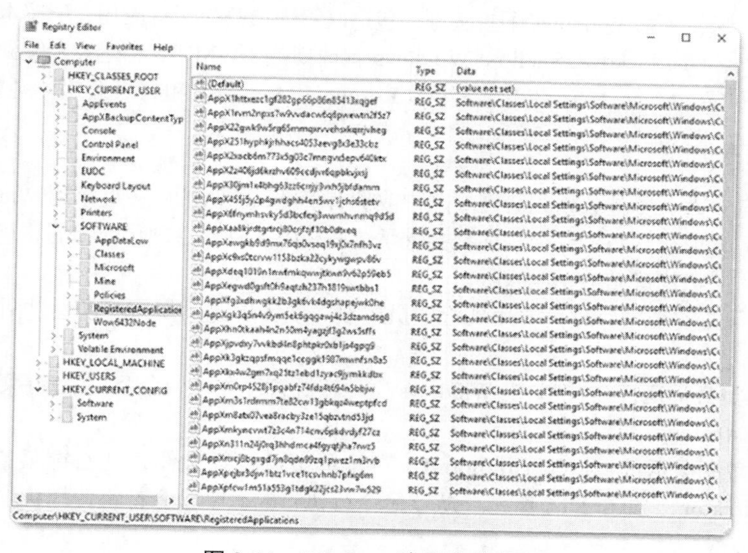

图 2-14　Windows 注册表编辑器

注册表中的导航与Windows文件资源管理器中的导航非常相似。使用左窗格浏览它下面的配置单元和结构，使用右窗格查看左窗格中高亮显示的项目的内容。因为有太多的键和子键，键路径会变得很长。路径显示在窗口底部以供参考。因为每个键和子键实质上都是容器，所以路径的表示很像是文件系统中的文件。反斜杠（\）用于区分数据库的分层结构。

注册表键可以包含子键或值。下面列出了键可以包含的不同值：

- **REG_BINARY**：布尔值数量。
- **REG_DWORD**：大于32位的数字或原始数据。
- **REG_SZ**：字符串值。

因为注册表存储几乎所有的操作系统和用户信息，所以确保注册表不受损坏至关重要。潜在恶意应用可以添加注册表键，使它们在计算机启动时启动。在正常引导过程中，用户看不到程序的启动，因为条目位于注册表中，在计算机引导时应用不显示窗口或启动指示。例如，如果击键记录器在用户不知情或不同意的情况下，在计算机引导时启动，可能会破坏计算机的安全性。在执行正常的安全审计时，或者修复被感染的系统时，查看应用程序在注册表中的启动位置，确保每个应用在运行时都是已知且运行的。

此外，注册表还包含用户在正常的计算机日常使用过程中执行的活动。这包括硬件设备的历史记录，其中包括由名称、制造商和序列号来标识的连接到计算机的所有设备。注册表中还存储其他信息，例如用户和程序打开了哪些文档、这些文档的位置和访问时间。当需要执行取证调查时，这些都是非常有用的信息。

2.2 Windows管理

在本节中，您将了解Windows配置、监控和安全。

2.2.1 Windows配置和监控

在本小节中，您将了解Windows配置管理，包括以管理员身份运行应用，配置本地用户和域，以及使用命令行界面（CLI）、PowerShell和Windows管理规范（WMI）。您还会了解到怎样使用**net**命令、任务管理器（Task Manager）、资源监视器（Resource Monitor）和网络工具监控Windows。

1. 以管理员身份运行

作为安全最佳实践，不建议使用管理员账户或拥有管理员权限的账户登录到Windows。这是因为在使用这些权限登录时，执行的任何程序都会继承这些权限。拥有管理员权限的恶意软件对计算机上的所有文件和文件夹具有完整的访问权限。

有时，在运行或安装软件时需要用到管理员权限。要实现此操作，可以通过两种不同的方法进行安装。

- **以管理员身份运行**：右键单击Windows文件资源管理器中的命令，从右键菜单中选择**Run as administrator**，如图2-15所示。
- **管理员命令提示符**：搜索**command**，右键单击可执行文件，从右键菜单中选择**Run as administrator**，如图2-16所示。从该命令行执行的每个命令都将使用管理员权限执行，包括软件安装。

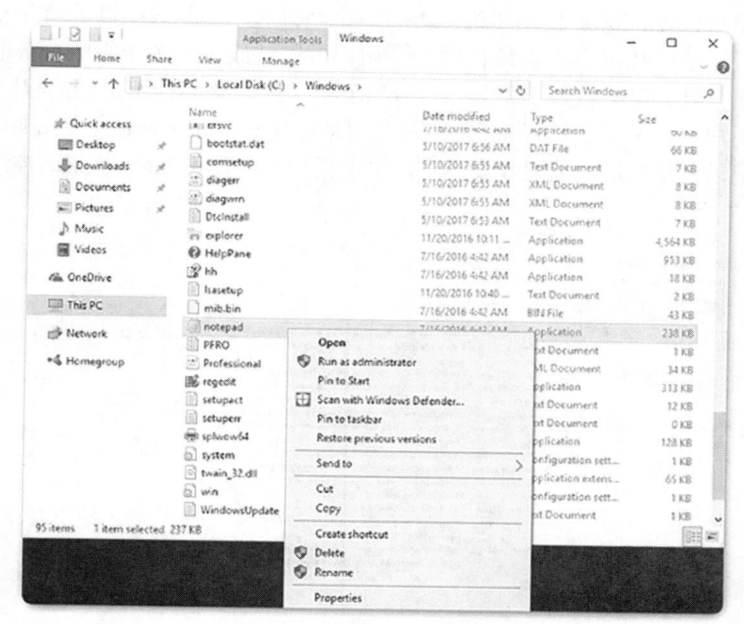

图 2-15　从 Windows 资源管理器以管理员身份运行

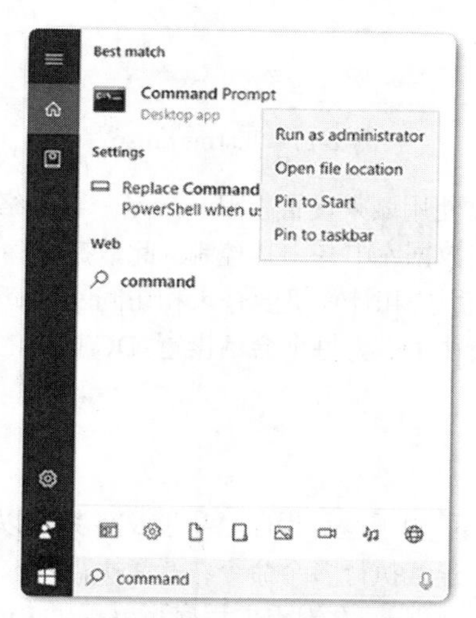

图 2-16　使用管理员命令提示符以管理员身份运行

2. 本地用户和域

当第一次启动新计算机时，或者安装 Windows 时，系统将提示创建用户账户。这被称为本地用户。此账户将包含您的所有自定义设置、访问权限、文件位置和许多其他用户特定的数据。此外，还有两个其他账户：Guest（访客）和 Administrator（管理员）。默认情况下，这两个账户都处于禁用状态。

作为安全最佳实践，不要启用管理员账户，不要为标准用户提供管理员权限。如果用户需要执行任何需要管理员权限的功能，系统将要求输入管理员密码，并且仅允许以管理员身份运行此任务。通过输入管理员密码，有助于阻止任何未经授权的软件安装、执行或访问文件，从而保护了计算机。

访客账户不应启用。访客账户没有与之相关的密码，因为它是在计算机准备供没有计算机账户的人员使用时创建的。每当以访客账户登录时，系统会向它们提供默认环境和有限的权限。

为便于管理用户，Windows 使用了组。组有一个名称和一套与其关联的特定权限。当将用户放置到某个组时，该组的权限会提供给该用户。用户可以被放置到多个组中，获取许多不同的权限。当权限相互重叠时，某些权限（例如，“明确拒绝”）将覆盖其他组提供的权限。Windows 内置有许多不同的用户组，可用于执行特定的任务。例如，Performance Log Users 组允许成员调度性能计数器日志记录，在本地或远程收集日志。本地用户和组使用 lusrmgr.msc 控制面板小程序进行管理，如图 2-17 所示。

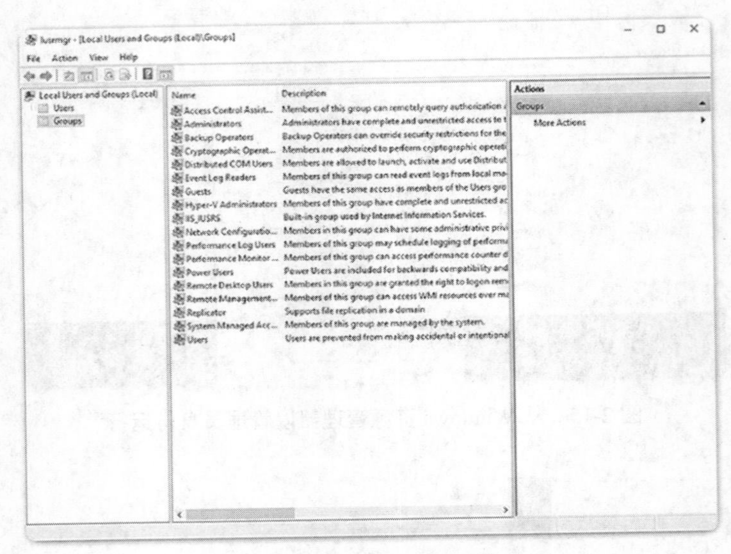

图 2-17 lusrmgr.msc

除了组以外，Windows 也可以使用域来设置权限。域是一种网络服务，其中所有用户、组、计算机、外围设备和安全设置均存储在数据库中并由其控制。此数据库存储在名为域控制器（DC）的特殊计算机或计算机组中。域中的每个用户和计算机要登录和访问网络资源，必须针对 DC 进行身份验证。每个用户和每个计算机的安全设置由 DC 为每个会话设置。DC 提供的任何设置都默认为本地计算机或用户账户设置。

3. CLI 和 PowerShell

Windows 命令行界面（CLI）可用于运行程序、导航文件系统以及管理文件和文件夹。此外，还可以创建名为批处理文件的文件，连续执行多个命令，就像执行基本脚本一样。要打开 Windows CLI，请搜索 cmd.exe，然后点击该程序。切记，右键点击程序可以提供 Run as administrator 选项，为将要使用的命令赋予更多的权力。

提示符显示在文件系统中的当前位置。使用 CLI 时，有几点注意事项。

- 默认情况下，文件名和路径不区分大小写。
- 为存储设备分配盘符以供引用。盘符后跟反斜杠（\）表示设备的根目录。设备上的文件夹和文件分层结构用反斜杠分隔和表示。例如，C:\Users\Jim\Desktop\file.txt 是设备 C:上 Users 文件夹下 Jim 文件夹中 Desktop 文件夹里的 file.txt 文件。
- 具有可选参数的命令使用斜杠（/）分隔命令和每个参数。
- 引用目录或文件时，可以使用 Tab 键自动完成命令。
- Windows 保存在 CLI 会话期间输入的命令的历史记录。使用向上和向下箭头键可访问历史命令。
- 要在存储设备之间切换，请输入设备盘符，后跟冒号，然后按 Enter 键。

尽管 CLI 有许多命令和功能，但它不能与 Windows 核心或 GUI 一起使用。另一个称为 Windows PowerShell 的环境可用于创建脚本，以自动执行常规 CLI 无法创建的任务。PowerShell 也提供 CLI，用来发起命令。PowerShell 是 Windows 中的集成程序，可以通过搜索和点击 Powershell 打开。与 CLI 一样，PowerShell 也可以使用管理员权限运行。

下面列出了 PowerShell 可以执行的命令的类型。

- **cmdlets**：这些命令执行操作，将输出或对象返回到将要执行的下一个命令。
- **PowerShell 脚本**：这些是带有 .ps1 扩展名且包含要执行的 PowerShell 命令的文件。
- **PowerShell 函数**：这些是可以在脚本中引用的代码。

要了解 Windows PowerShell 的更多信息并开始使用它，请在 PowerShell 中输入 **help**，如例 2-2 所示。您将获得更多信息以及开始使用 PowerShell 的资源。

例 2-2 Windows PowerShell 帮助

```
PS C:\Windows\System32> help

TOPIC
    Windows PowerShell Help System

SHORT DESCRIPTION
    Displays help about Windows PowerShell cmdlets and concepts.

LONG DESCRIPTION
    Windows PowerShell Help describes Windows PowerShell cmdlets,
    functions, scripts, and modules, and explains concepts, including
    the elements of the Windows PowerShell language.

    Windows PowerShell does not include help files, but you can read the
    help topics online, or use the Update-Help cmdlet to download help files
    to your computer and then use the Get-Help cmdlet to display the help
    topics at the command line.

    You can also use the Update-Help cmdlet to download updated help files
    as they are released so that your local help content is never obsolete.

    Without help files, Get-Help displays auto-generated help for cmdlets,
    functions, and scripts.


  ONLINE HELP
    You can find help for Windows PowerShell online in the TechNet Library
    beginning at http://go.microsoft.com/fwlink/?LinkID=108518.
    To open online help for any cmdlet or function, type:

       Get-Help <cmdlet-name> -Online

  UPDATE-HELP
    To download and install help files on your computer:

       1. Start Windows PowerShell with the "Run as administrator" option.
       2. Type:
```

```
        Update-Help

    After the help files are installed, you can use the Get-Help cmdlet to
    display the help topics. You can also use the Update-Help cmdlet to
    download updated help files so that your local help files are always
    up-to-date.

    For more information about the Update-Help cmdlet, type:

        Get-Help Update-Help -Online

-- More  --
```

Windows PowerShell 中有 4 个帮助级别。

- **get-help** PS 命令：显示命令的基本帮助。
- **get-help** PS 命令 [-examples]：显示命令的基本帮助和示例。
- **get-help** PS 命令 [-detailed]：显示命令的详细帮助和示例。
- **get-help** PS 命令 [-full]：显示命令的所有帮助信息以及更深层次的示例。

4. Windows 管理规范

Windows 管理规范（WMI）用于管理远程计算机。它可以检索有关计算机组件、硬件和软件统计信息的信息，并监控远程计算机的运行状况。通过搜索并打开 Computer Management，然后右键点击 **Services and Applications** 下的 **WMI Control** 条目，然后选择 **Properties**，可以打开 WMI 控制。图 2-18 所示为 WMI Control Properties 窗口。

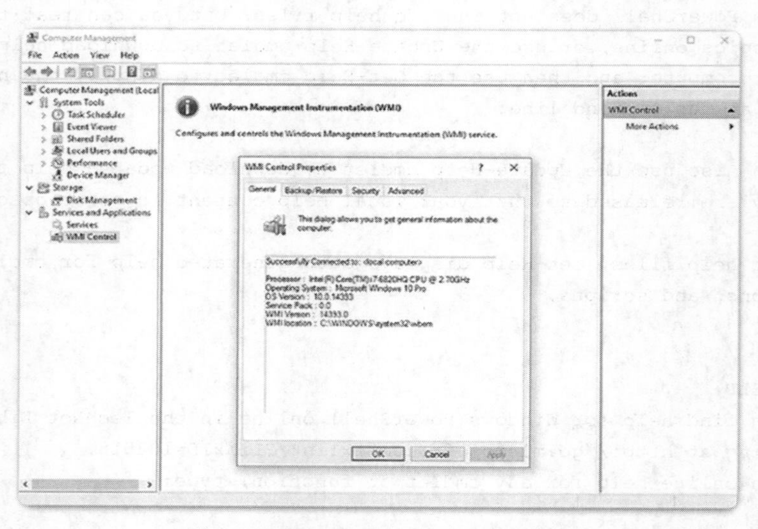

图 2-18 WMI Control Properties 窗口

WMI Control Properties 窗口中的 4 个选项卡如下所示。

- **General**：关于本地计算机和 WMI 的摘要信息。
- **Backup/Restore**：允许手动备份 WMI 收集的统计信息。
- **Security**：配置谁拥有对不同 WMI 统计信息的访问权限的设置。
- **Advanced**：为 WMI 配置默认命名空间的设置。

现在，一些攻击使用 WMI 连接到远程系统，修改注册表并运行命令。WMI 可以帮助这些攻击规避检测，因为它是常用流量，通常被网络安全设备所信任，而且远程 WMI 命令往往不会在远程主机上留下证据。因此，WMI 访问应该受到严格限制。

5. net 命令

Windows 有许多命令可在命令行中输入。其中一个重要的命令是 **net** 命令，用于操作系统管理和维护。**net** 支持在后面跟随许多其他命令，而且可以与参数组合使用，用于特定输出。

要查看许多 **net** 命令的列表，请在命令提示符中输入 **net help**。例 2-3 所示为 **net** 命令可以使用的命令。要查看有关任何 **net** 命令的详细帮助，请输入 **net help** 命令。

例 2-3 net 命令

```
C:\Users> net help
The syntax of this command is:

NET HELP
command
     -or-
NET command /HELP

  Commands available are:

  NET ACCOUNTS             NET HELPMSG              NET STATISTICS
  NET COMPUTER             NET LOCALGROUP           NET STOP
  NET CONFIG               NET PAUSE                NET TIME
  NET CONTINUE             NET SESSION              NET USE
  NET FILE                 NET SHARE                NET USER
  NET GROUP                NET START                NET VIEW
  NET HELP

  NET HELP NAMES explains different types of names in NET HELP syntax lines.
  NET HELP SERVICES lists some of the services you can start.
  NET HELP SYNTAX explains how to read NET HELP syntax lines.
  NET HELP command | MORE displays Help one screen at a time.


C:\Users>
```

以下为一些常见的 **net** 命令。

- **net accounts**：为用户设置密码和登录要求。
- **net session**：列出或断开网络上一台计算机和其他计算机之间的会话。
- **net share**：创建、删除或管理共享资源。
- **net start**：启动网络服务或列出运行中的网络服务。
- **net stop**：停止网络服务。
- **net use**：连接、断开和显示共享网络资源相关的信息。
- **net view**：显示网络上的计算机和网络设备列表。

6. 任务管理器和资源监视器

有两个非常重要且有用的工具，可以帮助管理员了解 Windows 计算机上运行的许多不同的应用、服务和进程。这些工具也可以提供计算机性能的洞察，例如 CPU、内存和网络使用率。当调查怀疑存在恶意软件的问题时，这些工具尤其有用。当组件不按预期方式运行时，这些工具可用来确定问题是什么。

任务管理器

任务管理器（Task Manager）提供许多有关正在运行的进程以及计算机一般性能的信息，如图 2-19 所示。

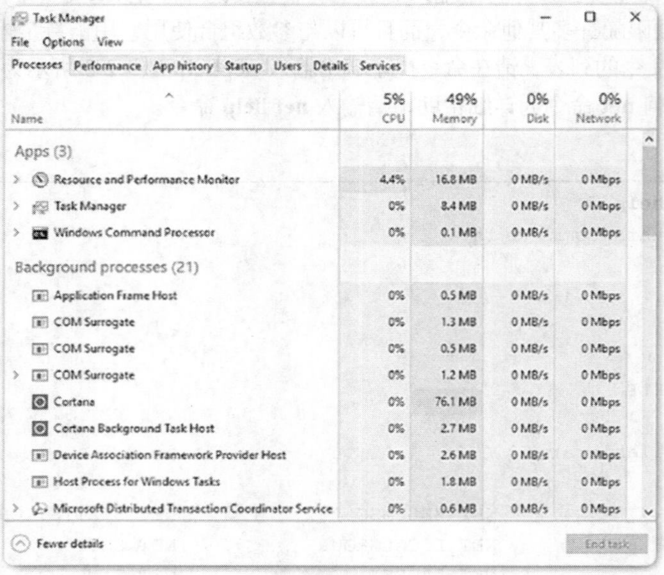

图 2-19 Windows 10 任务管理器

任务管理器有 7 个选项卡。

- **Processes**：这里显示当前正在运行的所有程序和进程。每个进程的 CPU、进程、磁盘和网络使用情况分列显示。可以检查这些进程的属性，或者终止行为异常或已停滞的进程。
- **Performance**：所有性能统计信息的视图，提供 CPU、内存、磁盘和网络性能的有用概览。点击左窗格中的每个条目，将在右窗格中显示该条目的详细统计信息。
- **App history**：应用在一段时间内的资源使用情况，可用于了解资源消耗超出预期的应用。点击 **Options** 和 **Show history for all processes**，查看自计算机启动以来运行的每个进程的历史记录。
- **Startup**：此选项卡显示计算机引导时启动的所有应用和服务。要禁止程序在计算机启动时启动，请右键点击该条目，选择 **Disable**。
- **Users**：此选项卡显示登录到计算机的所有用户。还显示每个用户的应用和进程正在使用的所有资源。管理员可以使用该选项卡断开用户与计算机的连接。
- **Details**：类似于 Processes 选项卡，该选项卡为进程提供其他管理选项，例如设置优先级，让处理器为进程投入更多或更少的时间。也可以设置 CPU 亲和力，确定程序将使用哪个核心或 CPU。此外，一个名为 Analyze Wait Chain（分析等待链）的重要功能显示另一个进程正在等待的任何进程。此功能有助于确定进程是在等待，还是已停滞。
- **Services**：此选项卡中显示已加载的所有服务。除了 Running（正在运行）或 Stopped（已停止）状态，还显示进程 ID（PID）和简要说明。在选项卡底部有一个按钮，它可以打开 Services 控制台，提供其他服务管理。

资源监视器

当需要关于资源使用率的更多详细信息时，可以使用资源监视器（Resource Monitor），如图 2-20

所示。当搜索计算机行为异常的原因时，资源监视器有助于查找问题来源。

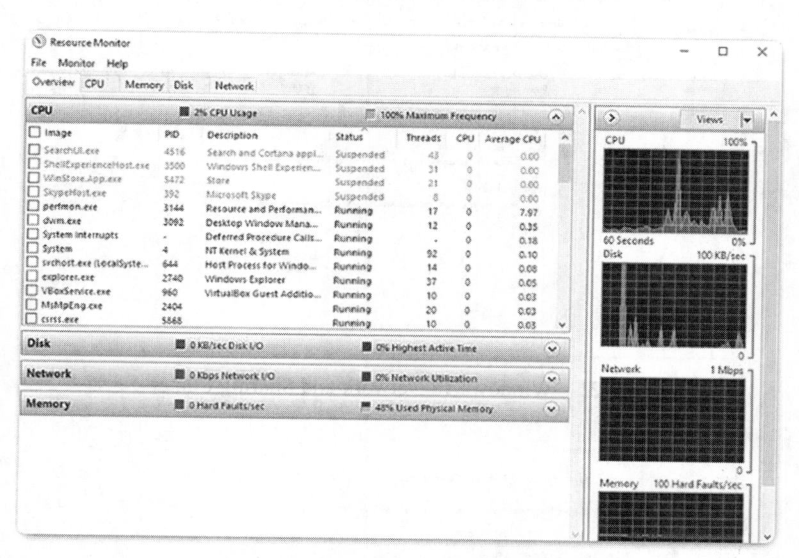

图 2-20　Windows 10 资源监视器

资源监视器有 5 个选项卡。

- **Overview**：此选项卡显示每个资源的总体使用情况。如果选择单一进程，将在所有选项卡上筛选进程，仅显示该进程的统计信息。
- **CPU**：此选项卡显示 PID、线程数、进程正在使用的 CPU，以及每个进程的平均 CPU 使用率。展开下面的行，可以查看有关进程依赖的服务的更多信息以及相关联的句柄和模块。
- **Memory**：此选项卡显示每个进程如何使用内存的所有统计信息。此外，Processes 行下面显示所有 RAM 的使用率概述。
- **Disk**：此选项卡显示正在使用磁盘的所有进程，以及读/写统计信息和每个存储设备的概述。
- **Network**：此选项卡显示正在使用网络的所有进程以及读/写统计信息。最重要的是，显示当前的 TCP 连接以及正在侦听的所有端口。当尝试确定哪些应用和进程正在网络上通信时，此选项卡非常有用。通过它可以分辨未授权进程是否正在访问网络，是否正在侦听通信，以及正在与它通信的地址。

7. 网络

操作系统一个最重要的功能是能够让计算机连接到网络。如果没有此功能，就无法访问网络资源或互联网。要配置 Windows 网络属性和测试网络设置，请使用图 2-21 所示的 Network and Sharing Center。运行此工具的最简单方法是搜索到后然后单击。

初始视图显示活动网络的概述。此视图显示是否有互联网访问，以及网络是专用网络、公共网络还是访客网络。此外，还显示网络类型（有线或无线）。从该窗口中，可以看到计算机所属的 HomeGroup，或者如果计算机不属于 HomeGroup，可以创建一个。此工具还可用于更改适配器设置，更改高级共享设置，设置新连接，或者执行故障排除。

要配置网络适配器，请选择 **Change adapter settings**，显示可用的所有网络连接。右键点击想要配置的适配器，然后选择 **Properties**，如图 2-22 所示。

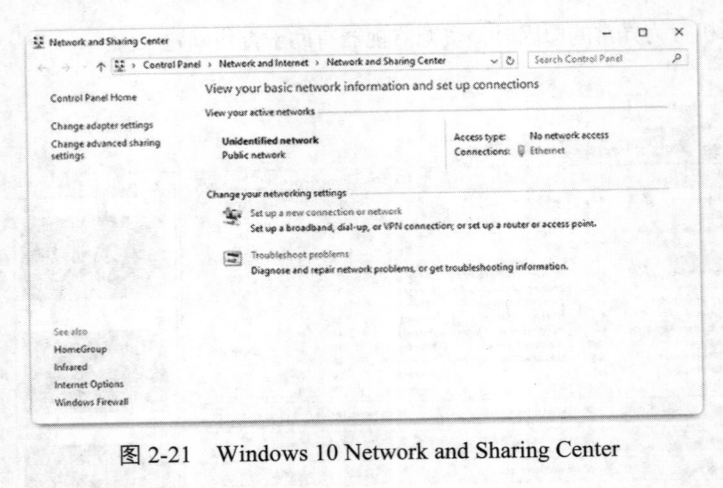

图 2-21 Windows 10 Network and Sharing Center

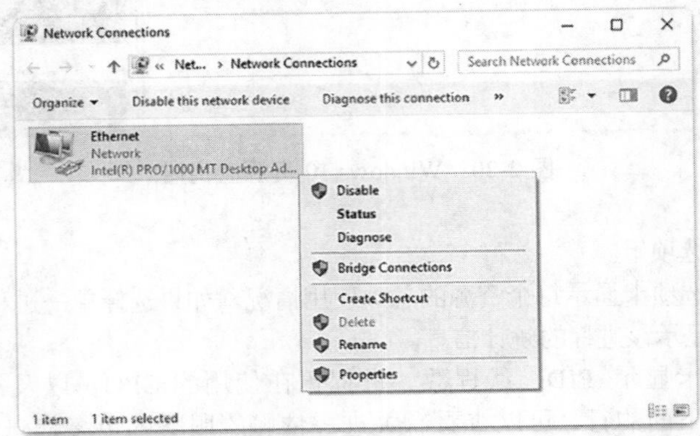

图 2-22 Windows 10 Network Connections

在 **This connection uses the following items** 方框中，显示 **Internet Protocol Version 4**（**TCP/IPv4**）或 **Internet Protocol Version 6**（**TCP/IPv6**），具体取决于要使用的版本（见图 2-23）。点击 **Properties**，配置适配器。

在如图 2-24 所示的 **Properties** 对话框中，如果网络上有 DHCP 服务器可用，可以选择 **Obtain an address automatically**。如果想手动配置寻址，可以填写地址、子网、默认网关和 DNS 服务器，配置适配器。点击 **OK**，接受更改。

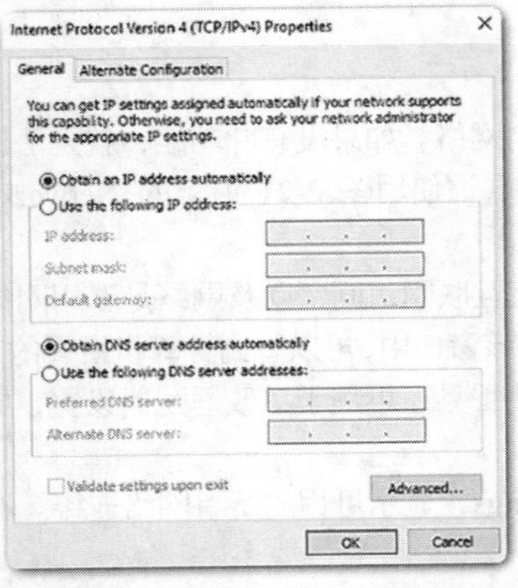

图 2-23 Windows 10 IPv4 属性

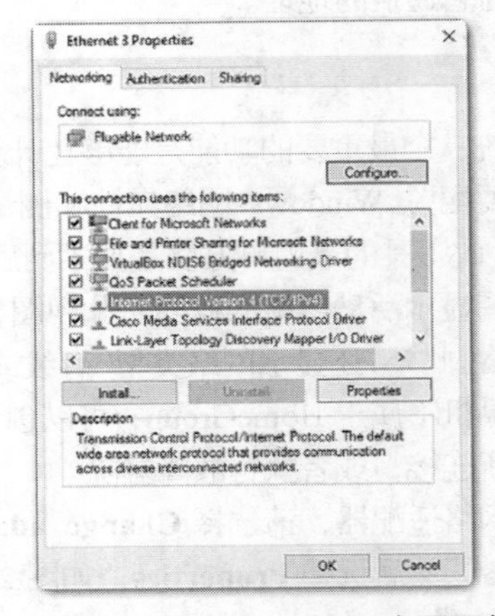

图 2-24 Windows 10 以太网属性

还可以使用 **netsh.exe** 工具通过命令提示符配置网络参数。此程序可以显示和修改网络配置。在命令提示符中输入 **netsh /?**，查看可与此命令一起使用的所有参数列表。

完成网络配置后，有一些基本命令可用于测试计算机与本地网络和互联网的连接。使用 **ping** 命令执行最基本的测试。要测试适配器本身，请在命令提示符中输入 **ping 127.0.0.1**，如例 2-4 所示。这将确保适配器能够发送和接收数据。此外，它还确认 TCP/IP 协议簇是否已适当安装在计算机中。127.0.0.1 地址称为环回地址。

例 2-4 ping 环回地址

```
C:\Users> ping 127.0.0.1

Pinging 127.0.0.1 with 32 bytes of data:
Reply from 127.0.0.1: bytes=32 time<1ms TTL=128
Reply from 127.0.0.1: bytes=32 time<1ms TTL=128
Reply from 127.0.0.1: bytes=32 time<1ms TTL=128
Reply from 127.0.0.1: bytes=32 time<1ms TTL=128

Ping statistics for 127.0.0.1:
    Packets: Sent = 4, Received = 4, Lost = 0 (0% loss),
Approximate round trip times in milli-seconds:
    Minimum = 0ms, Maximum = 0ms, Average = 0ms

C:\Users>
```

接下来，ping 网络上的任何主机。如果不知道网络上其他主机的 IP 地址，可以 ping 默认网关。要查找默认网关的地址，请在命令提示符中输入 **ipconfig**，如例 2-5 所示。

例 2-5 ipconfig 命令

```
C:\Users> ipconfig

Windows IP Configuration


Ethernet adapter Ethernet:

   Connection-specific DNS Suffix  . :
   Link-local IPv6 Address . . . . . : fe80::1074:d6c8:f89d:43ad%17
   IPv4 Address. . . . . . . . . . . : 10.10.10.4
   Subnet Mask . . . . . . . . . . . : 255.255.255.0
   Default Gateway . . . . . . . . . : 10.10.10.1
Ethernet adapter VirtualBox Host-Only Network:

   Connection-specific DNS Suffix  . :
   Link-local IPv6 Address . . . . . : fe80::1c12:a86f:b858:77ac%11
   IPv4 Address. . . . . . . . . . . : 192.168.56.1
   Subnet Mask . . . . . . . . . . . : 255.255.255.0
   Default Gateway . . . . . . . . . :
Tunnel adapter Local Area Connection* 14:

   Connection-specific DNS Suffix . . :
```

```
    IPv6 Address. . . . . . . . . . . : 2001:0:4137:9e76:c5c:17ab:bd3b:e62c
    Link-local IPv6 Address . . . . . : fe80::c5c:17ab:bd3b:e62c%4
    Default Gateway . . . . . . . . . : ::

C:\Users>
```

此命令将返回基本的网络信息，包括主机 IP 地址、子网掩码和默认网关。还可以 ping 其他已连接网络上的主机，确保能连接到这些网络。**ipconfig** 命令有许多参数，对网络执行故障排除时很有帮助。输入 **ipconfig /?**，查看可与此命令一起使用的所有参数列表。

在执行 ping 命令时，它会将 4 个 ICMP 回应请求消息发送至指示的 IP 地址。如果没有答复，说明网络配置有问题。也可能是目的主机拦截了 ICMP 回应请求。在这种情况下，尝试 ping 网络上的其他主机。通常，请求有 4 个答复，显示每个请求的大小、传输用时以及生存时间（TTL）。TTL 是数据包沿着路径到达目的所用的跳数。

也应当测试域名系统（DNS），因为我们经常使用 DNS 将名称翻译成主机地址。使用 **nslookup** 命令测试 DNS。在命令提示符中输入 **nslookup baidu.com**，查找百度 Web 服务器的地址。在地址返回时，就可以知道 DNS 能正确运行。还可以查看哪些端口已打开，它们连接到哪里，以及它们的当前状态是什么。在命令行中输入 **netstat**，可查看活动网络连接的详细信息，如例 2-6 所示。本章后文将进一步讨论 **netstat** 命令。

例 2-6　netstat 命令

```
C:\Users> netstat

Active Connections

  Proto  Local Address          Foreign Address          State
  TCP    10.10.10.4:50008       bn3sch020022361:https    ESTABLISHED
  TCP    10.10.10.4:56145       a23-204-181-116:https    ESTABLISHED
  TCP    10.10.10.4:56630       a23-0-224-158:https      ESTABLISHED
  TCP    10.10.10.4:57101       162.125.8.4:https        CLOSE_WAIT
  TCP    10.10.10.4:57102       162.125.8.4:https        CLOSE_WAIT

C:\Users>
```

8. 访问网络资源

与其他操作系统一样，Windows 将网络用于许多不同的应用，例如 Web、邮件和文件服务。服务器消息块（SMB）协议最初由 IBM 开发，在 Microsoft 的协助下用于共享网络资源。SMB 主要用于访问远程主机上的文件。通用命名惯例（UNC）格式用于连接到资源，例如：

```
\\servername\sharename\file
```

在 UNC 中，servername（服务器名）指的是托管资源的服务器。这可能是 DNS 名称、NetBIOS 名称，或者只是一个 IP 地址。sharename（共享名）指的是远程主机上文件系统中的文件夹的根，而 file（文件）指的是本地主机尝试查找的资源。文件可能位于文件系统中较深的位置，而且需要指示该分层结构。

在网络上共享资源时，需要识别将要共享的文件系统区域。访问控制可以应用到文件夹和文件，将用户和组限制到特定功能，例如读取、写入或拒绝。还有 Windows 自动创建的特殊共享，这些共享叫作管理共享。管理共享使用共享名后面的美元符号（$）标识。每个磁盘卷都有管理共享，用卷盘符和$符号表示，例如 C$、D$或 E$。Windows 安装文件夹作为 admin$共享，打印机文件夹作为 print$共享，还有可以连接的其他管理共享。仅具有管理员权限的用户才能访问这些共享。

连接到共享的最简单的方法是，在显示当前文件系统位置的导览列表的屏幕顶部方框中的 Windows 文件资源管理器中输入共享的 UNC。当 Windows 尝试连接到共享时，系统会要求用户提供访问资源的凭证。请记住，因为资源在远程计算机上，所以需要提供远程计算机的凭证，而不是本地计算机的凭证。

除了访问远程主机上的共享资源，还可以登录到远程主机并像在本地一样控制该计算机，更改配置，安装软件，或者对计算机进行故障排除。在 Windows 中，此功能称为远程桌面协议（RDP）。调查安全事件时，安全分析师经常使用 RDP 访问远程计算机。要启动 RDP 和连接到远程计算机，请搜索 Remote Desktop，然后点击应用。Remote Desktop Connection 窗口如图 2-25 所示。

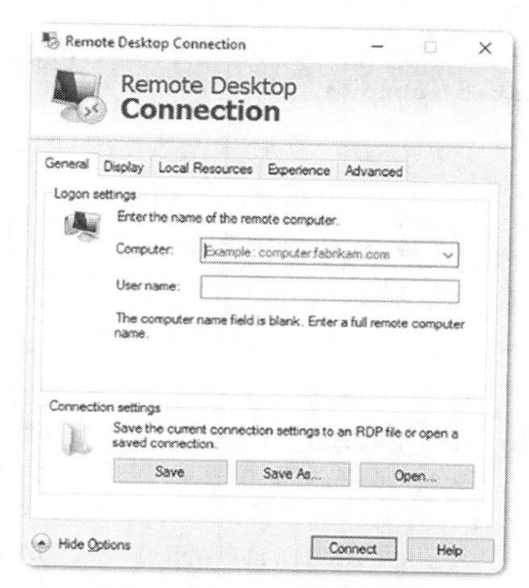

图 2-25 Windows Remote Desktop Connection

9. Windows Server

大多数 Windows 在台式机和笔记本电脑上安装并运行。此外，还有一个版本的 Windows 主要用于被称为 Windows Server 的数据中心。这是从 Windows Server 2003 开始的一个 Microsoft 产品系列。今天，最新版本是 Windows Server 2016。Windows Server 托管许多不同的服务，可以在公司内履行不同的角色。

> **注 意** *尽管存在 Windows Server 2000，但它被认为是 Windows NT 5.0 的客户端版本。Windows Server 2003 是基于 NT 5.2 的服务器，开启了新的 Windows Server 版本系列。*

下面列出了 Windows Server 托管的一些服务。

- **网络服务**：DNS、DHCP、终端服务、网络控制器和 Hyper-V 网络虚拟化。
- **文件服务**：SMB、NFS 和 DFS。
- **Web 服务**：FTP、HTTP 和 HTTPS。
- **管理**：组策略和 Active Directory 域服务控制。

2.2.2 Windows 安全

在本小节中，您将了解 Windows 安全工具，包括 **netstat**、事件查看器、Windows 更新、本地安全策略、Windows Defender 和 Windows 防火墙。

1. netstat 命令

当恶意软件出现在计算机上时，它通常会打开主机上的通信端口，然后发送和接收数据。**netstat** 命令可用于查找未经授权的入站或出站连接。单独使用时，**netstat** 命令将显示所有可用的活动 TCP 连接。

通过检查这些连接，可以确定哪些程序正在侦听未经授权的连接。当怀疑某个程序为恶意软件时，可以执行简单的研究，确定其是否合法。然后，可以使用任务管理器关闭进程，使用杀毒软件清理计算机。

要简化此过程，您可以将上述连接链接到任务管理器中正在运行的进程。为此，请使用管理员权限打开一个命令提示符，使用命令 **netstat -abno**，如例 2-7 所示。

例 2-7 netstat -abno 命令

```
C:\WINDOWS\system32> netstat -abno

Active Connections

  Proto  Local Address          Foreign Address        State           PID
  TCP    0.0.0.0:135            0.0.0.0:0              LISTENING       1128
  RpcSs
 [svchost.exe]
  TCP    0.0.0.0:445            0.0.0.0:0              LISTENING       4
 Can not obtain ownership information
  TCP    0.0.0.0:2869           0.0.0.0:0              LISTENING       4
 Can not obtain ownership information
  TCP    0.0.0.0:5357           0.0.0.0:0              LISTENING       4
 Can not obtain ownership information
  TCP    0.0.0.0:6646           0.0.0.0:0              LISTENING       5992
 [MMSSHOST.EXE]
  TCP    0.0.0.0:8019           0.0.0.0:0              LISTENING       4828
 [QBCFMonitorService.exe]
  TCP    0.0.0.0:18800          0.0.0.0:0              LISTENING       20020
 [Amazon Music Helper.exe]
  TCP    0.0.0.0:49664          0.0.0.0:0              LISTENING       924
 Can not obtain ownership information
  TCP    0.0.0.0:49665          0.0.0.0:0              LISTENING       1520
  EventLog
 [svchost.exe]
  TCP    0.0.0.0:49666          0.0.0.0:0              LISTENING       2484
  Schedule
 [svchost.exe]
  TCP    0.0.0.0:49689          0.0.0.0:0              LISTENING       364
 [lsass.exe]
  TCP    0.0.0.0:49735          0.0.0.0:0              LISTENING       4772
 [spoolsv.exe]
  TCP    0.0.0.0:49828          0.0.0.0:0              LISTENING       1012
 Can not obtain ownership information
  TCP    10.10.10.4:139         0.0.0.0:0              LISTENING       4
 Can not obtain ownership information
```

```
<output omitted>

C:\WINDOWS\system32>
```

通过检查活动的 TCP 连接，分析师应该能够确定是否存在任何可疑程序正在侦听主机上的传入连接。也可以在 Windows 任务管理器中跟踪进程并取消进程。在列出的进程中，可能会有多个进程的名字相同。在这种情况下，请使用 PID 查找正确的进程。计算机上运行的每个进程都有唯一的 PID。要在任务管理器中显示进程的 PID，请打开任务管理器，右键点击表顶部的标题行，然后选择 **PID**。

2. 事件查看器

Windows 事件查看器（Event Viewer）记录应用、安全和系统事件的历史信息，如图 2-26 所示。这些日志文件是非常有价值的故障排除工具，因为它们可以提供识别问题所需的信息。可通过搜索并点击程序图标的方式打开事件查看器。

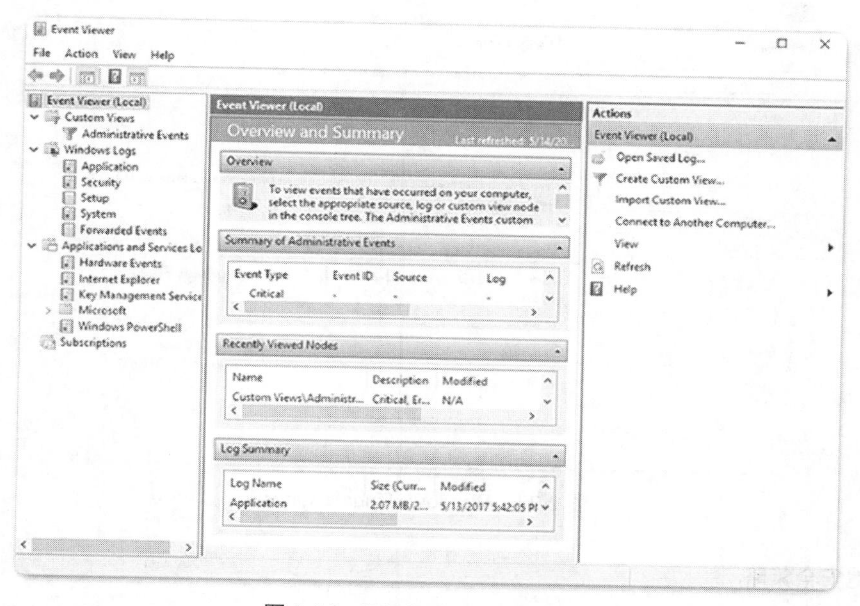

图 2-26 Windows Event Viewer

Windows 包含两类事件日志：Windows 日志以及应用和服务日志。每个类别都有多个日志类型。这些日志中显示的事件都有相应的级别：信息、警告、错误或严重。它们还具有事件发生的日期和时间，以及事件来源和与该事件类型相关的 ID。

也可以创建自定义视图。当查找某些类型的事件、查找在某个时间段发生的事件、显示某个级别的事件以及许多其他标准时，这是非常有用的。有一个名为管理事件（Administrative Event）的内置自定义视图，显示了所有管理日志中的所有严重、错误和警告事件。尝试故障排除时，最好从该视图开始。

3. Windows 更新管理

没有哪个软件是完美的，Windows 操作系统也不例外。攻击者源源不断地出现，通过各种新途径破坏计算机并利用里面的不良代码。其中有些攻击来得太快，以致于没有相应的措施加以抵御。这些攻击被称为零日攻击。Microsoft 和安全软件开发者始终尽力做到领先于攻击者，但并不总是能够成功。为确保最高级别的攻击防护，请始终确保使用最新服务包和安全补丁程序更新 Windows。

补丁是制造商提供的代码更新，可防止新发现的病毒或蠕虫成功攻击系统。有时，制造商将补丁和升级相结合，组成一个全面的更新应用，称为一个服务包。如果更多用户下载并安装了最新的服务包，许多灾难性的病毒攻击造成的后果可能就会轻得多。

Windows 定期检查 Windows 更新网站是否有高优先级的更新，帮助用户保护计算机免遭最新安全威胁的影响。这些更新包括安全更新、关键更新和服务包。根据选择的设置，Windows 会自动下载并安装计算机所需的任何高优先级更新，或在这些更新可用时通知用户。要配置 Windows 更新设置，请搜索 Windows Update，然后点击应用。

如图 2-27 所示，可以通过更新状态手动检查更新，并查看计算机更新历史记录。此外，这里还有计算机不会自动重启的时间设置，例如，计算机在正常工作时间不会重启。如果需要，也可以通过 Restart options（重新启动）选项选择更新后重新启动计算机的时间。Advanced options（高级选项）也可用于选择如何安装更新以及如何获得其他 Microsoft 产品的更新。

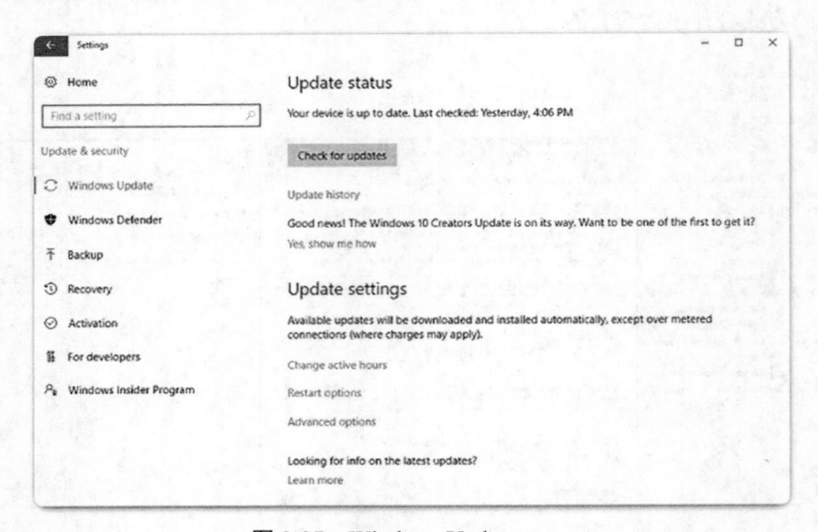

图 2-27 Windows Update status

4. 本地安全策略

安全策略是一组目标，用于确保组织中的网络、数据和计算机系统的安全性。安全策略是一个根据技术、业务和员工需求的改变而不断发展的文档。

在使用 Windows 计算机的大多数网络中，已在 Windows Server 上使用域配置了 Active Directory。Windows 计算机加入域。管理员配置适用于所有加入该域的计算机的域安全策略。当用户登录到域中的计算机时，自动设置账户策略。Windows Local Security Policy（见图 2-28）可用于不属于 Active Directory 域的独立计算机。要打开 Local Security Policy 小程序，请搜索 Local Security Policy，然后点击程序。

密码指南是安全策略的重要组成部分。任何登录到计算机或连接到网络资源的用户都应当拥有密码。密码有助于防止数据窃取和恶意行为。密码通过确保用户的身份正确无误，确保事件记录的有效性。Password Policy（密码策略）可以在 Account Policies（账户策略）下找到，为本地计算机上的所有用户定义密码标准。

在“账户策略”中使用 Account Lockout Policy（账户锁定策略），可防止他人暴力登录尝试。可以设置策略，允许用户输入错误的用户名和/或密码 5 次。5 次尝试之后，该账户会锁定 30 分钟。30 分钟后，尝试次数重置为零，用户可以尝试重新登录。

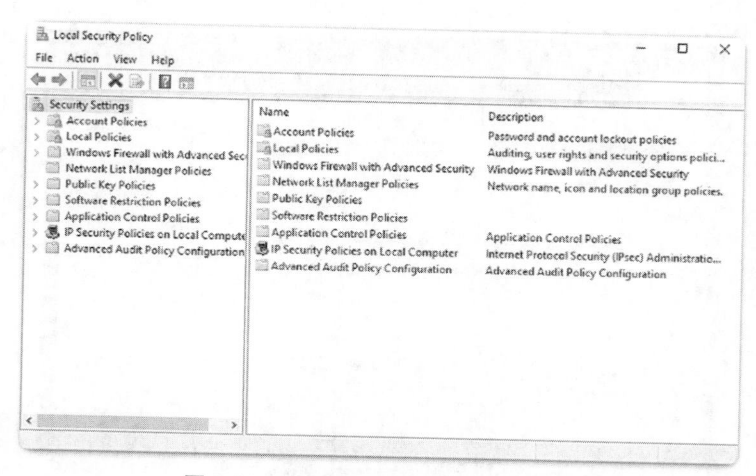

图 2-28 Windows Local Security Policy

要确保计算机在用户离开后仍是安全的，这一点很重要。安全策略应包含一个规则，要求在屏幕保护程序开启时锁定计算机。这样可以确保在短时间离开计算机之后，启动屏幕保护程序，然后计算机将无法使用，直到用户登录为止。

如果每个独立计算机上的 Local Security Policy（本地安全策略）是相同的，可使用导出策略功能。用一个名称来保存策略，例如 workstation.inf。将策略文件复制到外部媒体或网络驱动器，这样在其他独立计算机上就可使用该策略了。如果管理员需要为用户权限和安全选项配置大量的本地策略，该功能尤其有用。

Local Security Policy 小程序包含许多其他专门应用于本地计算机的安全设置。您可以配置用户权限、防火墙规则，甚至可以配置限制用户或组使用 AppLocker 运行的文件的能力。

5. Windows Defender

恶意软件包括病毒、蠕虫、特洛伊木马、击键记录器、间谍软件和广告软件。这些恶意软件旨在侵犯隐私、窃取信息、破坏计算机或损坏数据。使用信誉良好的反恶意软件保护计算机和移动设备至关重要。以下是可用的反恶意软件程序类型。

- **防病毒保护**：此程序持续监控病毒。检测到病毒时会警告用户，并且程序会试图隔离或删除病毒。
- **广告软件防护**：此程序在计算机上不断寻找可显示广告的程序。
- **网络钓鱼防护**：此程序阻止已知钓鱼网站的 IP 地址并向用户提醒可疑站点。
- **间谍软件防护**：此程序扫描击键记录器和其他间谍软件。
- **可信/不可信源**：此程序警告用户注意将要安装的不安全程序或在访问前警告用户注意不安全的网站。

可能需要使用多种不同的程序和多次扫描才能完全删除所有恶意软件。每次只能运行一个恶意软件防护程序。

多个可信的安全组织（例如 McAfee、Symantec 和 Kaspersky）为计算机和移动设备提供全面的恶意软件防护。Windows 拥有名为 Windows Defender 的内置病毒和间谍软件防护程序，如图 2-29 所示。默认情况下，Windows Defender 开启，提供实时感染防护。

要打开 Windows Defender，请搜索 Windows Defender，然后单击它。尽管 Windows Defender 在后台工作，但是可以对计算机和存储设备执行手动扫描。也可以手动更新 **Update** 选项卡中的病毒和间谍软件定义。此外，要查看在以前的扫描中发现的所有项目，请单击 **History** 选项卡。

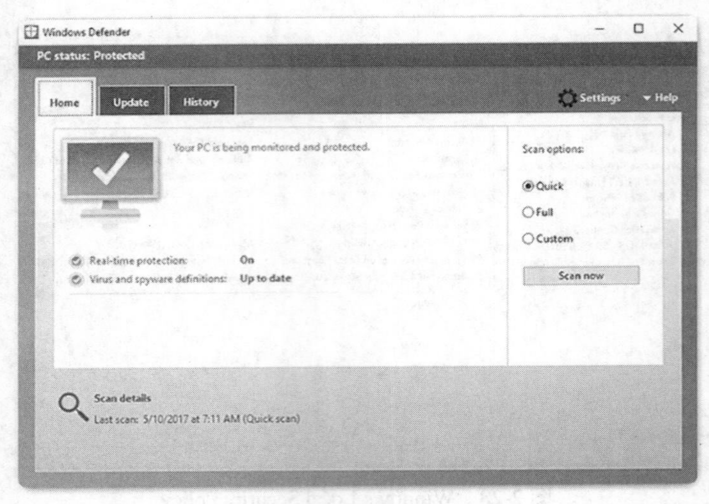

图 2-29 Windows Defender

6. Windows 防火墙

防火墙可以选择性地拒绝去往计算机或网段的流量。防火墙的工作方式通常是打开和关闭各种应用使用的端口。通过在防火墙上仅打开所需的端口，可实施严格的安全策略。任何未经明确允许的数据包将被拒绝。相反，如果没有明确地拒绝访问，许可安全策略将允许通过所有端口的访问。以前，软件和硬件在出厂时都附有许可设置。用户忘记配置其设备时，默认的许可设置会将许多设备暴露给攻击者。现在大多数设备都附带尽可能严格的设置，同时仍允许用户轻松进行设置。

要允许通过 Windows 防火墙访问程序，请搜索 Windows Firewall，单击其名称以运行它，然后单击 **Allow an app or feature through Windows Firewall**，如图 2-30 所示。

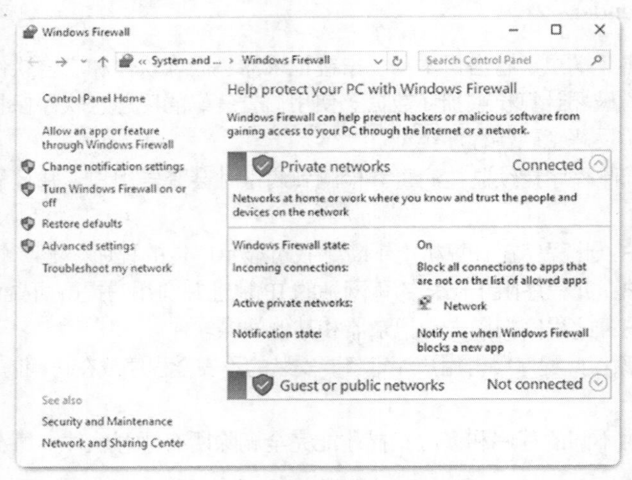

图 2-30 Windows 防火墙

如果想使用不同的软件防火墙，需要禁用 Windows 防火墙。要禁用 Windows 防火墙，请单击 **Turn Windows Firewall on or off**。

许多其他设置可以在 **Advanced settings** 下找到，如图 2-31 所示。在这里，可以根据不同的标准创建入站或出站流量规则。也可以导入和导出策略或者修改防火墙的不同方面。

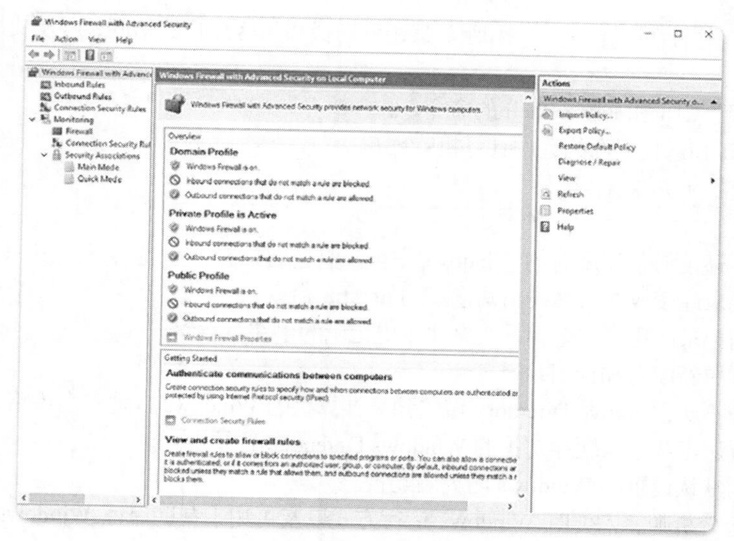

图 2-31 Windows 防火墙高级设置

2.3 小结

在本章中，您已经了解了 Windows 操作系统的历史和架构。已有 40 多个 Windows 桌面、Windows 服务器和 Windows 移动操作系统版本。

HAL 处理硬件和内核之间的所有通信。CPU 可以在两种独立的模式下运行：内核模式和用户模式。已安装的应用在用户模式下运行，操作系统代码在内核模式下运行。

NTFS 将磁盘格式化为 4 种重要的数据结构：

- 分区引导扇区；
- 主文件表；
- 系统文件；
- 文件区域。

应用通常由许多进程组成。进程是指当前正在执行的任何程序。每个正在运行的进程至少由一个线程组成。线程是可以执行的进程的一部分。Windows 运行的一些进程是服务。这些是在后台运行以支持操作系统和应用的程序。

32 位 Windows 计算机中的每个进程均支持虚拟地址空间，其最多可进行 4GB 的寻址。64 位 Windows 计算机中的每个进程均支持最多 8TB 的虚拟地址空间。

Windows 将硬件、应用、用户和系统设置的所有相关信息存储在一个被称为注册表的大型数据库中。注册表是一个分层数据库，其中最高层级被称为配置单元。以下是 Windows 注册表的 5 个配置单元。

- HKEY_CURRENT_USER（HKCU）
- HKEY_USERS（HKU）
- HKEY_CLASSES_ROOT（HKCR）
- HKEY_LOCAL_MACHINE（HKLM）
- HKEY_CURRENT_CONFIG（HKCC）

在本章中，您还了解了配置、监控和保证 Windows 安全的方法。为此，通常需要以管理员的身份运行程序。作为管理员，可以创建用户和组、禁用管理员和访客账户的访问，以及使用各种管理工具，其中包括：

- 所有可用于 CLI 和 PowerShell 的命令；
- 使用 WMI 和远程桌面的远程计算机管理；
- 任务管理器和资源监视器；
- 联网配置。

作为管理员，还能够使用所有的 Windows 安全工具，包括：

- 用于查找未经授权的入站或出站连接的 **netstat** 命令；
- 用于访问记录应用、安全和系统事件历史记录的事件查看器；
- Windows 更新配置和计划；
- 用于保护不属于 Active Directory 域的独立计算机的 Windows 本地安全策略；
- 用于内置病毒和间谍软件防护的 Windows Defender 配置；
- 用于微调默认设置的 Windows 防火墙配置。

作为网络安全分析师，需要对 Windows 运行方式以及可用于帮助保证 Windows 终端安全的工具有基本的了解。

复习题

请完成以下所有复习题，以检查您对本章主题和概念的理解情况。答案列在附录“复习题答案”中。

1. 什么包含有关如何组织硬盘驱动器分区的信息？

   A. CPU　　B. MBR

   C. BOOTMGR　　D. Windows 注册表

2. 在 Windows PC 上使用哪种 net 命令建立远程服务器上的共享目录连接？

   A. **net use**　　B. **net start**

   C. **net share**　　D. **net session**

3. 对于计算机每次启动时都应运行的服务，必须选择哪种启动类型？

   A. 引导　　B. 手动

   C. 自动　　D. 开始

   E. 启动

4. 用户在 Windows 中创建扩展名为.ps1 的文件。它是哪种类型的文件？

   A. PowerShell cmdlet　　B. PowerShell 函数

   C. PowerShell 文档　　D. PowerShell 脚本

5. 当用户对 Windows 系统的设置进行更改时，这些更改存储在何处？

   A. 控制面板　　B. 注册表

   C. win.ini　　D. boot.ini

6. 哪个 Windows 版本首先引入 64 位 Windows 操作系统？

   A. Windows NT　　B. Windows XP

   C. Windows 7　　D. Windows 10

7. 本地网络上的一台主机发出两个 ping 命令。第一个 ping 命令针对主机的默认网关 IP 地址，命令失败。第二个 ping 命令针对本地网络外主机的 IP 地址，命令成功。第一个 ping 命令失败的原因可能是什么？

A. 默认网关设备配置了错误的 IP 地址

B. 默认网关上的 TCP/IP 协议栈运行不正常

C. 默认网关运行不正常

D. 默认网关设备应用了安全规则，阻止其处理 ping 请求

8. 哪个命令可用于手动查询 DNS 服务器来解析特定主机名？

A. **net**

B. **tracert**

C. **nslookup**

D. **ipconfig/displaydns**

9. cd \命令有什么用途？

A. 将目录更改为前一个目录

B. 将目录更改为根目录

C. 将目录更改为下一个最高目录

D. 将目录更改为下一个下层目录

10. 32 位版本 Windows 可寻址多少 RAM？

A. 4GB

B. 8GB

C. 16GB

D. 32GB

11. 用户如何才能阻止特定应用程序通过网络访问 Windows 计算机？

A. 启用 MAC 地址过滤

B. 禁用自动 IP 地址分配

C. 在 Windows 防火墙中阻止特定的 TCP 或 UDP 端口

D. 更改默认的用户名和密码

12. 哪个实用程序用于显示每个用户消耗的系统资源？

A. 任务管理器

B. 用户账户

C. 设备管理器

D. 事件查看器

第 3 章

Linux 操作系统

学习目标

在学完本章后，您将能够回答下列问题：

- 为什么 Linux 技能对网络安全监控和调查至关重要？
- 如何使用 Linux shell 操纵文本文件？
- 客户端-服务器网络如何运作？
- Linux 管理员如何定位和操纵安全日志文件？
- 如何管理 Linux 文件系统和权限？
- 什么是 Linux GUI 的基本组件？
- 可以使用哪些工具来检测一个 Linux 主机上的恶意软件？

1991 年，Linus Torvalds 在开源模式下发布了第一个 Linux 内核。Linux 最初是基于 Intel x86 芯片架构开发的，现在已发展到了可以进行配置以兼容许多不同硬件的规模。

在本章中，您将学习如何执行基本的 Linux 操作以及管理任务和安全相关任务。

3.1 Linux 概述

在本节中，您将学习 Linux 基础知识，包括 Linux shell，以及 Linux 服务器和客户端的角色。

3.1.1 Linux 基础知识

在本小节中，您将了解 Linux 是什么，它有什么价值，它在安全运营中心（SOC）中的角色，以及一些比较重要的 Linux 工具。

1. Linux 是什么

Linux 是在 1991 年创建的操作系统。Linux 是一种开源、快速、可靠且小型的操作系统。它只需非常少的硬件资源即可运行，且高度可定制。与 Windows 和 OS X 等其他操作系统不同，Linux 最初由程序员社区创建，而且目前由程序员社区维护。Linux 已应用于一些平台，而且在从“腕表到超级计算机”在内的设备上都可以看到 Linux。

Linux 另一个重要的方面是，它专为连接到网络而设计，这大大简化了网络应用的编写和使用。因为 Linux 是开源操作系统，因此任何人或公司均可获取内核源码，并可检查、修改和随意重新编译。此外，他们能够以收费或免费的方式重新发行该程序。

Linux 发行版是用于描述不同组织创建的软件包的术语。Linux 发行版本（或发行版）包括 Linux 内核以及定制的工具和软件包。虽然其中一些组织在提供 Linux 发行版支持时可能会收费（针对基于

Linux 的企业），但大多数组织都是免费提供发行版且不提供支持。例如，Debian、Red Hat、Ubuntu、CentOS 和 SUSE 就是 Linux 发行版的几个例子。

2. Linux 的价值

Linux 通常是安全运营中心（SOC）选择的操作系统。下面列出了选择 Linux 的一些原因。

- **Linux 是开源系统**：任何人都能免费获取 Linux，并且可以修改它以适应特定需求。这种灵活性使分析师和管理员得以专门为安全分析构建定制的操作系统。
- **Linux CLI 非常强大**：尽管 GUI 可以让许多任务的执行变得更轻松，但它会增加复杂性，并且需要运行更多的计算机资源。Linux 命令行界面（CLI）极其强大，分析师不仅能够直接在终端执行任务，还能远程执行任务，因为 CLI 需要的资源非常少。
- **用户对操作系统拥有更多控制权**：Linux 中的管理员用户也称为根用户或超级用户，他们对计算机拥有绝对权限。与其他操作系统不同，根用户通过几次击键就可以修改计算机的任意方面。当使用低级功能时，例如网络堆栈，这种能力尤其重要。它使根用户能够精确控制操作系统处理网络数据包的方式。
- **它可以改善网络通信控制**：控制是 Linux 的固有部分。因为 Linux 操作系统的几乎每个方面都可以修改和调整，所以它是创建网络应用的理想平台。正是由于这个原因，许多出色的基于网络的软件工具仅可用于 Linux。

3. SOC 中的 Linux

Linux 提供的灵活性对 SOC 来说是一个重要特性。整个操作系统可以量身定制，成为完美的安全分析平台。例如，管理员只能向操作系统添加需要的软件包，使操作系统保持精益和高效。通过安装特定软件工具并将它们配置为协同运行，管理员能够自行构建计算机，完美契合 SOC 的工作流程。

下面列出了一些 SOC 中常见的工具。

- **网络数据包捕获软件**：该软件用于网络数据包捕获。这是 SOC 分析师的重要工具，因为它使分析师能够观察和了解网络事务的每个细节。图 3-1 所示为常用数据包捕获工具 Wireshark 的屏幕截图。

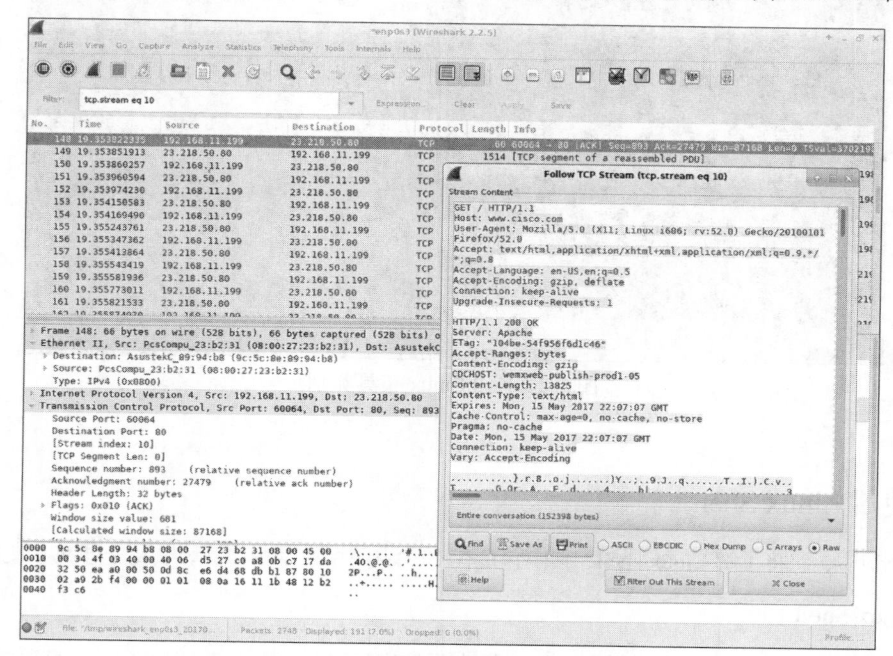

图 3-1 Wireshark 捕获网页请求

- **恶意软件分析工具**：检测新的恶意软件时，分析师可以利用这些工具安全地运行和观察恶意软件的执行，而且不会破坏底层系统。
- **入侵检测系统（IDS）**：这些工具用于实时流量监控和检查。如果当前流动的流量都匹配已制定的任何规则，则采取预定义的行动。
- **防火墙**：该软件用于根据预定义的规则指定允许流量进入还是离开网络。
- **日志管理器**：日志文件用于记录事件。因为大型网络会生成大量的事件日志条目，所以使用日志管理器来促进日志监控。
- **安全信息和事件管理（SIEM）**：SIEM 对 IDS 和防火墙等网络设备生成的警报和日志条目提供实时分析。
- **故障单系统**：故障单分配、编辑和记录通过故障单管理系统完成。

4. Linux 工具

除了特定于 SOC 的工具之外，SOC 中使用的 Linux 计算机通常包含渗透测试（pentesting）工具，它是指通过攻击网络或计算机来查找其中漏洞的过程。例如，数据包生成器、端口扫描器和概念验证漏洞利用都渗透测试工具。

Kali Linux 是将多个渗透工具打包到一起的 Linux 发行版。Kali 包含许多精选的渗透测试工具。图 3-2 所示为 Kali Linux 的屏幕截图。请注意渗透测试工具的所有主要类别。

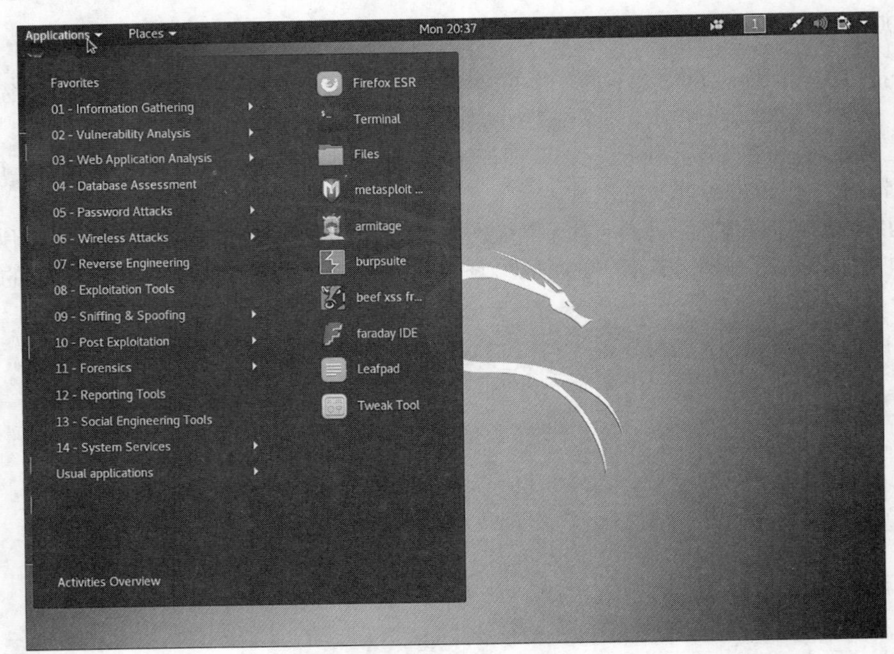

图 3-2 Kali Linux 工具类别

3.1.2 使用 Linux Shell

在本小节中，您将了解 Linux shell，其中包括在 CLI 中使用的常用命令，以及处理文本文件的命令。

1. Linux Shell

在 Linux 中，用户通过使用 CLI 或 GUI 与操作系统进行通信。默认情况下，Linux 通常引导到 GUI

中，向用户隐藏 CLI。从 GUI 访问 CLI 的一种方法是通过终端仿真应用。这些应用允许用户访问 CLI，且通常被命名为“终端”（terminal）一词的某种变化形式。在 Linux 中，受欢迎的终端仿真程序有 Terminator、Eterm、Xterm、Konsole 和 Gnome-Terminal。

访问以下网站，在 Web 浏览器中体验 Linux CLI。

https://bellard.org/jslinux/

输入 **ls** 命令以列出当前目录内容。如果您想试用本章中讨论的一些其他命令，请不要关闭该页面。

图 3-3 所示为 Gnome 终端，这是一个很受欢迎的 Linux 终端仿真程序。

> **注 意** 术语 shell、控制台、控制台窗口、CLI 终端和终端窗口通常可互换使用。

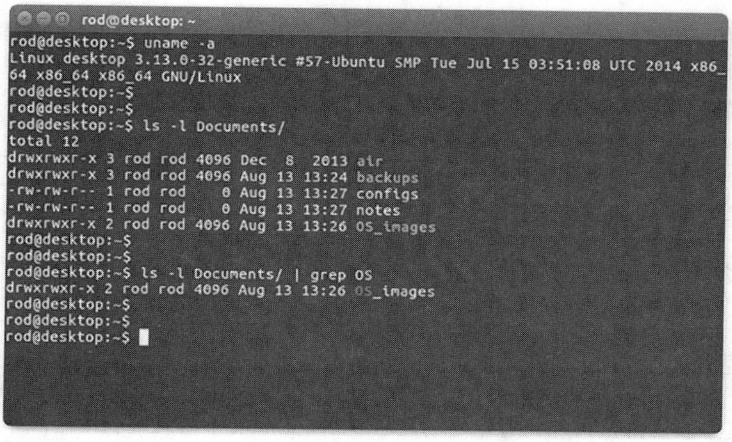

```
rod@desktop: ~
rod@desktop:~$ uname -a
Linux desktop 3.13.0-32-generic #57-Ubuntu SMP Tue Jul 15 03:51:08 UTC 2014 x86_
64 x86_64 x86_64 GNU/Linux
rod@desktop:~$
rod@desktop:~$
rod@desktop:~$ ls -l Documents/
total 12
drwxrwxr-x 3 rod rod 4096 Dec  8  2013 air
drwxrwxr-x 3 rod rod 4096 Aug 13 13:24 backups
-rw-rw-r-- 1 rod rod    0 Aug 13 13:27 configs
-rw-rw-r-- 1 rod rod    0 Aug 13 13:27 notes
drwxrwxr-x 2 rod rod 4096 Aug 13 13:26 OS_images
rod@desktop:~$
rod@desktop:~$
rod@desktop:~$ ls -l Documents/ | grep OS
drwxrwxr-x 2 rod rod 4096 Aug 13 13:26 OS_images
rod@desktop:~$
rod@desktop:~$
rod@desktop:~$
```

图 3-3　Gnome 终端

2. 基本命令

Linux 命令是为执行特定任务而创建的程序。使用 **man** 命令（manual 的缩写）获取有关命令的文档。例如，**man ls** 提供用户手册中有关 **ls** 命令的文档。

因为命令是存储在磁盘上的程序，所以当用户输入命令时，shell 必须先在磁盘上找到命令，然后才能执行命令。shell 将在特定目录中查找用户输入的命令，然后尝试执行这些命令。shell 查找的目录列表称为 path。path 包含许多通常用于存储命令的目录。如果某个命令不在 path 中，用户必须指定其位置，否则 shell 找不到它。如果需要，用户可以轻松向 path 中添加目录。

要通过 shell 调用命令，只需输入其名称即可。shell 将尝试在系统路径中搜索命令，然后执行命令。

表 3-1 所示为一些基本的 Linux 命令及其功能。

表 3-1　基本 Linux 命令

命　令	描　述
mv	用于移动或重命名文件和目录
chmod	用于修改文件权限
chown	用于更改文件的所有权
dd	用于将数据从输入复制到输出
pwd	用于显示当前目录的名称

续表

命　令	描　述
ps	用于列出当前在系统上运行的进程
su	用于模拟认另一个用户登录或成为超级用户
sudo	用于以另一个用户身份运行命令
grep	用于在文件或其他命令的输出中搜索特定字符串。要搜索上一个命令的输出，grep 必须用管道接在上一个命令的末尾
ifconfig	用于显示或配置与网卡相关的信息。如果没有参数，ifconfig 将显示当前网卡的配置
apt-get	用于在 Debian 及其衍生产品上安装、配置和删除软件包 注意：apt-get 是 dpkg（Debian 软件包管理器）的用户友好的命令行前端。dpkg 和 apt-get 的组合是所有 Debian Linux 衍生产品系统（包括 Raspbian）的默认软件包管理器
iwconfig	用于显示或配置与无线网卡相关的信息。与 ifconfig 类似，没有指定参数时，iwconfig 会显示无线信息
shutdown	用于关闭系统。**shutdown** 可以执行许多关机相关任务，包括重启、暂停、进入睡眠或踢出所有当前连接的用户
passwd	用于更改密码；如果没有提供参数，则更改当前用户的密码
cat	用于列出文件的内容并期望文件名作为参数；cat 命令通常用于文本文件
man	用于显示特定命令的文档

注　意　这里假设用户拥有执行命令的适当权限。Linux 中的文件权限将在本章后面介绍。

3. 文件和目录命令

许多命令行工具默认包含在 Linux 中。要调整命令的运行方式，用户可以使用命令传递参数和开关。表 3-2 所示为几个最常见的与文件和目录相关的命令。

表 3-2　　常见文件和目录命令

命　令	描　述
ls	显示目录中的文件
cd	更改当前目录
mkdir	在当前目录下创建一个目录
cp	将文件从源复制到目的地
mv	将文件移动到其他目录
rm	删除文件
grep	搜索文件或其他命令输出中的特定字符串
cat	列出文件的内容并期望文件名作为参数

4. 使用文本文件

Linux 有许多不同的具有各种特性和功能的文本编辑器。有些文本编辑器包括图形界面，而有些文本编辑器是只能通过命令行使用的工具。每个文本编辑器都包含一个专为支持特定类型的任务而设计的功能集。有些文本编辑器以程序员为中心，包含语法突出显示、方括号、圆括号、检查等功能以及其他侧重于编程的功能。

尽管图形文本编辑器方便、易用，但基于命令行的文本编辑器对于 Linux 用户非常重要。基于命令行的文本编辑器的主要优势在于，它们允许从远程计算机上编辑文本文件。

试想一下这样的场景：用户必须在 Linux 计算机上执行管理任务，但他不在这台计算机跟前。使用 Secure Shell（SSH），用户启动到远程计算机的远程 shell。在基于文本的远程 shell 下，图形界面不可用，这使得无法依赖图形文本编辑器等工具。在这种情况下，基于文本的程序至关重要。

图 3-4 所示为广受欢迎的 nano（或 GNU nano）命令行文本编辑器。管理员正在编辑防火墙规则。文本编辑器通常用于 Linux 中的系统配置和维护。

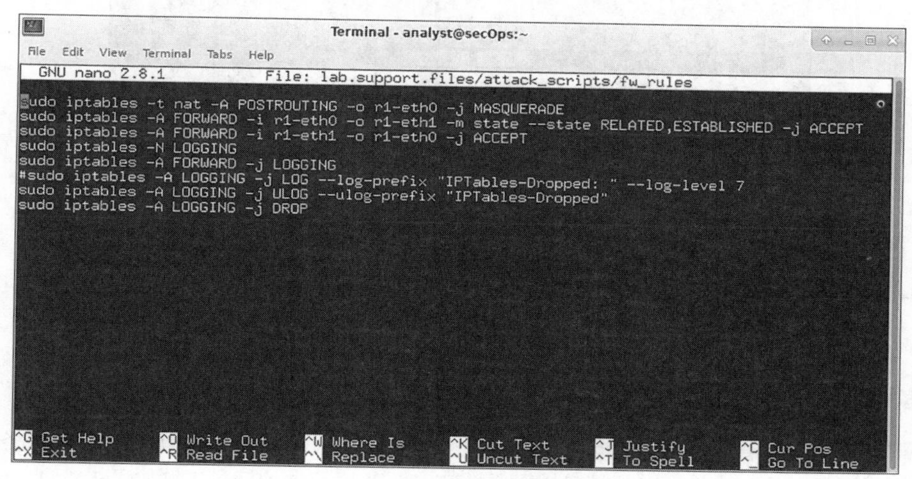

图 3-4 nano 文本编辑器

由于缺少图形支持，nano 只能通过键盘控制。例如，**Ctrl+O** 组合键用于保存当前文件；**Ctrl+W** 组合键用于打开搜索菜单。GNU nano 使用屏幕底部的两行快捷方式栏，其中列出了当前上下文的命令。按 **Ctrl+G** 组合键可打开帮助屏幕和完整的命令列表。

5. 文本文件在 Linux 中的重要性

在 Linux 中，一切都被视为文件，包括内存、磁盘、监视器、文件和目录。例如，从操作系统角度来看，在显示屏上显示内容意味着写入代表显示设备的文件。因此，通过文件配置计算机本身不足为奇。尽管被称为配置文件，但它们通常是文本文件，用于存储特定应用或服务的调整和设置。实际上，Linux 中的一切都依赖配置文件运行。有些服务的配置文件不止一个，而是有多个。

具有适当权限级别的用户可以使用文本编辑器更改配置文件的内容。做出更改并保存文件后，可供相关服务或应用使用。用户能够具体指定所有既定应用或服务的行为。启动时，服务和应用检查特定配置文件的内容，相应地调整其行为。

在图 3-5 中，管理员在 nano 中打开了主机配置文件以进行编辑。只有超级用户才能更改主机文件。

注 意 管理员使用命令 sudo nano/etc/hosts 打开文件。命令 sudo（“superuser do”的缩写）调用超级用户权限，使用 nano 文本编辑器打开主机文件。

图 3-5　在 nano 中编辑文本文件

3.1.3　Linux 服务器和客户端

在本小节中，您将了解 Linux 客户端-服务器通信。

1. 客户端-服务器通信简介

服务器是安装了软件并且能够向客户端提供服务的计算机。服务有许多类型。有些服务根据请求向客户端提供资源，例如文件、电邮消息或网页。有些服务执行维护任务，例如日志管理、内存管理、磁盘扫描等。每项服务都需要单独的服务器软件。例如，图 3-6 中的服务器需要使用文件服务器软件为客户端提供检索和提交文件的能力。

我们将在本课程的后续部分详细介绍客户端-服务器通信。

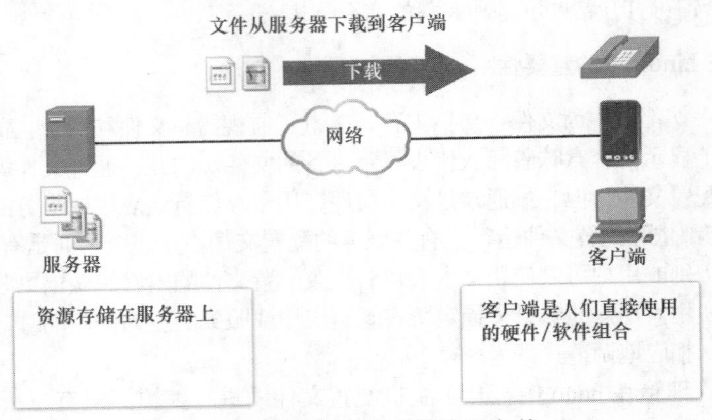

图 3-6　服务器向客户端发送文件

2. 服务器、服务及其端口

要让计算机成为提供多项服务的服务器，需要使用端口。端口是服务占用的预留网络资源。当服务器将本身关联到某个端口时，我们可以说服务器“正在侦听”该端口。

虽然管理员可以决定任何既定服务所使用的端口，但许多客户端在默认情况下被配置为使用特定端口。为方便客户端，通常做法是让服务在其默认端口上运行。表 3-3 所示为几个常用端口及其服务。这些端口也称之为“周知端口”。

表 3-3 常见端口号和服务

端 口 号 码	服 务
21	文件传输协议（FTP）
22	安全外壳（SSH）
23	Telnet 远程登录服务
25	简单邮件传输协议（SMTP）
53	域名系统（DNS）
80	超文本传输协议（HTTP）
110	邮局协议第 3 版（POP3）
123	网络时间协议（NTP）
161	互联网消息访问协议（IMAP）
161	简单网络管理协议（SNMP）
443	HTTP 安全协议（HTTPS）

我们将在本课程的后续部分详细介绍端口以及它们在网络通信中的使用。

3. 客户端

客户端是用于与特定服务器通信的程序或应用。客户端也称为客户端应用，使用定义完善的协议与服务器通信。Web 浏览器是用于通过超文本传输协议（HTTP）与网络服务器通信的网络客户端。文件传输协议（FTP）客户端是用于与 FTP 服务器通信的软件。图 3-7 所示为客户端正在向服务器上传文件。

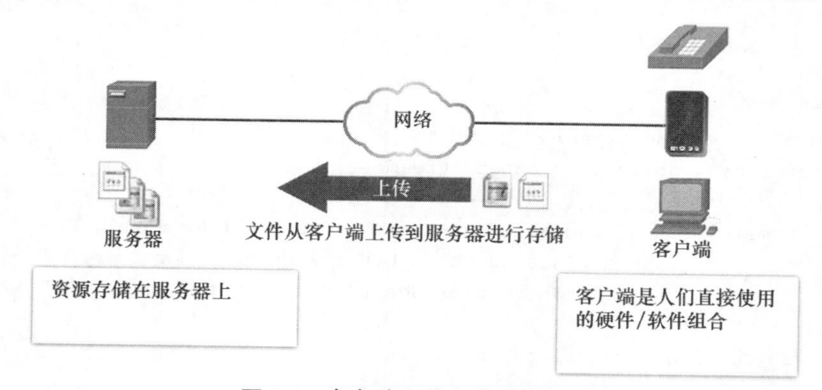

图 3-7 客户端上传文件到服务器

3.2 Linux 管理

在本节中，您将了解基本的 Linux 服务器管理和 Linux 文件系统。

3.2.1 基本服务器管理

在本小节中，您将了解用于加强 Linux 服务器和监视 Linux 服务的 Linux 服务器配置文件。

1. 服务配置文件

Linux 使用配置文件来管理服务。常用选项有端口号、托管资源位置以及客户端授权详细信息。当服务启动时，它会查找其配置文件，将这些配置文件加载到内存中并根据文件中的设置自我调整。配置文件修改后通常需要重新启动服务，才能让更改生效。

因为服务通常要求使用超级用户权限运行，所以通常需要超级用户权限才能对服务配置文件进行编辑。

例 3-1 所示为 Nginx 的部分配置文件，Nginx 是适用于 Linux 的一款轻型 Web 服务器。

例 3-1 Nginx Web 服务器配置文件

```
[analyst@secOps ~]$ cat /etc/nginx/nginx.conf

#user html;
worker_processes  1;

#error_log  logs/error.log;
#error_log  logs/error.log  notice;
#error_log  logs/error.log  info;

#pid        logs/nginx.pid;


events {
    worker_connections  1024;
}


http {
    include       mime.types;
    default_type  application/octet-stream;

    #log_format  main  '$remote_addr - $remote_user [$time_local] "$request" '
    #                  '$status $body_bytes_sent "$http_referer" '
    #                  '"$http_user_agent" "$http_x_forwarded_for"';

    #access_log  logs/access.log  main;

    sendfile        on;
    #tcp_nopush     on;

    #keepalive_timeout  0;
    keepalive_timeout  65;

    #gzip  on;
```

```
<output omitted>

[analyst@secOps ~]$
```

例 3-2 所示为网络时间协议（NTP）的配置文件。

例 3-2 NTP 配置文件

```
[analyst@secOps ~]$ cat ls /etc/ntp.conf
cat: ls: No such file or directory
# Please consider joining the pool:
#
#     http://www.pool.ntp.org/join.html
#
# For additional information see:
# - https://wiki.archlinux.org/index.php/Network_Time_Protocol_daemon
# - http://support.ntp.org/bin/view/Support/GettingStarted
# - the ntp.conf man page

# Associate to Arch's NTP pool
server 0.arch.pool.ntp.org
server 1.arch.pool.ntp.org
server 2.arch.pool.ntp.org
server 3.arch.pool.ntp.org

# By default, the server allows:
# - all queries from the local host
# - only time queries from remote hosts, protected by rate limiting and kod
restrict default kod limited nomodify nopeer noquery notrap
restrict 127.0.0.1
restrict ::1

# Location of drift file
driftfile /var/lib/ntp/ntp.drift
[analyst@secOps ~]$
```

例 3-3 所示为 Snort 的配置文件，Snort 是一款基于 Linux 的入侵检测系统（IDS）。

例 3-3 Snort 配置文件

```
[analyst@secOps ~]$ cat /etc/snort/snort.conf
#--------------------------------------------------
#   VRT Rule Packages Snort.conf
#
#   For more information visit us at:
#     http://www.snort.org                        Snort Website
#     http://vrt-blog.snort.org/    Sourcefire VRT Blog
#
#     Mailing list Contact:      snort-sigs@lists.sourceforge.net
#     False Positive reports:    fp@sourcefire.com
#     Snort bugs:                bugs@snort.org
#
#     Compatible with Snort Versions:
```

```
#       VERSIONS : 2.9.9.0
#
#       Snort build options:
#       OPTIONS : --enable-gre --enable-mpls --enable-targetbased --enable-ppm
  --enable-perfprofiling --enable-zlib --enable-active-response --enable-normalizer
  --enable-reload --enable-react --enable-flexresp3
#
#       Additional information:
#       This configuration file enables active response, to run snort in
#       test mode -T you are required to supply an interface -i <interface>
#       or test mode will fail to fully validate the configuration and
#       exit with a FATAL error
#--------------------------------------------------

###################################################
# This file contains a sample snort configuration.
# You should take the following steps to create your own custom configuration:
#
#  1) Set the network variables.
#  2) Configure the decoder
#  3) Configure the base detection engine
#  4) Configure dynamic loaded libraries
#  5) Configure preprocessors
#  6) Configure output plugins
#  7) Customize your rule set
#  8) Customize preprocessor and decoder rule set
#  9) Customize shared object rule set
###################################################

###################################################
# Step #1: Set the network variables.  For more information, see README.variables
###################################################

# Setup the network addresses you are protecting
###ipvar HOME_NET any
###ipvar HOME_NET [192.168.0.0/24,192.168.1.0/24]
ipvar HOME_NET [209.165.200.224/27]
# Set up the external network addresses. Leave as "any" in most situations
ipvar EXTERNAL_NET any

# List of DNS servers on your network
###ipvar DNS_SERVERS $HOME_NET
ipvar DNS_SERVERS 209.165.200.236

# List of SMTP servers on your network
###ipvar SMTP_SERVERS $HOME_NET
ipvar SMTP_SERVERS 209.165.200.236

# List of web servers on your network
###ipvar HTTP_SERVERS $HOME_NET
ipvar HTTP_SERVERS 209.165.200.235
```

```
# List of sql servers on your network
###ipvar SQL_SERVERS $HOME_NET
ipvar SQL_SERVERS 209.165.200.235

# List of telnet servers on your network
###ipvar TELNET_SERVERS $HOME_NET
ipvar TELNET_SERVERS 209.165.200.236

# List of ssh servers on your network
###ipvar SSH_SERVERS $HOME_NET
ipvar SSH_SERVERS 209.165.200.236

<output omitted>
[analyst@secOps ~]$
```

配置文件的格式并没有一定之规，它由服务开发者规定。但是，通常使用 **option = value** 的格式。在例 3-3 中，变量 **ipvar** 配置了几个选项。第一个选项 HOME_NET 的值为 209.165.200.224/27。

2. 强化设备

设备强化指的是实施经过验证的保护设备及其管理访问的方法。其中一些方法涉及维护密码、配置增强的远程登录功能以及实施 SSH。针对访问权限来定义管理角色是保护基础设施设备安全的另一个重要方面，因为信息技术人员所拥有的基础设施设备的访问权限不应该相同。

根据 Linux 发行版，许多服务默认是启用的。其中一些功能因历史原因并启用，但现在不再需要。停止此类服务和确保它们在引导时不自动启动也是一种设备强化方法。

操作系统更新对于维护强化的设备也极其重要。每天都有新漏洞曝光出来。操作系统开发者会定期创建和发布修复程序以及补丁程序。保持在最新状态的计算机不太可能受到破坏。

下面列出了设备强化的几个基本推荐步骤。

- 确保物理安全。
- 尽可能减少安装的软件包数量。
- 禁用未使用的服务。
- 使用 SSH 并禁止通过 SSH 登录 root 账户。
- 保持系统更新。
- 禁用 USB 自动检测。
- 强制使用强密码。
- 强制定期更改密码。
- 防止用户重新使用旧密码。
- 定期查看日志。

还有许多其他步骤，它们通常依赖于服务或应用。

3. 监控服务日志

日志文件是计算机存储的用于跟踪重要事件的记录。内核、服务和应用事件全部记录在日志文件中。管理员定期查看计算机的日志，让计算机保持健康运行，这非常重要。通过监控 Linux 日志文件，管理员可以清楚地了解计算机的性能、安全状态和任何潜在问题。通过日志文件分析，管理员能够在问题出现之前进行预防。

在 Linux 中，日志文件可以分为以下几类：

- 应用日志；
- 事件日志；
- 服务日志；
- 系统日志。

有些日志包含关于 Linux 系统中正在运行的守护程序的信息。守护程序是无需用户交互即可运行的后台进程。例如，系统安全服务守护程序（SSSD）管理单点登录功能的远程访问和身份验证。下面列出了一些常见的 Linux 日志文件及其功能。

- **/var/log/messages**：此目录包含一般的计算机活动日志。它主要用于存储信息性和非关键性系统消息。在基于 Debian 的计算机中，/var/log/syslog 目录具有相同的作用。
- **/var/log/auth.log**：此文件存储 Debian 和 Ubuntu 计算机中所有与身份验证相关的事件。在此文件中可以找到任何涉及用户授权机制的信息。
- **/var/log/secure**：Red Hat 和 CentOS 计算机使用此目录，而不是/var/log/auth.log。此目录还跟踪 sudo 登录、SSH 登录以及 SSSD 记录的其他错误。
- **/var/log/boot.log**：此文件存储与引导相关的信息以及在计算机启动过程中记录的消息。
- **/var/log/dmesg**：此目录包含内核环缓冲区消息。这里记录与硬件设备及其驱动程序有关的信息。此目录非常重要，因为这些信息的级别比较低，当发生相关事件时，系统日志等日志记录系统还没有运行，所以这些信息通常不能实时供管理员使用。
- **/var/log/kern.log**：此文件包含内核记录的信息日志。
- **/var/log/cron**：cron 是用于在 Linux 中调度自动化任务的服务，此目录存储 cron 的事件。无论计划任务（也称为 cron 作业）何时运行，包括执行状态和错误消息在内的所有相关信息都存储在这里。
- **/var/log/mysqld.log** 或 **/var/log/mysql.log**：这是 MySQL 日志文件。与 mysqld 进程和 mysqld_safe 守护程序相关的所有调试、失败和成功消息都记录在这里。Red Hat、CentOS 和 Fedora 在 /var/log/mysqld.log 下存储 MySQL 日志，而 Debian 和 Ubuntu 在/var/log/mysql.log 文件中维护 MySQL 日志。

例 3-4 显示了部分/var/log/syslog 日志文件。每一行代表一个被记录的事件。行开头的时间戳标记事件发生的时刻。

例 3-4 /var/log/syslog 的输出

```
[analyst@secOps]$ cat /var/log/syslog
Nov 15 09:17:13 secOps kernel: [    0.000000] Linux version 4.10.10-1-ARCH
(builduser@tobias) (gcc versi
on 6.3.1 20170306 (GCC) ) #1 SMP PREEMPT Wed Apr 12 19:10:48 CEST 2017
Nov 15 09:17:13 secOps kernel: [    0.000000] ------------[ cut here ]------------
Nov 15 09:17:13 secOps kernel: [    0.000000] WARNING: CPU: 0 PID: 0 at arch/x86/
  kernel/fpu/xstate.c:595
 fpu__init_system_xstate+0x465/0x7b2
Nov 15 09:17:13 secOps kernel: [    0.000000] XSAVE consistency problem, dumping
  leaves
Nov 15 09:17:13 secOps kernel: [    0.000000] Modules linked in:
Nov 15 09:17:13 secOps kernel: [    0.000000] CPU: 0 PID: 0 Comm: swapper Not
  tainted 4.10.10-1-ARCH #1
Nov 15 09:17:13 secOps kernel: [    0.000000] Call Trace:
Nov 15 09:17:13 secOps kernel: [    0.000000]  dump_stack+0x58/0x74
Nov 15 09:17:13 secOps kernel: [    0.000000]  __warn+0xea/0x110
Nov 15 09:17:13 secOps kernel: [    0.000000]  ? fpu__init_system_xstate+0x465/0x7b2
```

```
Nov 15 09:17:13 secOps kernel: [    0.000000] warn_slowpath_fmt+0x46/0x60
Nov 15 09:17:13 secOps kernel: [    0.000000] fpu__init_system_xstate+0x465/0x7b2
Nov 15 09:17:13 secOps kernel: [    0.000000] fpu__init_system+0x18c/0x1b1
Nov 15 09:17:13 secOps kernel: [    0.000000] early_cpu_init+0x110/0x113
Nov 15 09:17:13 secOps kernel: [    0.000000] setup_arch+0xe4/0xbb6
Nov 15 09:17:13 secOps kernel: [    0.000000] start_kernel+0x8f/0x3ce
Nov 15 09:17:13 secOps kernel: [    0.000000] i386_start_kernel+0x91/0x95
Nov 15 09:17:13 secOps kernel: [    0.000000] startup_32_smp+0x16b/0x16d
Nov 15 09:17:13 secOps kernel: [    0.000000] ---[ end trace c61a827435bb526d ]---
<output omitted>
[analyst@secOps]$
```

3.2.2 Linux 文件系统

在本小节中，您将了解 Linux 文件系统类型、Linux 角色和文件权限，以及创建硬链接和符号链接。

1. Linux 中的文件系统类型

有许多不同类型的文件系统，它们在速度、灵活性、安全、大小、结构、逻辑等属性上存在差异。管理员通常决定哪个文件系统类型最适合操作系统以及将要存储的文件。下面列出了一些 Linux 支持的常见文件系统类型。

- **ext2（第二代扩展文件系统）**：在被 ext3 取代之前，ext2 是几个主要 Linux 发行版中的默认文件系统。ext3 几乎完全兼容 ext2，也支持日志记录（见下文）。现在，ext2 依然是基于闪存的存储介质的首选文件系统，因为缺少日志可以增强性能，并最大限度地减少写操作数。因为闪存设备的写操作次数非常有限，所以写操作的次数降至最低可以延长设备的寿命。然而，现代 Linux 内核也支持 ext4，这是一个更加现代的文件系统，性能更高，而且还能够在无日志模式下运行。
- **ext3（第三代扩展文件系统）**：ext3 是一个日志文件系统，专为改善现有的 ext2 文件系统而设计。日志（journal）是添加到 ext3 的主要功能，它是一种用于在突然断电时将文件系统损坏风险降至最低的技术。文件系统保存即将做出的所有文件系统更改的日志。如果计算机在更改完成后崩溃，日志可用来还原或纠正崩溃产生的任何最终问题。ext3 文件系统中的最大文件大小为 32 TB。
- **ext4（第四代扩展文件系统）**：ext4 旨在接替 ext3，在一系列 ext3 扩展的基础上创建而成。尽管扩展可以提高 ext3 的性能并增加支持的文件大小，但 Linux 内核开发者担心稳定性问题，反对向稳定的 ext3 中添加扩展。ext3 项目被一分为二；一个作为 ext3 保留下来正常开发，另一个被命名为 ext4，融合了前面提到的扩展。
- **NFS（网络文件系统）**：NFS 是一个基于网络的文件系统，允许通过网络访问文件。从用户的角度来看，访问本地存储的文件与访问网络中另一台计算机上存储的文件之间没有区别。NFS 是一项开放标准，任何人都可以实现它。
- **CDFS（光盘文件系统）**：CDFS 专为光盘介质创建。
- **交换文件系统**：当 RAM 耗尽时，Linux 使用交换文件系统。在技术上，它是一个交换分区，没有特定的文件系统，但是它与文件系统相关。发生这种情况时，内核将不活动的 RAM 内容移动到磁盘上的交换分区。尽管交换分区（也称为交换空间）对于内存数量有限的 Linux 计算机可能有用，但它们不应被视为主要的解决方案。交换分区存储在磁盘上，访问速度明显低于 RAM。

- **HFS Plus或HFS+（扩展分层文件系统）**：Apple在其Macintosh计算机中使用的主要文件系统。Linux内核包括一个用于安装HFS+的模块，以进行读写操作。
- **主启动记录（MBR）**：位于分区计算机的第一个扇区内，MBR存储所有关于文件系统组织方式的信息。MBR快速将控制移交给加载操作系统的加载函数。

挂载是指向分区分配目录的过程。成功实施挂载操作后，可通过指定的目录访问分区包含的文件系统。在此上下文中，目录叫作该文件系统的挂载点。Windows用户可能熟悉一个类似的概念；驱动器盘符。

例3-5所示为在Cisco CyberOPS VM中执行**mount**命令后的输出。

例3-5 CyberOPS VM中的mount输出

```
[analyst@secOps ~]$ mount
proc on /proc type proc (rw,nosuid,nodev,noexec,relatime)
sys on /sys type sysfs (rw,nosuid,nodev,noexec,relatime)
dev on /dev type devtmpfs (rw,nosuid,relatime,size=511056k,nr_inodes=127764,
  mode=755)
run on /run type tmpfs (rw,nosuid,nodev,relatime,mode=755)
/dev/sda1 on / type ext4 (rw,relatime,data=ordered)
securityfs on /sys/kernel/security type securityfs (rw,nosuid,nodev,noexec,relatime)
tmpfs on /dev/shm type tmpfs (rw,nosuid,nodev)
devpts on /dev/pts type devpts (rw,nosuid,noexec,relatime,gid=5,mode=620,ptmxmode=000)
tmpfs on /sys/fs/cgroup type tmpfs (ro,nosuid,nodev,noexec,mode=755)
cgroup on /sys/fs/cgroup/systemd type cgroup
  (rw,nosuid,nodev,noexec,relatime,xattr,release_agent=/usr/lib/systemd/
  systemd-cgroups-agent,name=systemd)
pstore on /sys/fs/pstore type pstore (rw,nosuid,nodev,noexec,relatime)
cgroup on /sys/fs/cgroup/perf_event type cgroup (rw,nosuid,nodev,noexec,relatime,
  perf_event)
cgroup on /sys/fs/cgroup/freezer type cgroup (rw,nosuid,nodev,noexec,relatime,freezer)
cgroup on /sys/fs/cgroup/net_cls type cgroup (rw,nosuid,nodev,noexec,relatime,net_cls)
cgroup on /sys/fs/cgroup/cpuset type cgroup (rw,nosuid,nodev,noexec,relatime,cpuset)
cgroup on /sys/fs/cgroup/devices type cgroup (rw,nosuid,nodev,noexec,relatime,devices)
cgroup on /sys/fs/cgroup/blkio type cgroup (rw,nosuid,nodev,noexec,relatime,blkio)
cgroup on /sys/fs/cgroup/pids type cgroup (rw,nosuid,nodev,noexec,relatime,pids)
cgroup on /sys/fs/cgroup/cpu,cpuacct type cgroup (rw,nosuid,nodev,noexec,relatime,
  cpu,cpuacct)
cgroup on /sys/fs/cgroup/memory type cgroup (rw,nosuid,nodev,noexec,relatime,memory)
systemd-1 on /proc/sys/fs/binfmt_misc type autofs (rw,relatime,fd=28,pgrp=1,
  timeout=0,minproto=5,maxproto=5,direct)
hugetlbfs on /dev/hugepages type hugetlbfs (rw,relatime)
tmpfs on /tmp type tmpfs (rw,nosuid,nodev)
mqueue on /dev/mqueue type mqueue (rw,relatime)
debugfs on /sys/kernel/debug type debugfs (rw,relatime)
configfs on /sys/kernel/config type configfs (rw,relatime)
tmpfs on /run/user/1000 type tmpfs (rw,nosuid,nodev,relatime,size=102812k,mode=700,
  uid=1000,gid=1000)
[analyst@secOps ~]$
```

不附带任何选项时，**mount**返回Linux计算机中当前挂载的文件系统的列表。尽管显示的许多文件系统不在本课程的范围之内，但请注意根文件系统（突出显示）。根文件系统用“/”符号表示，默认情况下存储计算机中的所有文件。在例 3-5 中还可以看到，根文件系统已被格式化为 ext4，并占用第一个驱动器的第一个分区（/dev/sda1）。

2. Linux 角色和文件权限

在 Linux 中，大多数系统实体被视为文件。为了组织系统和强化计算机内的边界，Linux 使用文件权限。文件权限内置于文件系统结构中，所提供的机制可定义每个文件的权限。Linux 中的每个文件都包含其文件权限，该文件权限定义了所有者、组和其他人可以利用该文件执行的操作。权限分为读取、写入和执行。带 **-l** 参数的 **ls** 命令列出关于文件的额外信息。请考虑例 3-6 中 **ls -l** 命令的输出。

例 3-6 查看 Linux 文件的权限

```
[analyst@secOps ~]$ ls -l space.txt
-rwxrw-r-- 1 analyst staff 253 May 20 12:49 space.txt
[analyst@secOps ~]$
```

输出提供了许多有关文件 space.txt 的信息。

输出的第一个字段显示与 space.txt 关联的权限（**-rwxrw-r--**）。文件权限通常按照用户、组和其他顺序来显示，因此，可以将第一个字段解释为如下信息。

- 短划线（-）表示这是一个文件。如果是目录，第一条短划线将被 d 取代。
- 第一组字符表示用户权限（**rwx**）。拥有该文件的用户 **analyst** 可以读取（**R**ead）、写入（**W**rite）和执行（e**X**ecute）该文件。
- 第二组字符表示组权限（**rw-**）。拥有该文件的组 **staff** 可以读写（**R**ead 和 **W**rite）该文件。
- 第三组字符表示任何其他用户或组权限（**r--**）。计算机上的任何其他用户或组只能读取（**R**ead）该文件。

第二个字段定义到该文件的硬链接的数量（权限后面的数字 **1**）。硬链接创建另一个采用不同名称的文件，链接到文件系统中的相同空间（叫作索引节点）。这与下文讨论的符号链接相反。

第三个和第四个字段分别显示拥有文件的用户（**analyst**）和组（**staff**）。

第五个字段显示以字节为单位的文件大小。**space.txt** 有 253 个字节。

第六个字段显示上次修改的日期与时间。

第七个字段显示文件名。

图 3-8 所示为分解后的 Linux 中的文件权限。

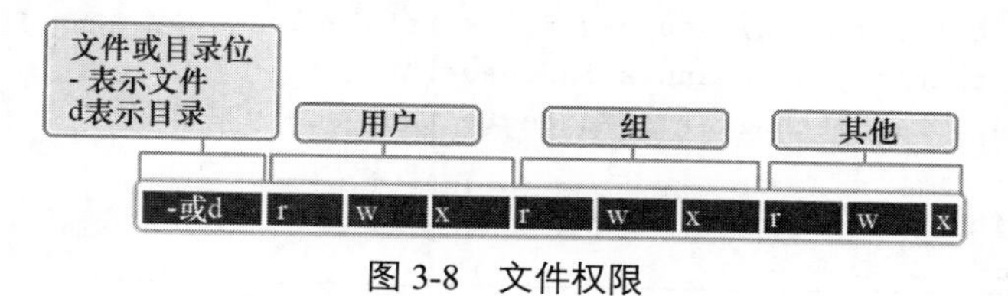

图 3-8 文件权限

表 3-4 所示为权限的八进制值的解析方法。

表 3-4 **权限的八进制值**

二 进 制	八 进 制	权 限	说 明
000	0	---	无访问权限
001	1	--x	仅执行
010	2	-w-	仅写入

续表

二 进 制	八 进 制	权 限	说 明
011	3	-wx	写入和执行
100	4	r--	只读
101	5	r-x	读取和执行
110	6	rw-	读取和写入
111	7	rwx	读取、写入和执行

文件权限是 Linux 的基本部分，不容破坏。文件权限决定用户能够对文件执行的操作。只有根用户可以重写 Linux 计算机上文件的权限。由于根用户有权重写文件权限，因此根用户可以对任何文件进行写操作。由于所有内容均被视为文件，因此根用户可以完全控制 Linux 计算机。在执行维护和管理任务之前通常需要根访问权限。

3. 硬链接和符号链接

硬链接是指指向与原始文件相同位置的另一个文件。使用命令 **ln** 创建硬链接。第一个参数是现有文件，第二个参数是新文件。文件 **space.txt** 链接到例 3-7 中的 **space.hard.txt**，链接字段现在显示 2。

例 3-7　在 Linux 中创建硬链接

```
[analyst@secOps ~]$ ln space.txt space.hard.txt
[analyst@secOps ~]$ ls -l space*
-rwxrw-r-- 2 analyst staff 253 May 20 14:41 space.hard.txt
-rwxrw-r-- 2 analyst staff 253 May 20 14:41 space.txt
[analyst@secOps ~]$ echo "Testing hard link" >> space.txt
[analyst@secOps ~]$ ls -l space*
-rwxrw-r-- 2 analyst staff 273 May 20 14:41 space.hard.txt
-rwxrw-r-- 2 analyst staff 273 May 20 14:41 space.txt
[analyst@secOps ~]$ rm space.hard.txt
[analyst@secOps ~]$ more space.txt
"Space is big. Really big. You just won't believe how vastly, hugely, mindbog-
  glingly big it is. I mean, you may think it's a long way down the road to the
  chemist, but that's just peanuts in space."
--Douglas Adams, The Hitchhiker's Guide to the Galaxy

Testing hard link
[analyst@secOps ~]$
```

两个文件都指向文件系统中的相同位置。如果更改一个文件，另一个文件也被更改。**echo** 命令用于向 **space.txt** 添加一些文本。请注意，**space.txt** 和 **space.hard.txt** 的文件大小增加到了 273 字节。如果使用 **rm**（删除）命令删除 space.hard.txt，**space.txt** 文件依然存在，正如使用 **more space.txt** 命令验证的那样。

符号链接（也称为 symlink 或软链接）与硬链接类似，原因是将更改应用到符号链接时也将更改原始文件。如例 3-8 所示，使用带选项 **-s** 的 **ln** 命令创建符号链接。请注意，将一行文本添加到 **test.txt** 也会将该行文本添加到 **mytest.txt**。但是，与硬链接不同，删除原始 **text.txt** 文件意味着 **mytext.txt** 现在链接到一个不再存在的文件，如使用 **more mytest.txt** 和 **ls -l mytest.txt** 命令所示。

例 3-8 在 Linux 中创建符号链接

```
[analyst@secOps ~]$ echo "Hello World!" > test.txt
[analyst@secOps ~]$ ln -s test.txt mytest.txt
[analyst@secOps ~]$ echo "It's a lovely day!" >> mytest.txt
[analyst@secOps ~]$ more test.txt
Hello World!
It's a lovely day!
[analyst@secOps ~]$ more mytest.txt
Hello World!
It's a lovely day!
[analyst@secOps ~]$ rm test.txt
[analyst@secOps ~]$ more mytest.txt
more: stat of mytest.txt failed: No such file or directory
[analyst@secOps ~]$ ls -l mytest.txt
lrwxrwxrwx 1 analyst staff 8 May 20 15:15 mytest.txt -> test.txt
[analyst@secOps ~]$
```

尽管符号链接存在单点故障（底层文件），但符号链接相对于硬链接具备以下几点优势。

- 查找硬链接更加困难。符号链接在 **ls -l** 命令中显示原始文件的位置，如例 3-8 最后一行的输出所示（**mytest.txt->test.txt**）。
- 硬链接仅限于在创建它们的文件系统上使用。符号链接可以链接到另一个文件系统中的文件。
- 硬链接无法链接到目录，因为系统本身使用硬链接定义目录结构的分层结构。但是，符号链接可以链接到目录。

3.3 Linux 主机

在本节中，您将学习如何通过 GUI 和 CLI 使用 Linux 主机。

3.3.1 使用 Linux GUI

在本小节中，您将了解 Linux GUI。

1. X Window 系统

大多数 Linux 计算机上的图形界面基于 X Window 系统。X Window 也称为 X 或 X11，是为 GUI 提供基本框架的窗口系统。X 包括在显示设备上拖拽和移动窗口的功能以及与鼠标和键盘交互的功能。

X 可用作服务器，因此允许远程用户使用网络连接、启动图形应用以及在远程终端打开图形窗口。当应用本身在服务器上运行时，它的图形可由 X 通过网络发送并在远程计算机上显示。

请注意，X 不指定用户界面，而是留给其他程序（例如窗口管理器）定义所有图形组件。这种抽象化可以提供出色的灵活性和自定义，因为按钮、字体、图标、窗口边界和颜色方案等图形组件全部由用户应用定义。由于这种分离性，Linux GUI 在不同的发行版之间存在很大差别。图 3-9 和图 3-10 分别显示的 Gnome 和 KDE 都是窗口管理器的例子。虽然窗口管理器的外观不同，但主要组件依然存在。

图 3-9 Gnome 窗口管理器

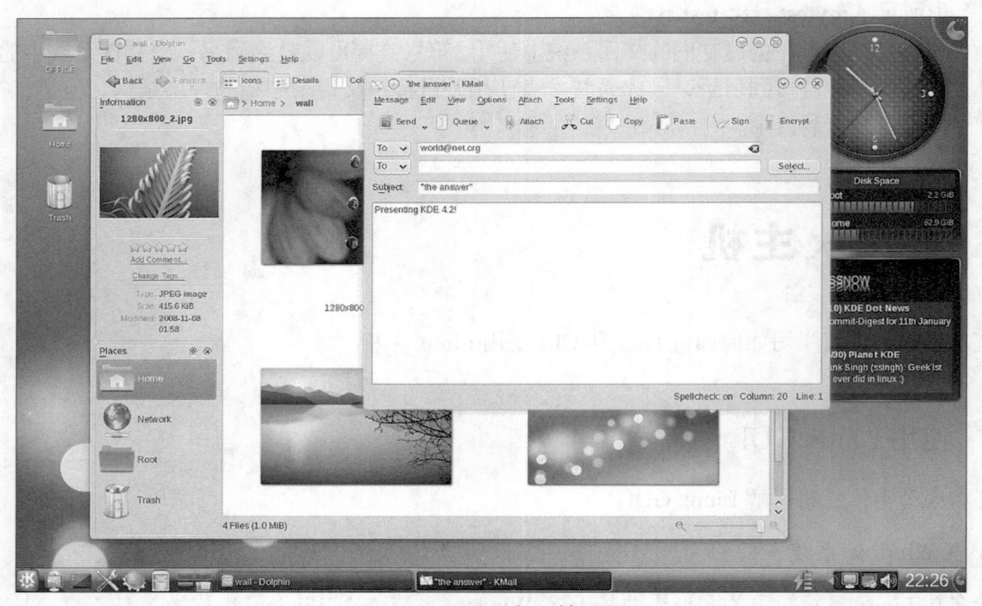

图 3-10 KDE 窗口管理器

2. Linux GUI

虽然操作系统不需要 GUI 也能运行，但 GUI 比 CLI 对用户更加友好。Linux GUI 作为一个整体可被用户轻松替换。由于 Linux 发行版有很多，本章在讲解 Linux 时采用的是 Ubuntu，因为它是一个非常受欢迎的用户友好的发行版。

Ubuntu Linux 使用 Unity 作为其默认 GUI。Unity 的目标是让 Ubuntu 对用户更加友好。Unity 的主要 UI 组件包括下面这些。

- **顶部菜单栏**：这是一个多用途菜单栏，包含当前运行的应用。它主要包括应用的最大化、最小化和退出按钮，以及包括设置、注销、关机、时钟和其他通知在内的系统切换。

- **启动器**：这是屏幕左侧放置的停靠栏，可用作应用启动器和切换器。在点击时可启动应用，当应用运行时再次点击可在运行的应用之间切换。如果有应用的多个实例正在运行，启动器将显示所有实例。
- **快捷方式**：右键点击启动器中托管的任何应用，可以访问应用能执行的任务的简短列表。
- **快速搜索框**：包含搜索工具和最近使用的应用列表。快速搜索框在快速搜索框区域底部包含一个镜头，可以让用户优化快速搜索结果。要访问快速搜索框，请点击启动器顶部的 Ubuntu 按钮。
- **系统和通知菜单**：屏幕右上角的指示器菜单中有许多重要功能。使用指示器菜单可切换用户、关闭计算机、控制音量或更改网络设置。

图 3-11 显示了 Ubuntu Unity 桌面的分类。

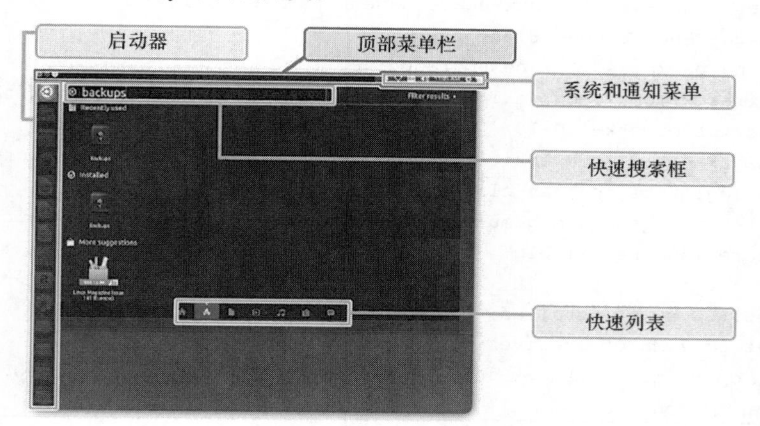

图 3-11　Ubuntu Unity GUI

3.3.2 使用 Linux 主机

在本小节中，您将学习如何安装和运行 Linux 应用程序，使您的系统保持最新，并防范 Linux 主机上的恶意软件。

1. 在 Linux 主机上安装和运行应用

许多最终用户应用是使用编译语言编写的复杂程序。为辅助安装流程，Linux 通常附带名为软件包管理器的程序。软件包是一个用来指代程序及其所有支持文件的术语。通过使用软件包管理器安装软件包，所有必要的文件将放置在正确的文件系统位置。

有多个软件包管理器。在本课程中，我们将使用 Advanced Packaging Tool（apt）软件包管理器。例 3-9 显示了几个 **apt** 命令的输出。**apt-get update** 命令用于从软件包存储库中提取软件包列表，并更新本地软件包数据库。**apt-get upgrade** 命令用于将所有当前安装的软件包更新到最新版本。

例 3-9　Advanced Packaging Tool（apt）软件包管理器

```
analyst@cuckoo:~$ sudo apt-get update
[sudo] password for analyst:
Hit:1 http://us.archive.ubuntu.com/ubuntu xenial InRelease
Get:2 http://us.archive.ubuntu.com/ubuntu xenial-updates InRelease [102 kB]
Get:3 http://security.ubuntu.com/ubuntu xenial-security InRelease [102 kB]
Get:4 http://us.archive.ubuntu.com/ubuntu xenial-backports InRelease [102 kB]
Get:5 http://us.archive.ubuntu.com/ubuntu xenial-updates/main amd64 Packages [534 kB]
```

```
<output omitted>
Fetched 4,613 kB in 4s (1,003 kB/s)
Reading package lists... Done
analyst@cuckoo:~$
analyst@cuckoo:~$ sudo apt-get upgrade
Reading package lists... Done
Building dependency tree
Reading state information... Done
Calculating upgrade... Done
The following packages have been kept back:
 linux-generic-hwe-16.04 linux-headers-generic-hwe-16.04
  linux-image-generic-hwe-16.04
The following packages will be upgraded:
 firefox firefox-locale-en gir1.2-javascriptcoregtk-4.0 gir1.2-webkit2-4.0
  libjavascriptcoregtk-4.0-18
 libwebkit2gtk-4.0-37 libwebkit2gtk-4.0-37-gtk2 libxen-4.6 libxenstore3.0 linux-
  libc-dev logrotate openssh-client
 qemu-block-extra qemu-kvm qemu-system-common qemu-system-x86 qemu-utils snapd
  ubuntu-core-launcher zlib1g
 zlib1g-dev
21 upgraded, 0 newly installed, 0 to remove and 3 not upgraded.
Need to get 85.7 MB of archives.
After this operation, 1,576 kB of additional disk space will be used.
Do you want to continue? [Y/n]
```

2. 保持系统更新

操作系统公司定期发布操作系统更新（也称为补丁），以解决其操作系统中的所有已知漏洞问题。虽然操作系统公司拥有更新时间表，但是在操作系统代码中发现主要漏洞时，会不定期地发布操作系统更新。现代操作系统会在有可供下载和安装的更新时警告用户，用户也可以随时检查更新。

要使用 CLI 更新本地软件包元数据数据库，请使用 **apt-get update** 命令。

要使用 CLI 升级所有当前安装的软件包，请使用 **apt-get upgrade** 命令。

要在 Linux 上使用 GUI 手动检查和安装更新，点击“快速搜索框”，输入 **software updater**，点击 Software Updater 图标，如图 3-12 所示。

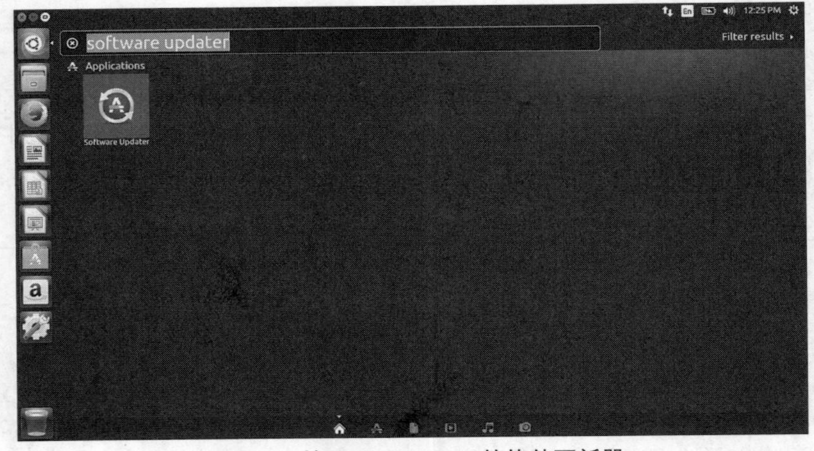

图 3-12　基于 Ubuntu GUI 的软件更新器

3. 进程和分叉

进程是计算机程序的运行实例。多任务操作系统可以同时执行许多进程。

分叉是内核用来允许进程创建自身副本的一种方法。进程需要一种方法，在多任务操作系统中创建新进程。分叉操作是一种在 Linux 中创建新进程的方法。

由于多种原因，分叉非常重要。一个原因与进程可扩展性有关。常见的 Web 服务器 Apache 就是一个很好的例子。借助于分叉，Apache 能够使用比单一进程服务器更少的系统资源响应大量的请求。

当进程调用分叉时，调用进程变成父进程，新建进程被当作其子进程。分叉后，进程在一定程度上是独立进程；它们有不同的进程 ID，但运行相同的程序代码。

下面是几个用于管理进程的命令。

- **ps**：该命令用于列出调用该命令时计算机上运行的进程。系统可以指示 **ps** 显示正在运行的属于当前用户或其他用户的进程。虽然列出进程无需根用户权限，但停止或修改其他用户进程则需根用户权限。
- **top**：该命令还用于列出正在运行的进程，但是与 **ps** 不同，**top** 一直动态地显示正在运行的进程。按 **q** 键可退出 **top**。
- **kill**：该命令用于修改特定进程的行为。**kill** 将根据参数删除、重新启动或暂停进程。在许多情况下，用户在运行 **ps** 或 **top** 后，再运行 **kill**，其目的是让用户能够在运行 **kill** 前了解进程的 PID。

例 3-10 所示为 Linux 计算机上的 **top** 命令输出。

例 3-10　top 命令的输出

```
top - 12:37:51 up 28 min,  1 user,  load average: 0.07, 0.02, 0.02
Tasks:  99 total,   1 running,  98 sleeping,   0 stopped,   0 zombie
%Cpu0  :   2.8/0.7     3 [|||                                                  ]
GiB Mem : 94.6/0.981     [                                                      ]
GiB Swap:  0.0/0.000     [                                                      ]

  PID USER      PR  NI    VIRT    RES %CPU %MEM     TIME+ S COMMAND
    1 root      20   0    8.9m   3.8m  0.0  0.4   0:00.70 S systemd
  173 root      20   0   70.6m   2.4m  0.0  0.2   0:00.06 S  '- systemd-journal
  205 root      20   0   15.0m   1.8m  0.0  0.2   0:00.09 S  '- systemd-udevd
  270 root      20   0    5.5m   0.3m  0.0  0.0   0:00.09 S  '- ovsdb-server
  272 root      20   0    5.7m   0.9m  0.0  0.1   0:00.00 S  '- start_pox.sh
  281 root      20   0   42.0m   8.2m  0.7  0.8   0:03.47 S      '- python2.7
  274 root      20   0   23.2m   1.6m  0.0  0.2   0:00.00 S  '- rsyslogd
  276 root      20   0    7.0m   1.3m  0.0  0.1   0:00.00 S  '- systemd-logind
  277 dbus      20   0    6.4m   2.0m  0.0  0.2   0:00.18 S  '- dbus-daemon
  283 systemd+  20   0   16.6m   0.5m  0.0  0.1   0:00.00 S '- systemd-network
  284 root      20   0    7.5m   1.2m  0.0  0.1   0:00.00 S  '- ovs-vswitchd
  297 root      20   0   29.3m   1.5m  0.0  0.2   0:00.19 S  '- VBoxService
  314 root      20   0    5.2m   0.7m  0.0  0.1   0:00.00 S  '- vsftpd
  317 root      20   0    7.6m   0.9m  0.0  0.1   0:00.00 S  '- sshd
  320 root      20   0   35.3m   6.7m  0.0  0.7   0:00.04 S  '- lightdm
  332 root      20   0  164.3m  61.5m  2.6  6.1   0:05.76 S      '- Xorg
  385 root      20   0   31.2m   2.9m  0.0  0.3   0:00.01 S      '- lightdm
  396 analyst   20   0    5.5m   1.0m  0.0  0.1   0:00.00 S          '- sh
```

```
416 analyst   20   0   75.7m  26.8m  0.0  2.7   0:00.07 S
'- xfce4-session
426 analyst   20   0   60.0m  28.9m  0.0  2.9   0:00.41 S
'- xfwm4
427 analyst   20   0   57.6m  25.6m  0.0  2.6   0:00.06 S
'- Thunar
428 analyst   20   0   70.3m  31.9m  0.0  3.2   0:00.28 S
'- xfce4-panel
459 analyst   20   0   56.7m  26.0m  0.0  2.6   0:00.08 S
'- panel-6-systray
462 analyst   20   0   57.9m  25.5m  0.0  2.5   0:00.09 S
'- panel-2-actions
432 analyst   20   0   90.2m  33.6m  0.0  3.3   0:00.57 S
'- xfdesktop
444 analyst   20   0   78.5m  25.9m  0.0  2.6   0:00.06 S
'- polkit-gnome-au
329 root      20   0    7.5m   0.5m  0.0  0.1   0:00.00 S  '- nginx
330 http      20   0    8.8m   1.3m  0.0  0.1   0:00.00 S      '- nginx
333 root      20   0   38.0m   2.8m  0.0  0.3   0:00.03 S  '- accounts-daemon
340 polkitd   20   0   71.2m  10.3m  0.0  1.0   0:00.07 S  '- polkitd
391 analyst   20   0    8.9m   1.8m  0.0  0.2   0:00.00 S  '- systemd
392 analyst   20   0   12.2m   1.1m  0.0  0.1   0:00.00 S      '- (sd-pam)
408 analyst   20   0    6.4m   1.8m  0.0  0.2   0:00.02 S      '- dbus-daemon
420 analyst   20   0   10.2m   2.4m  0.0  0.2   0:00.01 S      '- xfconfd
671 analyst   20   0   42.9m   6.4m  0.0  0.6   0:00.01 S      '- at-spi-bus-laun
423 analyst   20   0    4.7m   0.2m  0.0  0.0   0:00.00 S  '- ssh-agent
425 analyst   20   0   23.3m   0.2m  0.0  0.0   0:00.02 S  '- gpg-agent
430 analyst   20   0   67.9m  26.3m  0.0  2.6   0:00.03 S  '- xfsettingsd
440 analyst   20   0   80.0m  26.6m  0.0  2.6   0:00.08 S  '- xfce4-power-man
448 analyst   20   0   79.8m  26.5m  0.0  2.6   0:00.02 S  '- xfce4-power-man
463 root      20   0   52.6m   2.5m  0.0  0.2   0:00.02 S  '- upowerd
478 analyst   20   0   15.2m   0.3m  0.0  0.0   0:00.00 S  '- VBoxClient
487 analyst   20   0   17.4m   0.4m  0.7  0.0   0:01.78 S      '- VBoxClient
479 analyst   20   0   15.2m   0.3m  0.0  0.0   0:00.00 S  '- VBoxClient
484 analyst   20   0   16.9m   0.4m  0.0  0.0   0:00.01 S      '- VBoxClient
```

4. Linux 主机上的恶意软件

Linux 恶意软件包括病毒、木马、蠕虫以及其他类型的可能影响操作系统的恶意软件。由于有许多设计组件，例如文件系统结构、文件权限和用户账户限制，Linux 操作系统通常被认为能够更好地防范恶意软件。

尽管 Linux 能更好地防范恶意软件，但也不并是无懈可击。攻击者已经在 Linux 中发现并利用了许多漏洞，其中既有服务器软件漏洞，也有内核漏洞。攻击者能够利用这些漏洞并损坏目标。由于 Linux 的开源性质，通常在发现此问题后的几小时内就会有相应的文件和修补程序。

如果执行恶意程序，就会给系统带来损害。常见的 Linux 攻击向量是其服务和进程。在连接到网络的计算机上运行的服务器和进程代码中经常会发现漏洞。例如，过期版本的 Apache Web 服务器可能包含未安装修补程序的漏洞，可被攻击者利用。攻击者经常探查开放端口，评估该端口上运行的服务器的版本和性质。掌握这些知识之后，攻击者能够研究该特定服务器的该特定版本是否存在任何支持攻击的已知问题。与大多数漏洞一样，保持计算机更新和关闭任何未使用的服务和端口，是减少 Linux

计算机中的攻击漏洞的好方法。

例 3-11 所示为攻击者使用 **telnet** 命令探查 Web 服务器的性质和版本。攻击者得知目标服务器正在运行 Nginx 版本 1.12.0。下一步是研究 Nginx 1.12.0 代码中的已知漏洞。

注 意　您将在本课程的后续部分了解有关此攻击的更多信息。

例 3-11 使用 telnet 探查一个 Web 服务器

```
[analyst@secOps ~]$ telnet 209.165.200.224 80
Trying 209.165.200.224...
Connected to 209.165.200.224.
Escape character is '^]'.
type anything to force an HTTP error response
HTTP/1.1 400 Bad Request
Server: nginx/1.12.0
Date: Wed, 17 May 2017 14:27:30 GMT
Content-Type: text/html
Content-Length: 173
Connection: close
<html>
<head><title>400 Bad Request</title></head>
<body bgcolor="white">
<center><h1>400 Bad Request</h1></center>
<hr><center>nginx/1.12.0</center>
</body>
</html>
Connection closed by foreign host.
[analyst@secOps ~]$
```

5. rootkit 检查

rootkit 是一套软件工具，旨在增加用户的权限，或者授权访问通常不允许访问的部分软件。rootkit 通常还用于保护已攻陷的计算机的后门。

rootkit 安装可以自动化（在感染过程中完成），或者攻击者在入侵计算机后手动安装。rootkit 具有破坏性，因为它可以更改内核代码及其模块，更改操作系统本身最基本的操作。通过这种深层破坏，rootkit 可以隐藏入侵，删除任何安装痕迹，甚至篡改故障排除和诊断工具，使得它们的输出不出现 rootkit 的踪迹。尽管过去有一些 Linux 漏洞允许通过普通用户账户安装 rootkit，但大多数 rootkit 需要根用户或管理员访问权限才能产生破坏。

因为计算机在本质上受到了破坏，所以很难检测 rootkit。典型的检测方法通常包括从可信任的介质（例如诊断操作系统的 CD）引导计算机。在挂载了受损的驱动器后，可以从可信任的系统工具集中启动可信任的诊断工具，检查受损的文件系统。检查方法包括基于行为的方法、签名扫描、差异扫描和内存转储分析。

rootkit 的删除非常复杂而且通常不可能实现，当 rootkit 驻留在内核中时更是如此；重新安装操作系统往往是从根本上解决问题的唯一方案。固件 rootkit 通常需要更换硬件。

chkrootkit 是一个很受欢迎的基于 Linux 的程序，旨在用于检查计算机中是否存在已知 rootkit。它是一个 shell 脚本，使用常见 Linux 工具（例如，字符串和 **grep**）来对比核心程序的签名。它会遍历/proc 文件系统，将找到的签名与 **ps** 命令的输出进行比对，找出差异。

尽管很有帮助，但请记住，用于查找 rootkit 的程序不是 100%可靠的。

例 3-12 所示为 Ubuntu Linux 上的 **chkrootkit** 输出。

例 3-12 chkrootkit 命令的输出

```
analyst@cuckoo:~$ sudo ./chkrootkit
[sudo] password for analyst:
ROOTDIR is '/'
Checking 'amd'... not found
Checking 'basename'... not infected
Checking 'biff'... not found
Checking 'chfn'... not infected
Checking 'chsh'... not infected
Checking 'cron'... not infected
Checking 'crontab'... not infected
Checking 'date'... not infected
Checking 'du'... not infected
Checking 'dirname'... not infected
Checking 'echo'... not infected
Checking 'egrep'... not infected
Checking 'env'... not infected
Checking 'find'... not infected
Checking 'fingerd'... not found
Checking 'gpm'... not found
Checking 'grep'... not infected
Checking 'hdparm'... not infected
Checking 'su'... not infected
Checking 'ifconfig'... not infected
Checking 'inetd'... not tested
Checking 'inetdconf'... not found
Checking 'identd'... not found
Checking 'init'... not infected
Checking 'killall'... not infected
Checking 'ldsopreload'... not infected
Checking 'login'... not infected
Checking 'ls'... not infected
Checking 'lsof'... not infected
Checking 'mail'... not found
Checking 'mingetty'... not found
Checking 'netstat'... not infected
Checking 'named'... not found
Checking 'passwd'... not infected
Checking 'pidof'... not infected
Checking 'pop2'... not found
Checking 'pop3'... not found
Checking 'ps'... not infected
Checking 'pstree'... not infected
Checking 'rpcinfo'... not found
Checking 'rlogind'... not found
Checking 'rshd'... not found
Checking 'slogin'... not infected
Checking 'sendmail'... not found
Checking 'sshd'... not infected
```

```
Checking 'syslogd'... not tested
Checking 'tar'... not infected
Checking 'tcpd'... not infected
Checking 'tcpdump'... not infected
Checking 'top'... not infected
Checking 'telnetd'... not found
Checking 'timed'... not found
Checking 'traceroute'... not found
Checking 'vdir'... not infected
Checking 'w'... not infected
Checking 'write'... not infected
Checking 'aliens'... no suspect files
Searching for sniffer's logs, it may take a while... nothing found
Searching for HiDrootkit's default dir... nothing found
Searching for t0rn's default files and dirs... nothing found
Searching for t0rn's v8 defaults... nothing found
Searching for Lion Worm default files and dirs... nothing found
Searching for RSHA's default files and dir... nothing found
Searching for RH-Sharpe's default files... nothing found
Searching for Ambient's rootkit (ark) default files and dirs... nothing found
Searching for suspicious files and dirs, it may take a while...
/usr/lib/debug/.build-id /lib/modules/4.8.0-36-generic/vdso/.build-id /lib/
  modules/4.8.0-52-generic/vdso/.build-id /lib/modules/4.8.0-49-generic/vdso/.build-id
/usr/lib/debug/.build-id /lib/modules/4.8.0-36-generic/vdso/.build-id
  /lib/modules/4.8.0-52-generic/vdso/.build-id /lib/modules/4.8.0-49-generic/vdso/.build-id
Searching for LPD Worm files and dirs... nothing found
Searching for Ramen Worm files and dirs... nothing found
Searching for Maniac files and dirs... nothing found
Searching for RK17 files and dirs... nothing found
Searching for Ducoci rootkit... nothing found
Searching for Adore Worm... nothing found
Searching for ShitC Worm... nothing found
Searching for Omega Worm... nothing found
Searching for Sadmind/IIS Worm... nothing found
Searching for MonKit... nothing found
Searching for Showtee... nothing found
Searching for OpticKit... nothing found
Searching for T.R.K... nothing found
Searching for Mithra... nothing found
Searching for LOC rootkit... nothing found
Searching for Romanian rootkit... nothing found
Searching for Suckit rootkit... nothing found
Searching for Volc rootkit... nothing found
Searching for Gold2 rootkit... nothing found
Searching for TC2 Worm default files and dirs... nothing found
Searching for Anonoying rootkit default files and dirs... nothing found
Searching for ZK rootkit default files and dirs... nothing found
Searching for ShKit rootkit default files and dirs... nothing found
Searching for AjaKit rootkit default files and dirs... nothing found
Searching for zaRwT rootkit default files and dirs... nothing found
Searching for Madalin rootkit default files... nothing found
```

```
Searching for Fu rootkit default files... nothing found
Searching for ESRK rootkit default files... nothing found
Searching for rootedoor... nothing found
Searching for ENYELKM rootkit default files... nothing found
Searching for common ssh-scanners default files... nothing found
Searching for Linux/Ebury - Operation Windigo ssh... not tested
Searching for 64-bit Linux Rootkit ... nothing found
Searching for 64-bit Linux Rootkit modules... nothing found
Searching for Mumblehard Linux ... nothing found
Searching for Backdoor.Linux.Mokes.a ... nothing found
Searching for Malicious TinyDNS ... nothing found
Searching for Linux.Xor.DDoS ... nothing found
Searching for Linux.Proxy.1.0 ... nothing found
Searching for suspect PHP files... nothing found
Searching for anomalies in shell history files... nothing found
Checking 'asp'... not infected
Checking 'bindshell'... not infected
Checking 'lkm'... chkproc: nothing detected
chkdirs: nothing detected
Checking 'rexedcs'... not found
Checking 'sniffer'... enp0s3: PF_PACKET(/sbin/dhclient)
virbr0: not promisc and no PF_PACKET sockets
Checking 'w55808'... not infected
Checking 'wted'... chkwtmp: nothing deleted
Checking 'scalper'... not infected
Checking 'slapper'... not infected
Checking 'z2'... user analyst deleted or never logged from lastlog!
Checking 'chkutmp'...  The tty of the following user process(es) were not found
in /var/run/utmp !
! RUID          PID TTY    CMD
! analyst      2597 pts/5  bash
! root         3733 pts/5  sudo ./chkrootkit
! root         3734 pts/5  /bin/sh ./chkrootkit
! root         4748 pts/5  ./chkutmp
! root         4749 pts/5  sh -c ps ax -o "tty,pid,ruser,args"
! root         4750 pts/5  ps ax -o tty,pid,ruser,args
chkutmp: nothing deleted
Checking 'OSX_RSPLUG'... not tested
analyst@cuckoo:~$
```

6. 管道命令

虽然命令行工具通常用于执行一个特定的、定义完善的任务，但许多命令可以通过一种名为管道的方法合并到一起，执行更加复杂的任务。管道命令以管道字符（|）命名，将命令链接在一起，将一个命令的输出用作另一个命令的输入。

例如，**ls** 命令用于显示既定目录的所有文件和目录。**grep** 命令用于比较在文件或文本中进行的搜索，查找指定的字符串。如果找到，**grep** 显示字符串所在行的完整内容。**ls** 和 **grep** 这两个命令可以通过管道连接在一起，过滤 **ls** 的输出，如例 3-13 中 **ls -l | grep nimda** 命令所示。

例 3-13 grep 命令的输出

```
[analyst@secOps ~]$ ls -l lab.support.files
total 584
-rw-r--r-- 1 analyst analyst    649 Jun 28  2017 apache_in_epoch.log
-rw-r--r-- 1 analyst analyst    126 Jun 28  2017 applicationX_in_epoch.log
drwxr-xr-x 4 analyst analyst   4096 Aug 24 12:36 attack_scripts
-rw-r--r-- 1 analyst analyst    102 Jul 20 09:37 confidential.txt
-rw-r--r-- 1 analyst analyst   2871 Dec 15  2016 cyops.mn
-rw-r--r-- 1 analyst analyst     75 May 24  2017 elk_services
-rw-r--r-- 1 analyst analyst    373 Feb 16  2017 h2_dropbear.banner
-rw-r--r-- 1 analyst analyst    147 Mar 21  2017 index.html
drwxr-xr-x 2 analyst analyst   4096 Aug 24 12:36 instructor
-rw-r--r-- 1 analyst analyst    255 May  2  2017 letter_to_grandma.txt
-rw-r--r-- 1 analyst analyst  24464 Feb  7  2017 logstash-tutorial.log
drwxr-xr-x 2 analyst analyst   4096 May 25  2017 malware
-rwxr-xr-x 1 analyst analyst    172 Jul 25 16:27 mininet_services
drwxr-xr-x 2 analyst analyst   4096 Feb 14  2017 openssl_lab
drwxr-xr-x 2 analyst analyst   4096 Aug 24 12:35 pcaps
drwxr-xr-x 7 analyst analyst   4096 Sep 20  2016 pox
-rw-r--r-- 1 analyst analyst 473363 Feb 16  2017 sample.img
-rw-r--r-- 1 analyst analyst     65 Feb 16  2017 sample.img_SHA256.sig
drwxr-xr-x 3 analyst analyst   4096 Aug 24 10:47 scripts
-rw-r--r-- 1 analyst analyst  25553 Feb 13  2017 SQL_Lab.pcap
[analyst@secOps ~]$ ls -l lab.support.files | grep ap
-rw-r--r-- 1 analyst analyst    649 Jun 28  2017 apache_in_epoch.log
-rw-r--r-- 1 analyst analyst    126 Jun 28  2017 applicationX_in_epoch.log
drwxr-xr-x 2 analyst analyst   4096 Aug 24 12:35 pcaps
-rw-r--r-- 1 analyst analyst  25553 Feb 13  2017 SQL_Lab.pcap
[analyst@secOps ~]$
```

3.4 小结

在本章中，您学习了如何在 SOC 环境中使用 Linux 操作系统，包括：

- 用于安全监控和调查的 Linux 工具；
- 如何通过 Linux shell 使用目录和文件，以及如何创建、修改、复制和移动文本文件；
- 服务器和客户端应用的区别。

在本章中，您还学习了如何执行基本的 Linux 管理任务，包括：

- 如何查看服务配置文件；
- 需要在 Linux 设备上强化哪些功能；
- 用于监控目的的服务日志的类型和位置。

您也了解了各种 Linux 文件系统的类型，包括：

- ext2、ext3 和 ext4；
- NFS；
- CDFS；
- 交换文件系统；

- HFS+;
- 主引导记录。

您学习了角色和文件权限如何指示哪些用户或组可以访问哪些文件，这些用户或组是否拥有读取、写入或执行权限。您还学习了文件的根用户或所有者如何更改权限。这些文件可以拥有硬链接或符号链接。硬链接是指指向与原始文件相同位置的另一个文件。符号链接（有时称为 symlink 或软链接）与硬链接类似，原因是将更改应用到符号链接时也将更改原始文件。

最后，在本章中，您学习了如何在 Linux 主机上执行基本的安全相关的任务，包括：

- 从命令行安装和运行应用；
- 使用 **apt-get update** 和 **apt-get upgrade** 命令使系统保持最新；
- 查看当前内存中正在运行的进程分叉；
- 使用 **chkrootkit** 检查计算机中是否存在已知的 rootkit；
- 使用管道将命令链接在一起，将一个命令的输出用作另一个命令的输入。

作为网络安全分析师，您需要对 Linux 操作系统的功能和特性以及如何在 SOC 环境中使用 Linux 有个基本了解。

复习题

请完成以下所有复习题，以检查您对本章主题和概念的理解情况。答案列在附录“复习题答案”中。

1. Linux 管理员输入 **man man** 命令之后有什么结果？
   A. **man man** 命令使用手动地址配置网络接口
   B. **man man** 命令提供有关 **man** 命令的文档
   C. **man man** 命令提供当前提示符可用的命令列表
   D. **man man** 命令打开最新的日志文件
2. Linux 作为开源操作系统有什么优势？
   A. Linux 发行版由单一组织维护
   B. Linux 发行版必须包括不需成本的免费支持
   C. Linux 发行版源代码可以修改，然后重新编译
   D. Linux 发行版是更为简单的操作系统，因为它们并非用于连接网络
3. 在 Linux 系统中，哪些类型的文件用于管理服务？
   A. 设备文件　　B. 系统文件
   C. 目录文件　　D. 配置文件
4. 哪种工作环境对用户更友好？
   A. CLI　　B. GUI
   C. 命令提示符　　D. 混合 GUI 和 CLI 接口
5. 哪个 Linux 组件将用于访问应用可执行的任务列表？
   A. 启动器　　B. 快速列表
   C. 快速搜索框　　D. 系统和通知菜单
6. 哪个术语是指计算机系统的运行实例？
   A. 分叉　　B. 补丁
   C. 进程　　D. 软件包管理器

7. Linux 管理员使用哪种类型的工具攻击计算机或网络以查找漏洞？
   A. 防火墙
   B. 渗透测试
   C. 恶意软件分析
   D. 入侵检测系统
8. 哪种方法可以用于强化计算设备？
   A. 允许 USB 自动检测
   B. 强制定期更改密码
   C. 允许默认服务保持启用状态
   D. 无论发行日期是什么时候，都应严格按年更新修补程序
9. 请考虑下列 Linux 输出中 **ls-l** 命令的结果。分配给 analyst.txt 文件的组文件权限是什么？

```
ls -l analyst.txt
-rwxrw-r -sales staff 1028 May 28 15:50 analyst.txt
```

   A. 只读
   B. 读取、写入
   C. 完全访问
   D. 读取、写入、执行

第 4 章

网络协议和服务

学习目标

在学完本章后，您将能够回答下列问题：

- 数据网络通信的基本操作是什么？
- 协议怎样支持网络操作？
- 以太网怎样支持网络通信？
- IPv4 协议怎样支持网络通信？
- IP 地址怎样支持网络通信？
- 哪种 IPv4 地址支持网络通信？
- 默认网关怎样支持网络通信？
- IPv6 协议怎样支持网络通信？
- 怎样使用 ICMP 测试网络连通性？
- 怎样使用 ping 和 traceroute 实用程序测试网络连通性？
- MAC 地址和 IP 地址的角色是什么？
- ARP 的目的是什么？
- ARP 请求怎样影响网络和主机的性能？
- 传输层协议怎样支持网络通信？
- 传输层协议怎样运作？
- DHCP 服务怎样支持网络功能？
- DNS 服务怎样支持网络功能？
- NAT 服务怎样支持网络功能？
- 文件传输服务怎样支持网络功能？
- 电子邮件服务怎样支持网络功能？
- HTTP 服务怎样支持网络功能？

网络安全分析师的工作是识别和分析网络安全事件的痕迹。这些痕迹由网络事件的记录组成。这些事件记录在来自不同设备的日志文件中，主要由网络协议操作的详细信息组成。地址标识哪些主机在组织内彼此连接，或连接到互联网上的远程主机。日志文件中记录的地址还标识哪些主机与组织内的主机连接或尝试连接。其他痕迹（以协议地址的形式）标识网络连接尝试执行哪些操作，以及此行为是正常、可疑还是会造成损坏。最后，网络痕迹也用于记录那些能够接收和使用来自网络的信息的应用。从所有这些痕迹中，网络安全分析师能够检测到对组织及其数据安全的威胁。

网络安全分析师必须了解正常数据传输的网络，以便能够检测到黑客、恶意软件和不诚实的网络用户所造成的异常行为。协议是网络通信的核心，而网络服务为我们在网络上执行任务时提供支持。本章通过讨论 TCP/IP 协议簇中的协议以及使我们能够在计算机网络上完成任务的相关服务来概述网络的正常行为。

4.1 网络协议

在本节中，您将会了解到协议怎样支持网络操作。

4.1.1 网络设计流程

在本小节中，您将会了解到数据网络通信的基本操作。

1. 网络视图

网络没有大小限制。它可以是小到两台计算机组成的简易网络，也可以是大到连接数百万台设备的超级网络。

家庭办公室网络和小型办公室网络通常是由在家里或远程办公室工作的人来安装，需要连接到公司网络或其他集中式的资源中。此外，许多个体经营者使用家庭办公室和小型办公室网络来宣传和销售产品、订货以及联系客户。

在企业和大型组织中，网络的应用更加广泛，可以用来对网络服务器上的信息进行整合、存储和访问。网络还可通过电子邮件、即时消息等方式促进员工之间的快速通信和协作。除了内部获益之外，许多组织使用自己的网络通过互联网向客户提供产品和服务。

互联网是现存最大的网络。事实上，术语“互联网”是指“众多网络所组成的网络”。互联网实际是一个专用网络和公共网络互连的集合。

2. 客户端-服务器通信

连接到网络并直接参与网络通信的所有计算机都属于主机。主机也称为终端设备、终端或节点。终端设备之间的大部分交互是客户端-服务器通信。例如，当您访问互联网上的网页时，您的 Web 浏览器（客户端）正在访问服务器。当您发送电子邮件时，您的邮件客户端将连接到邮件服务器。

服务器是装有专用软件的计算机。安装此软件后，服务器便能向网络上的其他终端设备提供信息。服务器可以是单一用途的，即只提供一项服务，如网页。服务器可以是多用途的，即提供各种服务，如网页、电子邮件和文件传输。

客户端计算机安装了软件，如 Web 浏览器、电子邮件和文件传输。安装此类软件后，客户端计算机便能向服务器请求信息并显示所获取的信息。一台计算机也可以运行多种类型的客户端软件。例如，用户在收听互联网广播的同时，可以查收邮件和浏览网页。

3. 典型会话：学生

学校、家庭或办公室的典型网络用户通常会使用某种类型的计算设备与网络服务器建立许多连接。这些服务器可能位于同一个机房，也可能遍布世界各地。让我们来了解几种典型的网络通信会话。

Terry 是一名高中生，她所在的学校最近启动了一项“自带设备”（BYOD）计划。学校鼓励学生使用他们自己的手机，或者平板电脑、笔记本电脑等其他设备来访问学习资源。在语言艺术课上，Terry 被布置了一个作业，那就是研究第一次世界大战对当时的文学艺术所造成的影响。她在手机上打开了一个搜索引擎应用，在其中输入所选择的搜索词。

Terry 的手机连接到学校的 WiFi 网络。她的搜索词通过无线方式从手机提交给学校网络。在发送搜索词之前，必须对数据进行编址，以便这些数据能够返回给 Terry。然后，她的搜索词表示为已编码成无线电波的一个二进制数据字符串。接下来，她的搜索字符串被转换为可在学校的有线网络中传输的电信号，直到这些字符串送达学校网络与互联网服务提供商（ISP）网络连接的位置。通过组合使用各种技术，Terry 的搜索词被送往搜索引擎网站。

例如，Terry 的数据与数千名其他用户的数据一起流向光纤网络，而该网络将 Terry 的 ISP 与其他几个 ISP（包括搜索引擎公司使用的 ISP）连接起来。最终，Terry 的搜索字符串进入搜索引擎公司的网站，由该网站功能强大的服务器对其进行处理。然后，对结果进行编码并发送给 Terry 的学校及其设备。

所有这些转换和连接都在几秒钟之内进行，现在 Terry 已经开始她的课题研究之旅。

4. 典型会话：游戏玩家

Michelle 喜欢玩电脑游戏。她有一个功能强大的游戏机，平时用来玩游戏、看电影和播放音乐。Michelle 使用铜缆将游戏机直接连接到网络中。

与许多家庭网络一样，Michelle 的网络通过路由器和调制解调器连接到 ISP。这些设备允许 Michelle 的家庭网络连接到属于 Michelle 的 ISP 的有线电视网络。Michelle 所在街区的电缆线都连接到电话线杆上的中心点，然后再连接到光纤网络。这个光纤网络连接了 Michelle 的 ISP 所服务的众多街区。

所有这些光纤电缆均连接到可提供高容量连接的电信服务。这些连接使家庭、政府机关和企业中的数千名用户能够连接世界各地的互联网目的地。

Michelle 将游戏机连接到托管某款非常受欢迎的在线游戏的公司。Michelle 向该公司注册，其服务器记录 Michelle 的分数、经验值和游戏资产。Michelle 在游戏中的操作成为发送到玩家网络的数据。Michelle 的举动被分解为二进制数据组，每组数据由一串 0 和一串 1 组成。标识 Michelle、她所玩的游戏和 Michelle 网络位置的信息会添加到游戏数据中。Michelle 的游戏数据以高速发送到游戏提供商的网络，结果以图形和声音的形式返回给 Michelle。

所有这一切发生得如此之快，以便 Michelle 可以与数百名其他玩家实时竞技。

5. 典型会话：外科医生

Ismael Awad 博士是一位肿瘤学家，经常为癌症患者做手术。他经常需要与放射科医生及其他专家就患者情况进行会诊。Awad 博士任职的医院订阅了一项被称为云的特殊服务。云可以将医疗数据，包括患者的 X 光片和 MRI，存储在通过互联网访问的集中位置。这样，医院就不需要管理纸质病历和 X 光胶片了。

病人照射 X 光之后，图像被数字化为计算机数据。然后，医院计算机将 X 光数据发送给医疗云服务。由于在处理医疗数据时安全性非常重要，因此医院使用加密图像数据和患者信息的网络服务。这些加密数据在跨互联网传输到云服务提供商的数据中心时不能被拦截和读取。这些数据经过编址后可以路由到云提供商的数据中心，从而到达可存储并检索高分辨率数字图像的正确服务。

Awad 博士和患者护理团队可以连接到这项特殊服务，与其他医生进行音频会议并讨论病历，以决定可以提供给病人的最佳治疗方案。Awad 博士可以与来自不同地点的专家合作，以查看医学图像和其他患者数据，并讨论该病例。

所有这些交互均采用数字形式，并使用由医疗云服务提供的网络服务进行。

6. 跟踪路径

我们倾向于把在日常生活中使用的数据网络想象成开车。只要汽车能把我们带到目的地，我们并不在乎发动机发生了什么。然而，就像汽车修理工知道汽车运行原理的细节一样，网络安全分析师需要对网络的工作原理有深入的了解。

当我们连接到某个网站阅读社交媒体或购物时，我们很少关心数据是如何到达该网站的，以及网站数据是如何传给我们的。我们并不知道上网要用到的技术。通过陆上和海底的铜缆和光纤电缆的组合可以传输数据流量。数据传输还会用到高速无线和卫星技术。图 4-1 所示的这些连接将遍布全球的电信设施和 ISP 连接起来。

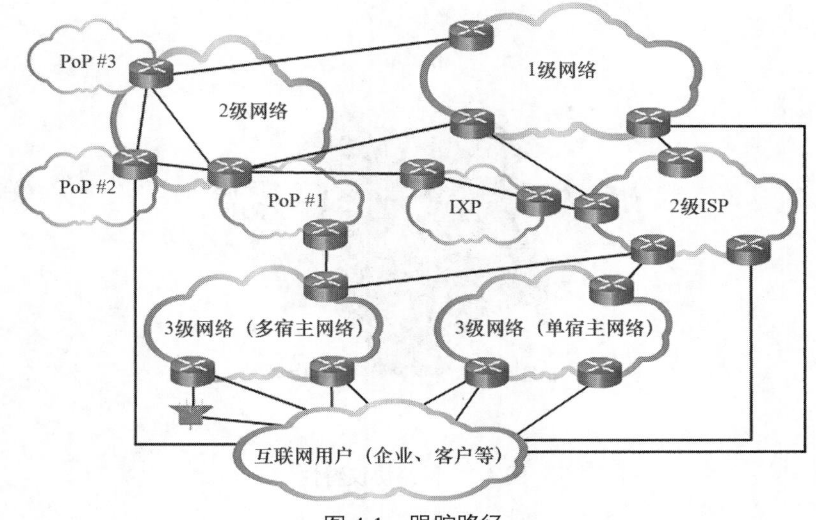

图 4-1 跟踪路径

这些遍布全球的 1 级和 2 级 ISP 通常通过互联网交换点（IXP）将互联网的各个部分连接到一起。较大的网络将通过入网点（PoP）连接到 2 级网络，而 PoP 通常是建筑物中与 ISP 建立物理连接的位置。3 级 ISP 实现了家庭和企业与互联网的连接。

由于 ISP 和电信公司之间的关系不同，从计算机传输到互联网服务器的流量可能会有多条路径。一个国家/地区的用户流量可以通过非常间接的路径到达目的地。流量可能会首先从本地 ISP 传输到与许多其他 ISP 连接的设施。用户的互联网流量可能沿一个方向传输数百英里，而只是为了沿完全不同的方向路由以到达目的地。部分流量可以通过特定路由到达目的地，然后再通过完全不同的路由返回。

安全分析师必须能够确定进入网络的流量的来源，以及离开网络的流量的目的地。了解网络流量的路径对此至关重要。

4.1.2 通信协议

在本小节中，您将了解到协议怎样支持网络操作。

1. 协议是什么

要想进行通信，终端设备之间只有线或无线物理连接并不够。设备还必须要知道“如何”通信。无论是面对面通信还是通过网络进行的通信，都要遵守规则，即协议。不同类型的通信方式会有不同的特定协议。

以两人面对面通信为例。在通信之前，他们必须就如何通信达成一致。如果通信要使用语音，他们首先必须商定使用哪种语言。接着，当他们有消息需要共享时，必须把此消息转化成对方可以理解的格式。例如，如果某人使用英语，但使用的句子结构不好，消息就很容易遭到误解。

网络协议通信与之相同。网络协议为计算机提供在网络上进行通信的手段。网络协议规定了消息编码、格式设置、封装、大小调整、时序和传送选项，如图 4-2 所示。作为网络安全分析师，您必须非常熟悉协议的结构，以及如何在网络通信中使用这些协议。

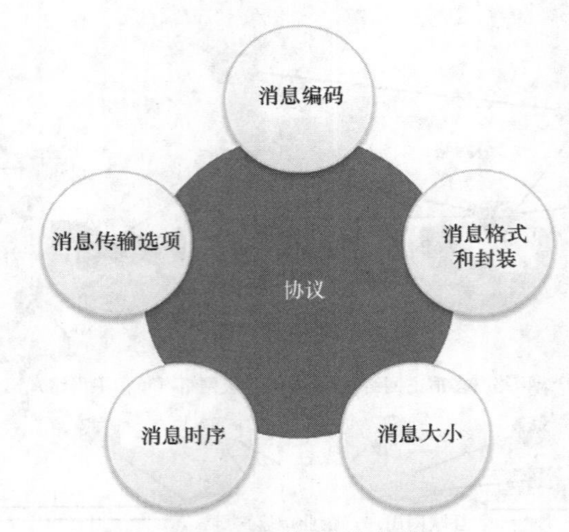

图 4-2 网络协议特性

2. 网络协议簇

协议簇是提供全面网络通信服务的一组协议。协议簇可以由标准组织指定或者由供应商开发。

但是，设备若要成功通信，网络协议簇就必须精确描述要求和交互过程。网络协议定义了用于在设备之间交换消息的通用格式和规则集。一些常用的网络协议有超文本传输协议（HTTP）、传输控制协议（TCP）和互联网协议（IP）。

注 意 本课程中的 IP 同时包括 IPv4 和 IPv6 协议。IPv6 是 IP 的最新版本，最终将会替换更常见的 IPv4。

图 4-3 到图 4-6 所示为网络协议的作用。

- 使消息格式化或结构化的方式如图 4-3 所示。
- 网络设备与其他网络共享路径信息的过程如图 4-4 所示。
- 设备之间传送错误消息和系统消息的方式与时间如图 4-5 所示。
- 数据传输会话的建立和终止如图 4-6 所示。

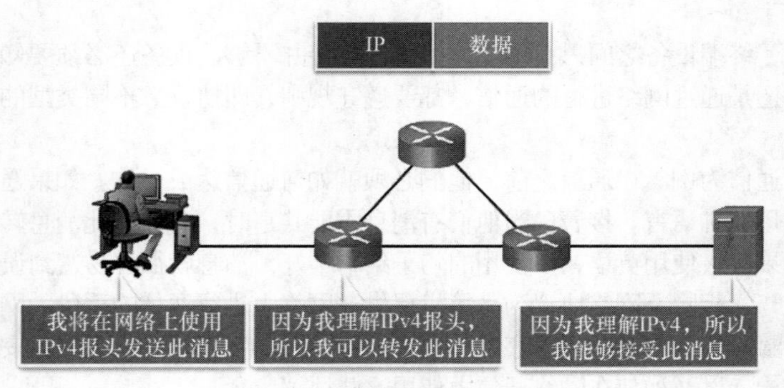

图 4-3 协议的作用：格式和结构

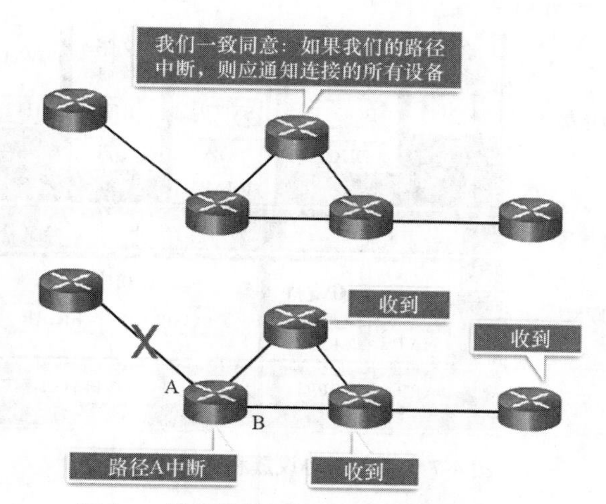

图 4-4 协议的作用：路由器共享路径信息

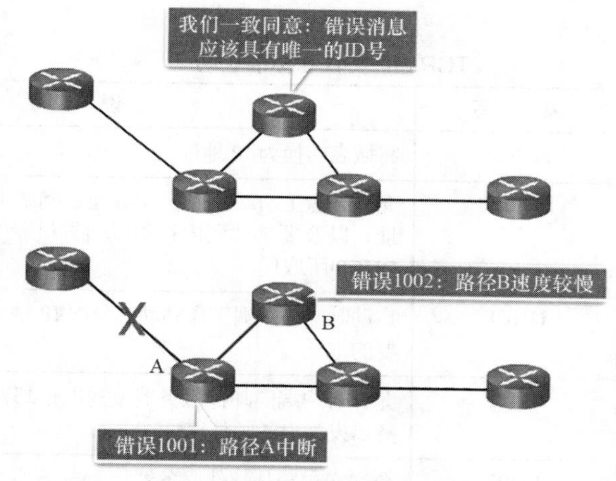

图 4-5 协议的作用：错误消息

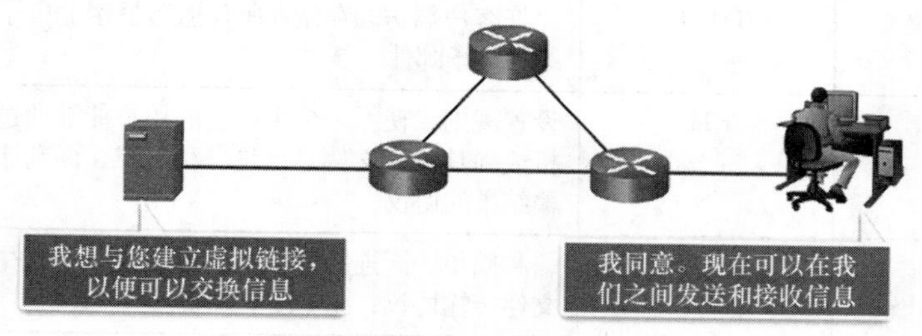

图 4-6 协议的作用：会话建立和终止

3. TCP/IP 协议簇

如今的网络使用 TCP/IP 协议簇。图 4-7 所示为 TCP/IP 协议簇的协议。

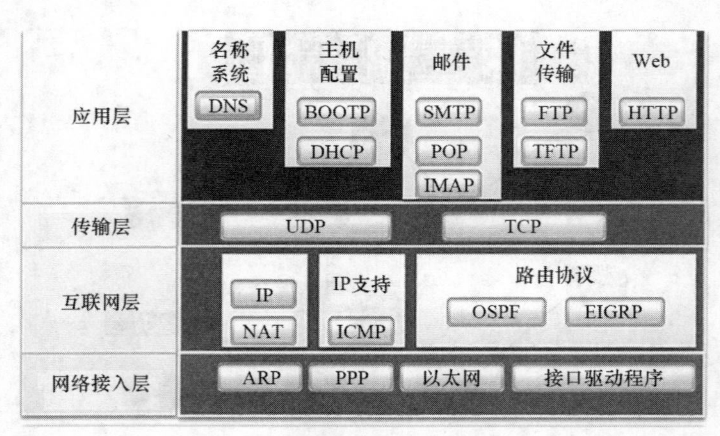

图 4-7 TCP/IP 协议簇和通信过程

表 4-1 列出了图 4-7 中每个协议的描述。

表 4-1 TCP / IP 协议和标准说明

名　称	缩　写	说　明
域名系统	DNS	将域名转换为 IP 地址
Bootstrap 协议	BOOTP	允许无盘工作站探查其 IP 地址、网络中 BOOTP 服务器的 IP 地址，以及要加载到内存中以引导机器的文件。BOOTP 正在被 DHCP 所取代
动态主机配置协议	DHCP	启动时向客户端工作站动态分配 IP 地址；允许重复使用不再需要的地址
简单邮件传输协议	SMTP	允许客户端向邮件服务器发送电子邮件，允许服务器向其他服务器发送电子邮件
邮局协议第 3 版	POP3	允许客户端从邮件服务器检索电子邮件；将电子邮件从邮件服务器下载到桌面
互联网消息访问协议	IMAP	允许客户端访问存储在邮件服务器中的电子邮件；在服务器上维护电子邮件
文件传输协议	FTP	设置规则，使得一台主机上的用户能够通过网络访问另一台主机或向其传输文件。这是一种可靠、面向连接而且确认文件传输结果的协议
简单文件传输协议	TFTP	一种简单、无连接的文件传输协议；一种尽力而为、无确认的文件传输协议；比 FTP 的开销少
超文本传输协议	HTTP	有关在万维网上交换文本、图形图像、音频、视频以及其他多媒体文件的一组规则集
用户数据包协议	UDP	允许一台主机上运行的进程向另一台主机上运行的进程发送数据包；不会确认数据报传输是否成功
传输控制协议	TCP	支持不同主机上运行的进程之间的可靠通信；会确认成功交付的可靠传输

续表

名　称	缩　写	说　明
互联网协议	IP	从传输层接收消息段，将消息打包为数据包；解决数据包在网际网络上的端对端传输
网络地址转换	NAT	将私有网络 IP 地址转换为全球唯一的公有 IP 地址
互联网控制消息协议	ICMP	目的主机针对数据包传输中出现的错误，向源主机传回反馈
开放最短路径优先	OSPF	链路状态路由协议；基于区域的分层设计；开放标准内部路由协议
增强型内部网关路由协议	EIGRP	思科专有路由协议；使用基于带宽、延迟、负载和可靠性的复合度量
地址解析协议	ARP	提供 IP 地址与硬件地址之间的动态地址映射
点对点协议	PPP	提供数据包封装方法，以便通过串行链路传输封包
以太网		定义了网络接入层的布线和信令标准的规则
接口驱动程序		提供给机器的指令，用于对网络设备上的特定接口进行控制

单个协议使用 TCP/IP 协议模型分层组织：应用层、传输层、互联网层和网络接入层。不同的应用层、传输层和互联网层，具有不同的 TCP/IP 协议。网络接入层协议负责通过物理介质（例如通过网络电缆或无线信号）传送 IP 数据包。

TCP/IP 协议簇在发送主机和接收主机上实施，通过网络提供消息的端到端传送。TCP/IP 已经将计算机通信的方式进行了标准化，这使得我们今天所知道的互联网得以实现。不幸的是，这种广泛的应用引起了那些想滥用网络的人的注意。网络安全分析师的大部分工作都是分析 TCP/IP 协议簇的行为。

4. 格式、大小和时序

协议定义了不同形式的消息的格式、大小和时序。

格式

当发送电子邮件时，设备使用 TCP/IP 协议簇来设置要在网络上发送的消息的格式。这与您寄送信件是相似的。您把信件放入信封，信封上有寄信人和收信人的地址，分别写在信封的适当位置。如果目的地址和格式不正确，信件就无法投递。将一种消息格式（信件）放入另一种消息格式（信封）的过程称为封装。收信人从信封中取出信件的过程就是解封。

就像信件封装在信封中进行投递一样，计算机消息也以类似方式处理。每条计算机消息在通过网络发送之前都以特定的格式（称为帧）封装。帧结构将在本章后续部分讨论。

大小

通信的另一条规则是大小。当人们当面交流或通过电话沟通时，对话通常由许多较短的句子组成，以确保收到并理解消息的每个部分。

同样，将一条长消息通过网络从一台主机发送到另一台主机时，也必须将其分为许多帧，如图 4-8 所示。每个帧都有自己的编址信息。在接收主机上，各帧会重新组合为原始消息。

时序

时序包括访问方法（主机何时可以发送）、流量控制（主机一次可以发送多少信息）以及响应超时（等待响应多长时间）。本章将探讨网络协议如何管理这些时序问题。

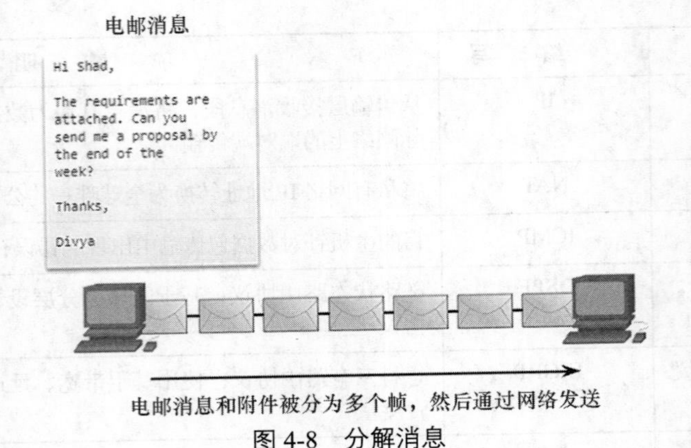

图 4-8 分解消息

5. 单播、组播和广播

消息可以通过不同的方式传送。有时候，我们需要将信息传达给某个人。而在另一些时候，我们需要同时向一群人甚至同一区域的所有人发送信息。

网络中的主机使用类似的传输选项进行通信。

一对一传输选项称为单播，即消息只有一个目的地址，如图 4-9 所示。

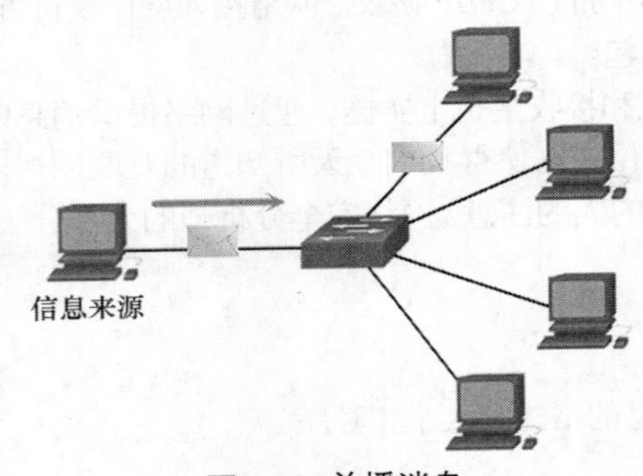

图 4-9 单播消息

如果主机需要用一对多传输选项发送消息，则称为组播，如图 4-10 所示。

如果网络上所有主机都需要同时接收该消息，可以使用广播。广播代表一对全体的消息传输选项，如图 4-11 所示。

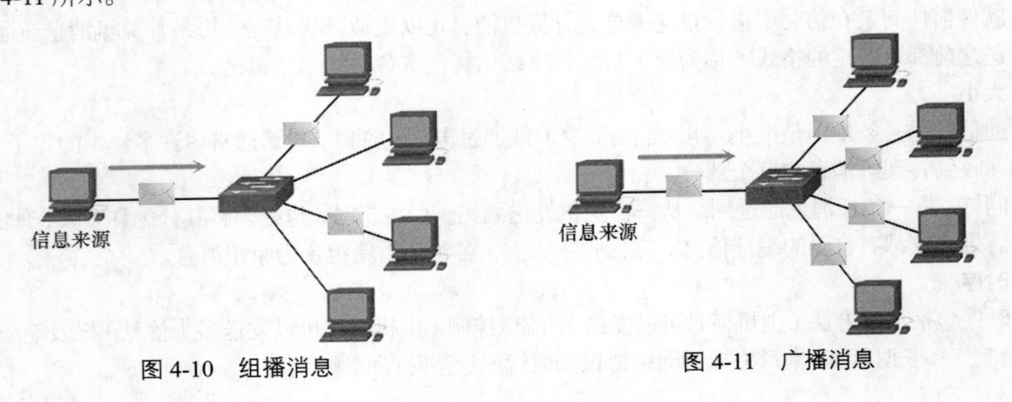

图 4-10 组播消息

图 4-11 广播消息

6. 参考模型

如前所述，TCP/IP 协议簇由四层模型表示：应用层、传输层、互联网层和网络接入层。另一个常用的参考模型是开放系统互连（OSI）模型，它使用七层模型，如图 4-12 所示。在网络文献中，用数字指代某个层时，例如第 4 层，则使用的是 OSI 模型。在引用 TCP/IP 模型中的层时使用层的名称，如传输层。

图 4-12 比较 OSI 和 TCP / IP 模型

OSI 参考模型

OSI 模型详细罗列了每一层可以实现的功能和服务。它还描述了各层与其上下层之间的交互。表 4-2 描述了 OSI 模型的各层信息。

表 4-2 OSI 模型的图层

层　数	层　名	描　述
7	应用层	应用层包含用于进程间通信的协议
6	表示层	表示层对应用层服务之间传输的数据规定了通用的表示方式
5	会话层	会话层为表示层提供组织会话和管理数据交换的服务
4	传输层	传输层为终端设备之间的每个通信定义了数据分段、传输和重组的服务
3	网络层	网络层为所标识的终端设备之间提供了通过网络交换独立的数据片段的服务
2	数据链路层	数据链路层协议描述了设备之间通过公共介质交换数据帧的方法
1	物理层	物理层协议描述的机械、电气、功能和操作方法用于激活、维护和停用网络设备之间比特传输使用的物理连接

TCP/IP 协议模型

用于互联网通信的 TCP/IP 协议模型建立于 20 世纪 70 年代初。在图 4-13 中可以看到，它定义了成功通信所必需的 4 类功能。

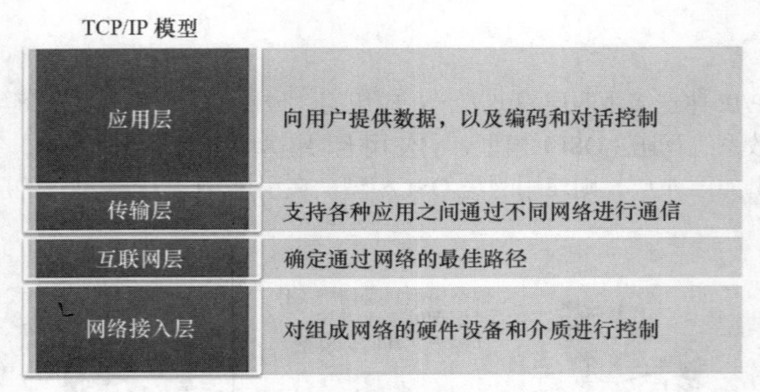

图 4-13 TCP / IP 模型

7. 三个地址

在网络进行通信时，会用到地址。客户端使用地址将请求和其他数据发送到服务器。服务器使用客户端的地址将请求的数据返回到请求客户端。

协议在各层运行。OSI 传输层、网络层和数据链路层都使用某种形式的地址。传输层使用端口号形式的协议地址来标识应处理客户端和服务器数据的网络应用。网络层指定用于识别客户端和服务器所连网络的地址以及客户端和服务器本身的地址。最后，数据链路层指定了本地 LAN 上应处理数据帧的设备。这三个地址都是客户端-服务器通信所必需的，如图 4-14 所示。

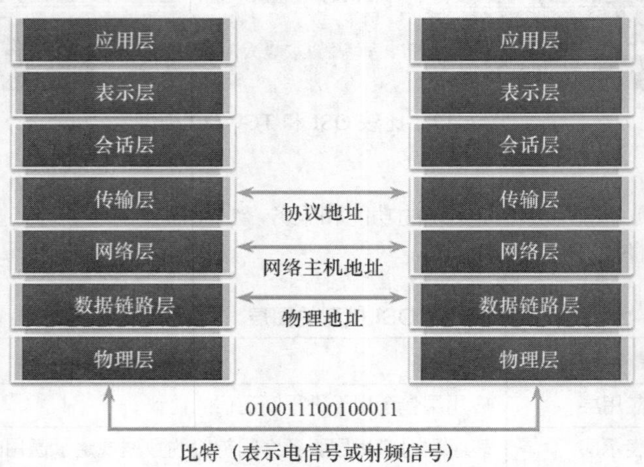

图 4-14 三个地址和图相应的层

8. 封装

可以看到，数据只有被分为更小、更易管理的片段后才能通过网络发送。将数据划分为较小的片段称为分段。消息分段主要有两个优点。

- **分段（见图 4-15）**：此过程提高了网络通信的效率。如果由于网络故障或网络拥塞，有部分消息未能传送到目的地，则只需重新传输丢失的部分即可。
- **多路复用（见图 4-16）**：通过从源设备向目的地发送一个个小片段，就可以在网络上交替发送许多不同会话。这称为多路复用。

在网络通信中，必须对每个消息段进行正确标记才能确保可以到达正确目的地，并重组成原始消息的内容，如图 4-17 所示。

在通过网络介质传输应用数据的过程中，随着数据沿协议栈向下传递，每层都要使用各种协议信息对数据进行封装。

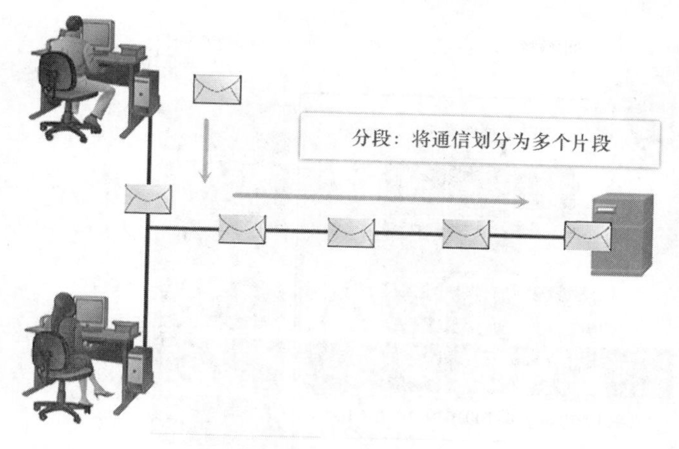

图 4-15 消息分段

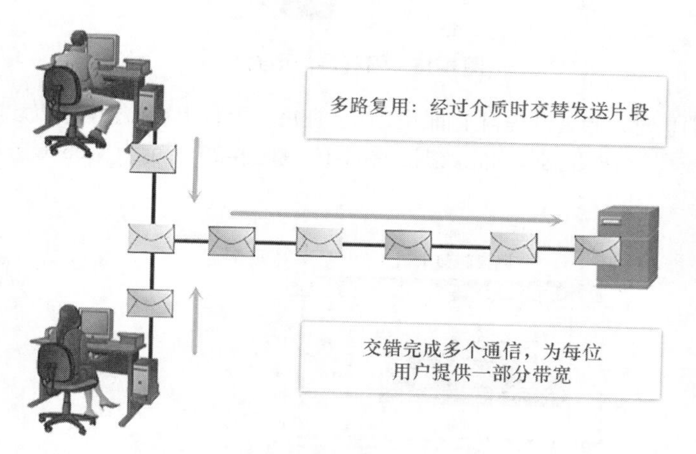

图 4-16 消息复用

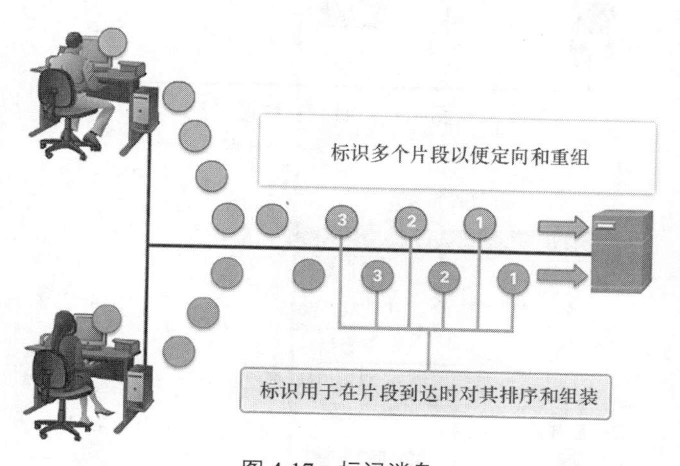

图 4-17 标记消息

封装后的数据片段在任意协议层的表示形式称为协议数据单元（PDU）。后续的每一层都根据使用的协议封装其从上一层接收的 PDU。在该过程的每个阶段，PDU 都以不同的名称来反映其新功能。尽管目前对 PDU 的命名没有通用约定，但本课程根据 TCP/IP 协议簇的协议来命名 PDU，如图 4-18 所示。

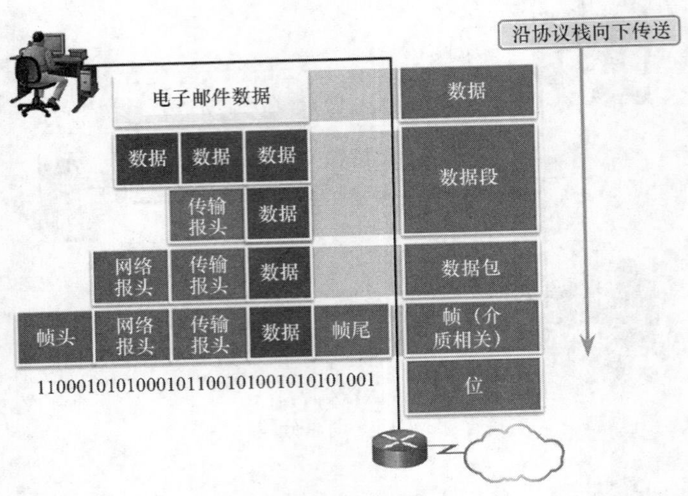

图 4-18 沿着层向下封装

在网络中发送消息时，封装过程自上而下工作。在每一层，上层信息被视为封装协议内的数据。例如，TCP 数据段被视为 IP 数据包内的数据。图 4-19 到图 4-23 所示为 Web 服务器向 Web 客户端发送网页时的封装过程。

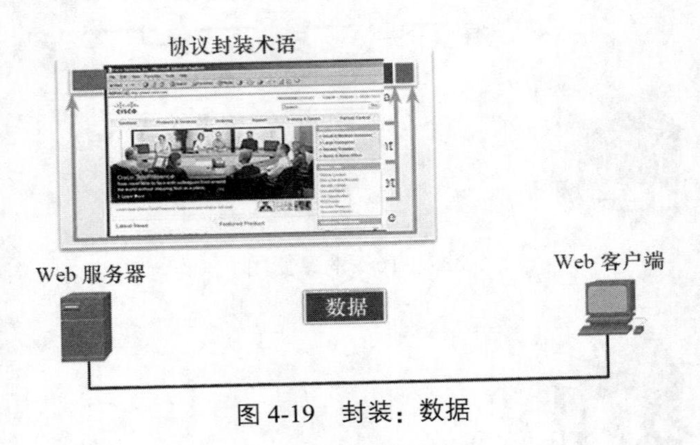

图 4-19 封装：数据

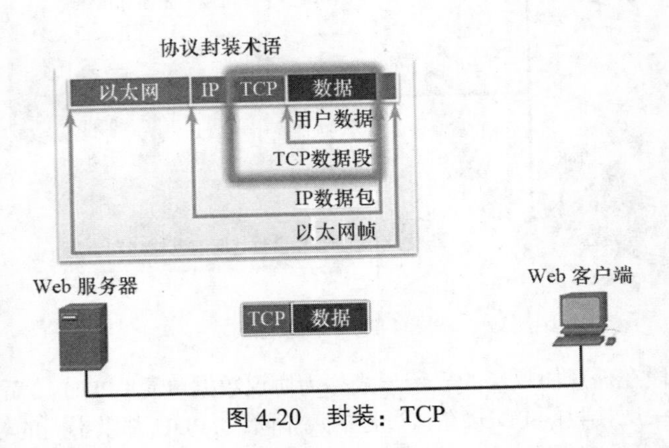

图 4-20 封装：TCP

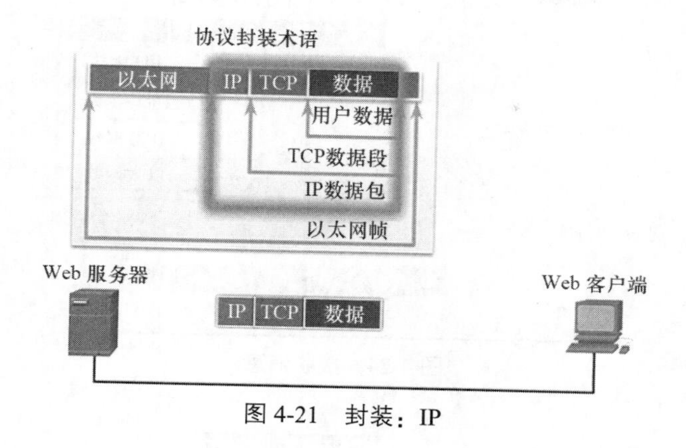

图 4-21 封装：IP

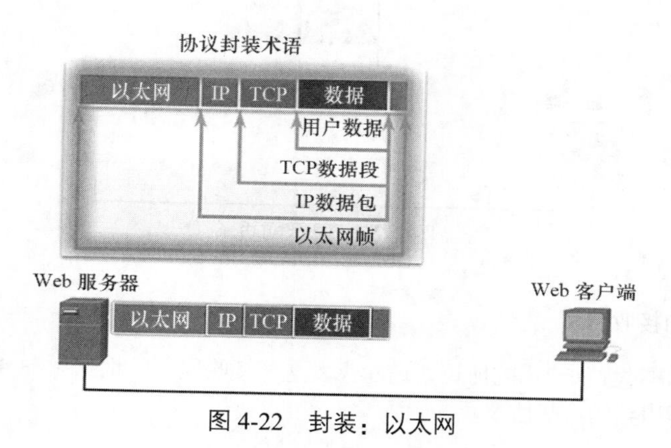

图 4-22 封装：以太网

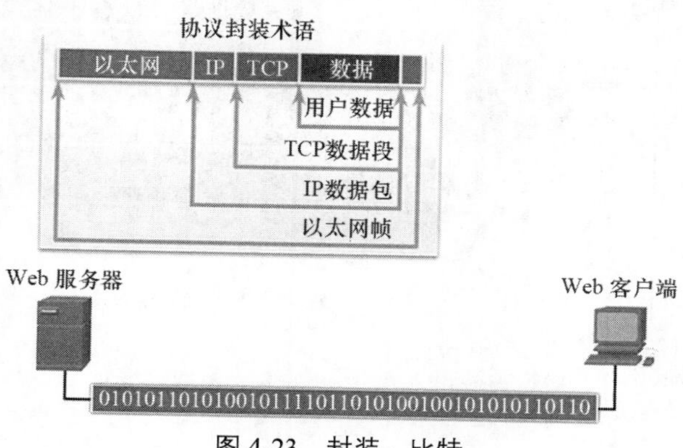

图 4-23 封装：比特

通过网络发送的消息先由发送主机转换成比特。根据用来传输比特的网络介质，每个比特被编码成声音、光波或电子脉冲等信号形式。目的主机接收并解码信号，解释收到的消息。

接收主机上的过程与之相反，称为解封。数据在协议栈中朝最终用户的应用向上移动的过程中被解封。图 4-24 和图 4-25 所示为解封过程。

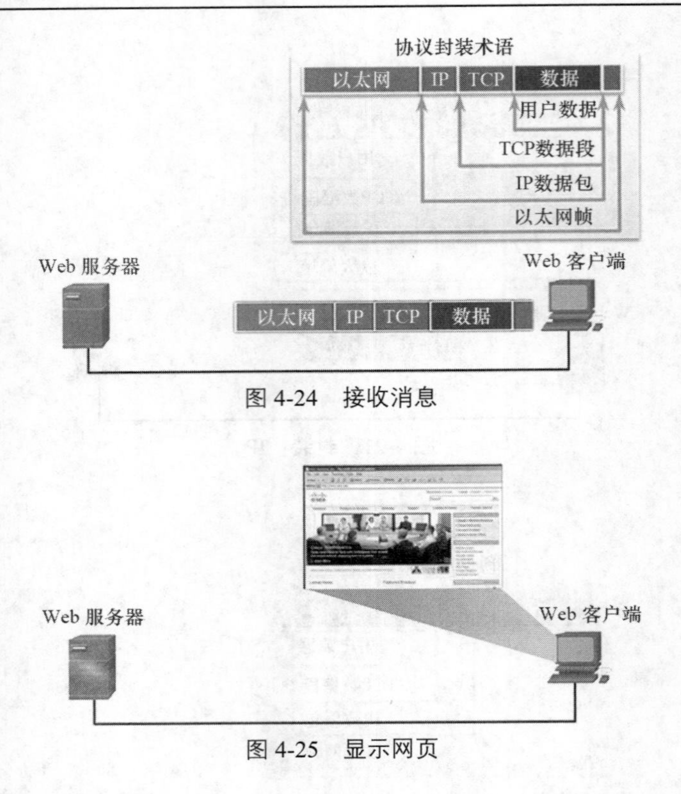

图 4-24　接收消息

图 4-25　显示网页

9. 情景：发送和接收网页

为了总结网络通信过程和使用的协议，请考虑发送和接收网页的情景。图 4-26 列出了 Web 服务器和 Web 客户端之间用到的一些协议。

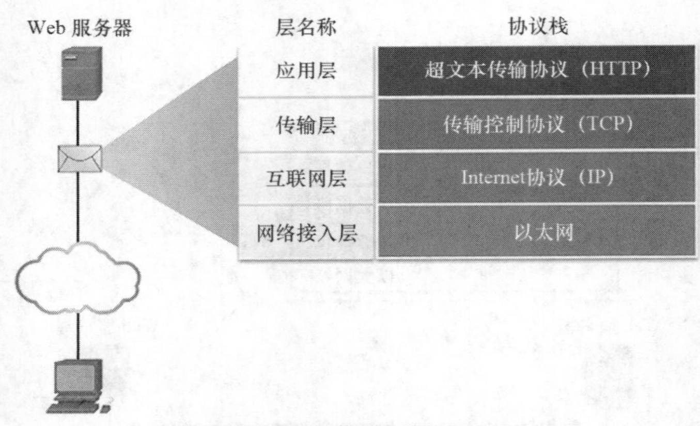

图 4-26　协议的交互

- **HTTP**：此应用协议管理 Web 服务器和 Web 客户端交互的方式。
- **TCP**：此传输协议管理单独的会话。TCP 将 HTTP 消息划分为较小的片段，称为数据段。TCP 还负责控制服务器和客户端之间交换的消息的大小和传输速率。
- **IP**：负责从 TCP 获取格式化的数据段，将其封装成数据包，为它们分配相应的地址并将其传送到目的主机。

■ **以太网**：此网络访问协议负责接收来自 IP 的数据包并格式化以通过介质传输。

图 4-19 到图 4-25 演示了完整的通信过程，这个过程以向客户端传输数据的 Web 服务器和接收数据的客户端为例进行说明。

1. Web 服务器将超文本标记语言（HTML）页面作为数据发送。
2. 应用程序协议 HTTP 报头添加到 HTML 数据的前面。报头包含各种信息，包括服务器所使用的 HTTP 版本和指示它有信息需要传送给 Web 客户端的状态码。
3. HTTP 应用层协议将 HTML 格式的网页数据传送到传输层。TCP 对数据进行分段，添加了源和目的端口号。
4. 接下来将 IP 信息添加到 TCP 信息的前面。IP 分配合适的源和目的 IP 地址。TCP 数据段现已封装在一个 IP 数据包中。
5. 以太网协议将信息添加到 IP 数据包的两端，形成一个帧。此帧通过网络向 Web 客户端传送。
6. 客户端收到包含数据的数据链路帧。每个协议报头都会得到处理，然后按与添加相反的顺序将其删除。将以太网信息处理并删除之后，接着处理并删除 IP 协议信息，然后是 TCP 信息，最后是 HTTP 信息。
7. 然后网页信息将传递到客户端的 Web 浏览器软件。

网络安全分析师善于使用工具来查看网络协议的行为。例如，可以使用 Wireshark 捕获封装在通过网络传输的数据包和数据中的所有协议的详细信息。本课程将重点介绍 Wireshark 的使用以及 Wireshark 数据的解释。

4.2 以太网和互联网协议（IP）

在本节中，您将了解到以太网和 IP 协议怎样支持网络通信。

4.2.1 以太网

在本小节中，您将了解到以太网怎样支持网络通信。

1. 以太网协议

以太网在数据链路层和物理层运行，如图 4-27 所示。以太网是 IEEE 802.2 和 802.3 标准中定义的一系列网络技术。以太网依赖于数据链路层的两个单独的子层来运行，分别是逻辑链路控制（LLC）子层和介质访问控制（MAC）子层。

LLC 负责与网络层通信。MAC 通过计算机的网络接口卡（NIC）实施。MAC 子层有下面两项主要职责。

■ **数据封装**：以太网将 IP 数据包封装到帧内，添加时间信息、目的和源 MAC 地址以及错误检查功能。

■ **介质访问控制**：以太网管理将帧转换为比特并将帧向外发送到网络的过程。在较早的有线网络中，设备不能同时收发数据。无线网络亦是如此。在这种情况下，以太网使用一个进程来确定设备何时可以发送数据，以及如果两台设备发送的数据在网络上发生冲突时该怎么做。此进程将在本章后续部分讨论。

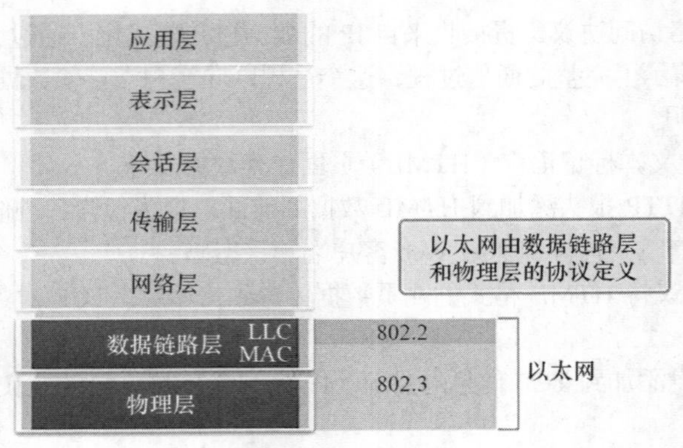

图 4-27 以太网

2. 以太网帧

以太网帧大小的最小值为 64 字节，最大值为 1518 字节。这包括从目的 MAC 地址字段到帧校验序列（FCS）字段在内的所有字节。在描述帧的大小时，不包含前导码字段。

长度小于 64 字节的任何帧将被视为“冲突碎片”或“残帧”。超过 1518 字节的帧被视为“巨型帧”或“小巨人帧”。

如果发送的帧小于最小值或者大于最大值，接收设备将会丢弃该帧。帧之所以被丢弃，可能是因为冲突或其他多余信号而被视为无效。

图 4-28 所示为以太网 II 帧的结构。

图 4-28 以太网 II 帧字段

表 4-3 描述了以太网帧中每一个字段的功能。

表 4-3 以太网帧字段说明

帧 字 段	描 述
前导码和起始帧分界符字段	前导码（7 个字节）和起始帧分界符（SFD）（也称帧首）（1 个字节）字段用于发送设备与接收设备之间的同步。帧的这前 8 个字节用于引起接收节点的注意。前几个字节的实质作用是告诉接收方准备接收新帧
目的 MAC 地址字段	该 6 字节字段是预期接收方的标识符。地址被第 2 层用来协助设备确定帧是否是发送给它们的。帧中的地址将会与设备中的 MAC 地址进行比对。如果匹配，设备就接受该帧。此地址可以是单播、组播或者广播
源 MAC 地址字段	该 6 字节字段标识发出帧的网卡或者接口；必须是单播地址
以太网类型字段	该字段包含两个字节，标识封装于以太网帧中的上层协议。常见值为十六进制，0x800 用于 IPv4，0x86DD 用于 IPv6，0x806 用于 ARP
数据字段	该字段（46～1500 字节）包含来自较高层的封装数据（一般是第 3 层 PDU 或更常见的 IPv4 数据包）。所有帧至少必须有 64 字节。如果封装的是小数据包，则使用填充比特将帧增大到最小值
帧校验序列字段	帧校验序列字段（FCS）字段（4 个字节）用于检测帧中的错误。它使用循环冗余校验（CRC）。发送设备在帧的 FCS 字段中包含 CRC 的结果。接收设备接收帧并生成 CRC 以查找错误。如果计算匹配，就不会发生错误。计算不匹配则表明数据已经改变；因此帧会被丢弃。数据改变可能是由于代表比特的电信号中断所致

3. MAC 地址格式

以太网 MAC 地址是一种表示为 12 个十六进制数字（每个十六进制数字为 4 位）的 48 位二进制值。十六进制数使用数字 0 ~ 9 和字母 A ~ F。图 4-29 显示了 0000 到 1111 这些二进制数的十进制和十六进制值。十六进制通常用于表示二进制数据。IPv6 地址是十六进制编址的另一个示例。

十进制	二进制	十六进制
0	0000	0
1	0001	1
2	0010	2
3	0011	3
4	0100	4
5	0101	5
6	0110	6
7	0111	7
8	1000	8
9	1001	9
10	1010	A
11	1011	B
12	1100	C
13	1101	D
14	1110	E
15	1111	F

图 4-29 十进制、二进制和十六进制编号系统

根据不同的设备和操作系统，可以看到 MAC 地址的各种表示方式，如图 4-30 所示。

图 4-30 MAC 地址的不同表示形式

在网络上传输的所有数据都封装在以太网帧中。网络安全分析师应该能够解释协议分析器和其他工具捕获的以太网数据。

4.2.2 IPv4

在本小节中，您将了解到 IPv4 协议怎样支持网络通信。

1. IPv4 封装

我们知道，以太网在 OSI 模型的数据链路层和物理层运行。接下来我们将重点介绍网络层。正如数据链路层将 IP 数据包封装为帧一样，网络层将来自传输层的数据段封装到 IP 数据包中，如图 4-31 所示。

IP 通过添加 IP 报头将传输层数据段进行封装。此报头包括将数据包传送到目的主机所需的信息。图 4-32 所示为网络层 PDU 如何封装传输层 PDU 来创建 IP 数据包。

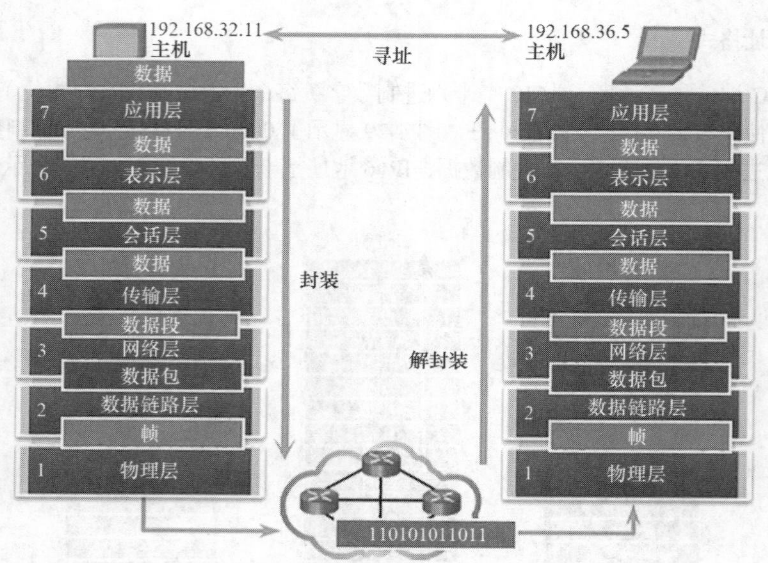

图 4-31 数据交换

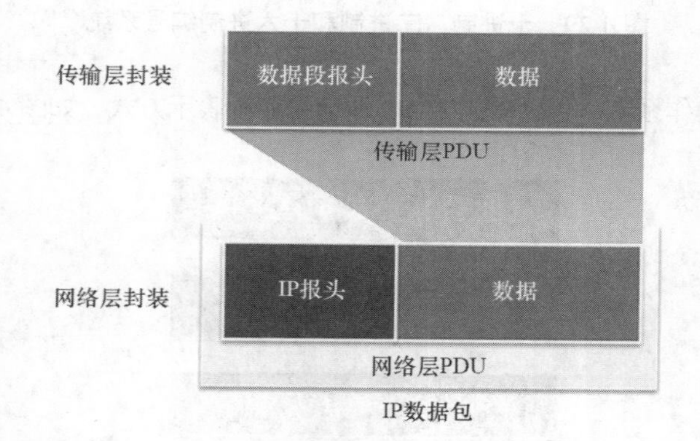

网络层添加一个报头，从而数据包可以在复杂网络中路由并到达目的地。在TCP/IP网络中，网络层PDU是IP数据包

图 4-32 网络层 PDU = IP 数据包

2. IPv4 特性

图 4-33 描述了 IP 的基本特征。

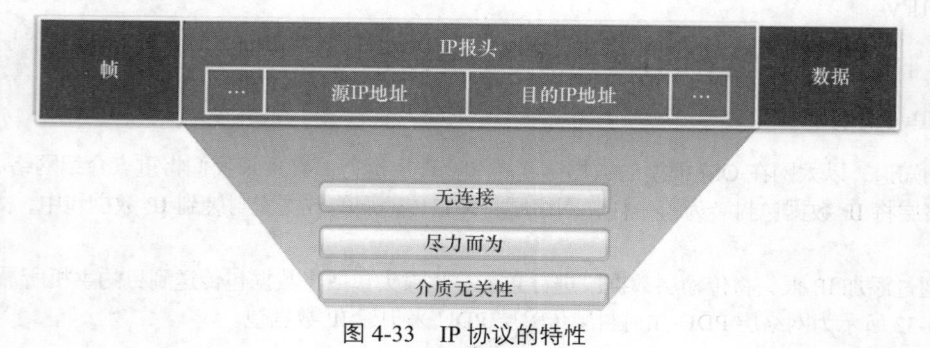

图 4-33 IP 协议的特性

- **无连接**：发送数据包前不与目标建立连接。
- **尽力而为**：IP 不可靠，因为不保证数据包交付。
- **介质无关性**：操作与传输数据的介质（例如铜缆、光纤或无线）无关。

无连接

IP 是无连接协议，这意味着发送数据前没有创建专用的端到端连接。如图 4-34 所示，无连接通信概念类似于不事先通知收件人就邮寄信件。

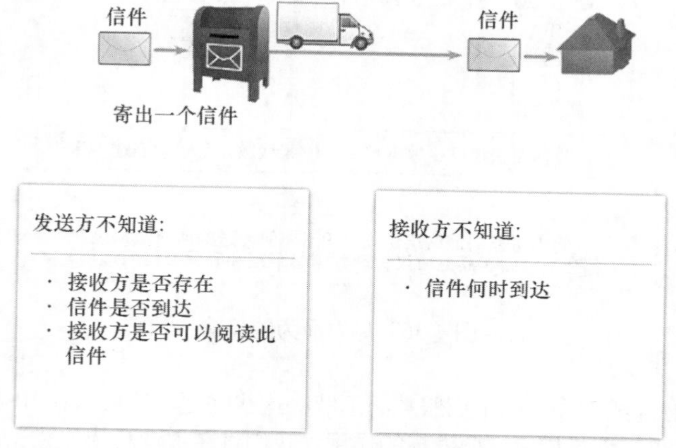

图 4-34 无连接通信：邮件类比

无连接数据通信按照同样的原理工作。如图 4-35 所示，IP 在转发数据包前，并不需要初步交换控制信息来创建端到端连接。

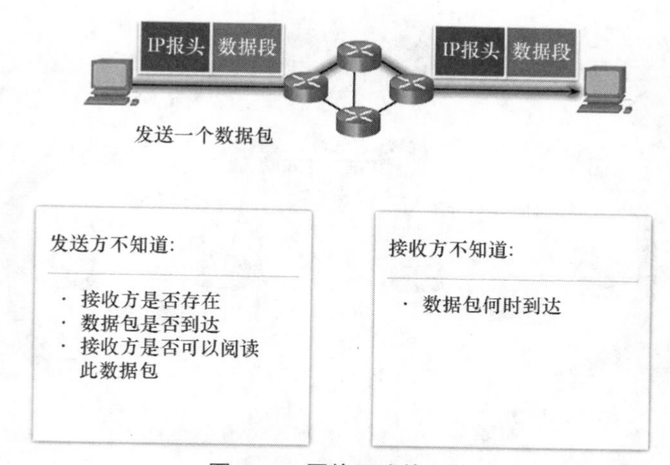

图 4-35 网络无连接通信

IP 也不需要报头中包含其他字段来维持建立的连接。此过程显著降低了 IP 的开销。但是，由于没有预先建立端到端连接，因此在发送数据包时，发送方不知道目的地是否存在和正常运行，同时发送数据包时，也不会知道目的地是否接收数据包，以及目的地是否可以访问并读取数据包。

尽力而为

图 4-36 显示了 IP 协议不可靠或尽力传输的特征。IP 协议不保证交付的所有数据包都能被收到。

不可靠表示 IP 不具备管理和恢复未送达数据包或已损坏数据包的能力。这是因为在使用交付位置信息传输 IP 数据包时，数据包不包含可以经过处理以通知发送方信息交付是否成功的消息。传送到时，数据包可能已经损坏或顺序错乱，或者根本就没有传送成功。如果出错，IP 无法重新传输数据包。

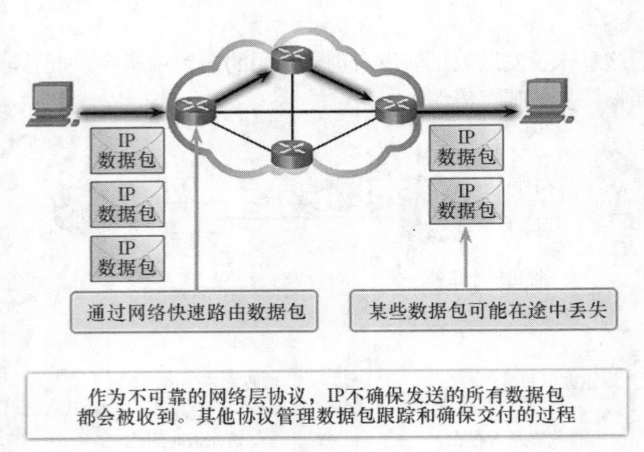

图 4-36 尽力而为的传输

如果数据包顺序错乱或丢失，则上层服务必须解决这些问题。这可以让 IP 非常有效地发挥作用。在 TCP/IP 协议簇中，可靠性是传输层要发挥的作用，我们将在本章后续部分讨论。

介质无关性

IP 的运行与在协议栈低层传送数据的介质无关。如图 4-37 所示，IP 数据包既可以作为电信号通过铜缆传送，也可以作为光信号通过光纤传送或作为无线电信号以无线方式传送。

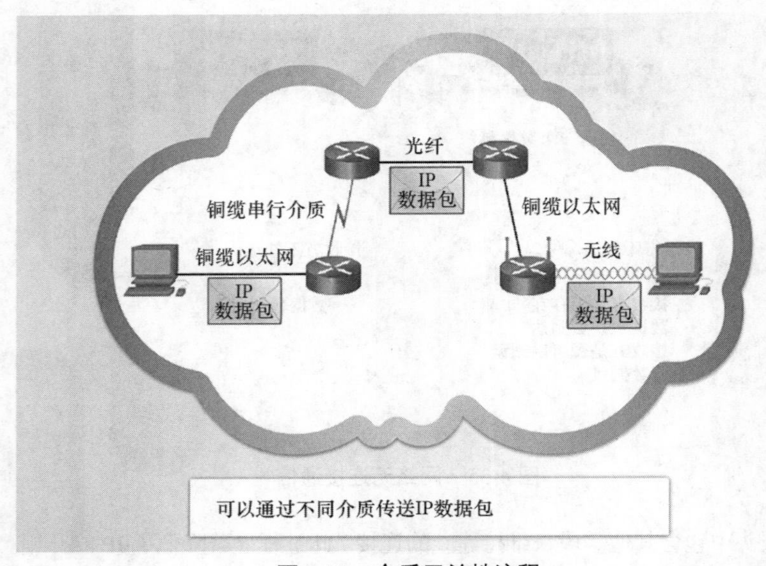

图 4-37 介质无关性流程

数据链路层负责接收 IP 数据包并准备通过通信介质传输它。这就意味着 IP 数据包的传输不限于任何特定的介质。

但是，网络层会考虑介质的一个重要特征：每种介质可以传输的最大 PDU 大小。此特征称为最大传输单位（MTU）。数据链路层和网络层之间的部分控制通信就是确定数据包的最大尺寸。数据链路层将 MTU 值向上传送到网络层。网络层会由此确定可以传送的数据包的大小。

有时，中间设备（通常是路由器）在将数据包从一个介质转发到具有更小 MTU 的介质时，必须分割数据包。此过程称为数据包分段。

3. IPv4 数据包

IPv4 数据包报头是由包含重要数据包信息的字段组成的。这些字段中包含的二进制数字由第 3 层进程进行检查。每个字段的二进制值均用于确定 IP 数据包的各种设置。协议报头图（从左到右、从上到下阅读）可提供在讨论协议字段时参考的直观图。图 4-38 中的 IP 协议报头图标识了 IPv4 数据包中的字段。

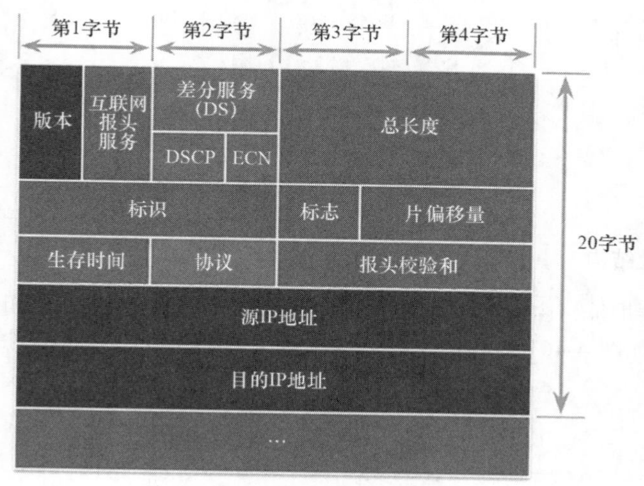

图 4-38 IPv4 报头

IPv4 数据包报头中的字段将在本课程后面的部分中进行更详细的讨论。

两种最常引用的字段是源和目的 IP 地址。这些字段用于确定数据包的源位置和目的位置。

网络安全分析师必须牢牢掌握 IP 协议的操作以及协议分析器和其他网络设备捕获的 IP 数据的含义。这些数据主要以 IP 数据包报头中包含的信息的形式存在。

4.2.3 IPv4 编址基础知识

在本小节中，您将了解到 IP 地址怎样支持网络通信。

1. IPv4 地址表示法

IPv4 地址就是 32 个二进制位（1 和 0）的数字串。二进制 IPv4 地址非常难于阅读。为此，人们将每 8 个位组合起来称为八位组，将这 32 个位划分为四组二进制八位组。每个八位组都表示为其十进制值，用小数点或句点分隔。这称为点分十进制记法。

为主机配置 IPv4 地址时，输入的 IPv4 地址是十进制数字，如 192.168.10.10。同等的二进制地址为 1100000.10101000.00001010.00001010。图 4-39 所示为点分十进制的转换。

注 意 如果大家不熟悉二进制与十进制的转换，请在互联网上搜索相关教程。作为网络安全分析师，精通二进制将对您的工作有所帮助。

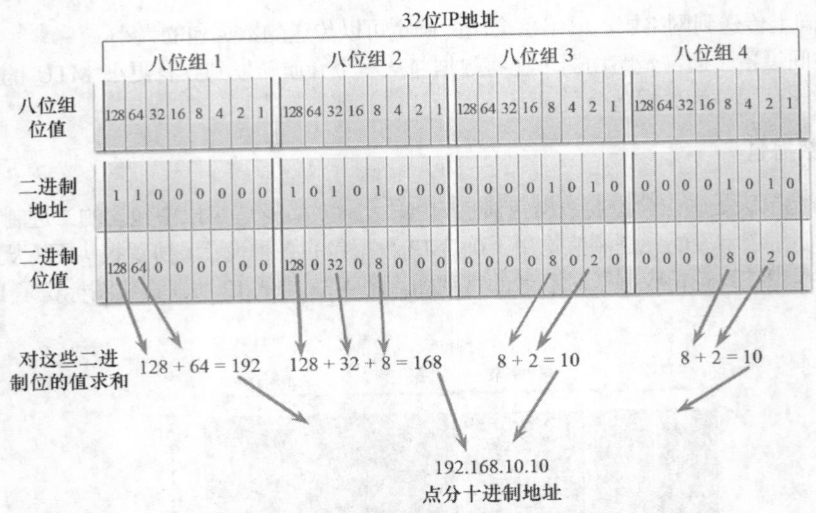

图 4-39 将二进制转换为点分十进制

2. IPv4 主机地址结构

IPv4 地址为分层地址，由网络部分和主机部分组成。在确定网络部分和主机部分时，必须先查看 32 位数据流。如图 4-40 所示，在 32 位数据流中，部分位用于标识网络，部分位用于标识主机。

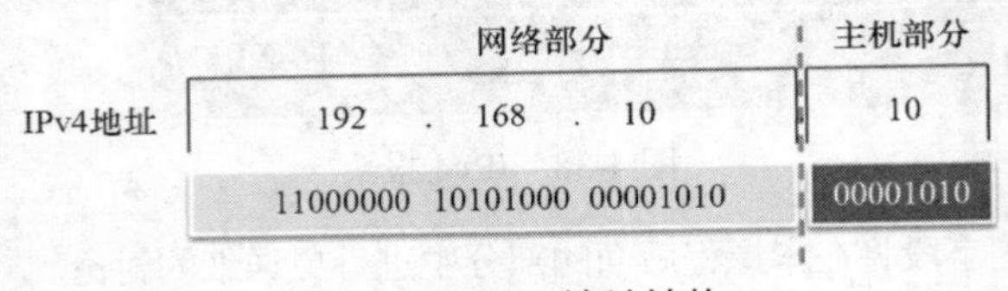

图 4-40 IPv4 地址结构

对于同一网络中的所有设备，地址的网络部分中的位必须完全相同。地址的主机部分中的位必须唯一，以方便识别网络中的特定主机。例如，如果您查看家庭网络中各种设备的 IPv4 地址，很可能会发现相同的网络部分。例 4-1 所示为 Windows 计算机的 IPv4 配置。

例 4-1 检查 Windows PC 上的 IP 配置

```
C:\> ipconfig

Windows IP Configuration

Ethernet adapter Ethernet:

   Connection-specific DNS Suffix  . :
   Link-local IPv6 Address . . . . . : fe80::1074:d6c8:f89d:43ad%18
   IPv4 Address. . . . . . . . . . . : 192.168.10.10
   Subnet Mask . . . . . . . . . . . : 255.255.255.0
   Default Gateway . . . . . . . . . : 192.168.10.1

<output omitted>

C:\>
```

图 4-41 所示为一台 iPhone 的 IPv4 地址。

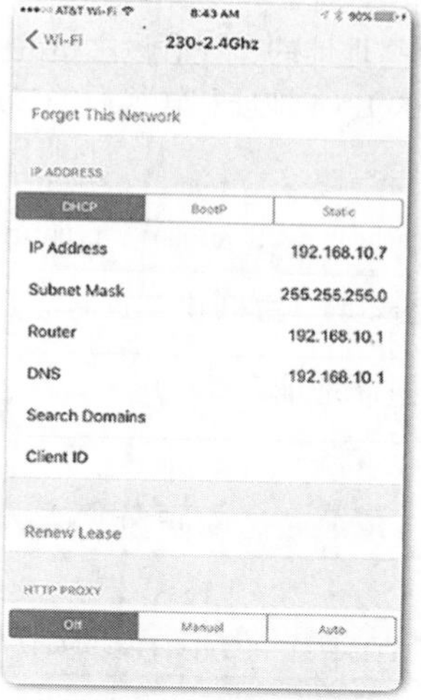

图 4-41 iPhone IPv4 地址

图 4-42 所示为一台 Xbox One 游戏机的 IPv4 配置。请注意，所有这 3 台设备共用相同的网络地址部分 192.168.10，而每台设备又有唯一的主机部分，分别是.10、.7 和.12。

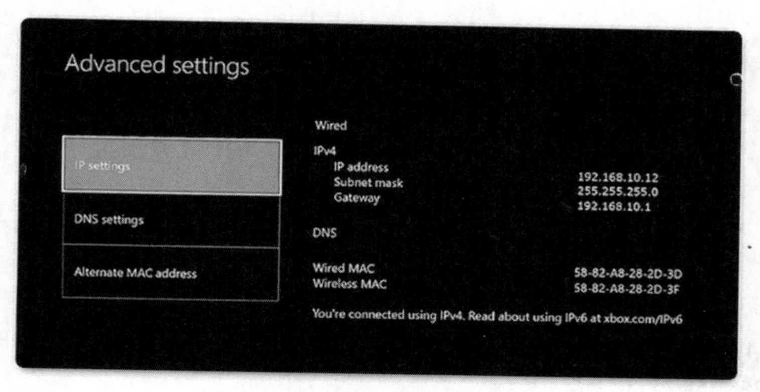

图 4-42 Xbox One IPv4 地址

但是，主机如何知道 32 位数据流中的哪一部分用于标识网络，哪一部分用于标识主机呢？这项工作由子网掩码负责。

3. IPv4 子网掩码和网络地址

子网掩码和主机地址进行逻辑 AND 运算，以确定网络地址。逻辑 AND 运算比较两个位，所得结果如图 4-43 所示。注意只有 1 AND 1 等于 1。

1 AND 1 = 1
0 AND 1 = 0
0 AND 0 = 0
1 AND 0 = 0

图 4-43 逻辑 AND 操作

要确定 IPv4 主机的网络地址，应将 IPv4 地址与子网掩码逐位进行逻辑 AND 运算。地址和子网掩码之间的 AND 运算得到的结果就是网络地址。

为了说明 AND 是如何用于发现网络地址的，现假设主机的 IPv4 地址为 192.168.10.10，子网掩码为 255.255.255.0。图 4-44 所示为主机的 IPv4 地址和转换后的二进制地址。

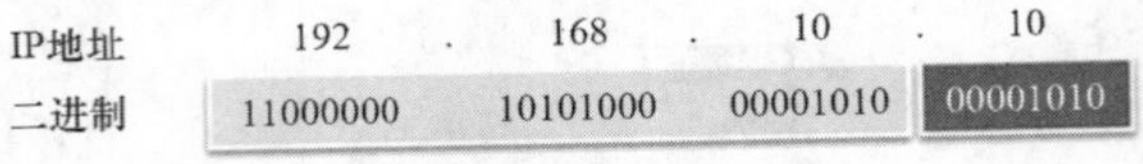

IP地址	192	168	10	10
二进制	11000000	10101000	00001010	00001010

图 4-44 主机 IP 二进制地址

图 4-45 所示为主机子网掩码的二进制地址。

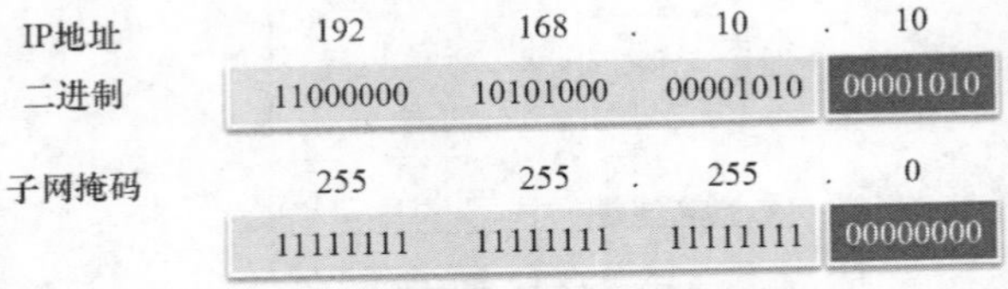

IP地址	192	168	10	10
二进制	11000000	10101000	00001010	00001010
子网掩码	255	255	255	0
	11111111	11111111	11111111	00000000

图 4-45 255.255.255.0 的二进制地址

图 4-46 所示为二进制 IP 地址与子网掩码进行逻辑 AND 操作后的结果。注意最后的八位组不再有任何二进制的 1。

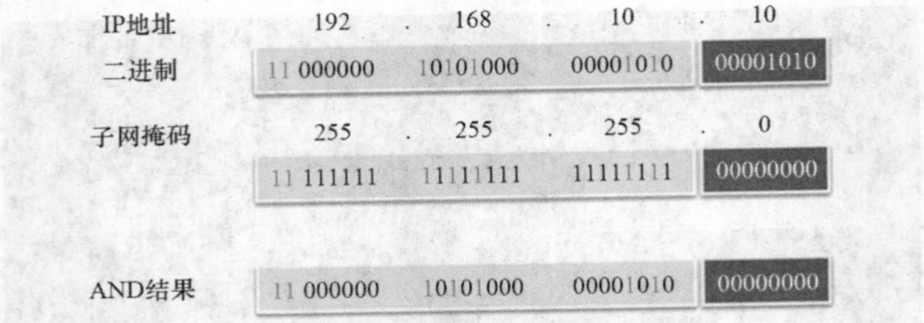

IP地址	192	168	10	10
二进制	11000000	10101000	00001010	00001010
子网掩码	255	255	255	0
	11111111	11111111	11111111	00000000
AND结果	11000000	10101000	00001010	00000000

图 4-46 AND 操作

最后，图 4-47 显示最终的网络地址为 192.168.10.0 255.255.255.0。因此，主机 192.168.10.10 在网络 192.168.10.0 255.255.255.0 上。

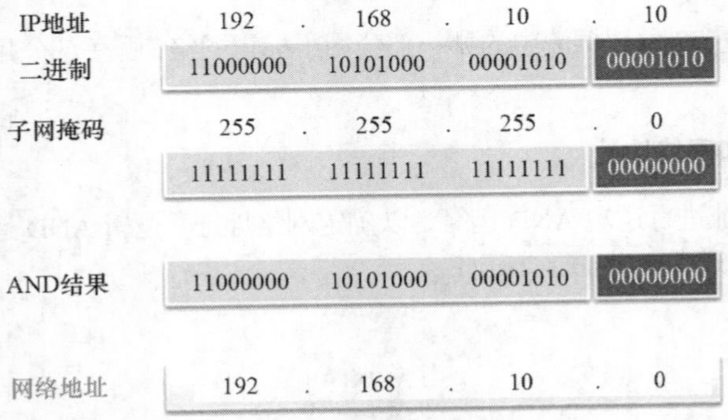

IP地址	192	168	10	10
二进制	11000000	10101000	00001010	00001010
子网掩码	255	255	255	0
	11111111	11111111	11111111	00000000
AND结果	11000000	10101000	00001010	00000000
网络地址	192	168	10	0

图 4-47 最终的网络地址

4. 划分广播域的子网

192.168.10.0/24 网络可以支持 254 台主机。规模较大的网络，例如 172.16.0.0/16，可以支持更多的主机地址（超过 65,000 个）。但是，这可能会创建更大的广播域。大型广播域的一个问题是这些主机会生成太多广播，这会对网络造成不良影响。在图 4-48 中，LAN 1 连接了 400 个用户，每个都会生成广播流量。如此多的广播流量会减慢网络的运行速度。由于每台设备必须接受和处理每个广播数据包，因此还会减缓设备运行速度。

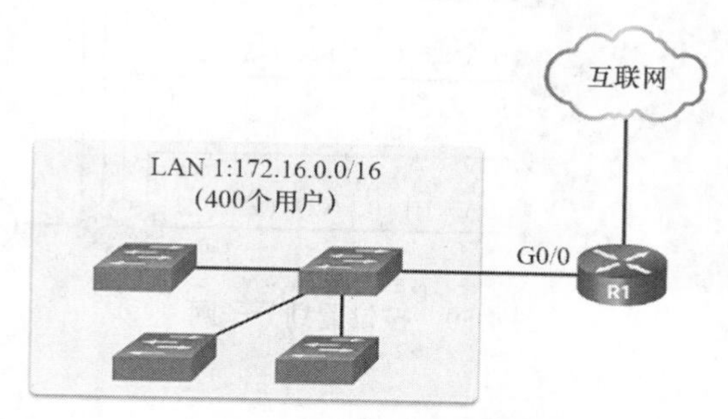

图 4-48　大型广播域

解决方案是使用称为“子网划分”的过程缩减网络的规模以创建更小的广播域。这些较小的网络空间通常称为“子网”。

例如，在图 4-49 中，网络地址为 172.16.0.0/16 的 LAN 1 中的 400 个用户被划分到两个子网中，每个子网包含 200 个用户，网络地址分别为 172.16.0.0/24 和 172.16.1.0/24。广播仅在更小的网络域内传播。因此，LAN 1 中的广播不会传播到 LAN 2。

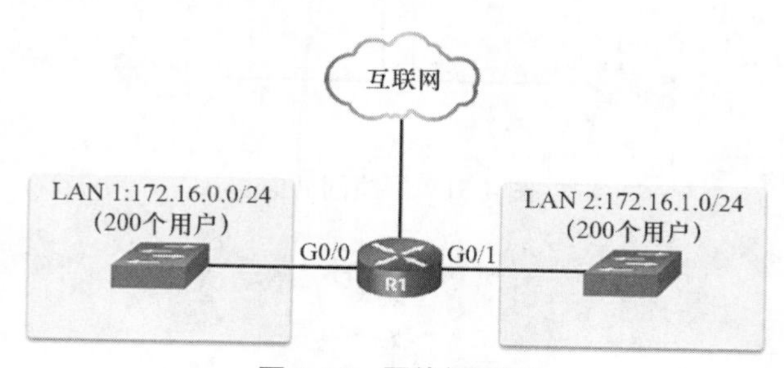

图 4-49　网络间通信

请注意前缀长度是如何从/16 变为/24 的。这是子网划分的基础：使用主机位可以创建额外的子网。

注　意　术语“子网”和“网络”经常互换使用。大多数网络是一些较大地址块的子网。

子网划分可以降低整体网络流量并改善网络性能。它也能让管理员实施安全策略，例如哪些子网允许或不允许进行通信。

使用子网有多种方法，可帮助管理网络设备。网络管理员可以将设备和服务分组到可能由多种因素确定的子网中：

- 位置，例如大楼中的各楼层（见图 4-50）；
- 组织单位（见图 4-51）；
- 设备类型（见图 4-52）；
- 对网络有意义的任何其他划分。

网络安全分析师不需要知道如何划分子网。但是，了解子网掩码的含义以及具有不同子网地址的主机来自网络中的不同位置，这一点很重要。

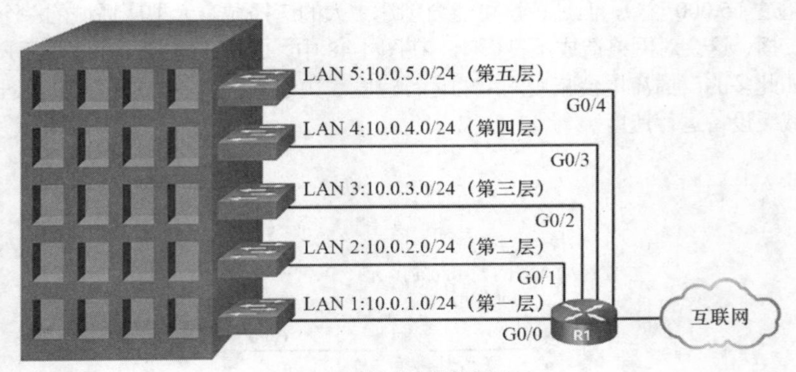

图 4-50　按位置划分子网

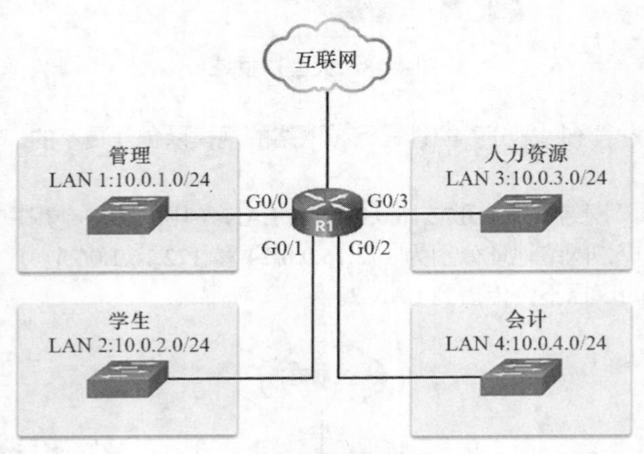

图 4-51　网络间通信

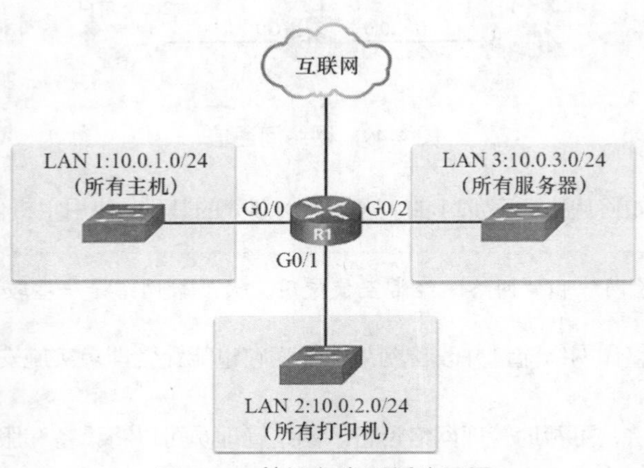

图 4-52　按设备类型划分子网

4.2.4　IPv4 地址的分类

在本小节中，您将会了解到支持网络通信的 IPv4 地址的类型。

1. IPv4 地址分类和默认子网掩码

IPv4 地址有多种类型和分类。虽然地址类在网络中变得不那么重要了，但它们仍然在使用并经常在网络文档中提到。

地址类

1981 年，IPv4 地址使用 RFC 790 中定义的有类编址进行了分配，并根据 3 个分类（A 类、B 类或 C 类）为客户分配网络地址。RFC 将单播范围分为具体的分类。

- **A 类**（0.0.0.0/8~127.0.0.0/8）：用于支持拥有 1600 万以上主机地址的大规模网络。它的第一个八位组使用固定的/8 前缀表示网络地址，其他的 3 个八位组表示主机地址。
- **B 类**（128.0.0.0/16~191.255.0.0/16）：用于支持拥有大约 65,000 个主机地址的大中型网络。它的前两个八位组使用固定的/16 前缀表示网络地址，后两个八位组表示主机地址。
- **C 类**（192.0.0.0/24~223.255.255.0/24）：用于支持最多拥有 254 台主机的小型网络。它的前 3 个八位组使用固定的/24 前缀表示网络地址，剩余的一个八位组表示主机地址。

注 意　还有包含 224.0.0.0 ~ 239.0.0.0 的 D 类组播块以及包含 240.0.0.0 ~ 255.0.0.0 的 E 类实验地址块。

如图 4-53 所示，有类编址系统将 50%的可用 IPv4 地址分配给 128 个 A 类网络，将 25% 的地址分配给 B 类网络，然后由 C 类与 D 类和 E 类瓜分剩下的 25%。尽管这在当时属于恰当之举，但随着互联网的发展，这种方法显然十分浪费地址，并且即将耗尽可用的 IPv4 网址数量。

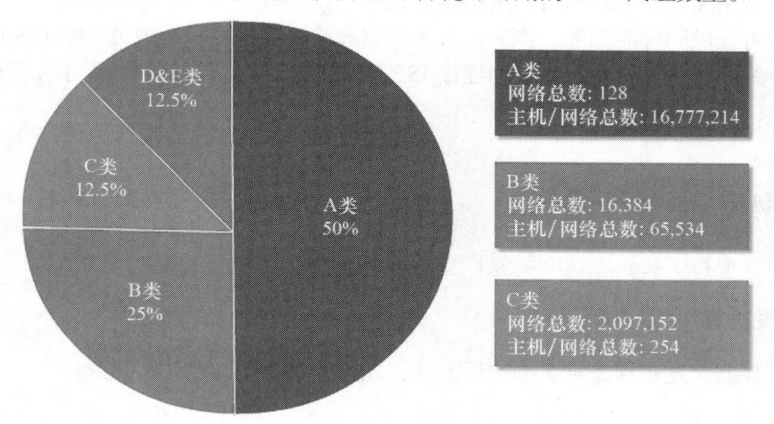

图 4-53　有类编址汇总

20 世纪 90 年代末，人们不再使用有类编址，而采用新的无类编址系统。然而，正如在本节后面看到的那样，无类编址只是解决 IPv4 地址枯竭问题的临时办法。

2. 保留的私有地址

公有 IPv4 地址是能在 ISP 路由器之间全面路由的地址。但是，并非所有可用的 IPv4 地址都可用于互联网。大多数组织使用称为私有地址的地址块向内部主机分配 IPv4 地址。

20 世纪 90 年代中期，由于 IPv4 地址空间耗尽，引入了私有 IPv4 地址。私有 IPv4 地址并不是唯一的，任何内部网络都可以使用它。

以下为私有地址块：

- 10.0.0.0/8 或 10.0.0.0~10.255.255.255；
- 172.16.0.0/12 或 172.16.0.0~172.31.255.255；
- 192.168.0.0/16 或 192.168.0.0~192.168.255.255。

需要重点注意的是，这些地址块中的地址不能用于互联网，必须由互联网路由器过滤（丢弃）。例如，如图 4-54 所示，网络 1、2 或 3 中的用户正在向远程目的地发送数据包。ISP 路由器将看到数据包中的源 IPv4 地址属于私有地址，因此会丢弃该数据包。

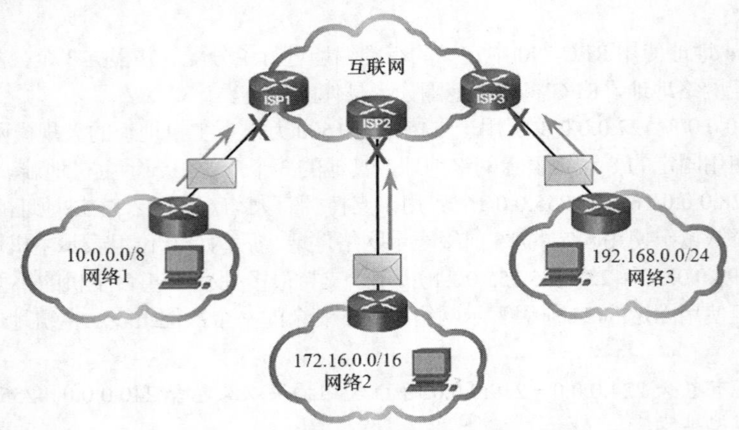

图 4-54 私有地址不能通过互联网路由

大多数组织将私有 IPv4 地址用于其内部主机。但是，这些 RFC 1918 地址在互联网上不可路由，必须转换为公有 IPv4 地址。网络地址转换（NAT）用于私有 IPv4 地址和公有 IPv4 地址间的转换。这通常是在将内部网络连接到 ISP 网络的路由器上完成。

家庭路由器可提供同样的功能。例如，大多数家庭路由器是从私有地址 192.168.1.0/24 中将 IPv4 地址分配给其有线及无线主机。通常，为连接 ISP 网络的家庭路由器接口分配了在互联网上使用的公有 IPv4 地址。

4.2.5 默认网关

在本小节中，您将了解到默认网关怎样支持网络通信。

1. 主机转发决策

主机可以将数据包发送到 3 种类型的目的地，如图 4-55 所示。

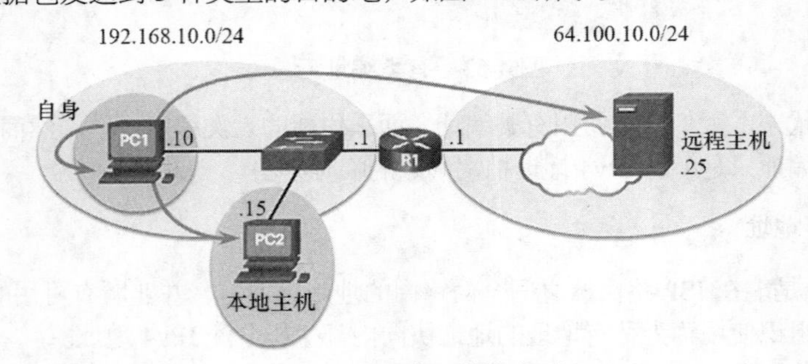

图 4-55 三种目的地类型

- **自身**：主机会将数据包发送到一个称作环回接口的特殊 IPv4 地址 127.0.0.1，以对自身执行 ping 操作。对环回接口执行 ping 操作可以测试主机上的 TCP/IP 协议栈。
- **本地主机**：这是与发送主机位于同一本地网络上的主机（从 PC1 到 PC2）。这些主机共享同一个网络地址。
- **远程主机**：这是位于远程网络上的主机。这些主机不共享同一个网络地址。请注意，R1 是一个路由器，位于 PC1 和远程主机之间。R1 是 PC1 和 PC2 的默认网关。R1 的工作是路由发往远程网络的任何流量。

可以看到，子网掩码用于确定 IPv4 主机地址所属的网络。通过比较源设备 IP 地址和子网掩码的组合以及目的地设备的 IP 地址和子网掩码的组合，可以确定数据包是发送给本地主机还是远程主机。PC1 知道它位于 192.168.10.0/24 网络上。因此它知道 PC2 也位于同一网络中，而服务器（远程主机）不在同一个网络中。如果源设备发送数据包到远程主机，则需要借助路由器实现路由。路由是确定到达目的地之最佳路径的过程。连接到本地网段的路由器称为默认网关。

2. 默认网关

如图 4-56 所示，在向主机分配 IPv4 配置时，必须配置 3 个点分十进制 IPv4 地址：

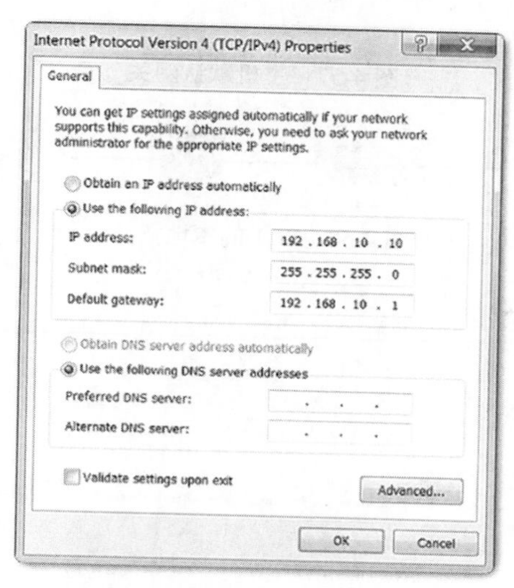

图 4-56 检查 Windows IPv4 属性

- **IPv4 地址**：主机唯一的 IPv4 地址。
- **子网掩码**：用于标识 IPv4 地址的网络部分/主机部分。
- **默认网关**：确定到达远程网络所需的本地网关（例如本地路由器接口 IPv4 地址）。

默认网关是可以将流量路由到其他网络的网络设备。它是将流量从本地网络路由出去的路由器。

如果把一个网络比作一个房间，那么默认网关就好比是门口。如果要去另一个房间或网络，就需要找到门口。

或者，不知道默认网关 IP 地址的 PC 或计算机就好比是一个房间里不知道门口在哪的人。他们可以和房间或网络中的其他人交谈，但是如果他们不知道默认网关地址，或者如果没有默认网关，那么就找不到出口。

3. 使用默认网关

主机的路由表通常包括默认网关。主机通过动态主机配置协议（DHCP）动态接收默认网关 IPv4 地址，或者通过手动配置。在图 4-57 中，PC1 和 PC2 均配置了默认网关的 IPv4 地址 192.168.10.1。配置默认网关会在 PC 的路由表中创建一个默认路由。默认路由是计算机尝试联系远程网络时所用的路由或路径。

默认路由来自默认网关配置，位于主机计算机的路由表中。PC1 和 PC2 都会使用默认路由将指向远程网络的所有流量发送到 R1，如图 4-58 所示。

可以使用 **netstat-r** 或 **route print** 命令查看 Windows 主机的路由表，如例 4-2 所示。

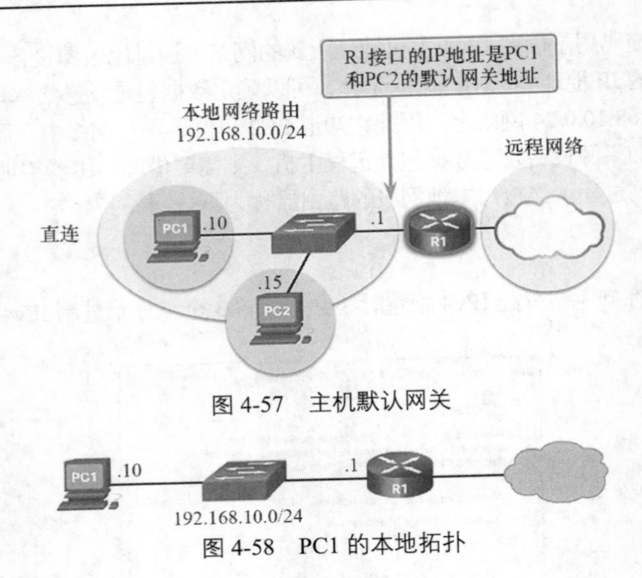

图 4-57 主机默认网关

图 4-58 PC1 的本地拓扑

例 4-2 PC1 的 IPv4 路由表

```
C:\Users\PC1> netstat -r
<output omitted>

IPv4 Route Table
===========================================================================
Active Routes:
Network Destination        Netmask          Gateway       Interface  Metric
          0.0.0.0          0.0.0.0     192.168.10.1    192.168.10.10     25
        127.0.0.0        255.0.0.0         On-link         127.0.0.1    306
        127.0.0.1  255.255.255.255         On-link         127.0.0.1    306
  127.255.255.255  255.255.255.255         On-link         127.0.0.1    306
     192.168.10.0    255.255.255.0         On-link     192.168.10.10    281
    192.168.10.10  255.255.255.255         On-link     192.168.10.10    281
   192.168.10.255  255.255.255.255         On-link     192.168.10.10    281
        224.0.0.0        240.0.0.0         On-link         127.0.0.1    306
        224.0.0.0        240.0.0.0         On-link      192.168.10.1    281
  255.255.255.255  255.255.255.255         On-link         127.0.0.1    306
  255.255.255.255  255.255.255.255         On-link      192.168.10.1    281
===========================================================================
<output omitted>
C:\Users\PC1>
```

4.2.6 IPv6

在本小节中，您将了解到 IPv6 协议怎样支持网络通信。

1. IPv6 的必要性

IPv4 地址空间耗尽一直是迁移到 IPv6 的动因。随着非洲、亚洲和世界其他地区越来越多地使用互联网，IPv4 地址已经无法满足这一增长需求。

理论上，IPv4 最多有 43 亿个地址。私有地址与网络地址转换（NAT）对于放缓 IPv4 地址空间的耗尽起了不可或缺的作用。但是，NAT 破坏了许多应用程序，而且严重妨碍了 P2P 的通信。

注 意　本章后续部分将详细介绍 NAT。

2. IPv6 的大小和表示法

IPv6 旨在接替 IPv4。IPv6 拥有 128 位地址空间，提供 340 涧个地址（即数字 340 后加 36 个 0）。然而，IPv6 不仅仅是一个规模较大的地址池。当互联网工程任务组（IETF）开始开发 IPv4 的接替版本时，还借此机会修复了 IPv4 的限制，并开发了额外的增强功能。一个示例是互联网控制消息协议第 6 版（ICMPv6），它包括 IPv4 的 ICMP（ICMPv4）中没有的地址解析和地址自动配置功能。

IPv6 地址写作十六进制值字符串。每 4 位以一个十六进制数字表示，共 32 个十六进制值。IPv6 地址不区分大小写，可用大写或小写书写。

如图 4-59 所示，书写 IPv6 地址的格式为 x:x:x:x:x:x:x:x，每个“x”均包括 4 个十六进制值。

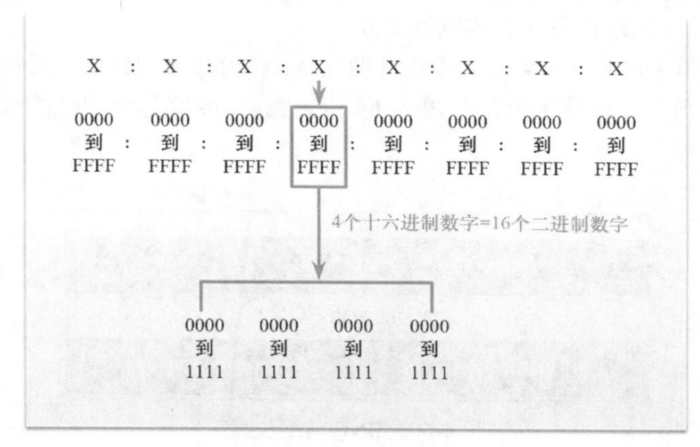

图 4-59　六角形

在指 IPv4 地址的 8 位时，使用的是术语八位组。在 IPv6 中，十六位组是指代 16 位二进制或 4 位十六进制数的非官方术语。每个“x”均为一个十六位组、16 位二进制数或 4 位十六进制数。

3. IPv6 地址格式

计算机读取新的 128 位 IPv6 地址完全没有问题。IPv6 只是向数据包中的源地址和目的地址添加了更多 1 和 0。但是对于人类而言，从以十进制表示的 32 位地址更改为书写一串 32 个十六进制数字的 IPv6 地址却需要适应。目前已经开发出一些技术，可以将书写的 IPv6 地址压缩为更易于管理的格式。

缩写 IPv6 地址

IPv6 地址写作十六进制值字符串。每 4 位以一个十六进制数字表示，共 32 个十六进制值。表 4-4 所示为一个完全展开的 IPv6 地址和两种可使其更易于阅读的方法。

表 4-4　缩写 IPv6 地址

描　述	IPv6 地址
完整格式	2001:0DB8:0000:1111:0000:0000:0000:0200
去掉开头的 0	2001:DB8:0:1111:0:0:0:200
缩写格式	2001:DB8:0:1111::200

有两条规则可帮助减少表示一个 IPv6 地址所需数字的数目。

规则 1：省略前导 0

第一条有助于缩短 IPv6 地址记法的规则是忽略 16 位部分中的所有前导 0（零）。例如：

- 0DB8 可表示为 DB8；
- 0000 可表示为 0；
- 0200 可表示为 200。

规则 2：省略“全零”部分

第二条有助于缩短 IPv6 地址记法的规则是可以用一个双冒号（::）代替任何一组只包含零的连续部分。双冒号（::）仅可在每个地址中使用一次，否则可能会得出不唯一的地址。

4. IPv6 前缀长度

回想一下，IPv4 地址的前缀或网络部分可以由点分十进制子网掩码或前缀长度（斜线记法）标识。例如，IPv4 地址 192.168.1.10（点分十进制子网掩码为 255.255.255.0）等同于 192.168.1.10/24。

IPv6 使用前缀长度表示地址的前缀部分。IPv6 不使用点分十进制子网掩码记法。前缀长度用来表示使用 IPv6 地址/前缀长度的 IPv6 地址的网络部分。

前缀长度范围为 0 ~ 128。LAN 和大多数其他网络类型的典型 IPv6 前缀长度为/64，如图 4-60 所示。这意味着地址前缀或网络部分的长度为 64 位，另外 64 位为该地址的接口 ID（主机部分）所保留。

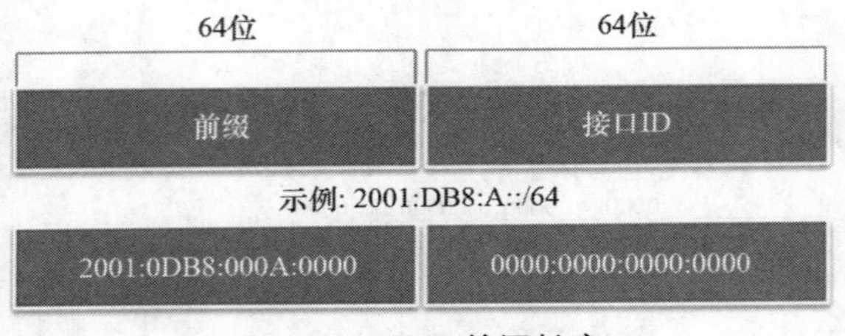

图 4-60　IPv6 前缀长度

4.3 验证连接

在本节中，您将了解到怎样使用常见的测试实用程序验证和测试网络连通性。

4.3.1 ICMP

在本小节中，您将了解到怎样使用 ICMP 测试网络连通性。

1. ICMPv4 消息

虽然 IP 只是尽力传输协议，TCP/IP 协议簇却会在发生某些错误时发送某些消息。这些消息使用 ICMP 服务发送，其用途是就特定情况下处理 IP 数据包的相关问题提供反馈，而并非是使 IP 可靠。ICMP 消息并非必需的，而且在网络内通常出于安全原因而被禁止。

ICMP 可同时用于 IPv4 和 IPv6。ICMPv4 是 IPv4 的消息协议。ICMPv6 为 IPv6 提供相同的服务，此外，还包括其他功能。在本课程中，在同时涉及 ICMPv4 和 ICMPv6 时会使用术语 ICMP。

ICMP 消息的类型及其发送原因非常多。我们将介绍其中比较常见的一些消息。

ICMPv4 和 ICMPv6 通用的 ICMP 消息包括：

- 主机确认；
- 目的地或服务不可达；
- 超时；
- 路由重定向。

主机确认

ICMP Echo 消息可用于确定主机是否运行正常。本地主机向一台主机发送 ICMP Echo Request。如果主机可用，目的主机会以 Echo Reply 响应。这些 ICMP Echo 消息是 ping 实用程序的基础。图 4-61 所示为一个 Echo Request 消息从 H1 发送到 H2。

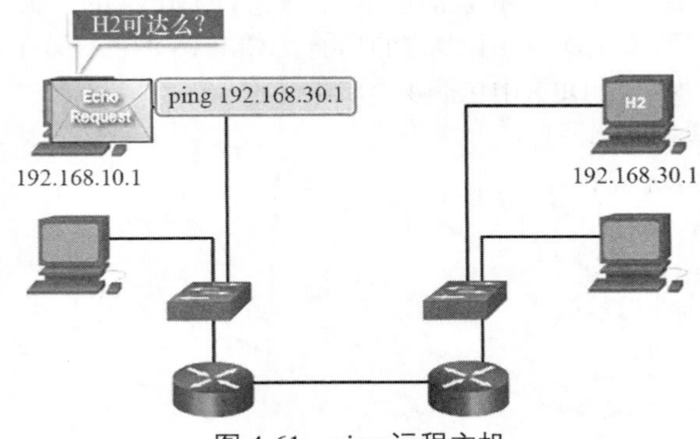

图 4-61 ping 远程主机

图 4-62 所示为 Echo Reply 消息从 H2 发送回 H1，确认 H2 在网络上。

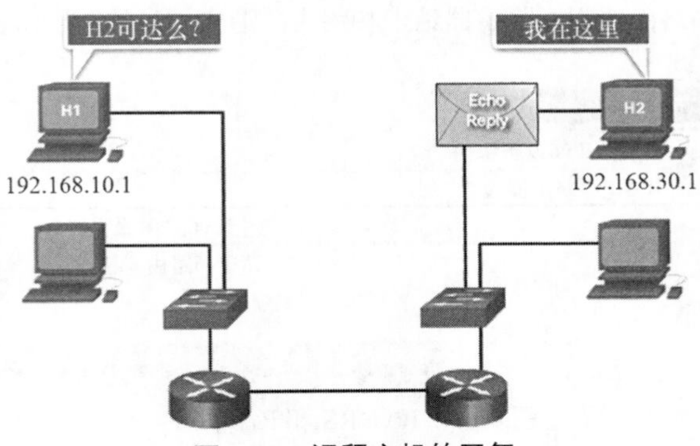

图 4-62 远程主机的回复

目的地或服务不可达

当主机或网关收到无法传送的数据包时，它会使用 ICMP 目的地不可达消息通知源主机“目的地或服务不可达”。消息包括指示数据包为何无法传送的代码。

ICMPv4 的目的地不可达代码示例如下所示。

- **0**：网络不可达。
- **1**：主机不可达。
- **2**：协议不可达。
- **3**：端口不可达。

注 意 ICMPv6 的目的地不可达消息代码与此类似，但稍有不同。

超时

路由器使用 ICMPv4 超时消息来表明数据包因为生存时间（TTL）字段递减到 0 而不能被转发。如果路由器接收数据包并且将 IPv4 数据包的 TTL 字段的值递减为 0，则会丢弃数据包并向源主机发送超时消息。

如果路由器因数据包过期而无法转发 IPv6 数据包，ICMPv6 也会发送超时消息。IPv6 没有 TTL 字段，它使用跳数限制字段来确定数据包是否过期。

2. ICMPv6 RS 和 RA 消息

在 ICMPv6 中发现的信息性消息和错误消息非常类似于 ICMPv4 的控制消息和错误消息。但是，ICMPv6 拥有 ICMPv4 中所没有的新特性和改进的功能。ICMPv6 消息封装在 IPv6 中。

ICMPv6 在邻居发现协议（NDP）中包括 4 个新协议。

IPv6 路由器和 IPv6 设备间的消息：

- 路由器请求（RS）消息；
- 路由器通告（RA）消息。

IPv6 设备间的消息：

- 邻居请求（NS）消息；
- 邻居通告（NA）消息。

注 意 ICMPv6 邻居发现协议还包括重定向消息，这与 ICMPv4 中使用的重定向消息功能相似。

图 4-63 所示为 PC 和路由器交换路由器请求和路由器通告消息的一个示例。

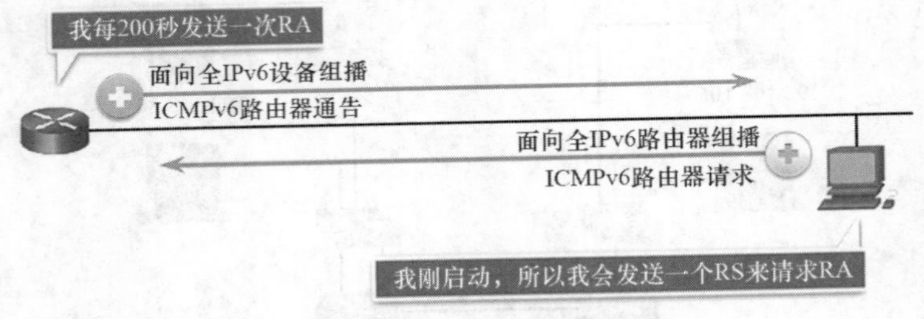

图 4-63 IPv6 RS 和 RA 消息

图 4-63 中的主机被配置为使用无状态地址自动配置（SLAAC）来获取它的地址信息。于是主机向路由器发送 RS 消息，请求一条 RA 消息。

路由器发送 RA 消息，为使用 SLAAC 的主机提供编址信息。RA 消息中可以包含主机的编址信息，例如前缀、前缀长度、DNS 地址和域名。路由器会定期发送 RA 消息或响应 RS 消息。使用 SLAAC 的主机会将其默认网关设置为发送 RA 的路由器的本地链路地址。

邻居请求和邻居通告消息用于地址解析和重复地址检测（DAD）。

地址解析

当 LAN 上的设备知道目的 IPv6 单播地址，但不知道其以太网 MAC 地址时，会使用地址解析。要确定目的 MAC 地址，设备会将 NS 消息发送到请求节点地址。该消息包括已知（目标）IPv6 地址。具有目标 IPv6 地址的设备会使用包含其以太网 MAC 地址的 NA 消息进行回应。图 4-64 所示为两台 PC 交换 NS 和 NA 消息的示例。

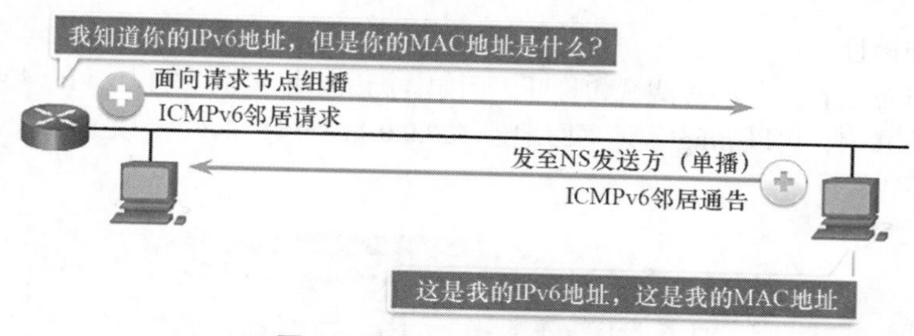

图 4-64 IPv6 NS 和 NA 消息

重复地址检测（DAD）

当设备分配有全局单播或本地链路单播地址时，则建议对地址执行 DAD 来确保其唯一性。如图 4-65 所示，要检查地址的唯一性，设备将发送 NS 信息，其中使用自身 IPv6 地址作为目标 IPv6 地址。

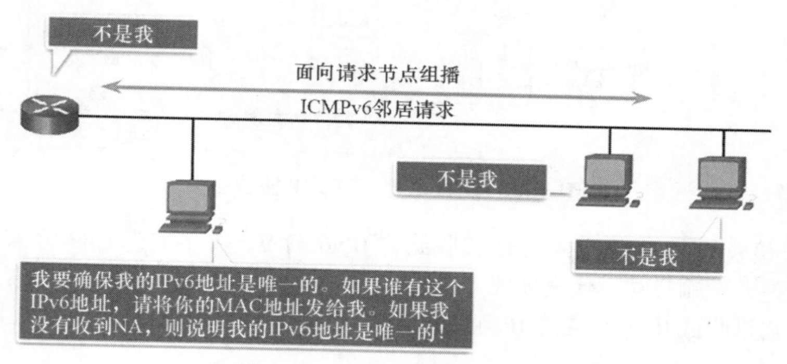

图 4-65 IPv6 重复地址检测

如果网络中的其他设备具有该地址，则会使用 NA 消息进行响应。此 NA 消息通知发送方设备地址已在使用。如果回应的 NA 消息未在固定的一段时间返回，则单播地址是唯一的，可以使用。

注 意 DAD 不是必需的，但是 RFC 4861 建议对单播地址执行 DAD。

4.3.2 ping 和 tracerout 实用程序

在本小节中，您将会了解到怎样使用 ping 和 traceroute 实用程序测试网络连通性。

1. ping：测试本地协议栈

ping 是一种测试程序，它使用 ICMP Echo Request 和 Echo Reply 消息来测试主机之间的连接。ping 可以服务于 IPv4 和 IPv6 主机。

为了测试与网络上另一台主机的连接，可使用 ping 命令将 Echo Request 发送给该主机地址。若指定地址处的主机收到 Echo Request，便会使用 Echo Reply 进行响应。每收到一个 Echo Reply，ping 都会在发出请求之后和收到应答之前提供反馈。这可以作为网络性能的度量。

ping 对响应规定了超时值。如果在超时前没有收到应答，ping 会提供一条消息，表示未收到响应。这通常表示存在问题，但是，还可能表示安全功能阻止了网络启用 ping 消息。

所有请求发送完毕后，ping 实用程序会提供包括成功率和到达目的地的平均往返时间在内的摘要。

ping 本地环回地址

也可以使用 ping 进行一些特殊测试和验证。例如，测试本地主机上的内部 IPv4 或 IPv6 配置。要执行此测试，对于 IPv4，可以 ping 本地环回地址 127.0.0.1，对于 IPv6，则是::1。IPv4 环回地址的测试如图 4-66 所示。

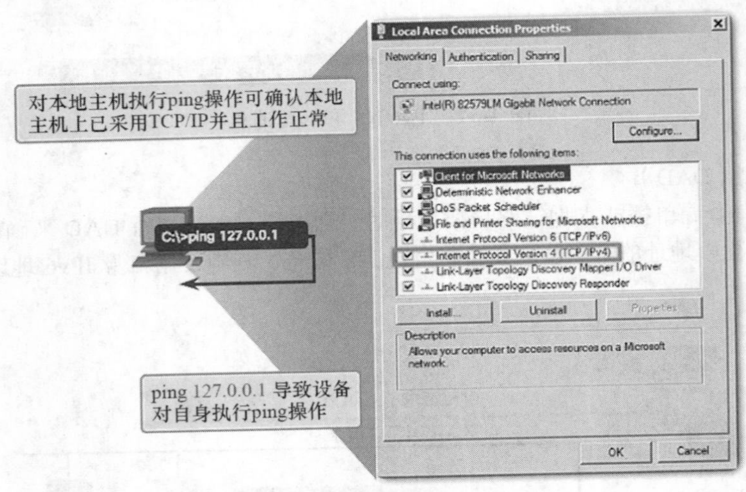

图 4-66 测试本地 TCP / IP 协议栈

从 127.0.0.1 接收的 IPv4 响应或从::1 接收到的 IPv6 响应，表示主机上的 IP 安装正确。此响应来自网络层。但是，此响应并不代表地址、掩码或网关配置正确。它也不能说明有关网络协议栈下层的任何状态。它只测试 IP 网络层的 IP 连接。如果收到错误消息，则表示该主机上的 TCP/IP 无法正常运行。

2. ping：测试与本地 LAN 的连通性

也可以使用 ping 测试主机在本地网络中通信的能力，如图 4-67 所示。这通常是通过 ping 主机网关 IP 地址完成的。ping 通网关表示主机和充当网关的路由器接口在本地网络中均运行正常。

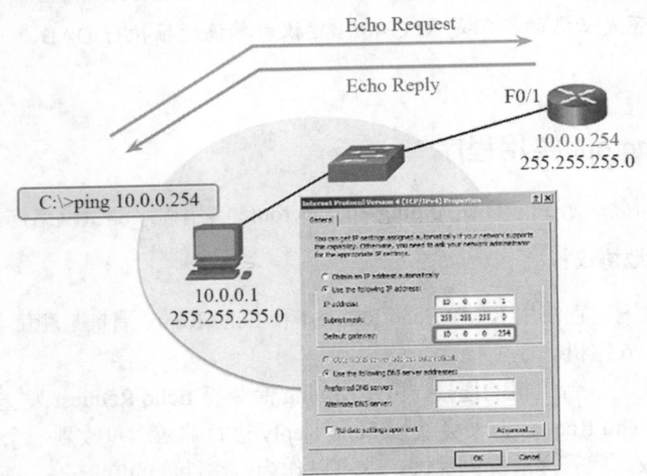

图 4-67 测试到本地网络的 IPv4 连接

对于此测试，最常用的是网关地址，因为路由器在一般情况下始终都能正常运行。如果网关地址不响应，可以将 ping 发送到本地网络上已知能够正常运行的另一台主机的 IP 地址。

如果网关或另一台主机做出响应，则说明本地主机可以通过本地网络成功通信。如果网关不响应但其另一台主机响应，可能说明充当网关的路由器接口存在问题。

一种可能性是在主机上配置了错误的网关地址。另一种可能的原因是路由器接口完全正常，但对其采取了阻止其处理或响应 ping 请求的安全限制。

3. ping：测试与远程主机的连通性

ping 也可用于测试本地主机跨网络通信的能力。如图 4-68 所示，本地主机可以 ping 远程网络中运行正常的 IPv4 主机，因为路由器转发了 Echo Request。

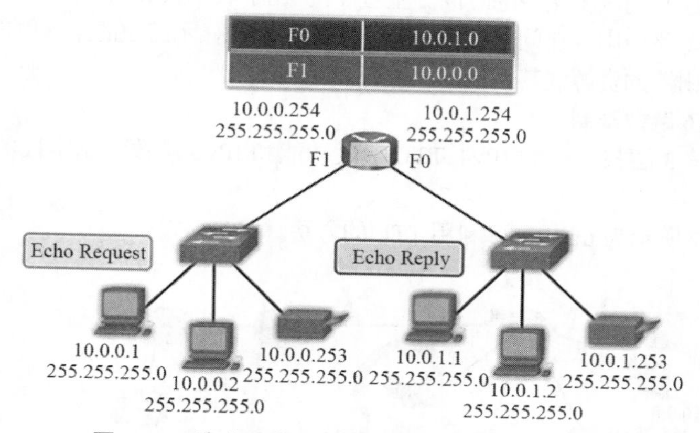

图 4-68 路由器将 Echo Request 转发出 F0 接口

当远程主机应答时，路由器将 Echo Reply 转发回本地主机，如图 4-69 所示。

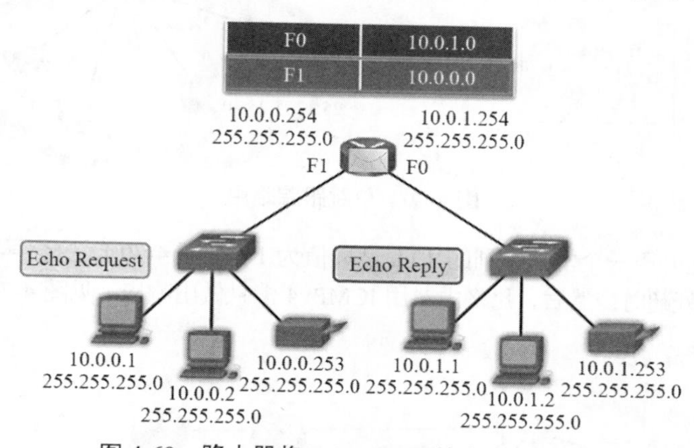

图 4-69 路由器将 Echo Reply 转发出 F1 接口

如果 ping 成功，则说明网络大部分运行正常。在网络上成功 ping 通即确认本地网络上的通信正常。它还确认充当网关的路由器运行正常，且可能位于本地网络和远程主机网络之间路径上的所有其他路由器均运行正常。

此外，还可以验证远程主机的功能。如果远程主机无法在其本地网络外通信，则它不会响应。

注 意 出于安全原因，许多网络管理员限制或禁止 ICMP 消息进入企业网络；因此，没有收到 ping 响应可能是由于安全限制。

4. traceroute：测试路径

ping 用于测试两台主机之间的连接，但是不提供关于主机之间设备的详细信息。traceroute（tracert）实用程序可以生成通信路径上成功到达的设备列表。此列表可以提供重要的验证和故障排除信息。如果数据到达目的地，则 trace 就会列出主机之间的路径中每台路由器上的接口。如果数据在沿途的某一跳上失败，则回应 trace 的最后一个路由器的地址可以提供指示，说明有问题或有安全限制的地方。

往返时间（RTT）

traceroute 可提供沿路径每一跳的往返时间并指示是否有某一跳未响应。往返时间是数据包到达远程主机以及从该主机返回响应所花费的时间。星号（*）用于表示丢失的或未确认的数据包。

此信息可用于确定路径中存在问题的路由器。如果显示器显示特定的某一跳的响应时间很长或数据丢失，则表示该路由器的资源或其连接可能过载。

IPv4 TTL 和 IPv6 跳数限制

traceroute 使用第 3 层报头中的 IPv4 TTL 字段功能和 IPv6 跳数限制字段的功能以及 ICMP 超时消息。

图 4-70 到图 4-77 所示为 traceroute 利用 TTL 的方法。

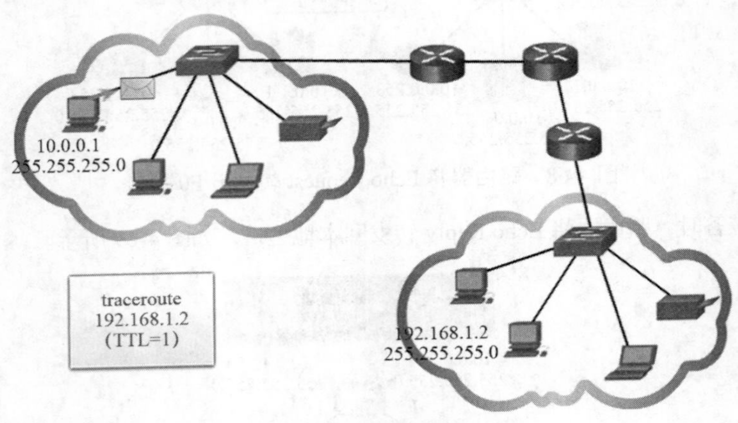

图 4-70　单跳跟踪路由

从 traceroute 发送的第一个消息序列的 TTL 字段值为 1（见图 4-70）。这会导致此 TTL 使 IPv4 数据包在第一台路由器处超时。然后，此路由器用 ICMPv4 消息做出响应（见图 4-71）。现在，traceroute 知道了第一跳的地址。

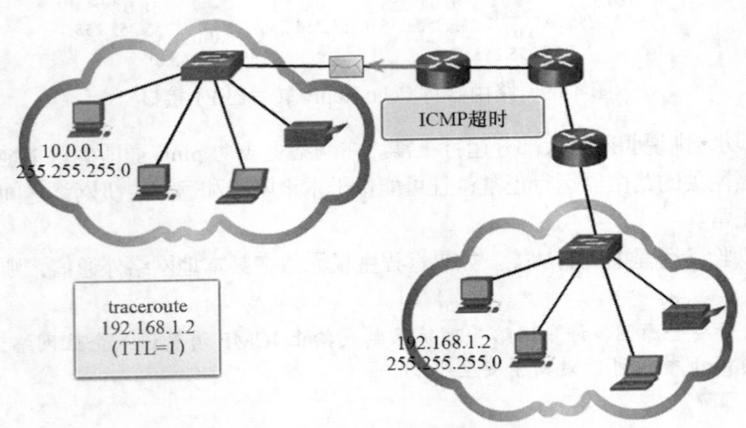

图 4-71　第一跳的超时重播次数

随后，traceroute 逐渐增加每个消息系列的 TTL 字段值（2、3、4...）（见图 4-72 到图 4-75）。这可为 trace 提供数据包在该路径沿途再次超时时所经过的每一跳的地址。TTL 字段的值将不断增加，直至到达目的主机或增至预定义的最大值。

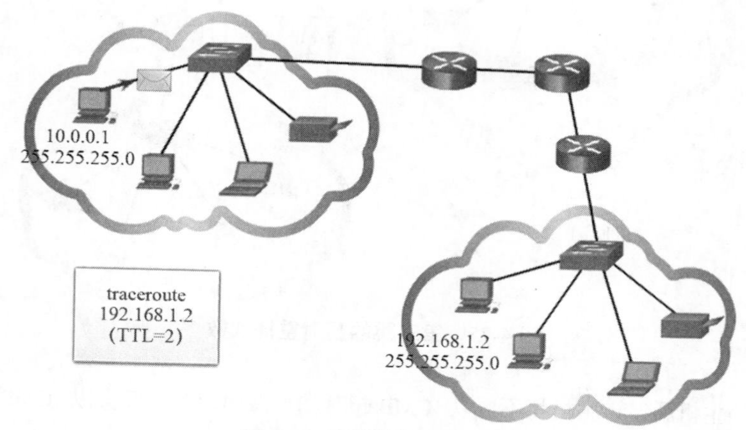

图 4-72 两跳的 traceroute

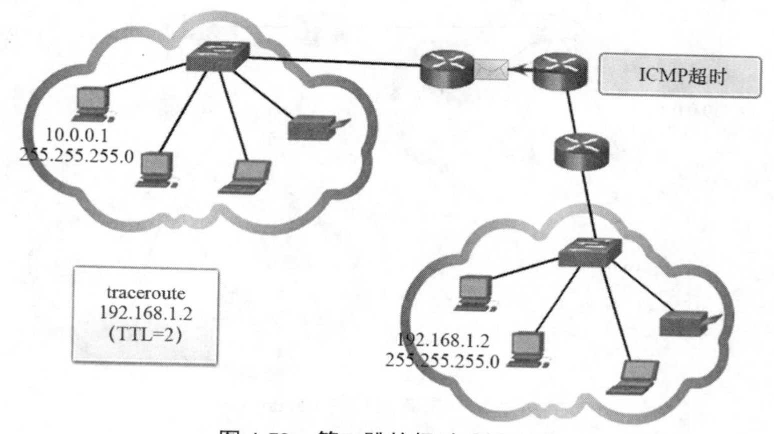

图 4-73 第二跳的超时重播次数

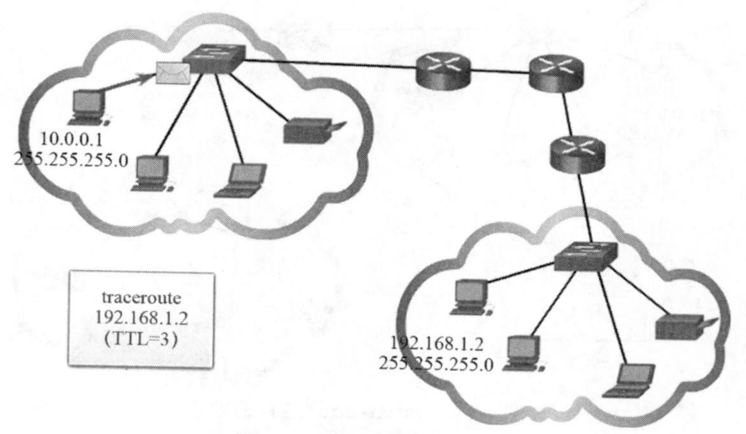

图 4-74 三跳的 traceroute

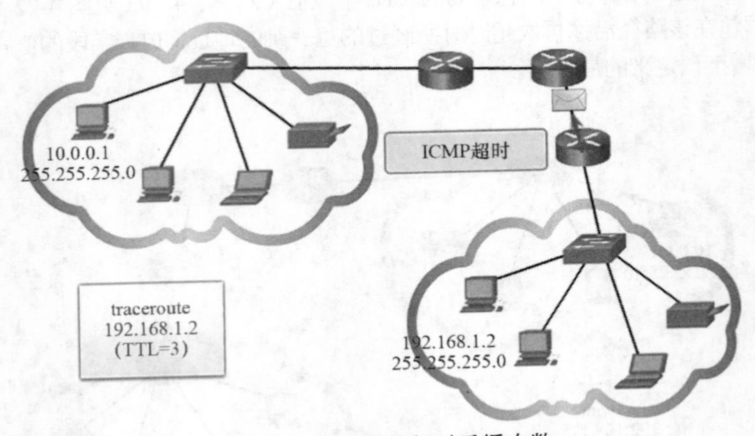

图 4-75　第三跳的超时重播次数

到达最终目的主机后，该主机将不再以 ICMP 超时消息做出应答，而会以 ICMP 端口无法到达消息或 ICMP Echo Reply 消息做出应答（见图 4-76 和图 4-77）。

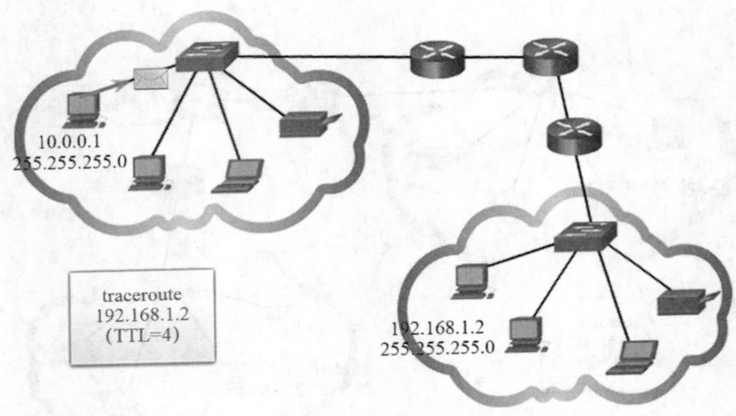

图 4-76　具有四跳的 traceroute

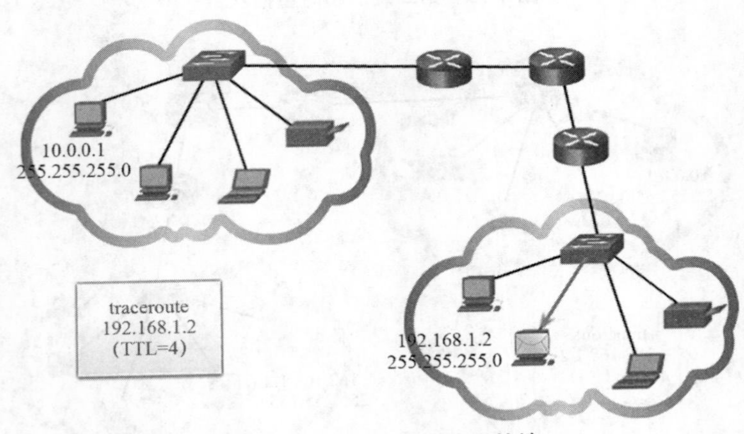

图 4-77　traceroute 到达目的地

5. ICMP 数据包格式

ICMP 直接封装在 IP 数据包中。从这个意义上说，它几乎就像一个传输层协议，因为它被封装在数据包中，但它被认为是第 3 层协议。ICMP 充当 IP 数据包中的数据负载。它有一个特殊的报头数据字段，如图 4-78 所示。

ICMP 使用消息代码区分不同类型的 ICMP 消息。以下列出了一些常见的消息代码。

- **0**：Echo Reply（响应 ping）。
- **3**：目的地不可达。
- **5**：重定向（使用通往目的地的另一条路由）。
- **8**：Echo Request（用于 ping）。
- **11**：超时（TTL 变为 0）。

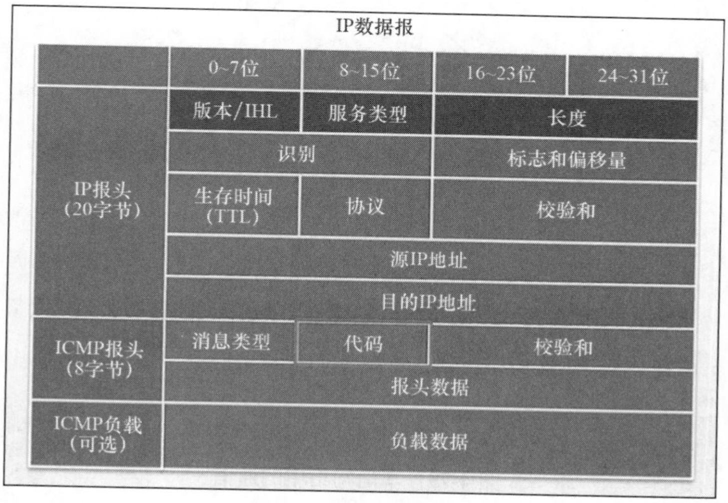

IP数据报

	0~7位	8~15位	16~23位	24~31位
IP报头（20字节）	版本/IHL	服务类型	长度	
	识别		标志和偏移量	
	生存时间（TTL）	协议	校验和	
	源IP地址			
	目的IP地址			
ICMP报头（8字节）	消息类型	代码	校验和	
	报头数据			
ICMP负载（可选）	负载数据			

图 4-78 IPv4 数据报

本课程后面部分将会讲到，网络安全分析师应该知道，可以在攻击向量中使用可选的 ICMP 负载字段以渗漏（exfiltrate）数据。

4.4 地址解析协议

在本节中，您将了解到地址解析协议怎样支持网络中的通信。

4.4.1 MAC 和 IP

在本小节中，您将了解到 MAC 地址和 IP 地址的角色。

1. 同一网络中的目的地

将两个主要地址分配给以太网 LAN 上的设备。

- **物理地址（MAC 地址）**：用于同一网络中的以太网网卡之间的通信。
- **逻辑地址（IP 地址）**：用于将数据包从原始源发送到最终目的地。

IP 地址用于标识原始源设备和最终目的设备的地址。目的 IP 地址可能与源地址在同一 IP 网络中，也可位于远程网络中。

注　意　当给定一个域名（例如 www.epubit.com）时，大多数应用程序会使用 DNS（域名系统）来确定 IP 地址。DNS 将在后面的章节中讨论。

第 2 层地址或物理地址（例如以太网 MAC 地址）有不同的用途。这些地址使用封装后的 IP 数据包将数据链路帧从同一网络中的一个网卡发送到另一个网卡。如果目的 IP 地址处于同一网络中，则目的 MAC 地址是目的设备的 MAC 地址。

图 4-79 所示为 PC-A 的以太网 MAC 地址和 IP 地址，PC-A 正在向同一网络中的文件服务器发送 IP 数据包。

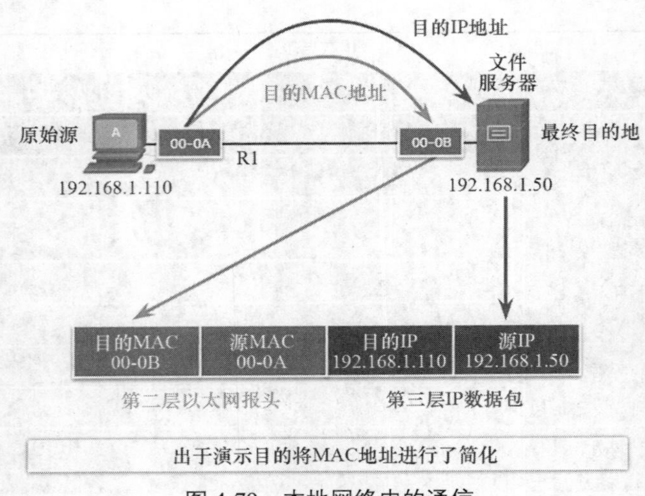

图 4-79　本地网络中的通信

第 2 层以太网帧包括下述地址。

- **目的 MAC 地址**：文件服务器的以太网网卡的 MAC 地址。
- **源 MAC 地址**：PC-A 的以太网网卡的 MAC 地址。

第 3 层 IP 数据包包括下述地址。

- **源 IP 地址**：原始设备的 IP 地址，即 PC-A 的 IP 地址。
- **目的 IP 地址**：最终目的地的 IP 地址，即文件服务器的 IP 地址。

2. 远程网络中的目的地

如图 4-80 所示，当目的 IP 地址处于远程网络中时，则目的 MAC 地址为主机的默认网关（即路由器的网卡）的地址。

我们采用邮政类比，这就和人们带着信件去当地邮局一样。他们只需要将信件带到邮局即可，然后邮局会负责将信件送达最终目的地。

图 4-80 显示了向远程网络中的文件服务器发送 IP 数据包的 PC-A 的以太网 MAC 地址和 IPv4 地址。路由器通过检查目的 IPv4 地址来确定转发 IPv4 数据包的最佳路径。这类似于邮政服务根据收件人的地址转发邮件。

路由器收到以太网帧后，将解封第 2 层信息。它可借助目的 IP 地址确定下一跳设备，然后将 IP 数据包封装在发送接口的新数据链路帧中。在路径中的每条链路上，IP 数据包将使用与此链路相关的数据链路技术（例如以太网）封装成数据帧。如果下一跳设备为最终目的地，则目的 MAC 地址将是该设备的以太网网卡的 MAC 地址。

数据流中 IPv4 数据包的 IPv4 地址如何与通往目的地的路径中每条链路上的 MAC 地址相关联呢？这可以通过地址解析协议（ARP）过程来完成。

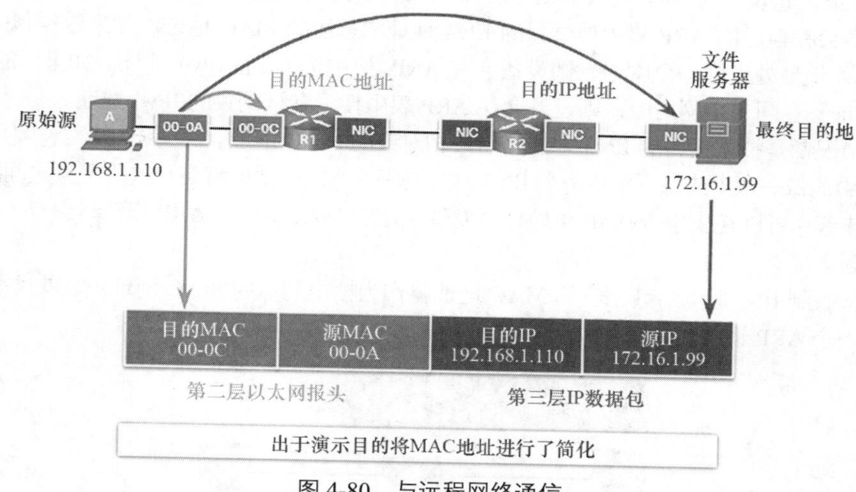

图 4-80　与远程网络通信

4.4.2　ARP

在本小节中，您将了解到 ARP 的目的。

1. ARP 简介

以太网中具有 IP 地址的每一台设备都有一个以太网 MAC 地址。当设备发送以太网帧时，将包含以下两个地址。

- **目的 MAC 地址**：以太网网卡的 MAC 地址，即最终目的设备或路由器的 MAC 地址。
- **源 MAC 地址**：发送方的以太网网卡的 MAC 地址。

设备会使用 ARP 来确定目的 MAC 地址，如图 4-81 所示。ARP 将 IPv4 地址解析为 MAC 地址并维护两者的映射表。

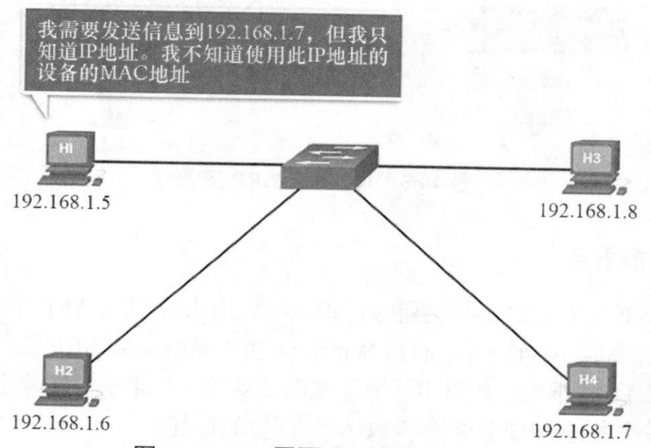

图 4-81　H1 需要 H4 的 MAC 地址

2. ARP 功能

当数据包发送到数据链路层并封装到以太网帧时，设备将参照其内存中的表来查找映射至 IPv4 地址的 MAC 地址。此表称为 ARP 表或 ARP 缓存。ARP 表存储在设备的 RAM 中。

发送设备会在自己的 ARP 表中搜索目的 IPv4 地址和相应的 MAC 地址。如果数据包的目的 IPv4 地址与源 IPv4 地址处于同一个网络，则设备会在 ARP 表中搜索目的 IPv4 地址。如果目的 IPv4 地址与源 IPv4 地址不在同一个网络中，则设备会在 ARP 表中搜索默认网关的 IPv4 地址。

这两种情况都是搜索设备的 IPv4 地址和与其相对应的 MAC 地址。

ARP 表中的每一条（或每行）将一个 IPv4 地址与一个 MAC 地址绑定。这两个值之间的关系称为映射。它意味着您可以在表中查找 IPv4 地址并发现相应的 MAC 地址。ARP 表暂时保存（缓存）LAN 上设备的映射。

如果设备找到 IPv4 地址，其相应的 MAC 地址将作为帧中的目的 MAC 地址。如果找不到该条目，设备会发送一个 ARP 请求，如图 4-82 所示。

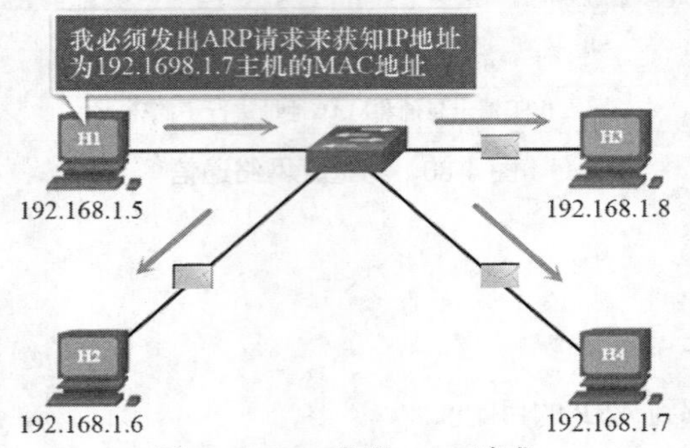

图 4-82　H1 发送 ARP 请求

目标发送一条 ARP 应答，如图 4-83 所示。

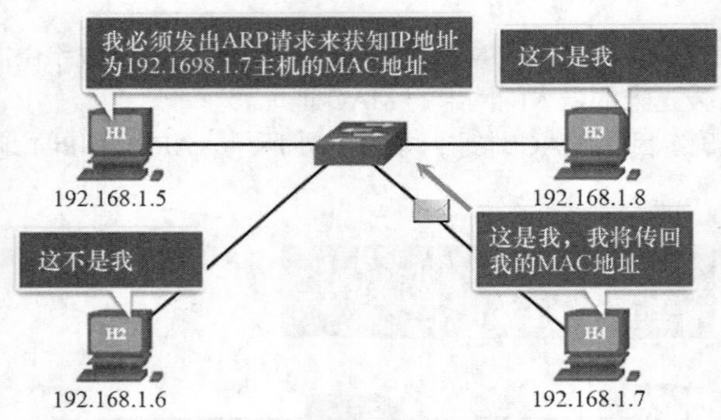

图 4-83　H4 发送 ARP 应答

3. 删除 ARP 表中的条目

对于每台设备，ARP 缓存定时器将会删除在指定时间内未使用的 ARP 条目。具体时间取决于设备及其操作系统。例如，如图 4-84 所示，有些 Windows 操作系统存储 ARP 缓存条目的时间为 2 分钟。

也可以使用命令来手动删除 ARP 表中的全部或部分条目。当条目被删除之后，要想在 ARP 表中输入映射，必须重复一次发送 ARP 请求和接收 ARP 回复的过程。

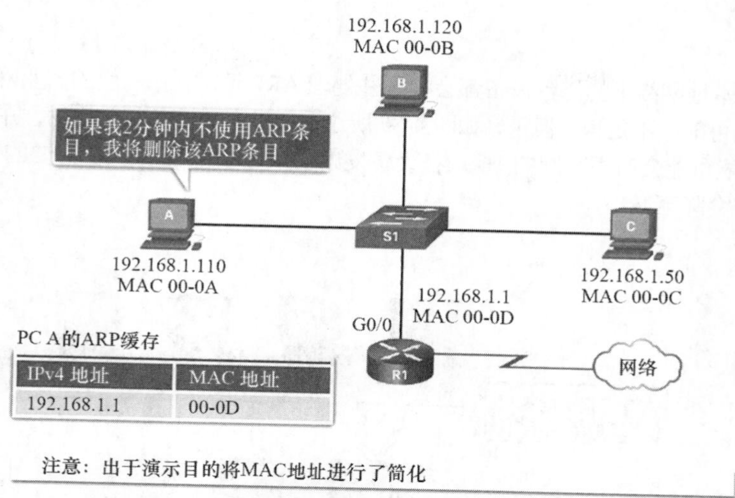

图 4-84 删除 MAC 与 IP 地址之间的映射

4. 网络设备上的 ARP 表

网络主机和路由器保留 ARP 表。ARP 信息保留在这些设备的内存中，通常称为 ARP 缓存。表条目会保留一段时间，直到它们“老化”并自动从 ARP 缓存中删除。这样可以确保映射的准确性。将 ARP 表保留在内存中，有助于通过减少 ARP 流量来提高网络效率。

可以使用 **arp-a** 命令显示 Windows PC 上的 ARP 表，如例 4-3 所示。

例 4-3 主机 ARP 表

```
C:\> arp -a

Interface: 192.168.1.67 --- 0xb
  Internet Address          Physical Address      Type
  192.168.1.254             64-0f-29-0d-36-91     dynamic
  192.168.1.255             ff-ff-ff-ff-ff-ff     static
  224.0.0.22                01-00-5e-00-00-16     static
  224.0.0.251               01-00-5e-00-00-fb     static
  224.0.0.252               01-00-5e-00-00-fc     static
  255.255.255.255           ff-ff-ff-ff-ff-ff     static

Interface: 10.82.253.91 --- 0x10
  Internet Address          Physical Address      Type
  10.82.253.92              64-0f-29-0d-36-91     dynamic
  224.0.0.22                01-00-5e-00-00-16     static
  224.0.0.251               01-00-5e-00-00-fb     static
  224.0.0.252               01-00-5e-00-00-fc     static
  255.255.255.255           ff-ff-ff-ff-ff-ff     static
C:\>
```

4.4.3 ARP 问题

在本小节中，您将会了解到 ARP 请求怎样影响网络和主机性能。

1. ARP 广播

作为广播帧，本地网络上的每台设备都会收到并处理 ARP 请求。在一般的商业网络中，这些广播对网络性能的影响可能微不足道。但是，如图 4-85 所示，如果大量设备都已启动，并且同时开始使用网络服务，网络性能可能会有短时间的下降。在设备发出初始 ARP 广播并获取必要的 MAC 地址之后，网络受到的影响将会降至最小。

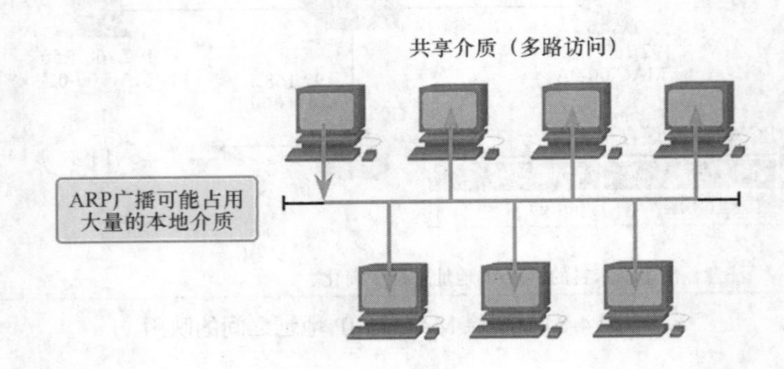

图 4-85　ARP 广播和安全

2. ARP 欺骗

有时，使用 ARP 可能会造成潜在的安全风险，这称为 ARP 欺骗或 ARP 毒害。如图 4-86 所示，攻击者使用该技术应答属于另一台设备（例如默认网关）的 IPv4 地址的 ARP 请求。攻击者会发送一个带有其 MAC 地址的 ARP 应答。ARP 应答的接收方会将错误的 MAC 地址添加到其 ARP 表中，并将这些数据包发送给攻击者。

本课程后续内容将更加详细地讨论 ARP 漏洞。

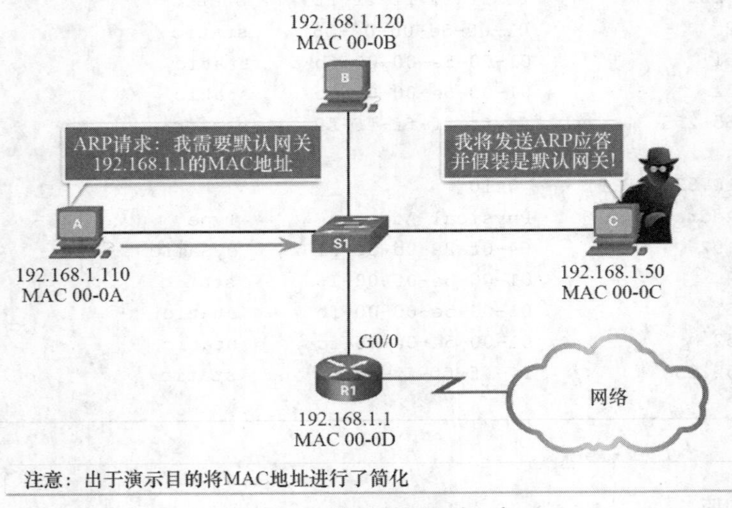

图 4-86　所有设备同时上电

4.5 传输层

在本节中，您将了解到传输层协议怎样支持网络功能。

4.5.1 传输层的特征

在本小节中，您将了解到传输层协议怎样支持网络通信。

1. 传输层协议在网络通信中的作用

传输层负责在两个应用程序之间建立临时通信会话并在它们之间传递数据。应用程序生成从源主机的应用程序发送到目的主机的应用程序的数据，而且不用考虑目的主机类型、数据必须通过的介质类型、数据使用的路径、链路拥塞情况或网络大小。如图 4-87 所示，传输层是应用层与负责网络传输的下层之间的链路。

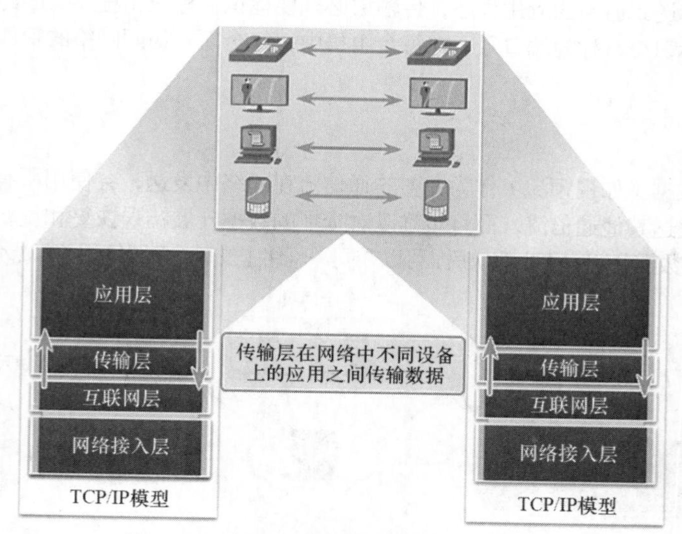

图 4-87 在设备上启用应用程序进行通信

跟踪各个会话

在传输层中，源应用程序和目的应用程序之间传输的每个数据集称为会话（见图 4-88）。每台主机上都可以有多个应用程序同时在网络上通信。每个应用程序都与一台或多台远程主机上的一个或多个应用程序通信。传输层负责维护并跟踪这些会话。

数据分段和数据段重组

数据必须以容易管理的片段通过介质发送出去。大多数网络对单个数据包能承载的数据量都有限制。传输层协议的服务可将应用数据分为大小适中的数据块。该服务包括每段数据所需的封装功能。用于重组的报头被添加到每个数据块中。此报头用于跟踪数据流。

数据片段到达目的设备后，传输层必须能将其重组为可用于应用层的完整数据流。传输层协议规定了如何使用传输层报头信息来重组要传送到应用层的数据片段。

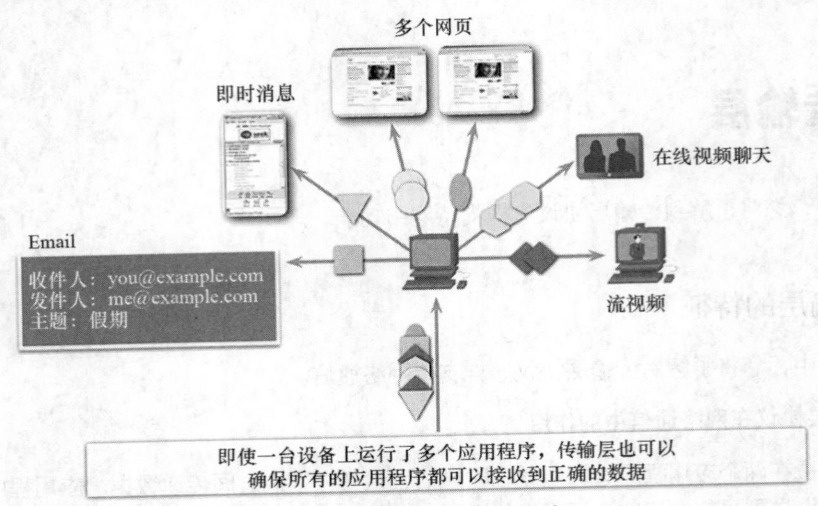

图 4-88 传输跟踪单个对话

标识应用程序

为了将数据流传送到适当的应用程序，传输层必须要标识目标应用程序。因此，传输层为每一个应用程序分配一个标识符，称为端口号。在每台主机中，每个需要访问网络的软件进程都将被分配一个唯一的端口号。

2. 传输层机制

将某些类型的数据（如视频流）作为完整的通信流在网络中发送，会使用所有可用带宽。这会使得网络上无法同时发送其他通信流，而且也难以对损坏的数据开展错误恢复和重新传输的工作。

图4-89所示为将数据分割成更小的块后，可以在同一网络上交替（多路复用）实现不同用户的不同通信。

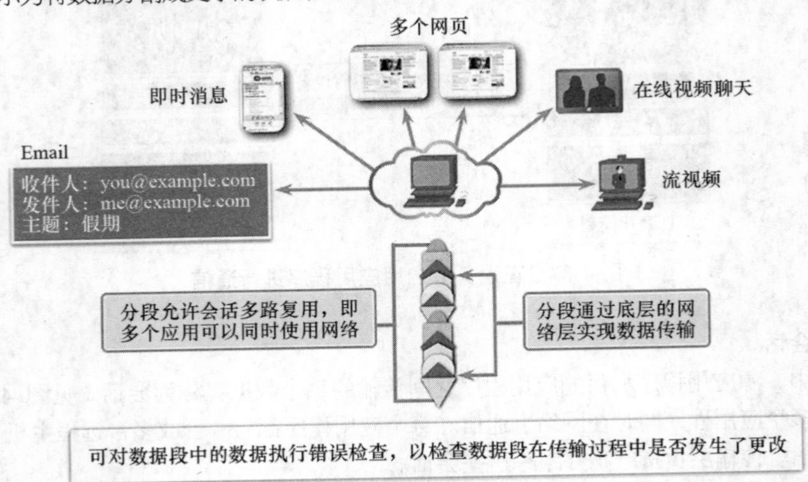

图 4-89 传输层服务

为了识别每段数据，传输层向几个字段添加包含二进制数据的报头。不同的传输层协议通过这些字段值在管理数据的通信过程中执行各自的功能。

传输层还负责管理会话的可靠性要求。不同的应用程序有不同的传输可靠性要求。

IP只涉及数据包的结构、地址分配和路由。IP不指定数据包的传送或传输方式。传输协议则指定在主机之间传输数据包的方式。如图4-90所示，TCP/IP提供两种传输层协议，即传输控制协议（TCP）

和用户数据报协议（UDP）。IP 使用这些传输协议来实现主机的数据通信和传输。

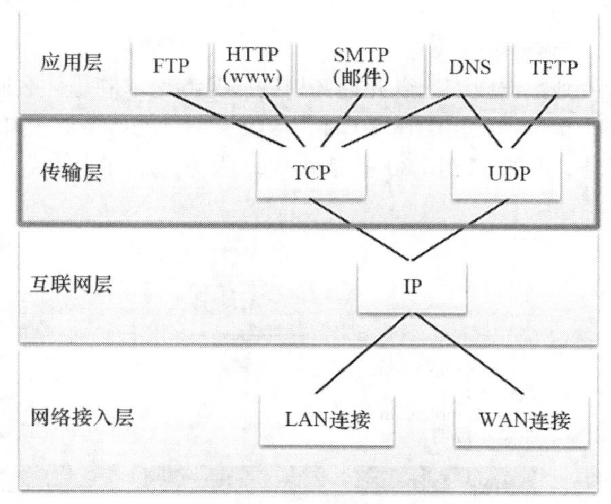

图 4-90　两个传输层协议

TCP 被认为是可靠且功能齐全的传输层协议，用于确保所有数据到达目的设备。但是，这需要 TCP 报头中包含其他字段，这会增加数据包的大小，同时也会增加延迟。相反，UDP 是不提供可靠性的一个比较简单的传输层协议。因此，UDP 的字段较少而且比 TCP 更快。

3. TCP 本地端口和远程端口

传输层必须能够划分和管理具有不同传输要求的多个通信。用户希望能够同时收发电子邮件、即时消息，以及浏览网站和进行 VoIP 电话呼叫。尽管可靠性要求不同，但这些应用程序仍将同时通过网络发送和接收数据。此外，电话呼叫的数据不会传送到 Web 浏览器上；同样，即时消息的内容也不会显示在电子邮件中。

TCP 和 UDP 通过使用唯一标识应用程序的报头字段来管理这些多个同时进行的会话。这些唯一标识符就是端口号。

源端口号与本地主机上的始发应用相关联，如图 4-91 所示。目的端口号则与远程主机上的目的应用程序相关联。

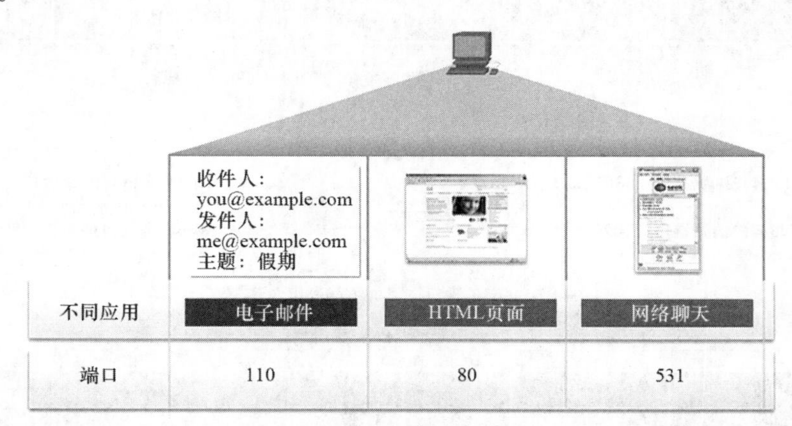

图 4-91　端口编址

源端口

源端口号由发送方设备动态生成，用于标识两台设备之间的会话。这可以使得多个会话能够在同一时刻发生。设备通常可以同时发送多个 HTTP 服务请求到 Web 服务器。可以根据源端口号跟踪每个单独的 HTTP 会话。

目的端口

客户端将目的端口号放到数据段内，以此通知目的服务器请求的是什么服务，如图 4-92 所示。

例如，当客户端在目的端口中指定端口 80 时，接收该消息的服务器就知道请求的是 Web 服务。服务器可同时提供多个服务，例如在端口 80 上提供 Web 服务，并同时在端口 21 上提供建立文件传输协议（FTP）连接的服务。

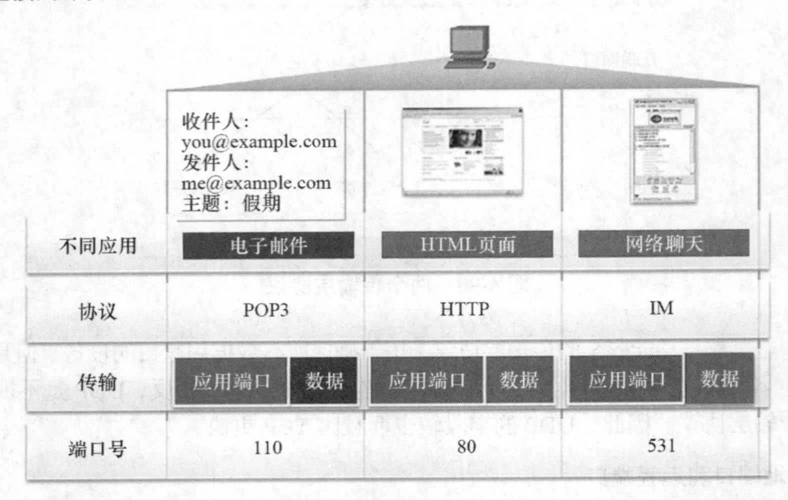

图 4-92 将应用协议映射到端口号

4. 套接字对

源端口和目的端口都被置入数据段内，如图 4-93 所示。

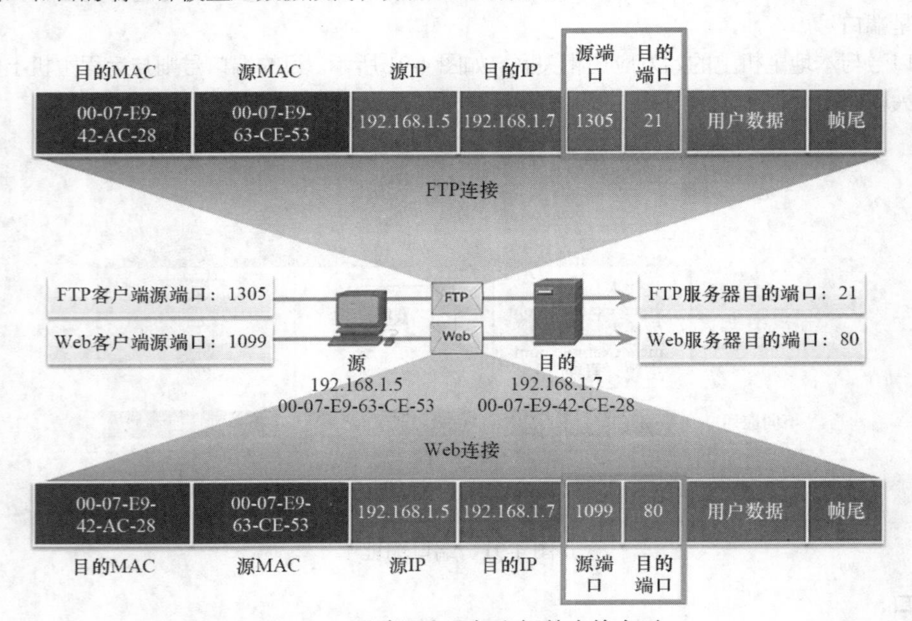

图 4-93 跟踪源和目标之间的套接字对

数据段封装在 IP 数据包中。IP 数据包中含有源 IP 地址和目的 IP 地址。源 IP 地址和源端口号的组合或者目的 IP 地址和目的端口号的组合，称为套接字。套接字用于标识客户端所请求的服务器和服务。客户端套接字可能类似于 192.168.1.5:1099，其中 1099 代表源端口号。

Web 服务器上的套接字则可能是 192.168.1.7:80。

这两个套接字组合在一起形成一个套接字对：192.168.1.5:1099，192.168.1.7:80。

有了套接字，一台客户端上运行的多个进程便可彼此区分，它们与同一服务器进程建立的多个连接也可以彼此区分。

对于请求数据的应用程序而言，该源端口号就像是一个返回地址。传输层将跟踪此端口和发出该请求的应用程序，当返回响应时，传输层可以将其转发到正确的应用程序。

5. TCP 与 UDP

在一些应用程序中，数据段必须按照特定的顺序到达，才能顺利处理；对于其他应用程序，数据必须在完全接收之后才能使用。在这两种情况下，使用 TCP 作为传输协议。应用程序开发人员必须根据应用程序的需求，选择适合的传输层协议类型。

例如，数据库、Web 浏览器和电子邮件客户端等应用程序，要求发送的所有数据都必须以原始形式到达目的地。任何数据的丢失都可能导致通信失败，要么不能完成通信，要么通信的信息不可读。在设计这些应用程序时要使用 TCP。

TCP 传输类似于从源到目的地跟踪发送的包裹。如果快递订单拆分成多个包裹，客户可以在线查看发货顺序。

在 TCP 中，有三项基本的可靠性操作。

- 计算并跟踪从特定应用程序发送到特定主机的数据段的数量。
- 对收到的数据进行确认。
- 在一定时间段后，重新发送任何未确认的数据。

图 4-94 到图 4-97 所示为 TCP 数据段和确认信息在收发双方之间传输的过程。

在其他情况下，应用程序可以容忍在网络传输过程中丢失部分数据，但是不接受传输中出现延迟。由于需要的网络开销较少，因此 UDP 是这些应用程序的更好选择。这样，可靠性和网络资源负载之间就达成了平衡。通过增加负载来确保某些应用程序的可靠性会降低应用程序的有效性，甚至会有损应用程序。在这种情况下，更适合用 UDP 传输协议。UDP 是流实时音频、实时视频和 IP 语音（VoIP）之类应用程序的首选。确认和重新发送会拖慢传输速度。

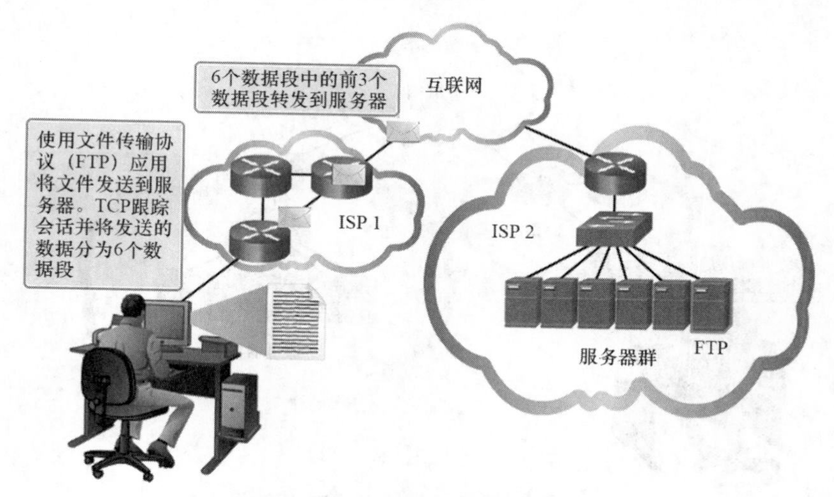

图 4-94 使用 TCP 应用程序发送数据：FTP

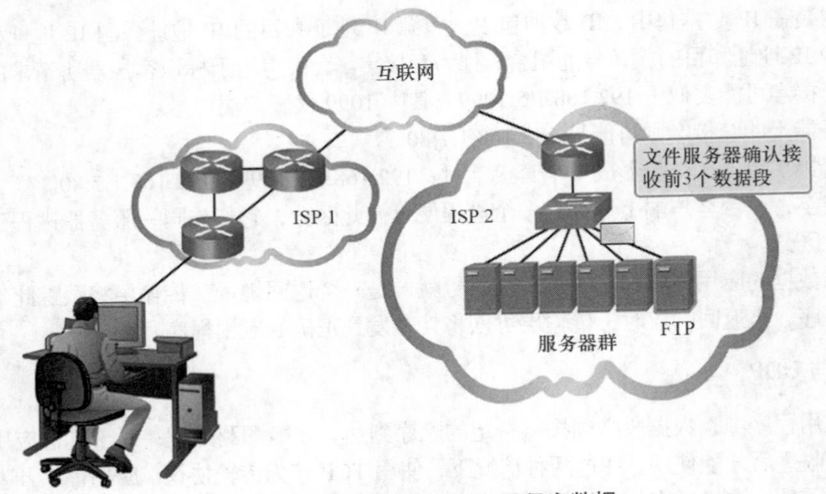

图 4-95 确认收到 TCP 应用程序数据

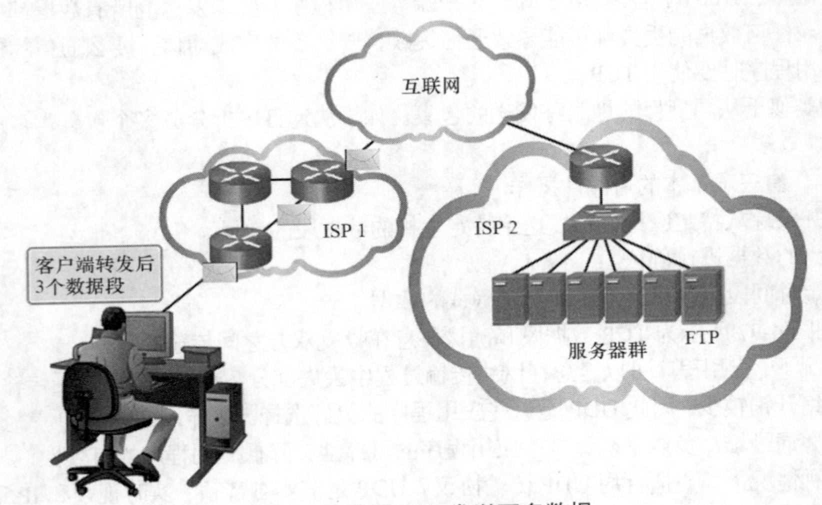

图 4-96 使用 TCP 发送更多数据

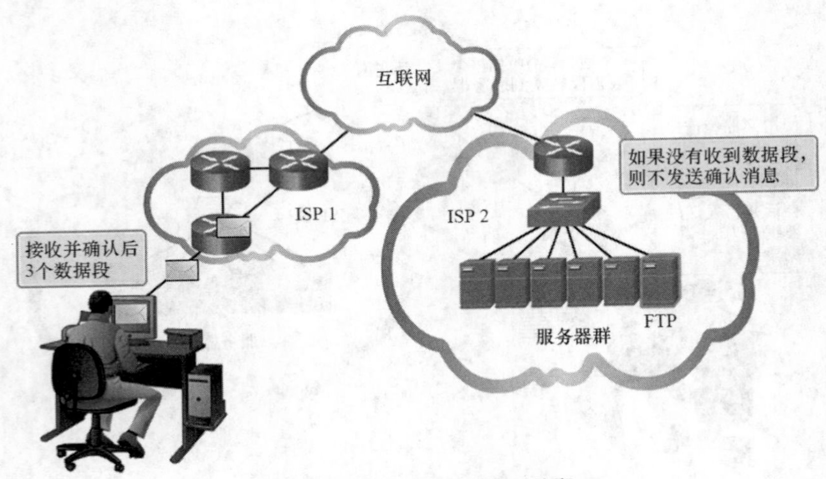

图 4-97 目的地没有收到的段

例如，如果视频数据流中的一段或者两段数据未到达目的地，就会造成数据流的短暂中断。这可能表现为图像失真或声音失真，用户也许不会察觉。如果目的设备必须负责处理丢失的数据，则流可能在等待重新发送的过程中被推迟，从而导致图像或声音的质量大大降低。在这种情况下，最好利用接收到的数据段呈现最佳介质，并放弃可靠性。

UDP 仅提供在应用程序之间传输数据段的基本功能，需要很少的开销和数据检查。UDP 是一种尽力传输协议。在网络环境中，尽力传输被称为不可靠传输，因为它缺乏目的设备对所收到数据的确认机制。UDP 中没有通知发送方是否成功传输的传输层流程。

UDP 类似于邮寄未挂号的常规信件。发件人不知道收件人是否能够接收信件。邮局也不负责跟踪信件或在信件未到达最终目的地时通知发件人。

图 4-98 和图 4-99 所示为 UDP 数据段从发送方传输到接收方的过程。

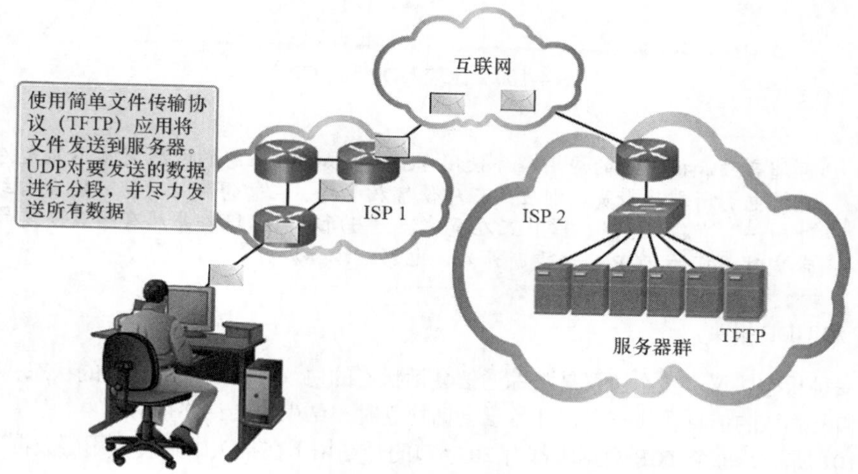

图 4-98 使用 UDP 应用程序发送数据：TFTP

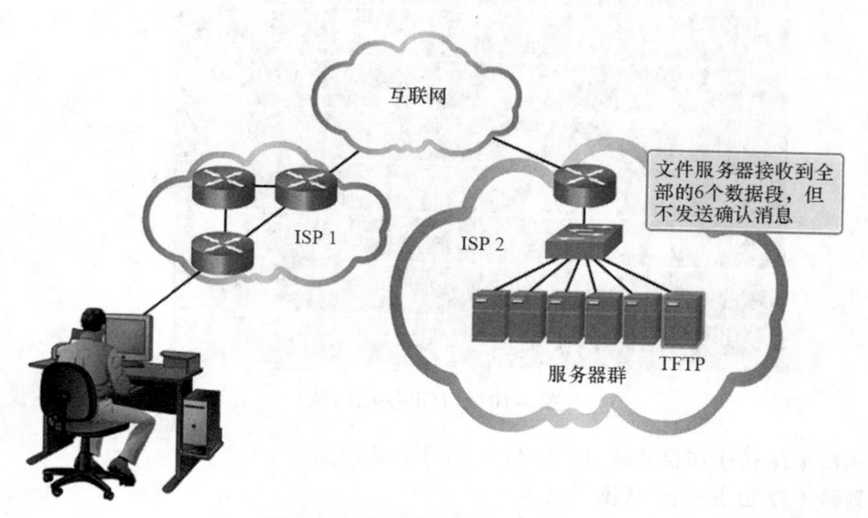

图 4-99 目的地不发送确认消息

图 4-100 提供了 TCP 和 UDP 特性的概述和比较。

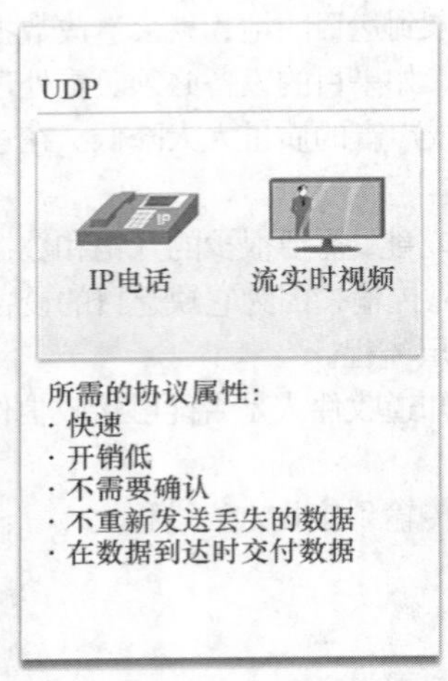

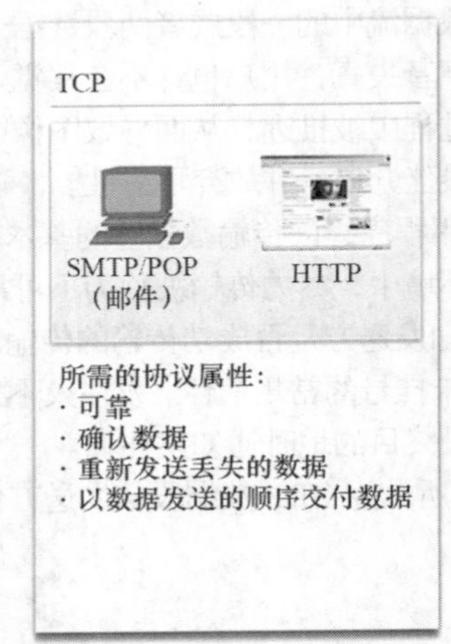

图 4-100 比较 UDP 和 TCP

注 意　存储音频和视频流的应用程序使用 TCP。例如，如果您的网络突然不能支持观看一个点播电影所需的带宽，则应用程序使播放暂停。在暂停期间，您可能会看到一个“缓冲……”消息，这时，TCP 正在重建流。当所有数据段都井然有序且恢复最低限度的带宽时，您的 TCP 会话重新开始，电影继续播放。

6. TCP 和 UDP 报头

TCP 是一种状态协议。状态协议是跟踪通信会话状态的协议。为了跟踪会话的状态，TCP 记录已发送的信息和已确认的信息。状态会话开始于会话建立时，结束于会话终止时。

如图 4-101 所示，每个 TCP 数据段都有 20 字节的开销用于在报头中封装应用层数据。

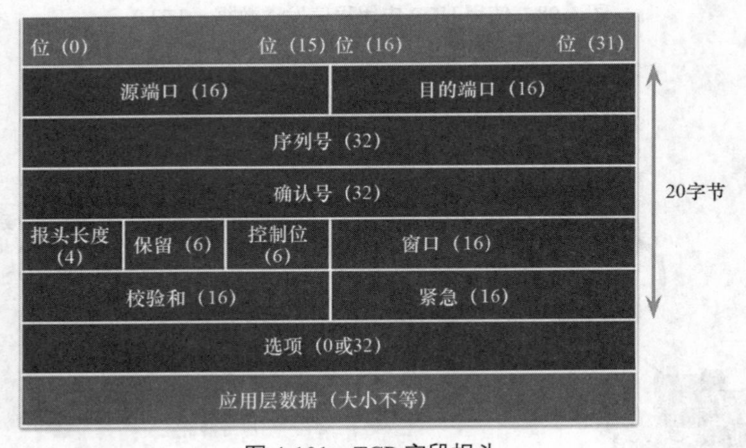

图 4-101 TCP 字段报头

- **源端口 (16 位) 和目的端口 (16 位)**：用于标识应用。
- **序列号 (32 位)**：用于数据重组。
- **确认号 (32 位)**：表示收到的数据。
- **报头长度 (4 位)**：称为数据偏移量。它表示 TCP 数据段报头的长度。
- **保留 (6 位)**：此字段留作将来使用。
- **控制位 (6 位)**：包括位码或标志，表示 TCP 数据段的用途和功能。

- **窗口大小（16 位）**：表示可以一次接受的字节的数量。
- **校验和（16 位）**：用于数据段报头和数据的错误检查。
- **紧急（16 位）**：表示数据是否紧急。

有如下 6 个控制位。

- **URG**：表示数据段应归类为“紧急”。
- **ACK**：表示确认号字段很重要。已建立连接中的所有数据段段都将设置此位。
- **PSH**：此为推送功能，表示不应该缓冲该数据段，但应立即将其发送到接收方应用。
- **RST**：表示出现意外情况，应该重置连接。
- **SYN**：用于初始化连接。只能在数据通信的连接建立阶段的初始数据段中设置。
- **FIN**：表示不会传输更多的数据，并且应该终止连接。

UDP 是无状态协议，这意味着客户端和服务器都不会跟踪通信会话的状态。如果使用 UDP 作为传输协议时要求可靠性，则必须由应用程序来处理可靠性。

通过网络传输实时视频和语音的一个最重要的要求是数据持续高速传输。实时视频和语音应用程序能够容忍具有极小或没有明显影响的一些数据丢失，非常适合于 UDP。

如图 4-102 所示，UDP 中的通信数据段称为数据报。这些数据报通过传输层协议尽力传送。UDP 具有 8 字节的低开销。

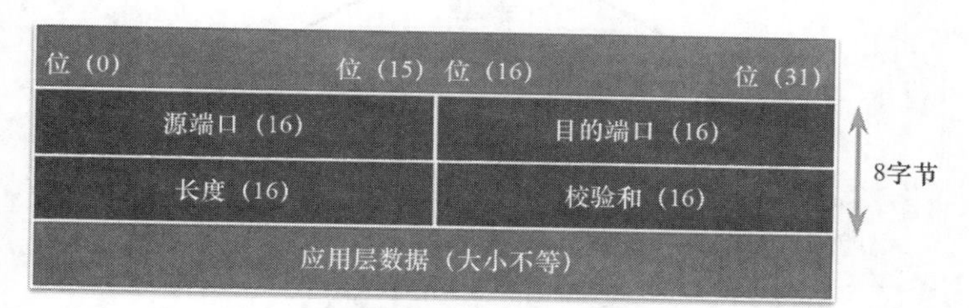

图 4-102 UDP 字段报头

4.5.2 传输层操作

在本小节中，您将了解传输层协议怎样运作。

1. TCP 端口分配

服务器上运行的每个应用进程都配置有一个端口号，由系统默认分配或者系统管理员手动分配。在同一传输层服务中，单个服务器上不能同时存在具有相同端口号的两个不同服务。

例如，服务器同时运行 Web 服务器应用和文件传输应用时，不能为两个应用配置相同的端口（如 TCP 端口 80）。当某个活动服务器应用程序分配到特定端口时，该端口将被视为“开启”。这表明在服务器上运行的传输层将接受并处理分配到该端口的数据段。所有发送到正确套接字地址的传入客户端请求都将被接受，数据将被传送到服务器应用程序。在同一服务器上可以同时开启很多端口，每个端口对应一个动态服务器应用程序。

在与服务器建立连接时，客户端上的传输层会建立一个源端口，用于跟踪从服务器发送的数据。正如服务器可以为服务器进程打开多个端口一样，客户端可以打开多个端口以连接到多个套接字。从某个数字范围（通常为 49152～65535）随机分配本地源端口。从服务器发送到客户端的数据段将使用客户端端口号作为来自套接字的数据的目的端口。

请参阅图 4-103 到图 4-107，查看 TCP 客户端/服务器操作中源端口和目的端口的典型配置。

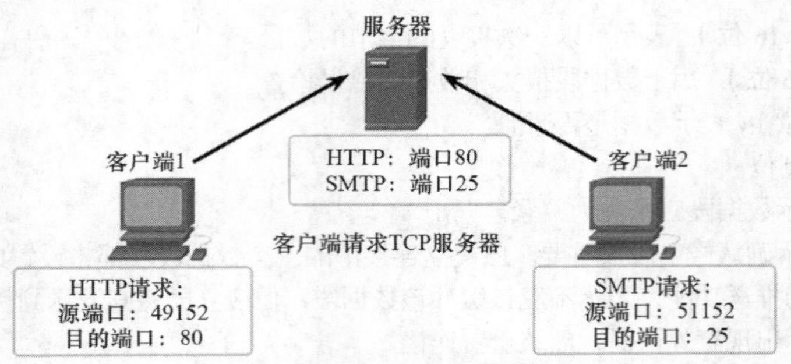

图 4-103 发送 TCP 请求的客户端

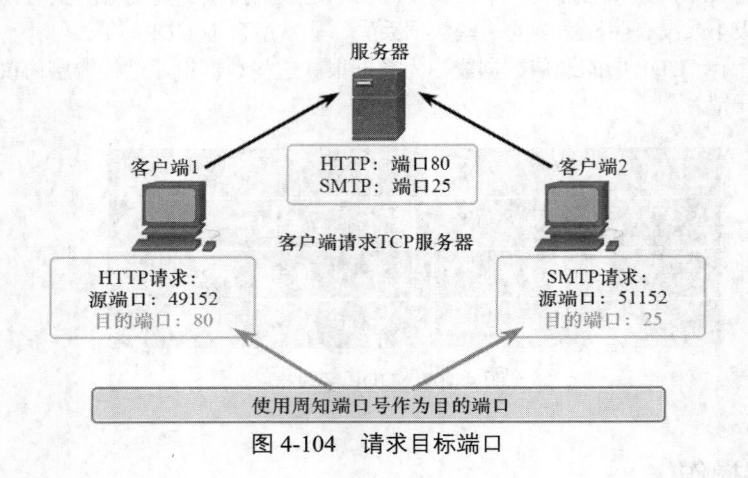

图 4-104 请求目标端口

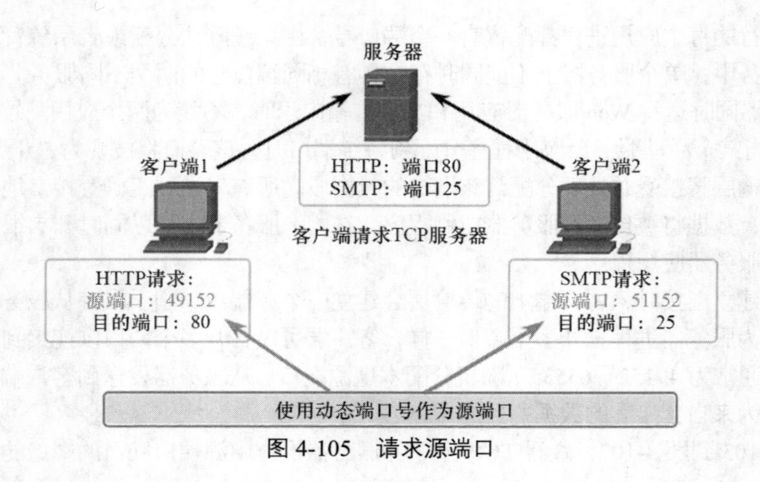

图 4-105 请求源端口

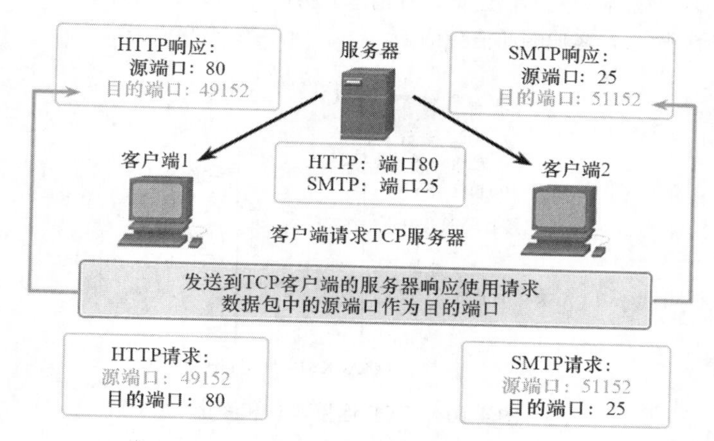

图 4-106 响应目标端口

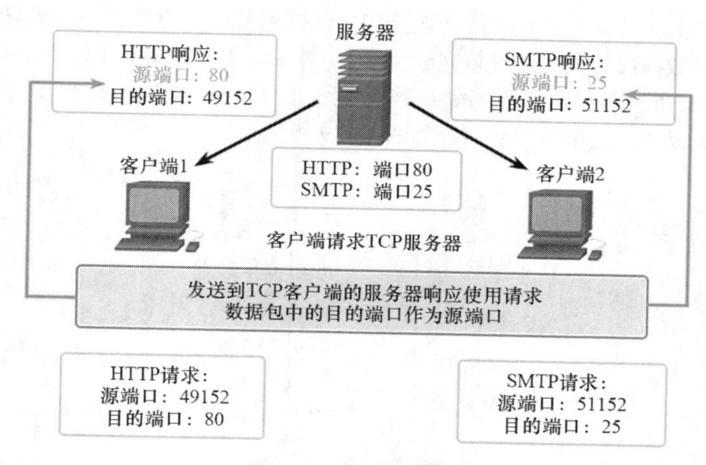

图 4-107 响应源端口

2. TCP 会话第 1 部分：连接的建立和终止

在一些文化中，两个人见面时常常通过握手来问好。双方都把握手的行为理解为友好问候的信号。网络中的连接是类似的。在 TCP 连接中，主机客户端与服务器建立连接。

连接建立

主机跟踪会话过程中的每个数据段，并使用 TCP 报头信息交换已接收数据的相关信息。TCP 是全双工协议，每个连接都代表两个单向通信数据流或会话。若要建立连接，主机应执行三次握手。TCP 报头中的控制位指出了连接的进度和状态。

三次握手完成以下三件事。

- 确认目的设备存在于网络上。
- 确认目的设备有活动的服务，并且正在源客户端要使用的目的端口号上接受请求。
- 通知目的设备源客户端想要在该端口号上建立通信会话。

TCP 连接可分三个步骤建立，如图 4-108 所示。

1. 源客户端请求与服务器进行客户端-服务器通信会话。

2. 服务器确认客户端-服务器通信会话，并请求服务器-客户端通信会话。
3. 源客户端确认服务器-客户端通信会话。

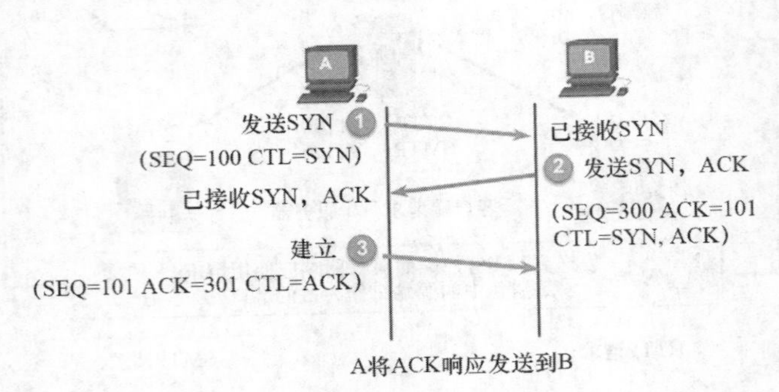

图 4-108 TCP 连接建立和终止

连接终止

通信完成后，将关闭会话并终止连接。连接和会话机制保障了 TCP 的可靠性功能。

若要关闭连接，数据段报头必须设置完成（FIN）控制标志。为了终止每个单向 TCP 会话，需采用包含 FIN 数据段和确认（ACK）数据段的二次握手。因此，若要终止 TCP 支持的整个会话过程，需要实施四次交换，以终止两个双向会话，如图 4-109 所示。

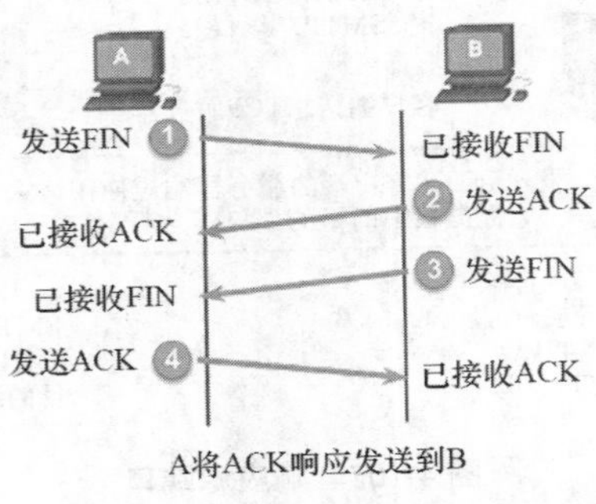

图 4-109 TCP 会话终止（FIN）

注 意 为了更容易理解，这里采用了客户端和服务器这两个术语进行说明。实际上，终止的过程可以在任意两台具有开放会话的主机之间展开。

1. 当客户端的数据流中没有其他要发送的数据时，它将发送带 FIN 标志设置的数据段。
2. 服务器发送 ACK 信息，确认收到从客户端发出的请求终止会话的 FIN 信息。
3. 服务器向客户端发送 FIN 信息，终止从服务器到客户端的会话。
4. 客户端发送 ACK 响应信息，确认收到从服务器发出的 FIN 信息。

当所有数据段得到确认后，会话关闭。

TCP 数据段报头的控制位字段中的 6 位（见图 4-110）被称为标志。标志是设置为“开启”或“关闭”的位。对我们而言，有 4 个标志位是重要的：SYN、ACK 和 FIN 和 RST。RST 标志用于在出现错误或超时时重置连接。

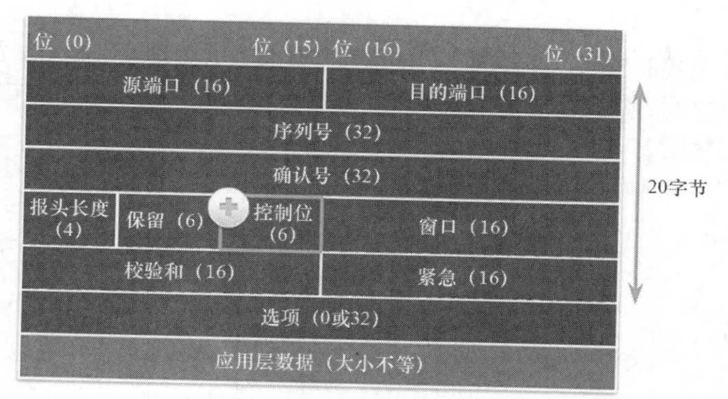

图 4-110 控制位字段

3. TCP 会话第 2 部分：数据传输

TCP 按序传输

TCP 数据段到达目的地的顺序可能是混乱的。因此，为了让目的设备理解原始消息，将重组这些数据段，使其恢复原有顺序。每个数据包中的数据段报头中都含有序列号，便于进行数据重组。序列号代表 TCP 数据段的第一个数据字节。

在会话建立过程中，将设置初始序列号（ISN）。此 ISN 表示该会话中传输到接收应用程序的字节起始值。在会话过程中，每传送一定字节的数据，序列号就随之增加。通过这样的数据字节跟踪，可以唯一标识并确认每个数据段，还可以标识丢失的数据段。

注 意　ISN 并不是从 1 开始，而是一个随机数字。这样做的目的是防止某些类型的恶意攻击。为简单起见，本章的示例中将使用 1 作为 ISN。

如图 4-111 所示，数据段的序列号用于指示如何重组和重新排序收到的数据段。

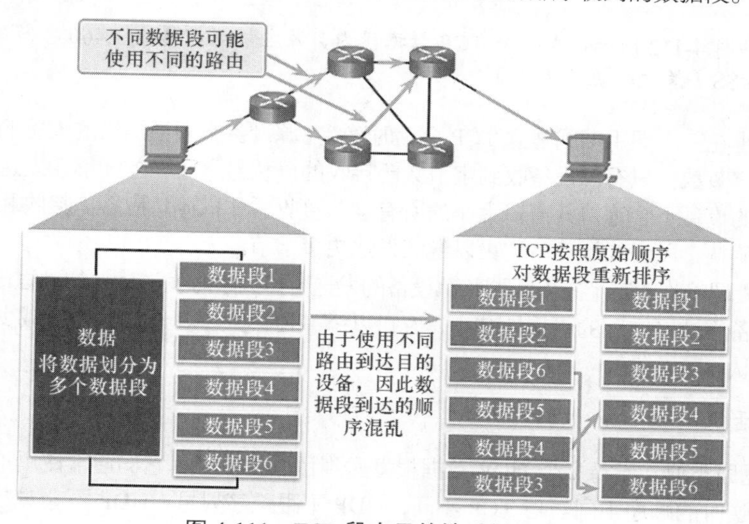

图 4-111 TCP 段在目的地重新排序

接收方的 TCP 进程将数据段中的数据存入缓存区，而数据段则按照正确的序列顺序进行排列，重组后发送到应用层。对于序列号混乱的数据段，将被保留以备后期处理。等缺失的数据段到达后，再来按顺序处理这些数据段。

流量控制

TCP 还提供了流量控制机制，即目的主机能够可靠地接收并处理的数据量。流量控制可以调整给定会话中源和目的地之间的数据流速，有助于保持 TCP 传输的可靠性。为此，TCP 报头包括一个称为“窗口大小”的 16 位字段。

图 4-112 显示了一个窗口大小和确认的示例。

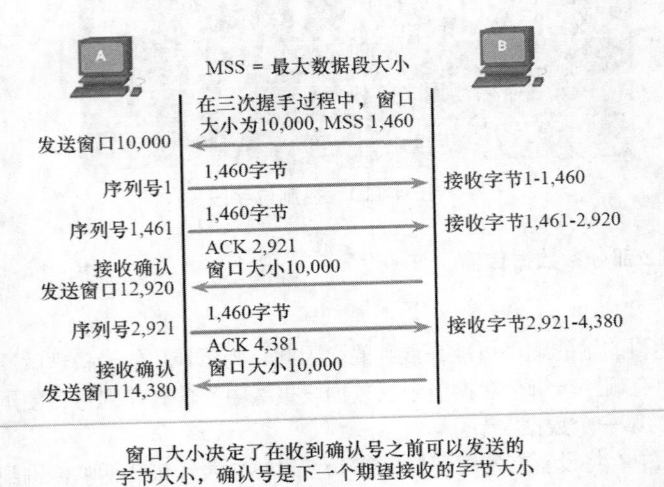

图 4-112 TCP 窗口大小示例

窗口大小是 TCP 会话的目的设备一次可以接受和处理的字节数。在本例中，PC B 用于 TCP 会话的初始窗口大小为 10,000 字节。从第 1 个字节开始，字节数为 1，PC A 在不收到确认的前提下可以发送的最后一个字节为 10,000。这就是 PC A 的发送窗口。每个 TCP 数据段均包含窗口大小，那样目的设备可以根据缓冲区的可用性随时修改窗口大小。

注 意 如图 4-112 所示，在每个 TCP 数据段内，源主机正在传输 1,460 字节的数据。它称为 MSS（最大数据段大小）。

初始窗口大小在三次握手期间建立 TCP 会话时确定。源设备必须根据目的设备的窗口大小限制发送到目的设备的字节数。只有源设备收到字节数已接收的确认号之后，才能继续发送更多会话数据。通常情况下，目的设备不会等待其窗口大小的所有字节接收后才以确认应答。接收和处理字节时，目的设备就会发送确认，以告知源设备它可以继续发送更多字节。

目的设备在处理接收的字节并不断调整源设备的发送窗口大小时发送确认的过程被称为滑动窗口。

如果目的设备缓冲区空间的可用性减小，它可以缩减窗口大小，通知源设备减少发送的字节数，而不需要接收确认。

4. UDP 会话

与 TCP 数据段类似，当将多个 UDP 数据报发送到目的主机时，它们通常使用不同的路径，到达顺序也可能跟发送时的顺序不同。与 TCP 不同，UDP 不跟踪序列号。UDP 不会对数据报重组，因此也不会将数据恢复到传输时的顺序。

因此，UDP 仅仅是将接收到的数据按照先来后到的顺序转发给应用，如图 4-113 所示。如果数据顺序对应用程序很重要，应用程序必须确定正确的顺序并决定如何处理数据。

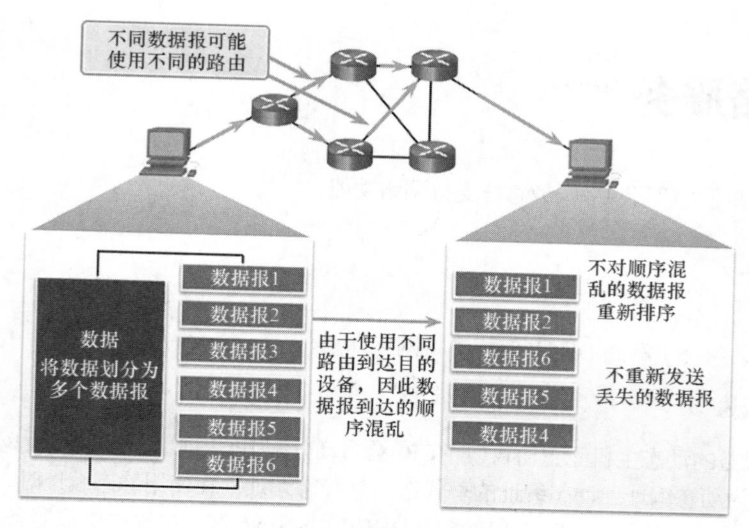

图 4-113　UDP 无连接且不可靠

如图 4-114 所示，与基于 TCP 的应用相同的是，基于 UDP 的服务器应用也被分配了周知端口号或注册端口号。

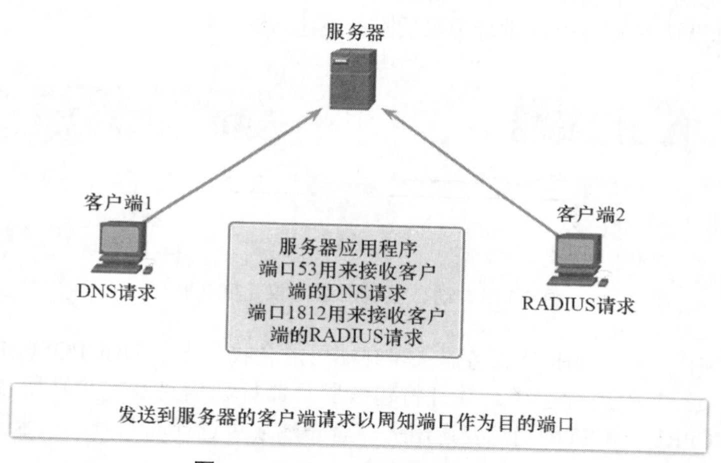

图 4-114　UDP 服务器侦听请求

当上述应用程序或进程在服务器上运行时，它们就会接受与所分配端口号相匹配的数据。当 UDP 收到用于某个端口的数据报时，它就会按照应用程序的端口号将数据发送到相应的应用程序。

注　意　图 4-114 中所示的远程验证拨入用户服务（RADIUS）服务器通过提供认证、授权和审计服务，来管理用户访问。

与 TCP 一样，客户端应用程序通过向服务器进程请求数据，发起客户端-服务器通信。UDP 客户端进程则是从可用端口号中动态挑选一个端口号，用来作为会话的源端口。而目的端口通常都是分配到服务器进程的周知端口号或注册端口号。

客户端选定了源端口和目的端口后，通信事务中的所有数据报头都采用相同的端口对。对于从服务器到达客户端的数据来说，数据报头所含的源端口号和目的端口号作了互换。

4.6 网络服务

在本节中，您将了解到网络服务怎样支持网络功能。

4.6.1 DHCP

在本小节中，您将了解到 DHCP 怎样支持网络功能。

1. DHCP 概述

用于 IPv4 服务的动态主机配置协议（DHCP）会自动分配 IPv4 地址、子网掩码、网关以及其他 IPv4 网络参数。这称为动态编址。动态编址的替代选项是静态编址。在使用静态编址时，网络管理员在主机上手动输入 IP 地址信息。DHCPv6（IPv6 的 DHCP）为 IPv6 客户端提供类似服务。

配置了 DHCP 的 IPv4 设备在启动或连接到网络时，客户端将广播一条 DHCP 发现（DHCPDISCOVER）消息以确定网络上是否有可用的 DHCP 服务器。DHCP 服务器回复 DHCP 提供（DHCPOFFER）消息，为客户端提供租赁服务，如图 4-115 所示。该服务消息包含为其分配的 IPv4 地址和子网掩码、DNS 服务器的 IPv4 地址和默认网关的 IPv4 地址。租赁服务还包括租用期限。

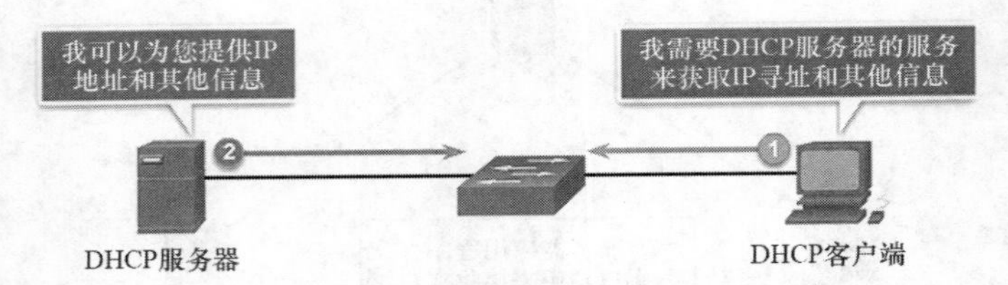

图 4-115 动态主机配置协议（DHCP）

如果本地网络中有多台 DHCP 服务器，客户端可能会收到多条 DHCPOFFER 消息。此时，客户端必须在这些服务器中进行选择，并且将包含服务器标识信息及客户端所接受的租赁服务的 DHCP 请求（DHCPREQUEST）消息发送出去。客户端还可选择向服务器请求分配以前分配过的地址。

如果客户端请求的 IPv4 地址（或者服务器提供的 IPv4 地址）仍然可用，服务器将返回 DHCP 确认（DHCPACK）消息，向客户端确认地址租赁。如果请求的地址不再有效，则所选服务器将回复一条 DHCP 否定确认（DHCPNAK）消息。一旦返回 DHCPNAK 消息，应重新启动选择进程，并重新发送新的 DHCP 发现消息。客户端租赁到地址后，应在租期结束前发送 DHCPREQUEST 消息进行续期。图 4-116 和图 4-117 说明了 DHCPv4 操作的步骤。

DHCP 服务器确保每个 IP 地址都是唯一的（一个 IP 地址不能同时分配到不同的网络设备上）。因此，大多数互联网提供商往往使用 DHCP 为其客户分配地址。

DHCPv6 有一组与 IPv4 的 DHCP 类似的消息。DHCPv6 消息包括 SOLICIT、ADVERTISE、INFORMATION REQUEST 和 REPLY。

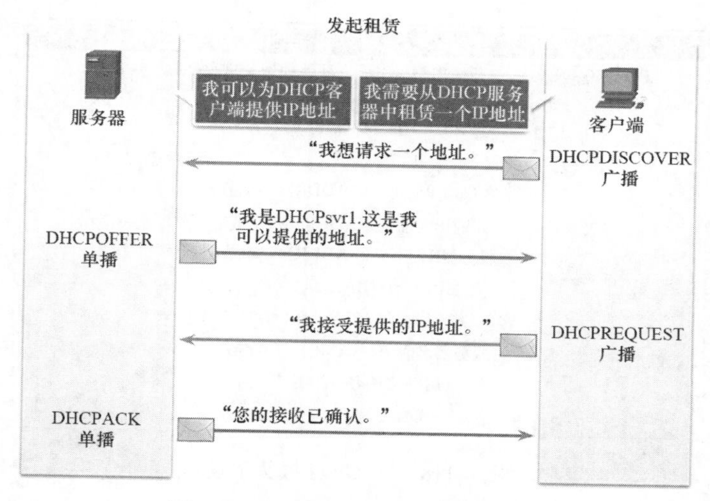

图 4-116 DHCPv4 操作：发起租赁

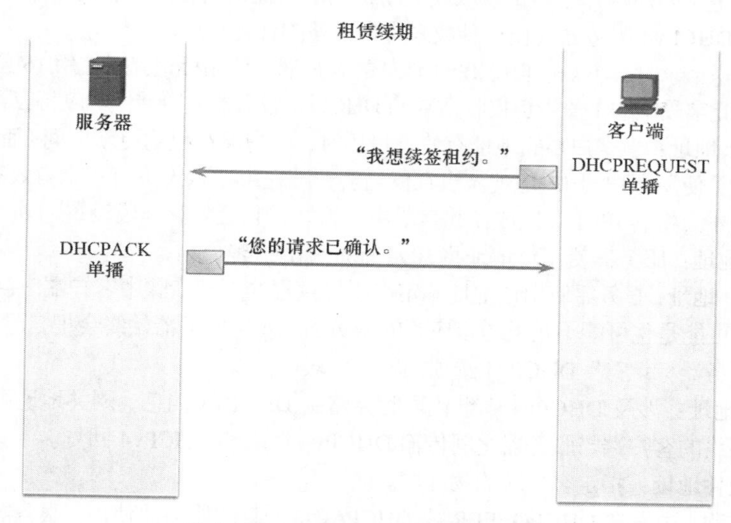

图 4-117 DHCPv4 操作：租赁续期

2. DHCPv4 消息格式

DHCPv4 消息格式用于所有 DHCPv4 事务。DHCPv4 消息封装在 UDP 传输协议中。从客户端发出的 DHCPv4 消息使用 UDP 源端口 68 和目的端口 67。从服务器发往客户端的 DHCPv4 消息使用 UDP 源端口 67 和目的端口 68。

图 4-118 显示了具有以下字段的 DHCPv4 消息的格式。

- **操作（OP）代码**：指定通用消息类型。1 表示请求消息，2 表示回复消息。
- **硬件类型**：表明网络中使用的硬件类型。例如，1 表示以太网，15 表示帧中继，20 表示串行线路。这与 ARP 消息中使用的代码相同。
- **硬件地址长度**：指定地址的长度。
- **跳数**：控制消息的转发。客户端传输请求前将其设置为 0。
- **事务标识符**：客户端使用事务标识符将请求和从 DHCPv4 服务器接收的应答进行匹配。

8	16	24	32
操作代码 (1)	硬件类型 (1)	硬件地址长度 (1)	条数 (1)
事务标识符			
秒数-2字节		标志-2字节	
客户端IP地址（CIADDR）-4字节			
您的IP地址（YIADDR）-4字节			
服务器IP地址（SIADDR）-4字节			
网关IP地址（GIADDR）-4字节			
客户端硬件地址（CHADDR）-16字节			
服务器名称（SNAME）-64字节			
启动文件名-128字节			
DHCP选项-可变			

图 4-118 DHCPv4 报头字段

- **秒数**：确定从客户端开始尝试获取或更新租用以来经过的秒数。当有多个客户端请求未得到处理时，DHCPv4 服务器会使用秒数来排定应答的优先顺序。
- **标记**：发送请求时，不知道自己 IPv4 地址的客户端会使用标记。只使用 16 位中的一位，即广播标记。此字段中的 1 值告诉接收请求的 DHCPv4 服务器或中继代理应将应答作为广播发送。
- **客户端 IP 地址**：当客户端的地址有效且可用时，客户端在租约更新期间（而不是在获取地址的过程中）使用客户端 IP 地址。当且仅当客户端在绑定状态下有一个有效的 IPv4 地址时，该客户端才会将其 IPv4 地址放在此字段中，否则，它会将该字段设置为 0。
- **您的 IP 地址**：服务器使用该地址将 IPv4 地址分配给客户端。
- **服务器 IP 地址**：服务器使用该地址确定在引导过程的下一步骤中客户端应当使用的服务器地址，它既可能是也可能不是发送该应答的服务器。发送服务器始终会把自己的 IPv4 地址放在称作“服务器标识符”DHCPv4 选项的特殊字段中。
- **网关 IP 地址**：涉及 DHCPv4 中继代理时会路由 DHCPv4 消息。网关地址可以帮助位于不同子网或网络的客户端与服务器之间传输 DHCPv4 请求和 DHCPv4 回复。
- **客户端硬件地址**：指定客户端的物理层。
- **服务器名称**：由发送 DHCPOFFER 或 DHCPACK 消息的服务器使用。服务器可能选择性地将其名称放在此字段中。这可以是简单的文字别名或 DNS 域名，例如 dhcpserver.netacad.net。
- **启动文件名** 客户端选择性地在 DHCPDISCOVER 消息中使用它来请求特定类型的启动文件。服务器在 DHCPOFFER 中使用它来完整指定启动文件目录和文件名。
- **DHCP 选项**：容纳 DHCP 选项，包括基本 DHCP 运行所需的几个参数。此字段的长度不定。客户端与服务器均可以使用此字段。

4.6.2 DNS

在本小节中，您将了解到 DNS 服务怎样支持网络功能。

1. DNS 概述

我们在使用类似于 www.epubit.com 这样的域名连接 Web 服务器时，其实是通过分配给数据包的 IP 地址来访问的。在互联网上，更便于人们记忆的是这些域名，而不是该服务器实际的数字 IP 地址。

如果决定更改 www.epubit.com 的数字地址，那么更改对用户是透明的，因为域名将保持不变。公司只需要将新地址与现有域名链接起来即可保证连通性。

开发域名系统（DNS）旨在通过可靠的手段来管理并提供域名及其相关联的 IP 地址。DNS 系统由分布式服务器的全局层次结构组成，其中包含名称到 IP 地址映射的数据库。图 4-119 中的客户端计算机将向 DNS 服务器发送请求以获取 www.epubit.com 的 IP 地址。

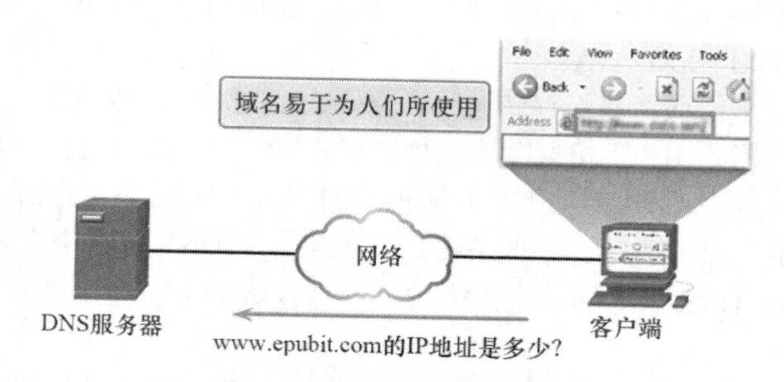

图 4-119 DNS 将名称解析为 IP 地址

最近对网络安全威胁的分析发现，用于攻击网络的超过 90%的恶意软件使用 DNS 系统执行攻击活动。网络安全分析师应深入了解 DNS 系统以及通过协议分析和 DNS 监控信息来检测检测恶意 DNS 流量的方法。

2. DNS 域层次结构

DNS 由通用顶级域（gTLD）的层次结构组成，包括.com、.net、.org、.gov、.edu 以及许多国家/地区级域，例如.br（巴西）、.es（西班牙）、.uk（英国）等。DNS 层次结构中的下一级为二级域，用域名后跟定义域表示。在 DNS 层次结构的下一级可以找到子域，表示二级域的某种划分。最后，第四级可以表示子域中的主机。域规范中的每个元素有时称为标签。标签在层次结构中从上至下、从右向左移动。域名末尾的“.”表示层次结构最顶端的根服务器。图 4-120 所示为此 DNS 域的层次结构。

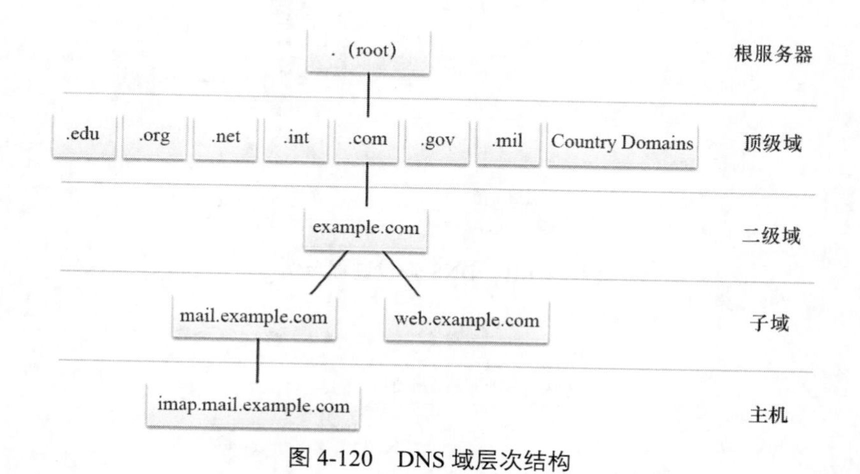

图 4-120 DNS 域层次结构

3. DNS 查找过程

要理解 DNS，网络安全分析师应该熟悉以下术语。

- **解析器**：DNS 客户端，通过发送 DNS 消息来获取有关请求的域名空间的信息。

- **递归**：当 DNS 服务器被要求代表 DNS 解析器进行查询时采取的操作。
- **权威服务器**：一种 DNS 服务器，它使用存储在服务器上的域名空间的资源记录（RR）中存储的信息来响应查询消息。
- **递归解析器**：以递归方式查询 DNS 查询中所询问信息的 DNS 服务器。
- **FQDN**：完全限定域名（FQDN）是分布式 DNS 数据库内设备的绝对名称。
- **RR**：资源记录（RR）是 DNS 消息中使用的格式，由以下字段组成：NAME、TYPE、CLASS、TTL、RDLENGTH 和 RDATA。
- **DNS 区域**：包含权威服务器上存储的域名空间的相关信息的数据库。

当系统中已知是解析器的用户主机试图将名称解析为 IP 地址时，会首先检查其本地 DNS 缓存。如果在本地 DNS 缓存中没有找到映射，则会向解析器的网络寻址属性中配置的 DNS 服务器或服务器群发出查询。企业或 ISP 可能会使用这些服务器。如果在本地 DNS 缓存中没有找到映射，DNS 服务器将查询其他更高级别的 DNS 服务器（对顶级域来说是权威的）以查找映射。这些查询称为“递归查询”。

由于可能会对顶级域权威服务器造成负担，层次结构中的部分 DNS 服务器会保留一段时间内解析的所有 DNS 记录的缓存。这些缓存 DNS 服务器即可解析递归查询，而无需将查询转发到更高级别的服务器。如果服务器需要某个区域的数据，它会请求传输来自该区域的权威服务器的数据。在服务器之间传输 DNS 数据块的过程称为“区域传输”。

图 4-121 到图 4-126 显示 DNS 解析的相关步骤。

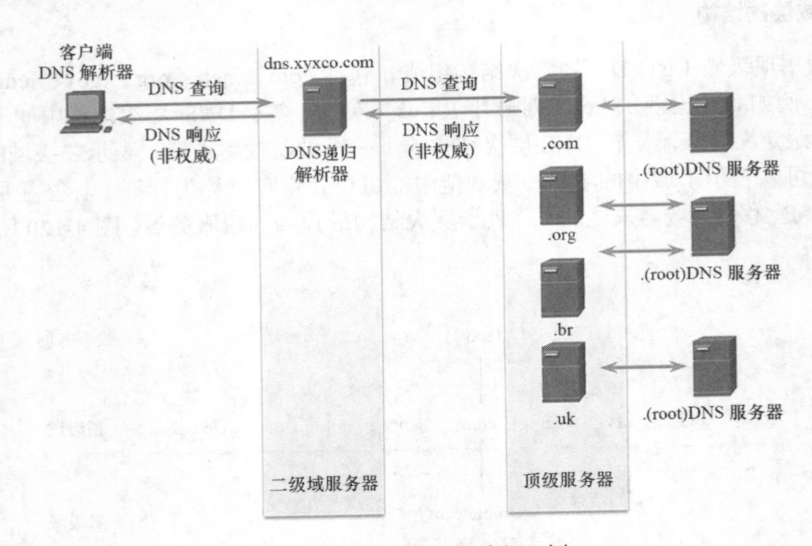

图 4-121　DNS 查找过程示例

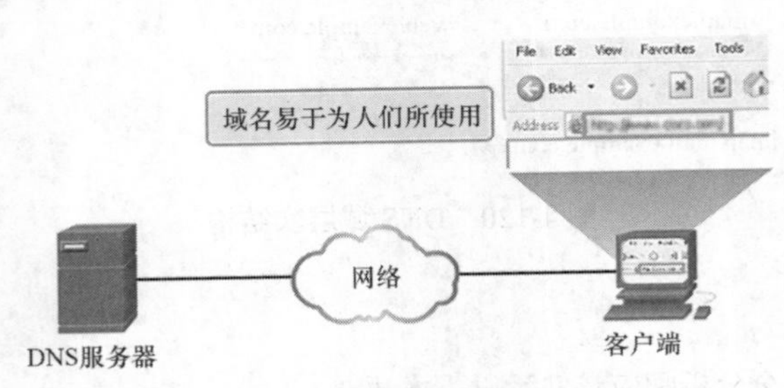

图 4-122　解析 DNS 地址：步骤 1

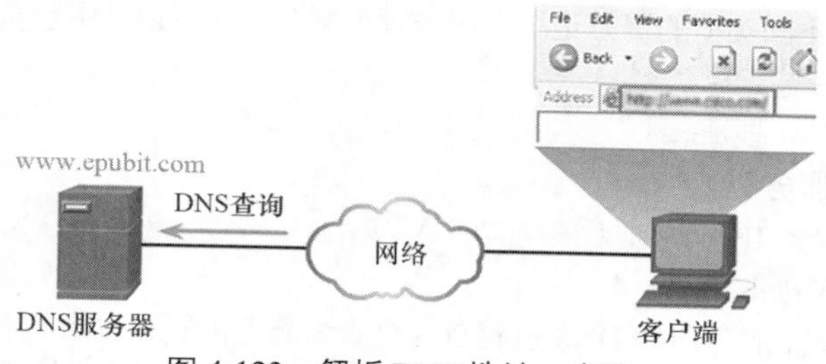

图 4-123 解析 DNS 地址：步骤 2

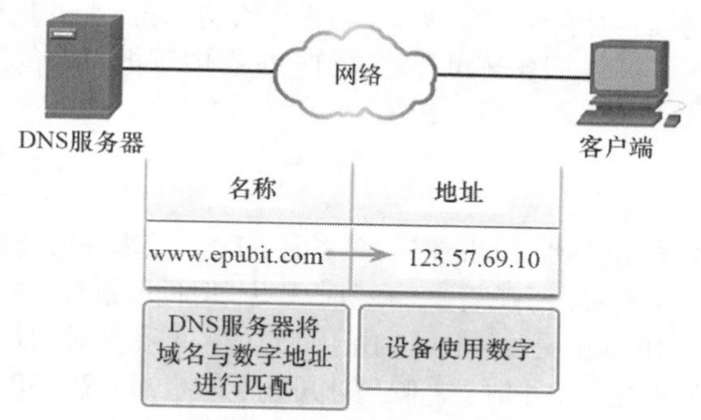

图 4-124 解析 DNS 地址：步骤 3

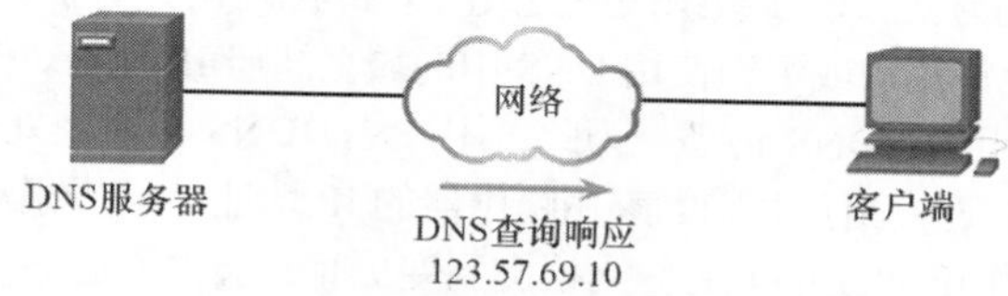

图 4-125 解析 DNS 地址：步骤 4

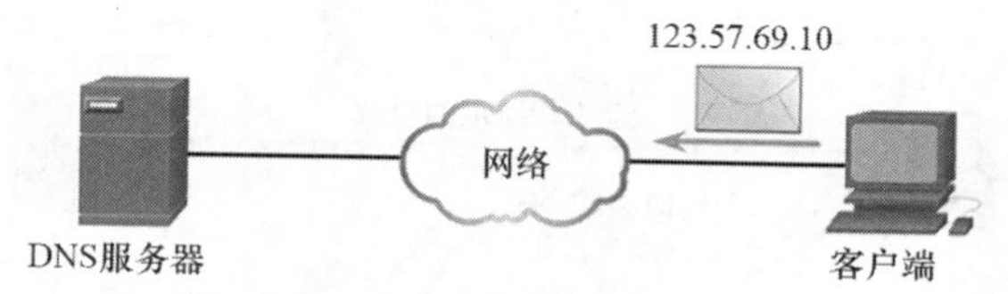

图 4-126 解析 DNS 地址：步骤 5

4. DNS 消息格式

DNS 使用 UDP 端口 53 进行 DNS 查询和响应。DNS 查询源自于客户端，而响应是从 DNS 服务器发出的。如果 DNS 响应超过 512 字节，则使用 TCP 端口 53 来处理消息。协议涵盖了查询格式、响应格式及数据格式。DNS 协议通信采用单一格式，即消息格式。图 4-127 中所示的消息格式用于所有类型的客户端查询和服务器响应、错误消息，以及服务器间的资源记录信息的传输。

图 4-127 DNS 报头

DNS服务器中存储不同类型的资源记录，用来解析域名。这些记录中包含域名、地址以及记录的类型。以下列出了其中一些记录类型。

- **A**：终端设备IPv4地址。
- **NS**：权威域名服务器。
- **AAAA**：终端设备IPv6地址（读作“四A”）。
- **MX**：邮件交换记录。

在客户端进行查询时，服务器的DNS进程首先会查看自己的记录以解析名称。如果服务器不能通过自身存储的记录解析域名，它将联系其他服务器对该域名进行解析。在检索到匹配信息并将其返回到原始请求服务器后，服务器临时存储数字地址，以供再次请求同一域名时使用。

Windows PC上的DNS客户端服务还可存储以前在内存中解析的域名。**ipconfig/displaydns**命令显示所有DNS缓存条目。

5. 动态DNS

当有组织想要注册域名和IP地址之间的映射关系时，DNS要求注册商接受这一DNS映射，并分发给该组织。初始映射创建完成后，可能需要24小时或更长时间的过程，可以通过联系注册商或使用在线表单进行映射到域名的IP地址更改。但是，由于此过程需要花费时间并且新的映射要在域名系统中分发，因此更改过程可能需要几个小时，新映射才可用于解析器。在ISP使用DHCP为域提供地址的情况下，映射到该域的地址可能会过期，而ISP可能会授予新地址。这会导致通过DNS与域的连接中断。有必要采用一种新的方法，以便组织快速更改映射到域的IP地址。

动态DNS（DDNS）允许用户或组织使用DNS中的域名注册IP地址。但是，当映射的IP地址变更时，新映射几乎可以瞬间通过DNS传播。为此，用户从DDNS提供商处获得子域名。该子域映射到用户服务器的IP地址，或连接到互联网的家用路由器的IP地址。客户端软件在路由器或主机PC上运行，用于检测用户互联网IP地址的变更。当检测到变更时，会立即通知DDNS提供商该变更，并且用户的子域和互联网IP地址之间的映射会立即更新，如图4-128所示。

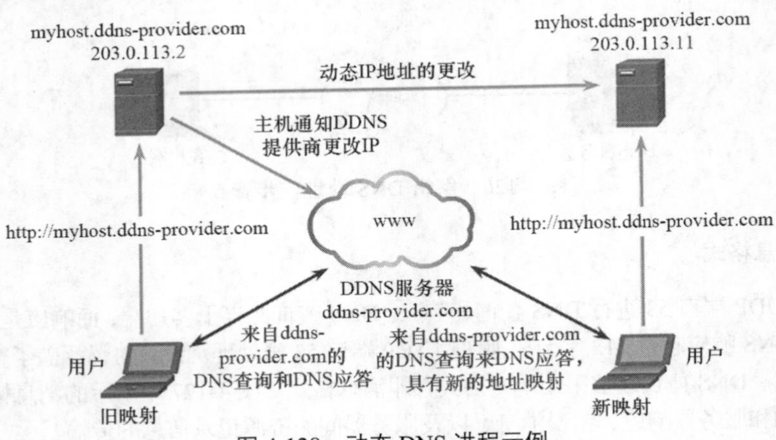

图4-128　动态DNS进程示例

DDNS不会为用户的IP地址使用真正的DNS条目，而是充当中间人的角色。DDNS提供商的域在DNS中注册，但子域映射到完全不同的IP地址。DDNS服务提供商将该IP地址提供给解析器的二级DNS服务器。该DNS服务器，无论是组织还是ISP的服务器，会向解析器提供DDNS IP地址。

6. WHOIS协议

WHOIS是一种基于TCP的协议，用于在整个DNS系统中识别互联网域的所有者。当互联网域注册并映射到 DNS 系统的 IP 地址时，注册人必须提供有关谁在注册该域的信息。WHOIS 应用以 FQDN 的形式使用查询。查询是通过 WHOIS 服务或应用发出的。WHOIS 服务将官方的所有权注册记录返回给用户。这对于识别网络上的主机访问的目的地很有用。WHOIS 有局限性，并且黑客有办法隐藏自己的身份。但 WHOIS 是识别可通过网络到达的潜在危险互联网位置的起点。基于互联网的 WHOIS 服务由 ICANN 维护，如图 4-129 所示。其他 WHOIS 服务由区域互联网注册商维护，例如 RIPE 和 APNIC。

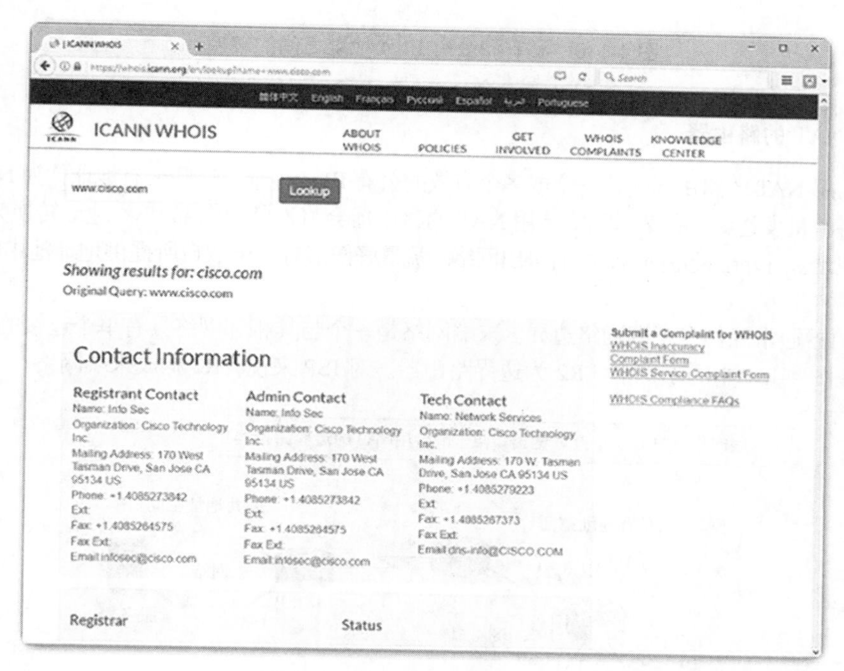

图 4-129 ICANN WHOIS 网站

4.6.3 NAT

在本小节中，您将了解 NAT 服务怎样支持网络功能。

1. NAT 概述

公有 IPv4 地址不足以为每台设备分配一个唯一地址来进行互联网连接。通常使用 RFC 1918 中定义的私有 IPv4 地址来实施网络。表 4-5 所示为 RFC 1918 中所包含的地址范围。

表 4-5 私有 IPv4 地址

类	RFC 1918 内部地址范围	CIDR 前缀
A	10.0.0.0 ~ 10.255.255.255	10.0.0.0/8
B	172.16.0.0 ~ 172.31.255.255	172.16.0.0/12
C	192.168.0.0 ~ 192.168.255.255	192.168.0.0/16

这些私有地址可在企业或站点内使用，允许设备进行本地通信。但是，由于这些地址没有标识任何一个公司或企业，因此私有 IPv4 地址不能通过互联网路由。为了使具有私有 IPv4 地址的设备能够

访问本地网络之外的设备和资源，必须首先将私有地址转换为公有地址，如图 4-130 所示。

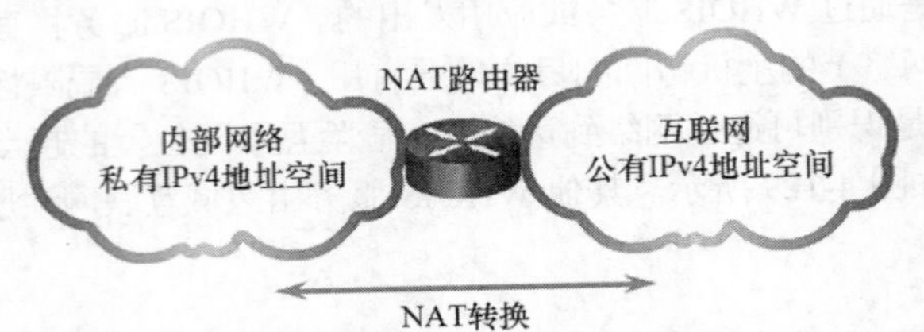

图 4-130　私有和公有 IPv4 地址之间的转换

2. 启用 NAT 的路由器

可以为启用 NAT 的路由器配置一个或多个有效的公有 IPv4 地址。这些公有地址称为 NAT 地址池。当内部设备将流量发送到网络外部时，启用 NAT 的路由器会将设备的内部 IPv4 地址转换为 NAT 池中的一个公有地址。对外部设备而言，所有进出网络的流量好像都有一个取自所提供地址池中的公有 IPv4 地址。

NAT 路由器通常工作在末端网络边界。末端网络是一个与其相邻网络具有单个连接的网络，而且单进单出。在图 4-131 中的示例中，R2 为边界路由器。对 ISP 来说，R2 构成末端网络。

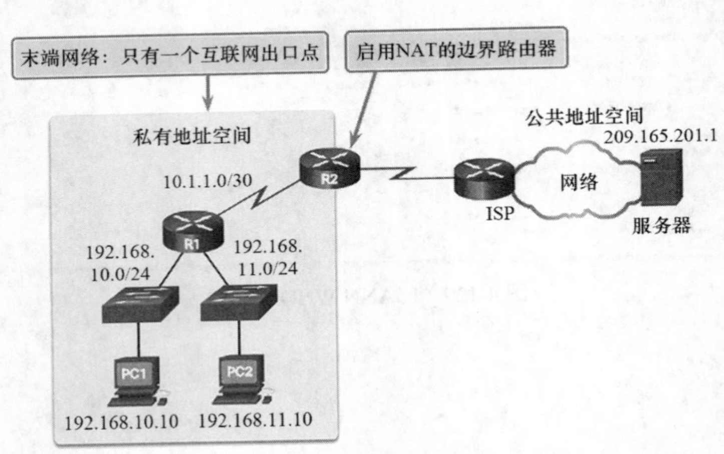

图 4-131　NAT 边界

当末端网络内的设备想要与其网络外部的设备通信时，会将数据包转发到边界路由器。边界路由器会执行 NAT 过程，将设备的内部私有地址转换为公有的外部可路由地址。

注　意　与 ISP 的连接可能使用一个私有地址或一个在客户之间共享的公有地址。出于学习本章的目的，这里显示一个公有地址。

3. 端口地址转换

NAT 可以实现为私有地址到公有地址的一对一静态映射，或者将许多内部地址映射到单个公有地址。这称为“端口地址转换”(PAT)。在家庭网络中，当 ISP 为家用路由器提供单个公有 IP 地址时，经常会用到 PAT。在大多数家庭中，多台设备需要接入互联网。PAT 允许家庭网络中的所有网络设备共享 ISP 提供的单个 IP 地址。在规模较大的网络中，PAT 还可以用来将多个内部地址映射到几个公有地址。

PAT 可以将多个地址映射到一个或少数几个地址，因为每个私有地址也会用端口号加以跟踪。当设备发起 TCP/IP 会话时，它生成一个 TCP 或 UDP 源端口值或专门为 ICMP 分配的查询 ID，用来唯一标识会话。当 NAT 路由器收到来自客户端的数据包时，将使用其源端口号来唯一确定特定的 NAT 转换。PAT 过程还验证传入的数据包是否为请求数据包，因此在一定程度上提高了会话的安全性。

图 4-132 所示为 PAT 流程。PAT 会将唯一的源端口号添加到内部全局地址上来区分不同的转换。

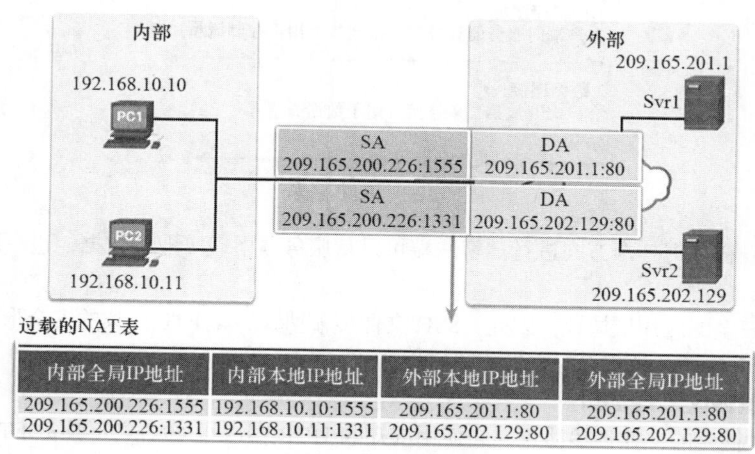

内部全局IP地址	内部本地IP地址	外部本地IP地址	外部全局IP地址
209.165.200.226:1555	192.168.10.10:1555	209.165.201.1:80	209.165.201.1:80
209.165.200.226:1331	192.168.10.11:1331	209.165.202.129:80	209.165.202.129:80

图 4-132 PAT 过程

当 R2 处理每个数据包时，它使用端口号（本例中为 1331 和 1555）来识别发起数据包的设备。源地址（SA）为内部本地地址加上 TCP/IP 分配的端口号。目的地址（DA）为外部本地地址加上服务的端口号。在本示例中，HTTP 服务端口为 80。

对于源地址，R2 会将私有地址（称为“内部本地地址”）转换为外部全局公有地址，并添加端口号。目的地址未做更改，但此时称为外部全局 IPv4 地址。当 Web 服务器做出回复时，路径正好相反。

NAT/PAT 可能会使网络操作复杂化，因为它可以隐藏网络安全和监控设备创建的日志文件中的寻址信息。

4.6.4 文件传输和共享服务

在本小节中，您将了解到文件传输服务怎样支持网络功能。

1. FTP 和 TFTP

FTP 和 TFTP 是两个常用的文件传输协议。

文件传输协议（FTP）

文件传输协议（FTP）也是一种常用的应用层协议，用于客户端和服务器之间的数据传输。FTP 客户端是一种在计算机上运行的应用，用于从 FTP 服务器中收发数据。

如图 4-133 所示，为了成功传输数据，FTP 要求客户端和服务器之间建立两个连接，一个用于命令和应答，另一个用于实际文件传输。

1. 客户端使用 TCP 端口 21 与服务器建立第一个连接，用于控制流量，包含客户端命令和服务器应答。

2. 客户端使用 TCP 端口 20 与服务器建立第二个连接，用于实际数据传输。每当有数据需要传输时都会建立此连接。

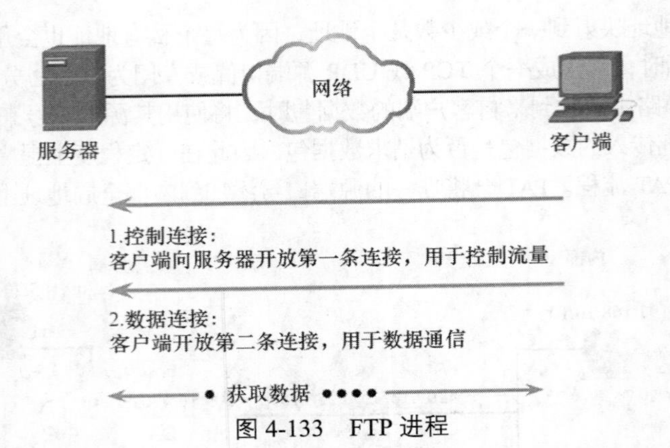

图 4-133 FTP 进程

数据传输可以在任何一个方向进行。客户端可以从服务器下载（取）数据，也可以向服务器上传（放）数据。

FTP 并不是安全的应用层协议。因此，SSH 文件传输协议，即 FTP 协议的安全形式，使用 Secure Shell 协议提供安全信道，是首选的文件传输实现方式。

简单文件传输协议（TFTP）

TFTP 是一种简化的文件传输协议，它使用周知的 UDP 端口号 69。它不具备 FTP 的许多功能，例如列出、删除或重命名文件等文件管理操作。正是由于这种简单性，TFTP 的网络开销极低，并且在非关键型文件传输应用中最为常用。但是，它根本不安全，因为它没有登录或访问控制功能。因此，TFTP 在实施时需要小心谨慎，并且只有在绝对必要时才实施。

2. SMB

服务器消息块（SMB）是一种客户端/服务器文件共享协议，用于规范共享网络资源（如目录、文件、打印机以及串行端口）结构，如图 4-134 所示。这是一种请求-响应协议。所有的 SMB 消息都采用一种常用格式。该格式采用固定大小的文件头，后跟可变大小的参数以及数据组件。

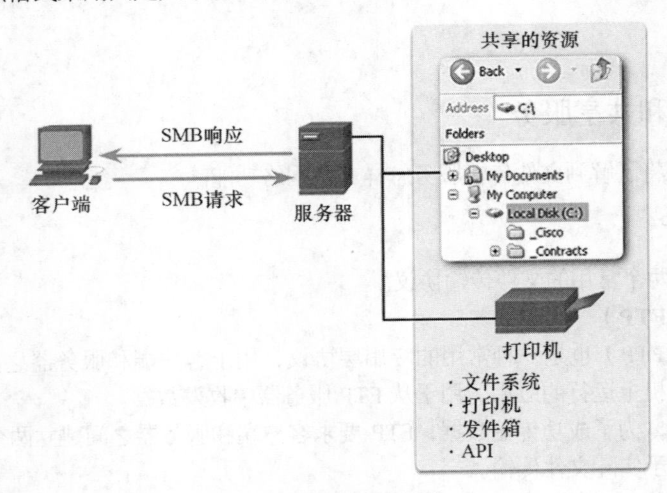

图 4-134 SMB 协议

SMB 消息可以启动、验证和终止会话，控制文件和打印机访问，并允许应用向其他设备发送消息或从其他设备接收消息。

SMB 文件共享和打印服务已成为 Microsoft 网络的主流，如图 4-135 所示。

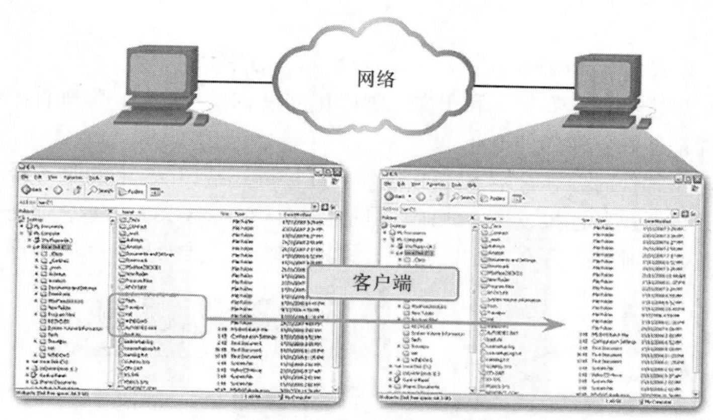

图 4-135 SMB 文件共享

4.6.5 邮件

在本小节中，您将了解到邮件服务怎样支持网络功能。

1. 电子邮件概述

电子邮件是一款基本的网络应用。如果要在计算机或其他终端设备上运行电子邮件，仍然需要多种应用和服务，如图 4-136 所示。电子邮件是通过网络发送、存储和检索电子邮件的存储转发方法。电子邮件存储在邮件服务器的数据库中。

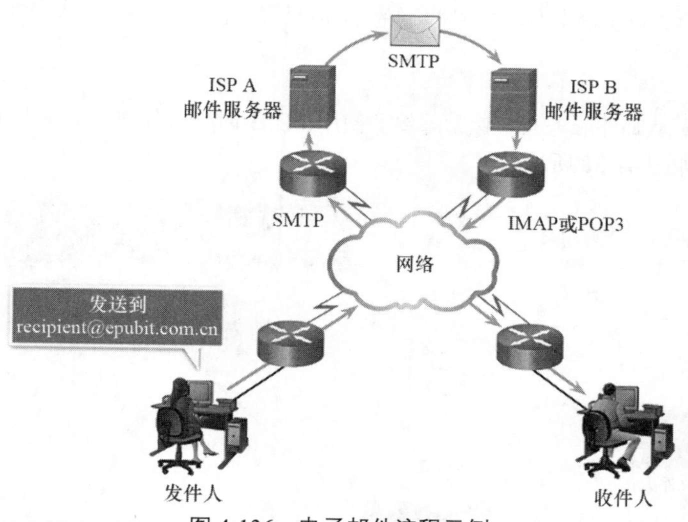

图 4-136 电子邮件流程示例

电子邮件客户端通过与邮件服务器通信来收发电子邮件。邮件服务器之间也会互相通信，以便将邮件从一个域发到另一个域中。也就是说，发送电子邮件时，电子邮件客户端并不会直接与另外一个电子邮件客户端通信，而是双方客户端均依靠邮件服务器来传输邮件。

电子邮件支持三种单独的协议以实现操作：简单邮件传输协议（SMTP）、邮局协议版本 3（POP3）和互联网邮件访问协议（IMAP）。发送邮件的应用层进程会使用 SMTP。但是，客户端会使用以下两种应用层协议之一来检索电子邮件：POP3 或 IMAP。

2. SMTP

SMTP 邮件格式要求邮件具有报头和正文。邮件正文没有长度限制，但邮件报头必须具有格式正确的收件人电子邮件地址和发件人地址。

当客户端发送电子邮件时，客户端 SMTP 进程会连接周知端口 25 上的服务器 SMTP 进程。连接建立后，客户端将尝试通过此连接发送电子邮件到服务器。如图 4-137 所示，服务器收到邮件后，如果收件人在本地，它会将邮件保存在本地账户中，否则将邮件转发给另一台邮件服务器以便传输。

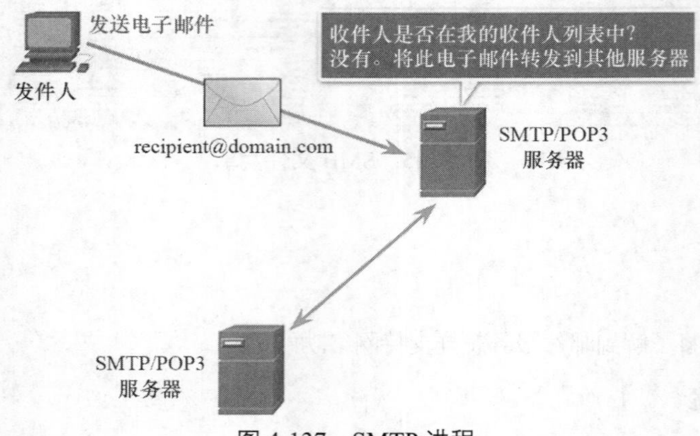

图 4-137　SMTP 进程

发出电子邮件时，目的电子邮件服务器可能并不在线，或者正忙。因此，SMTP 将邮件转到后台处理，稍后再发送。服务器会定期检查邮件队列，然后尝试再次发送。经过预定义的过期时间后，如果仍然无法发送邮件，则会将其作为无法投递的邮件退回给发件人。

3. POP3

应用使用 POP3 从邮件服务器中检索邮件。使用 POP3 时，邮件将从服务器下载到客户端，然后从服务器上删除，如图 4-138 所示。

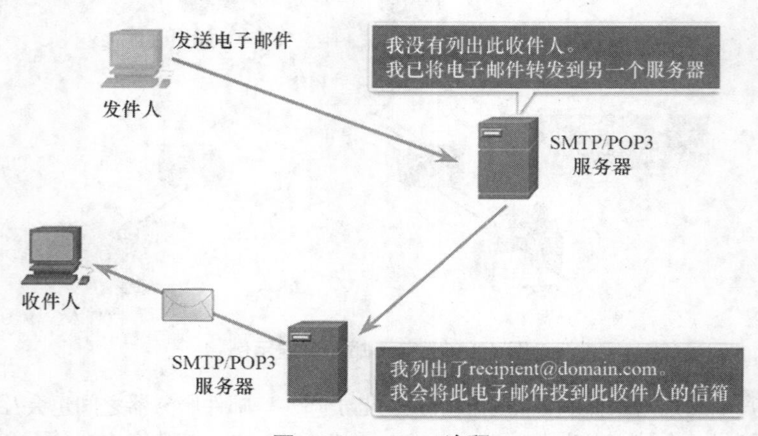

图 4-138　POP3 流程

服务器通过在 TCP 端口 110 上被动侦听客户端连接请求来启动 POP3 服务。当客户端要使用此服务时，它会发送一个请求来建立与服务器的 TCP 连接。一旦建立连接，POP3 服务器即会发送问候语。然后客户端和 POP3 服务器会交换命令和响应，直到连接关闭或中止。

使用 POP3 时，由于电子邮件会下载到客户端并从服务器删除，因此电子邮件不会集中保存在某一特定的位置。因为 POP3 不会存储邮件，因此不适于需要集中备份解决方案的小型企业。

4. IMAP

如图 4-139 所示，IMAP 是另外一种用于检索电子邮件消息的协议。

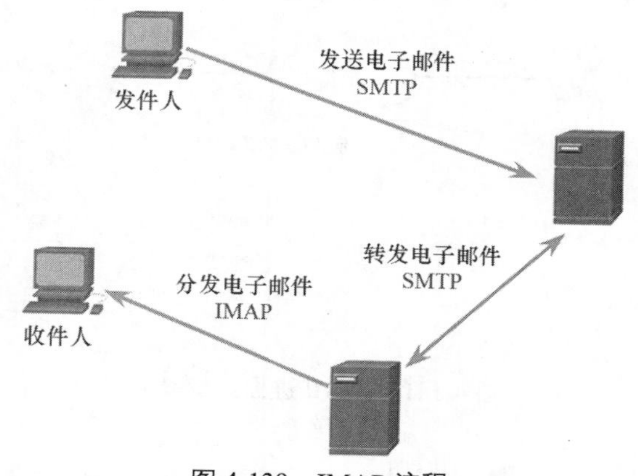

图 4-139　IMAP 流程

与 POP3 不同的是，当用户连接到使用 IMAP 的服务器时，邮件的副本会下载到客户端应用程序。同时原始邮件会一直保留在服务器上，直到用户将它们手动删除。用户在自己的电子邮件客户端软件中查看邮件副本。

用户可以在服务器上创建文件层次结构来组织和保存邮件。该文件结构会照搬到电子邮件客户端。当用户决定删除邮件时，服务器会同步该操作，从服务器上删除对应的邮件。

4.6.6　HTTP

在本小节中，您将了解到 HTTP 服务怎样支持网络功能。

1. HTTP 概述

为了更好地理解 Web 浏览器和 Web 服务器的交互原理，我们可以研究一下浏览器是如何打开网页的。在本例中，使用 URL http://www.epubit.com，如图 4-140 所示。

图 4-140　HTTP 示例拓扑

首先，浏览器对 URL 地址的三个组成部分进行分析：

- **http**（协议或方案）；
- **www.epubit.com**（服务器名称）；
- **index.html**（请求的默认主页）。

注　意　如果未指定任何其他页面，Web 服务器通常会将主页（index.html）显示为默认页面。您不需要输入包含/index.html 的完整路径。事实上，只需要输入 epubit.com 即可。无论是输入 epubit.com、www.epubit.com 还是 www.epubit.com/index.html，Web 服务器都将显示相同的主页 index.html（若上述域名无 index.html 页面，请读者自行尝试其他域名）。

然后，如图4-141所示，浏览器将通过域名服务器将www.epubit.com转换成数字IP地址，用它连接到该服务器。

根据HTTP协议的要求，浏览器向该服务器发送GET请求并请求index.html文件。服务器将该网页的HTML代码发送到浏览器，如图4-142所示。

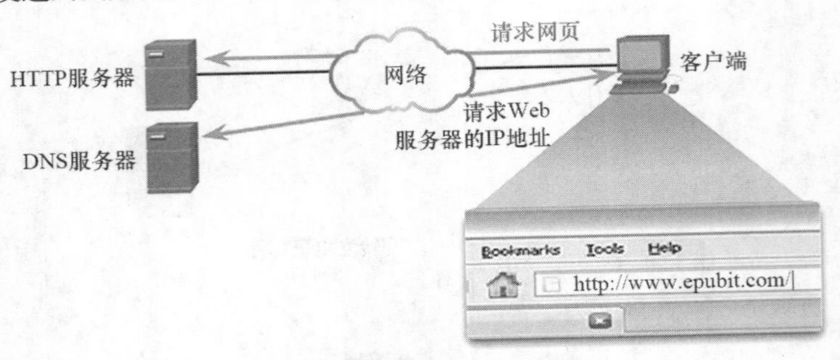

图4-141 HTTP进程：步骤1

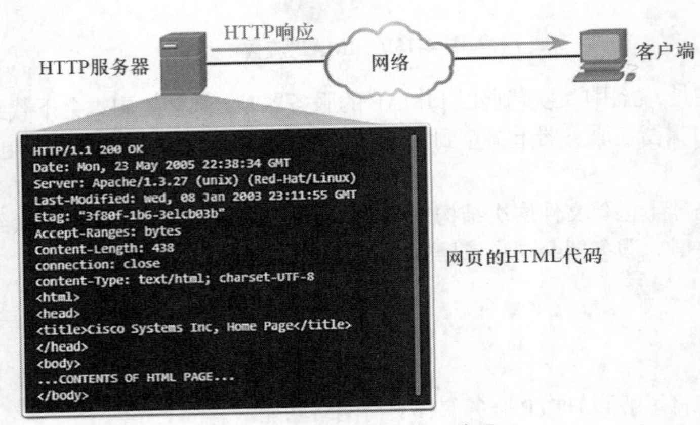

图4-142 HTTP进程：步骤2

最后，如图4-143所示，浏览器解密HTML代码并为浏览器窗口格式化页面。

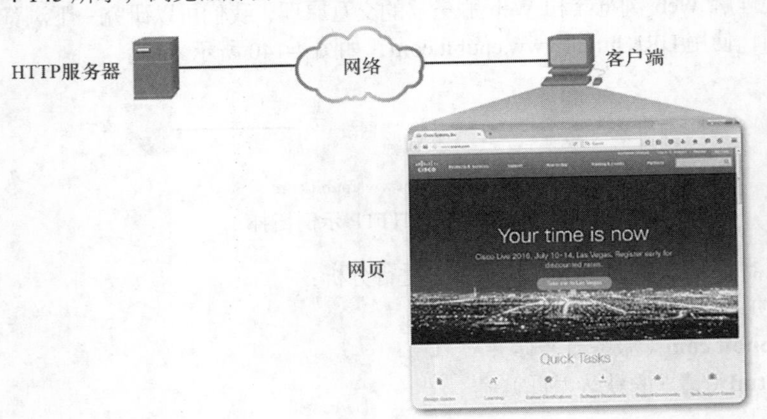

图4-143 HTTP进程：步骤3

2. HTTP URL

HTTP URL也可以指定服务器上应该处理HTTP方法的端口。此外，它还可以指定查询字符串和片段。查询字符串通常包含的信息不是由 HTTP 服务器进程本身处理的，而是由服务器上运行的另一个进程处理的。查询字符串前面有一个“？”字符，并且通常由一系列名称和值对组成。片段前面有一个“#”字符。它引用 URL 中请求的资源的从属部分。例如，片段可以引用 HTML 文档中的命名锚点。如果文档中存在匹配的命名锚点链接，则 URL 将访问该文档，然后移至该片段所指定的文档部分。图 4-144 中显示了包含这些部分的 HTTP URL。

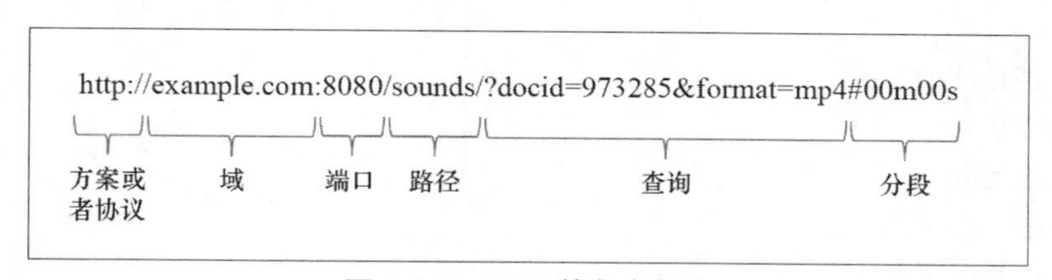

图 4-144　URL 的各个部分

3. HTTP 协议

HTTP 是使用 TCP 端口 80 的请求/响应协议，但也可以使用其他端口。当客户端（通常是 Web 浏览器）向 Web 服务器发送请求时，它将使用 HTTP 协议指定的 6 种方法之一。

- **GET**：一种客户端数据请求消息。客户端（Web 浏览器）向 Web 服务器发送 GET 消息以请求 HTML 页面，如图 4-145 所示。
- **POST**：提交要由资源处理的数据。
- **PUT**：用于向 Web 服务器上传资源或内容，例如图像。
- **DELETE**：删除指定的资源。
- **OPTIONS**：返回服务器支持的 HTTP 方法。
- **CONNECT**：请求 HTTP 代理服务器将 HTTP TCP 会话转发到所需的目的地。

尽管 HTTP 灵活性相当高，但它不是一个安全的协议。由于请求消息以明文形式向服务器发送信息，因此非常容易被拦截和解读。服务器的响应（尤其是 HTML 页面）也不加密。

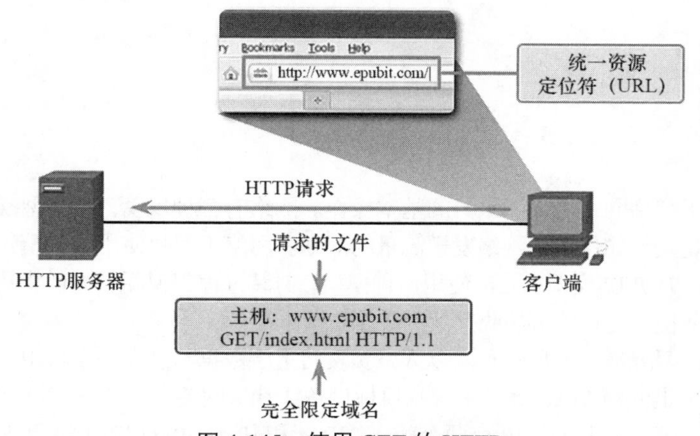

图 4-145　使用 GET 的 HTTP

安全的 HTTP

为了在互联网中进行安全通信，人们使用 HTTP 安全（HTTPS）协议。HTTPS 使用 TCP 端口 443。HTTPS 借助身份验证和加密来保护数据，使数据得以安全地在客户端与服务器之间传输。HTTPS 使用的客户端请求/服务器响应过程与 HTTP 相同，但在数据流通过网络传输之前会使用安全套接字层（SSL）或传输层安全（TLS）加密。尽管 SSL 是 TLS 的前身，但这两种协议通常都被称为 SSL。

许多机密信息（如密码、信用卡信息和医疗信息）使用 HTTPS 通过互联网传输。

4. HTTP 状态代码

HTTP 服务器响应被标识为各种状态代码，用于向主机应用通知客户端对服务器的请求结果。这些代码被分为 5 个类别，采用数字形式表示，代码中的第一个数字表示消息的类型。5 个状态代码组分别如下所示。

- **1xx**：信息性消息。
- **2xx**：成功。
- **3xx**：重定向。
- **4xx**：客户端错误。
- **5xx**：服务器错误。

表 4-6 所示为一些常见状态码的解释。

表 4-6 **一些常见的 HTTP 状态代码**

代码	状态	含义
1xx-信息性消息		
100	继续	客户端应当继续发出请求；服务器已经确认可以满足请求
2xx-成功		
200	确定	请求成功完成
202	接受	请求已被接受并进行处理，但是处理尚未完成
4xx-客户端错误		
403	禁止	服务器理解请求，但不会执行资源请求，可能是因为请求者未获得查看资源的授权
404	找不到	服务器找不到请求的资源

4.7 小结

在本章中，您了解到网络协议和服务的基本操作。网络有各种规模，从小型家庭办公网络到互联网无所不包。协议是关于如何通过网络发送流量的规则。网络工程师使用两种模式来理解和交流协议的操作：OSI 模型和 TCP/IP 模型。无论使用何种模型，封装过程都说明了如何将数据格式化以便通过网络进行传输，从而使目的地能够接收并解封数据。

以太网在 OSI 模型的第 2 层运行。以太网负责将上层数据封装在一个帧中，其中包括源和目的 MAC 地址。在 LAN 上使用 MAC 地址来查找目标设备或默认网关。

IP 在 OSI 模型的第 3 层运行。IP 有两个版本：IPv4 和 IPv6。虽然 IPv4 将会被 IPv6 取代，但在如今的网络中，IPv4 仍然被广泛使用。IPv4 使用以点分十进制格式表示的 32 位地址空间，如 192.168.1.1。IPv6 使用以十六进制格式表示的 128 位地址空间。在 IPv6 中，可以省略每个十六位位组中的前导零，并省略一个“全零”部分，例如 2001:0DB8:0000:1111:0000:0000:0000:0200 表示为 2001:DB8:0:1111::200。

ICMP 主要用于测试从源到目的地的端到端连通性。用于 IPv4 的 ICMP 与用于 IPv6 的 ICMP 有所不同。用于 IPv6 的 ICMP 包括路由器和邻居请求、路由器和邻居通告和重复地址检测。ping 和 traceroute 实用程序都使用 ICMP 功能。ping 用于测试两台主机之间的连接，但是不提供关于主机之间设备的详细信息。traceroute（tracert）实用程序可以生成通信路径上成功到达的设备列表。

ARP在第2层和第3层之间运行，用于将MAC地址映射到IP地址。在主机向远程网络发送流量之前，它必须知道默认网关的MAC地址。主机已经知道默认网关的IP地址。例如，IP地址为192.168.1.10的主机可能具有配置为192.168.1.1的默认网关。主机使用ARP请求询问“谁是192.168.1.1？”默认网关会使用其自己的MAC地址应答。此时，主机已将IP地址映射到默认网关的MAC地址，现在可以创建帧以便将数据发送到远程网络。

传输层负责将应用层中的数据划分为可以向下发送到网络层的数据段。TCP是当所有数据都必须按正确的顺序到达目的地时使用的传输层协议。UDP是当应用在传输过程中可以容忍某些数据丢失时使用的传输层协议。

在应用中，网络安全分析师应注意以下几个重要的网络服务。

- **DHCP**：自动分配IPv4地址、子网掩码、网关以及其他IPv4网络参数。
- **DNS**：通过可靠的手段来管理并提供域名及其相关联的IP地址。
- **NAT**：用于实现私有和公有IPv4地址之间的转换。
- **文件传输**：可以使用诸如FTP、TFTP和SMB等应用将文件从一台主机传输到另一台主机。
- **电子邮件**：需要多个应用和服务，包括POP3、IMAP和SMTP。
- **HTTP**：此协议用于发送和接收网页。

复习题

请完成以下所有复习题，以检查您对本章主题和概念的理解情况。答案列在附录“复习题答案”中。

1. 收到来自DHCP服务器的DHCPOFFER消息时，IPv4主机应使用哪条消息应答？

A. DHCPACK　　B. DHCPREQUEST
C. DHCPDISCOVER　　D. DHCPOFFER

2. OSI模型的哪一层负责在两个应用程序之间建立临时通信会话，并确保可按正确序列重组传输的数据？

A. 会话层　　B. 传输层
C. 网络层　　D. 数据链路层

3. PC1和PC3位于由路由器RT1隔开的不同网络上。PC1发出ARP请求，因为它需要发送数据包到PC3。在这种情况下，接下来将发生什么？

A. RT1将ARP请求转发给PC3
B. RT1会丢弃ARP请求
C. RT1将用其自身的MAC地址发送ARP应答
D. RT1将使用PC3的MAC地址发送ARP应答

4. ARP映射的是什么地址？

A. 目的IPv4地址到源MAC地址　　B. 目的IPv4地址到目的主机名
C. 目的MAC地址到源IPv4地址　　D. 目的MAC地址到目的IPv4地址

5. 下列有关FTP的陈述哪一项是正确的？

A. 客户端可以从服务器下载数据或者向服务器上传数据
B. 客户端可以选择使FTP与服务器建立一个或两个连接
C. FTP是点对点应用程序

D. FTP 不能确保数据传输的可靠性

6. OSI 模型的哪两层与 TCP/IP 模型的两层拥有相同功能？（选择两项）

A. 会话层　　B. 传输层

C. 网络层　　D. 数据链路层

E. 物理层

7. 下列有关 TCP/IP 和 OSI 模型的说法，哪一项是正确的？

A. TCP/IP 传输层与 OSI 第 4 层提供类似的服务和功能

B. TCP/IP 网络接入层与 OSI 网络层具有类似的功能

C. OSI 第 7 层和 TCP/IP 应用层提供相同的功能

D. 前三个 OSI 层描述 TCP/IP 网络层提供的相同常规服务

8. 下列哪一项是 IPv6 地址 2001:0000:0000:abcd:0000:0000:0000:0001 最为简洁的格式？

A. 2001::abcd::1　　B. 2001:0:abcd::1

C. 2001::abcd:0:1　　D. 2001:0:0:abcd::1

E. 2001:0000:abcd::1

9. 以下哪 3 种应用层协议是 TCP/IP 协议簇的一部分？（选择 3 项）

A. ARP　　B. DHCP

C. DNS　　D. FTP

E. NAT　　F. PPP

10. 如果主机上的默认网关配置不正确，对通信有何影响？

A. 该主机无法在本地网络上通信

B. 对通信没有影响

C. 该主机可以与远程网络中的其他主机通信，但不能与本地网络中的主机通信

D. 该主机可以与本地网络中的其他主机通信，但不能与远程网络上的主机通信

11. 当所有设备需要同时接收同一消息时，使用哪个消息传输选项？

A. 双工　　B. 单播

C. 组播　　D. 广播

第 5 章
网络基础设施

学习目标

在学完本章后，您将能够回答下列问题：

- 网络设备如何实现网络通信？
- 无线设备如何实现网络通信？
- 如何使用专用设备来增强网络安全性？
- 网络服务如何增强网络安全性？
- 网络设计如何用互连符号来表示？

网络基础设施定义了设备为实现端到端通信而连接到一起的方式。就像有多种规模的网络一样，构建基础设施也有多种方法。但是，为了实现网络的可用性和安全性，网络行业推荐了一些标准设计。

本章介绍网络基础设施的基本操作，包括有线和无线网络、网络安全和网络设计。

5.1 网络通信设备

在本节中，您将会学习网络设备如何实现有线和无线网络通信。

5.1.1 网络设备

在本小节中，您将会学到网络设备如何实现网络通信。

1. 终端设备

终端设备包括计算机、笔记本电脑、服务器、打印机、智能设备和移动设备。单个终端设备通过中间设备连接至网络。中间设备不仅将每台终端设备连接到网络，还将多个独立的网络连接成网际网络。这些中间设备提供连接并确保数据在网络中传输。在图 5-1 中，数据包通过中间设备从一台终端设备移动到另一台终端设备。

中间设备使用目的终端设备地址以及有关网络互连的信息来决定消息在网络中应该采用的路径。一些较为常用的中间设备的示例如图 5-2 所示。

中间网络设备执行以下部分或全部功能：

- 重新生成并重新传输数据信号；
- 维护有关网络中存在哪些路径的信息；
- 将错误和通信故障通知给其他设备；
- 在发生链路故障时通过备用路径传输数据；
- 根据优先级分类并传输消息；

■ 根据安全设置允许或拒绝数据的通行。

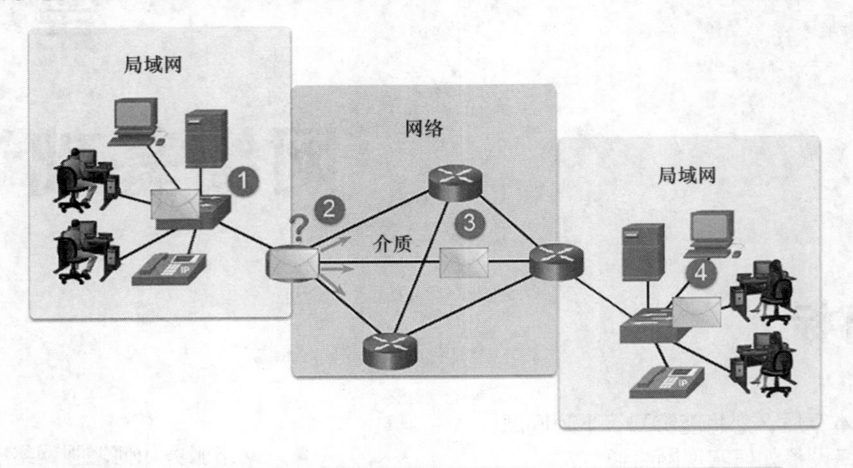

图 5-1 通过互联网流动的数据

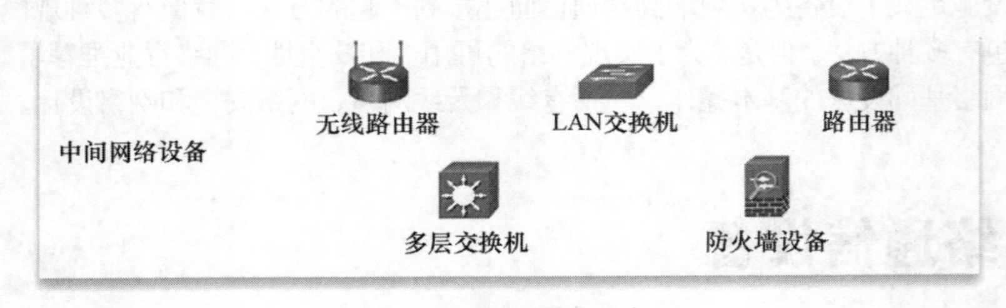

图 5-2 中间网络设备

2. 路由器

路由器是运行在 OSI 网络层的设备。它们使用路由过程在网络或子网间转发数据包，如图 5-3 所示。

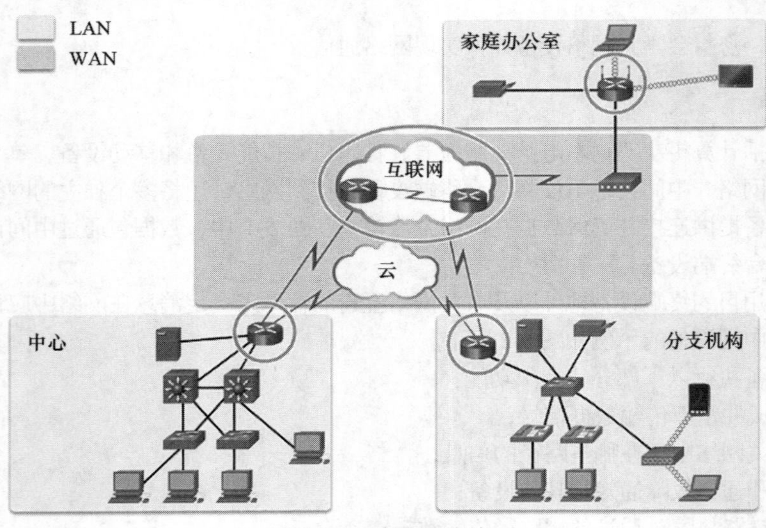

图 5-3 路由器连接

路由过程使用网络路由表、协议和算法确定转发 IP 数据包的最有效路径。路由器收集路由信息并为其他路由器更新网络的变化。路由器通过分割广播域来增加网络的可扩展性。

路由器有两个主要功能：确定路径和转发数据包。为了确定路径，每个路由器会构建并维护一个路由表，它是关于已知网络以及如何将数据送达这些网络的数据库。路由表可以手动构建，其中包含静态路由；也可以使用动态路由协议构建。

数据包转发是使用交换功能来实现的。交换功能是指路由器将一个接口上接收到的数据包从另一个接口转发出去的过程。交换功能主要负责将数据包封装成适用于传出数据链路的正确数据帧类型。图 5-4 所示为路由器 R1 在一个网络上接收数据包并准备将数据包从另一个网络转发到目标网络。

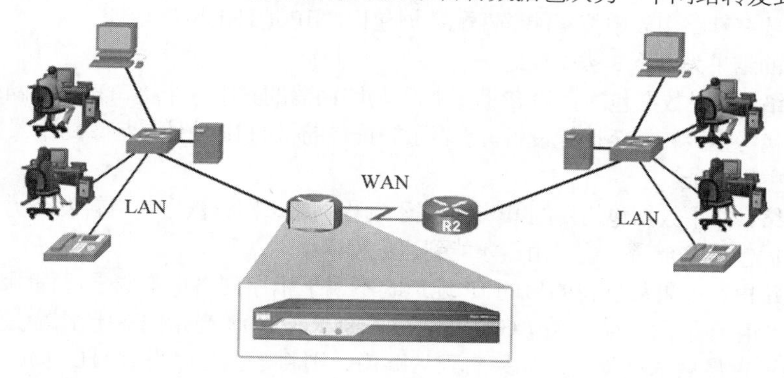

图 5-4 路由器连接

当路由器通过路径决定功能确定送出接口之后，必须将数据包封装成送出接口的数据链路帧。

对于从一个网络传入，以另一个网络为目的地的数据包，路由器会进行哪些处理？路由器主要执行以下 3 个步骤。

1. 解封第 2 层帧头和帧尾以显示第 3 层数据包。
2. 检查 IP 数据包的目的 IP 地址以便从路由表中选择最佳路径。
3. 如果路由器找到通往目的地的路径，则它会将第 3 层数据包封装成新的第 2 层帧并将此帧从送出接口转发出去。

如图 5-5 所示，设备具有第 3 层 IPv4 地址，而以太网接口具有第 2 层数据链路地址。

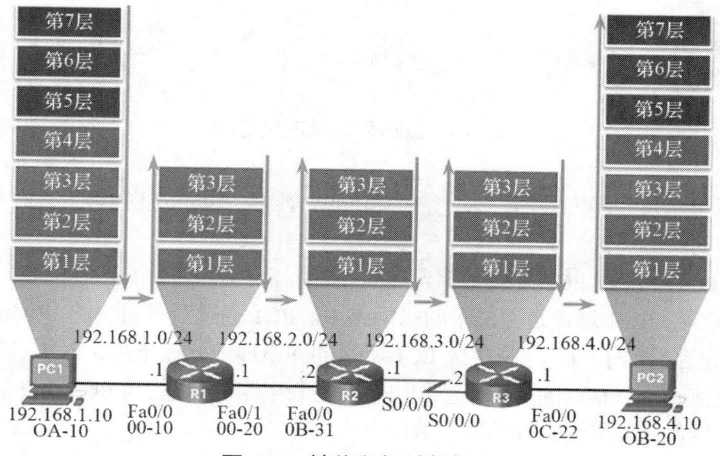

图 5-5 封装和解封数据包

为了简化说明，这里缩短了 MAC 地址。例如，为 PC1 配置了 IPv4 地址 192.168.1.10 和一个示例 MAC 地址 0A-10。在数据包从源设备到最终目的设备的传输过程中，第 3 层 IP 地址始终不会发生变化。这是因为第 3 层的 PDU 不会发生变化。但是，随着数据包解封然后又重新封装成新的第 2 层帧，通往目的地路径上的每一个路由器的第 2 层数据链路地址都会发生变化。

3. 路由器操作

为了提高可扩展性，网络可以划分为子网络，称为“子网”。子网划分可以创建网段以支持终端设备并创建分层结构。路由器的主要功能是确定用于发送数据包到每个子网的最佳路径。为了决定最佳路径，路由器需要在其路由表中搜索能够匹配数据包目的 IP 地址的网络地址。

路由表搜索的结果为以下 3 类路径之一。

- **直连网络**：如果数据包的目的 IP 地址属于与路由器的其中一个接口直连的网络中的设备，则该数据包将直接转发至目标设备。这表示数据包的目的 IP 地址是与该路由器接口处于同一网络中的主机地址。
- **远程网络**：如果数据包的目的 IP 地址属于远程网络，则该数据包将转发至另一个路由器。只有将数据包转发至另一台路由器才能到达远程网络。
- **未确定路由**：如果数据包的目的 IP 地址既不属于相连网络也不属于远程网络，则路由器将确定是否存在最后求助网关（Gateway of Last Resort）。当路由器上配置或获取了默认路由时，会设置最后求助网关。如果有默认路由，则将数据包转发到最后求助网关。如果路由器没有默认路由，则丢弃该数据包。

图 5-6 中的逻辑流程图演示了路由器数据包的转发决策过程。

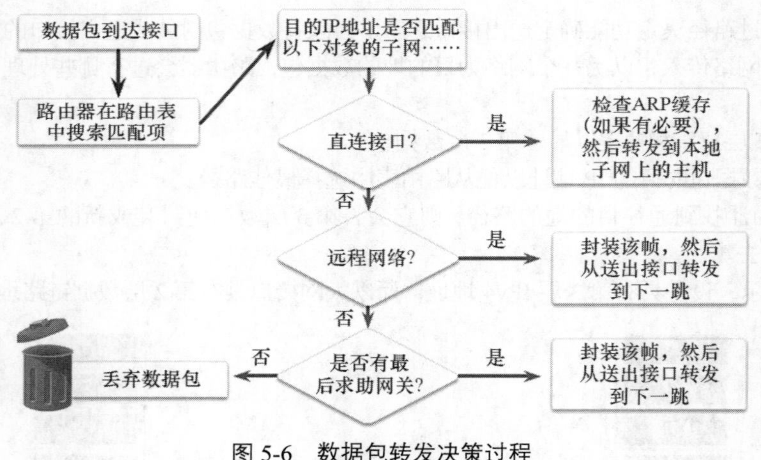

图 5-6 数据包转发决策过程

由于路由器不转发以太网广播帧，因此它们将网络分隔为不同的广播域。这样可以使广播流量与路由器接口连接的网络隔离开。

在图 5-7 中，PC1 正在向 PC2 发送数据包。

PC1 必须确定目的 IPv4 地址是否位于同一网络中。PC1 通过对其自身的 IPv4 地址和子网掩码执行 AND 运算来确定自己的子网。这将生成 PC1 所属的网络地址。接下来，PC1 对数据包的目的 IPv4 地址和自己的子网掩码执行相同的 AND 运算。PC1 通过结果得知，它与 PC2 不在同一网络上。因此，PC1 会构建一个数据包以发送到其默认网关 R1。

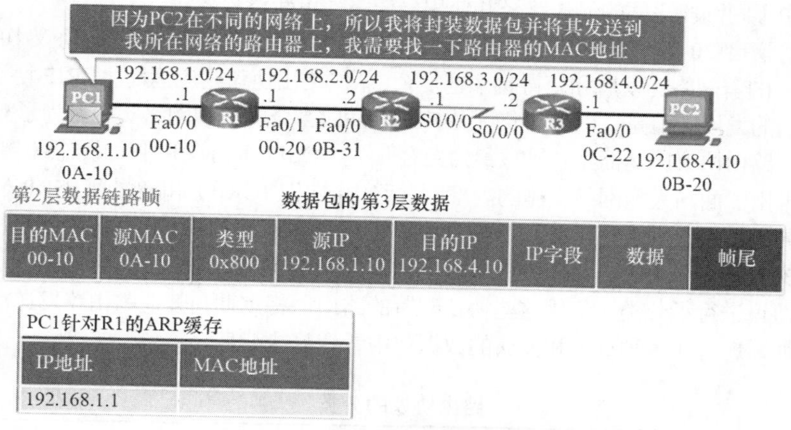

图 5-7　PC1 构造数据包后发往 PC2

4. 路由信息

路由器的路由表存储下列信息。

- **直连路由**：这些路由来自于活动的路由器接口。当接口配置了 IP 地址并激活时，路由器会添加直连路由。
- **远程路由**：这些路由是连接到其他路由器的远程网络。通向这些网络的路由可以静态配置，也可以通过动态路由协议动态获取。

具体而言，路由表是保存在 RAM 中的数据文件，其中存储了与直连网络以及远程网络相关的信息。路由表包含网络或下一跳的关联信息。这些关联信息告知路由器：要想以最佳方式到达某一目的地，可以将数据包发送到特定路由器（即在到达最终目的地的途中的下一跳）。下一跳也可以关联到通向下一目的地的传出接口。

图 5-8 所示为路由器 R1 的直连网络和远程网络。

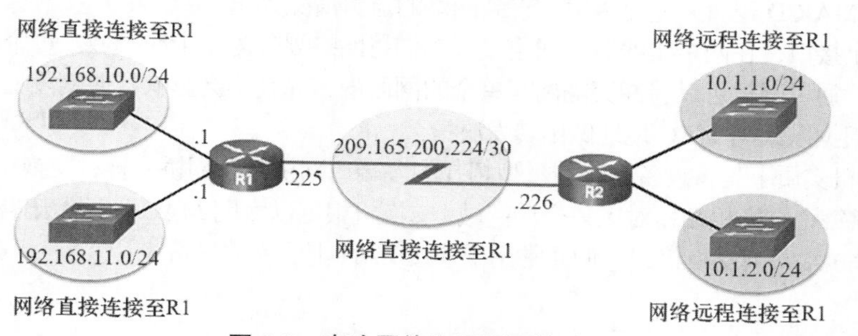

图 5-8　直连网络和远程网络路由

可以通过以下几种方式添加路由表中的目的网络条目。

- **本地路由接口**：当接口已配置并处于活动状态时添加。该条目只在用于 IPv4 路由的 IOS 15 或更新版本中以及用于 IPv6 路由的所有 IOS 版本中显示。
- **直连接口**：当接口已配置并处于活动状态时添加到路由表中。
- **静态路由**：当路由已手动配置且退出接口处于活动状态时添加。
- **动态路由协议**：当实施了用于动态获取网络的路由协议（如 EIGRP 或 OSPF）并且网络已确定时添加。

动态路由协议交换路由器之间的网络可达性信息并动态适应网络变化。每个路由协议使用路由算法来确定网络中不同网段之间的最佳路径并使用最佳路径更新路由表。

动态路由协议自 20 世纪 80 年代后期开始应用于网络。RIP 是第一批路由协议中的一个。RIPv1 于 1988 年推出。随着网络的发展和变得越来越复杂，新的路由协议则应运而生。RIP 协议更新为 RIPv2 以适应网络环境的发展。但是，RIPv2 仍无法扩展以适应当今的大型网络实施。为了满足大型网络的需要，两种高级路由协议应运而生：开放最短路径优先（OSPF）协议和中间系统到中间系统（IS-IS）协议。思科也推出了面向大型网络实施的内部网关路由协议（IGRP）和增强型 IGRP（EIGRP）协议。

此外，不同的网络之间也有连接和路由需求。边界网关协议（BGP）当前用于互联网服务提供商（ISP）之间。BGP 还用于 ISP 与其较大的私有客户端之间交换路由信息。

表 5-1 将协议进行了分类。使用这些协议配置的路由器将定期向其他路由器发送消息。作为一名网络安全分析师，您将在各种日志和捕获的数据包中看到这些消息。

表 5-1　　路由协议的分类

	内部网关协议				外部网关协议
	距离矢量		链路状态		路径矢量
IPv4	RIPv2	EIGRP	OSPFv2	IS-IS	BGP-4
IPv6	RIPng	用于 IPv6 的 EIGRP	OSPFv3	用于 IPv6 的 IS-IS	BGP-MP

5. 集线器、网桥、LAN 交换机

集线器、网桥和 LAN 交换机的拓扑图标如图 5-9 所示。

以太网集线器作为多端口中继器，用于接收端口上传入的电信号（数据），然后立即将重新生成的信号从所有其他端口转发出去。集线器使用物理层处理来转发数据。它们不查看以太网帧的源和目的 MAC 地址。集线器将网络连接到一个星型拓扑中，而集线器就是中心连接点。当两台或多台连接到集线器的终端设备同时发送数据时，将发生电气碰撞，从而造成信号损坏。连接到集线器的所有设备都属于同一冲突域。在冲突域中，在任何给定时间内只有一台设备可以传输流量。如果发生冲突，终端设备将使用 CSMA/CD 逻辑来避免传输，直到网络的流量清除为止。

网桥有两个接口，在两个集线器之间连接，它们将网络划分为多个冲突域。每个冲突域一次只能有一个发送方。通过网桥可以将冲突隔离在单个的网段内，并且不会影响其他网段上的设备。和交换机一样，网桥根据以太网 MAC 地址做出转发决策。

LAN 交换机实质上是将设备连接到星型拓扑的多端口网桥。和网桥一样，交换机将 LAN 分割为单独的冲突域，每个交换机端口对应一个冲突域。交换机根据以太网 MAC 地址做出转发决策。图 5-10 所示为思科 2960-X 系列交换机，它们通常用于连接 LAN 上的终端设备。

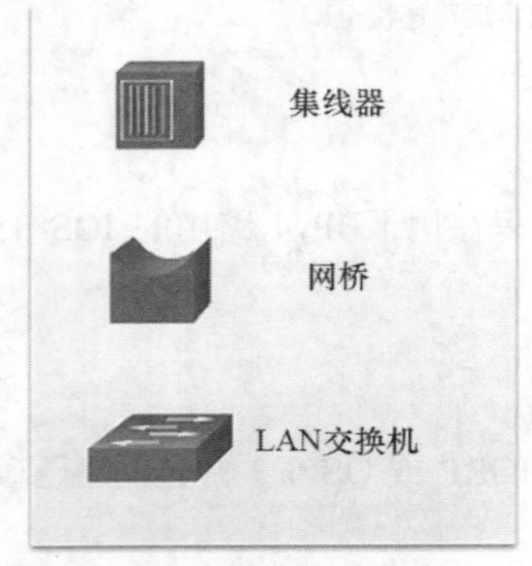

图 5-9　局域网设备

图 5-10　思科 2960-X 系列交换机

6. 交换操作

交换机使用 MAC 地址将网络通信指向相应端口，以使其通向目的地。交换机是由集成电路以及相应软件组成的，这些软件控制着交换机的数据通道。交换机要想知道被传送帧的转发端口，必须首先知道每个端口上存在哪些设备。当交换机获知端口与设备的关系后，就会构建一个 MAC 地址表或内容可编址内存（CAM）表。CAM 是一种在高速搜索应用程序中使用的特殊内存。

LAN 交换机将通过维护 MAC 地址表来处理传入的数据帧。交换机通过记录与其每个端口相连的每个设备的 MAC 地址来构建其 MAC 地址表。交换机根据 MAC 地址表中的信息将指向特定设备的帧从为此设备分配的端口发送出去。

进入交换机的每个以太网帧将执行下列流程。

1. 学习：检查源 MAC 地址

交换机会检查进入其中的每个帧，以确定其中是否有可以学习的新信息。这个过程是通过检查帧的源 MAC 地址和收到该帧的交换机的端口号来实现的。如果源 MAC 地址不在表中，则会将该 MAC 地址和接收该帧的端口号一并添加到表中，如图 5-11 所示。如果源 MAC 地址在表中，则交换机会更新该条目的刷新计时器。默认情况下，表中的条目在大多数以太网交换机中保留 5 分钟。

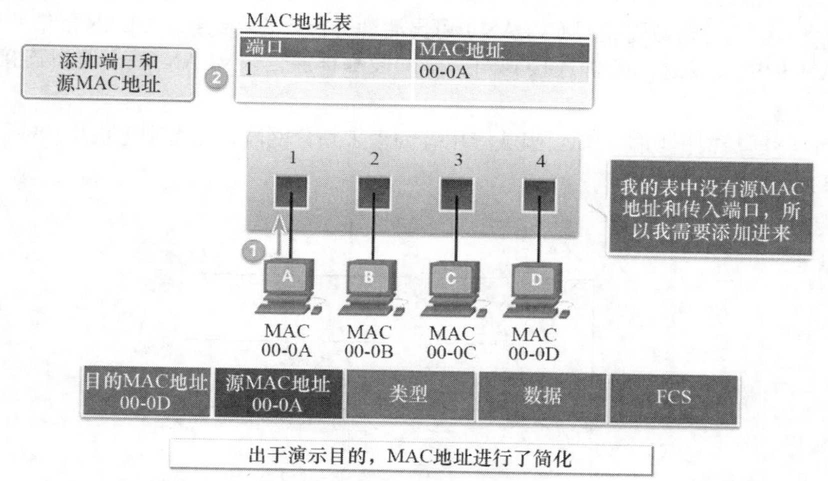

图 5-11 交换机通过检查源 MAC 地址进行学习

> **注 意** 如果源 MAC 地址已存在于表中，但是在不同的端口上，交换机会将该地址视为一个新的条目。可使用相同的 MAC 地址和最新的端口号来替换该条目。

2. 转发：检查目的 MAC 地址

如果目的 MAC 地址为单播地址，该交换机会查看帧中的目的 MAC 地址与 MAC 地址表中的条目是否匹配。如果表中存在该目的 MAC 地址，交换机会从指定端口转发帧。如果表中不存在该目的 MAC 地址，交换机会将帧从除传入端口外的所有端口转发出去，如图 5-12 所示。这种帧称为未知单播帧。

> **注 意** 如果目标 MAC 地址为广播或组播，该帧也将被泛洪到除传入端口外的所有端口。

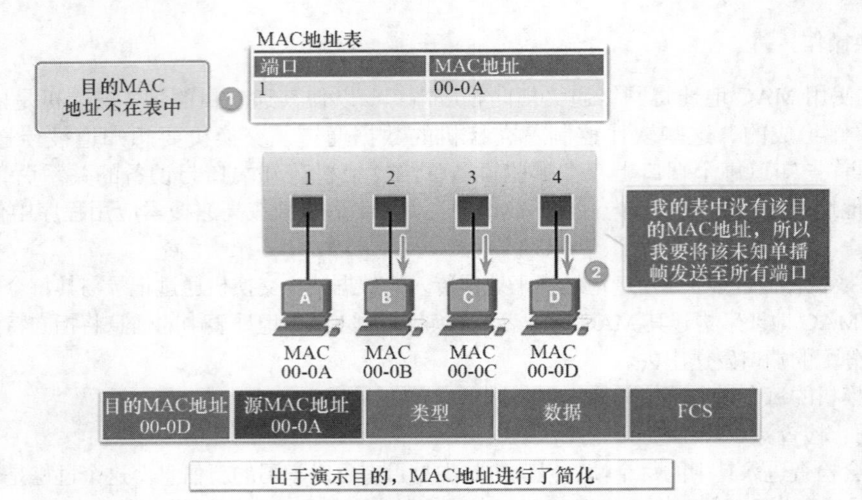

图 5-12 交换机通过检查目的 MAC 地址进行转发

7. VLAN

在交换网络内，通过虚拟局域网（VLAN）可灵活地进行分段和组织。VLAN 能够将 LAN 中的设备分组。VLAN 内的设备之间会像连接到同一个网段那样通信。VLAN 基于逻辑连接，而不是物理连接。

VLAN 允许管理员根据功能、项目组或应用等因素来划分网段，而无须考虑用户或设备的物理位置，如图 5-13 所示。

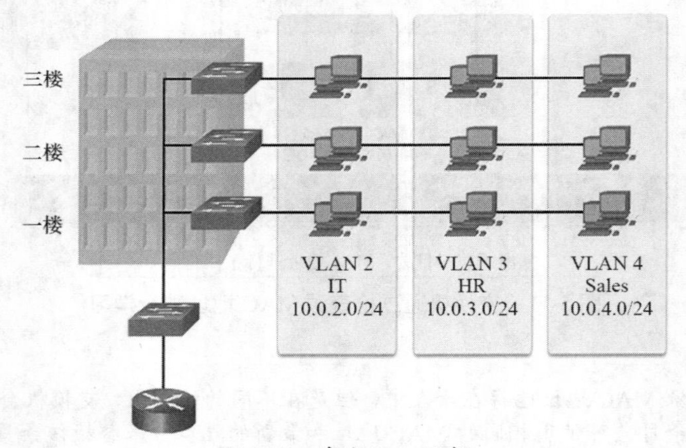

图 5-13 定义 VLAN 组

虽然 VLAN 中的设备与其他 VLAN 共享通用基础设施，但它们就像运行在自己的独立网络上一样。任何交换机端口都可以属于某个 VLAN。单播、广播和组播数据包将只被转发并泛洪到与数据包的源处于相同 VLAN 的终端设备。每个 VLAN 都被视为一个独立的逻辑网络。去往其他 VLAN 内的设备的数据包必须通过支持路由功能的设备转发。

VLAN 可以创建能够跨越多个物理 LAN 网段的逻辑广播域。VLAN 通过将大型广播域细分为多个较小的广播域来提高网络性能。如果一个 VLAN 中的设备发送以太网广播帧，该 VLAN 中的所有设备都会收到该帧，但是其他 VLAN 中的设备收不到。

VLAN 还可以阻止其他 VLAN 上的用户窥探彼此的流量。例如，即使人力资源部和销售部与

图 5-13 中的同一台交换机连接，该交换机也不会在人力资源部和销售部 VLAN 之间转发流量。这就允许路由器或其他设备使用访问控制列表（ACL）来允许或拒绝流量。本章后面会更详细地讨论访问列表。现在只需记住 VLAN 有助于限制 LAN 上可以看到的数据量即可。

8. STP

网络冗余是保持网络可靠性的关键。设备之间的多条物理链路能够提供冗余路径。这样，当单个链路或端口发生故障时，网络可以继续运行。冗余链路也可以分担流量负载和增加容量。

为避免产生第 2 层环路，需要管理多条路径。在选定最佳路径后，主路径失败时应立即使用替代路径。生成树协议（STP）用于随时在第 2 层网络中保留一个无环路径。

冗余功能可防止网络因单点故障（例如网络电缆或交换机发生故障）而无法运行，以此提升网络拓扑的可用性。当在设计中引入物理冗余功能时，便会出现环路和重复帧。环路和重复帧对交换网络有着极为严重的影响。STP 就是为了解决这些问题而出现的。

STP 通过特意阻塞可能导致环路的冗余路径，以确保网络中所有目的地之间只有一条逻辑路径。当用户数据无法进入或流出该端口时，则认为端口处于阻塞状态。不过，STP 用来防止环路的 BPDU（网桥协议数据单元）帧仍可继续通行。阻塞冗余路径对于防止网络环路非常关键。为了提供冗余功能，这些物理路径实际依然存在，只是被禁用以免产生环路。一旦需要启用此类路径来抵消网络电缆或交换机故障的影响时，STP 就会重新计算路径，将必要的端口解除阻塞，使冗余路径进入活动状态。

在本例中，所有交换机都启用了 STP。

1. PC1 向网络发送广播帧（见图 5-14）。

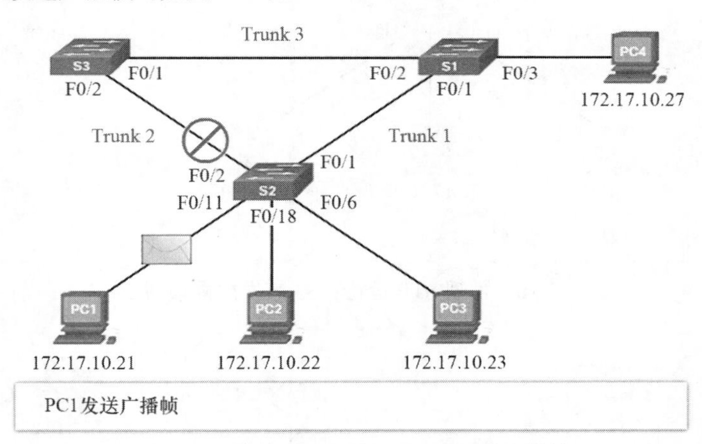

图 5-14 常规 STP 运行：PC1 发送广播帧

2. S2 配置了 STP，并将用于 Trunk2 的端口设置为阻塞状态。阻塞状态可防止端口转发用户数据，从而防止形成环路。S2 将广播帧从所有交换机端口转发出去（见图 5-15），但 PC1 的发起端口和用于 Trunk2 的端口除外。

3. S1 收到广播帧后，将它从所有交换机端口转发出去，广播帧随后到达 PC4 和 S3。S3 将该帧从用于 Trunk2 的端口转发出去，而 S2 会丢弃该帧（见图 5-16）。因此没有形成第 2 层环路。

图 5-17 到图 5-21 所示为发生故障时 STP 的重新计算过程。

STP 通过策略性地设置“阻塞状态”端口来配置无环网络路径，从而防止形成环路。运行 STP 的交换机能够动态地对先前阻塞的端口解除阻塞，以允许流量通过替代路径传输，从而消除故障对网络的影响。

STP 在网络上生成流量。它将出现在某些被捕获的数据包中。Wireshark 将识别该流量，并在捕获窗口中将协议标识为 STP。

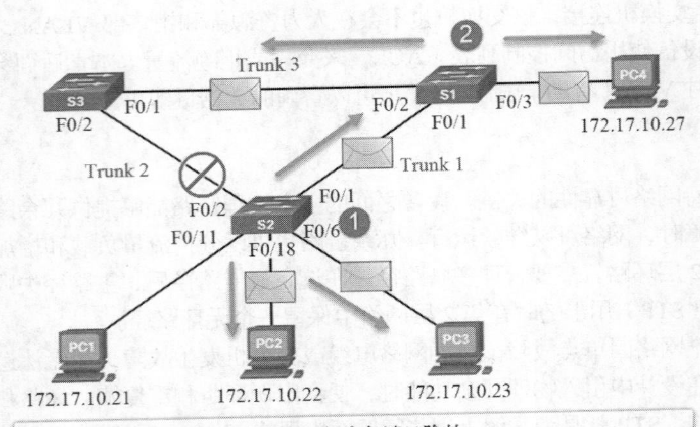

图 5-15　常规 STP 运行：S1 和 S3 转发广播帧

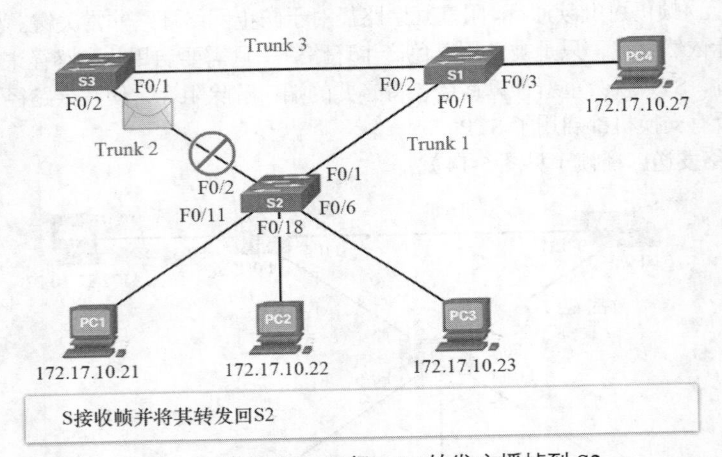

图 5-16　常规 STP 运行：S3 转发广播帧到 S2

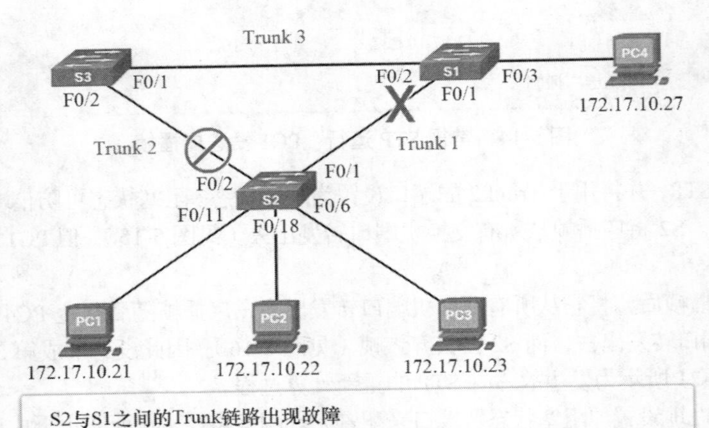

图 5-17　STP 检测到一条链路故障

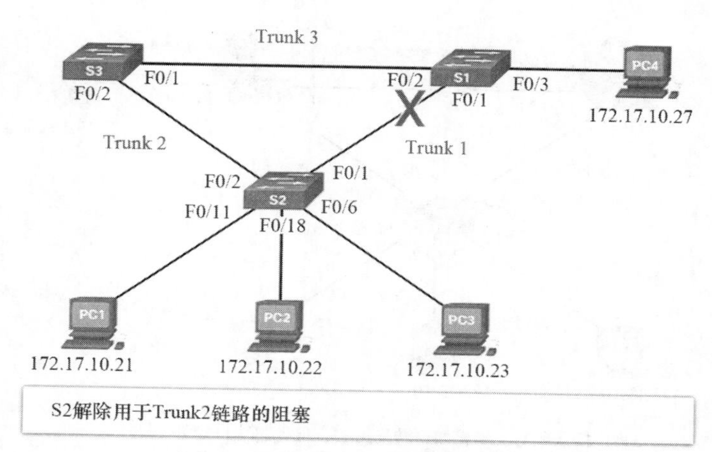

图 5-18　STP 解除备用链路的阻塞

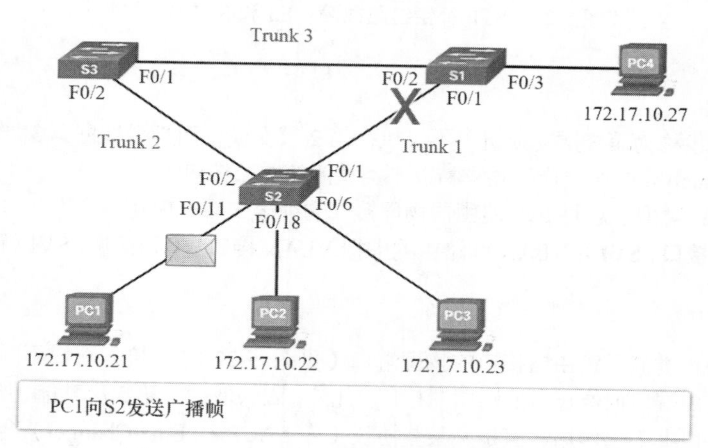

图 5-19　STP 补偿链路故障：PC1 发送广播

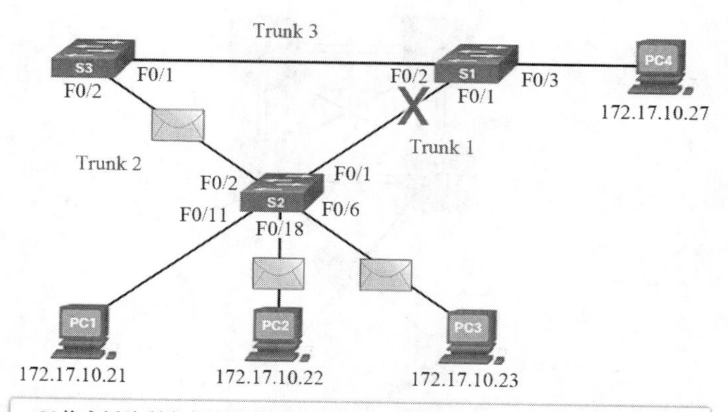

图 5-20　STP 补偿链路故障：S2 转发广播

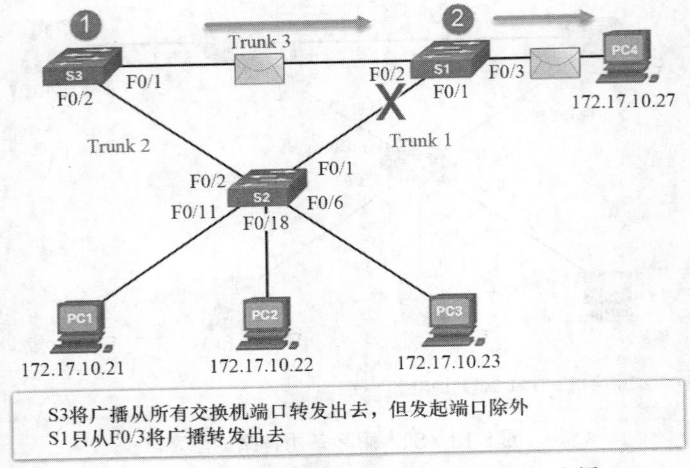

图 5-21 STP 补偿链路故障：S3 和 S1 转发广播

9. 多层交换

多层交换机（也称为第 3 层交换机）不仅执行第 2 层交换，而且会根据第 3 层和第 4 层信息转发帧。所有的思科 Catalyst 多层交换机均支持以下类型的第 3 层接口。

- **路由端口**：类似于思科 IOS 路由器物理接口的纯第 3 层接口。
- **交换虚拟接口（SVI）**：VLAN 间路由的虚拟 VLAN 接口。换句话说，SVI 就是虚拟路由 VLAN 接口。

路由端口

路由端口是一种类似于路由器接口的物理端口（见图 5-22）。与接入端口不同，路由端口不与特定 VLAN 关联。路由端口很像正常的路由器接口。此外，因为取消了第 2 层功能，所以第 2 层协议（比如 STP）在路由接口上不起作用。但是，某些协议（如 LACP 和 EtherChannel）会在第 3 层起作用。与思科 IOS 路由器不同的是，思科 IOS 交换机上的路由端口不支持子接口。

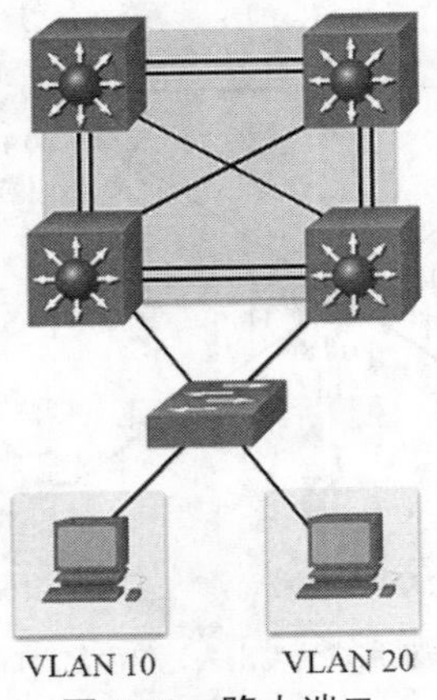

图 5-22 路由端口

交换机虚拟接口

如图 5-23 所示，SVI 是配置在多层交换机中的虚拟接口。与上面讨论的基本第 2 层交换机不同，多层交换机可以有多个 SVI。可以为交换机上的任何 VLAN 创建 SVI。因为没有接口专用的物理端口，所以认为 SVI 是虚拟的。它可以像连接到该 VLAN 的路由器接口那样执行相同的功能，也可以像路由器接口那样进行配置(例如配置IP地址、入站ACL/出站ACL等)。VLAN的SVI为源自或去往该VLAN相关联的所有交换机端口的数据包提供第3层处理功能。

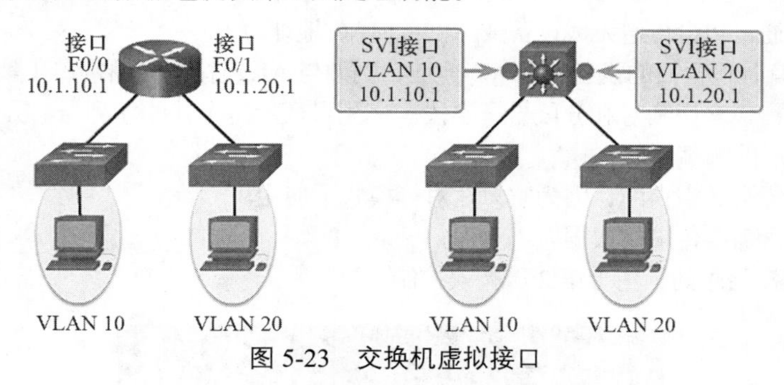

图 5-23 交换机虚拟接口

5.1.2 无线通信

在本小节中，您将会学到无线设备如何启用网络通信。

1. 协议和功能

无线 LAN（WLAN）使用射频（RF）来代替物理层和数据链路层的 MAC 子层的电缆。WLAN 与以太网 LAN 本是一脉相承。IEEE 采用 802 LAN/MAN 计算机网络体系结构标准集。两个主要的 802 工作组分别是为有线 LAN 定义以太网的 802.3 以太网标准以及为 WLAN 定义以太网的 802.11 标准。两者之间的重要区别如表 5-2 所示。

表 5-2 WLAN 与 LAN

特　征	802.11 WLAN	802.3 以太网 LAN
物理层	射频	电缆
介质访问	冲突避免	冲突检测
可用性	拥有无线网卡且位于无线接入点覆盖范围内的任何用户	需要电缆连接
信号干扰	是	无影响
法规	国家/地区监管机构制定的其他法规	IEEE 标准指令

WLAN 与有线 LAN 还有以下区别。

- WLAN 通过无线接入点（AP）或无线路由器代替以太网交换机将客户端连接到网络。
- WLAN 连接的是通常由电池供电的移动设备，而不是接到电源插座上的 LAN 设备。无线网卡容易导致移动设备的电池寿命缩短。
- WLAN 支持主机竞争访问射频介质（频段）。802.11 规定对介质访问采取冲突避免（CSMA/CA）而不是冲突检测（CSMA/CD）来主动避免介质内出现冲突。
- WLAN 使用的帧格式与有线以太网 LAN 不同。WLAN 要求帧的第 2 层报头中包含附加信息。
- 由于射频可以覆盖设施的外部，因此 WLAN 会带来更多的隐私问题。

如图 5-24 所示，所有第 2 层帧都包括报头、负载和 FCS 部分。802.11 帧格式与以太网帧格式类似，不同之处在于它包含更多字段。

如图 5-24 所示，所有 802.11 无线帧都包含以下字段。

- **帧控制**：标识无线帧的类型并包含协议版本、帧类型、地址类型、电源管理以及安全设置的子字段。

- **持续时间**：通常用于表示接收下一个传输帧所需的剩余时间。
- **地址 1**：通常包含接收无线设备或 AP 的 MAC 地址。
- **地址 2**：通常包含传送无线设备或 AP 的 MAC 地址。
- **地址 3**：有时包含目的设备的 MAC 地址，例如与 AP 连接的路由接口（默认网关）。
- **序列控制**：包含序列号和分段号子字段。序列号表示每个帧的序列号。分段号表示每个发送帧在分段后的帧编号。
- **地址 4**：经常是空白的，因为它只在对等模式下使用。
- **负载**：包含需要传输的数据。
- **FCS**：帧校验序列，用于第 2 层错误控制。

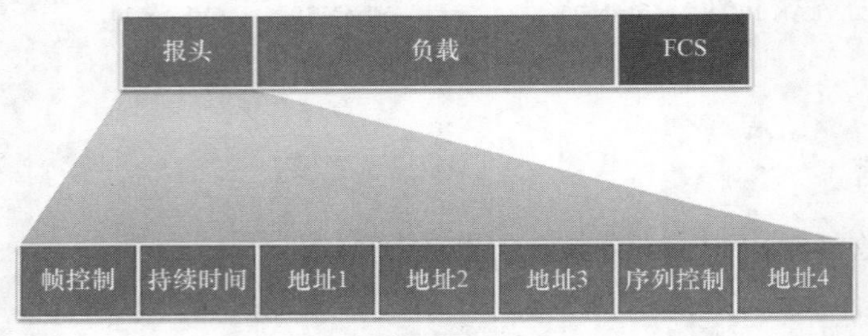

图 5-24 无线 802.11 帧头内容

2. 无线网络工作原理

为了使无线设备通过网络进行通信，它们必须首先与 AP 或无线路由器关联。802.11 过程的一个重要部分就是发现 WLAN 并继而连接到 WLAN。

无线设备使用管理框架来完成以下三阶段的过程，如图 5-25 所示。

1. 发现新的无线 AP。
2. 通过 AP 进行身份验证。
3. 与 AP 进行关联。

要彼此关联，无线客户端和 AP 必须就特定参数达成一致。必须在 AP 上配置的参数如图 5-26 所示，然后在客户端配置，以启用这些过程的协商。

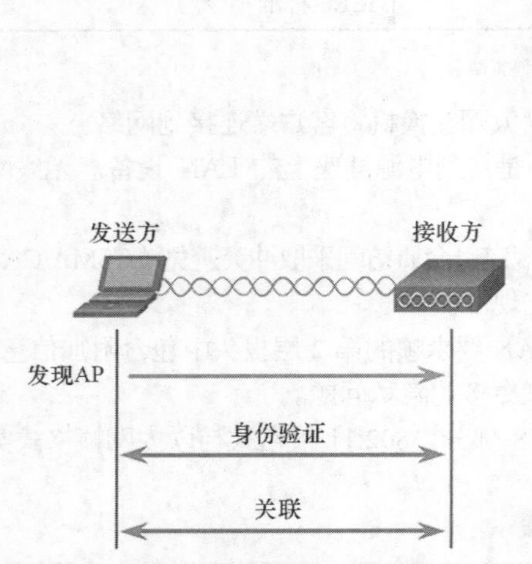

图 5-25 802.3 无线关联是一个三阶段过程

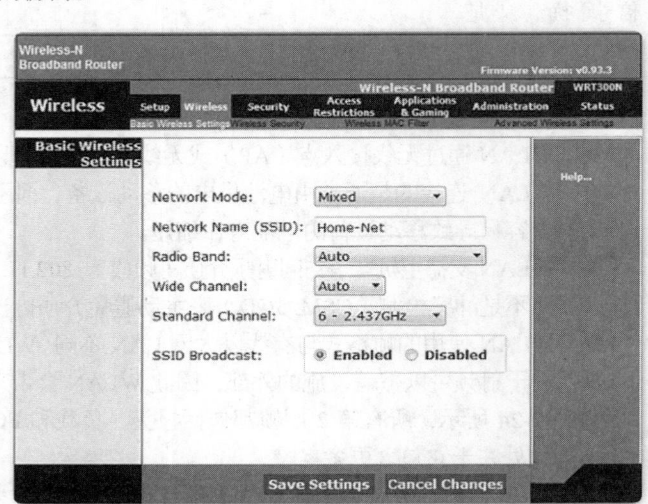

图 5-26 基本的无线设置示例

常用的可配置无线参数包括下面这些。

- **网络模式**：指 802.11 WLAN 标准。AP 和无线路由器可以在混合模式下运行，如图 5-26 中所示，这意味着它们可以同时使用多个标准。
- **SSID**：SSID 是无线客户端用于区分相同区域中的多个无线网络的唯一标识符。如果启用了 SSID 广播，则 SSID 名称会出现在客户端上的可用无线网络列表中。根据网络配置，一个网络上的多个 AP 可共享一个 SSID，其名称通常长为 2 ~ 32 个字符。在图 5-26 中，SSID 被配置为 Home-Net，并且启用了 SSID 广播。
- **通道设置**：是指用于传输无线数据的频段。无线路由器和 AP 可以选择通道设置，或者如果与另一个 AP 或无线设备存在干扰，也可以手动设置它。在图 5-26 中，将通道手动设置为 6，即 2.437 GHz 频率。
- **安全模式**：是指安全参数设置，例如 WEP、WPA WPA2。要始终启用能够支持的最高安全级别。对于家庭或小型办公室，将使用 WPA2 Personal。
- **加密**：WPA2 要求用户选择一种加密方式。尽可能使用 AES。
- **密码**：在无线客户端向 AP 进行身份验证时会用到。密码有时称为安全密钥。它将阻止入侵者和不受欢迎的用户访问无线网络。

无线设备必须发现并连接 AP 或无线路由器。无线客户端使用扫描（探测）过程连接 AP。此程序可以是被动模式，也可以是主动模式。

- **被动模式**：AP 通过定期发送包含 SSID、支持的标准和安全设置的广播信标帧来公开通告其服务。信标的主要作用是让无线客户端了解指定区域中有哪些网络和 AP 可用，从而让它们能够选择使用哪个网络和 AP。
- **主动模式**：无线客户端必须知道 SSID 的名称。无线客户端通过在多个通道上广播探测请求帧来发起此过程。探测请求包括 SSID 名称和支持的标准。如果将 AP 或无线路由器配置为不广播信标帧，则可能需要主动模式。

802.11 标准在最初开发时提供两种身份验证机制。

- **开放式身份验证**：从根本上讲是一种零（NULL）身份验证，在这种机制下，无线客户端说“让我通过身份验证”，则 AP 回复“是”。开放式身份验证为任何无线设备提供无线连接，因此应该只在不存在安全问题的情况下使用。
- **共享密钥身份验证**：基于客户端和 AP 之间预共享密钥的技术。

3. 客户端与 AP 的关联过程

无线客户端通过一个三阶段的过程与 AP 进行关联。当无线客户端与 AP 关联后，流量能够在客户端和 AP 之间传输。

第 1 阶段：发现

在发现阶段，无线客户端查找要第一个关联的相应 AP。在客户端关联后，如果客户端在网络中漫游，则可以使用其他 AP。

图 5-27 所示为被动模式无线客户端如何与频繁广播信标帧的 AP 配合使用。

图 5-28 所示为主动模式如何与广播特定 SSID 的探测请求的无线客户端配合使用。具有此 SSID 的 AP 将使用探测响应帧进行响应。

无线客户端也可以发送不带有 SSID 名称的探测请求以发现附近的 WLAN 网络。配置为广播信标帧的 AP 将使用探测响应回复无线客户端并提供 SSID 名称。禁用 SSID 广播功能的 AP 不会作出响应。

第 2 阶段：身份验证

图 5-29 提供了身份验证过程的简要概述。

但是，在大多数共享密钥身份验证的安装中，交换过程如下。

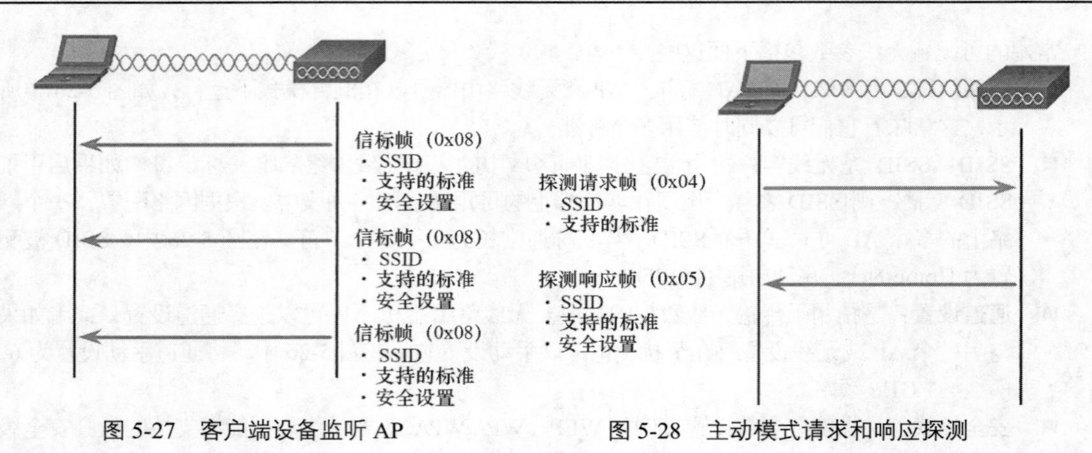

图 5-27 客户端设备监听 AP　　图 5-28 主动模式请求和响应探测

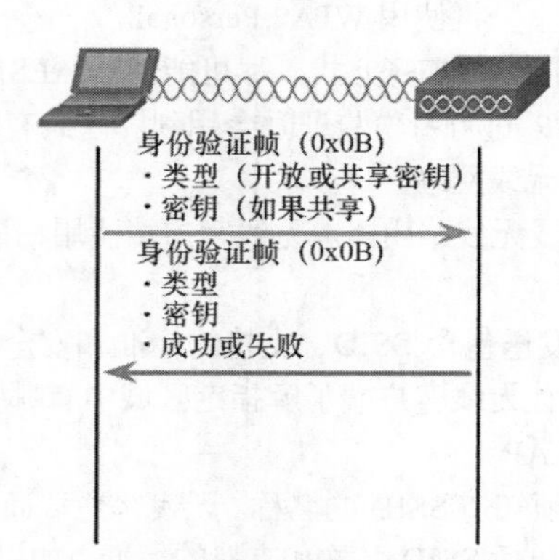

图 5-29 客户端和 AP 身份验证

1. 无线客户端将身份验证帧发送到 AP。
2. AP 以质询文本响应客户端。
3. 客户端使用其共享密钥加密消息并将加密文本返回给 AP。
4. 然后 AP 使用其共享密钥来解密加密后的文本。
5. 如果解密后的文本与质询文本匹配，则 AP 将使客户端通过身份验证。如果消息不匹配，则无线客户端未通过身份验证，无线接入将被拒绝。

在无线客户端通过身份验证后，AP 继续进入关联阶段。

第 3 阶段：关联

关联阶段完成设置并建立无线客户端和 AP 之间的数据链路，如图 5-30 所示。

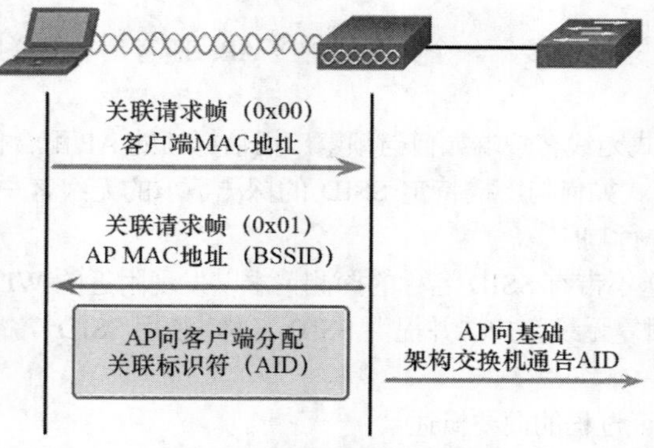

图 5-30 客户端与 AP 关联

在此阶段中，会发生下述事件。

1. 无线客户端将转发包括其 MAC 地址的关联请求帧。

2. AP 将使用包含 AP BSSID（即 AP 的 MAC 地址）的关联应答作出响应。

3. AP 将称为关联标识符（AID）的逻辑端口映射到无线客户端。AID 相当于交换机上的端口，允许基础架构交换机跟踪发往无线客户端的帧以进行转发。

4. 无线设备：AP、LWAP、WLC

一种常见的无线数据实现可以让设备通过 LAN 以无线方式连接。通常，无线 LAN 需要无线接入点和具有无线网卡的客户端。家庭和小型企业无线路由器将路由器、交换机和接入点的功能整合到了一起，如图 5-31 所示。请注意，在小型网络中，无线路由器可能是唯一的 AP，因为只有一小片区域需要无线覆盖。在大型网络中，可能存在有多个 AP。

图 5-31 Cisco WRP500 无线路由器

网络上 AP 的所有控制和管理功能都可以集中到无线 LAN 控制器（WLC）中。当使用 WLC 时，AP 不再自主行动，而是充当轻量级 AP（LWAP）。LWAP 仅在无线 LAN 和 WLC 之间转发数据。所有管理功能（如定义 SSID 和身份验证）都在集中式 WLC 上进行，而不是在每个单独的 AP 上进行。将 AP 管理功能集中到 WLC 能带来许多好处，其中的一个主要好处是简化了对许多接入点的配置和监控。

5.2 网络安全基础设施

在本节中，您将学习如何使用设备和服务来增强网络安全性。

5.2.1 安全设备

在本小节中，您将学习如何使用专用设备来增强网络安全性

1. 防火墙

防火墙是在网络之间强制实施访问控制策略的一个系统或一组系统，如图 5-32 所示。

所有防火墙都共享下面这些通用的属性：

■ 防火墙可抵御网络攻击；

- 允许从任意外部地址到Web服务器的流量
- 允许通往FTP服务器的流量
- 允许通往SMTP服务器的流量
- 允许通往内部IMAP服务器的流量

- 拒绝网络地址与内部注册IP地址相匹配的所有入站流量
- 拒绝从外部地址到服务器的所有入站流量
- 拒绝所有入站ICMP回应请求流量
- 拒绝所有入站MS活动目录查询
- 拒绝所有MS SQL Server查询入站流量
- 拒绝所有MS域本地广播

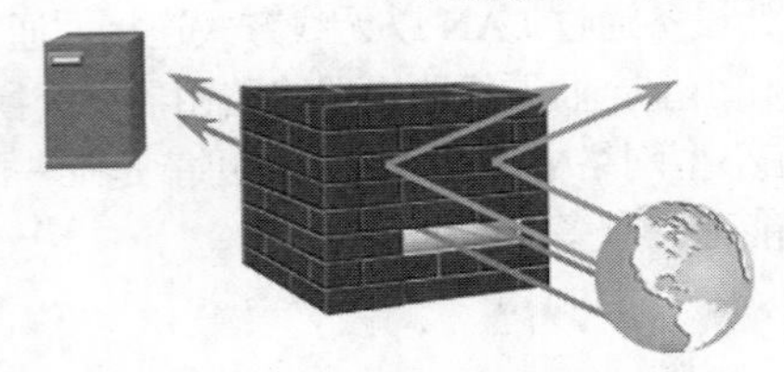

图 5-32　防火墙操作

- ■ 防火墙是公司内部网络和外部网络之间唯一的中转站，因为所有流量均流经防火墙；
- ■ 防火墙强制执行访问控制策略。

在网络中使用防火墙有如下几个好处：

- ■ 防止将敏感的主机、资源和应用暴露给不受信任的用户；
- ■ 净化协议流，可防止协议缺陷被利用；
- ■ 阻止来自服务器和客户端的恶意数据；
- ■ 通过将大多数网络访问控制功能分担到网络中的几个防火墙来降低安全管理的复杂性。

防火墙还存在下面这些限制：

- ■ 配置错误的防火墙可能会对网络造成严重后果，例如成为单点故障；
- ■ 许多应用中的数据不能安全地通过防火墙传递；
- ■ 用户可能会主动搜索绕过防火墙的方法来接收被阻止的资料，从而使网络遭受潜在的攻击；
- ■ 网络性能可能会减慢；
- ■ 未经授权的流量可以通过隧道传送或隐藏为合法流量通过防火墙。

2. 防火墙类型说明

了解不同类型的防火墙及其特定功能非常重要，这样可以在每种情况下使用正确的防火墙。

- ■ **数据包过滤（无状态）防火墙**：通常是能够根据一组配置好的规则过滤某些数据包内容（例如第 3 层信息，有时是第 4 层信息）的路由器（见图 5-33）。

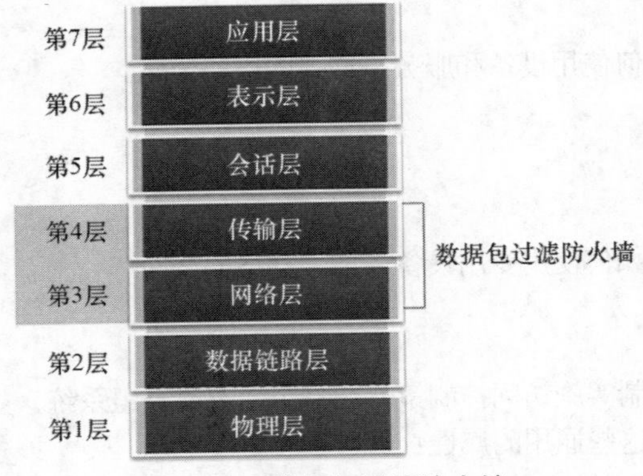

图 5-33　数据包过滤防火墙

- **有状态防火墙**：有状态检查防火墙允许或阻止基于状态、端口和协议的流量。它从连接打开时监控所有活动，直到连接关闭。过滤决策基于管理员定义的规则以及上下文进行，上下文是指使用之前的连接和属于同一连接的数据包的信息（见图 5-34）。
- **应用网关防火墙（代理防火墙）**：过滤 OSI 参考模型中第 3、4、5 和 7 层的信息。大多数防火墙控制和过滤功能是使用软件完成的。当客户端需要访问远程服务器时，它将连接到代理服务器。代理服务器代表客户端连接到远程服务器。因此，服务器只看到来自代理服务器的连接（见图 5-35）。

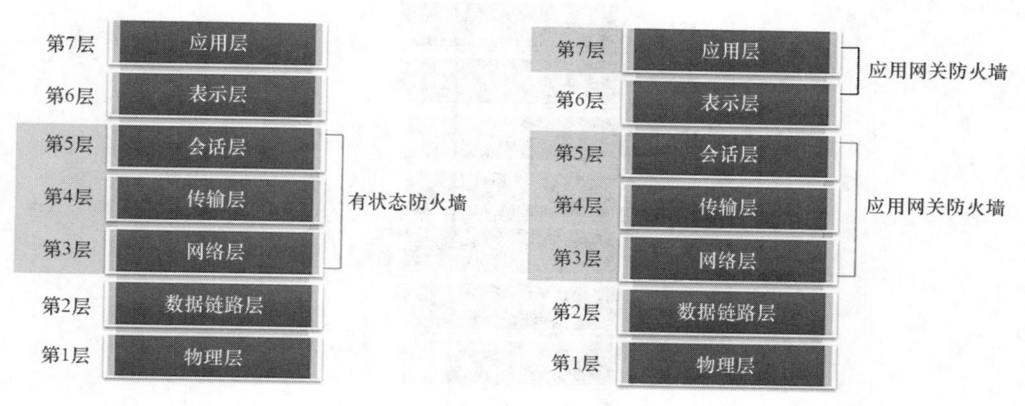

图 5-34 状态防火墙

图 5-35 应用网关防火墙

还可以通过下述方法实施防火墙。

- **基于主机（服务器和个人）的防火墙**：在其上有防火墙软件运行的 PC 或服务器。
- **透明防火墙**：过滤一对桥接接口之间的 IP 流量。
- **混合防火墙**：各种防火墙类型的组合。例如，应用检测防火墙将有状态防火墙与应用网关防火墙组合到一起。

3. 数据包过滤防火墙

数据包过滤防火墙通常是路由器防火墙的一部分，基于第 3 层和第 4 层信息允许或拒绝流量。它们是无状态防火墙，根据特定标准并使用简单的策略表查找来过滤流量，如图 5-36 所示。

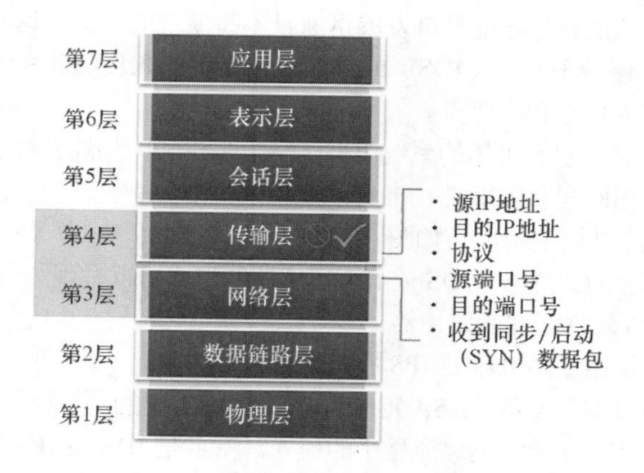

图 5-36 数据包过滤防火墙

例如，默认情况下，SMTP 服务器侦听端口 25。管理员可以将数据包过滤防火墙配置为阻止特定工作站的端口 25，以防止它广播电子邮件病毒。

4. 有状态防火墙

有状态防火墙是最通用和最常用的防火墙技术。有状态防火墙使用状态表中所维护的连接信息来提供有状态数据包过滤。有状态过滤是在网络层分类的防火墙架构。它还分析 OSI 第 4 层和第 5 层的流量，如图 5-37 所示。

图 5-37 有状态防火墙和 OSI 模型

5. 下一代防火墙

相较于有状态防火墙，下一代防火墙提供了以下功能：

- 标准的防火墙功能，如状态检查；
- 集成的入侵预防；
- 应用感知和控制，以查看并阻止有风险的应用；
- 升级路径以包括将来的信息源（upgrade paths to include future information feeds）；
- 可解决不断变化的安全威胁的技术。

6. 入侵防御和检测设备

需要进行网络架构模式的转变才能抵御发展迅速且不断演变的攻击。这必须包括具有成本效益的检测和防御系统，例如入侵检测系统（IDS）或可扩展性更高的入侵防御系统（IPS）。网络架构将这些解决方案集成到网络的入口点和出口点。

实施 IDS 或 IPS 时，必须熟悉可用的系统类型、基于主机和网络的方法、这些系统的位置、签名类别的角色以及检测到攻击时思科 IOS 路由器可能采取的行动。

IDS 和 IPS 技术有几个共同的特征，如图 5-38 所示。

IDS 和 IPS 技术均部署为传感器。IDS 或 IPS 传感器的形式可以呈现为几种不同的设备：

- 使用思科 IOS IPS 软件配置的路由器；
- 被专门设计用来提供专用 IDS 或 IPS 服务的设备；
- 安装在思科自适应安全设备（ASA）、交换机或路由器中的网络模块。

IDS 和 IPS 技术使用签名来检测网络流量中的模式。签名是 IDS 或 IPS 用来检测恶意活动的一组规则。签名可用于检测严重的安全漏洞，检测常见的网络攻击和收集信息。IDS 和 IPS 技术可以检测原子签名模式（单数据包）或组合签名模式（多数据包）。

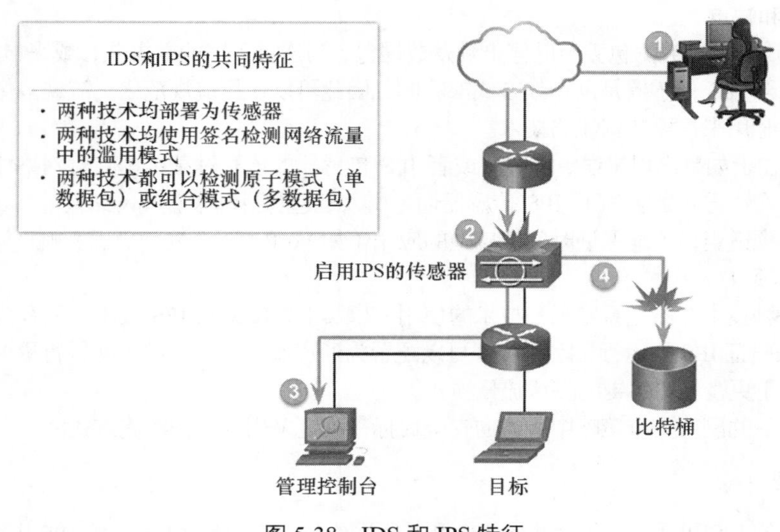

图 5-38 IDS 和 IPS 特征

7. IDS 和 IPS 的优缺点

表 5-3 列出了 IDS 和 IPS 的优缺点。

表 5-3 比较 IDS 和 IPS 的解决方案

	优 点	缺 点
IDS	对网络无影响（延迟、抖动）	响应操作无法停止触发数据包
	如果出现传感器故障，对网络无影响	针对响应操作需要进行准确调整
	如果出现传感器过载，对网络无影响	更容易受到网络安全规避技术的影响
IPS	停止触发数据包	传感器问题可能会影响网络流量
	可以使用流规范化技术	传感器过载将影响网络
		对网络存在一些影响（延迟、抖动）

IDS 的优点和缺点

IDS 平台的主要优点是在离线（offline）模式下部署。因为 IDS 传感器不是以在线（inline）方式部署的，所以它对网络性能没有影响。它不会带来延迟、抖动或其他流量传输问题。此外，即使传感器出现故障，也不会影响网络功能。它只影响 IDS 分析数据的能力。

但是，部署 IDS 平台也有许多缺点。IDS 传感器主要侧重于识别可能发生的事件、记录事件的相关信息以及报告事件。IDS 传感器无法停止触发数据包，并且不能保证停止连接。触发数据包会向 IDS 提醒潜在威胁。IDS 传感器在阻止电子邮件病毒和自动攻击（如蠕虫）方面也没有多大帮助。

部署 IDS 传感器响应操作的用户必须实施精心设计的安全策略，并且对其 IDS 部署的运行有良好的了解。用户必须花时间优化 IDS 传感器，才能达到预期的入侵检测级别。

最后，由于 IDS 传感器不是以在线方式部署的，因此实施 IDS 更容易受到网络安全规避技术（表现为各种网络攻击方法）的影响。

IPS 的优点和缺点

IPS 可以配置为执行数据包丢弃以停止触发数据包、与连接关联的数据包，或来自源 IP 地址的数据包。此外，由于 IPS 传感器是以在线方式部署的，因此可以使用流规范化。流规范化是一种在多个数据段发生攻击时用来重建数据流的技术。

IPS 的缺点在于如果出现错误、故障，或者 IPS 传感器的流量过载，都会对网络性能造成负面影响（因为它是以在线方式部署的）。IPS 传感器通过引入延迟和抖动来影响网络性能。IPS 传感器的尺寸和实施方式必须适当，才能保证时间敏感型的应用（如 VoIP）不会受到负面影响。

部署注意事项

使用其中一种技术并不是否定另一技术的使用。事实上，IDS 和 IPS 技术可以互为补充。例如，可以实施 IDS 来验证 IPS 的运行，因为 IDS 可以配置为通过离线方式对数据包进行更深入的检测。这使 IPS 可以专注于更少但更关键的在线流量模式。

通常根据组织的网络安全策略中所述的安全目标来决定采用哪一种实施方式。

8. IPS 类型

有两种主要的 IPS 可用：基于主机的 IPS 和基于网络的 IPS。表 5-4 对这些 IPS 进行了比较。

表 5-4 比较基于主机和基于网络的 IPS 解决方案

	优　点	缺　点
基于主机的 IPS	提供特定于主机操作系统的保护	与操作系统相关
	提供操作系统和应用级别的保护	必须安装在所有主机上
	在解密消息之后保护主机	
基于网络的 IPS	经济高效	无法检查加密流量
	操作系统无关	必须在恶意流量到达主机之前进行阻止

基于主机的 IPS

基于主机的 IPS（HIPS）是安装在单个主机上的软件，用于监控和分析可疑活动。HIPS 的一个显著优点是它可以监控并保护操作系统以及特定于该主机的关键系统进程。通过详细了解操作系统，HIPS 可以监控异常活动并防止主机执行与典型行为不匹配的命令。可疑或恶意行为可能包括在未经授权的情况下更新注册表、更改系统目录、执行安装程序以及导致缓冲区溢出的活动。HIPS 还可以监控网络流量，以防止主机参与拒绝服务（DoS）攻击或成为非法 FTP 会话的一部分。

可以将 HIPS 看作是防病毒软件、反恶意软件和防火墙的组合。与基于网络的 IPS 结合，HIPS 可成为向主机提供额外保护的有效工具。

HIPS 的缺点是它只在本地级级运行。它没有完整的网络视图，对整个网络中可能发生的事件也没有整体认识。要在网络中有效运行，HIPS 必须安装在每台主机上并且支持每个操作系统。

基于网络的 IPS

基于网络的 IPS 可以使用专用或非专用的 IPS 设备来实施。基于网络的 IPS 的实施是入侵防御的重要组成部分。尽管有基于主机的 IDS/IPS 解决方案，但这些解决方案必须与基于网络的 IPS 实施集成，才能提供可靠的安全架构。

传感器实时检测恶意和未经授权的活动，并可在需要时采取行动。传感器部署在指定的网络点（见图 5-39），使安全管理人员能够在网络活动发生时进行监控，而不用管攻击目标的位置在哪里。

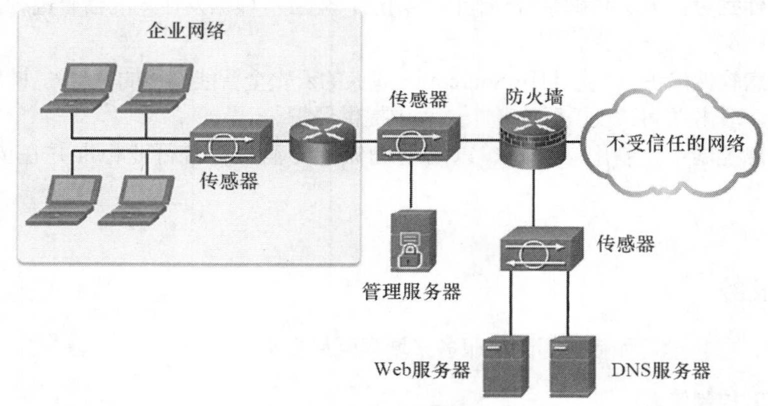

图 5-39 IPS 传感器部署示例。

9. 专业化的安全设备

思科高级恶意软件防护（AMP）是企业级高级恶意软件分析和防护解决方案。它在攻击前、攻击期间和攻击后为组织提供全面的恶意软件防护。

- 在攻击前，AMP 加强防御并防范已知和新出现的威胁。
- 在攻击期间，AMP 识别并阻止违反策略的文件类型、漏洞利用尝试以及恶意文件渗入网络。
- 在攻击后，或对文件执行最初的检查后，AMP 可超越时间点检测功能（即进行不止一次的检测），持续监控和分析所有文件活动及流量（无论如何处理），以搜索任何恶意行为的迹象。如果未知或之前被视为"良性"处理的文件开始出现不良行为，AMP 将对其进行检测并立即向安全团队发出警报，提示出现危害迹象。然后，它会提供全面的可视性，以供深入了解恶意软件的源头、受影响的系统，以及恶意软件正在进行的活动。

AMP 可以访问思科 Talos 安全情报和研究团队的综合安全情报。Talos 使用全球最大的威胁检测网络实时检测和关联各种威胁。

思科 Web 安全设备（WSA）是结合先进防御措施的安全 Web 网关之一，可帮助组织应对日益严重的保护和控制 Web 流量的挑战。WSA 会自动阻止有风险的站点和测试未知站点，然后再允许用户访问这些站点，从而为网络提供保护。WSA 提供恶意软件防护、应用可视性与可控性、可接受的使用策略控制、深刻见解的报告以及安全移动性等各种功能。

虽然 WSA 可以保护网络免受恶意软件入侵，但当用户希望从受保护的网络外部直接连接互联网（例如公共 WiFi 服务）时，WSA 并不为其提供保护。在这种情况下，用户的 PC 会感染恶意软件，然后恶意软件会传播到其他网络和设备。为了帮助保护用户 PC 免受这些类型的恶意软件感染，可以使用思科云 Web 安全（CWS）。

CWS 与 WSA 一起提供全面的保护，以防范恶意软件和相关的影响。思科 CWS 解决方案对来自/去往互联网的通信强制实施安全保护，并在远程工作人员使用思科发布的笔记本电脑时为其提供与现场员工相同级别的安全性。思科 CWS 集成了两项主要功能，即 Web 过滤和 Web 安全，并且这两项功能均提供广泛的集中式报告。

思科邮件安全设备（ESA）/思科云邮件安全可帮助减轻基于邮件的威胁。思科 ESA 为任务关键型邮件系统提供防御。思科 ESA 通过来自思科 Talos 的实时数据源保持不断更新，而思科 Talos 使用全球数据库监控系统检测和关联威胁。以下是 ESA 的一些主要功能。

- **全球威胁情报**：通过思科 Talos，可以全天 24 小时查看全球流量活动。思科 Talos 能够分析异常、发现新的威胁并监控流量趋势。

- **垃圾邮件拦截**：多层防御系统包含内外两层，外层可根据发件人的信誉进行过滤，内层可对邮件执行深入分析过滤。
- **高级恶意软件保护**：包括利用 Sourcefire 庞大的云安全智能网络的 AMP。此解决方案可以在攻击前、攻击期间、攻击后的整个过程中提供保护。
- **出站消息控制**：控制出站消息，以帮助确保重要消息符合行业标准并在传输过程中受到保护。

5.2.2 安全服务

在本小节中，您将学习如何使用网络服务来增强网络安全。

1. 使用 ACL 控制流量

访问控制列表（ACL）是一系列命令，它根据数据包报头中找到的信息来控制设备应该转发还是应该丢弃数据包。在配置后，ACL 将执行以下任务。

- 限制网络流量以提高网络性能。例如，如果公司政策不允许在网络中传输视频流量，那么就应该配置和应用 ACL 以阻止视频流量。这可以显著降低网络负载并提高网络性能。
- 提供流量控制。ACL 可以限制路由更新的传输，从而确保更新都来自一个已知的来源。
- 提供基本的网络访问安全性。ACL 可以允许一台主机访问部分网络，同时阻止其他主机访问同一区域。例如，“人力资源”网络仅限授权用户进行访问。
- 根据流量类型过滤流量。例如，ACL 可以允许邮件流量，但阻止所有 Telnet 流量。
- 屏蔽主机以允许或拒绝对网络服务的访问。ACL 可以允许或拒绝用户访问特定文件类型，例如 FTP 或 HTTP。

除了允许或拒绝流量外，ACL 还可用于将特定类型的流量选择出来以便以其他方式进行分析、转发或处理。例如，ACL 可用于对流量进行分类，以实现按优先级处理流量的功能。此功能与音乐会或体育赛事中的 VIP 通行证类似。VIP 通行证使选定的客人享有未向普通入场券持有人提供的特权，例如优先入场权或能够进入贵宾区。

图 5-40 所示为应用到路由器 R1、R2 和 R3 且包含 ACL 的拓扑示例。

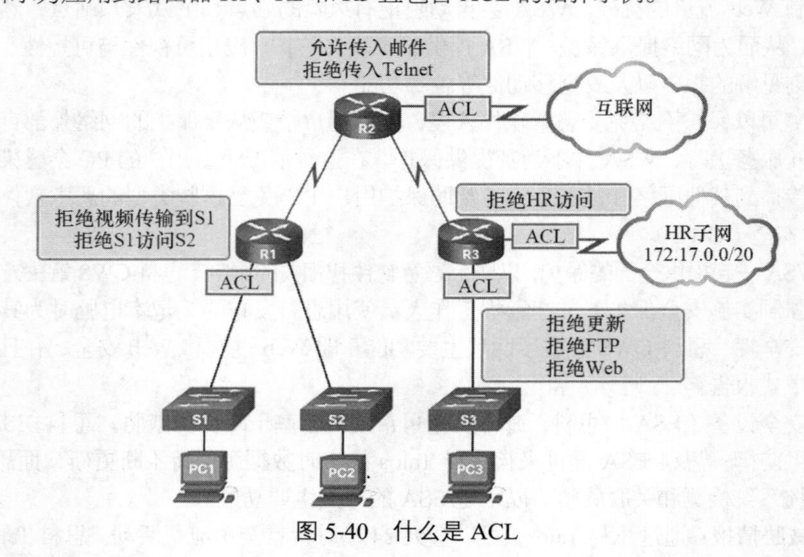

图 5-40 什么是 ACL

2. ACL：重要功能

思科 IPv4 ACL 有标准 IPv4 ACL 和扩展 IPv4 ACL 两种类型。标准 ACL 可以用于允许或拒绝仅来自源 IPv4 地址的流量。它不评估数据包的目的地址和所涉及的端口。

扩展 ACL 根据多种属性过滤 IPv4 数据包，包括：

- 协议类型；
- 源 IPv4 地址；
- 目的 IPv4 地址；
- 源 TCP 或 UDP 端口；
- 目的 TCP 或 UD 端口；
- 可选的协议类型信息（用于更精细的控制）。

可以使用编号或名称标识 ACL 及其语句列表，从而创建标准 ACL 和扩展 ACL。

编号 ACL 适用于在具有较多类似流量的小型网络中定义 ACL 类型。但是，编号不会提供有关 ACL 用途的信息。出于此原因，可以使用名称来标识思科 ACL。

通过配置 ACL 日志记录，当流量满足 ACL 中定义的允许或拒绝标准时，可以生成并记录 ACL 消息。

思科 ACL 还可以配置为仅允许设置了 ACK 或 RST 位的 TCP 流量，以便只允许来自已建立 TCP 会话的流量。这可用于拒绝来自网络外部的尝试建立新 TCP 会话的任何 TCP 流量。

3. SNMP

简单网络管理协议（SNMP）允许管理员管理 IP 网络上的终端设备，例如服务器、工作站、路由器、交换机和安全设备。此服务使网络管理员能够监控和管理网络性能，查找并解决网络故障以及规划网络增长。

SNMP 是一种应用层协议，提供管理器和代理之间的通信消息格式。SNMP 系统包括三个要素，如图 5-41 所示。

- **SNMP 管理器**：运行 SNMP 管理软件。
- **SNMP 代理**：受监控和管理的节点。
- **管理信息库（MIB）**：在代理上存储有关设备的数据和操作统计信息的数据库。

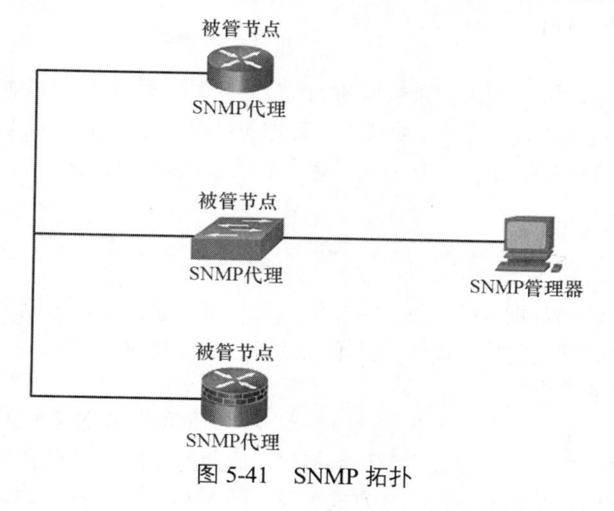

图 5-41 SNMP 拓扑

4. NetFlow

NetFlow 是一项思科 IOS 技术，它提供关于流经思科路由器或多层交换机的数据包的统计信息。SNMP 试图提供非常广泛的网络管理功能和选项，而 NetFlow 侧重于提供有关流经网络设备的数据包的统计信息。

NetFlow 通过提供数据来实现网络和安全监控、网络规划、流量分析（以识别网络瓶颈）以及用于计费的 IP 审记。例如，在图 5-42 中，PC1 和 PC2 使用应用程序（例如 HTTPS）互连。NetFlow 可以监控该应用连接，从而跟踪该应用流的字节数和数据包数。然后它将统计信息推送到名为 NetFlow 收集器的外部服务器。

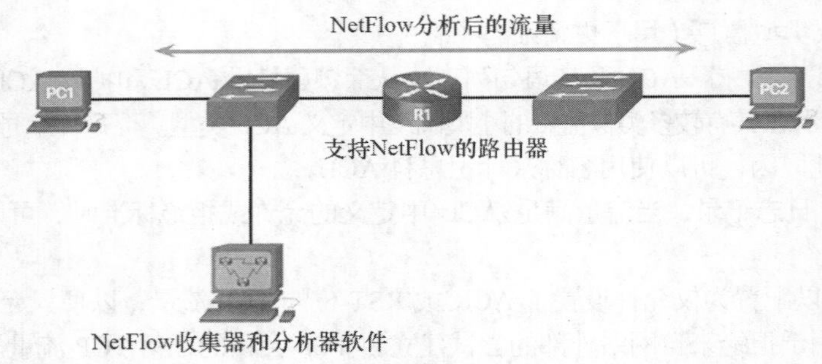

图 5-42 网络中的 NetFlow

NetFlow 技术已历经几代，在流量定义方面越来越复杂，但是“最初的 NetFlow”使用 7 个字段的组合来区分数据流。如果其中一个字段的值与其他数据包的值不同，则可以安全地确定数据包来自不同的数据流：

- 源 IP 地址；
- 目的 IP 地址；
- 源端口号；
- 目的端口号；
- 第 3 层协议类型；
- 服务类型（ToS）标记；
- 输入逻辑接口。

大家应该比较熟悉 NetFlow 用来识别数据流的前 4 个字段。源和目的 IP 地址以及源和目的端口标识源和目的应用程序之间的连接。第 3 层协议类型标识遵循 IP 报头的报头类型（通常是 TCP 或 UDP，其他选项包括 ICMP）。IPv4 报头中的 ToS 字节包含有关设备如何对数据流中的数据包应用服务质量（QoS）规则的信息。

5. 端口镜像

数据包分析器（也称为数据包嗅探器或流量嗅探器）通常是捕获进出网卡（NIC）的数据包的软件。将数据包分析器安装到受监控的设备上并不总是可行或可取的。有时，将其安装到为捕获数据包而指定的独立工作站上效果会更好。

由于网络交换机可以隔离流量，因此流量嗅探器或其他网络监视器（如 IDS）无法访问网段上的所有流量。端口镜像是这样一种功能，它允许交换机生成通过交换机的流量的副本，然后将其发送到连接了网络监视器的端口。原始流量以正常方式转发。图 5-43 所示为端口镜像的一个示例。

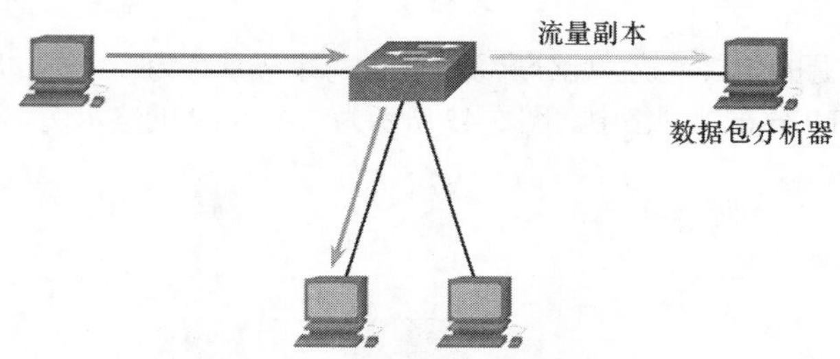

图 5-43 使用交换机嗅探流量

6. 系统日志服务器

当网络上发生某些特定事件时，网络设备具有向管理员通知详细系统消息的可靠机制。这些消息可能并不重要，也可能事关重大。网络管理员可以采用多种方式来存储、解释和显示这些消息，并在收到这些能会对网络基础设施具有重大影响的消息时发出警报。

访问系统消息的最常用方法是使用称为系统日志的协议。

许多网络设备支持系统日志，包括路由器、交换机、应用服务器、防火墙和其他网络设备。系统日志协议允许网络设备将系统消息通过网络发送到系统日志服务器，如图 5-44 所示。

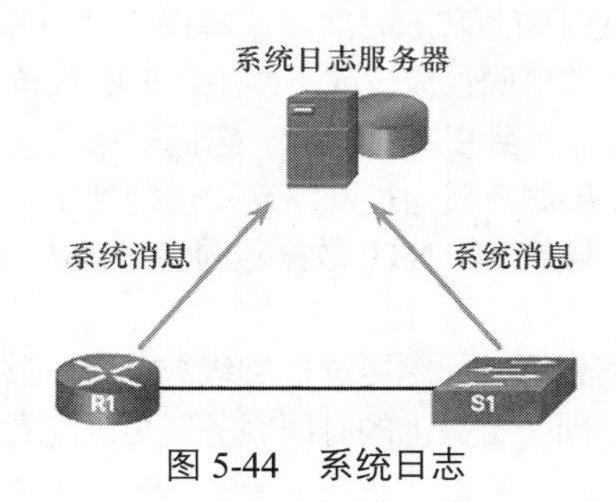

图 5-44 系统日志

系统日志的日志记录服务具有 3 个主要功能：

- 能够收集日志记录信息来用于监控和故障排除；
- 能够选择捕获的日志记录信息的类型；
- 能够指定捕获的系统日志消息的目的地。

7. NTP

网络中所有设备的时间的同步至关重要，因为网络的管理、保护、故障排除和规划的各个方面都需要精确且一致的时间戳。如果设备之间的时间不同步，将无法确定在网络的不同部分所发生事件的顺序。

通常使用以下两种方法来设置网络设备的日期和时间：

- 手动配置日期和时间；
- 配置网络时间协议（NTP）。

随着网络规模的不断扩大，要确保所有基础设施设备以同步时间运行越来越困难。甚至在小型网络环境中，手动方法也并不理想。如果设备重新启动，它将如何获取准确的日期和时间戳？

一个更好的解决方案是在网络中配置 NTP。此协议允许网络中的路由器将其时间设置与 NTP 服务器同步。从单一来源获取时间和日期信息的一组 NTP 客户端在时间设置方面具有更高的一致性。当在网络中实施 NTP 时，可以设置为同步到专用主时钟，也可以同步到互联网上的公共可用

NTP 服务器。

NTP 网络使用时间源的分层系统。此分层系统中的每个级别称为一个层。层级定义为权威来源的跳数。同步时间使用 NTP 分布到网络中。图 5-45 所示为一个 NTP 网络示例。

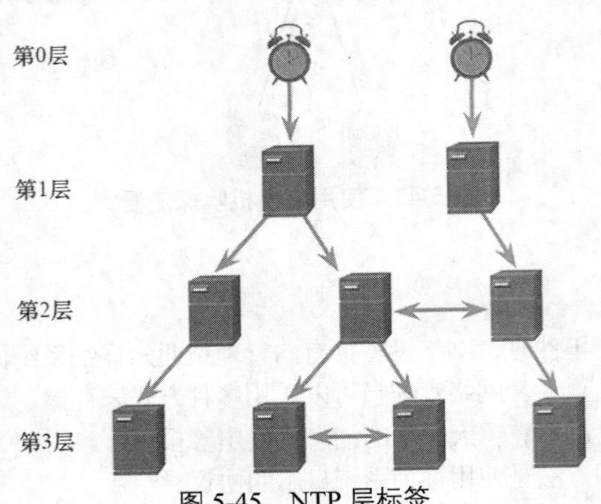

图 5-45 NTP 层标签

NTP 服务器按 3 个级别排列，称为分层。

- **第 0 层**：NTP 网络从权威时间源获取时间。这些权威时间源也称为第 0 层设备，是一些高精度计时设备，被认为是非常精确且极少或不发生延迟的设备。
- **第 1 层**：第 1 层设备直接连接到权威时间源。它们充当主要网络时间标准。
- **第 2 层及更低层级**：第 2 层服务器通过网络连接连接到第 1 层设备。第 2 层设备（例如 NTP 客户端）使用来自第 1 层服务器的 NTP 数据包同步其时间。它们也可以充当第 3 层设备的服务器。

层级数越小，表示服务器距离权威时间源更近。层级数越大，层级越低。最大跳数为 15。第 16 层（最低层级）表示设备不同步。同一层级上的时间服务器可以配置为同一层级上的对等设备，以用于备份或验证时间。

8. AAA 服务器

AAA 是用于配置 3 项独立安全功能的架构框架。

- **认证**：用户和管理员必须证明他们身份的真实性。身份验证可以结合使用用户名和密码组合、提示问题和响应问题、令牌卡以及其他方法。例如："我是用户'student'，我知道密码来证明我的身份。"AAA 身份验证提供了一种控制网络访问权限的集中方式。
- **授权**：完成用户身份验证后，授权服务将确定该用户可以访问哪些资源，能够执行哪些操作。例如，"用户'student'只能使用 SSH 访问主机 serverXYZ。"
- **审计**：审记会记录用户行为，包括访问的内容、访问资源的时间及所做的任何更改。审计用于跟踪网络资源的使用情况。例如，"用户'student'使用 SSH 访问主机 serverXYZ 15 分钟"。

增强型终端访问控制器访问控制系统（TACACS+）和远程身份验证拨入用户服务（RADIUS）都是用于和 AAA 服务器进行通信的身份验证协议。选择 TACACS+还是 RADIUS 取决于组织的需求。

虽然两个协议均可用于在路由器和 AAA 服务器之间进行通信，但是 TACACS+更为安全。这是因为所有的 TACACS+协议交换都是加密的，而 RADIUS 仅加密用户的密码。RADIUS 不加密用户名、审计信息或 RADIUS 消息中携带的任何其他信息。表 5-5 所示为两种协议之间的差别。

表 5-5 TACACS+与 RADIUS

	TACACS+	RADIUS
功能	根据 AAA 架构来分离 AAA，允许以模块化的方式实施安全服务器	结合了身份验证与授权，但将审记分离了出去，实施灵活性低于 TACACS+
标准	主要由思科支持	开放/RFC 标准
传输协议	TCP	UDP
CHAP	在质询握手身份验证协议（CHAP）中使用双向质询和响应	从 RADIUS 安全服务器到 RADIUS 客户端使用单向质询和响应
保密性	加密整个数据包	加密密码
自定义	根据每个用户或每个组提供路由器命令的授权	没有按用户或组授权路路由器命令的选项
会计	有限	丰富

9. VPN

VPN 是通过公共网络（通常是互联网）创建的专用网络，如图 5-46 所示。

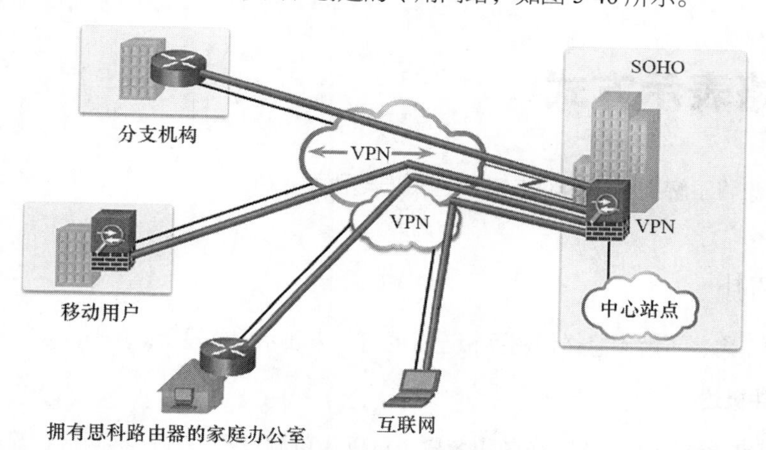

图 5-46 虚拟专用网络

VPN 使用的不是专有的物理连接，而是使用虚拟连接。这条虚拟链接通过互联网从组织路由到远程站点。严格来说，最初的 VPN 只是 IP 隧道，并不包含身份验证或数据加密。例如，通用路由封装（GRE）是由思科开发的隧道协议，可在 IP 隧道内封装各种网络层协议数据包类型。这会创建通过 IP 网络连接到远程思科路由器的虚拟点对点链路。

VPN 是虚拟的，因为它是在专用网络中传送信息，但是这些信息实际上是通过公共网络传送的。VPN 是私密的，因为会对其中的流量进行加密以确保数据在通过公共网络传输时是保密的。

VPN 是一种通信环境，在该环境下的访问受到严格控制，仅允许相关的对等设备之间的连接。保密性通过加密 VPN 内的流量来实现。如今，带加密功能的 VPN 的安全实施通常等同于虚拟专用网络的概念。

从最简单的意义上讲，VPN 通过公共网络将两个终端（例如远程办公室和中心办公室）进行连接，以形成逻辑连接。可以在第 2 层或第 3 层建立逻辑连接。第 3 层 VPN 的常见示例包括 GRE、多协议标签交换（MPLS）和 IPSec。第 3 层 VPN 可以是点对点站点连接，例如 GRE 和 IPSec，也可以使用 MPLS 与许多站点建立任意到任意连接。

IPSec 是在 IETF 的支持下开发的一套协议，旨在通过 IP 数据包交换网络实现安全服务，如图 5-47 所示。

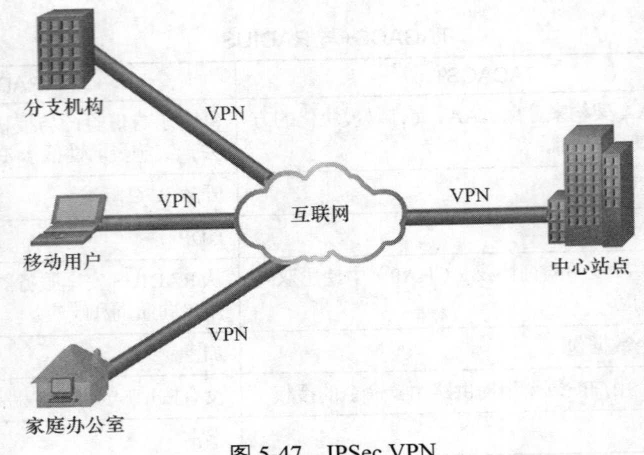

图 5-47　IPSec VPN

IPSec 服务允许进行身份验证，实现了完整性、访问控制和保密性。使用 IPSec，可以对远程站点之间交换的信息进行加密和验证。远程访问和站点到站点的 VPN 均可使用 IPSec 进行部署。

5.3　网络表示方式

在本节中，您将了解到网络和网络拓扑是怎样表示的。

5.3.1　网络拓扑

在本小节中，您将了解到怎样使用互相连接的符号来表示网络设计。

1. 网络组件概述

消息从源到目的地所采用的路径各式各样，可以简单到只是一根连接两台计算机的电缆，也可以复杂到是真正覆盖全球的网络集合。该网络基础设施提供稳定可靠的通道，这些通信就发生在通道中。

网络基础设施包含 3 类网络组件：

- 设备（见图 5-48）；
- 介质（见图 5-49）；
- 服务（见图 5-50）。

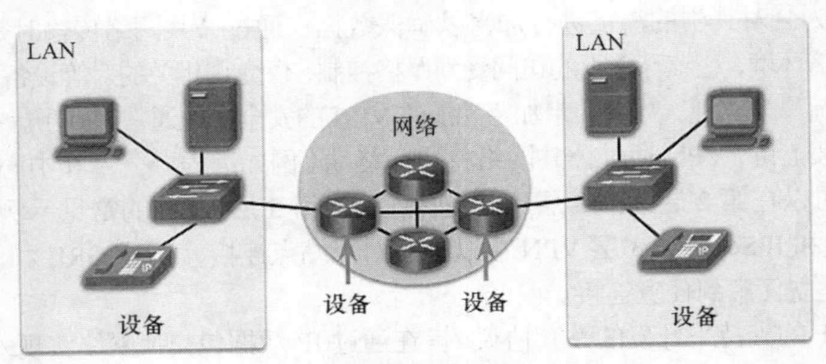

图 5-48　网络组成部分：设备

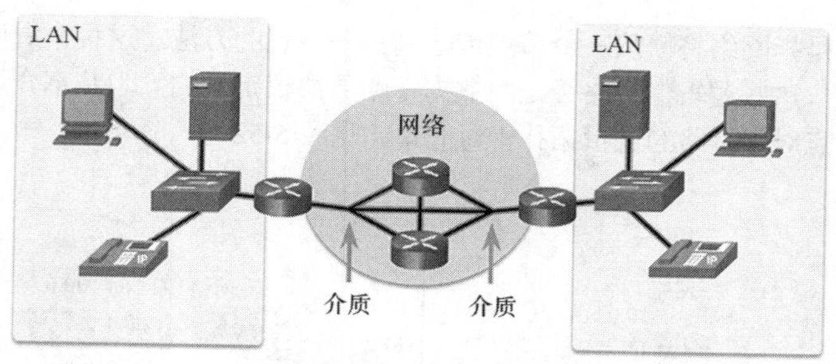

图 5-49 网络组成部分：介质

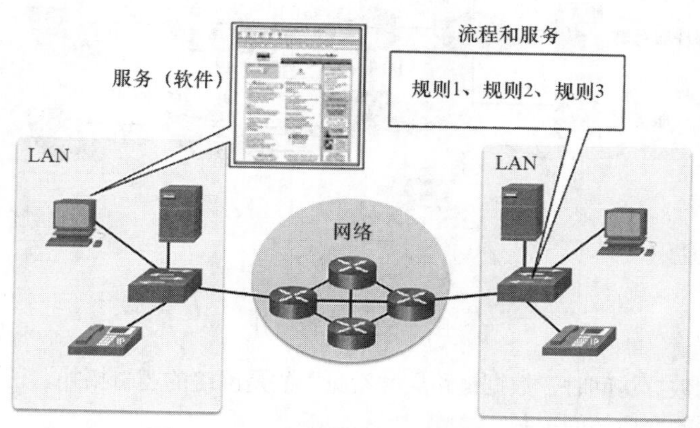

图 5-50 网络组成部分：服务和流程

设备和介质是网络的物理要素，即硬件。硬件通常是网络平台的可见组成部分，如笔记本电脑、PC、交换机、路由器、无线接入点或用于连接设备的电缆。

服务包括人们日常使用的许多常见网络应用程序，如电子邮件托管服务和 Web 托管服务。过程提供的是在网络中引导和移动消息的功能。过程不易觉察，但却是网络运行的关键。

2. 物理和逻辑拓扑

网络拓扑是指网络设备及它们之间的互连布局或关系。可以通过两种方式查看 LAN 和广域网（WAN）拓扑。

- **物理拓扑**：是指物理连接，用于标识终端设备和基础设施设备（如路由器、交换机和无线接入点）如何互连（见图 5-51）。

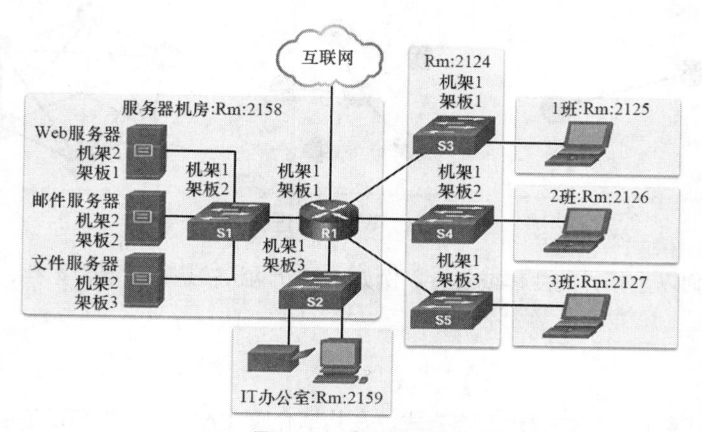

图 5-51 物理拓扑

- **逻辑拓扑**：是指网络将帧从一个节点传输到另一节点的方法。这种布局由网络节点之间的虚拟连接组成。这些逻辑信号路径是由数据链路层协议定义的。当共享介质提供不同的访问控制方法时，点对点链路的逻辑拓扑相对简单（见图 5-52）。

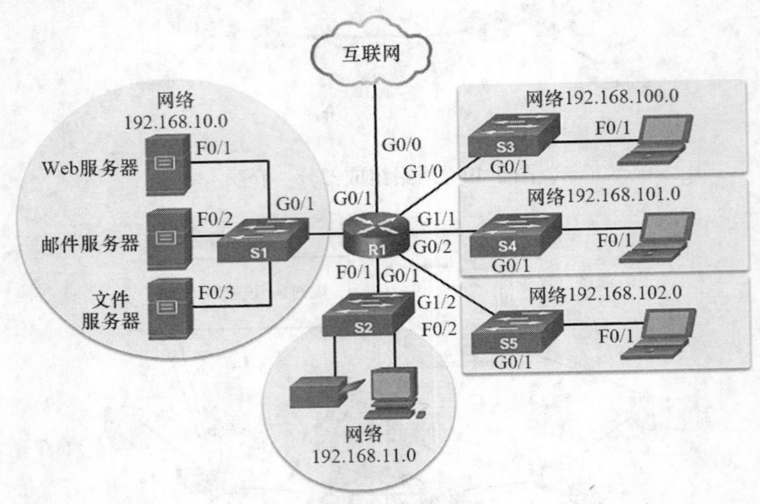

图 5-52 逻辑拓扑

在控制对介质的数据访问时，数据链路层“看见”的是网络的逻辑拓扑。正是逻辑拓扑在影响网络成帧的类型和所用的介质访问控制。

3. WAN 拓扑

WAN 通常使用以下物理拓扑互连。

- **点对点**：这是最简单的拓扑。它由两个终端之间的永久链路组成。因此，这是一种非常普遍的 WAN 拓扑。
- **集中星型**：星型拓扑的 WAN 版本，在该拓扑中一个中心站点使用点对点链路互连分支站点。
- **网状**：该拓扑可用性高，但要求每个终端系统都与其他各个系统互连。因此管理成本和物理成本都会非常高。每条链路实质上是一对节点之间的点对点链路。

图 5-53 所示为三种常见的物理 WAN 拓扑。

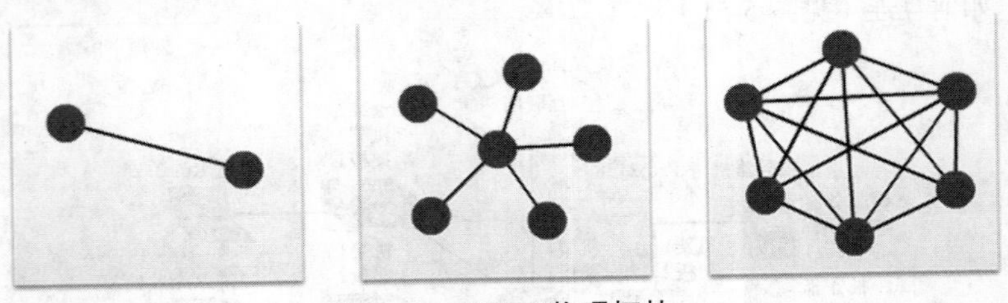

图 5-53 WAN 物理拓扑

混合拓扑是任何以上拓扑的变体或组合。例如，部分网状就是一种混合拓扑，其中不是所有的终端设备都是互连的。

4. LAN 拓扑

物理拓扑定义了终端系统的物理互连方式。在共享介质 LAN 上，终端设备可以使用以下物理拓扑互连。

- **星型**：将终端设备连接到中央的中间设备。早期的星型拓扑使用以太网集线器互连终端设备。但现在星型拓扑使用的是以太网交换机。星型拓扑安装简易、扩展性好（易于添加和删除终端设备），而且容易进行故障排除。
- **扩展星型**：在扩展星型拓扑中，额外的以太网交换机与其他星型拓扑互连。扩展星型是一种混合拓扑。
- **总线**：所有终端系统都相互连接，并在两端以某种形式端接。终端设备互连时不需要基础设施设备（例如交换机）。因为总线拓扑价格低廉而且安装简易，所以传统的以太网络中会使用采用同轴电缆的总线拓扑。
- **环**：终端系统与其各自的邻居相连，形成一个环状。与总线拓扑不同，环拓扑不需要端接。环拓扑用于传统的光纤分布式数据接口（FDDI）和令牌环网络。

图 5-54 所示为终端设备如何在 LAN 中互连。

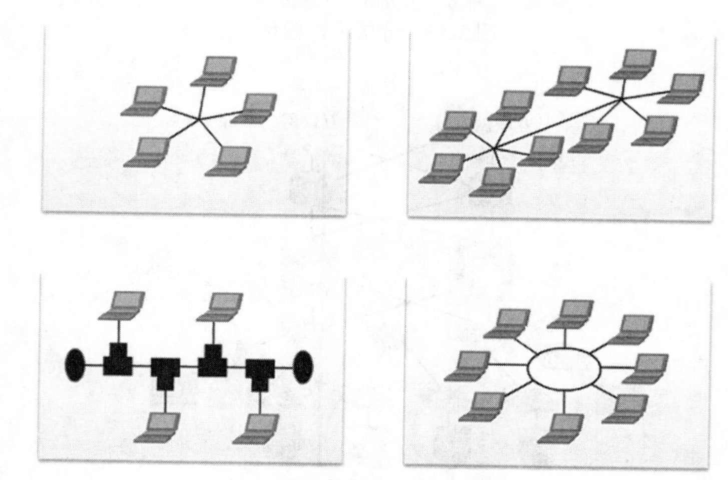

图 5-54 LAN 物理拓扑

5. 三层网络设计模型

园区有线局域网使用一种分层设计模型将设计分成模块化的组或层。将设计分层后可允许每层实施特定的功能，这可简化网络设计，并由此简化网络部署和管理。

园区有线局域网可实现一幢建筑或建筑群中设备之间的通信，以及在网络核心实现与广域网和互联网边缘的互连。

分层 LAN 设计包括以下 3 层，如图 5-55 所示。

- **接入层**：向终端设备和用户提供对网络的直接访问。
- **分布层**：汇聚各接入层并提供服务连接。
- **核心层**：为大型局域网环境提供分布层之间的连接性。

用户流量在接入层发出后将会流经其它各层（如果需要这些层的功能的话）。尽管分层模型包含 3 层，但是一些较小的企业网络可能会实施两层设计。在一个两层设计中，核心层和分布层折叠为一层，由此降低了成本和复杂性，如图 5-56 所示。

在平面或网状网络架构中，变动往往会影响到大量的系统。分层设计有助于将运行变动限制在网络的一个局部，可简化管理并提高恢复能力。将网络划分为较小和易于理解的模块化元素后，还可通过改进故障隔离来提高恢复能力。

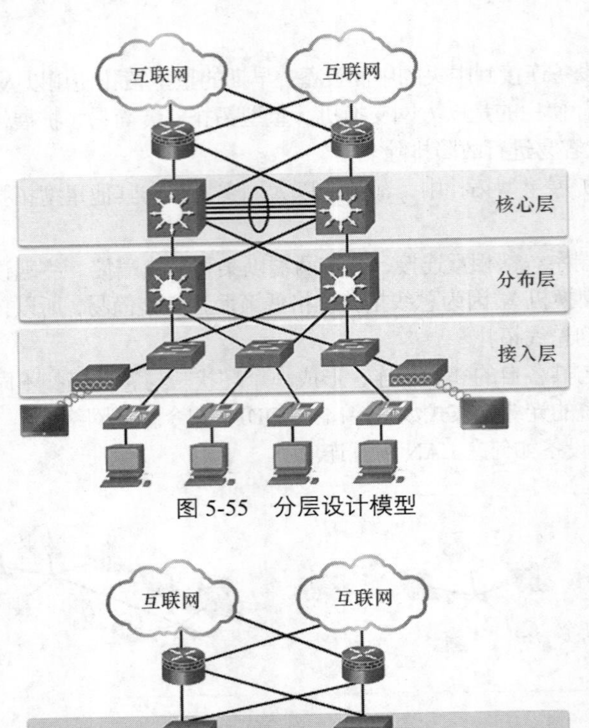

图 5-55 分层设计模型

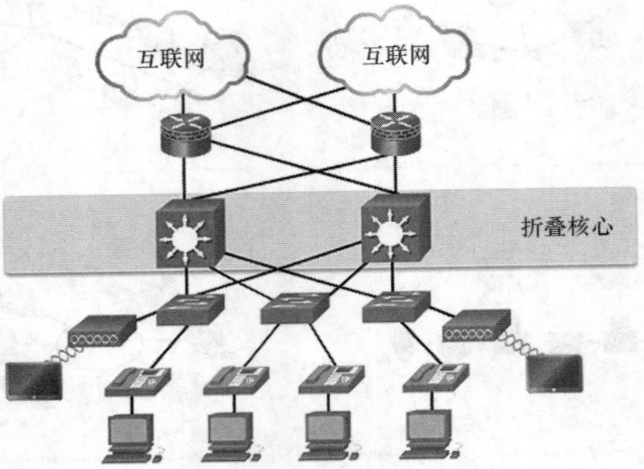

互联网 互联网 折叠核心

图 5-56 折叠核心

6. 常见的安全架构

防火墙设计主要关心的是设备接口根据流量的来源、目的地和类型允许或拒绝流量。有些设计就像指定外部网络和内部网络一样简单，内/外部网络由防火墙上的两个接口决定。在图 5-57 中，公共网络（或外部网络）是不受信任的，而专用网络（或内部网络）是受信任的。

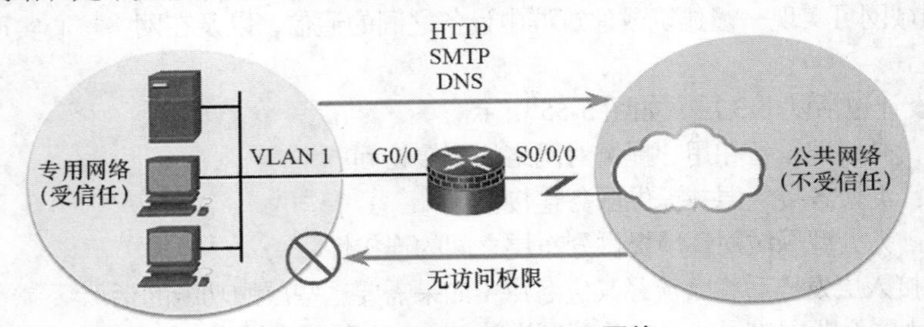

图 5-57 专用网络和公共网络

通常，具有两个接口的防火墙会进行如下配置。

- 允许源自专用网络的流量，并在这些流量向公共网络传输时对其进行检测。允许从公共网络返回并与源自专用网络的流量相关联且通过检测的流量。
- 通常会阻止源自公共网络并向专用网络传输的流量。

隔离区（DMZ）是一种防火墙设计，其中通常有一个内部接口连接到专用网络，一个外部接口连接到公共网络，还有一个 DMZ 接口，如图 5-58 所示。

- 源自专用网络的流量向公共网络或 DMZ 网络传输时对其进行检测。这种流量限制很少或没有限制。允许从 DMZ 或公共网络返回到专用网络且通过检测的流量。
- 通常会阻止源自 DMZ 网络并向专用网络传输的流量。
- 根据服务要求，有选择性地允许源自 DMZ 网络并向公共网络传输的流量。
- 有选择性地允许和检测源自公共网络并向 DMZ 传输的流量。这种类型的流量通常是邮件、DNS、HTTP 或 HTTPS 流量。动态允许从 DMZ 返回到公共网络的流量。
- 阻止源自公共网络并向专用网络传输的流量。

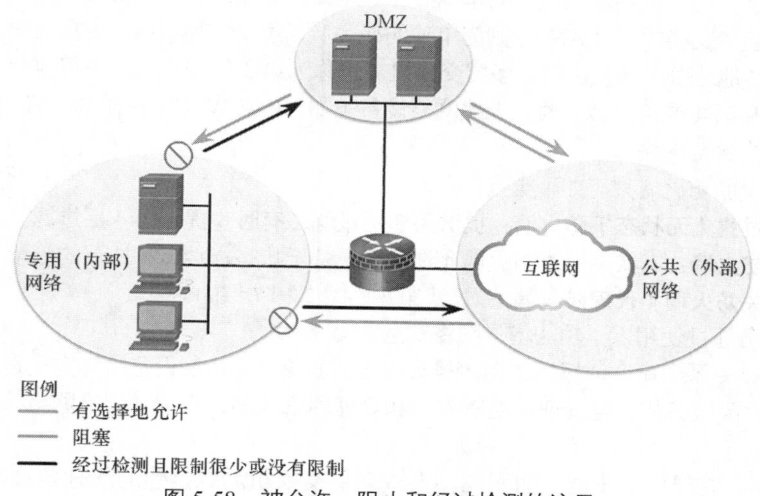

图 5-58　被允许、阻止和经过检测的流量

基于区域的策略防火墙（ZPF）使用区域概念提供额外的灵活性。区域是具有类似功能或特性的一个或多个接口的组。区域可帮助用户指定应用思科 IOS 防火墙规则或策略的位置。在图 5-59 中，LAN 1 和 LAN 2 的安全策略是相似的，可以将其分组为防火墙配置的区域。默认情况下，同一区域的接口之间的流量不受任何策略的约束，可以自由传递。但是，所有区域到区域的流量都会被阻止。为了允许区域之间的流量，必须配置允许或检测流量的策略。

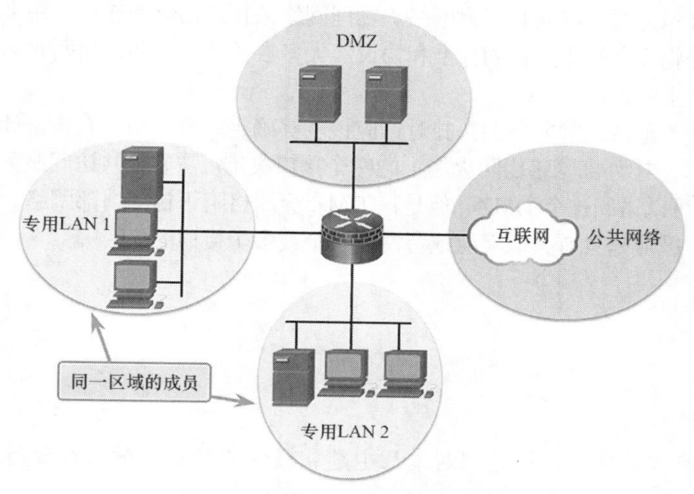

图 5-59　基于区域的策略防火墙

此默认拒绝任何策略的唯一例外情况是路由器自身区域。路由器自身区域是路由器本身，包括路由器接口的所有 IP 地址。包括自身区域的策略配置将适用于发往和源自路由器的流量。默认情况下，没有适用于此流量类型的策略。设计适用于自身区域的策略时应考虑的流量包括管理平面和控制平面流量，例如 SSH、SNMP 和路由协议。

5.4 小结

在本章中，您学习了网络基础设施的基本操作。路由器是网络层设备并使用路由进程在网络或子网之间转发数据包。交换机将 LAN 分割为单独的冲突域，每个交换机端口对应一个冲突域。交换机根据以太网 MAC 地址做出转发决策。多层交换机（也称为第 3 层交换机）不仅执行第 2 层交换，而且会根据第 3 层和第 4 层信息转发帧。无线网络设备（如 AP 或 WLC）使用 802.11 标准而不是 802.3 标准将无线设备连接至网络。

启用网络安全的防火墙具有如下类型。

- **数据包过滤（无状态）防火墙**：提供第 3 层过滤，有时也提供第 4 层过滤。
- **有状态防火墙**：有状态检查防火墙允许或阻止基于状态、端口和协议的流量。
- **应用网关防火墙（代理防火墙）**：过滤第 3、4、5 和 7 层的信息。

网络安全服务通过使用以下功能增强网络安全。

- **ACL**：是一系列命令，根据数据包报头中找到的信息来控制设备是转发还是丢弃数据包。
- **SNMP**：此服务使网络管理员能够监控和管理网络性能，查找并解决网络故障以及规划网络增长。
- **NetFlow**：它提供关于流经思科路由器或多层交换机的数据包的统计信息。
- **端口镜像**：是一项功能，在流量通过交换机时生成流量副本，然后将其发送到连接了网络监视器的端口。
- **系统日志服务器**：用于访问网络设备生成的系统消息。
- **NTP**：同步网络上所有设备的时间，以确保准确且一致地为系统消息添加时间戳。
- **AAA**：用于配置用户身份验证、授权和审记服务的框架。
- **VPN**：在公共网络上的两个终端之间创建的专用网络。

网络拓扑通常表示为物理网络和逻辑网络。物理网络拓扑是指物理连接，用来标识终端设备的连接方式。逻辑拓扑是指设备用于通信的标准和协议。大多数拓扑组合使用这两种拓扑结构，用来显示设备在物理上和逻辑上的连接方式。

在查看可以访问外部或公共网络的拓扑时，应该能够确定安全架构。有些设计就像指定外部网络和内部网络一样简单，内/外部网络由防火墙上的两个接口决定。需要公共访问服务的网络通常包括一个 DMZ，公共网络可以访问这个 DMZ，但是该 DMZ 会严格阻止访问内部网络。ZPF 使用区域概念提供额外的灵活性。区域是具有类似功能或特性的一个或多个接口的组。

复习题

请完成以下所有复习题，以检查您对本章主题和概念的理解情况。答案列在附录“复习题答案”中。

1. 哪种专用网络设备负责在网络之间强制执行访问控制策略？
   A. 网桥
   B. 交换机
   C. 防火墙
   D. IDS
2. 以太网交换机检查和使用哪些信息来构建其地址表？
   A. 源 IP 地址
   B. 目的 IP 地址
   C. 源 MAC 地址
   D. 目的 MAC 地址
3. 哪种设备是中间设备？
   A. 智能设备
   B. PC
   C. 服务器
   D. 防火墙
4. 下列关于 RADIUS 和 TACACS+差异的说法中哪项是正确的？
   A. RADIUS 使用 TCP，而 TACACS+使用 UDP
   B. RADIUS 由思科安全访问控制服务器（ACS）软件提供支持，而 TACACS+则没有
   C. RADIUS 只加密密码，而 TACACS+则加密所有通信
   D. RADIUS 将身份验证和授权分开，而 TACACS+将它们组合为一个过程
5. 哪种无线参数指的是用于将数据传输到无线接入点的频段？
   A. SSID
   B. 安全模式
   C. 扫描模式
   D. 通道设置
6. 哪种专用网络设备使用签名来检测网络流量中的模式？
   A. 网桥
   B. 交换机
   C. IDS
   D. 防火墙
7. 通过将所有以太网电缆连接到中央设备可以创建哪种类型的物理拓扑？
   A. 星型
   B. 总线
   C. 环型
   D. 网状
8. 哪种网络服务同步网络中所有设备的时间？
   A. NetFlow
   B. 系统日志
   C. NTP
   D. SNMP
9. 哪种网络服务允许管理员监控和管理网络设备？
   A. NTP
   B. SNMP
   C. 系统日志
   D. NetFlow

第 6 章

网络安全原理

学习目标

在学完本章后，您将能够回答下列问题：

- 网络安全的演变是什么？
- 威胁发起者使用哪些类型的攻击工具？
- 什么是恶意软件？
- 有哪些常见的网络攻击？

攻击网络的动机可能是为了获取钱财，也可能是由企业或政府资助的间谍活动，还可能是激进主义行为或仅仅是出于恶意意图。攻击网络基础设施的人员和团伙通常称为威胁发起者。

本章介绍威胁发起者用于发起网络攻击的各种工具和方法。

6.1 攻击者及其工具

在本节中，您将了解到网络是怎样被攻击的。

6.1.1 谁在攻击我们的网络

在本小节中，您将了解到网络安全的演变。

1. 威胁、漏洞和风险

我们遭到攻击，攻击者希望访问我们的资产。资产是任何对组织而言都有价值的东西，比如数据和其他知识产权、服务器、计算机、智能手机、平板电脑等。

为了更好地理解关于网络安全的讨论，了解以下术语很重要。

- **威胁**：数据或网络本身等资产的潜在危险。
- **漏洞**：可能被威胁利用的系统弱点或系统设计的弱点。
- **攻击面**：攻击者可访问的系统中所有漏洞的集合。攻击面描述攻击者进入系统以及从系统取得数据的各种着手点。例如，您的操作系统和 Web 浏览器均需要安全补丁。因为它们都容易受到攻击。它们共同形成威胁发起者可以利用的攻击面。
- **漏洞利用**：一种利用漏洞破坏资产的机制。漏洞攻击可以是远程的，也可以是本地的。远程漏洞攻击是通过网络实施的攻击，不需事先对目标系统进行任何访问。攻击者要利用漏洞，并不需要在终端系统上拥有帐户。在本地漏洞攻击中，威胁发起者对终端系统拥有某种类型的用户或管理访问权限。本地漏洞攻击并不一定意味着攻击者拥有终端系统的物理访问权限。

- **风险**：某个特定威胁利用某一资产的某个特定漏洞进行攻击并导致不良后果的可能性。

风险管理是保持运营成本（用来提供资产的保护措施）和资产收益两者之间的平衡的过程。有下面 4 种管理风险的常用方法。

- **风险接受**：当风险管理选项的成本超过风险本身成本时，不采取行动，而是接受风险。
- **风险规避**：可避免资产完全暴露于风险中。这通常是成本最高的风险缓解选项。
- **风险限制**：通过采取一些行动来降低公司暴露于风险中的程度。这种策略结合了风险接受和风险规避这两种方法。这是最常用的风险缓解策略。
- **风险转移**：将风险转移给愿意接受风险的第三方，比如保险公司。

其他常用的网络安全术语如下所示。

- **对策**：缓解威胁或风险的保护解决方案。
- **影响**：威胁对组织造成的损害。

注 意　本地漏洞攻击需要内部网络访问，比如拥有网络帐户的用户。远程漏洞攻击不需要网络帐户来利用该网络的漏洞。

2. 黑客与威胁发起者

众所周知，“黑客”是一个用来描述威胁发起者的常见术语。然而，“黑客”这个术语有多种含义，如下所示。

- 能够开发新的程序及更改现有程序的代码，从而使它们更加有效的聪明程序员。
- 运用精炼的编程技能确保网络免受攻击的网络专业人员。
- 试图未经授权访问互联网设备的人员。
- 运行程序以阻止大量用户访问网络或减慢其网络访问速度，或者损坏或擦除服务器中的数据的个人。

下列术语通常用于描述黑客。

- **白帽黑客**：白帽黑客是正义黑客，他们出于正义、道德和法律目的运用其编程技能。白帽黑客可以通过运用其在计算机安全系统方面的知识来发现网络漏洞，执行网络渗透测试，通过试图攻陷网络系统来发现网络漏洞。安全漏洞会上报给开发人员，以便他们在漏洞被利用之前修复漏洞。部分组织在接到白帽黑客的漏洞通知时，会向他们授予奖励或奖金。
- **灰帽黑客**：灰帽黑客是指从事犯罪行为并且所作所为可以说不太道德的人员，但他们并不是出于个人利益才这样做，并且他们的行为也不会造成损害。例如，在未经许可的情况下侵入网络，然后公开漏洞的人，就是灰帽黑客。灰帽黑客可能会在入侵网络后向受影响的组织披露漏洞。这样，组织可以修复该问题。
- **黑帽黑客**：黑帽黑客是不道德的犯罪分子，他们出于个人利益或恶意原因（例如攻击网络）破坏计算机和网络安全。黑帽黑客利用漏洞攻击计算机和网络系统。

无论好坏，黑客活动是网络安全的一个重要方面。在本课程中，“威胁发起者”这一术语指的是那些可能被归类为灰帽黑客或黑帽黑客的个人或团体。

3. 威胁发起者的变化情况

黑客攻击始于 20 世纪 60 年代的盗用电话线路，指的是利用各种声频操纵电话系统。当时，电话交换机使用各种音调或音调拨号来指示不同的功能。早期的威胁发起者认识到，通过用口哨模仿音调，他们可以利用电话交换机打免费长途电话。

在 20 世纪 80 年代中期，计算机拨号调制解调器用于将计算机连接到网络。威胁发起者编写了“战争拨号”程序，该程序在特定区域拨打每个电话号码以搜索计算机、公告板系统（BBS）和传真机。找到电话号码后，将使用密码破解程序来获取访问权限。从那之后，威胁发起者的大体概况和动机发生了相当多的变化。

现代威胁发起者有下面这些分类。

- **脚本小子：**这个术语出现在20世纪90年代，指的是运行现有脚本、工具和漏洞造成损害的青少年或经验不足的黑客，但通常他们这么做并不是出于获利目的。
- **漏洞经纪人：**漏洞经纪人通常是灰帽黑客，他们试图发现漏洞并将其报告给供应商，有时他们是为了获得奖品或奖励。
- **激进黑客：**激进黑客是指嘲弄或抗议不同的政治或社会理念的灰帽黑客。激进黑客通过发布文章和视频、泄漏敏感信息以及执行分布式拒绝服务（DDoS）攻击公开抗议组织或政府。
- **网络犯罪分子：**网络犯罪分子是黑帽黑客，他们或是单枪匹马独自行动，或是为大型网络犯罪组织工作。网络犯罪分子每年从消费者和企业手中窃取的资金高达几十亿美元。
- **政府资助的黑客：**政府资助的黑客为白帽或黑帽黑客（取决于个人的观点），他们窃取机密、收集情报并破坏网络。他们的目标是外国政府、恐怖组织和企业。

4. 网络犯罪分子

网络犯罪分子是利用任何必要手段来赚钱的威胁发起者。虽然有时候网络犯罪分子单独行动，但更多的时候他们都由犯罪组织资助和赞助。据估计，全球范围内，网络犯罪分子每年从消费者和企业那里窃取几十亿美元。

网络犯罪分子以地下经济的形式经营，他们购买、出售、交易漏洞和工具。他们还购买和出售从受害者那里窃取的私人信息和知识产权。网络犯罪分子的目标包括小型企业和消费者，也包括大型企业和行业。

5. 网络安全任务

威胁发起者对攻击目标不会区别对待。他们的攻击目标包括家庭用户、中小型企业以及大型公共组织和私人组织的易受攻击的终端设备。

为了使互联网和网络更安全、更可靠，我们所有人都必须培养良好的网络安全意识。网络安全是所有用户都必须践行的共同责任。例如，我们必须向有关当局报告网络犯罪，注意邮件和网络中的潜在威胁，以及保护重要信息免遭盗窃。

组织必须采取行动并保护其资产、用户和客户。

6. 网络威胁指标

通过共享攻击指标（attack indicator）信息，可以阻止许多网络攻击。每个攻击都有唯一的可识别属性。这些属性被称为网络威胁指标，或简称为攻击指标。

例如，用户收到一封邮件，邮件中说他们赢得了大奖。点击邮件中的链接会导致攻击。攻击指标可以包括用户未参加该比赛的事实、发件人的IP地址、邮件主题行、邮件中待点击的链接或待下载的附件等。

所有国家/地区的政府正在积极宣传网络安全。例如，美国国土安全部（DHS）和美国计算机应急预备小组（US-CERT）正在带头努力与公共组织和私人组织自动共享网络安全信息，且无需任何费用。DHS和US-CERT使用一个称为自动指标共享（AIS）的系统。在威胁被证实后，AIS可以确保美国政府和私营部门立即共享攻击指标。

DHS还向所有用户宣传网络安全。例如，每年10月份他们会举办“网络安全意识月”活动。这项活动的目的是为了促进和提高网络安全意识。DHS还宣传“停止、思考、连接”活动，鼓励所有公民更安全、更可靠地使用网络。该活动提供有关各种安全主题的材料，其中包括：

- 创建密码的最佳实践；
- 使用公共 WiFi 的最佳实践；
- 走向网上安全的 5 个简单步骤；
- 如何识别和预防网络犯罪；
- 保护您的数字家庭的 5 个步骤；

6.1.2 威胁发起者工具

在本小节中，您将了解威胁发起者使用的各种类型的攻击工具。

1. 攻击工具简介

要利用漏洞，攻击者必须有可使用的技术或工具。多年以来，攻击工具变得越来越复杂且高度自动化，但与过去相比，攻击者却不需要掌握那么多的技术知识就可以使用它们。

图 6-1 和图 6-2 比较了 1985 年和现在的攻击工具在复杂性和所需技术知识方面的对比。

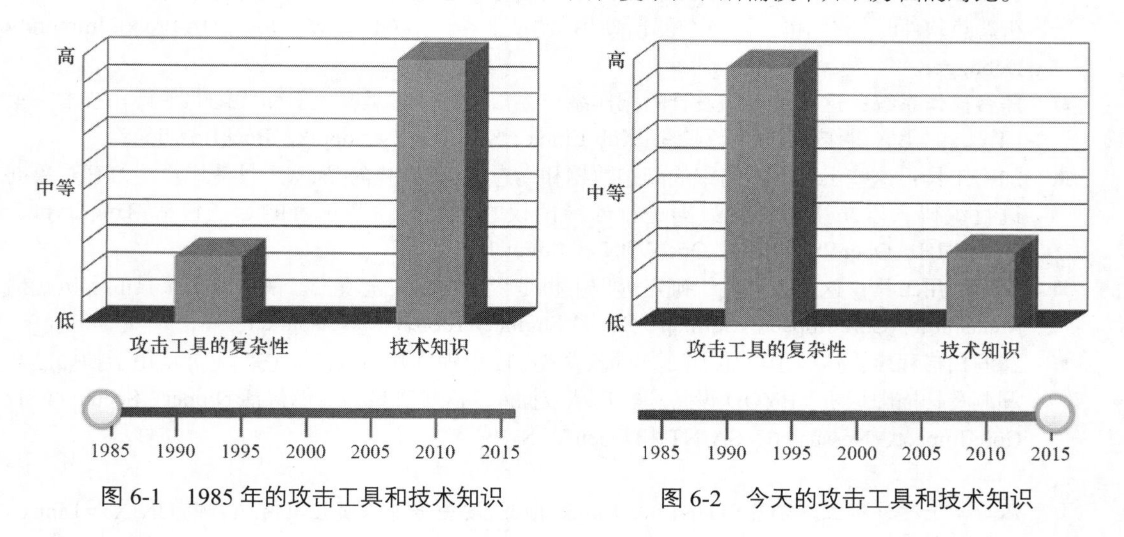

图 6-1 1985 年的攻击工具和技术知识

图 6-2 今天的攻击工具和技术知识

2. 安全工具的演变

道德黑客攻击涉及许多不同类型的工具来测试和保证网络及其数据的安全。为了验证网络及其系统的安全，人们开发了许多网络渗透测试工具。但是，威胁发起者也可以使用许多这样的工具发起漏洞攻击。

威胁发起者还创建了各种黑客工具。这些工具显然是出于恶意原因而编写的。在执行网络渗透测试时，网络安全人员也必须知道如何使用这些工具。

下文列出了常见网络渗透测试工具的类别。注意白帽黑客和黑帽黑客是如何使用某些工具的。请记住，由于新工具会不断开发出来，因此下文所列内容并不详尽。

- **密码破解器**：密码窃取是最大的安全威胁。密码破解工具通常称为密码恢复工具，可用于破解或恢复密码，它是通过删除原始密码然后绕过数据加密或直接发现密码来完成的。密码破解器反复猜测密码，以破解密码并访问系统。密码破解工具的示例包括 John the Ripper、Ophcrack、L0phtCrack、THC Hydra、RainbowCrack 和 Medusa。
- **无线破解工具**：无线网络更容易受到网络安全威胁的影响。无线破解工具用于故意侵入无线网络，以检测安全漏洞。无线黑客工具的示例包括 Aircrack-ng、Kismet、InSSIDer、KisMAC、Firesheep 和 NetStumbler。

- **网络扫描和破解工具：**网络扫描工具用于在网络设备、服务器和主机上探测开放的 TCP 或 UDP 端口。扫描工具的示例包括 Nmap、SuperScan、Angry IP Scanner 和 NetScanTools。
- **数据包构造工具：**这些工具使用精心制作的数据包来探测和测试防火墙的健壮性。这些工具的示例包括 Hping、Scapy、Socat、Yersinia、Netcat、Nping 和 Nemesis。
- **数据包嗅探器：**这些工具用于捕获和分析传统以太网 LAN 或 WLAN 中的数据包。工具包括 Wireshark、Tcpdump、Ettercap、Dsniff、EtherApe、Paros、Fiddler、Ratproxy 和 SSLstrip。
- **Rootkit 探测器：**这是白帽黑客使用的目录和文件完整性检查器，用于检测已安装的 Rootkit 黑客程序。示例工具包括 AIDE、Netfilter 和 PF OpenBSD Packet Filter。
- **用于搜索漏洞的模糊测试工具：**模糊测试工具是黑客在试图发现计算机系统的安全漏洞时使用的工具。Fuzzer 示例包括 Skipfish、Wapiti 和 W3af。
- **调查分析工具：**这些工具是白帽黑客使用的工具，用于找出某个计算机系统中存在的任何证据痕迹。工具示例包括 Sleuth Kit、Helix、Maltego 和 EnCase。
- **调试程序：**这些工具是黑帽黑客在编写漏洞时对二进制文件执行逆向工程所使用的工具。分析恶意软件时，它们也会被“白帽”所使用。调试工具包括 GDB、WinDbg、IDA Pro 和 Immunity Debugger。
- **黑客操作系统：**这些是专门设计的操作系统，预装有针对黑客攻击而优化的工具和技术。专门设计的黑客操作系统的示例包括 Kali Linux、SELinux、Knoppix、BackBox linux。
- **加密工具：**这些工具保护组织的静态数据和动态数据的内容。加密工具使用算法方案对数据进行编码，以防止对加密数据进行未经授权的访问。这些工具的示例包括 TrueCrypt、OpenSHH、OpenSSL、Tor、OpenVPN 和 Stunnel。
- **漏洞利用工具：**这些工具用于确定远程主机是否易受到安全攻击。漏洞攻击工具的示例包括 Metasploit、Core Impact、Sqlmap、Social Engineer Toolkit 和 Netsparker。
- **漏洞扫描程序：**这些工具用于扫描网络或系统以识别打开的端口。它们还可以用于扫描已知漏洞及扫描虚拟机、BYOD 设备和客户端数据库。这些工具的示例包括 Nipper、Secunia PSI、Core Impact、Nessus v6、SAINT 和 Open VAS。

注 意　上述许多工具都基于 UNIX 或 Linux，因此，安全专业人员应具有较强的 UNIX 和 Linux 背景。

---

3. 攻击类别

威胁发起者可以使用前面提到的工具或工具的组合来创建各种攻击。下文列出了常见的攻击类型，由于攻击网络的新方法不断涌现，因此下述内容并不详尽。

- **窃听攻击：**这是黑客捕获和“侦听”网络流量的情形。这种攻击也称为嗅探或监听。
- **数据修改攻击：**黑客捕获到企业流量，并且他们可以在不了解发送方或接收方的情况下修改数据包中的信息。
- **IP 地址欺骗攻击：**黑客构建一个 IP 数据包，这个数据包看起来源自公司内部网内的有效地址。
- **基于密码的攻击：**如果黑客发现了一个有效的用户账户，则攻击者可以拥有与真实用户相同的权限。黑客可以利用该有效账户获取其他用户、计算机名称和网络信息的列表。他们还可能会更改服务器和网络配置，修改、变更路由或删除数据。

- **拒绝服务（DoS）攻击：**DoS 攻击阻止有效用户正常使用计算机或网络。在获取网络访问权限之后，DoS 攻击可能会导致应用或网络服务崩溃。DoS 攻击还可能会导致计算机或整个网络充满流量，直至因为过载而关机。DoS 攻击还可能阻断流量，从而导致已授权用户无法访问网络资源。
- **中间人攻击：**当黑客将自己置于源和目的地之间时，就会发生这种攻击。此时他们可以主动、透明的方式监控、捕获和控制通信。
- **盗取密码攻击：**如果黑客获得密钥，则该密钥称为被盗取的密钥。被盗取的密钥可用于访问安全通信，且不会让发送方或接收方意识到此攻击。
- **嗅探器攻击：**嗅探器是一种可以读取、监控和捕获网络数据交换并读取网络数据包的应用或设备。如果数据包未加密，则嗅探器可提供数据包内的数据完整视图。即使是封装（隧道）数据包也可以被打开并读取，除非经过加密，并且黑客没有访问该密钥的权限。

威胁发起者会使用各种安全工具来执行这些攻击，因此知道这些很重要。

6.2 常见威胁和攻击

在本节中，您将了解到各种类型的威胁和攻击。

6.2.1 恶意软件

在本小节中，您将会了解恶意软件。

1. 恶意软件的类型

终端设备特别容易受到恶意软件的攻击。恶意软件是恶意的软件或恶意的代码的简写。它是专门用来对数据、主机或网络进行损坏、破坏、窃取，或者进行一些其他"坏的"或者非法的操作的代码或软件。了解恶意软件很重要，因为威胁发起者和网络犯罪分子经常试图诱骗用户安装恶意软件来帮助其利用安全漏洞。此外，恶意软件以极快的速度改变自身形态，因此与恶意软件相关的安全事件极其常见，因为反恶意软件的更新速度不足以阻止新的威胁。

图 6-3 所示为 3 种最常见的恶意软件类型，即病毒、蠕虫和特洛伊木马。

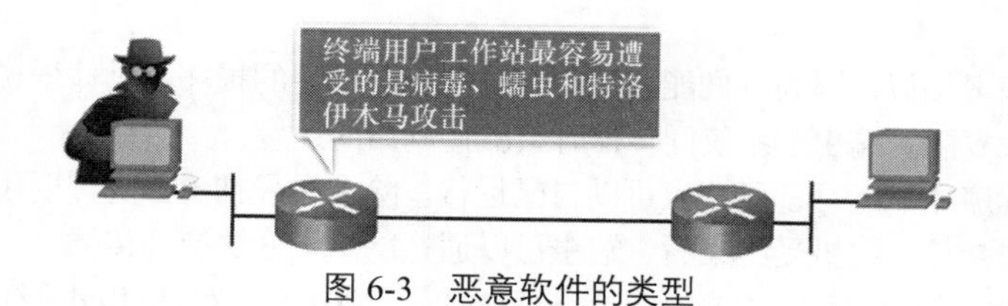

图 6-3 恶意软件的类型

2. 病毒

病毒是一种通过将自身副本插入另一个程序来进行传播的恶意软件类型。然后病毒从一台计算机传播到另一台计算机，以此感染很多计算机。大多数病毒需要人们的帮助才能传播。例如，当有人将受感染的 USB 驱动器连接到他们的 PC 时，病毒将进入这台 PC。然后，病毒可能会感染新的 USB 驱动器，并传播到新的 PC。病毒可以长时间处于休眠状态，然后在特定时间和日期激活。

简单的病毒可能会将自己放置在可执行文件的第一行代码中。激活后，病毒可能会检查磁盘中是否有其他可执行文件，这样它就可以感染所有尚未被感染的文件。病毒可能不会造成损害，比如那些在屏幕上显示图片的病毒；它们也可能具有破坏性，比如那些在硬盘上修改或删除文件的病毒。病毒还可以通过编程设计发生变异，从而避开检测。

现在，大多数病毒通过 USB 存储驱动器、CD、DVD、网络共享和邮件传播。邮件病毒是目前最常见的病毒。

3. 特洛伊木马

“特洛伊木马”一词来源于希腊神话。希腊战士为特洛伊人准备了一个巨大的空心木马作为礼物。特洛伊人将这匹巨大的木马带进了他们的城寨，没有意识到木马中藏了许多希腊战士。晚上，大多数特洛伊人陷入沉睡后，战士们从木马中冲出来，打开城门，并把一支相当大的军队放进来，从而占领了这座城。

特洛伊木马恶意软件是一种看似合法的软件，但它包含恶意代码，恶意代码会利用运行该代码的用户的权限。通常，特洛伊木马潜藏在网络游戏中。

用户常常被诱骗在他们的系统上加载并执行特洛伊木马。玩游戏时，用户注意不到问题。特洛伊木马已在后台安装在用户的系统中。即使在游戏关闭后，特洛伊木马的恶意代码也会继续运行。

特洛伊木马的概念很灵活。它可以立即导致损害，提供系统的远程访问或提供后门。它还可以按远程指示执行操作，例如“每周向我发送一次密码文件”。恶意软件将数据回传给网络犯罪分子的这一倾向，使得监控出站流量以获得攻击指标的需求极其突出。

自行编写的特洛伊木马（比如具有特定目标的木马）很难被检测到。

4. 特洛伊木马分类

通常根据特洛伊木马所造成的损害或破坏系统的方式对其进行分类。

- **远程访问特洛伊木马**：允许未经授权的远程访问。
- **数据发送特洛伊木马**：为威胁发起者提供敏感数据（如密码）。
- **破坏性特洛伊木马**：会损坏或删除文件。
- **代理特洛伊木马**：将受害者的计算机用作源设备，用来发起攻击和执行其他非法活动。
- **FTP 特洛伊木马**：可以在终端设备上进行未经授权的文件传输服务。
- **安全软件禁用程序特洛伊木马**：会阻止防病毒程序或防火墙正常工作。
- **DoS 特洛伊木马**：会通过发起拒绝服务（DoS）攻击减慢或暂停网络活动。

5. 蠕虫

计算机蠕虫与病毒相似，因为它们能够复制并导致相同类型的损坏。具体地说，蠕虫自行利用网络中的漏洞进行自我复制。蠕虫在系统间传播时会减慢网络的速度。

病毒需要宿主程序才能运行，而蠕虫可以自己运行。除了在最初感染时需要用户参与之外，在运行后将不再需要用户参与。主机受感染后，蠕虫可以通过网络十分快速地传播。

蠕虫是互联网上一些最具破坏性的攻击的罪魁祸首。2001 年，Code Red（红色代码）蠕虫感染了 658 台服务器。在 19 小时内，该蠕虫感染了 30 万台以上的服务器。

最初感染的 SQL Slammer 蠕虫（被称为吃互联网的蠕虫）是一种拒绝服务（DoS）攻击，它利用了 Microsoft SQL Server 中的缓冲区溢出漏洞。在其高峰期，受感染服务器的数量每 8.5 秒就会翻一倍。这就是为什么它能够在 30 分钟内感染 250,000 台以上主机的原因。2003 年 1 月 25 日发布的消息称，它扰乱了互联网、金融机构、ATM 自动取款机等。具有讽刺意味的是，这一漏洞的修补程序早在 6 个月之前就已经发布了。受感染的服务器没有更新此修补程序。这给许多组织敲了个警钟，即要实施需要及时应用更新和修补程序的安全策略。

所有蠕虫的特征是相似的。它们都利用了漏洞，能进行自我传播，并且都包含净荷（payload）。

6. 蠕虫组件

尽管过去几年出现了缓解技术，但蠕虫仍在继续演变并持续构成威胁。虽然随着时间的推移，蠕虫越来越复杂，但它们仍然倾向于以软件应用中的弱点为基础。

大多数蠕虫攻击都包括 3 个组件。

- **启用漏洞**：蠕虫在易受攻击的系统上使用漏洞利用机制（如邮件附件、可执行文件或特洛伊木马）自行安装。
- **传播机制**：在获得对设备的访问权限后，蠕虫会自我复制并寻找新的目标。
- **净荷**：导致某些行为的任何恶意代码都是净荷。通常，净荷用于创建后门，允许威胁发起者访问受感染的主机或创建 DoS 攻击。

蠕虫是自包含程序，它们攻击系统来利用已知的漏洞。在成功利用后，蠕虫将自己从发起攻击的主机复制到新利用的系统，并重复这一循环。它们的传播机制通常使其难以被检测到。

图 6-4 所示为 Code Red 蠕虫使用的传播技术。

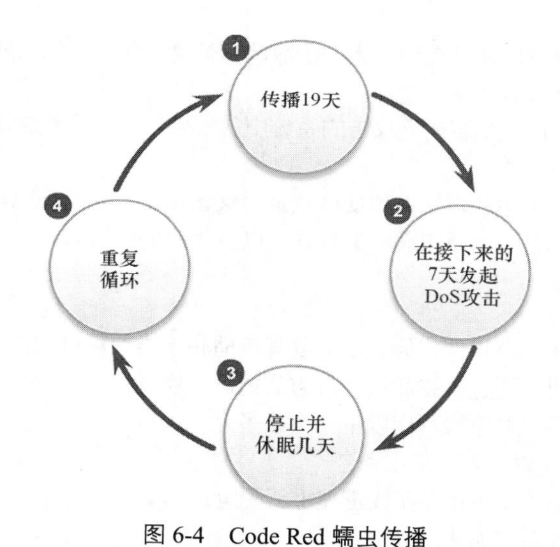

图 6-4 Code Red 蠕虫传播

> **注 意** 蠕虫永远不会真正停止在互联网上传播。在发布之后，蠕虫会持续传播，直到所有可能的感染源都得到适当修补。

7. 勒索软件

为携带净荷及出于其他恶意原因，威胁发起者会用到病毒、蠕虫和特洛伊木马。但是，恶意软件仍在不断演变。

目前，最主要的恶意软件是勒索软件。勒索软件是恶意软件，它使得受感染计算机系统或其数据无法被访问。然后，网络犯罪分子会要求被勒索方付款以恢复计算机系统。

勒索软件已成为有史以来获利最为丰厚的恶意软件类型。2016 年上半年，针对个人和企业用户的勒索软件攻击变得更加普遍和猛烈。

勒索软件有许多变体。勒索软件经常使用加密算法来加密系统文件和数据。大多数已知的勒索软件加密算法都无法轻易被解密，从而使得受害者别无选择，只能支付索金。付款通常使用比特币支付，因为比特币的用户可以保持匿名。比特币是一种无人可以控制的开源数字货币。

邮件和恶意广告是勒索软件活动的媒介。而且也会用到社会工程学，如自称安全技术人员的网络犯罪分子打电话到家里并劝说用户连接到某个网站，从而将勒索软件下载到计算机。

8. 其他恶意软件

以下是现代恶意软件变体的一些示例。

- **间谍软件**：这种恶意软件用于在未征得用户同意的情况下，收集用户的相关信息并将信息发送到另一个实体。间谍软件可以是系统监控器、特洛伊木马、广告软件、追踪 cookie 和键盘记录器。
- **广告软件**：这种恶意软件通常会显示令人讨厌的弹出广告，为其编写者创造收入。恶意软件可以通过跟踪用户访问的网站来分析用户的兴趣。然后，它可以发送与这些网站相关的弹出式广告。
- **假冒安全软件**：这种恶意软件包括诈骗软件，这些诈骗软件使用社会工程学通过产生威胁感使人震惊或诱发焦虑。它的目标通常是不知情的用户，并试图劝说用户采取行动解决虚假威胁来感染计算机。
- **网络钓鱼**：这种恶意软件试图说服人们泄露敏感信息。例如从银行收到一封邮件，让用户泄露他们的账户和 PIN 号码。
- **rootkit**：这种恶意软件安装在受攻击的系统中。安装后，它会继续隐藏自己的入侵并为威胁发起者提供特权访问。

随着互联网不断发展，上述恶意软件的变体数量将继续增长。新的恶意软件将不断开发出来。网络安全运营的一个主要目标是了解新出现的恶意软件以及相应的缓解方式。

9. 常见恶意软件行为

网络犯罪分子不断修改恶意软件代码，以更改其传播和感染计算机的方式。但是，大多数恶意软件都会产生类似的症状，可以通过网络和设备日志监控进行检测。

感染了恶意软件的计算机通常表现出以下一个或多个症状：

- 出现奇怪的文件、程序或桌面图标；
- 杀毒软件和防火墙程序正在关闭或正在重新配置；
- 计算机屏幕卡死或系统崩溃；
- 邮件在用户不知情的情况下自动发送到联系人列表；
- 文件被修改或删除；
- CPU 和/或内存使用率增加；
- 网络连接出现问题；
- 计算机或 Web 浏览器的速度变慢；
- 未知进程或服务正在运行；
- 未知 TCP 或 UDP 端口打开；
- 在无用户操作的情况下，连接到互联网中的主机；
- 奇怪的计算机行为。

> **注 意** 恶意软件行为并不限于上文提及的行为。

6.2.2 常见网络攻击

在本小节中，您将了解到常见的网络攻击。

1. 网络攻击的类型

恶意软件是一种运送净荷的手段。运送并安装后，净荷可以用来从内部引发各种与网络相关的攻击。威胁发起者也可以从外部攻击网络。

威胁发起者为什么要攻击网络？有许多动机，包括金钱、贪婪、报复，或者政治、宗教或社会学信仰。网络安全专业人员必须了解攻击的类型，才能抵御这些威胁，从而确保 LAN 的安全。

为了缓解攻击，最好先对各种类型的攻击进行分类。通过对网络攻击进行分类，可以解决各种类型的攻击，而不是仅解决某一种攻击。

虽然没有对网络攻击进行分类的标准方法，但本课程中使用的方法将攻击分类为 3 大类：

- 侦查跟踪攻击；
- 访问攻击；
- DoS 攻击。

2. 侦查跟踪攻击

侦查跟踪被称为信息收集。它就像挨家挨户假装卖东西来调查街坊邻居的小偷一样。小偷实际上是在寻找容易闯入的家庭，比如没人住的住宅、容易打开房门或窗户的住宅，以及那些没安装安全系统或安全摄像头的住宅。

威胁发起者使用侦查跟踪攻击来对系统、服务或漏洞进行未经授权的信息采集和映射。如果攻击的目标是网络中的终端设备（比如 PC 和服务器），侦查跟踪攻击也称为主机分析。这是因为攻击者可以获取系统的配置文件，包括操作系统类型和版本。如果系统未完全修补，则攻击者将查找已知漏洞进行漏洞攻击。

侦查跟踪攻击先于侵入访问攻击或 DoS 攻击发生，并且通常可用的工具相当广泛。

3. 侦查攻击示例

以下是恶意威胁发起者执行侦查跟踪攻击时使用的一些技术。

- **针对目标进行信息查询**：威胁发起者正在查找有关目标的初始信息，使用的是现成的工具，包括使用 Google 搜索组织的网站。目标网络的公共信息可以使用 dig、nslookup 和 whois 实用程序从 DNS 注册表中获取。
- **针对目标网络发起 ping 扫描**：威胁发起者对先前 DNS 查询所显示的目标网络发起 ping 扫描，以识别目标网络地址。ping 扫描识别哪些 IP 地址处于活动状态。这样可以创建目标网络的逻辑拓扑。
- **针对活动 IP 地址的端口发起扫描**：威胁发起者对 ping 扫描识别的动态主机发起端口扫描，以确定哪些端口或服务可用。端口扫描工具（如 Nmap、SuperScan、Angry IP Scanner 和 NetScanTools）通过扫描找出目标计算机上打开的端口以启动与目标主机的连接。
- **运行漏洞扫描程序**：威胁发起者使用漏洞扫描工具（如 Nipper、Secuna PSI、Core Impact、Nessus v6、SAINT 或 Open VAS）查询可识别的端口，其目标是识别目标主机上的潜在漏洞。
- **运行漏洞利用工具**：现在，威胁发起者试图利用系统中识别的漏洞发起攻击。威胁发起者会用到漏洞利用工具，如 Metasploit、Core Impact、Sqlmap、Social Engineer Toolkit 和 Netsparker。

图 6-5 所示为威胁发起者使用 whois 命令查找目标相关信息的示例。

图 6-5 互联网信息查询

图 6-6 所示为威胁发起者对目标的网络地址空间执行 ping 扫描来查找动态和活动 IP 地址的示例。

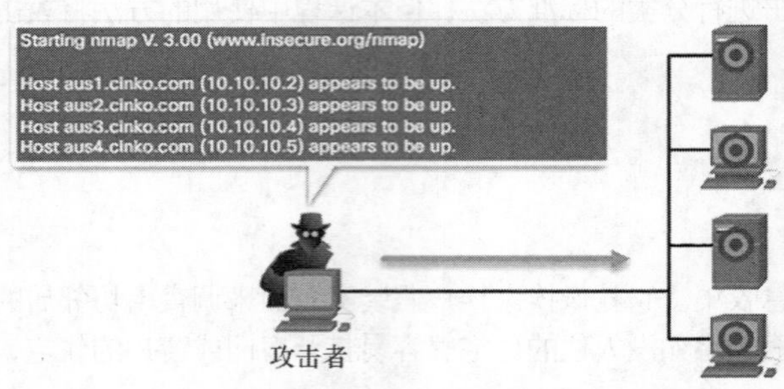

图 6-6 执行 ping 扫描

图 6-7 所示为威胁发起者使用 Nmap 对发现的活动 IP 地址执行端口扫描的示例。

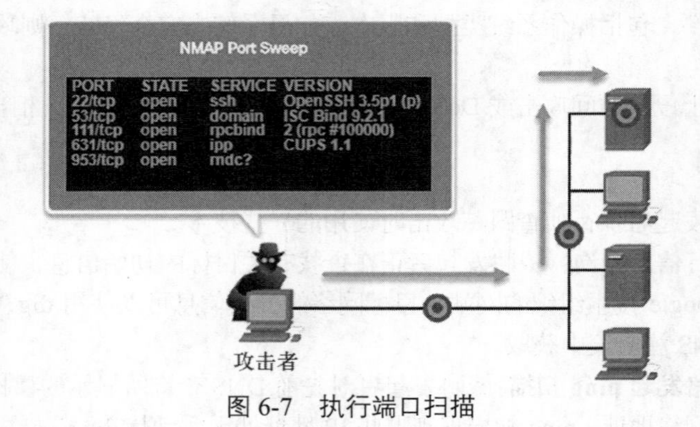

图 6-7 执行端口扫描

4. 访问攻击

访问攻击利用身份验证服务、FTP 服务和 Web 服务的已知漏洞，访问 Web 账户、机密数据库和其他敏感信息。威胁发起者的目标可能是窃取信息或远程控制内部主机。

出于下述 3 个原因，威胁发起者会在网络或系统中使用访问攻击：

- 检索数据；
- 访问系统；
- 升级访问权限。

图 6-8 所示为威胁发起者使用访问攻击获取 FTP 服务器的根权限的示例。

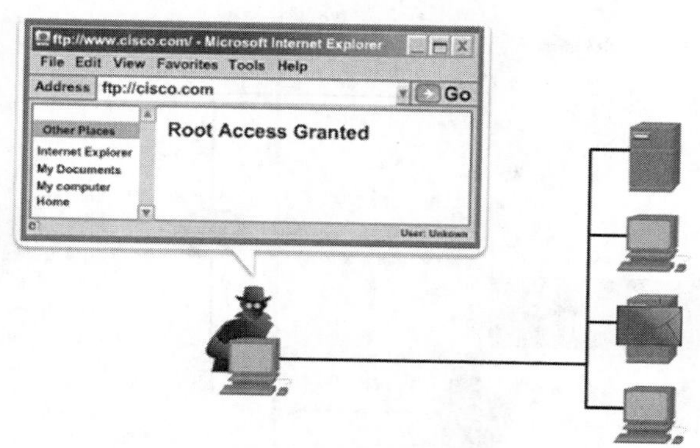

图 6-8　对 FTP 服务器的访问攻击

5. 访问攻击的类型

访问攻击有下面多种常见类型。

- **密码攻击**：威胁发起者试图使用各种方法（如钓鱼攻击、字典攻击、暴力攻击、网络嗅探或使用社会工程学技术）来发现关键系统密码。暴力密码攻击涉及使用 Ophcrack、L0phtCrack、THC Hydra、RainbowCrack 和 Medusa 等工具进行的反复尝试。
- **传递散列**：威胁发起者已经可以访问用户的计算机，并使用恶意软件获取权限以访问存储密码的散列值。然后，威胁发起者使用获得的散列值向其他远程服务器或设备进行身份验证，而不使用暴力。散列将在后面的课程中详细介绍。
- **信任利用**：威胁发起者使用受信任的主机获取对网络资源的访问权限。例如，通过 VPN 访问内部网络的外部主机是受信任的。如果该主机受到攻击，攻击者可以使用该受信任的主机访问内部网络。
- **端口重定向**：这是威胁发起者将受攻击的系统作为攻击其他目标的基础。
- **中间人攻击**：威胁发起者置于两个合法实体之间，以便读取、修改或重定向双方之间传输的数据。
- **IP、MAC、DHCP 欺骗**：欺骗攻击是指一个设备试图通过伪造地址数据来冒充另一个设备的攻击。欺骗攻击有多种类型。例如，当一台计算机根据另一台计算机的 MAC 地址（这是数据的实际目的）接收数据包时，就会发生 MAC 地址欺骗。

图 6-9 到图 6-11 所示为信任利用的示例。

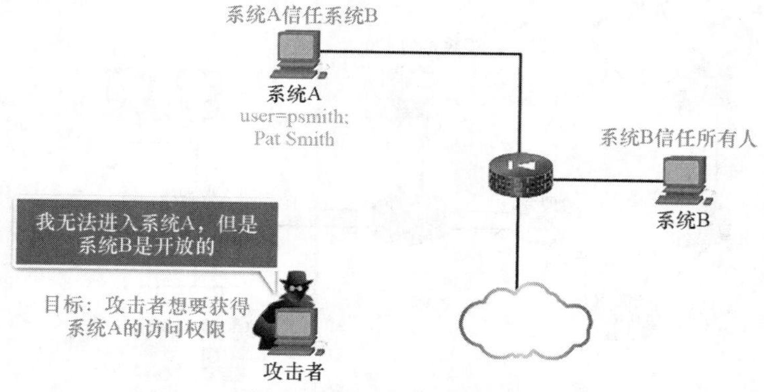

图 6-9　信任利用：攻击者无法访问系统 A

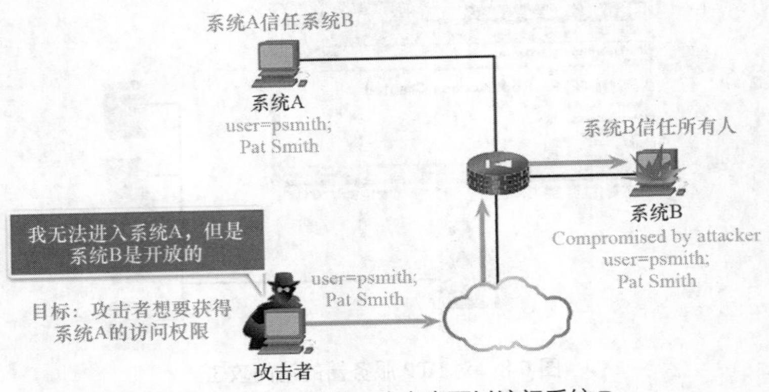

图 6-10 信任利用：攻击者可以访问系统 B

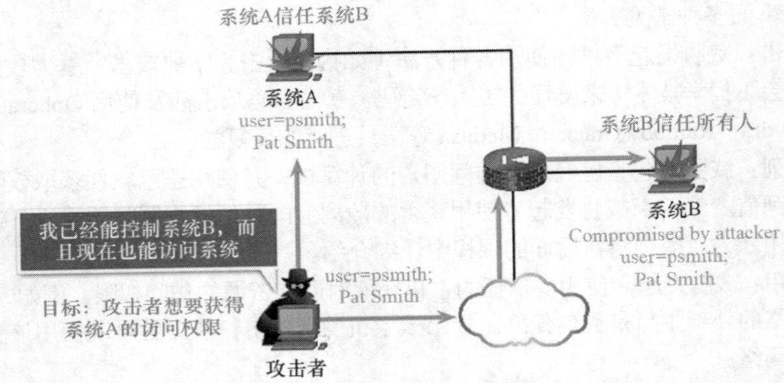

图 6-11 信任利用：攻击者使用系统 B 访问系统 A

图 6-12 中的端口重定向示例显示了威胁发起者在使用 SSH 连接受攻击的主机 A。主机 B 信任主机 A，因此允许威胁发起者使用 Telnet 访问主机 B。

图 6-13 所示为中间人攻击的示例。

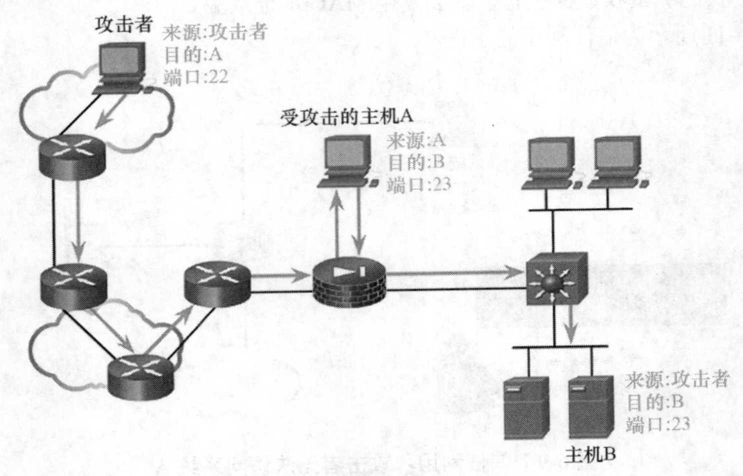

图 6-12 端口重定向示例

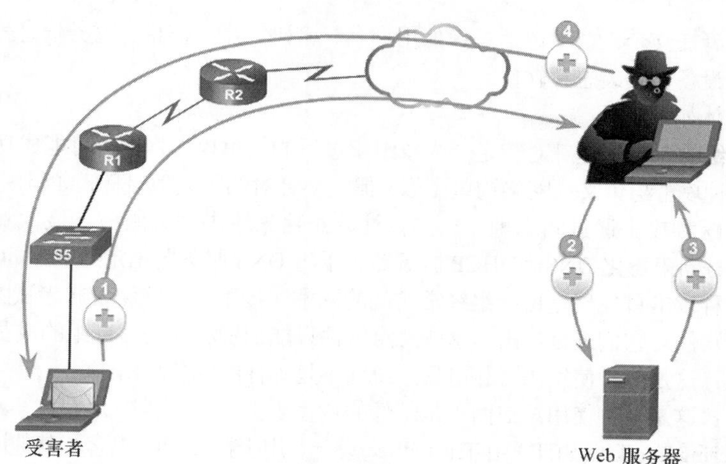

图 6-13 中间人攻击示例

图 6-13 中的步骤如下所示。

第 1 步 受害者请求网页时，该请求将被定向到攻击者的计算机。

第 2 步 攻击者的计算机接收到请求，从合法网站获取实际页面。

第 3 步 攻击者可以篡改该合法网页并转换数据。

第 4 步 攻击者随后将所请求的网页转发给受害者。

6. 社会工程学攻击

社会工程学攻击是一种访问攻击，它试图操纵个人，使其执行操作或泄露密码和用户名等机密信息。它通常涉及使用社交技能来操纵内部网络用户，以泄露访问网络所需的信息。

工程师往往利用人们乐于助人的意愿。他们也会利用人的弱点。例如，威胁发起者可能会致电某位授权员工，声称有紧急问题需要立即访问网络。威胁发起者会唤起员工的虚荣心，借政府部门之名狐假虎威，或者引起员工的贪欲。

社会工程学攻击的示例如下所示。

- **假托**：是指威胁发起者致电某人，企图以谎言取得特权数据的访问权限。例如，威胁发起者假装需要个人或财务数据来确认收件人的身份。
- **垃圾邮件**：威胁发起者可能会使用垃圾邮件诱骗用户点击受感染的链接，或下载受感染的文件。
- **网络钓鱼**：这种社会工程学技术有很多变体。常见的一种是威胁发起者向个人发送诱人且有针对性的垃圾邮件，希望目标用户点击链接或下载恶意代码。
- **以物换物（交换条件）**：是指威胁发起者向对方索取个人信息用来交换免费礼品等物品的情况。
- **尾随**：是指威胁发起者迅速跟随配有公司徽章的授权人员进入凭徽章才能安全进入的位置。然后威胁发起者便可以访问安全区域。
- **引诱**：是指威胁发起者在公共位置（例如公司的洗手间）留下已感染恶意软件的物理设备（例如 USB 闪存驱动器）的情况。当有人找到该设备并将其插入到他们的计算机后，该闪存会在 Windows 主机上启用自动播放功能，安装恶意软件。
- **凭视力进行黑客攻击**：是指威胁发起者肉眼观察受害者输入凭证（例如工作站登录名、ATM PIN 码或物理锁上的暗码）的情况。这种做法也称为“肩窥”。

7. 网络钓鱼式社会工程学攻击

网络钓鱼是一种常见的社工技术，威胁发起者用这种技术发送看似来自合法组织（如银行）的邮件，目标是让受害者提交个人或敏感信息，如用户名、密码、账户信息、财务信息等。该邮件还会试图诱骗收件人在其设备上安装恶意软件。

钓鱼攻击的变体如下所示。

- **鱼叉式网络钓鱼**：这是针对特定个人或组织进行的钓鱼攻击，更有可能成功地欺骗目标。
- **鲸钓**：这种攻击与鱼叉式网络钓鱼类似，但主要针对的是大型目标，如组织的高层管理人员。
- **域欺骗**：这种攻击通过向本地主机文件注入条目来攻击域名服务。域欺骗还包括通过攻击 DHCP 服务器来毒化 DNS（DHCP 服务器用于将 DNS 服务器指定给它们的客户端）。
- **水坑**：这种攻击首先确定目标组经常访问的网站。接下来，威胁发起者试图通过使这些网站感染恶意软件对它们进行攻击，这些恶意软件只能识别和攻击目标组的成员。
- **语音钓鱼**：这是一种使用语音和电话系统而不是邮件的钓鱼攻击。
- **短信钓鱼**：这是一种使用短信而不是邮件的钓鱼攻击。

Social Engineering Toolkit（SET）由 TrustedSec 设计，用于帮助白帽黑客和其他网络安全专业人员创建社会工程学攻击来测试他们自己的网络。

8. 强化薄弱环节

网络的安全程度取决于其最薄弱的环节。由于计算机和其他连网设备已经成为我们生活中必不可少的一部分，它们不再是新事物或不同事物。人们在使用这些设备时变得非常随意，很少考虑网络安全。网络安全中最薄弱的环节可能是组织内的人员，而社会工程学是一个主要的安全威胁。因此，组织可以采取的其中一个最有效的安全措施是培训其人员并创造“安全意识的文化”。

9. 拒绝服务攻击

拒绝服务（DoS）攻击是广为所知的网络攻击。DoS 攻击会对用户、设备或应用造成服务的某种中断。DoS 攻击主要有两种来源。

- **流量过载**：这是当网络、主机或应用无法处理大量数据，导致系统崩溃或变得极其缓慢的情形。
- **恶意格式的数据包**：这是向主机或应用转发恶意格式的数据包并且接收方无法处理意外情况的情形。缓冲区溢出攻击是这种 DoS 攻击使用的一种方法。例如，威胁发起者转发包含错误（应用无法识别）的数据包，或者转发格式不当的数据包。这将导致接收设备崩溃或运行速度非常缓慢。

图 6-14 所示为 DoS 攻击的实例。

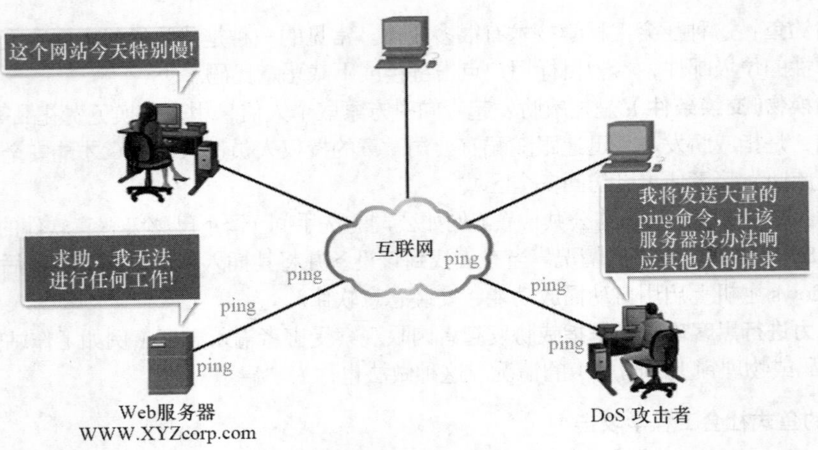

图 6-14　DoS 攻击

DoS 攻击被认为是主要风险，因为它们可以很容易地中断业务流程或至关重要的网络服务，并造成重大损失。这些攻击执行起来相对简单，即使是缺乏技能的威胁发起者也可以执行。

10. DDoS 攻击

如果威胁发起者可以攻击许多主机，他们就可以执行分布式 DoS（DDoS）攻击。就意图而言，DDoS 攻击类似于 DoS 攻击，但是 DDoS 攻击的规模有所增加，因为它源于多个协调源，如图 6-15 所示。DDoS 攻击可以使用成百上千或成千上万个攻击源，例如基于物联网的 DDoS 攻击。

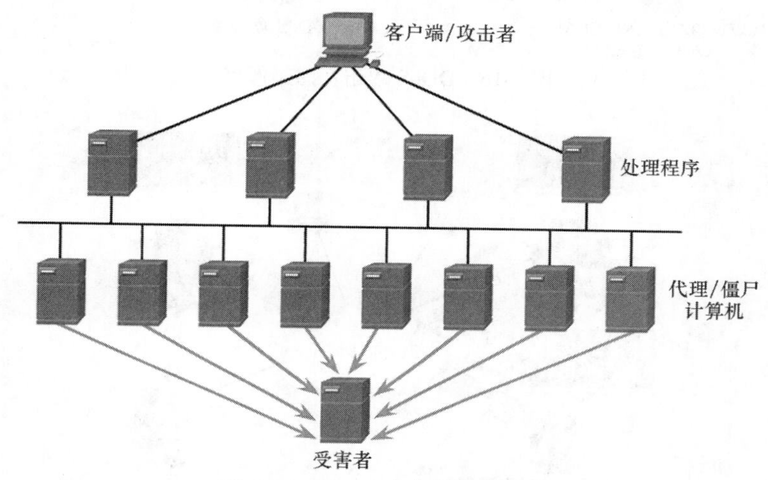

图 6-15 DDoS 攻击的组成部分

以下术语用于描述 DDoS 攻击的组件。

- **僵尸**：指一组受攻击的主机（即，代理）。这些主机运行被称为机器人（即，僵尸病毒）的恶意代码。僵尸恶意软件像蠕虫一样不断尝试自行传播。
- **僵尸病毒**：僵尸病毒是恶意软件，旨在感染主机并与处理程序系统通信。僵尸病毒还可以记录击键、收集密码、捕获和分析数据包等。
- **僵尸网络**：指使用自行传播的恶意软件（即，僵尸病毒）感染且由处理程序控制的一组僵尸。
- **处理程序**：指控制僵尸组的主命令与控制（CnC 或 C2）服务器。僵尸网络的发起者可以使用互联网中继聊天（IRC）或 C2 服务器上的 Web 服务器来远程控制僵尸。
- **僵尸主控机**：这是控制僵尸网络和处理程序的威胁发起者。

注 意 存在可以购买（和出售）僵尸网络的地下经济市场，而且费用很低。这可以为威胁发起者提供由受感染主机组成的僵尸网络，可以随时发起 DDoS 攻击。

11. DDoS 攻击的示例

例如，DDoS 攻击可能按以下步骤进行。

1. 威胁发起者建立或购买僵尸主机的僵尸网络。
2. 僵尸计算机继续扫描并感染更多目标，以创造更多僵尸。
3. 准备就绪之后，僵尸主控机将使用处理程序系统命令僵尸网络对选定目标进行 DDoS 攻击。

图 6-16 和图 6-17 所示为 DDoS 攻击的示例。

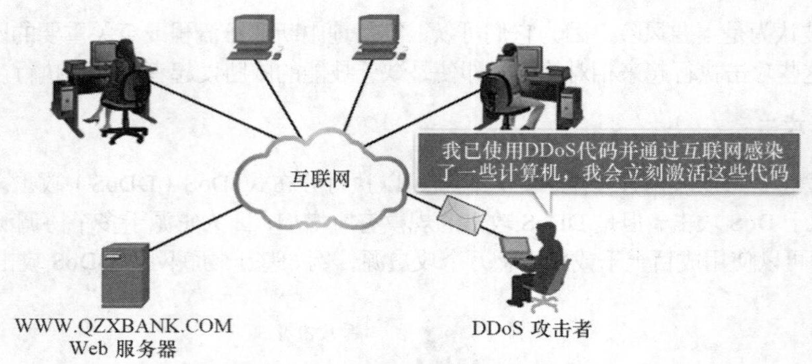

图 6-16 DDoS 攻击：感染僵尸

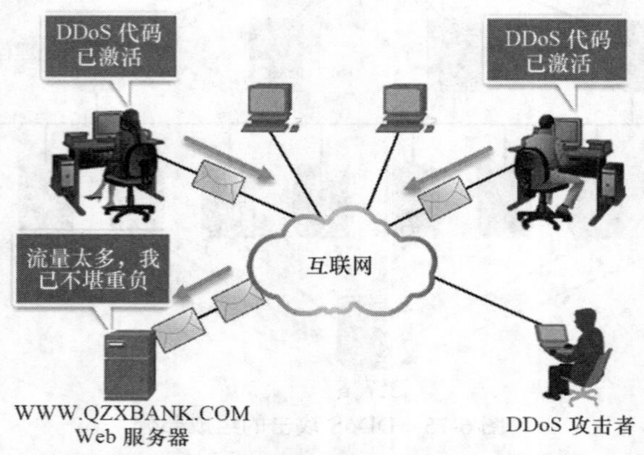

图 6-17 DDoS 攻击：僵尸泛洪受害者服务器

12. 缓冲区溢出攻击

使用缓冲区溢出攻击时，威胁发起者的目标是在服务器上查找与系统内存相关的缺陷，然后进行利用。通过使用预期之外的值来耗尽缓冲区内存，通常会导致系统无法运行，从而发起 DoS 攻击。

例如，威胁发起者输入的内容超过了服务器中运行的应用所预期的最大值。应用接受这些大量的输入，并将其存储在内存中。其结果是，它可能会消耗相关的内存缓冲区，并可能覆盖相邻的内存，最终损坏系统并导致系统崩溃。

使用格式错误的数据包的早期示例是死亡之 ping。在这种较早的攻击中，威胁发起者发送死亡之 ping，它是 IP 数据包中的一个 echo 请求，其大小比最大的数据包大小（65,535 字节）要大。接收主机无法处理这么大的数据包，因此会崩溃，如图 6-18 所示。

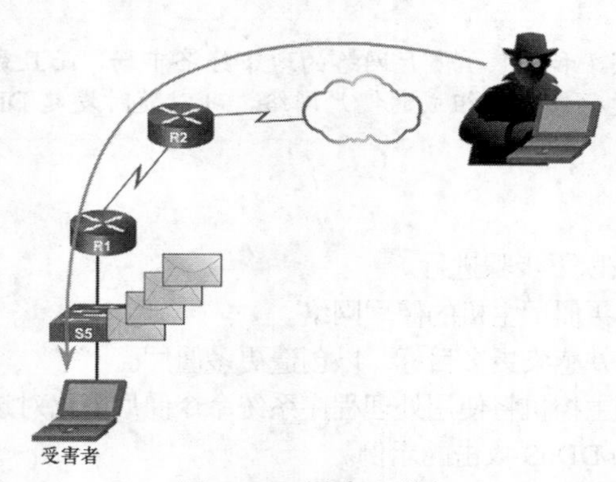

图 6-18 缓冲区溢出

缓冲区溢出攻击在不断演变。例如，最近在 Microsoft Windows 10 中发现了远程拒绝服务攻击漏洞。具体地说，就是威胁发起者创建恶意代码来访问超出范围的内存。当 Windows AHCACHE.SYS 进程访问此代码时，它试图触发系统崩溃，从而拒绝为用户提供服务。

注 意 据估计，有 1/3 的恶意攻击起因于缓冲区溢出。

13. 规避方法

威胁发起者很早以前就知道“隐藏就是壮大”。这意味着他们的恶意软件和攻击方法在未被发现时最有效。由于这个原因，许多攻击使用隐形规避技术来伪装攻击净荷，其目标是防止被网络和主机的防御措施检测到。

威胁发起者使用的一些规避方法如下所示。

- **加密和隧道传输**：这种规避技术使用隧道隐藏内容，或加密以打乱其内容，使得许多安全检测技术难以检测和识别恶意软件。
- **资源耗竭**：这种规避技术使主机过于繁忙而无法正常使用安全检测技术。
- **流量分段**：这种规避技术将恶意净荷拆分为较小的数据包，以绕过网络安全检测。分段的数据包绕过安全检测系统后，恶意软件会进行重组，并可能将敏感数据发送到网络之外。
- **错误的协议级解释**：当网络防御未正确处理校验和或 TTL 值等 PDU 功能时，就会发生这种规避技术。这会诱使防火墙忽略它应检查的数据包。
- **流量替代**：在这种规避技术中，威胁发起者试图通过混淆净荷中的数据来欺骗 IPS。这是通过使用不同的格式对数据进行编码来完成的。例如，威胁发起者可以使用以 Unicode 而非 ASCII 格式编码的流量。IPS 不识别数据的真实意义，但目标终端系统可以读取数据。
- **流量插入**：类似于流量替代，但是威胁发起者会在恶意的数据序列中插入额外的数据字节。IPS 规则忽略恶意数据，接受完整的数据序列。
- **跳板攻击**：这种技术假定威胁发起者已攻击一台内部主机，并希望获得其他受攻击网络的访问权限。例如，威胁发起者已在受攻击的主机上获得了管理员密码，而现在尝试使用相同的凭证登录另一个主机。
- **rootkit**：rootkit 是经验丰富的威胁发起者使用的一个复杂的攻击工具。它与操作系统的最低级别相集成。当某个程序尝试列出文件、进程或网络连接时，rootkit 会呈现净化后的输出版本，消除攻击迹象的显示。rootkit 的目的是完全隐藏攻击者在本地系统上的活动。

新的攻击方法不断涌现。网络安全人员只有了解最新的攻击方式，才能检测到它们。

6.3 小结

在本章中，您学习了网络的攻击方式。您学习了威胁发起者所使用的威胁和攻击的类型。威胁发起者是灰帽黑客或黑帽黑客，这些黑客试图未经授权访问网络。他们还可能运行阻止他人访问网络或减慢网络访问速度的程序。网络犯罪分子是纯粹以获得钱财为动机的威胁发起者。

威胁发起者使用的各种工具如下所示：

- 密码破解器；
- 无线破解工具；
- 网络扫描和破解工具；
- 数据包构造工具；

- 数据包嗅探器；
- rootkit 探测器；
- 调查分析工具；
- 调试程序；
- 黑客操作系统；
- 加密工具；
- 漏洞利用工具；
- 漏洞扫描程序。

下面这些工具可用于发起各种攻击：

- 窃听攻击；
- 数据修改；
- IP 地址欺骗；
- 密码破解；
- 拒绝服务；
- 中间人攻击；
- 盗取密码攻击；
- 网络嗅探。

恶意软件或恶意代码是专门用来对数据、主机或网络进行损坏、破坏、窃取，或进行一些其他“坏的”或者非法操作的软件。3 种最常见的恶意软件是病毒、蠕虫和特洛伊木马。

- 病毒是一种通过将自身副本插入另一个程序来进行传播的恶意软件类型。
- 蠕虫与病毒相似，因为它们复制并可能导致相同类型的损坏。病毒需要宿主程序才能运行，而蠕虫可以自己运行。
- 特洛伊木马是一种看似合法的软件，但它包含恶意代码，恶意代码会利用运行该代码的用户的权限。

恶意软件不断演变，目前最主要的恶意软件是勒索软件。在被勒索者向网络犯罪分子支付赎金之前，恶意软件会拒绝对受感染的计算机系统或其数据的访问。

威胁发起者发起网络攻击所使用的各种工具可以归类为以下一种或多种类型。

- **侦查跟踪**：这种攻击对系统、服务或漏洞进行未经授权的信息采集和映射。
- **访问攻击**：这些攻击利用已知漏洞获取对 Web 账户、机密数据库和其他敏感信息的访问。
- **社会工程学**：这种攻击试图操纵个人，使其执行操作或泄露密码和用户名等机密信息。
- **拒绝服务**：使用大量流量或恶意格式化的数据包（接收方无法进行处理）淹没网络，导致设备运行非常缓慢甚至崩溃时，这就会发生这种攻击。
- **缓冲区溢出**：这种攻击利用服务器上与系统内存相关的缺陷，使用预期之外的值耗尽内存来淹没系统，其目的是致使系统无法运行。

为了隐藏起来和继续他们的攻击，威胁发起者使用下面各种规避方法：

- 加密和隧道传输；
- 资源耗竭；
- 流量分段；
- 错误的协议级解释；
- 流量替代；
- 流量插入；
- 跳板攻击；
- rootkit。

复习题

请完成以下所有复习题，以检查您对本章主题和概念的理解情况。答案列在附录“复习题答案”中。

1. 什么类型的攻击使用僵尸？
   A. 特洛伊木马
   B. SEO 毒化
   C. 鱼叉式网络钓鱼
   D. DDoS
2. 特洛伊木马恶意软件的最佳描述是什么？
   A. 它是最容易检测到的恶意软件形式
   B. 它看起来是有用的软件，但却隐藏着恶意代码
   C. 它是只能通过互联网进行散布的恶意软件
   D. 它是导致烦人但不严重的计算机问题的软件
3. rootkit 的目的是什么？
   A. 伪装成合法程序
   B. 未经用户同意即投放广告
   C. 不依赖其他任何程序，独立进行自我复制
   D. 在隐藏自身的同时获得对设备的特权访问
4. 在描述恶意软件时，病毒与蠕虫之间的区别是什么？
   A. 病毒主要获取对设备的特权访问，而蠕虫则不会
   B. 病毒通过附加到另一个文件进行自我复制，而蠕虫则可以独立地进行自我复制
   C. 病毒可用于发起 DoS 攻击（而不是 DDoS），蠕虫可用于发起 DoS 和 DDoS 攻击
   D. 病毒可用于未经用户同意即投放广告，而蠕虫则不能
5. 下面哪一个是“激进黑客”的例子？
   A. 犯罪分子试图利用互联网来从银行公司偷钱
   B. 一个国家/地区试图通过渗透政府网络来窃取另一个国家/地区的国防秘密
   C. 一个青少年进入本地报纸的 Web 服务器，张贴最喜欢的卡通人物的照片
   D. 一群环保人士针对应为重大石油泄漏事故负责任的石油公司发起拒绝服务攻击
6. 计算机网络中的侦查跟踪攻击有什么用途？
   A. 从网络服务器中窃取数据
   B. 阻止用户访问网络资源
   C. 重定向数据流量，以确保可以监控流量
   D. 收集有关目标网络和系统的信息
7. 哪种工具用于提供网络设备上开放端口的列表？
   A. Nmap
   B. ping
   C. whois
   D. tracert
8. 哪种攻击允许攻击者使用暴力方法？
   A. 数据包嗅探
   B. 社会工程学
   C. 拒绝服务
   D. 密码破解
9. 哪个术语是指向某人发送邮件以使其泄露敏感信息的行为？
   A. 网络钓鱼
   B. DoS 攻击
   C. 激进黑客
   D. 脚本小子
10. 蠕虫恶意软件的显著特征是什么？

A. 蠕虫可以独立于主机系统执行任务
B. 蠕虫病毒将自己伪装成合法软件
C. 蠕虫必须由主机上的事件触发
D. 安装到主机系统上之后，蠕虫不会进行自我复制

11. 网络管理员检测到网络中涉及端口21的未知会话。导致此安全漏洞的可能是什么原因？
A. 正在执行FTP特洛伊木马
B. 正在发生侦查跟踪攻击
C. 正在发生拒绝服务攻击
D. 思科安全代理正在测试网络

12. 哪个示例描述了恶意软件的可能隐藏方式？
A. 一个由僵尸组成的僵尸网络将个人信息传回给黑客
B. 针对在线零售商的公共网站发动一次攻击，目标是阻止其对访客的响应
C. 黑客使用技术提高网站排名，以将用户重定向到一个恶意网站
D. 一封邮件被发送给某组织的员工，其附件看似防病毒软件的更新，但实际上包含间谍软件

13. 自行附加到另一个程序中以执行特定的不必要功能的软件属于哪种类型的安全威胁？
A. 蠕虫
B. 病毒
C. 代理特洛伊木马
D. 拒绝服务特洛伊木马

第 7 章

深入了解网络攻击

学习目标

在学完本章后，您将能够回答下列问题：

- 网络监控的重要性是什么？
- 网络监控是怎样执行的？
- IP 漏洞怎样使得网络攻击成为可能？
- TCP 和 UDP 漏洞怎样使得网络攻击成为可能？
- 有哪些 IP 漏洞？
- 网络应用漏洞怎样使得网络攻击成为可能？

网络安全分析师使用各种工具来识别攻击。透彻了解协议漏洞对于使用这些工具至关重要。

本章首先介绍了流量监控的重要性及其实施方法，然后深入讨论了网络协议和服务（包括 IP、TCP、UDP、ARP、DNS、DHCP、HTTP 和电子邮件）的漏洞。

7.1 网络监控和工具

在本节中，您将了解到网络流量监控。

7.1.1 网络监控简介

在本小节中，您将了解到网络监控的重要性。

1. 网络安全拓扑

“所有网络都是目标”是用来描述当前网络安全环境的一句常用老话。因此，为了减轻威胁，必须尽可能地保护所有网络。

这需要一种纵深防御方法。它需要使用经过验证的方法和安全的基础设施，基础设施要包括防火墙、入侵检测系统（IDS）/入侵防御系统（IPS）和终端安全软件。这些方法和技术用于在网络上执行自动监控、创建警报，甚至在出现问题时自动阻止攻击性设备。

但是，对于大型网络，必须添加额外的保护层。防火墙和 IPS 等设备根据预先配置的规则工作。它们监控流量，并将其与配置的规则进行比较。如果有匹配项，则根据规则处理流量。但有时候合法流量会被误当作未经授权的流量。这被称为误报，这些情况必须由人眼进行查看和评估后才能进行验证。安全分析师的重要工作之一就是检查网络设备生成的所有警报并验证它们的性质。用户 X 下载的那个文件是否真的是恶意软件？用户 Y 访问的那个网站是否真的是恶意网站？三楼的打印机在试图连接到不在互联网上的服务器时，这是否真的遭受了攻击？这些都是安全分析师每天都要面对的问题。确定正确答案是他们的职责。

2. 网络监控方法

流量、带宽使用率和资源访问这三者的通用模式构成了网络的日常运作。这些模式共同确定网络的正常行为。安全分析师必须非常熟悉网络的正常行为，因为网络的异常行为通常表明出问题了。

为了发现网络的正常行为，必须实施网络监控。需要使用各种工具来帮助发现网络的正常行为，包括 IDS、数据包分析器、SNMP、NetFlow 及其他工具。

其中一些工具需要捕获网络数据。常用两种方法来捕获流量并将其发送到网络监控设备：

- 网络分流器（TAP）；
- 使用交换机端口分析器（SPAN）的流量镜像。

本章讨论了这两种方法。

3. 网络分流器

网络分流器通常是一种在需要关注的设备和网络之间在线（inline）实施的被动分流设备。分流器将所有流量（包括物理层错误）转发到分析设备。

图 7-1 所示为一个示例拓扑，它显示了在网络防火墙和内部路由器之间安装的分流器。

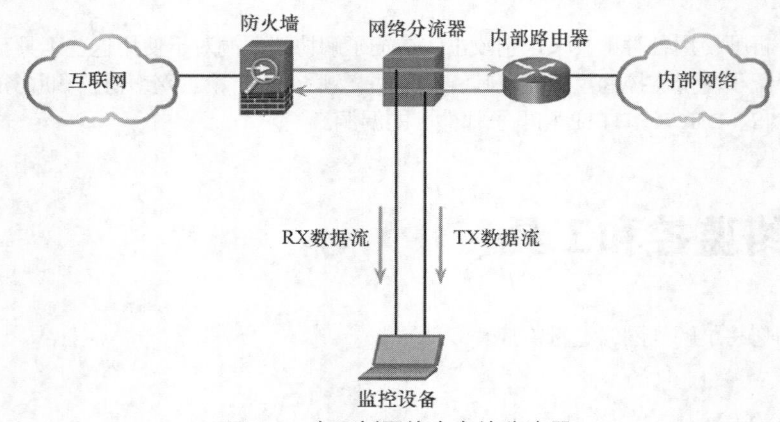

图 7-1 在示例网络中实施分流器

注意分流器如何同时将内部路由器的输出（TX）数据流和接收（RX）数据流发送到单独、专用的通道上的。这样可以确保所有数据都实时到达监控设备。因此，网络性能不会因为监控连接而受到影响或降低。

分流器通常也具有防故障功能，这意味着如果它出现故障或断电，防火墙和内部路由器之间的流量不会受到影响。

4. 流量镜像和 SPAN

网络交换机按设计对网络进行分段，从而限制网络监控设备可以看到的流量。由于用于网络监控的数据捕获要求捕获所有流量，因此必须采用特殊的技术来绕过网络交换机强制执行的网络分段。端口镜像就是这样一种技术。端口镜像得到了许多企业交换机的支持，可以使交换机将一个或多个端口的帧复制到连接至分析设备的交换机端口分析器（SPAN）端口。

SPAN 术语如下所示。

- **入口流量**：进入交换机的流量。
- **出口流量**：离开交换机的流量。

- **源（SPAN）端口**：在流量进入并被复制（镜像）到目标端口之前进行监控的端口。
- **目标（SPAN）端口**：镜像源端口的端口。目标 SPAN 端口通常连接到分析设备，比如数据包分析器或 IDS。

图 7-2 所示为一个示例拓扑，这个拓扑显示了互连两台主机的交换机。交换机会将 F0/1 上的入口流量和 F0/2 上的出口流量转发到连接至 IDS 的目标 SPAN 端口 G0/1。

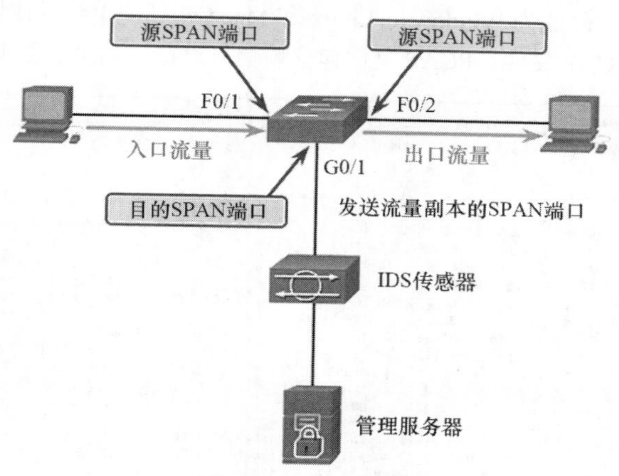

图 7-2 SPAN 操作

源端口和目标端口之间的关联称作 SPAN 会话。在单个会话中，可以监控一个或多个端口。在某些思科交换机上，会话流量可以复制到多个目标端口。或者，还可以指定一个源 VLAN，该源 VLAN 中的所有端口都会成为 SPAN 流量的源。每个 SPAN 会话可以使用端口或 VLAN 作为源，但是不能同时使用两者作为源。

注 意 一种称为远程 SPAN（RSPAN）的 SPAN 使网络管理员能够利用 VLAN 的灵活性来监控远程交换机上的流量。

7.1.2 网络监控工具简介

在本小节中，您将会了解到网络监控是怎样执行的。

1. 网络安全监控工具

用于网络安全监控的常用工具包括：

- 网络协议分析器（Wireshark 和 Tcpdump）；
- NetFlow；
- 安全信息和事件管理（SIEM）系统。

安全分析师也经常凭借日志文件和简单网络管理协议（SNMP）来发现正常网络行为。

几乎所有的系统都会生成日志文件来沟通和记录它们的运作。通过密切监控日志文件，安全分析师可以收集非常有价值的信息。

SNMP 允许分析师索要和接收有关网络设备运作情况的信息，是一个监控网络行为的好工具。

安全分析师必须熟悉所有这些工具。

2. 网络协议分析器

网络协议分析器（或“数据包嗅探器”应用）是用于捕获流量的程序，它通常包括一个图形界面，用于显示网络上正在发生的事情。分析师可以使用这些应用查看网络交换，最低可查看数据包级别的网络交换。如果某台计算机已感染恶意软件，并且当前正在攻击网络中的其他计算机，则分析师可以通过捕获实时网络流量及分析数据包清楚地看到这一情况。

网络协议分析器不仅用于安全分析，对于网络故障排除、软件和协议开发以及教育也非常有用。例如，在安全调查分析中，安全分析师可能会尝试从捕获的相关数据包中重现事件。

Wireshark（见图 7-3）已成为 Windows、Linux 和 Mac OS 环境中经常使用的一个网络协议分析器工具。捕获的帧保存为 PCAP 文件。PCAP 文件包含帧信息、接口信息、数据包长度和时间戳。

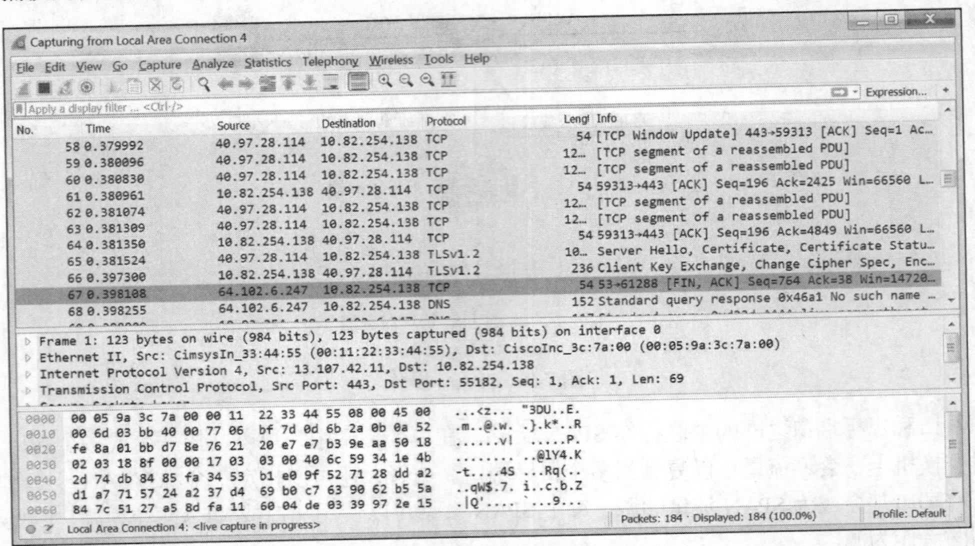

图 7-3 Wireshark 输出示例

执行长期的数据包捕获会产生很大的 PCAP 文件。

Wireshark 还可以打开从其他软件（比如 tcpdump 实用程序）捕获的流量文件。tcpdump 在 Linux 这样的类 UNIX 系统中很受欢迎，它是一个功能强大的实用程序，有许多命令行选项。例 7-1 所示为 tcpdump 捕获 ping 数据包的示例。

例 7-1 tcpdump 输出示例

```
[root@secOps analyst]# tcpdump -i h1-eth0 -n

tcpdump: verbose output suppressed, use -v or -vv for full protocol decode
listening on h1-eth0, link-type EN10MB (Ethernet), capture size 262144 bytes
10:42:19.841549 IP 10.0.0.12 > 10.0.0.11: ICMP echo request, id 2279, seq 5, length 64
10:42:19.841570 IP 10.0.0.11 > 10.0.0.12: ICMP echo reply, id 2279, seq 5, length 64
10:42:19.854287 IP 10.0.0.12 > 10.0.0.11: ICMP echo request, id 2279, seq 6, length 64
10:42:19.854304 IP 10.0.0.11 > 10.0.0.12: ICMP echo reply, id 2279, seq 6, length 64
10:42:19.867446 IP 10.0.0.12 > 10.0.0.11: ICMP echo request, id 2279, seq 7, length 64
10:42:19.867468 IP 10.0.0.11 > 10.0.0.12: ICMP echo reply, id 2279, seq 7, length 64
^C
6 packets captured
6 packets received by filter
0 packets dropped by kernel

[root@secOps analyst]#
```

注 意 windump 是 tcpdump 的 Microsoft Windows 版本，tshark 是类似于 tcpdump 的 Wireshark 命令行工具。

3. NetFlow

NetFlow 是一项思科 IOS 技术，在数据包流经思科路由器或多层交换机时，它可以实时提供相关的统计信息。NetFlow 是在 IP 网络中收集 IP 运行数据的标准。现在非思科平台也支持 NetFlow。

NetFlow 可用于网络和安全监控、网络规划、流量分析。它提供设备上转发的每个 IP 流的基本信息的完整审计跟踪。这些信息包括源和目的设备 IP 信息、通信时间以及传输的数据量。NetFlow 不捕获流的实际内容。NetFlow 功能通常会与电话账单相比较。该账单识别目标号码、通话开始时间和通话时长。但是，它不显示电话交谈的内容。

虽然 NetFlow 将流信息存储在设备的本地缓存中，但是应始终将其配置为将数据转发到 NetFlow 收集器，比如思科 StealthWatch。

例如，在图 7-4 中，PC1 和 PC2 使用 HTTPS 等应用互连。NetFlow 可以监控该应用连接，从而跟踪该应用流的字节数和数据包数。然后它将统计信息推送到名为 NetFlow 收集器的外部服务器。

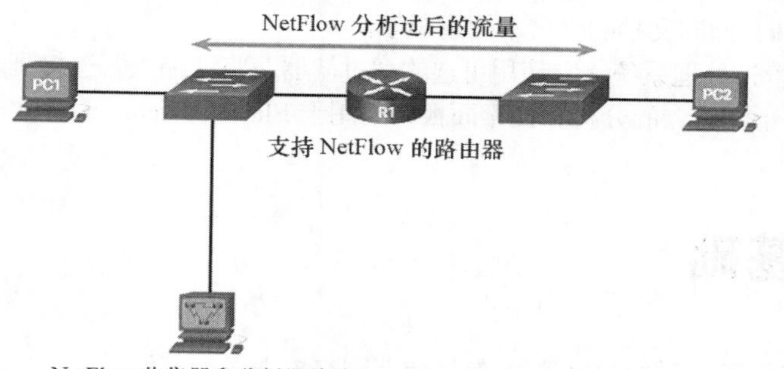

图 7-4 网络中的 NetFlow

像思科 Stealthwatch 这样的 NetFlow 收集器还可以执行高级功能，如下所示。

- **流拼接**：它将单个条目归合成流。
- **流重复条目删除**：过滤来自多个 NetFlow 客户端的重复传入的条目。
- **NAT 拼接**：使用 NAT 条目简化流。

思科 StealthWatch 还有很多功能，而不仅仅是 NetFlow。

4. SIEM

安全信息和事件管理（SIEM）是企业组织中使用的一种技术，用于提供安全事件的实时报告和长期分析。

SIEM 包含以下基本功能。

- **调查分析**：能够从整个组织的来源中搜索日志和事件记录；可以为调查分析提供更完整的信息。
- **关联**：检查来自不同系统或应用的日志和事件，加快对安全威胁的检测和反应。
- **汇聚**：通过合并重复事件记录来减少事件的数据量。
- **报告**：在实时监控和长期摘要中提供关联和汇聚的事件数据。

SIEM 提供有关可疑活动来源的详细信息。

- 用户名、身份验证状态、位置等用户信息。
- 制造商、型号、操作系统版本、MAC 地址、网络连接方法和位置等设备信息。

- 设备是否符合安全策略、是否具有最新的防病毒文件、是否使用最新的操作系统补丁进行更新等姿态信息。

使用这些信息，网络安全分析师可以快速准确地评估任何安全事件的重要性，并回答如下所示关键问题。

- 谁与此事件有关联？
- 用户是否可以访问其他敏感资源？
- 此事件是否表示潜在的合规性问题？
- 重要用户是否有权访问知识产权或敏感信息？
- 用户是否有权访问此资源？
- 正在使用哪种类型的设备？

5. SIEM 系统

有多种 SIEM 系统。Splunk 是安全运营中心使用的一个广受欢迎的专用 SIEM 系统。

由于开源特性，本课程使用 ELK 套件来实现 SIEM 功能。ELK 是 Elastic 三个开源产品的首字母缩写。

- **Elasticsearch**：面向文档的全文本搜索引擎。
- **Logstash**：管道处理系统，它使用可选的“过滤器”将“输入”连接到“输出”。
- **Kibana**：基于浏览器的分析和搜索面板，适用于 Elasticsearch。

7.2 攻击基础

在本节中，您将会了解到 TCP/IP 漏洞怎样使得网络攻击成为可能。

7.2.1 IP 漏洞和威胁

在本小节中，您将会了解到 IP 漏洞怎样使得网络攻击成为可能。

1. IPv4 和 IPv6

IP 是作为无连接协议而设计的。它提供通过互连网络系统从源主机向目标主机传送数据包所必需的功能。该协议并不负责跟踪和管理数据包的流动。如果需要这些功能，则由第 4 层的 TCP 执行。

IP 不会验证数据包中包含的源 IP 地址是否确实来自该源。 因此，威胁发起者可以使用伪造的源 IP 地址发送数据包。此外，威胁发起者还可以通过篡改 IP 报头中的其他字段来执行攻击。因此，安全分析师必须了解 IPv4 和 IPv6 报头中的不同字段。

2. IPv4 数据包报头

IPv4 数据包报头中有 10 个字段，如图 7-5 所示。

- **版本**：包含一个 4 位二进制值 0100，用于标识这是 IPv4 数据包。
- **互联网报头长度**：一个 4 位字段，包含 IP 报头的长度。IP 报头的最小长度为 20 字节。
- **区分服务或 DiffServ（DS）**：以前称为服务类型（ToS）字段，DS 字段是一个用于确定每个数据包优先级的 8 位字段。DiffServ 字段最重要的 6 位是区分服务代码点（DSCP）。最后两位是显式拥塞通知（ECN）位。

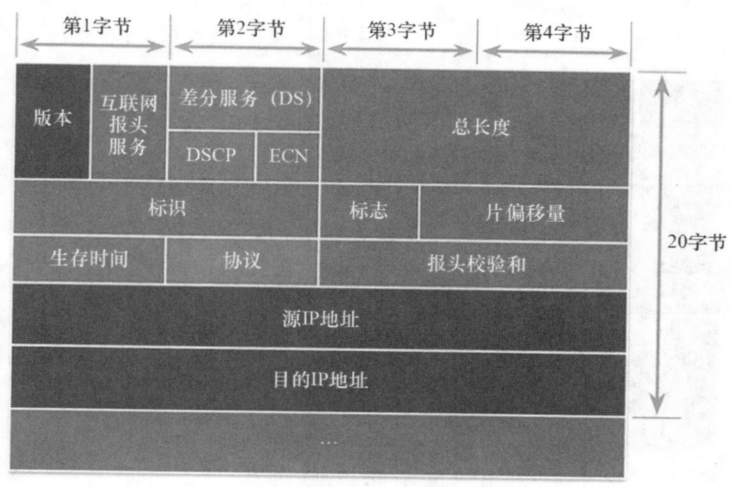

图 7-5 IPv4 数据包报头

- **总长度**：指定包括 IP 报头和用户数据在内的 IP 数据包长度。"总长度"字段为 2 个字节，因此 IP 数据包的最大大小为 65,535 个字节。
- **标识、标志和段偏移量**：IP 数据包通过互联网传输时，可能需要穿过无法处理数据包大小的路由。此时，数据包会拆分（即分段）为更小的数据包并于随后重组。这些字段用于分段和重组数据包。
- **生存时间（TTL）**：包含用于限制数据包寿命的一个 8 位二进制值。数据包发送方设置初始 TTL 值，数据包每被路由器处理一次，数值就减 1。如果 TTL 字段的值减为零，则路由器将丢弃该数据包并向源 IP 地址发送互联网控制消息协议 （ICMP）超时消息。
- **协议**：用于确定下一级协议。此 8 位二进制值表示数据包携带的数据负载类型，可以使得网络层将数据传送到相应的上层协议。常用的值包括 ICMP (1)、TCP (6) 和 UDP (17)。
- **报头校验和**：根据 IP 报头的内容计算的值。用于确定在传输过程中是否引入了任何错误。
- **源 IPv4 地址**：包含表示数据包源 IPv4 地址的 32 位二进制值。源 IPv4 地址始终为单播地址。
- **目的 IPv4 地址**：包含表示数据包目的 IPv4 地址的 32 位二进制值。
- **选项和填充**：这是一个长度为 0 或 32 位的倍数的字段。如果选项值不是 32 位的倍数，则添加（即填充）0 以确保此字段包含的是 32 位的倍数。

3. IPv6 数据包报头

IPv6 数据包报头中有 8 个字段，如图 7-6 所示。

- **版本**：此字段包含一个 4 位二进制值 0110，用于标识这是 IPv6 数据包。
- **流量类**：此 8 位字段相当于 IPv4 中的区分服务（DS）字段。
- **流标签**：此 20 位字段建议路由器对所有含相同流标签的数据包进行相同类型的处理。
- **负载长度**：此 16 位字段表示 IPv6 数据包的数据部分或负载的长度。
- **下一报头**：此 8 位字段相当于 IPv4 中的协议字段。它表示数据包携带的数据负载类型，可以使得网络层将数据传送到相应的上层协议。
- **跳数限制**：此 8 位字段取代 IPv4 的 TTL 字段。转发数据包的每个路由器均会使此数值减 1。当跳数达到 0 时，会丢弃此数据包，并且会向发送主机转发 ICMPv6 超时消息来指明数据包未到达目的地，原因是超过跳数限制。
- **源 IPv6 地址**：此 128 位字段用于确定发送主机的 IPv6 地址。
- **目的 IPv6 地址**：此 128 位字段用于确定接收主机的 IPv6 地址。

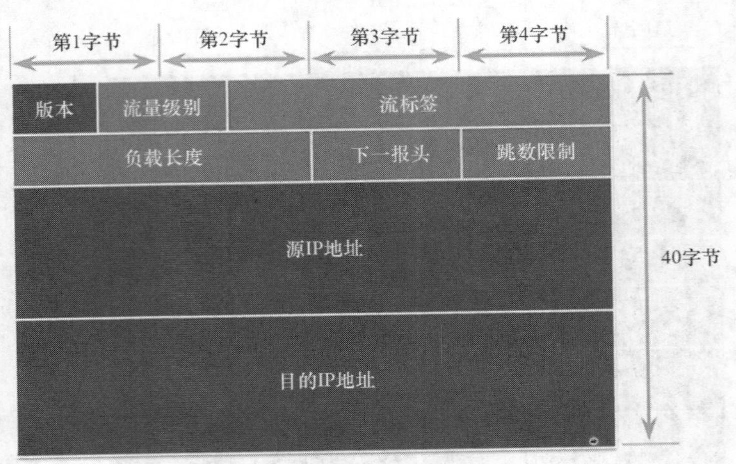

图 7-6 IPv6 数据包报头

IPv6 数据包还可能包含扩展报头（EH），以便提供可选的网络层信息。扩展报头为可选项，位于 IPv6 报头及负载之间。EH 用于分段、安全性、移动性支持等。

与 IPv4 不同，路由器不会对路由的 IPv6 数据包进行分段。

4. IP 漏洞

以 IP 为目标的攻击有很多种。以下是几种与 IP 相关的常见攻击。

- **ICMP 攻击**：威胁发起者使用 ICMP Echo 数据包（ping）来发现受保护网络上的子网和主机，以此生成 DoS 泛洪攻击及修改主机路由表。
- **DoS 攻击**：威胁发起者尝试阻止合法用户访问信息或服务。
- **DDoS 攻击**：类似于 DoS 攻击，但是是从多台源计算机同时发起协同攻击。
- **地址欺骗攻击**：威胁发起者伪造 IP 数据包中的源 IP 地址以执行盲欺骗或非盲欺骗。
- **中间人攻击（MITM）**：威胁发起者将自己置于源和目的之间以透明地监控、捕获和控制通信。通过检查捕获的数据包或者修改数据包再将其转发到原始目标，可以轻易实现偷听。
- **会话劫持**：威胁发起者获得对物理网络的访问权限，然后使用 MITM 攻击来劫持会话。

5. ICMP 攻击

ICMP 用于在路由、主机和端口不可用时传递诊断消息及报告错误情况。当发生网络错误或中断时，设备会生成 ICMP 消息。ping 命令是用户生成的 ICMP 消息，称为回应请求（Echo Request），用于验证与目标的连接。

威胁发起者使用 ICMP 进行侦查跟踪和扫描攻击。这使他们能够发起信息收集攻击以映射出网络拓扑、发现哪些主机处于活动状态（可访问）、识别主机操作系统（操作系统指纹），以及确定防火墙的状态。

威胁发起者还使用 ICMP 进行 DoS 攻击，如图 7-7 中的 ICMP 泛洪攻击所示。

注　意　面向 IPv4 的 ICMP（ICMPv4）和面向 IPv6 的 ICMP（ICMPv6）易遭受类似类型的攻击。

威胁发起者感兴趣的常见 ICMP 消息如下所示。

- **ICMP 回应请求和回应应答**：用于执行主机验证和 DoS 攻击。
- **ICMP 不可达**：用于执行网络侦查跟踪和扫描攻击。
- **ICMP 掩码应答**：用于映射内部 IP 网络。

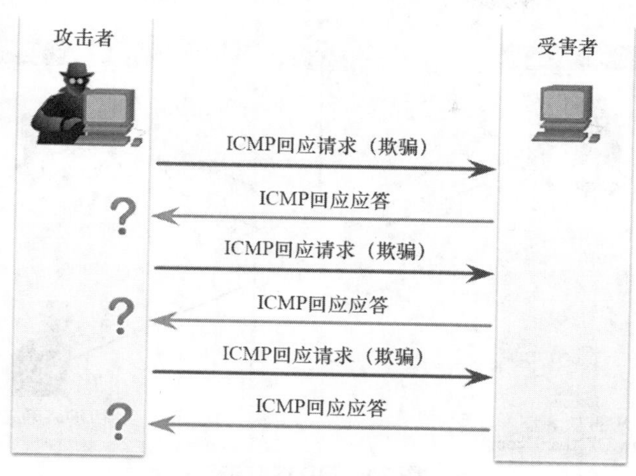

图 7-7 ICMP 泛洪

- **ICMP 重定向**：用于诱使目标主机通过受攻击的设备发送所有流量并创建 MITM 攻击。
- **ICMP 路由器发现**：用于向目标主机的路由表插入虚假的路由条目。

网络应在网络边缘进行严格的 ICMP 访问控制列表 ACL 过滤，以避免来自互联网的 ICMP 探测。安全分析师应能够通过查看捕获的流量和日志文件检测与 ICMP 相关的攻击。在大型网络中，防火墙和 IDS 等安全设备应能够检测到此类攻击，并向安全分析师发出警报。

6. DoS 攻击

DoS 是最为常见的一种攻击类型。DoS 攻击的目标是阻止合法用户访问网站、邮件、在线账户和其他服务。

DoS 攻击主要有两种来源。

- **恶意格式的数据包**：威胁发起者制作恶意格式的数据包并将其转发到易受攻击的主机，导致主机崩溃或变得非常缓慢。
- **过量的流量**：威胁发起者使目标网络、主机或应用过载，从而导致其崩溃或变得非常缓慢。

分布式 DoS（DDoS）攻击结合了多种 DoS 攻击。在图 7-8 中，攻击者首先入侵多台计算机以创造僵尸计算机。

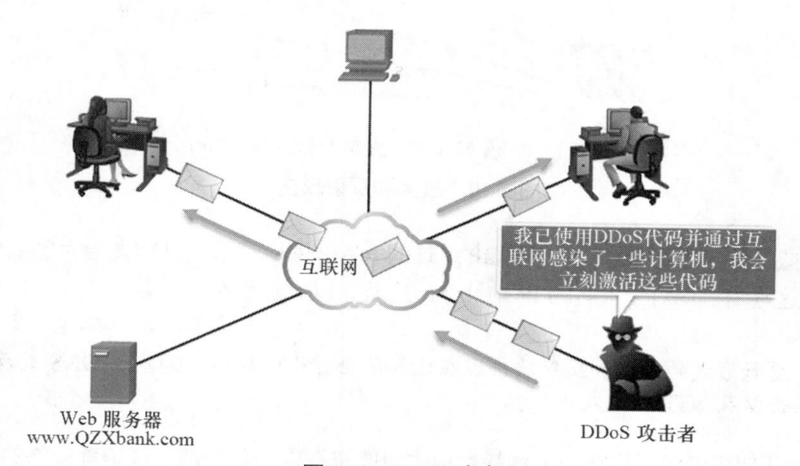

图 7-8 DDoS 攻击

随后，在图 7-9 中，攻击者激活僵尸计算机，开始攻击受害者机器。

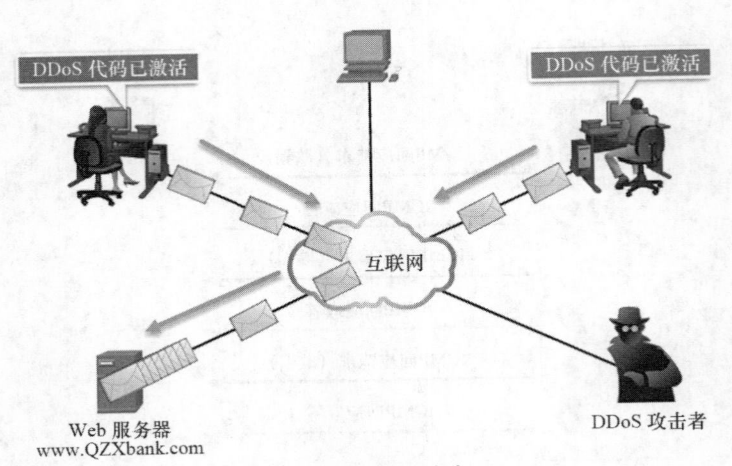

图 7-9 DDoS 攻击

ICMP 通常用于创建 DoS 攻击。例如，威胁发起者使用 ICMP 消息使目标设备的流量过分饱和，并显著减慢目标设备的速度。

7. 放大和反射攻击

威胁发起者通常使用放大和反射技术创建 DoS 攻击。图 7-10 中的示例说明了如何使用称为 Smurf 攻击的放大和反射技术来让目标主机过载。

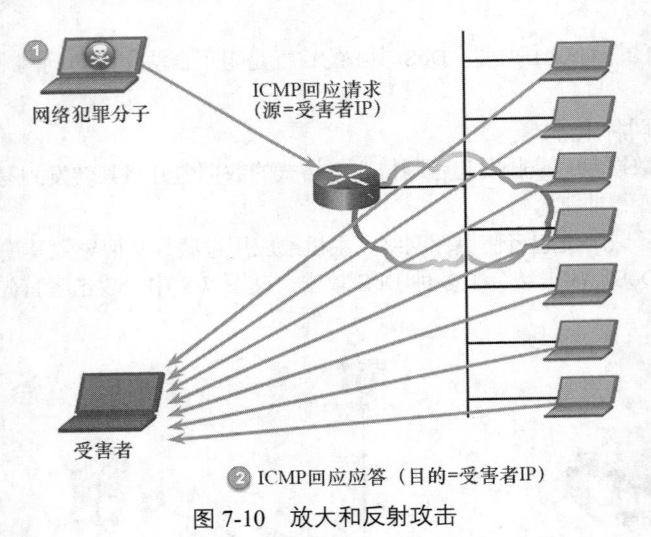

图 7-10 放大和反射攻击

1. **放大**：威胁发起者将包含受害者源 IP 地址的 ICMP 回应请求消息转发给大量主机。
2. **反射**：这些主机均对受害者的 IP 地址作出应答，以此让受害者过载。

注 意 更新形式的放大和反射攻击现在已经问世并得以应用，如基于 DNS 的反射和放大攻击以及 NTP 放大攻击。

威胁发起者还使用资源耗竭攻击来消耗目标主机的资源以使其崩溃，或消耗网络的资源以给其运作带来不利影响。

8. DDoS 攻击

DDoS 攻击的意图与 DoS 攻击类似，但是 DDoS 攻击的规模有所增加，因为它源于多个协调源。DDoS 攻击还引入了新的术语，比如僵尸网络、处理程序系统和僵尸计算机。

DDoS 攻击可能按以下方式进行。

1. 威胁发起者（僵尸主控机）建立或购买由多僵尸主机构成的僵尸网络以供使用。命令与控制（CnC）服务器使用 IRC、P2P、DNS、HTTP 或 HTTPS 通过隐蔽通道与僵尸通信。
2. 僵尸计算机继续扫描并感染更多目标，以创造更多僵尸。
3. 准备就绪之后，僵尸主控机将使用处理程序系统命令僵尸网络对选定目标进行 DDoS 攻击。

在图 7-11 中，威胁发起者使用 CnC 服务器与僵尸通信，从而对受害者的基础设施发起 DDoS 攻击。

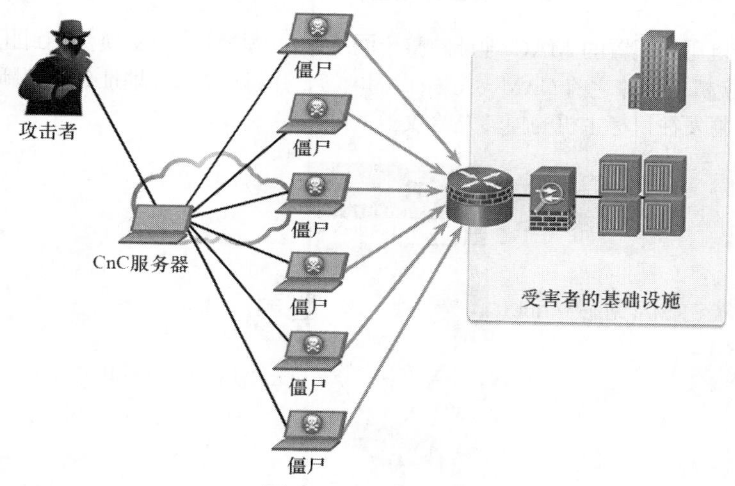

图 7-11　DDoS 攻击

僵尸拥有类似蠕虫的自行传播能力，它们还可以用来在被感染的主机上记录击键、收集密码、捕获和分析数据包、收集财务信息、发起 DoS 攻击、转发垃圾邮件和开启后门。

DoS 和 DDoS 攻击有很多潜在来源。虽然 DDoS 攻击很容易检测，但它们却很难对付。不安全的 IoT 设备被利用后，会使僵尸网络的规模呈指数级增长。有几种对策可用来对付这些攻击：

- 实施防火墙和 IPS 监控；
- 将传入和传出流量的速率限制在正常的基线水平；
- 加大内存并强化所有设备。

9. 地址欺骗攻击

当威胁发起者使用虚假的源 IP 地址信息创建数据包以隐藏发送方的身份或冒充另一个合法用户时，会发生 IP 地址欺骗攻击。然后，攻击者可以访问原本不可访问的数据或绕开安全配置。欺骗攻击通常会并入到另一个攻击中，比如 Smurf 攻击。

欺骗攻击可按以下方式进行。

- **非盲欺骗**：威胁发起者可以看到主机和目标之间发送的流量。威胁发起者使用非盲欺骗检查目标受害者的应答数据包。非盲欺骗的目的是确定防火墙的状态、进行序列号预测或劫持授权的会话。
- **盲欺骗**：威胁发起者不能看到主机和目标之间发送的流量。盲欺骗用在 DoS 攻击中。

威胁发起者可以访问内部网络时，会使用 MAC 地址欺骗攻击。威胁发起者将其主机的 MAC 地址修改为已知的目标主机的 MAC 地址，如图 7-12 所示。

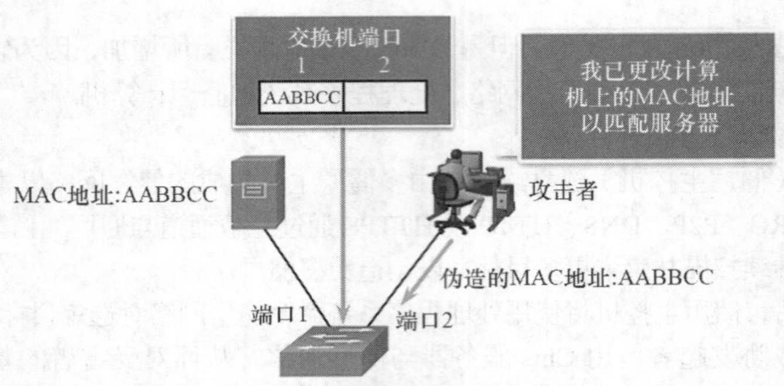

图 7-12　攻击者伪造服务器的 MAC 地址

然后，攻击主机用新配置的 MAC 地址向整个网络发送一个帧。当交换机收到此帧时，它会检查源 MAC 地址。交换机覆盖掉之前 CAM 表该条目的内容，并将该 MAC 地址分配给新端口，如图 7-13 所示。交换机然后将发往目标主机的帧转发给攻击主机。

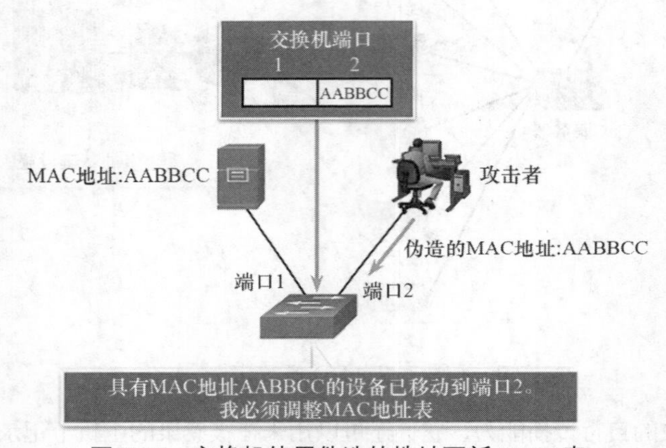

图 7-13　交换机使用伪造的地址更新 MAC 表

应用或服务欺骗是另一种欺骗示例。威胁发起者通过连接欺诈 DHCP 服务器来创建 MITM 条件。

7.2.2　TCP 和 UDP 漏洞

在本小节中，您将会了解到 TCP 和 UDP 漏洞是如何使网络攻击成为可能的。

1. TCP

与 IP 一样，TCP 也易受攻击。TCP 数据段信息紧跟 IP 报头显示。图 7-14 所示为 TCP 数据段的字段和“控制位”字段的标志。

控制位如下所示。

- **URG**：紧急指针字段有效。
- **ACK**：确认字段有效。
- **PSH**：推送功能。
- **RST**：重置连接。
- **SYN**：同步序列号。

■ **FIN**：发送方不再发送数据。

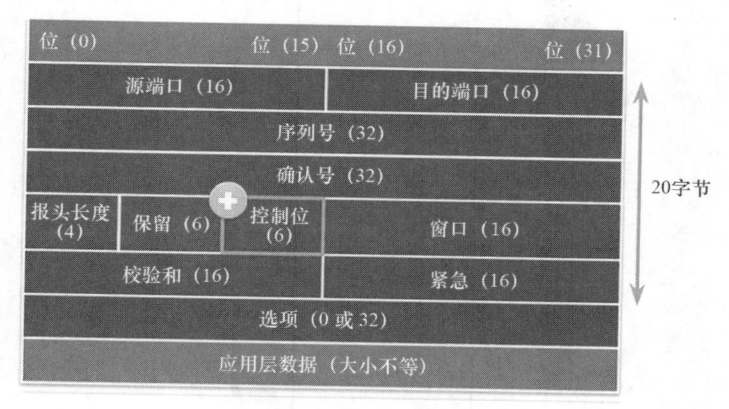

图 7-14 TCP 段

TCP 提供以下服务。

■ **可靠传输**：可靠通信是 TCP 的最大优势。TCP 集成了确认机制来保证传送，而不是依靠上层协议来检测和解决错误。如果未及时收到确认，发送方将重新传输数据。但是，要求对已收到的数据进行确认可能会造成显著的延迟。

■ **流控制**：TCP 实施流控制来解决延迟问题。它只需一个确认数据段就可以确认多个数据段，而不是一次确认一个数据段。

■ **状态通信**：双方之间的 TCP 状态通信通过 TCP 三次握手进行。在可以使用 TCP 传输数据之前，三次握手将打开 TCP 连接，如图 7-15 所示。如果双方同意建立 TCP 连接，则双方可以使用 TCP 发送和接收数据。

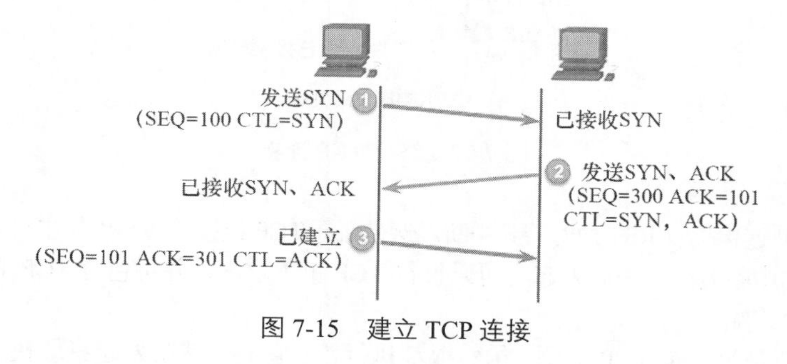

图 7-15 建立 TCP 连接

利用 TCP 可靠性的应用层协议的示例有 HTTP、SSL/TLS、FTP、DNS 区域传送等。

2. TCP 攻击

虽然 TCP 协议是面向连接的可靠协议，但仍然存在可以利用的漏洞。

TCP 协议易受端口扫描的攻击。网络应用使用 TCP 或 UDP 端口。威胁发起者对目标设备进行端口扫描，以发现它们提供的服务。

TCP SYN 泛洪攻击会利用到 TCP 三次握手。如图 7-16 所示，威胁发起者不断使用随机伪造的源 IP 地址向预期目标发送 TCP SYN 会话请求数据包。

目标设备将 TCP SYN-ACK 数据包发送到伪造的 IP 地址进行响应，并等待 TCP ACK 数据包。这些响应永远不会到来。最终，目标主机因半开的 TCP 连接过多而不堪重负，并拒绝合法用户的 TCP 服务（例如邮件、文件传输或 HTTP）。

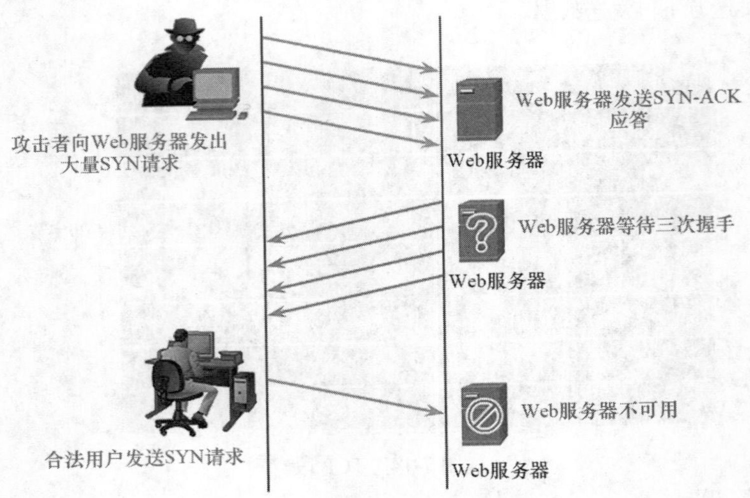

图 7-16 TCP SYN 泛洪攻击示例

TCP 重置攻击可用于终止两台主机之间的 TCP 通信。图 7-17 所示为 TCP 如何使用四次交换从每个 TCP 终端使用一对 FIN 和 ACK 数据段来关闭 TCP 连接。

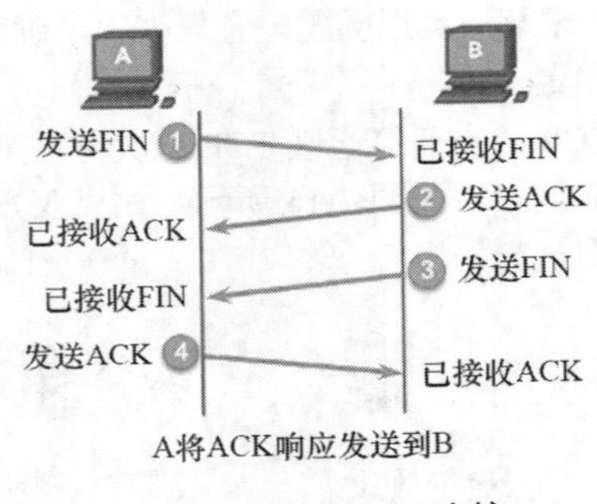

图 7-17 终止 TCP 连接

也可以在 TCP 连接接收 RST 位时将其中断。这是断开 TCP 连接并通知接收主机立即停止使用 TCP 连接的一种突然的中断方式。威胁发起者可以执行 TCP 重置攻击，并将包含 TCP RST 的伪造数据包发送到一个或两个终端。

TCP 会话劫持是另一个 TCP 漏洞。虽然很难执行，但它能使威胁发起者取代一台已经通过身份验证的主机来与目标进行通信。威胁发起者必须假冒某个主机的 IP 地址，预测下一个序列号，然后向其他主机发送 ACK。如果成功，威胁发起者就能够向目标设备发送数据，但不能从目标设备接收数据。

3. UDP 和 UDP 攻击

UDP 是一种提供基本传输层功能的简单协议。DNS、TFTP、NFS 和 SNMP 通常会使用 UDP。媒体流或 VoIP 等实时应用也会使用 UDP。UDP 是一种无连接的传输层协议。与 TCP 相比，UDP 的开销极低，因为 UDP 是无连接的，并且不提供用于实现可靠性的重传、排序和流量控制等复杂机制。UDP 数据段的结构比 TCP 数据段的结构小很多，如图 7-18 所示。

这并不是说使用 UDP 的应用程序始终不可靠，也不能说明 UDP 是下等协议。而只是说明，作为传输层协议，UDP 不提供上述几项功能，如果需要这些功能，必须通过其他方式来实现。

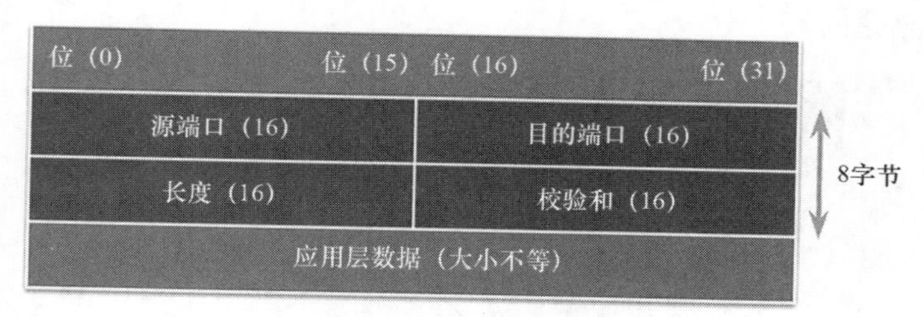

图 7-18 UDP 数据结构

正是由于 UDP 的开销低，因此它很适合进行简单请求和响应通信事务的协议。例如，如果将 TCP 用于 DHCP 会引入不必要的网络流量。如果请求或响应出现问题，设备如果没有收到任何响应，则只需重新发送请求即可。

UDP 不受任何加密保护。虽然可以向 UDP 添加加密功能，但默认情况下加密不可用。缺乏加密时任何人都可以查看流量、更改流量并将其发送到它的目标。更改流量中的数据将改变 16 位的校验和，但校验和是可选项，并且不总是会用到。使用校验和时，攻击者可以根据新的数据负载创建新的校验和，并将其作为新的校验和记录在报头中。目标设备将发现校验和与数据匹配，而不知道数据已被修改。

此类攻击不是最广为使用的攻击。以消耗网络上所有资源为目的的 UDP 攻击更为常见。这称为 UDP 泛洪攻击。要达到此目的，攻击者必须使用 UDP Unicorn 或 Low Orbit Ion Cannon（LOIC）这样的工具，将大量 UDP 数据包（通常源自假冒的主机）发送到子网中的服务器。程序将扫描所有已知的端口，试图找到处于关闭状态的端口。这将导致服务器使用 ICMP 端口不可达消息作为答复。由于服务器上有太多已关闭的端口，这会导致网段上的数据流量非常大，并占用几乎所有带宽。UDP 泛洪攻击的结果与 DoS 攻击非常相似。

7.3 攻击我们的操作

在本节中，您将会了解到常见的网络应用和服务是怎样容易受到攻击的。

7.3.1 IP 服务

在本小节中，您将会了解到 IP 漏洞。

1. ARP 漏洞

主机向该网段上的其他主机广播 ARP 请求，以确定具有特定 IP 地址的主机的 MAC 地址。子网上的所有主机接收并处理 ARP 请求。与 ARP 请求（见图 7-19）中的 IP 地址相匹配的主机发送 ARP 应答（见图 7-20）。

任何客户端都可以发送一个称为“免费 ARP”的非请求（unsolicited）ARP 应答。在某个设备首次启动以向本地网络中的所有其他设备通知新设备的 MAC 地址时，通常会执行这一操作。当主机发送免费 ARP 时，子网上的其他主机会将免费 ARP 中包含的 MAC 地址和 IP 地址存储在它们的 ARP 表中。

然而，ARP 的这一特性也意味着任何主机都可以宣称它们是所选择的任何 IP/MAC 的所有者。威胁发起者可以毒化本地网络中设备的 ARP 缓存，从而创建 MITM 攻击来重定向流量。这样做的目的是攻击受害主机，将其默认网关更改为威胁发起者的设备。这会将威胁发起者置于受害者和本地子网之外的所有其他系统之间。

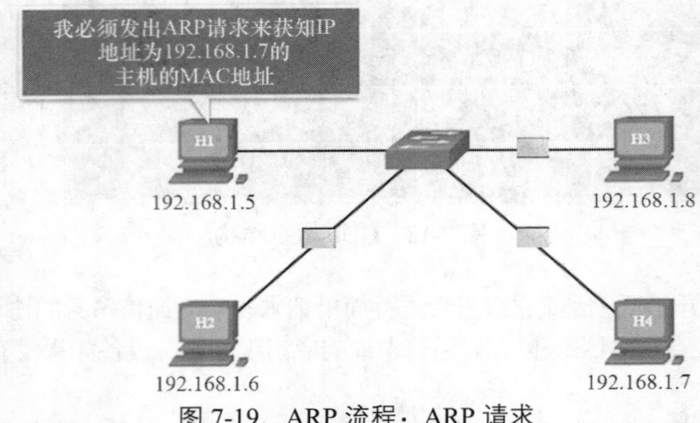

图 7-19 ARP 流程：ARP 请求

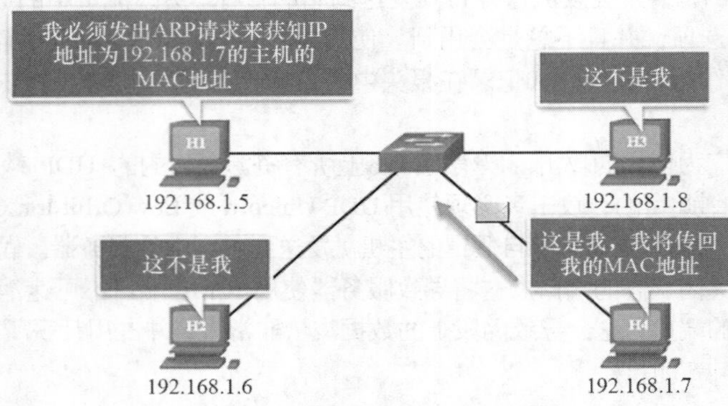

图 7-20 ARP 流程：ARP 应答

2. ARP 缓存毒化

要查看 ARP 缓存毒化的工作原理，请考虑以下示例。在图 7-21 中，PC-A 要求其默认网关 R1 的 MAC 地址，因此，它发送一个 ARP 请求，索要地址为 192.168.10.1 的 MAC 地址。

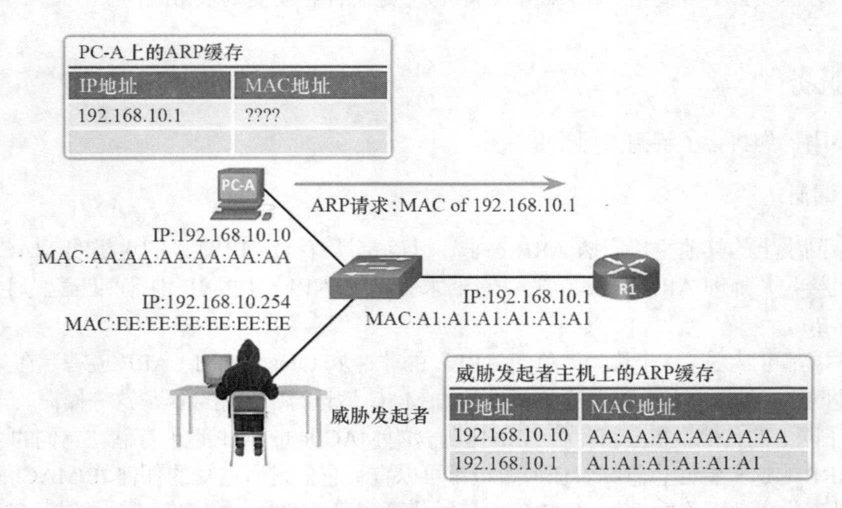

图 7-21 PC-A 向默认网关发送 ARP 请求

在图 7-22 中，R1 使用 PC-A 的 IP 地址和 MAC 地址更新其 ARP 缓存，并向 PC-A 发送 ARP 应答，然后 PC-A 使用 R1 的 IP 地址和 MAC 地址更新其 ARP 缓存。

在图 7-23 中，威胁发起者使用自己的 MAC 地址向指定的目的 IP 地址发送两个伪造的免费 ARP 应答。PC-A 使用其默认网关更新其 ARP 缓存，而默认网关现在指向威胁发起者的主机 MAC。R1 也使用 PC-A 的 IP 地址（指向威胁发起者的 MAC 地址）更新其 ARP 缓存。

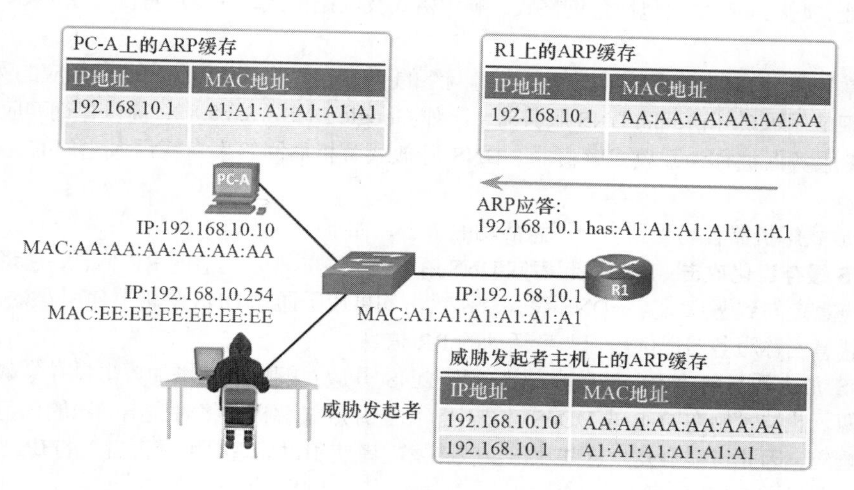

图 7-22 R1 发送 ARP 应答

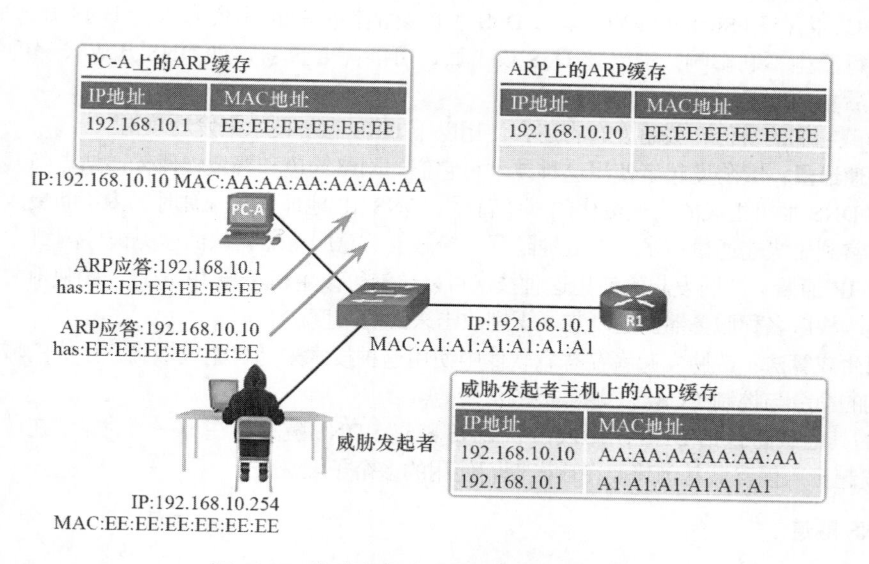

图 7-23 威胁发起者发送欺骗的免费应答

威胁发起者的主机现在正在进行 ARP 毒化攻击。

注 意 互联网上有许多工具可以创建 ARP MITM 攻击，包括 dsniff、Cain&Abel、Ettercap、Yersinia 等。

ARP 毒化攻击分为如下两种。

- **被动毒化**：威胁发起者窃取机密信息。
- **主动毒化**：威胁发起者修改传输中的数据或插入恶意数据。

3. DNS 攻击

域名服务（DNS）协议定义了一套自动化服务，该服务将资源名称与访问这一资源所需的数字形式的网络地址关联在一起。它包括查询格式、响应格式及数据格式，并使用资源记录（RR）识别 DNS 响应的类型。

人们常常忽视对 DNS 的保护。但是，它对网络的运作至关重要，因此应获得相应的保护。

许多组织使用可公开访问的 DNS 服务器，比如 Google DNS（8.8.8.8），提供查询响应服务。这种类型的 DNS 服务器被称为开放式解析器。DNS 开放式解析器回答来自管理域之外的客户端发来的查询。

DNS 开放式解析器容易受到多个恶意活动的攻击，如下所示。

- **DNS 缓存毒化攻击**：威胁发起者向 DNS 解析器发送欺骗、伪造的 RR 信息，以将用户从合法站点重定向到恶意站点。DNS 缓存毒化攻击均可用于通知 DNS 解析器使用恶意名称服务器，而恶意名称服务器提供用于恶意活动的 RR 信息。
- **DNS 放大和反射攻击**：威胁发起者使用 DNS 开放式解析器来增加攻击量并隐藏攻击的真正来源。此技术用在 DoS 或 DDoS 攻击中。由于开放式解析器将对提出问题的任何人的查询作出响应，因此可能会发生这些攻击。威胁发起者使用目标主机（受害者）的 IP 地址向开放式解析器发送 DNS 消息。
- **DNS 资源利用攻击**：一种消耗 DNS 开放式解析器资源的 DoS 攻击。此类资源的示例包括 CPU、内存和 Socket 缓冲区。该 DoS 攻击会消耗所有可用资源以对 DNS 开放式解析器的运行产生不利影响。遭受该 DoS 攻击后，可能需要重新启动 DNS 开放式解析器，或停止然后重启服务。

为了隐藏它们的身份，威胁发起者还会使用以下 DNS 隐身技术来发动攻击。

- **快速通量**：威胁发起者使用这种技术将它们的网络钓鱼和恶意软件传递站点隐藏在由受攻击的 DNS 主机组成的快速变化的网络背后。DNS IP 地址在几分钟时间内不断更改。僵尸网络常常利用快速通量技术来有效地隐藏（掩蔽）恶意服务器，从而避免被检测到。
- **双 IP 通量**：威胁发起者使用这种技术可以快速篡改主机名与 IP 地址间的映射关系，还可以更改权威名称服务器。这增加了识别攻击来源的难度。
- **域生成算法**：威胁发起者在恶意软件中使用这种技术来随机生成域名，生成的域名可用作它们的命令与控制（C&C）服务器的汇聚点。

DNS 的其他威胁包括 DNS 阴影攻击和 DNS 隧道。DNS 隧道将在下一节讨论。在域名阴影攻击中，威胁发起者入侵父域并创建要在攻击期间使用的多个子域。

4. DNS 隧道

僵尸网络已经成为威胁发起者的常用攻击方法。通常，僵尸网络被用来传播恶意软件或发动 DDoS 和钓鱼攻击。

企业中的 DNS 是一种可被僵尸网络利用的协议，人们常常会忽视这一点。正因如此，当 DNS 流量被确定为事件的一部分时，攻击就已经结束。安全分析师必须能够查明攻击者使用 DNS 隧道窃取数据的时间，并防止和制止攻击。为了做到这一点，安全分析师必须实施相应的解决方案，阻止来自受感染主机的出站通信。

使用 DNS 隧道的威胁发起者将非 DNS 流量置于 DNS 流量中。此方法常常会绕开安全解决方案。威胁发起者为了使用 DNS 隧道，会修改不同类型的 DNS 记录，比如 TXT、MX、SRV、NULL、A 或

CNAME。例如，TXT 记录可以存储大多数用于通过 DNS 应答发送到受感染主机的命令。使用 TXT 的 DNS 隧道攻击的工作方式如下。

1. 数据被拆分为多个编码区块。
2. 每个区块放置在 DNS 查询的较低级别域名标签中。
3. 由于没有来自本地或网络 DNS 的查询响应，因此请求被发送到 ISP 的递归 DNS 服务器。
4. 递归 DNS 服务将查询转发到攻击者的权威名称服务器。
5. 这个过程不断重复，直到包含这些区块的所有查询发送完毕。
6. 当攻击者的权威名称服务器从受感染的设备收到 DNS 查询时，它会为每个 DNS 查询发送响应，其中包含封装的编码命令。
7. 受攻击主机上的恶意软件重组这些区块，并执行隐藏在其中的命令。

为了能够阻止 DNS 隧道，必须使用过滤器检查 DNS 流量。要特别注意长度大于平均值或具有可疑域名的 DNS 查询。此外，DNS 解决方案（比如 Cisco OpenDNS）可以通过识别可疑域名来阻止大多数 DNS 隧道流量。

5. DHCP

DHCP 服务器动态地提供 IP 配置信息，其中包括 IP 地址、子网掩码、默认网关、DNS 服务器，以及客户端的更多信息。客户端和服务器之间典型 DHCP 消息交换的序列如图 7-24 所示。

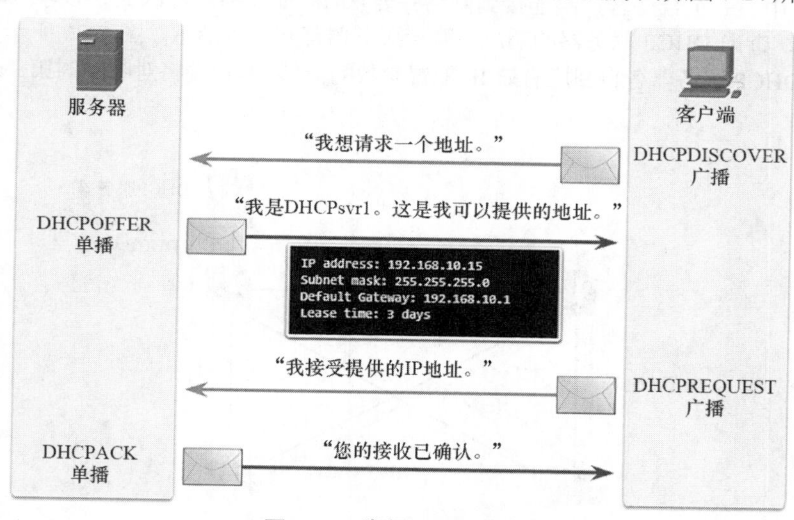

图 7-24 常规 DHCP 运行

DHCP 容易受到 DHCP 欺骗攻击。当欺诈（rogue）DHCP 服务器连接到网络并向合法客户端提供虚假的 IP 配置参数时，会出现 DHCP 欺骗攻击。欺诈服务器可以提供各种各样的误导信息。

- **错误的默认网关**：威胁发起者提供无效的网关或其主机的 IP 地址以创建 MITM 攻击。当入侵者拦截通过网络的数据流时，用户可能完全不会察觉这一情况。
- **错误的 DNS 服务器**：威胁发起者提供不正确的 DNS 服务器地址，该地址将用户指向恶意网站。
- **错误的 IP 地址**：威胁发起者提供无效的 IP 地址、无效的默认网关 IP 地址，或者同时提供这两者。然后，威胁发起者在 DHCP 客户端上创建 DoS 攻击。

图 7-25 到图 7-28 所示为 DHCP 欺骗攻击。假定威胁发起者已成功地将欺诈 DHCP 服务器连接到与目标客户端在相同子网上的交换机端口。欺诈服务器的目标是为客户端提供虚假的 IP 配置信息。

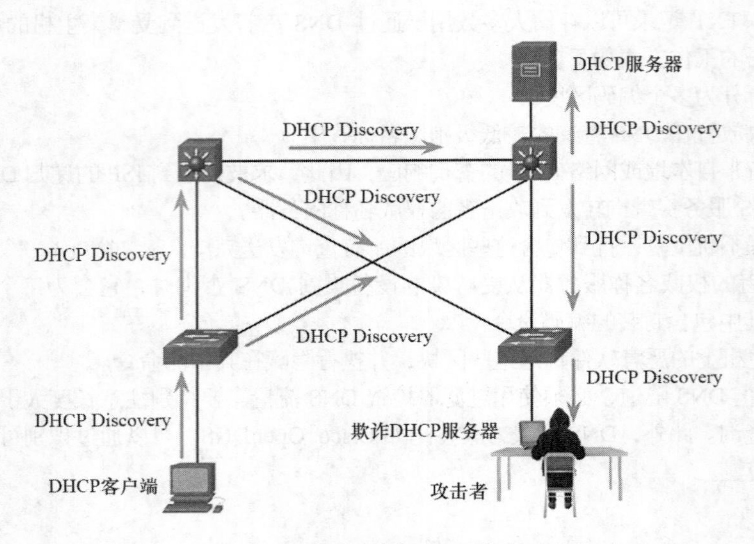

图 7-25 客户机广播 DHCP 发现消息

在图 7-25 中，一个合法客户端连接到网络并要求 IP 配置参数。因此，该客户端广播 DHCP Discovery 请求，查询 DHCP 服务器的响应。两台服务器都将收到消息。图 7-26 所示为合法 DHCP 服务器和欺诈 DHCP 服务器各自回应有效 IP 配置参数的情形。客户端将对收到的第一个配置参数进行应答。

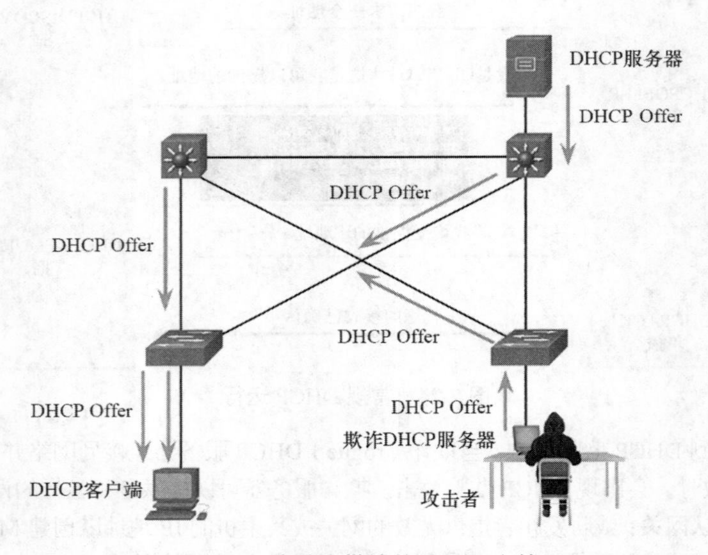

图 7-26 合法和欺诈的 DHCP 应答

在本情景中，客户端首先收到了欺诈服务器提供的配置参数。它广播一个 DHCP Request，用于接受来自欺诈服务器的参数，如图 7-27 所示。合法和欺诈服务器都将收到此请求。但是，如图 7-28 所示，只有欺诈服务器对客户端单播应答，以确认其请求。合法服务器将停止与客户端进行通信。

DHCP 也容易遭受 DHCP 耗竭攻击。这种攻击的目标是为连接客户端创建 DoS。DHCP 耗竭攻击需要用到攻击工具，比如 Gobbler。Gobbler 用虚假 MAC 地址转发 DHCP 发现消息，试图租用整个地址池。

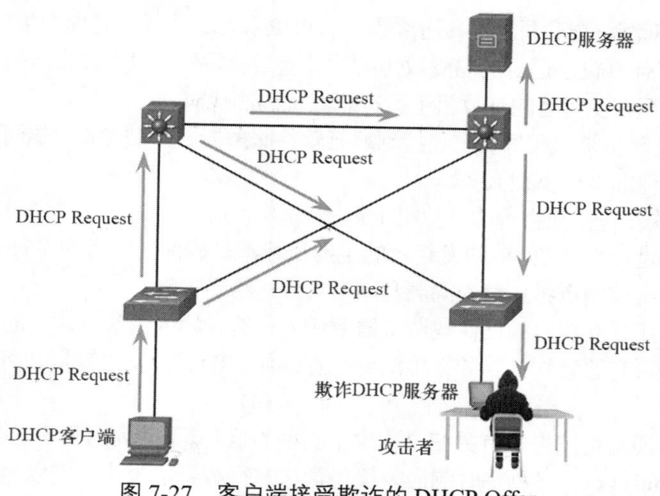

图 7-27 客户端接受欺诈的 DHCP Offer

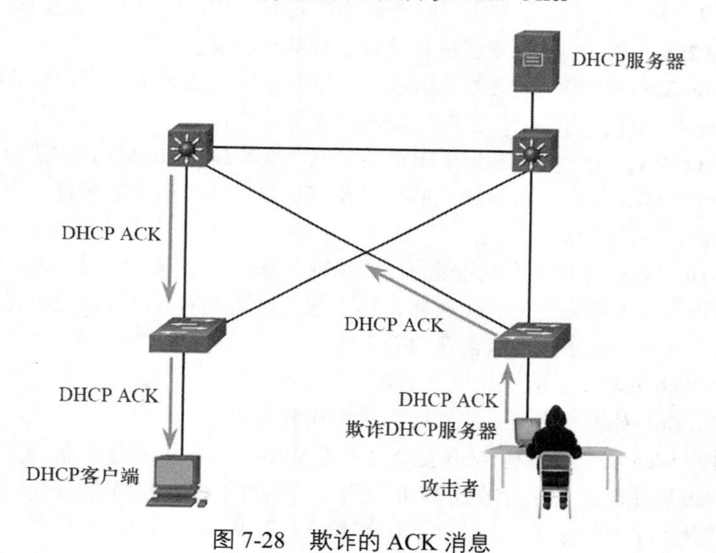

图 7-28 欺诈的 ACK 消息

7.3.2 企业级服务

在本小节中，您将会了解到网络应用漏洞是怎样使得网络攻击成为可能的。

1. HTTP 和 HTTPS

几乎每个人都使用互联网浏览器。由于企业需要在不影响网络安全的情况下访问网络，因此完全阻止网络浏览并不可行。

要调查基于 Web 的攻击，安全分析师必须充分了解基于 Web 的标准攻击的工作原理。这些是典型 Web 攻击的常见阶段。

1. 受害者在不知情的情况下访问被恶意软件入侵的网页。
2. 被入侵的网页将用户（通常通过许多受攻击的服务器）重定向至包含恶意代码的站点。
3. 用户访问带有恶意代码的站点，他们的计算机将被感染。这称为偷渡式（drive-by）下载。当用户访问该站点时，漏洞利用工具会扫描受害者计算机上运行的软件，包括操作系统、Java 或 Flash 播放器，以查找软件中的漏洞。漏洞利用工具通常是一个 PHP 脚本，为攻击者提供管理控制台来管理攻击。

4. 在识别受害者计算机上运行的易受攻击的软件包后，漏洞利用工具将与漏洞利用工具服务器联系，下载可使用此漏洞在受害者的计算机上运行恶意代码的代码。

5. 在受害者的计算机被入侵后，它连接到恶意软件服务器并下载净荷。这可能是恶意软件，也可能是下载其他恶意软件的文件下载服务。

6. 最终的恶意软件包在受害者的计算机上运行。

无论使用的攻击是什么类型，威胁发起者的主要目标都是确保受害者的 Web 浏览器停留在威胁发起者的网页上，然后由该网页将恶意的漏洞利用工具传送给受害者。

一些恶意站点利用易受攻击的插件或浏览器漏洞入侵客户端的系统。较大的网络依靠 IDS 扫描下载的文件，以检查是否有恶意软件。如果检测到恶意软件，IDS 会发出警报并将事件记录到日志文件中供以后分析。

服务器连接日志通常可以告知有关扫描或攻击类型的信息。下面列出了不同类型的连接状态代码。

- **Informational 1xx**：一种临时响应，仅包含状态行和可选报头。它以空行终止。这类状态代码无须报头。除了在实验条件下，服务器不得向 HTTP/1.0 客户端发送 1xx 响应。
- **Successful 2xx**：客户端的请求已成功接收、理解和接受。
- **Redirection 3xx**：用户代理必须采取进一步操作才能完成请求。客户端应检测无限重定向循环，因为这些循环会为每个重定向生成网络流量。
- **Client Error 4xx**：用于客户端似乎出错的情况。除非是对 HEAD 请求进行响应，否则服务器应包括一个实体，其中包含对错误情况以及这是否是临时情况的解释。用户代理应向用户显示任何包含在内的实体。
- **Server Error 5xx**：用于服务器知道它已出错或无法执行请求的情况。除非是对 HEAD 请求进行响应，否则服务器应包括一个实体，其中包含对错误情况以及这是否是临时情况的解释。用户代理应向用户显示任何包含在内的实体。

为了抵御基于 Web 的攻击，应采用以下对策。

- 始终使用最新的补丁和更新来更新操作系统和浏览器。
- 使用思科云 Web 安全或思科 Web 安全设备等 Web 代理阻止恶意站点。
- 在开发 Web 应用时，使用开放式 Web 应用安全项目（OWASP）的最佳安全实践。
- 向终端用户进行教育培训，为其展示如何避免基于 Web 的攻击。

恶意 iFrame

威胁发起者经常会用到恶意内联框架（iFrame）。iFrame 是一个 HTML 元素，它允许浏览器从另一个源加载另一个网页。iFrame 攻击已变得很常见，因为它们常常用于将来自其他来源的广告插入到页面中。在某些情况下，加载的 iFrame 页面仅包含几个像素，这使得用户很难发觉。由于 iFrame 在页面中运行，因此它可以被用来传送恶意漏洞。

以下是杜绝或减少恶意 iFrame 的一些方法。

- 使用思科云 Web 安全或思科 Web 安全设备等 Web 代理阻止恶意站点。
- 由于攻击者经常会在被入侵的网站中更改 iFrame 的来源，因此请确保 Web 开发人员不使用 iFrame 隔离网站与来自第三方的任何内容。
- 使用思科 OpenDNS 等服务防止用户导航至已知为恶意的网站。
- 确保终端用户了解 iFrame 是什么，还要知道威胁发起者经常在基于 Web 的攻击中使用此方法。

HTTP 302 缓冲

另一种类型的 HTTP 攻击是 HTTP 302 缓冲攻击。威胁发起者使用“302 Found HTTP”响应状态代码将用户的 Web 浏览器定向到新位置。威胁发起者通常使用合法的 HTTP 功能（例如，HTTP 重定向）执行攻击。HTTP 允许服务器将客户端的 HTTP 请求重定向到其他服务器。例如，当 Web 内容已移动到其他 URL 或域名时，会使用 HTTP 重定向。这允许旧的 URL 和书签继续发挥作用。因此，安全分析师应该了解 HTTP 重定向之类功能的工作原理以及如何在攻击期间使用此类功能。

当服务器的响应为“302 Found”状态时，它还会在位置字段中提供 URL。浏览器认为新位置是报头中提供的 URL，因此会请求这个新的 URL。此重定向功能可以多次使用，直到浏览器最终载入包含漏洞的页面。由于网络中频繁发生合法的重定向，因此恶意重定向可能难以被检测到。

以下是防止或减少 HTTP 302 缓冲攻击的一些方法。

- 使用思科云 Web 安全或思科 Web 安全设备等 Web 代理阻止恶意站点。
- 使用思科 OpenDNS 等服务防止用户导航至已知为恶意的网站。
- 确保终端用户理解浏览器是如何通过一系列 HTTP 302 重定向功能实现重定向的。

域名阴影

当威胁发起者希望创建域阴影攻击时，他们必须先入侵某个域。然后，他们必须创建该域的多个子域以用于攻击。然后再使用劫持的域注册登录信息创建所需的众多子域。这些子域在创建完成后，即使被发现是恶意域，攻击者也可以如愿使用它们。他们可以从父域轻松创建更多子域。威胁发起者通常使用以下攻击顺序。

1. 网站被入侵。
2. 使用 HTTP 302 缓冲。
3. 使用域名阴影攻击。
4. 创建漏洞利用工具登录页面。
5. 恶意软件通过其净荷传播。

以下是防止或减少域名阴影攻击的一些方法。

1. 保护所有域所有者的账户。使用强密码并使用双因素身份验证来保护这些重要的账户。
2. 使用思科云 Web 安全或思科 Web 安全设备等 Web 代理阻止恶意站点。
3. 使用思科 OpenDNS 等服务防止用户导航至已知为恶意的网站。
4. 确保域所有者验证其注册账户并查找任何未被授权的子域。

2. 邮件

在过去的 25 年内，电子邮件已从技术和研究专业人员使用的主要工具变为日常工作沟通交流的重要工具。如今，每天往来的企业邮件超过 1000 亿封。随着邮件使用量的提升，安全越发成为头等大事。今天，用户访问邮件的方式也增加了引入恶意软件威胁的机会。过去，企业用户通过企业服务器访问基于文本的邮件。企业服务器位于受公司防火墙保护的工作站上。现在，可从多个不同设备访问 HTML 消息，这些设备通常不受公司防火墙的保护。HTML 允许更多的攻击，因为访问量有时会绕过不同的安全层。

下面是邮件威胁的示例。

- **基于附件的攻击**：威胁发起者在业务文件中嵌入恶意内容，比如来自 IT 部门的邮件。合法用户打开恶意内容。很多攻击经常以特定的垂直行业为目标，利用恶意软件伪装成合法内容，引诱从事该行业工作的用户打开恶意附件或点击嵌入的链接。
- **邮件欺骗**：威胁发起者使用伪造的发送方地址创建邮件，目的是欺骗接收方提供资金或敏感信息。例如，一家银行向您发送一封邮件，要求您更新您的凭证。当这封邮件与您之前打开的合法邮件显示相同的银行徽标时，它被打开的机会更高，打开其附件及点击链接的机会也更高。欺骗邮件甚至可能要求您验证您的凭证，以便银行确信您的真实身份，以此暴露您的登录信息。
- **垃圾邮件**：威胁发起者发送包含广告或恶意文件的未经请求的邮件。在主动请求响应时，经常会发送这种类型的邮件，用于告诉威胁发起者邮件是有效的，用户已打开垃圾邮件。

■ **开放邮件中继服务器**：威胁发起者利用错误配置为开放邮件中继的企业服务器，将大量垃圾邮件或恶意软件发送给不知情的用户。开放邮件中继是一个 SMTP 服务器，它允许互联网上的任何人发送邮件。由于任何人都可以使用这种服务器，因此它们容易受到垃圾邮件制造者和蠕虫的攻击。使用开放邮件中继可以发送大量垃圾邮件。永远不要把企业邮件服务器设置为开放中继，这很重要。这将大大减少未经请求的邮件的数量。

■ **同形字**：威胁发起者可以使用与合法文本字符非常相似或甚至相同的文本字符。例如，很难区分 O（大写字母 O）和 0（数字零）或 l（小写“L”）和 1（数字 1）。这些同形字可用在网络钓鱼邮件中，使它们看起来非常有说服力。在 DNS 中，这些字符与真实的事情完全不同。在搜索 DNS 记录时，如果搜索中使用了含同形字的链接，则会找到一个完全不同的 URL。

就像在端口上侦听传入连接的任何其他服务一样，SMTP 服务器也可能存在漏洞。要使用安全和软件补丁以及更新，使 SMTP 软件始终保持最新。实施相应对策以进一步防止威胁发起者完成愚弄终端用户的任务。使用特定于邮件的安全设备，比如思科邮件安全设备。这将有助于检测和阻止许多已知类型的威胁，比如网络钓鱼、垃圾邮件和恶意软件。此外，还需要为终端用户提供指导。当攻击突破实施的安全措施时，有时候终端用户是最后一道防线。有必要教他们如何识别垃圾邮件、网络钓鱼、可疑链接和 URL、同形字，以及不要打开可疑的附件。

3. 暴露于 Web 的数据库

Web 应用通常连接到关系数据库以访问数据。由于关系数据库通常包含敏感数据，因此数据库频繁地成为攻击目标。

命令注入

攻击者能够通过易受攻击的 Web 应用在 Web 服务器的操作系统上执行命令。如果 Web 应用将输入字段提供给攻击者输入恶意数据，则可能发生这种情况。通过 Web 应用执行的攻击者的命令与 Web 应用具有相同的权限。因为通常不对输入进行充分的验证，所以经常会发生此类攻击。SQL 注入和 XSS 是两种不同类型的命令注入。

SQL 注入

SQL 是用于查询关系数据库的语言。威胁发起者使用 SQL 注入来破坏关系数据库、创建恶意 SQL 查询及从关系数据库中获取敏感数据。

其中一种最常见的数据库攻击是 SQL 注入攻击。SQL 注入攻击包括通过客户端输入到应用的数据来插入 SQL 查询。成功的 SQL 注入漏洞利用可以从数据库读取敏感数据、修改数据库数据、对数据库执行管理操作，有时还会向操作系统发出命令。

除非应用使用严格的输入数据验证，否则很容易受到 SQL 注入攻击。如果应用在没有任何输入数据验证的情况下，接受并处理用户提供的数据，威胁发起者可能会提交一个恶意制作的输入字符串以触发 SQL 注入攻击。

安全分析师应该能够识别可疑的 SQL 查询，以便检测关系数据库是否受到 SQL 注入攻击。他们需能够确定威胁发起者登录使用的用户 ID，还需要识别在威胁发起者成功登录后可能利用的任何信息或进一步访问。

跨站脚本攻击

并非所有攻击都从服务器端发起。在跨站脚本攻击（XSS）中，在客户端上（自己的 Web 浏览器）执行的网页被注入了恶意脚本。这些脚本可被 Visual Basic、JavaScript 等用来访问计算机、收集敏感信息或部署更多攻击和传播恶意软件。与 SQL 注入一样，这通常是由于攻击者向缺乏输入验证的受信任网站发布内容造成的。未来访问受信任网站的访问者将会看到攻击者提供的内容。

以下是两种主要的 XSS。

■ **存储（永久）**：这将永久存储在受感染的服务器上，并且受感染页面的所有访问者都会收到。

- **反射（非永久）**：这只要求恶意脚本位于链接中，访问者必须点击受感染的链接才能被感染。

以下是防止或减少命令注入攻击的一些方法。

- 使用为 Web 应用开发人员准备的 OWASP XSS 预防事项清单中的条目。
- 使用 IPS 来检测和防止恶意脚本。
- 使用思科云 Web 安全或思科 Web 安全设备等 Web 代理阻止恶意站点。
- 使用思科 OpenDNS 等服务防止用户导航至已知为恶意的网站。
- 与所有其他安全措施一样，一定要对终端用户进行指导。教他们识别钓鱼攻击，以及在他们对任何安全相关的事情有怀疑时通知信息安全人员。

7.4 小结

在本章中，您学习了网络监控的重要性以及网络安全分析师所使用的工具。这些工具包括端口镜像、协议分析器和 SIEM。

您还学习了网络协议和服务中固有的漏洞。

IP 很容易受到各种攻击，包括：

- ICMP 攻击；
- DoS 攻击；
- DDoS 攻击；
- 地址欺骗攻击；
- 中间人攻击（MITM）；
- 会话劫持。

TCP 也容易受到 TCP SYN 泛洪攻击、TCP 重置攻击和 TCP 会话劫持攻击。UDP 容易受到校验和修改攻击和 UDP 泛洪攻击。

IP 服务有几个漏洞，包括：

- ARP 缓存毒化；
- DNS 攻击，包括毒化、放大和反射、资源利用和隐藏攻击；
- 用于僵尸网络和其他恶意活动的 DNS 隧道；
- DHCP 欺骗和耗竭攻击；
- 通过不安全的 HTTP、iFrame 和 HTTP 302 缓冲进行的 Web 攻击；
- SQL 注入攻击；
- 跨站脚本攻击。

复习题

请完成以下所有复习题，以检查您对本章主题和概念的理解情况。答案列在附录“复习题答案”中。

1. 哪种技术是专有的 SIEM 系统？

   A. SNMP 代理　　B. Splunk

   C. Stealthwatch　　D. NetFlow 收集器

2. 哪个术语是指合法流量被防火墙和IPS误认为是未经授权的流量？
   A. 正确的恶意检测
   B. 正确的良性检测
   C. 误报
   D. 漏报
3. 哪种监控技术可以将通过交换机的流量镜像到向连接至另一个交换机端口的分析设备？
   A. SNMP
   B. SIEM
   C. SPAN
   D. NetFlow
4. 哪种网络监控工具将所捕获的网络帧保存在PCAP文件中？
   A. NetFlow
   B. Wireshark
   C. SNMP
   D. SIEM
5. 哪种语言用于查询关系数据库？
   A. SQL
   B. C++
   C. Python
   D. Java
6. 哪种网络监控工具属于网络协议分析器的范畴？
   A. SNMP
   B. SPAN
   C. Wireshark
   D. SIEM
7. 哪种SIEM功能与多个系统的日志和事件检查相关，以减少检测和响应安全事件的时间？
   A. 保留
   B. 汇聚
   C. 关联
   D. 调查分析
8. 哪种网络技术使用被动分流设备将所有流量（包括第1层错误）转发到分析设备？
   A. IDS
   B. SNMP
   C. NetFlow
   D. 网络分流器
9. 哪种技术是耗尽合法主机可用IP地址池的安全攻击？
   A. DHCP欺骗
   B. DHCP监听
   C. DHCP耗竭
   D. 侦查跟踪攻击
10. 在哪种类型的攻击中，网络犯罪分子试图阻止合法用户访问网络服务？
   A. DoS
   B. MITM
   C. 会话劫持
   D. 地址欺骗
11. 在数据包流经思科路由器和多层交换机时，哪种网络技术收集相关流的IP运行数据？
   A. SNMP
   B. SIEM
   C. NetFlow
   D. Wireshark

第 8 章

保护网络

学习目标

在学完本章后，您将能够回答下列问题：

- 怎样使用纵深防御策略保护网络？
- 有哪些常见的安全策略、法规和标准？
- 什么是访问控制策略？
- 怎样使用 AAA 控制网络访问？
- 使用什么信息源交流出现的网络安全威胁？
- 使用什么威胁情报识别威胁和漏洞？

保护我们的网络仍将是一个挑战。随着物联网（IoT）的不断扩大，每年都有数百万新设备加入我们的网络。此外，借助于无线功能，我们几乎可以在任何地方使用这些设备。威胁发起者将继续寻找可以利用的漏洞。

我们可以使用各种方法来保护网络、设备和数据。本章介绍了网络安全防御方法、访问控制方法以及网络安全分析师赖于获取威胁情报的各种来源。

8.1 了解防御

在本节中，您将了解各种网络安全防御的方法。

8.1.1 纵深防御

在本小节中，您将会学到怎样使用纵深防御策略保护网络。

1. 资产、漏洞、威胁

网络安全分析师必须为任何类型的攻击做好准备。他们的工作是保护组织网络的资产。为此，网络安全分析师必须首先识别下述内容。

- **资产**：任何对组织而言有价值且必须加以保护的东西，包括服务器、基础设施设备、终端设备和重要的资产、数据。
- **漏洞**：可能被威胁利用的系统弱点或系统设计弱点。
- **威胁**：资产的任何潜在危险。

2. 识别资产

随着组织不断发展，它的资产也在增长。一个大型组织必须保护的资产数量相当庞大。它可能还会通过与其他公司合并获得其他资产。因此，许多组织对需要保护的资产只有一个大致概念。

组织拥有或管理的所有设备和信息都是资产。这些资产构成了威胁发起者可以攻击的攻击面。必须对这些资产进行盘点并评估所需的保护等级，以防范可能发生的攻击。

资产管理包括盘点所有资产，然后制定和实施相应的保护策略和程序。考虑到许多组织必须保护内部用户和资源、移动工作者和基于云的虚拟服务，这项任务令人怯步。

此外，组织还需要识别存储关键信息资产的位置，以及这些信息访问权限的授予方式。信息资产相同，它们的威胁也不尽相同。例如，零售企业会存储客户信用卡信息。工程公司将存储敏感的设计和软件。银行将存储客户数据、账户信息和其他敏感财务信息。这些资产的每一种都会对具有不同技能水平和动机的不同威胁发起者产生诱惑。

3. 识别漏洞

威胁标识可以为组织提供在特定环境下可能面临的威胁列表。在识别威胁时，一定要问以下几个问题。

- 系统可能存在哪些漏洞?
- 谁可能希望利用这些漏洞来访问特定的信息资产?
- 如果系统漏洞被利用并导致资产损失，后果是什么?

例如，在图 8-1 中，电子银行系统的威胁标识如下所示。

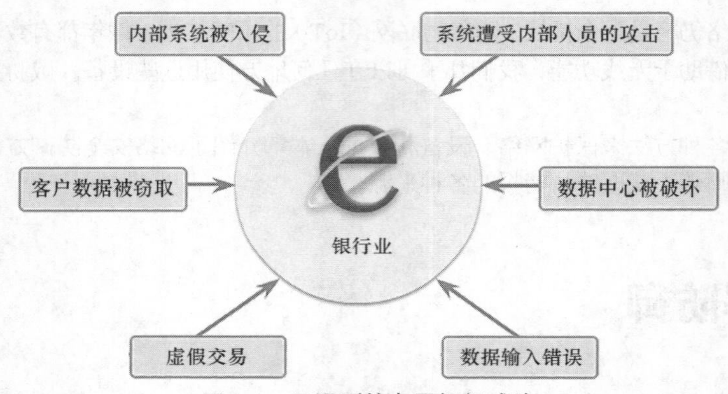

图 8-1 已识别的电子银行威胁

- **内部系统被入侵**：攻击者使用公开的电子银行服务器闯入内部银行系统。
- **客户数据被窃取**：攻击者从客户数据库窃取银行客户的个人资料和财务数据。
- **来自外部服务器的虚假交易**：攻击者通过冒充合法用户修改电子银行应用的代码并进行交易。
- **使用窃取的客户 PIN 或智能卡的虚假交易**：攻击者窃取客户的身份并通过被入侵的账户完成恶意交易。
- **系统遭受内部人员的攻击**：银行职员寻找可发动攻击的系统缺陷。
- **数据输入错误**：用户输入不正确的数据或提出不正确的交易请求。
- **数据中心被破坏**：灾难性事件会严重损坏或破坏数据中心。

要识别网络上的漏洞，需要了解所使用的重要应用，以及这些应用和硬件的不同漏洞。这可能需要网络管理员进行大量的研究。

4. 识别威胁

组织必须使用一种纵深防御的方法来识别威胁并保护易受攻击的资产。此方法在网络边缘、网络内部以及网络端点上使用了多个安全层。

例如，图 8-2 所示为纵深防御方法的简单拓扑。

路由器先对流量进行过滤，然后再将其转发到专用防火墙设备，例如思科ASA

图 8-2　纵深防御方法

- **边缘路由器**：第一道防线称为边缘路由器（图 8-2 中的 R1）。边缘路由器有一组规则，用于指定它允许或拒绝的流量。它将所有到内部 LAN 的连接传递给防火墙。
- **防火墙**：第二道防线是防火墙。防火墙是一个检查点设备，它执行额外过滤并跟踪连接的状态。它拒绝从外部（不受信任）网络向内部（受信任）网络发起连接，同时允许内部用户建立到非信任网络的双向连接。它还可以执行用户身份验证（身份验证代理），以授予外部远程用户访问内部网络资源的权限。
- **内部路由器**：另一道防线是内部路由器（图 8-2 中的 R2）。它可以在将流量转发到目标之前对流量应用最终过滤规则。

纵深防御方法中使用的设备并不是只有路由器和防火墙。其他安全设备还有入侵防御系统（IPS）、高级恶意软件保护（AMP）、Web 和邮件内容安全系统、身份服务、网络访问控制等。

在分层的纵深防御安全方法中，各个层共同创建一个安全架构，在这个架构中，一个防护措施出现故障时不会影响其他防护措施的效力。

5. Security Onion（安全洋葱）和 Security Artichoke（安全洋蓟）方法

常用来描述纵深防御方法的类比被称为“安全洋葱”。如图 8-3 所示，威胁发起者必须以类似于剥洋葱的方式剥掉网络的防御机制。

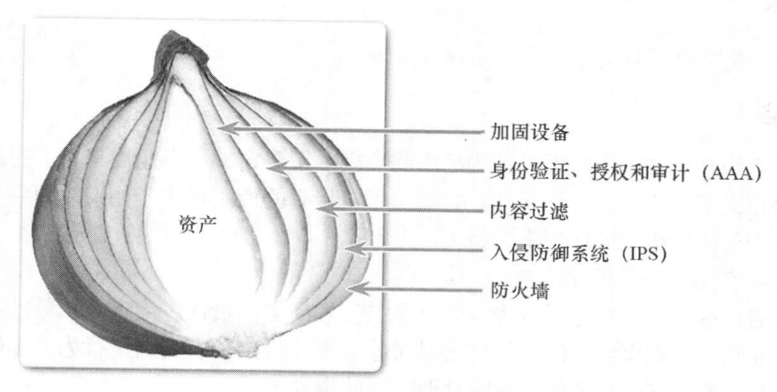

图 8-3　安全洋葱

然而，不断变化的网络环境（例如无边界网络的演变）使得这个类比已经变为“安全洋蓟”，这给威胁发起者带来了好处。如图 8-4 所示，威胁发起者不再需要剥掉每一层。

他们只需去掉某些“洋蓟叶子”。这样做的好处是，网络的每一片“叶子”都可能揭示没有妥善保护的敏感数据。例如，相较于入侵受防御层保护的内部计算机或服务器，威胁发起者更容易入侵移动设备。每个移动设备都是一片叶子。一片叶子接一片叶子，这可以导致黑客获取更多的数据。在洋蓟的中心位置可以找到最机密的数据。每一片叶子提供一层保护，但同时也提供了攻击路径。

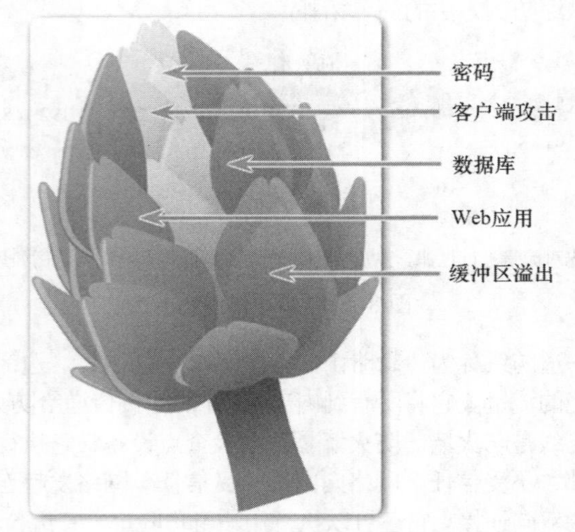

图 8-4 安全洋蓟

要到达洋蓟的中心，并不需要剥掉每一片叶子。黑客可以在外围的安全护甲上凿开通道，直击企业的“心脏”。

虽然面向互联网的系统通常都进行了很好的保护，边界保护通常也很坚固可靠，但是执着的黑客凭着其技能和运气，总是能在坚硬的保护外壳上找到一个缺口并入侵，然后随心所欲地去往任何地方。

注 意 这里描述的安全洋葱是一种可视化的纵深防御方法。不应与网络安全工具中的Security Onion（安全洋葱）套件混淆。

8.1.2 安全策略

在本小节中，您将会了解安全策略、法规和标准。

1. 业务策略

业务策略是组织制定的用于管理其行为活动的准则。策略定义了企业及其员工的正确行为标准。在网络中，策略定义了网络上允许的活动。它规定了可接受的使用基线。如果在网络上检测到违反业务策略的行为，则可能发生了破坏安全的行为。

一个组织可能有如下多个指导策略。

- **公司策略**：这些策略规定了行为准则以及员工和雇主的责任。策略保护劳动者的权益以及雇主的商业利益。根据组织的需要，各种策略和程序规定了有关员工行为、出勤、着装要求、隐私以及与雇用条款和条件有关的其他方面的规则。
- **员工策略**：这些策略由人事部门创建和维护，用于确定员工薪资、薪资支付计划、员工福利、工作计划、休假等。员工策略通常会提供给新员工进行审阅和签署。
- **安全策略**：这些策略确定了公司的一系列安全目标，定义了用户和管理员的行为规则，并指定了系统要求。这些目标、规则和要求共同确保组织的网络和计算机系统的安全。与连续性计划很象，安全策略是根据威胁环境、漏洞以及企业和员工要求的变化而不断演化的文档。

2. 安全策略

全面的安全策略有许多好处：

- 体现组织对安全的承诺；
- 为期望的行为设定规则；
- 确保系统操作、软硬件采购和使用及维护的一致性；
- 定义违反策略的法律后果；
- 为安全人员提供管理支持。

安全策略用于向用户、员工和管理人员告知组织对保护技术和信息资产的要求。安全策略还指定了为满足安全要求所需要的机制，并提供购置、配置、审计计算机系统和网络是否合规时所依据的基线。

安全策略可能包括下面这些。

- **标识和身份验证策略**：指定可以访问网络资源的授权人员及身份验证过程。
- **密码策略**：确保密码符合最低要求，并且定期更改。
- **可接受的使用策略（AUP）**：确定组织可接受的网络应用和使用。它还可以确定违反此策略的后果。
- **远程访问策略**：确定远程用户访问网络的方式以及可远程访问的资源。
- **网络维护策略**：指定网络设备操作系统和终端用户应用的更新流程。
- **事件处理程序**：描述安全事件的处理方式。

安全策略中最常见的一个组成部分是可接受的使用策略（AUP）。这也可以称为合理的使用策略。这个组成部分定义了用户在各种系统组件上允许执行和不允许执行的操作。这包括网络上允许的流量类型。AUP 应该尽可能清晰明确，以免产生误解。例如，AUP 可能会列出禁止通过公司计算机或公司网络访问的具体网站、新闻组或带宽密集型应用。每名员工均须签署 AUP，且须在雇用期间内保留签署的 AUP。

3. BYOD 策略

现在，许多组织也必须支持自带设备（BYOD）。这使得员工能够使用自己的移动设备访问公司系统、软件、网络或信息。BYOD 给企业带来了几个重要好处，包括提高生产率、降低 IT 和运营成本、提高员工的流动性，以及在雇用和留住员工时提高吸引力。

然而，这些好处也增加了信息安全风险，因为 BYOD 可能导致数据外泄而让组织承担更多责任。

应制定 BYOD 安全策略以完成以下任务：

- 指定 BYOD 计划的目标；
- 确定可以自带设备的员工；
- 确定支持的设备；
- 确定在使用个人设备时授予员工的访问级别；
- 描述设备安全人员的访问权限和允许的活动；
- 确定使用员工设备时必须遵守的条规；
- 确定在设备被侵害时要实施的防护措施。

以下 BYOD 安全最佳实践有助于减轻 BYOD 风险。

- **密码保护访问**：对每个设备和账户使用唯一的密码。
- **手动控制无线连接**：不使用时关闭 Wi-Fi 和蓝牙连接。仅连接受信任的网络。
- **保持最新**：不断更新设备操作系统和其他软件。更新后的软件通常包含安全补丁，可用于规避最新的威胁或漏洞。

- **备份数据**：启用设备备份以防丢失或被盗。
- **启用“查找我的设备”**：订阅具有远程擦除功能的设备定位服务。
- **提供防病毒软件**：为已批准的 BYOD 设备提供防病毒软件。
- **使用移动设备管理（MDM）软件**：MDM 软件使 IT 团队能够在连接到公司网络的所有设备上实施安全设置和软件配置。

4. 监管和标准合规性

还有关于网络安全的外部法规。网络安全专业人员必须熟悉对信息系统安全（INFOSEC）专业人员具有约束力的法律和道德守则。

许多组织被强制要求制定和实施安全策略。遵从性法规定义了组织应负责提供什么，以及在未遵守时所需承担的责任。组织有义务遵守的遵从性法规取决于组织的类型及组织处理的数据。具体的遵从性法规将在后面的课程中讨论。

8.2 访问控制

在本节中，您将会了解到用于保护网络的访问控制方法。

8.2.1 访问控制概念

在本小节中，您将会了解到访问控制策略。

1. 通信安全：CIA

信息安全涉及信息和信息系统的保护，使其免遭未经授权的访问、使用、泄露、中断、修改或破坏。

如图 8-5 所示，CIA 三要素包括 3 个信息安全组成部分。

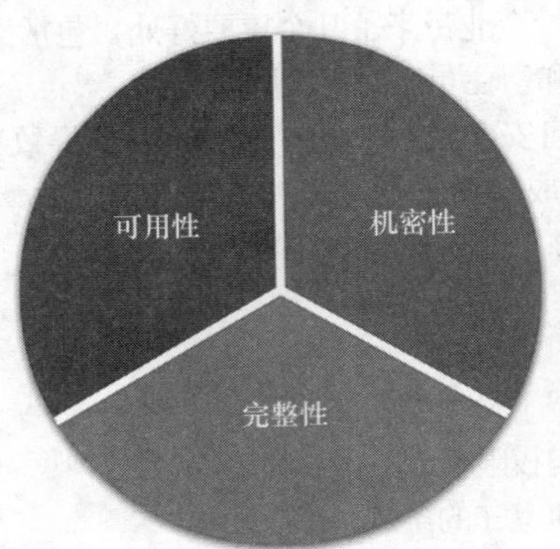

图 8-5 CIA 三元组

- **保密性**：只有获得授权的个人、实体或进程可以访问敏感信息。
- **完整性**：指保护数据免受未经授权的修改。
- **可用性**：获得授权的用户必须能够不受阻挡地访问重要资源和数据。

可以使用各种加密应用对网络数据进行加密（使未经授权的用户无法读取）。两个 IP 电话用户之间的对话是可加密的，计算机中的文件也是可加密的。有数据通信的地方几乎都可以使用加密。事实上，未来趋势是对所有通信进行加密。

2. 访问控制模型

组织必须实施适当的访问控制，以保护其网络资源、信息系统资源和信息。

安全分析师应理解各类基本访问控制模型，以便更好地理解攻击者是如何突破访问控制的。

- **强制访问控制（MAC）**：应用最严格的访问控制，通常用在军事或任务关键型应用中。它将向信息分配安全级别标签，并确保用户可以根据其安全级别许可进行访问。
- **自主访问控制（DAC）**：允许用户作为数据的所有者控制对其数据的访问。DAC 可以使用 ACL 或其他方法来指定哪些用户或用户组有权访问这些信息。
- **非自主访问控制**：访问决策基于个人在组织内的角色和职责，也称为基于角色的访问控制（RBAC）。
- **基于属性的访问控制（ABAC）**：允许基于待访问对象（资源）的属性、访问资源的主体（用户）以及与对象访问方式相关的环境因素（例如一天中的时间）进行访问。

另一个访问控制模型是最小权限原则，即指定一个受限制的按需方法，来授予用户和程序对特定信息和工具的访问权限。最小权限原则规定，只应授予用户执行其工作职能所需的最低访问权限。

一种常见的漏洞攻击称为权限提升。在这种漏洞攻击中，攻击者利用服务器或访问控制系统中的漏洞向未经授权的用户或软件程序授予不应拥有的更高级别的权限。在授予权限后，威胁发起者便可以访问敏感信息或控制系统。

8.2.2 AAA 使用与操作

在本小节中，您将了解怎样使用 AAA 控制网络访问。

1. AAA 操作

在设计网络时，必须能够控制谁可以连接网络，以及连接时允许他们做什么。这些设计要求在网络安全策略中确定。网络安全策略指定网络管理员、企业用户、远程用户、业务合作伙伴和客户端访问网络资源的方式。网络安全策略还可以强制要求实施审计系统，用于跟踪登录用户、登录时间以及在登录期间内所做的操作。某些遵从性法规可能还要求必须记录访问，且日志必须保留一定的时间。

身份验证、授权和审计（AAA）协议提供了实现可扩展的访问安全所需要的框架。

网络和管理 AAA 安全有几个功能组成部分。

- **身份验证**：用户和管理员必须证明他们身份的真实性。身份验证可以结合使用用户名和密码、提示问题和响应问题、令牌卡以及其他方法。例如：我是用户 “学生”。我知道密码，可以证明我是用户“学生”
- **授权**：完成用户身份验证后，授权服务将确定该用户可以访问哪些资源，能够执行哪些操作。例如，用户“学生”只能使用 Telnet 访问主机 serverXYZ。
- **审计和审核**：审计会记录用户行为和行为发生的时间，包括访问的内容、访问资源所用的时间及所做的任何更改。审计用于跟踪网络资源的使用情况。例如，用户“学生”使用 Telnet 访问主机 serverXYZ 15 分钟。

此概念类似于信用卡的使用，如图 8-6 所示。信用卡标识了可以使用它的用户、该用户可以支出的金额并记录用户花钱所购买的物品。

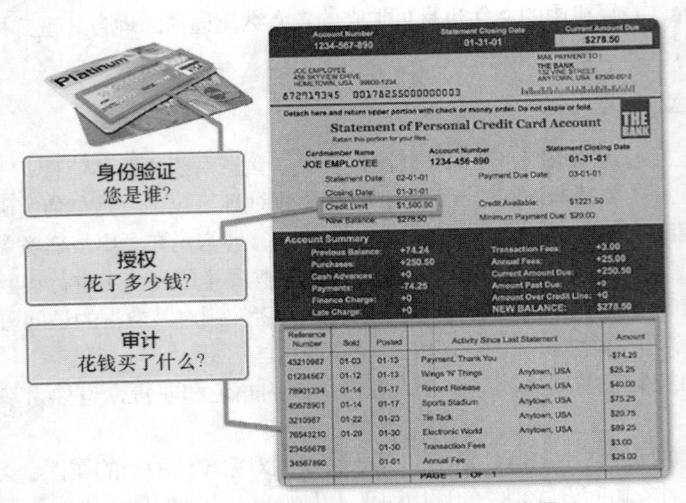

图 8-6 AAA 概念类似于信用卡的使用

2. **AAA 身份验证**

AAA 身份验证可用于验证进行管理性访问的用户的身份，也可用于验证进行远程网络访问的用户的身份。思科提供了两种常用的方法来实施 AAA 服务。

本地 AAA 身份验证

这种方法有时称为自包含身份验证，因为它根据本地存储的用户名和密码对用户进行身份验证，如图 8-7 所示。本地 AAA 是小型网络的理想选择。

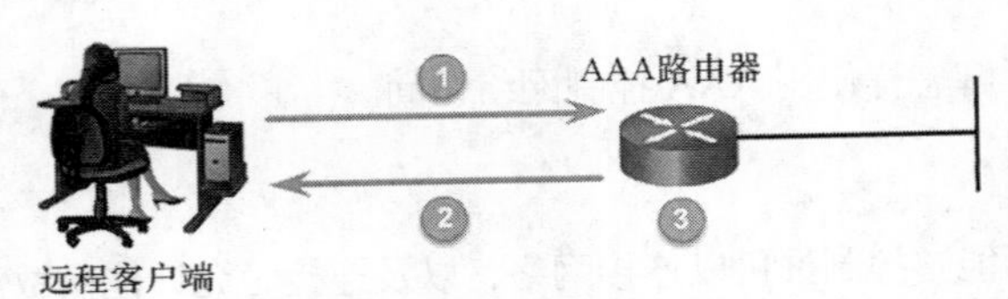

图 8-7 本地 AAA 身份验证

在图 8-7 中：

1. 客户端与路由器建立连接；
2. AAA 路由器提示用户输入用户名和密码；
3. 路由器使用本地数据库验证用户名和密码，并根据本地数据库中的信息为用户提供网络访问权限。

基于服务器的 AAA 身份验证

这种方法使用包含所有用户的用户名和密码的中央 AAA 服务器进行身份验证，如图 8-8 所示。基于服务器的 AAA 身份验证适用于大中型网络。

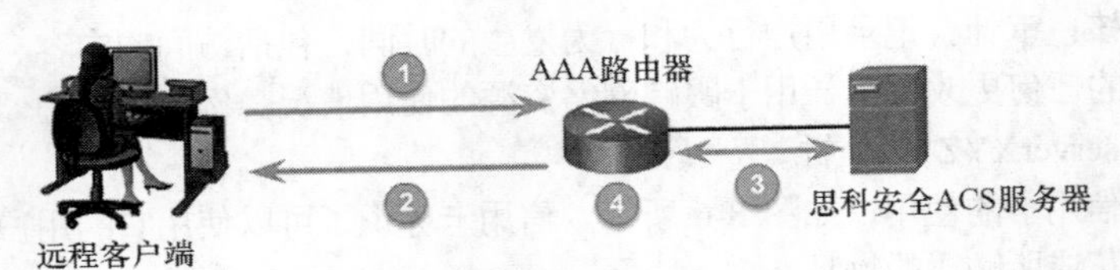

图 8-8 基于服务器的 AAA 身份验证

在图 8-8 中：

1. 客户端与路由器建立连接；
2. AAA 路由器提示用户输入用户名和密码；
3. 路由器使用远程 AAA 服务器验证用户名和密码；
4. 根据远程 AAA 服务器中的信息向用户提供网络访问权限。

中央 AAA 身份验证比本地 AAA 身份验证更具扩展性和可管理性，因此，它是首选的 AAA 实现方式。

中央 AAA 系统可以独立地维护用于身份验证、授权和审计的数据库。它可以利用 Active Directory 或轻量级目录访问协议（LDAP）进行用户身份验证和确定组成员资格，同时维护其自己的授权和审计数据库。

设备使用远程验证拨入用户服务（RADIUS）或终端访问控制器访问控制系统（TACACS+）协议与中央 AAA 服务器进行通信。

以下是 RADIUS 协议的详情：

- RADIUS 使用 UDP 端口 1812 和 1813，或 1645 和 1646；
- RADIUS 将身份验证和授权两者合二为一；
- RADIUS 仅加密从客户端传输到服务器的访问请求数据包中的密码。数据包的其余内容没有加密，导致用户名、授权服务和审计不受保护。

以下是 TACACS+协议的详情：

- TACACS+使用 TCP 端口 49；
- TACACS+将身份验证、授权与审计分离；
- TACACS+对整个数据包进行加密，但不加密标准的 TACACS+报头。

3. AAA 审记日志

中央 AAA 还支持使用审计方法。可以将所有设备的审计记录发送到中央存储库，从而简化用户操作的审核。

AAA 审计收集并报告 AAA 日志中的使用数据。这些日志对于安全审核很有用。收集的数据可能包括开始连接时间和停止连接时间、执行的命令、数据包的个数和字节数。

一种广泛部署的审计是将它与 AAA 身份验证相结合。这有助于网络管理人员对网络互联设备的管理性访问。相较于只使用身份验证的情形，使用审计可以提供更高的安全性。AAA 服务器会详细记录经过身份验证的用户在设备上执行的具体操作，如图 8-9 所示。

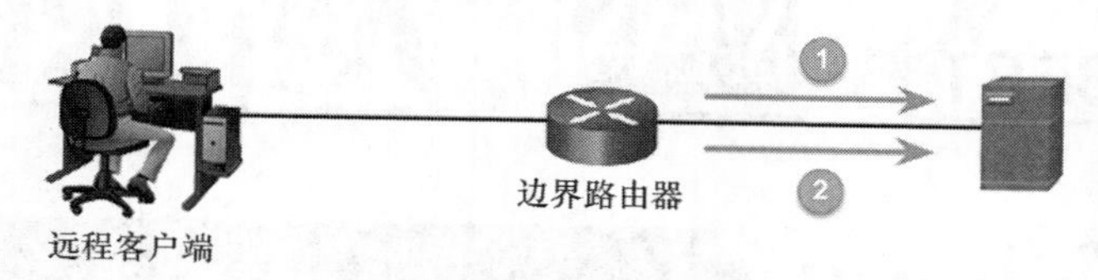

图 8-9 AAA 审计

在图 8-9 中：

1. 用户通过身份验证后，AAA 审计过程生成一条开始消息以开始审计过程；
2. 用户完成后，系统会记录一条停止消息，此时审计过程结束。

这包括用户发出的所有 EXEC 和配置命令。日志包含许多数据字段，包括用户名、日期和时间以及用户输入的实际命令。这些信息在排除设备故障时非常有用。它还针对个人恶意行为提供证据。

可以收集的各种类型的审计信息如下所示。

- **网络审计**：网络审计捕获所有点对点协议（PPP）会话的信息，包括数据包和字节计数。

- **连接审计**：连接审计捕获从 AAA 客户端（例如 Telnet 或 SSH）生成的与所有出站连接相关的信息。
- **EXEC 审计**：EXEC 审计捕获网络访问服务器上与用户 EXEC 终端会话（用户 shell）相关的信息，包括用户名、日期、开始时间和停止时间以及访问服务器的 IP 地址。
- **系统审计**：系统审计捕获与所有系统级别事件相关的信息（例如，系统重新启动的时间或者打开或关闭审计的时间）。
- **命令审计**：命令审计捕获在网络访问服务器上执行的与指定权限级别的 EXEC shell 命令相关的信息。每个命令审计记录均包含在此权限级别下所执行的命令列表、每个命令执行的日期和时间以及执行命令的用户。
- **资源审计**：思科实施的 AAA 审计可捕获已通过用户身份验证的呼叫（call）"开始"和"停止"记录支持。此外，还支持为身份验证失败（作为用户身份验证的一部分）的呼叫生成"停止"记录的附加功能。这些记录对于使用审计记录来管理和监控网络的用户是必要的。

8.3　威胁情报

在本节中，您将了解到怎样使用各种情报源来定位当前的安全威胁。

8.3.1　信息来源

在本小节中，您将了解到怎样使用信息源交流出现的网络安全威胁。

1. 网络情报社区

为了有效地保护网络，安全专业人员必须保持消息灵通并获得网络情报。有许多提供网络情报的安全组织。他们提供资源、研讨会和会议来帮助专业的安全人员。这些组织通常掌握有关威胁和漏洞的最新信息。

图 8-10 所示为几个重要的网络安全组织。

图 8-10　网络安全组织

- **CERT**：计算机应急响应小组（CERT）是美国联邦政府资助的一项计划，旨在与互联网社区共同检测和解决计算机安全事件。在发生安全紧急情况时，CERT 协调中心（CERT/CC）会协调专家之间的沟通，以帮助预防未来发生类似的事件。CERT 还会应对重大安全事件并分析产品漏洞。CERT 管理与渐进式入侵技术以及与检测攻击和捕获攻击者的难度相关的更改。它还开发和推广适当技术和系统管理做法的使用，以抵制对网络系统的攻击，限制损害，并确保服务的连续性。
- **SANS**：系统管理和网络安全审计协会（SANS）组织的大部分资源都可以免费索取，包括最常用的互联网预警系统 Internet Storm Center、每周新闻摘要 NewsBites、每周漏洞摘要 @RISK、闪存安全警报，以及 1200 多份获奖的原创研究论文。SANS 还开发了安全课程。
- **MITRE**：MITRE 公司维护一份常见漏洞与风险（CVE）列表，很多著名安全组织都使用此列表。
- **(ISC)²**：国际信息系统安全认证联盟 (ISC)² 在 135 个以上的国家/地区，向 75,000 多名经过认证的行业从业人员，提供厂商中立的教育产品和职业培训服务。它们的使命是通过将信息安全提升到公共领域，支持和培养全球范围的网络安全从业人员，提高网络世界的安全性。此外，它们还提供信息安全认证，包括信息系统安全认证专家（CISSP）。
- **INFOSYSSEC**：信息系统安全（InfoSysSec）是一个网络安全组织，它运营着一个安全新闻门户，提供与警报、漏洞利用情况和漏洞相关的最新突发新闻。
- **FIRST**：事件响应和安全小组论坛（FIRST）是一个安全组织，它汇集了来自政府、商业和教育组织的各种计算机安全事件响应小组，以促进信息共享、事件预防和快速反应方面的合作与协调。
- **MS-ISA**：MS-ISAC 是美国的州、地方、部落和地区（SLTT）政府的网络威胁预防、保护、响应和恢复中心。MS-ISAC 全天候网络安全运营中心提供实时网络监控、网络威胁预警和咨询、漏洞识别以及缓解措施和事件响应。

为了保持高效性，网络安全专业人员必须做到如下要求。

- **了解最新的威胁**：这包括订阅与威胁相关的实时信息源，经常浏览与安全相关的网站，阅读安全博客和播客等。
- **不断提升技能**：这包括参加与安全相关的培训、研讨会和会议。

注 意　*网络安全的学习曲线非常陡峭，需要致力于持续地专业发展。*

---

2. 思科网络安全报告

Cisco Annual Cybersecurity Report（思科年度网络安全报告）和 Mid-Year Cybersecurity Report（年中网络安全报告）可以帮助安全专业人员了解最新的威胁。这些报告提供安全防范状况、重要漏洞的专家分析、使用广告软件和垃圾邮件的攻击爆炸背后的因素等方面的最新信息。

网络安全分析师应订阅并阅读这些报告，以了解威胁发起者是如何把他们的网络变成攻击目标的，以及可以采取什么措施来减轻这些攻击。

3. 安全博客和播客

另一种了解最新威胁的方法是阅读博客和收听播客。博客和播客还提供建议、研究和推荐的缓解技术。

网络安全分析师应该关注的安全博客和播客有多个，可用于了解最新的威胁、漏洞和漏洞攻击。搜索互联网，可获取思科 Talos 小组提供的思科播客和博客。

8.3.2 威胁情报服务

在本小节中，您将学到怎样使用威胁情报识别威胁和漏洞。

1. 思科 Talos

威胁情报服务允许交换威胁信息，例如漏洞、入侵指标（IOC）以及缓解技术。这些信息不仅与人员共享，还与安全系统共享。当出现威胁时，威胁情报服务会创建防火墙规则和 IOC，并将它们分发给订阅该服务的设备。

其中一个这样的服务是思科 Talos 小组。Talos 是一个世界领先的威胁情报团队，它的目标是帮助保护企业用户、数据和基础设施免遭主动攻击。Talos 团队收集有关主动威胁、现有威胁及新出现的威胁的信息。然后，Talos 为其用户提供全面的保护，来抵御这些攻击和恶意软件。

思科安全产品可以实时使用 Talos 威胁情报，从而提供快速有效的安全解决方案。

思科 Talos 还提供免费软件、服务、资源和数据。

2. FireEye

FireEye 是另一家提供服务来帮助企业保护其网络的安全公司。FireEye 使用一种三管齐下的方法，该方法结合了安全情报、安全专业知识和技术。

FireEye 恶意软件保护系统可以阻止跨 Web 和邮件威胁媒介的攻击，还可以阻止驻留在文件共享中的潜伏恶意软件。它可以阻止高级恶意软件，这些高级恶意软件可轻松绕过传统的基于签名的防御且会入侵大多数企业网络。它使用无签名引擎利用状态攻击分析来检测零日威胁，可以对付攻击生命周期的所有阶段。

3. 自动指标共享

美国国土安全部（DHS）提供称为自动指标共享（AIS）的免费服务。AIS 使美国联邦政府和私营部门可以实时交换网络威胁指标（例如，恶意 IP 地址、网络钓鱼邮件的发件人地址等）。

AIS 创造了一个生态系统，在这个系统中，一旦识别到威胁，就会立即与社区共享，以帮助它们保护其网络免受该特定威胁的侵害。

4. 常见漏洞和风险数据库

美国政府赞助 MITRE 公司创建和维护已知安全威胁的目录，该目录称为常见漏洞和风险（CVE）。CVE 相当于公开已知网络安全漏洞的通用名称（即 CVE 标识符）的字典。

MITRE 公司为公开已知的信息安全漏洞定义了唯一的 CVE 标识符，以让数据共享更加容易。

5. 威胁情报通信标准

网络组织和专业人员必须共享信息，以增加对威胁发起者和他们想要访问的资产的了解。若干情报共享开放标准经过发展已经实现了跨多个网络平台的通信。这些标准能够以自动、一致和计算机可读的格式交换网络威胁情报（CTI）。

两种常见的威胁情报共享标准如下所示。

- **结构化威胁信息表达式（STIX）**：这是一组用于在组织之间交换网络威胁信息的规范。网络可观察表达（CybOX）标准已并入 STIX。
- **指标信息的可信自动化交换（TAXII）**：这是允许通过 HTTPS 进行 CTI 通信的应用层协议规范。TAXII 旨在支持 STIX。

这些开放标准提供了规范，有助于以标准格式自动交换网络威胁情报信息。

8.4 小结

在本章中，您了解了保护网络、设备和数据免遭威胁发起者侵害的重要性。

组织必须使用一种纵深防御的方法来识别威胁并保护易受攻击的资产。此方法在网络边缘、网络内部以及网络端点上使用了多个安全层。

组织还必须具有一系列策略，来定义网络上允许的活动。这些策略包括业务策略、安全策略、BYOD策略和确保组织遵守政府法规的策略。

访问控制方法用于保护网络、设备和数据的保密性、完整性和可用性。访问控制模型包括：

- 强制访问控制；
- 自主访问控制；
- 非自主访问控制；
- 基于属性的访问控制。

AAA 安全提供了实现可扩展访问安全所需要的框架。

- **身份验证**：用户和管理员必须证明他们身份的真实性。
- **授权**：完成用户身份验证后，授权服务将确定该用户可以访问哪些资源，能够执行哪些操作。
- **审计**：记录用户行为和行为发生的时间，包括访问的内容、访问资源所用的时间及所做的任何更改。

安全专家和网络安全分析师依靠各种信息来源来了解最新的威胁，并不断提升他们的技能。威胁情报服务（例如思科 Talos、FireEye、DHC AIS 和 CVE 数据库）允许交换威胁信息，例如漏洞、入侵指标（IOC）及缓解技术。这些服务以威胁情报共享标准 STIX 和 TAXII 为指导原则。

复习题

请完成以下所有复习题，以检查您对本章主题和概念的理解情况。答案列在附录“复习题答案”中。

1. 随着无边界网络的发展，哪种蔬菜现可用于描述纵深防御的方法？

   A. 洋蓟　　B. 莴苣

   C. 洋葱　　D. 卷心菜

2. 分层纵深防御安全方法有什么特点？

   A. 使用 3 台或更多设备

   B. 路由器被替换为防火墙

   C. 当一台设备出现故障时，另一台设备将会接管

   D. 一项保障措施失效并不影响其他保障措施的有效性

3. 密码、口令及 PIN 是以下哪个安全术语的示例？

   A. 标识　　B. 授权

   C. 身份验证　　D. 接入

4. 什么是权限提升？

   A. 有人被赋予了一些权限，因为他获得了晋升

B. 系统中的漏洞被用于授予比某人或某些进程应有权限更高的权限级别
C. 当高级别的公司官员要求拥有其不应有的系统或文件权限时，出现安全问题
D. 在默认情况下，每个人均被赋予了全部权限，仅在有人滥用权限时才会被剥夺权限

5. 下列哪两项是 RADIUS 协议的特征？（选择两项）
A. 对整个数据包进行加密
B. 使用 TCP 端口 49
C. 使用 UDP 端口进行身份验证和审计
D. 仅加密密码
E. 分离身份验证和授权过程

6. AAA 的哪个组成部分将用于确定用户可以访问的资源以及用户允许执行的操作？
A. 审核
B. 审计
C. 授权
D. 身份验证

7. 哪种业务策略确定了员工和雇主的行为规则和责任？
A. 公司
B. 数据
C. 员工
D. 安全

8. AAA 的哪个组成部分允许管理员跟踪访问网络资源的个人以及对这些资源所做的任何更改？
A. 可访问性
B. 审计
C. 身份验证
D. 授权

9. 以下哪项可提供一种称为自动指标共享，以实现网络威胁指标实时交换的免费服务？
A. FireEye
B. 美国国土安全部
C. MITRE 公司
D. Talos

10. 一家组织的安全策略允许员工在家里连接办公室内部网。这是一种什么安全策略？
A. 合理使用
B. 事件处理
C. 网络维护
D. 远程访问

11. 在 AAA 过程中，何时实施授权？
A. 在成功对 AAA 数据源进行身份验证后立即实施
B. 在 AAA 审计和审核收到详细报告之后立即实施
C. 在 AAA 客户端向集中式服务器发送身份验证信息后立即实施
D. 确定用户可访问的资源后立即实施

第 9 章

加密和公钥基础设施

学习目标

在学完本章后，您将能够回答下列问题：

- 怎样使用密码学来保护通信？
- 密码学在确保数据的完整性和真实性中起到什么作用？
- 怎样用密码学方法增强数据的保密性？
- 什么是公钥密码学？
- 公钥基础设施（PKI）是怎样工作的？
- 密码学的应用对网络安全运营有什么影响？

在最开始起草互联网标准时，没有人想到需要保护数据以免遭威胁发起者的攻击。前几章中已经讲到，TCP/IP 协议簇的协议容易受到各种攻击。

为了解决这些漏洞，我们使用各种加密技术来确保数据的私密性和安全性。然而，加密技术是一把双刃剑，因为威胁发起者也可以利用这种技术隐藏他们的行为。本章将介绍密码学对网络安全监控的影响。

9.1 加密

在本节中，您将会学到怎样使用工具加密和解密数据。

9.1.1 什么是加密

在本小节中，您将会学到怎样应用密码学保护通信。

1. 安全通信

为确保跨公用网络和专用网络上的安全通信，第一个目标是保护包括路由器、交换机、服务器和主机在内的设备。

例如，图 9-1 中的拓扑显示了一些安全设备，即带有挂锁或红砖防火墙图标的那些设备。

网络基础设施设备和主机使用多种技术进行保护：

- 设备加固；
- AAA（认证、授权和审计）访问控制；
- 访问控制列表（ACL）；
- 防火墙；

- 使用入侵防御系统（IPS）监控威胁；
- 使用思科高级恶意软件防护（AMP）保护终端；
- 使用思科邮件安全设备（ESA）和思科 Web 安全设备（WSA）加强邮件和 Web 安全。

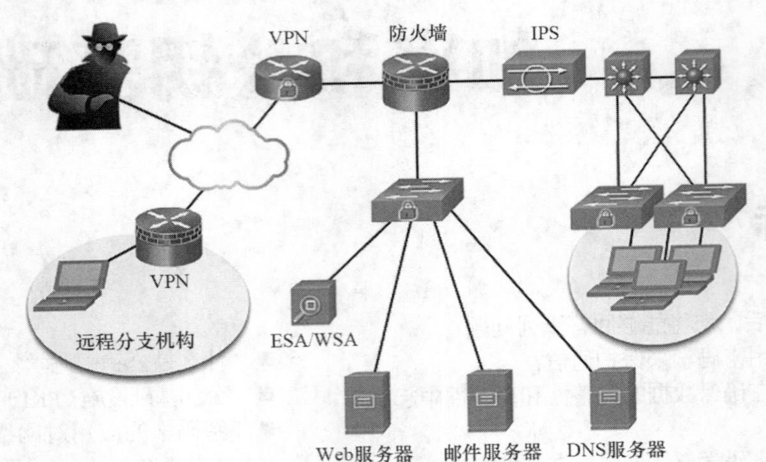

图 9-1 安全的网络拓扑

下一个目标是确保数据在各个链路上安全传输。这可能包括内部通信，但更令人关心的是保护在组织外传输以到达分支站点、远程工作者站点和合作伙伴站点的数据。

安全通信包含 4 个要素，如图 9-2 所示。

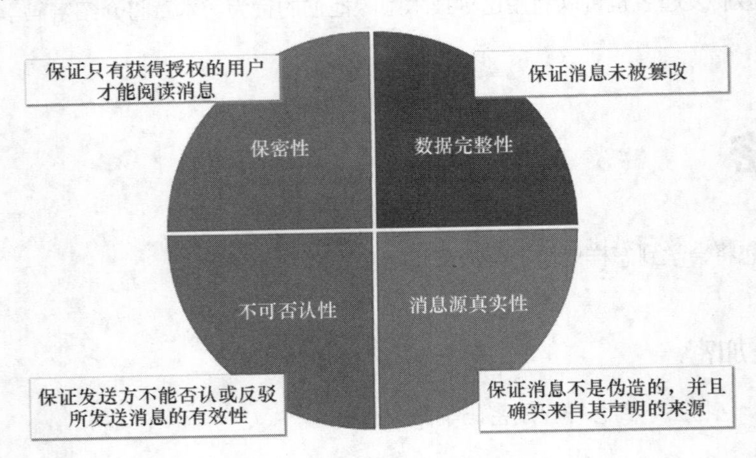

图 9-2 安全通信的 4 个要素

- **数据保密性**：保证只有获得授权的用户才能阅读消息。如果消息被截获，也不能在合理的时间内解密消息。数据保密性使用对称和非对称加密算法来实现。
- **数据完整性**：保证消息未被更改。数据在传输过程中的任何更改将被检测到。完整性可由 MD5 或 SHA 两种散列算法来确保。
- **消息源真实性**：保证消息不是伪造的，并且确实来自其声明的来源。许多现代网络使用协议（比如散列消息认证码［HMAC］）来认证消息源。
- **数据不可否认性**：保证发送方不能否认或反驳所发送消息的有效性。不可否认性基于这样一个事实，即只有发送方能够产生此消息特有的特征或签名。

注 意 MD5、SHA 和 HMAC 将在本章后文详细讨论。

2. 密码学

密码学用于保护通信。密码学是设计和破解密码的科学。

如图 9-3 所示，密码学结合了两个不同的学科。

图 9-3 密码学=密码设计+密码分析

- **密码设计学**：这是开发和使用编码进行秘密通信的学科。具体地说，它是对通信保护技术的实践和研究。在历史上，密码学与加密同义。
- **密码分析学**：这是破译那些密码的学科。具体地说，它是确定和利用加密技术中薄弱环节的实践和研究。

这两个学科之间存在一种相互促进的共生关系。国家安全组织会同时雇佣两个学科的从业者，让他们相互切磋。

曾几何时，两者中的一个学科比另一个学科发展得快。例如，在英法百年战争期间，密码分析师就领先于密码设计师。法国错误地认为维吉尼亚密码是不可破解的，但后来英国破解了它。一些历史学家认为，加密代码以及加密信息的成功破解对第二次世界大战的结果产生了重大影响。

目前，人们认为密码设计师更占优势。

3. 密码学：加密算法

几个世纪以来，各种加密方法、物理设备和辅助工具被用来加密和解密文本。图 9-4 所示为几种历史上出现的加密方法：

- 密码棒（左上）；
- 恩尼格玛密码机（右上）；
- 维吉尼亚密码（左下）；
- 凯撒密码（右下）。

每种加密方法都使用特定的算法，称为加密算法（cipher）。加密算法由一系列明确定义的步骤组成，在加密和解密消息时可以将其作为一个程序来执行。

以下是多年来使用的几种加密算法。

- **替换密码**：替换密码会保留原始消息中字母出现的频率。凯撒密码是一个简单的替换密码。例如，请参见图 9-5 中的明文消息。如果使用的密钥是 3，则字母 A 向右移动 3 个字母成为 D，如图 9-6 所示。所产生的密文如图 9-7 所示。

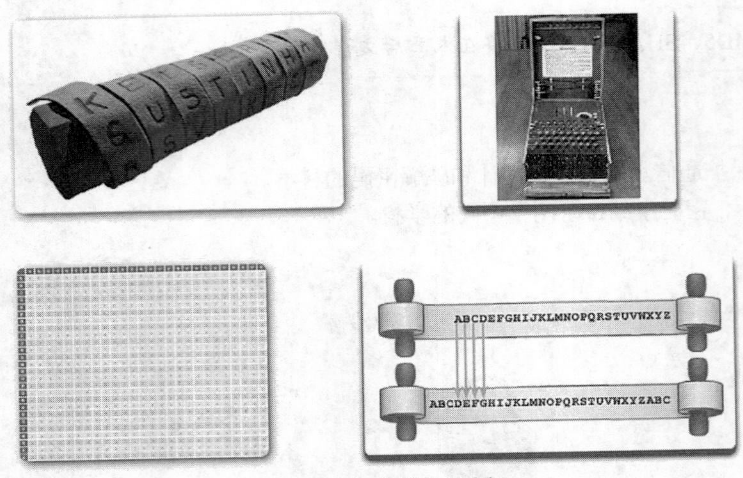

图 9-4 加密算法示例

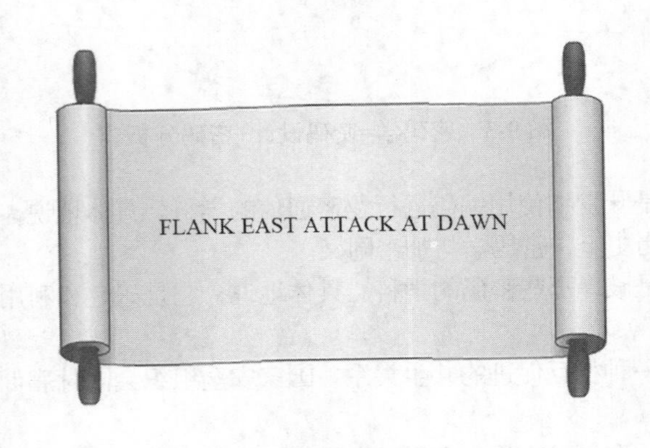

对明文消息用密钥3进行加密

图 9-5 明文消息

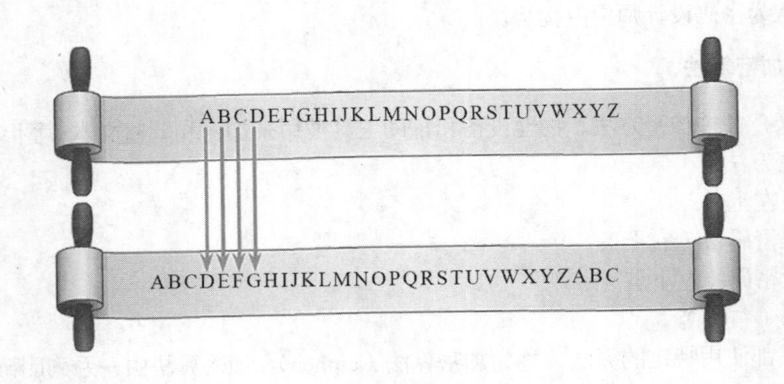

将上面的卷轴往右移动3个字符（因为密钥是3），于是A成为D，B成为E；以此类推

图 9-6 用凯撒替换密码加密

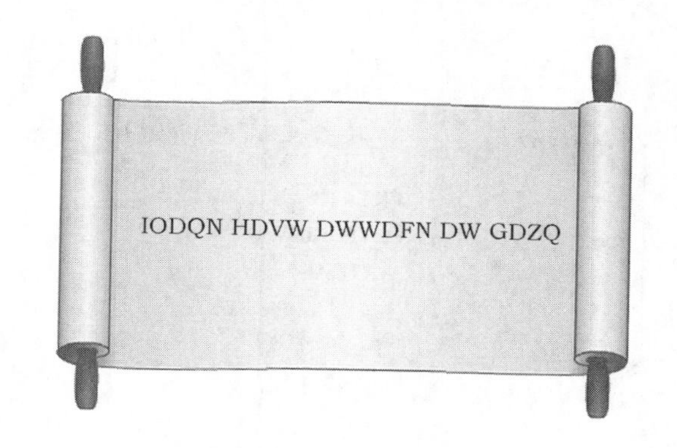

图 9-7 得到的密文

- **置换密码**：在置换密码中，不会替换任何字母；它们只是重新排列。举个例子，FLANK EAST ATTACK AT DAWN 倒转后读作 NWAD TA KCATTA TSAE KNALF。置换密码的另一个例子是栅栏密码。例如，请参见图 9-8 中的明文消息。图 9-9 显示了如何使用密钥为 3 的栅栏密码来加密消息。该密钥指定在创建密文时需要 3 行。所产生的密文如图 9-10 所示。

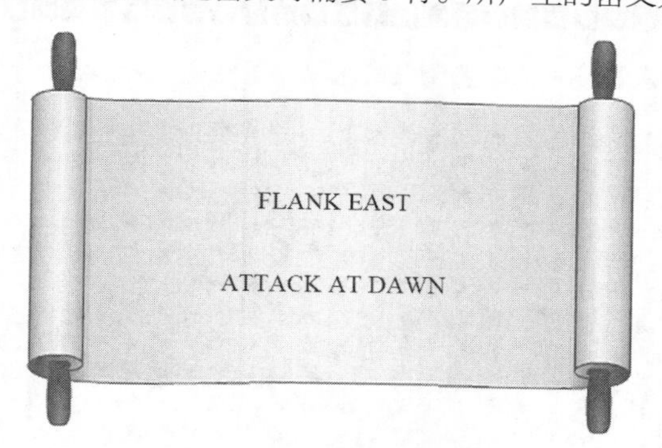

图 9-8 明文消息

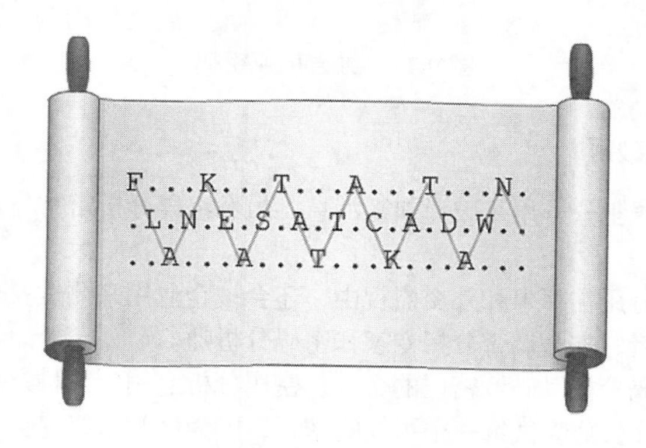

图 9-9 用栅栏交换密码加密

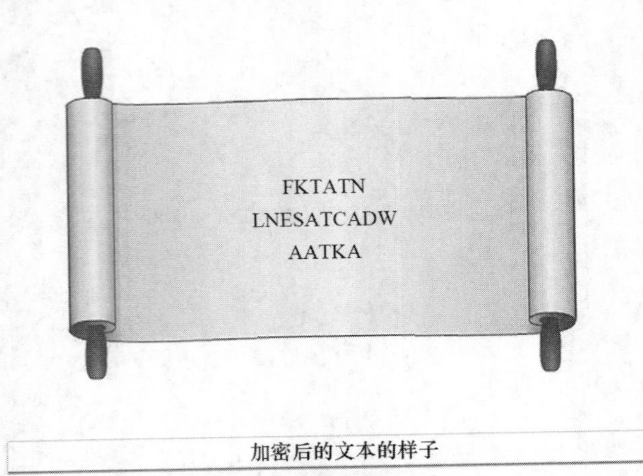

图 9-10 得到的密文

- **多字母密码**：多字母密码以替换为基础，使用多个替换字母表。著名的维吉尼亚密码就是一个例子，如图 9-11 所示。该密码使用一系列凯撒密码和一个关键词，每个凯撒密码的密钥由关键词的一个字母确定。这是多字母替换的简单形式，因此可以抵抗频率分析。

	a	b	c	d	e	f	g	h	i	j	k	l	m	n	o	p	q	r	s	t	u	v	w	x	y	z
A	a	b	c	d	e	f	g	h	i	j	k	l	m	n	o	p	q	r	s	t	u	v	w	x	y	z
B	b	c	d	e	f	g	h	i	j	k	l	m	n	o	p	q	r	s	t	u	v	w	x	y	z	a
C	c	d	e	f	g	h	i	j	k	l	m	n	o	p	q	r	s	t	u	v	w	x	y	z	a	b
D	d	e	f	g	h	i	j	k	l	m	n	o	p	q	r	s	t	u	v	w	x	y	z	a	b	c
E	e	f	g	h	i	j	k	l	m	n	o	p	q	r	s	t	u	v	w	x	y	z	a	b	c	d
F	f	g	h	i	j	k	l	m	n	o	p	q	r	s	t	u	v	w	x	y	z	a	b	c	d	e
G	g	h	i	j	k	l	m	n	o	p	q	r	s	t	u	v	w	x	y	z	a	b	c	d	e	f
H	h	i	j	k	l	m	n	o	p	q	r	s	t	u	v	w	x	y	z	a	b	c	d	e	f	g
I	i	j	k	l	m	n	o	p	q	r	s	t	u	v	w	x	y	z	a	b	c	d	e	f	g	h
J	j	k	l	m	n	o	p	q	r	s	t	u	v	w	x	y	z	a	b	c	d	e	f	g	h	i
K	k	l	m	n	o	p	q	r	s	t	u	v	w	x	y	z	a	b	c	d	e	f	g	h	i	j
L	l	m	n	o	p	q	r	s	t	u	v	w	x	y	z	a	b	c	d	e	f	g	h	i	j	k
M	m	n	o	p	q	r	s	t	u	v	w	x	y	z	a	b	c	d	e	f	g	h	i	j	k	l
N	n	o	p	q	r	s	t	u	v	w	x	y	z	a	b	c	d	e	f	g	h	i	j	k	l	m
O	o	p	q	r	s	t	u	v	w	x	y	z	a	b	c	d	e	f	g	h	i	j	k	l	m	n
P	p	q	r	s	t	u	v	w	x	y	z	a	b	c	d	e	f	g	h	i	j	k	l	m	n	o
Q	q	r	s	t	u	v	w	x	y	z	a	b	c	d	e	f	g	h	i	j	k	l	m	n	o	p
R	r	s	t	u	v	w	x	y	z	a	b	c	d	e	f	g	h	i	j	k	l	m	n	o	p	q
S	s	t	u	v	w	x	y	z	a	b	c	d	e	f	g	h	i	j	k	l	m	n	o	p	q	r
T	t	u	v	w	x	y	z	a	b	c	d	e	f	g	h	i	j	k	l	m	n	o	p	q	r	s

图 9-11 维吉尼亚密码

4. 密码分析学：密码破解

密码分析常常被网络罪犯分子用来破译加密消息。虽然密码分析常常与恶意目的联系到一起，但它实际上很有必要性。

密码分析也被各国政府用在军事和外交监视中，还会被企业用来测试安全程序的强度。企业和政府为此雇用了数学家、学者、安全调查分析专家和密码分析师。

密码分析师是执行密码分析以破解密码的个体。密码分析会用到几种方法。

- **暴力破解**：密码分析师尝试每一个可能的密钥，因为他知道终究会有一个管用。所有算法都无法防御暴力破解。如果尝试过每个可能的密钥，就必然会有一个密钥有效。
- **已知密文攻击**：密码分析师具有多个加密消息的密文，但不知道对应的明文。
- **已知明文攻击**：密码分析师可以访问多个消息的密文，并且对密文对应的明文有所了解。

- **选择明文攻击**：密码分析师选择加密设备所加密的数据并观察密文输出。
- **选择密文攻击**：密码分析师可以选择要解密的不同密文并且能够访问已解密的明文。
- **中间相遇攻击**：密码分析师知道一部分明文和对应的密文。

注 意　这些密码分析方法的实际流程不在本课程的范围之内。

没有算法是牢不可破的。关于加密的一个具有讽刺意味的事实是，没有办法能够证明任何算法是安全的。只能证明它不容易受到已知的密码分析攻击。

5. 密钥

身份验证、完整性和数据保密性是使用各种协议和算法以多种方式实施的。不同的网络安全策略目标所要求的安全级别不同，需要选择不同的协议和算法。

凯撒密码或恩尼格玛密码机等旧加密算法依靠算法的秘密性来实现保密性。

在现代技术中，加密的安全性依赖于密钥的秘密性，而不依赖算法的保密。

用于描述密钥的两个术语如下所示。

- **密钥长度**：也称为密钥大小，以比特位为单位。本课程将使用术语"密钥长度"。
- **密钥空间**：这是特定密钥长度可生成的密钥值的可能数目。

随着密钥长度的增加，密钥空间也会呈指数级增长。算法的密钥空间是指所有可能的密钥值的集合。n 位的密钥会生成拥有 2^n 个可能密钥值的密钥空间。

- 2 位（2^2）密钥长度 =4 密钥空间，因为有 4 个可能的密钥（00、01、10 和 11）。
- 3 位（2^3）密钥长度 =8 密钥空间，因为有 8 个可能的密钥（000、001、010、011、100、101、110、111）。
- 4 位（2^4）密钥长度 =16 个可能密钥的密钥空间。
- 40 位（2^{40}）密钥长度 = 1099511627776 个可能密钥的密钥空间。

密钥每增加一位，密钥空间就会增加一倍，如图 9-12 所示。

DES密钥	密钥空间	可能的密钥数量
56位	2^{56} 11111111 11111111 11111111 11111111 11111111 11111111 11111111	72,000,000,000,000,000
57位	2^{57} 11111111 11111111 11111111 11111111 11111111 11111111 11111111 1	144,000,000,000,000,000
58位	2^{58} 11111111 11111111 11111111 11111111 11111111 11111111 11111111 11	288,000,000,000,000,000
59位	2^{59} 11111111 11111111 11111111 11111111 11111111 11111111 11111111 111	576,000,000,000,000,000
60位	2^{60} 11111111 11111111 11111111 11111111 11111111 11111111 11111111 1111	1,152,000,000,000,000,000

图 9-12　密钥长度增加一位，密钥空间就增加一倍

较长的密钥更安全，然而，它们占用的资源也更多。选择较长的密钥时应小心谨慎，因为它们可能会给低端产品的处理器增加很大的负载。

9.1.2　完整性和真实性

在本小节中，您将会了解到密码学在确保数据完整性和真实性中起到的作用。

1. 加密散列函数

散列用于验证和确保数据的完整性。散列函数基于单向数学函数，这类函数相对容易计算，但很难对其求逆。研磨咖啡豆的过程是单向函数的一个形象比喻。研磨咖啡豆很容易，但要将所有微小的颗粒放回去重新组装成原始咖啡豆几乎是不可能的。加密散列函数也可以用于身份认证。

如图 9-13 所示，散列函数接收一个长度可变的二进制数据块（称为消息），生成一个固定长度的精简表达（称为散列）。生成的散列有时也称为消息摘要、摘要或数字指纹。

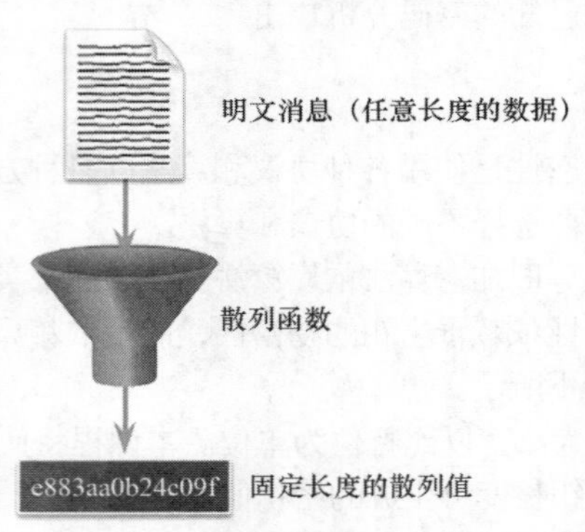

图 9-13　生成散列值

一个散列函数，在计算意义下，不可能对两组不同的数据得出相同的散列输出。每次更改或修改数据时，散列值也会随之变化。因此，加密散列值通常被称为数字指纹。它们可以用于检测重复的数据文件、文件版本变更以及类似的应用。这些值可以用于防止意外或蓄意的数据更改，或意外的数据损坏。

在表 9-1 中，config.txt 和 config-bk.txt 文件具有相同的散列值。这意味着这两个文件的内容是相同的。加密散列函数在许多不同的场景下都有应用，用于确保实体身份验证、数据完整性和数据真实性。

表 9-1　生成散列值

日　期	文　件　名	大　小	散　列　值
3/28/2017	topology.png	71KB	d4a02c1520fb999b90fb5906a070130f
4/3/2017	config.txt	1KB	aea9d4bb8c9457e37838db26bfe4a56e
4/10/2017	dev-gui.htm	53KB	ee5b9602fd98414d3a2a051cb16a815a
4/12/2017	dev-image.zip	348,512KB	f3b911b2dab14dfbc6f5a3a8c664033b
4/15/2017	config_bk.txt	1KB	aea9d4bb8c9457e37838db26bfe4a56e

2. 加密散列操作

在数学上，等式 $h=H(x)$ 用于解释散列算法的工作原理。如图 9-14 所示，散列函数 H 接收输入 x 并返回一个固定大小的字符串散列值 h。

图 9-14 简要说明了这个数学过程。

加密散列函数应具有以下属性：

- 输入的信息可以是任意长度；
- 输出的信息长度固定；
- 对于任何给定的 x，$H(x)$相对容易计算；
- $H(x)$是单向、不可逆的；
- $H(x)$是无冲突的，这意味着如果输入不同，则散列值也不同。

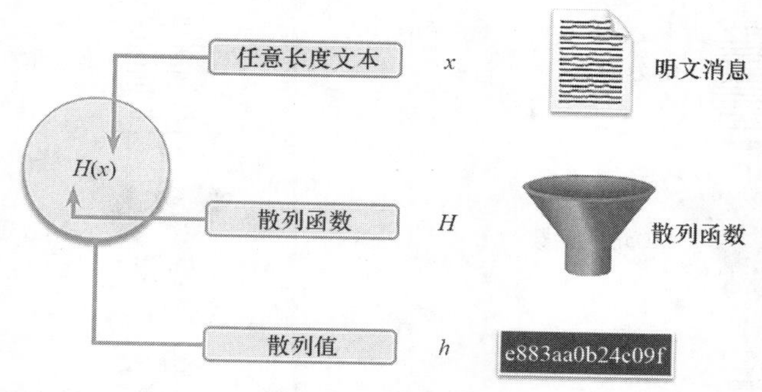

图 9-14 散列公式

如果某个散列函数很难求逆，则认为它是单向散列。很难求逆意味着给定散列值 *h*，在计算意义下，找到输入 *x* 使得 *h*=*H(x)*是不现实的。

3. MD5 和 SHA

散列函数用于确保消息的完整性。它们确保数据不会被意外或蓄意更改。

在图 9-15 中，发送方正在向 Alex 发送 100 美元的汇款。

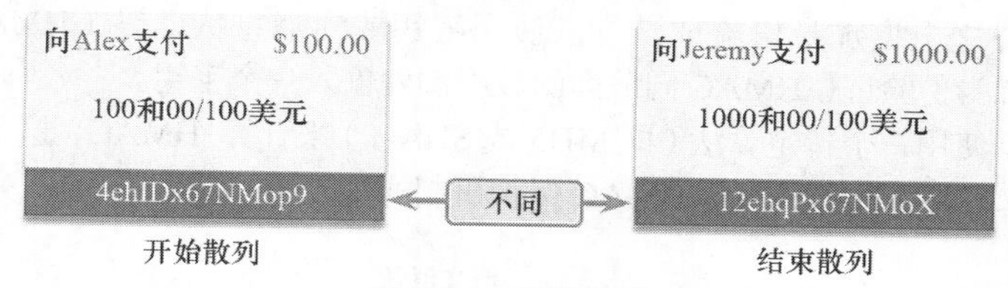

图 9-15 散列算法

发送方希望消息在传输给接收方的过程中确保不会被更改。

1. 发送设备将消息输入到散列算法中，并计算其固定长度散列值 4ehiDx67NMop9。
2. 然后，该散列值会附在消息中并发送到接收方。消息和散列值均采用明文形式。
3. 接收设备从消息中删除散列值，并将消息输入到相同的散列算法中。如果计算得出的散列值等于附在消息中的散列值，说明消息在传输过程中未被更改。如果两个散列值不相等，如图 9-15 所示，则说明消息的完整性不再可信。

有以下 3 个众所周知的散列函数。

- **128 位摘要的 MD5**：由 Ron Rivest 开发，用在各种互联网应用中，MD5 是一种单向函数，它可以生成 128 位散列消息，如图 9-16 所示。MD5 被认为是一种过时的算法，应避免使用，而且只应在没有更好的替代算法时使用。建议改用 SHA-2。
- **SHA-1**：由美国国家标准技术研究所（NIST）于 1994 年开发，与 MD5 散列函数非常相似，如图 9-17 所示。它有多个版本。SHA-1 创建 160 位散列消息，比 MD5 略慢。SHA-1 有已知缺陷，是一种过时的算法。
- **SHA-2**：由 NIST 开发，包括 SHA-224（224 位）、SHA-256（256 位）、SHA-384（384 位）和 SHA-512（512 位）。SHA-256、SHA-384 和 SHA-512 是新一代算法，应该尽可能使用这些算法。

虽然散列可以用来检测意外更改，但它不能用来防止蓄意更改。散列处理过程中没有来自发送方的唯一标识信息。这意味着任何人都可以计算任何数据的散列值，只要他们有正确的散列函数。

例如，当消息通过网络时，潜在的攻击者可能会拦截消息，更改消息，重新计算散列值并将其附加到消息中。接收设备只验证附加散列值的内容。

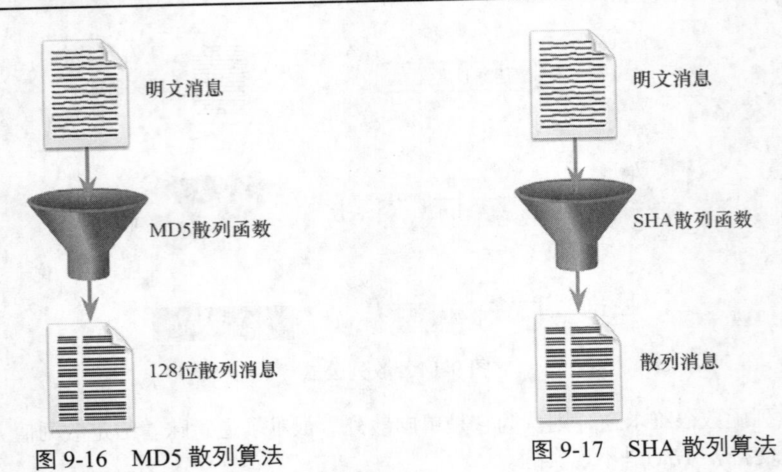

图 9-16 MD5 散列算法

图 9-17 SHA 散列算法

因此，散列容易受到中间人攻击，并且不能为传输的数据提供安全性。为提供完整性和来源身份验证，还需要更多的措施。

4. 散列消息认证码

要在完整性保障之上增加身份验证，可以使用密钥散列消息认证码（HMAC，有时也缩写为 KHMAC）。为了添加身份验证，HMAC 向散列函数中额外输入一个密钥。

如图 9-18 所示，使用一个特定算法（即 MD5 或 SHA-1）来计算 HMAC，这个算法将加密散列函数和一个密钥结合在一起。散列函数是 HMAC 保护机制的基础。

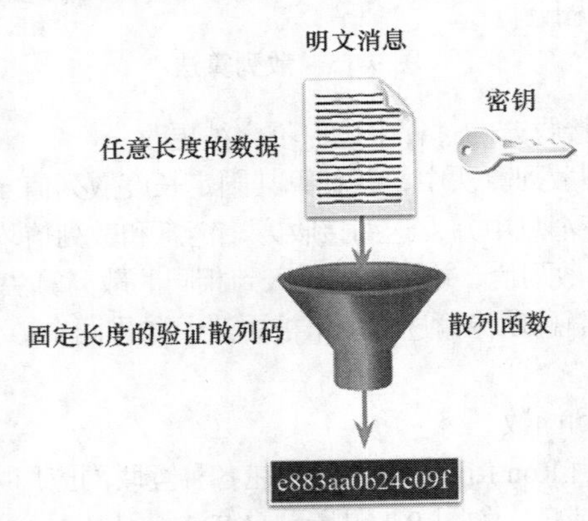

图 9-18 HMAC 散列算法

只有发送方和接收方知道该密钥，并且现在散列函数的输出不仅取决于输入数据，还依赖于密钥。只有能够访问该密钥的相关方可以计算 HMAC 函数的摘要。此特征可抵御中间人攻击，并提供数据来源的认证。

如果双方共享一个密钥并使用 HMAC 函数进行验证，则一方在收到消息的合理 HMAC 摘要时，表明对方为真实的消息发起方，因为对方拥有密钥。

如图 9-19 所示，发送设备在散列算法中输入数据（例如付给 Terry Smith 的 100 美元和密钥），然后计算固定长度的 HMAC 摘要。这一经过验证的摘要接着会附在消息中并发送到接收方。

在图 9-20 中，接收设备将除去摘要的明文消息及其密钥作为同一个散列函数的输入。

如果接收设备计算得出的摘要等于发送的摘要，说明消息未被更改。此外，消息来源也通过了验证，因为只有发送方拥有共享密钥的副本。HMAC 函数确保了消息的真实性。

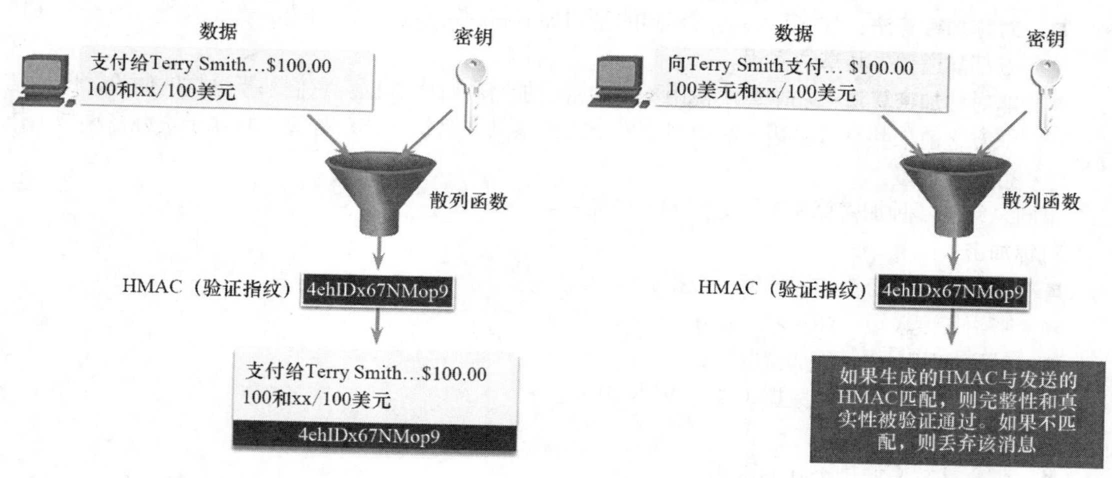

图 9-19 生成 HMAC 值

图 9-20 验证 HMAC 值

图 9-21 所示为思科路由器使用 HMAC 的方式，该路由器配置为使用开放最短路径优先（OSPF）路由认证。R1 正在将关于某个路由的链路状态更新（LSU）发送给网络 10.2.0.0/16。

1. R1 使用 LSU 消息和密钥计算散列值。
2. 将计算得到的散列值连同 LSU 一起发送给 R2。
3. R2 使用 LSU 和它的密钥计算散列值。如果散列值匹配，则 R2 接受更新。否则 R2 丢弃更新。

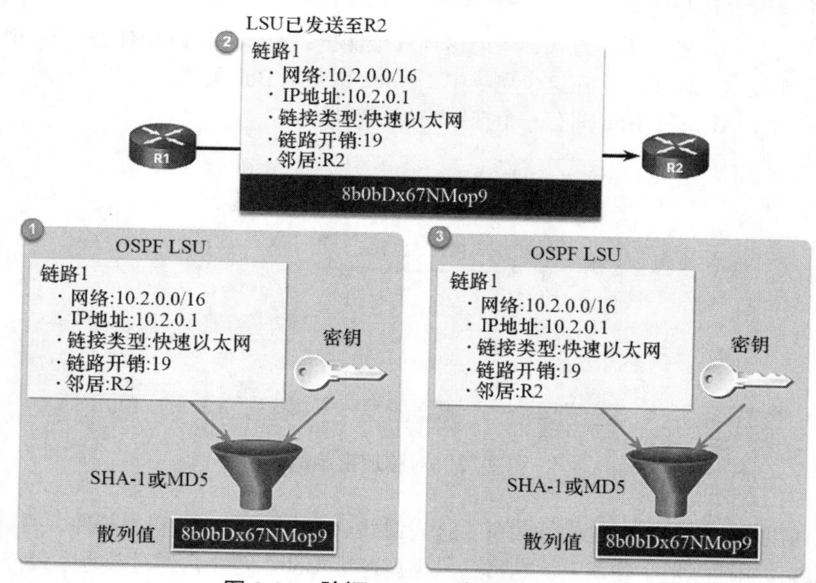

图 9-21 验证 HMAC 值的详细过程

9.1.3 保密性

在本小节中，您将学到密码学方法怎样增强数据的保密性。

1. 加密

有两类加密算法用于提供数据保密性。这两类加密的不同在于它们使用密钥的方式。

- **对称加密算法**：加密算法使用相同的密钥加密和解密数据。它们基于一个前提，即每个通信方都知道预先共享的密钥。
- **非对称加密算法**：加密算法使用不同的密钥加密和解密数据。它们基于这样的假设，即通信双方之前未共享过密钥，必须建立安全方法来共享密钥。非对称算法均属于资源密集型，执行速度较慢。

下面总结了两种加密算法方法之间的一些差异。

对称加密

- 使用相同的密钥加密和解密数据；
- 密钥长度较短（40～256 位）；
- 对称加密比非对称加密要快；
- 通常用于加密批量数据（如在 VPN 中）。

非对称加密

- 加密和解密使用不同的密钥；
- 密钥长度较长（512～4096 位）；
- 计算量更大，比对称加密要慢；
- 通常用于快速数据事务（比如在访问银行数据时使用 HTTPS）。

2. 对称加密

对称算法使用相同的预共享密钥加密和解密数据。预共享密钥（也称为密钥）在进行任何加密通信之前就已被发送方和接收方所知。

为了帮助说明对称加密的工作方式，考虑这样一个例子：Alice 和 Bob 住在不同的地点，并希望通过邮件系统互相发送机密邮件。在这个例子中，Alice 想要向 Bob 发送一封机密邮件。

如图 9-22 所示，Alice 和 Bob 拥有一个挂锁的相同钥匙。

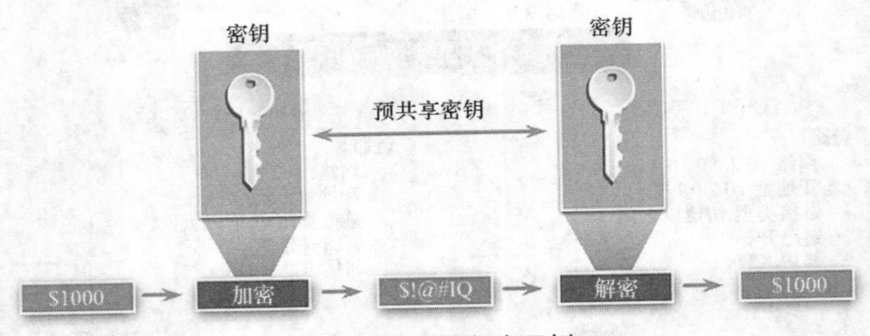

图 9-22 对称加密示例

在发送任何机密邮件之前，他们就共享了这些钥匙。Alice 编写一封机密邮件，将其放入小盒中，然后用她的钥匙使用挂锁把小盒锁上。她将这只小盒寄给 Bob。在小盒通过邮寄系统传送的过程中，邮件被安全地锁在小盒内。当 Bob 收到盒子时，他会使用他的钥匙解开挂锁并取出盒内的邮件。同样，Bob 可以使用同一个盒子和挂锁将一条秘密信息回复给 Alice。

今天，对称加密算法通常用于 VPN 通信。这是因为对称加密算法比非对称加密算法使用的 CPU 更少（稍后将对此进行讨论）。在使用 VPN 时，这一优势使得数据的加密和解密速度更快。使用对称加密算法时，像任何其他类型的加密一样，密钥越长，攻击者发现密钥所需要的时间就越长。大多数加密密钥都在 112 位和 256 位之间。为确保加密安全，使用的密钥长度应至少为 128 位。使用更长的密钥可以使通信更安全。

3. 对称加密算法

加密算法通常分为以下两种。

- **分组密码**：分组密码将固定长度的明文块转换为常见的 64 位或 128 位密文块，如图 9-23 所示。常见的分组密码包括 64 位块大小的 DES 和 128 位块大小的 AES。

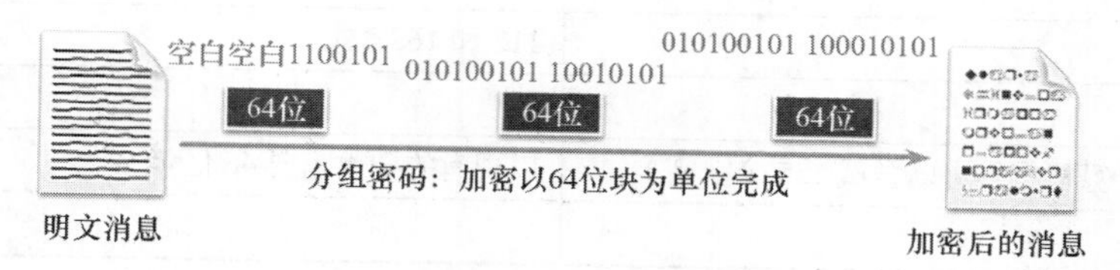

图 9-23　分组密码

- **流密码**：流密码一次加密明文的一个字节或一位，如图 9-24 所示。流密码本质上是块大小为一个字节或一位的分组密码。流密码通常比分组密码更快，因为数据加密过程是连续的。流密码的例子包括 RC4 和 A5，A5 算法被用于加密 GSM 蜂窝电话通信。数据加密标准（DES）也可以用在流密码模式下。

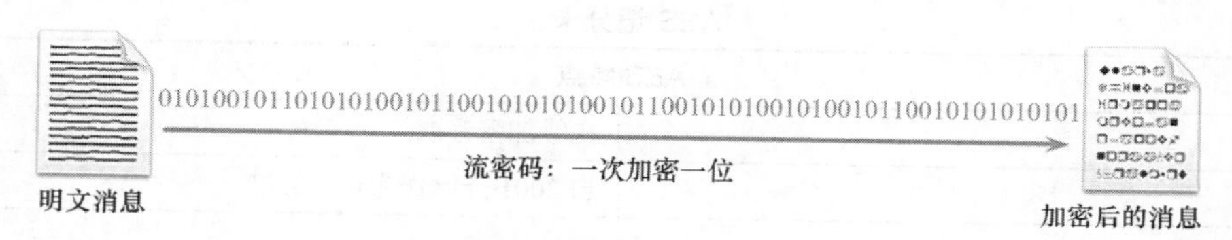

图 9-24　流密码

众所周知的对称加密算法如下所示。

- **数据加密标准（DES）**：这是较早的对称加密算法，已过时。它可以用在流密码模式下，但它通常在分组密码模式下运行，以 64 位块为单位对数据进行加密。表 9-2 总结了 DES 的特点。

表 9-2　DES 记分卡

DES 特点	
说明	数据加密标准
时间	1976 年成为标准
算法类型	对称
密钥大小	56 位
速度	中等
破解时间（假设计算机每秒可以尝试 255 个密钥）	数天（COPACABANA 机器这种专用的破解密码设备可在 6.4 天内破解）
资源消耗	中等

- **3DES（三重 DES）**：这是 DES 的较新版本，但它重复 DES 算法流程三次。相比 DES，它的计算成本更大。这一基本算法已在该领域进行了 35 年多的测试，因此在密钥使用时间很短时，可以认为它是十分可靠的。表 9-3 总结了 3DES 的特点。

表 9-3 3DES 记分卡

3DES 特点	
说明	三重数据加密标准
时间	1977 年成为标准
算法类型	对称
密钥大小	112 和 168 位
速度	低
破解时间（假设计算机每秒可以尝试 255 个密钥）	以现有的技术需要 46 亿年
资源消耗	中

- **高级加密标准（AES）**：基于 Rijndael 密码，是最常用也最推荐的对称加密算法。它使用 128 位、192 位或 256 位可变密钥长度的密钥来加密长度为 128 位、192 位或 256 位的数据块，提供了 9 种密钥和块长度组合。AES 是一种比 3DES 更安全更高效的算法。表 9-4 总结了 AES 的特点。AES 计数器模式（AES-CTR）是 SSHv2 的首选加密算法。它可以使用任何 AES 密钥长度，例如 AES256-CTR。

表 9-4 AES 记分卡

AES 特点	
说明	高级加密标准
时间	自 2001 开始作为正式标准
算法类型	对称
密钥大小	128、192 和 256 位
速度	高
破解时间（假设计算机每秒可以尝试 255 个密钥）	149 万亿年
资源消耗	低

- **软件优化加密算法（SEAL）**：SEAL 是快速对称加密算法，可用来替代 DES、3DES 和 AES。它是一种使用 160 位加密密钥的流密码。与其他基于软件的算法相比，SEAL 对 CPU 的影响较小，不过这一点未经证实。表 9-5 总结了 SEAL 的特点。

表 9-5 SEAL 记分卡

SEAL 特点	
说明	软件优化加密算法
时间	1994 年首次发布；当前版本为 3.0 版（1997 年）
算法类型	对称
密钥大小	160 位
速度	高
破解时间（假设计算机每秒可以尝试 255 个密钥）	未知，但被认为非常安全
资源消耗	低

- **Rivest 密码（RC）系列算法（包括 RC2、RC4、RC5 和 RC6）**：由 Ron Rivest 开发的算法。虽然已经开发了几种变体，但 RC4 是最普遍使用的。RC4 是一种流密码，用于保护 SSL 和

TLS 中的 Web 流量。表 9-6 总结了 RC 算法的特点。

表 9-6 RC 算法总结

RC 算法	时间（年）	算法类型	密钥大小（位）
RC2	1987	分组密码	40 和 64
RC4	1987	流密码	1 ~ 256
RC5	1994	分组密码	0 ~ 2048
RC6	1998	分组密码	128、192 或 256

注 意 还有许多其他对称加密算法，比如 Blowfish、Twofish、Threefish 和 Serpent。但是这些算法不属于本课程的范围。

4. 非对称加密算法

非对称算法（也称为公钥算法）的设计是为了让用于加密和解密的密钥不相同，如图 9-25 所示。在任何合理长度的时间内，都无法根据加密密钥计算出解密密钥，反之亦然。

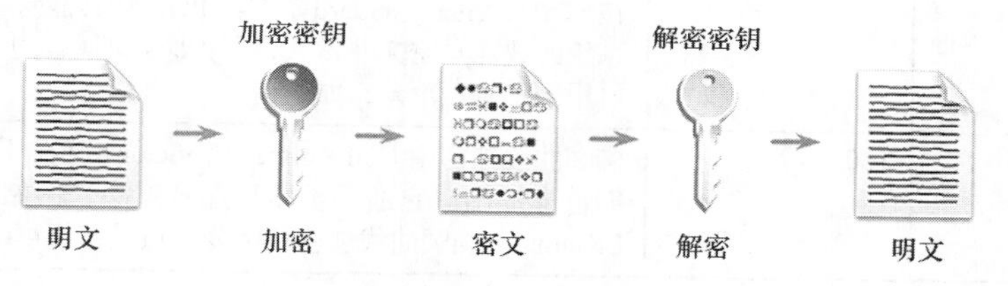

图 9-25 非对称加密示例

非对称算法使用一对公钥和私钥。两个密钥都能够执行加密过程，但解密过程需要互补配对密钥。该过程也是可逆的，因为使用公钥加密的数据需要私钥进行解密。

该过程使非对称算法能够实现保密性、真实性和完整性。

因为任何一方都没有共享的秘密信息，所以必须使用很长的密钥长度。非对称加密可以使用 512 ~ 4096 位之间的密钥长度。大于或等于 1024 位的密钥长度可以值得信任，而密钥长度越短则越不可靠。

使用非对称密钥算法的协议示例如下所示。

- **互联网密钥交换（IKE）**：这是 IPSec VPN 的基本组件。
- **安全套接字层（SSL）**：现在该协议被实现为 IETF 标准的传输层安全（TLS）。
- **安全 Shell（SSH）**：该协议可提供到网络设备的远程安全访问连接。
- **优良保密协议（PGP）**：这是一种提供加密隐私和身份验证的计算机程序。它通常用于增加邮件通信的安全性。

非对称算法明显慢于对称算法。非对称算法的设计基于计算问题，例如对极大整数进行因子分解或计算极大整数的离散对数。

由于速度较慢，非对称算法通常用于所需计算量较小的加密机制，例如数字签名和密钥交换。但是，非对称算法的密钥管理比对称算法简单，因为通常情况下，加密或解密密钥两个中有一个可以公开。

表 9-7 介绍了非对称加密算法的常见示例。

表 9-7 非对称加密算法

非对称加密算法	密钥长度（位）	说明
Diffie-Hellman (DH)	512、1024、2048、3072 或 4096	Diffie-Hellman 算法是 Whitfield Diffie 和 Martin Hellman 于 1976 年发明的一种公钥算法。它允许双方商定一个密钥，用于加密要发送给对方的消息。此算法的安全性基于以下假设：求一个数的特定指数幂很容易，但根据计算出的幂却很难计算所用的指数
数字签名标准（DSS）和数字签名算法（DSA）	512 ~ 1024	DSS 由 NIST 创建并指定 DSA 作为数字签名的算法。DSA 是基于 ElGamal 签名方案的公钥算法。签名创建速度与 RSA 类似，但验证速度慢 10 ~ 40 倍
RSA 加密算法	512 ~ 2048	由 Ron Rivest、Adi Shamir 和 Leonard Adleman 于 1977 年在麻省理工学院开发。这是一种公钥算法，其安全性基于当前所面临的大整数分解困难问题。它是第一个已知同时适用于签名和加密的算法，也是公钥密码学的首次巨大进步之一。它广泛应用于电子商务协议中，且在密钥足够长并使用最新实现的情况下被认为具有安全性
ElGamal	512 ~ 1024	这是公钥密码学中的一种非对称密钥加密算法，基于 Diffie-Hellman 密钥协商。它在 1984 年由 Taher Elgamal 提出，用在 GNU Privacy Guard 软件、PGP 和其他密码系统中。ElGamal 系统的缺点是密文非常大，约为原始消息大小的两倍，因此它只可用于加密短消息，如密钥
椭圆曲线技术	160	椭圆曲线加密由 Neil Koblitz 和 Victor Miller 于 20 世纪 80 年代中期首先提出。它适用于多种加密算法，例如 Diffie-Hellman 或 ElGamal。椭圆曲线加密的主要优点是密钥可以小很多

5. 非对称加密：保密性

非对称算法用于在不预先共享密码的情况下提供保密性。如果使用公钥启动加密过程，则非对称算法的目标是保密性。

可以使用下列公式总结该过程：

公钥（加密）+ 私钥（解密）= 保密性

当使用公钥加密数据时，必须使用私钥对数据进行解密。只有一台主机拥有私钥，这样便实现了保密性。

如果私钥被盗取，则必须生成另一个密钥对来替换被盗取的密钥。

例如，在图 9-26 中，Alice 请求并获取 Bob 的公钥。

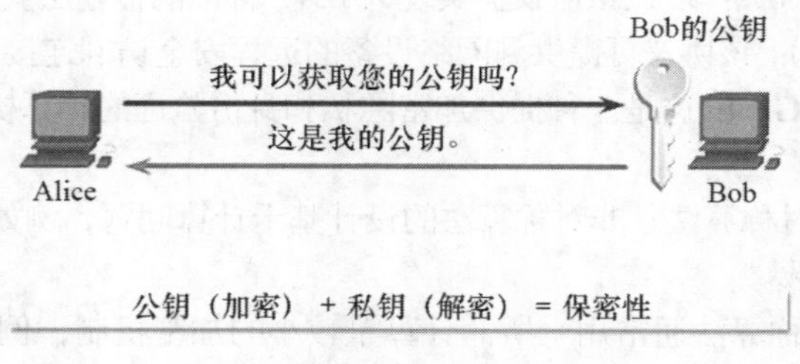

图 9-26 Alice 获取公钥

在图 9-27 中，Alice 使用 Bob 的公钥，通过双方达成一致的算法对邮件进行加密。

Alice 将加密消息发送给 Bob。然后 Bob 使用他的私钥对消息进行解密，如图 9-28 所示。

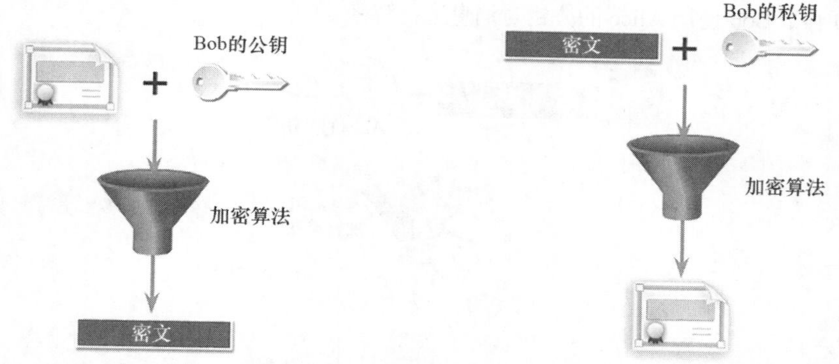

图 9-27 Alice 用 Bob 的公钥加密消息

图 9-28 Bob 用他的私钥解密消息

6. 非对称加密：身份验证

如果使用私钥开始加密过程，则非对称算法的目标是身份验证。

可以使用下列公式总结该过程：

私钥（加密）＋公钥（解密）＝身份验证

当使用私钥加密数据时，必须使用对应的公钥对数据进行解密。由于只有一台主机拥有私钥，因此只有该主机有可能加密消息，从而验证了发送方的真实性。通常，不尝试对公钥进行保密，因此任意主机都可以解密消息。当主机成功地使用公钥解密消息后，它相信是私钥加密了消息，从而验证发送方是谁。这是身份验证的一种形式。

例如，在图 9-29 中，Alice 使用她的私钥对消息进行加密。

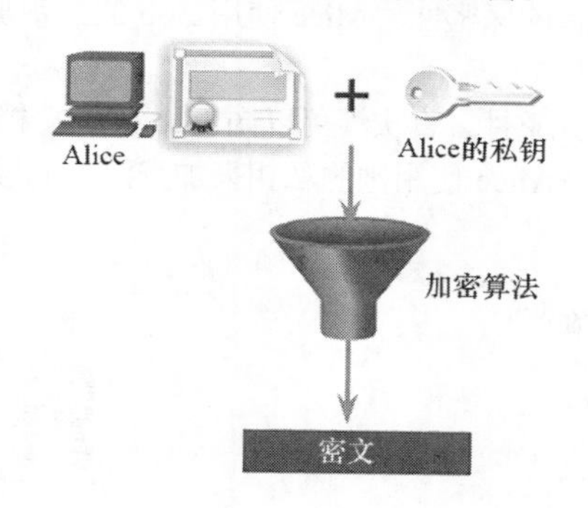

图 9-29 Alice 用她的私钥加密消息

Alice 将加密消息发送给 Bob。Bob 需要验证此消息确实来自 Alice。因此，在图 9-30 中，Bob 请求 Alice 的公钥。

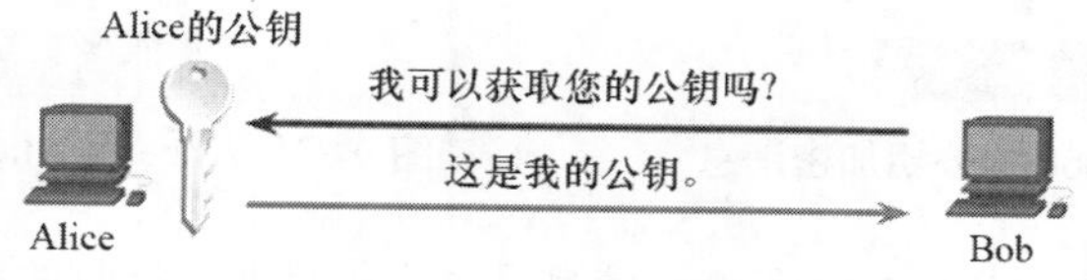

图 9-30 Bob 请求 Alice 的公钥

在图 9-31 中，Bob 使用 Alice 的公钥对消息进行解密。

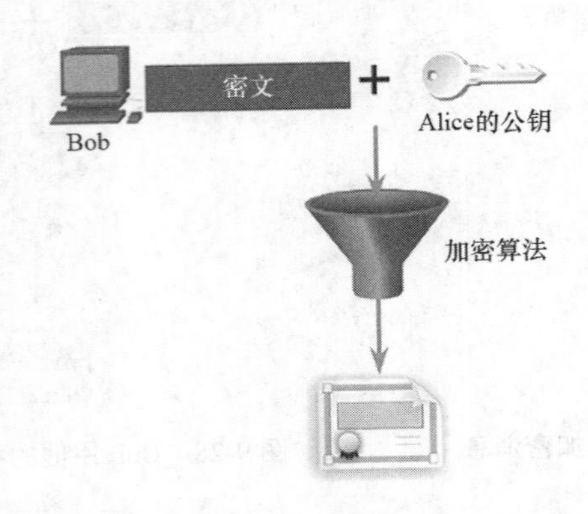

图 9-31 Bob 用公钥对消息进行解密

7. 非对称加密：完整性

将两个非对称加密过程组合在一起可以提供消息保密性、真实性和完整性。

下面的示例用于说明此过程。在此示例中，将使用 Bob 的公钥对消息进行加密，使用 Alice 的私钥对加密散列进行加密，以提供保密性、真实性和完整性。

图 9-32 中的过程提供保密性。Alice 希望向 Bob 发送一条消息，同时想确保只有 Bob 可以读取该文档。换句话说，Alice 希望确保消息的保密性。Alice 使用 Bob 的公钥加密这条消息。只有 Bob 能够使用他的私钥进行解密。

Alice 还想确保消息的真实性和完整性。真实性可以向 Bob 确保文档是由 Alice 发出的，完整性可以确保文档未被修改。在图 9-33 中，Alice 使用她的私钥来加密消息的散列。Alice 将加密的消息及它的加密散列发送给 Bob。

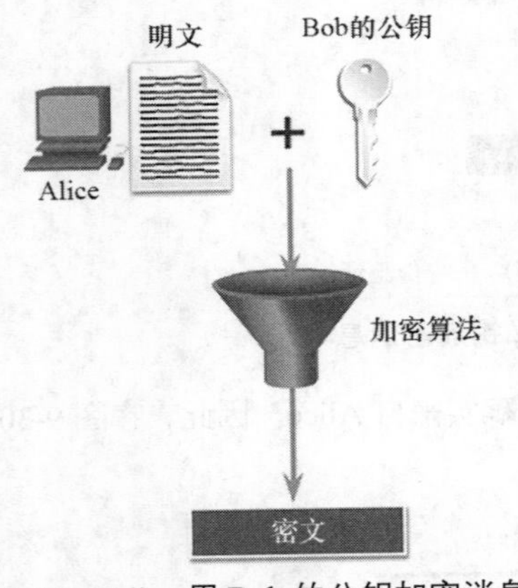

图 9-32 Alice 用 Bob 的公钥加密消息

图 9-33 Alice 用 Alice 的私钥加密散列

在图 9-34 中，Bob 使用 Alice 的公钥验证消息是否未被修改。接收的散列等于根据 Alice 的公钥本地生成的散列。此外，这还验证了 Alice 就是消息的发送者，因为没有其他人拥有 Alice 的私钥。

最后，在图 9-35 中，Bob 使用他的私钥解密消息。

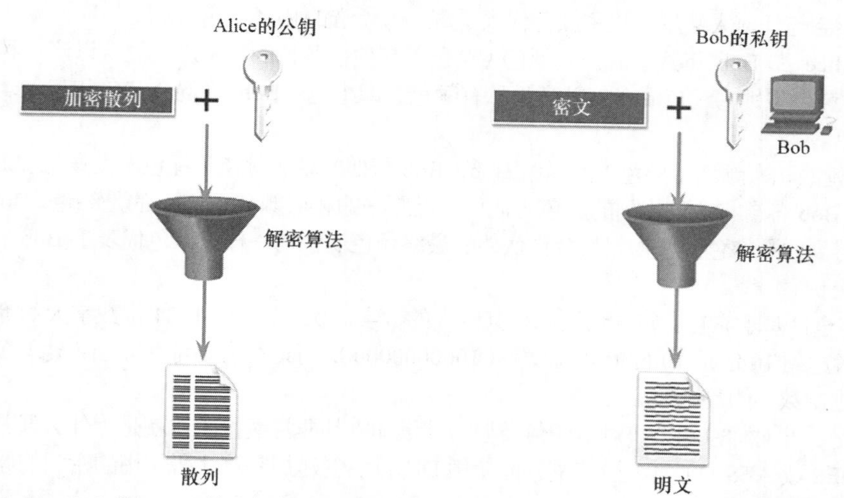

图 9-34 Bob 用 Alice 的公钥解密散列值

图 9-35 Bob 用他的私钥解密消息

8. Diffie-Hellman

Diffie-Hellman（DH）是一种非对称数学算法，它允许两台计算机生成相同的共享密钥，而不需要在此之前进行通信。新的共享密钥从未在发送方和接收方之间实际交换。但是，由于双方都知道，因此该密钥可以被加密算法用来加密两个系统之间的流量。

以下是常用到 DH 的 3 个示例：

- 使用 IPSec VPN 交换数据；
- 使用 SSL 或 TLS 在互联网中加密数据；
- 交换 SSH 数据。

为了帮助说明 DH 的工作方式，请参阅图 9-36。图中使用颜色来代替复杂的长串数字，以简化 DH 密钥协商过程。在 DH 密钥交换的开始，Alice 和 Bob 任意选取一个颜色，对其达成一致，这个颜色不需要保密。在我们的示例中，达成一致的颜色是黄色。

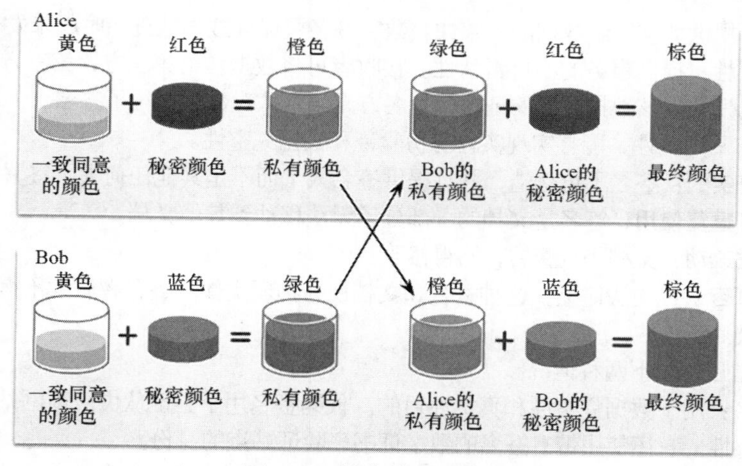

图 9-36 简化的 DH 过程

接下来，Alice 和 Bob 将各自选择一个秘密颜色。Alice 选择红色，而 Bob 选择蓝色。这两个秘密颜色将永远不会与任何人共享。秘密颜色代表了每一方所选的秘密私钥。

现在，Alice 和 Bob 将共享的公共颜色（黄色）与他们各自的秘密颜色混合以产生私有颜色。因此，Alice 将黄色与她的红色混合，以产生私有颜色，即橙色。Bob 将混合黄色和蓝色，以产生私有颜色，即绿色。

Alice 将她的私有颜色（橙色）发送给 Bob，Bob 将他的私有颜色（绿色）发送给 Alice。

Alice 和 Bob 各自将他们收到的颜色与他们自己原来的秘密颜色（Alice 的是红色，Bob 的是蓝色）混合。最终得到的是棕色混合物，与合作伙伴的最终颜色混合物一样。棕色代表了 Bob 和 Alice 之间产生的共享密钥。

DH 的安全性基于它在计算中使用的极其巨大的数字。例如，DH 1024 位数字大约等于 309 位十进制数字。考虑到 10 亿是 10 位十进制数字（1000000000），可以很容易地想象出，处理多个而不是一个 309 位十进制数字的复杂性。

不幸的是，非对称密钥系统对于任何类型的批量加密都非常缓慢。这就是为什么通常使用对称算法（比如 3DES 或 AES）加密大量流量，而使用 DH 算法创建加密算法所使用的密钥的原因。

9.2　公钥基础架构

在本节中，您将学到公钥基础架构（PKI）是怎样支持网络安全的。

9.2.1　公钥密码学

在本小节中，您将会学习公钥密码学。

1. 使用数字签名

数字签名是一种数学方法，用于提供 3 项基本安全服务。

- **真实性**：提供数字签名数据的真实性。数字签名对源进行身份验证，证明某一方已经看到并签名了相关数据。
- **完整性**：提供数字签名数据的完整性。数字签名可保证数据从签名时起未发生过更改。
- **不可否认性**：提供事务的不可否认性。接收者可将数据转给第三方，第三方接受该数字签名作为确实发生过该数据交换的证据。签名方无法否认对数据进行了签名。

数字签名具有下列属性，能够实现实体身份验证和数据完整性。

- **签名是真实的**：签名不可伪造，并且提供签名人（而不是其他任何人）签署该文档的证据。
- **签名不可重复使用**：签名是文档的一部分，无法移动到其他文档。
- **签名无法改动**：文档一旦签署，不得修改。
- **签名不可否认**：在法律上，这种签名和文档视为物理实体。签名者后续不得声称他们没有签署该文档。

数字签名通常用于以下两种情况。

- **代码签名**：用于数据完整性和真实性目的。代码签名用于验证从供应商网站下载的可执行文件的完整性。它还使用带有签名的数字证书来验证站点的身份。
- **数字证书**：它们类似于虚拟身份证，用于验证供应商网站系统的身份，并建立加密连接以交换机密数据。

有 3 个可用于生成并验证数字签名的数字签名标准（DSS）算法。

- **数字签名算法（DSA）**：DSA 是生成公钥和私钥对以及生成验证数字签名的最早标准。表 9-8 总结了 DSA 的特点。

表 9-8 DSA 记分卡

DSA 特点	
说明	数字签名算法（DSA）
时间	1994 年
算法类型	提供数字签名
优点	签名生成速度快
缺点	签名验证速度慢

- **Rivest-Shamir Adelman 算法（RSA）**：RSA 是一种非对称算法，通常用于生成和验证数字签名。表 9-9 总结了 RSA 的特点。

表 9-9 RSA 记分卡

RSA 特点	
说明	Ron Rivest、Adi Shamir 和 Len Adleman
时间	1977 年
算法类型	非对称
密钥大小	512～2048 位
优点	签名验证速度快
缺点	签名生成速度慢

- **椭圆曲线数字签名算法（ECDSA）**：ECDSA 是 DSA 的一种较新的变体，它提供数字签名身份验证和不可否认性服务，具有计算效率高、签名体积小和带宽消耗最少等额外好处。

Diffie-Hellman 使用不同的 DH 组来确定密钥协商过程中密钥的强度。组编号越大越安全，但需要更多的时间来计算密钥。下面列出了思科 IOS 软件支持的 DH 组及它们的相关素数值：

- DH 组 1：768 位。
- DH 组 2：1024 位。
- DH 组 5：1536 位。
- DH 组 14：2048 位。
- DH 组 15：3072 位。
- DH 组 16：4096 位。

注 意　DH 密钥协商还可以基于椭圆曲线加密。基于椭圆曲线加密的 DH 组 19、20 和 24 也得到了思科 IOS 软件的支持。

20 世纪 90 年代，RSA Security 公司开始发布公钥加密标准（PKCS），共发布了 15 项 PKCS，不过在本书写作时其中 1 项已经撤销。RSA 公司之所以发布这些标准，是因为它们拥有这些标准的专利，并希望推广这些标准。虽然 PKCS 不是行业标准，但在安全行业中得到了高度认可，并且最近开始与标准组织（例如 IETF 和 PKIX 工作组）有密切关系。

2. 数字签名用于代码签名

数字签名通常用于保障软件代码的真实性和完整性。可执行文件被封装在数字签名的信封中，这使终端用户可以在安装软件之前验证签名。

数字签名代码提供有关代码的多项保证：

- 此代码是真实可靠的，且确实是由发行者提供的；
- 此代码被软件发行者发行后，未被修改；
- 发行者确凿无疑地发布了此代码，这提供了发布行为的不可否认性。

美国政府联邦信息处理标准（FIPS）出版物 140-3 规定，可在互联网上下载的软件将进行数字签名和验证。数字签名软件的目的是确保软件没有被篡改，并且它来自所声称的受信任源。

参阅图 9-37 到图 9-41，查看带有数字签名证书的文件的属性。图 9-37 显示了从互联网下载的某个文件的属性。此文件旨在更新主机上的 Flash 播放器。

点击 Digital Signature 选项卡（见图 9-38），可以看到该文件来自受信任的组织，即 Adobe Systems。

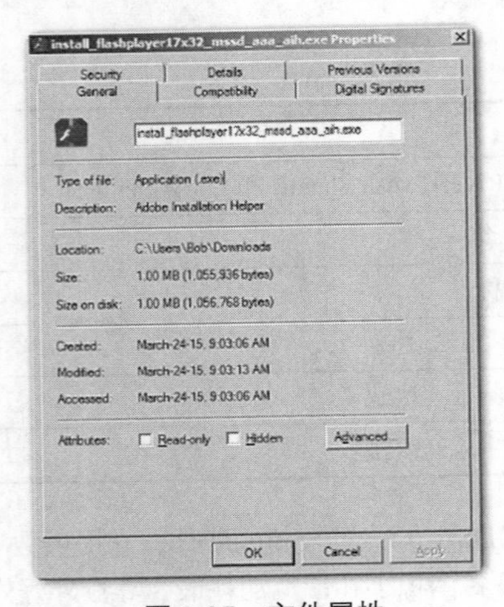

图 9-37　文件属性

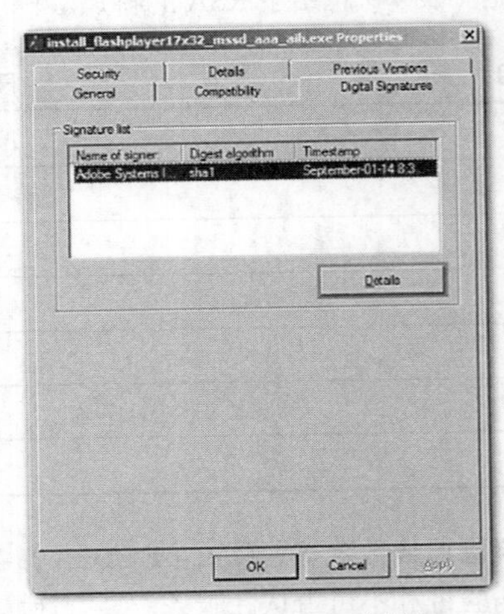

图 9-38　数字签名选项卡

点击 Details 按钮，打开 Digital Signature Details 窗口（见图 9-39），它显示 Symantec 公司证明了这个文件确实是来自 Adobe System Incorporated。

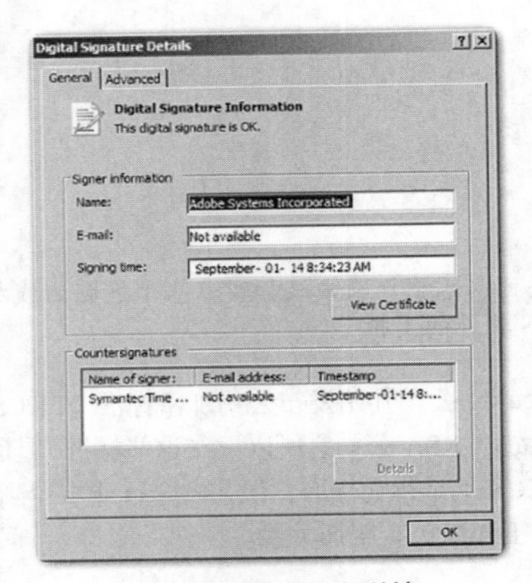

图 9-39　数字签名详情

点击 View Certificate 按钮打开证书详情（见图 9-40）。证书详情显示证书的目的、证书的授予者以及证书的颁发机构，还显示证书的有效时间。

Certificate Path 选项卡（见图 9-41）表明该文件来自 Adobe，Adobe 已经过 Symantec 验证，而 Symantec 已经过 VeriSign 验证。

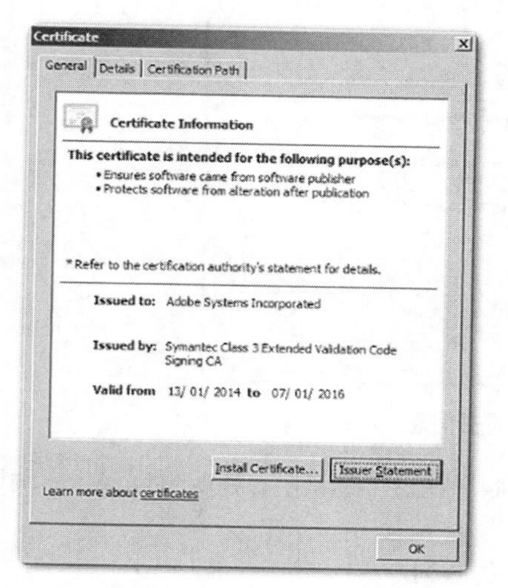

图 9-40 数字证书信息

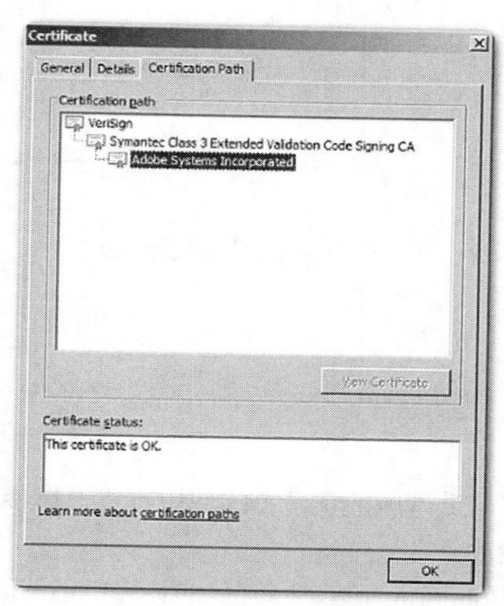

图 9-41 数字证书路径

3. 数字证书的数字签名

数字证书就像是电子护照。它们使用户、主机和组织能够安全地通过互联网交换信息。具体来说，数字证书用于对发送消息的用户进行身份验证，验证他们是否是其所声称的用户。数字证书还可以用于为接收方提供保密性，方式是对回复进行加密。

数字证书与物理证书相似。例如，图 9-42 中的纸质思科认证网络工程师安全（CCNA-S）证书标识了证书获得者、授权该证书的机构以及证书有效期。

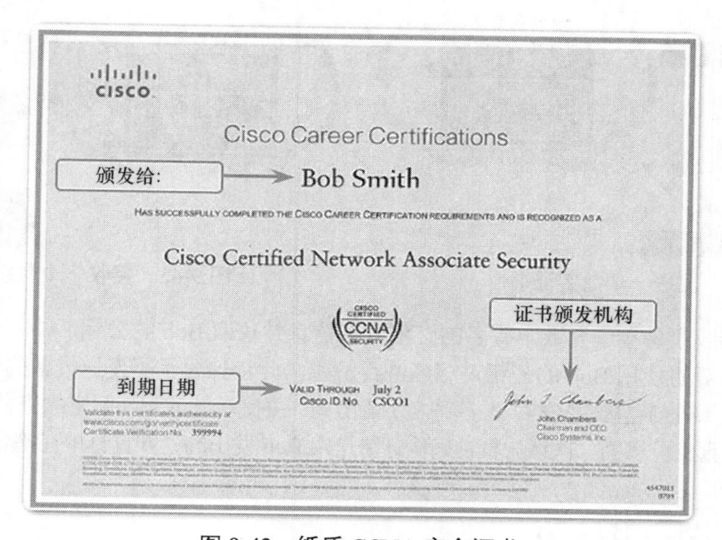

图 9-42 纸质 CCNA 安全证书

注意，图 9-43 中的数字证书也标识了类似的元素。

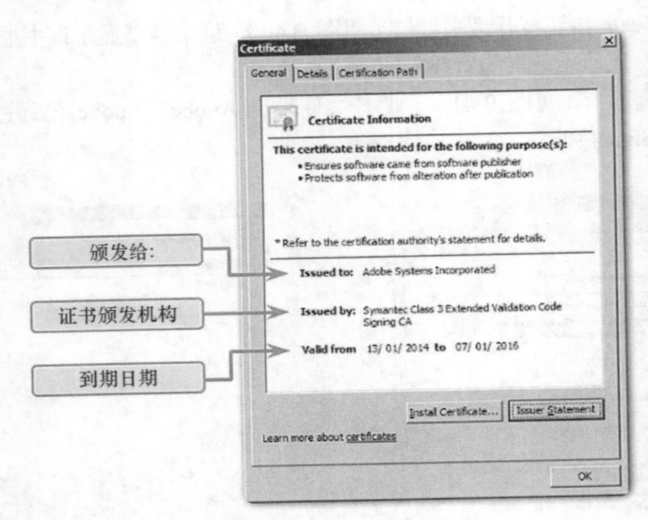

图 9-43 数字证书信息

为了帮助理解数字证书的使用方式，请参阅图 9-44。在这个场景中，Bob 要向 Alice 确认某个订单。步骤如下。

1. Bob 确认订单，同时他的计算机创建确认信息的散列。
2. 计算机使用 Bob 的私钥对散列进行加密。
3. 将加密散列（称为数字签名）附加到文档中。订单确认信息通过互联网发送给 Alice。

图 9-45 所示为 Alice 使用数字证书的方式。

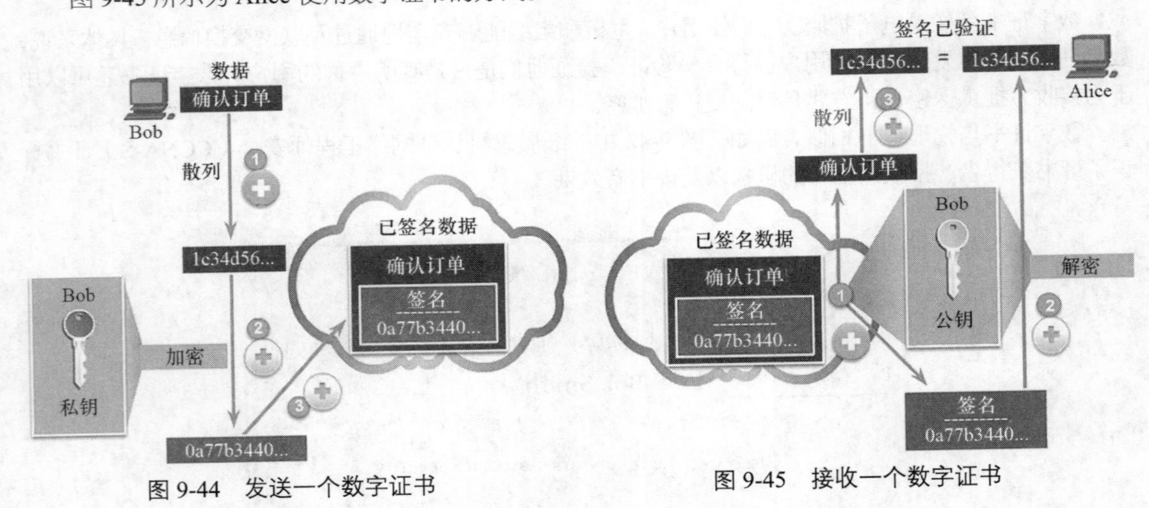

图 9-44 发送一个数字证书　　　　图 9-45 接收一个数字证书

1. Alice 的接收设备接受含数字签名的订单确认信息并获取 Bob 的公钥。
2. Alice 的计算机使用 Bob 的公钥对签名进行解密。此步骤显示了发送设备的假定散列值。
3. Alice 的计算机创建接收文档（去掉签名）的散列，并比较此散列与解密的签名散列。如果两个散列匹配，则文档是真实可靠的。这意味着它确认订单是由 Bob 发出的，并且订单在签名后没有被更改。

9.2.2 机构和 PKI 信任系统

在本小节中，您将学习到公钥基础设施是怎样工作的。

1. 公钥管理

互联网流量由通信双方之间的流量构成。在两台主机之间建立非对称连接时，主机将交换它们的公钥信息。互联网上有受信任的第三方，它们使用数字证书验证这些公钥的真实性。受信任的第三方在凭证颁发之前进行深入调查。经过深入调查后，第三方颁发难以伪造的机密文件（即数字证书）。从那时起，信任第三方的所有人会接受该第三方颁发的凭证。

这些受信任的第三方提供的服务与政府许可机构提供的服务类似。图 9-46 所示为驾照与数字证书的相似之处。

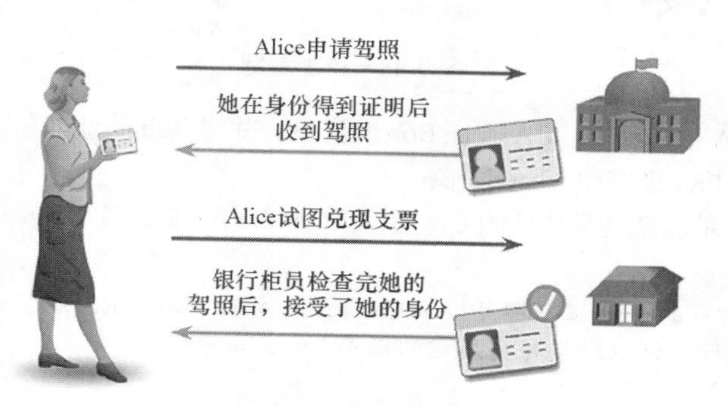

图 9-46　驾照 PKI 的类比

公钥基础设施（PKI）是受信任第三方系统的一个示例，称为证书颁发机构（CA）。CA 提供的服务与政府许可机构提供的服务类似。PKI 是用于在双方之间安全地交换信息的框架。CA 颁发能验证组织和用户身份的数字证书。这些证书还用于对消息进行签名，以确保消息未被篡改。

2. 公钥基础设施

PKI 用来支持公共密钥加密的大规模分发和标识。PKI 框架促进了高度可扩展的信任关系。它包括创建、管理、存储、分发和撤销数字证书所需的硬件、软件、人员、策略和程序。图 9-47 所示为 PKI 的主要元素。

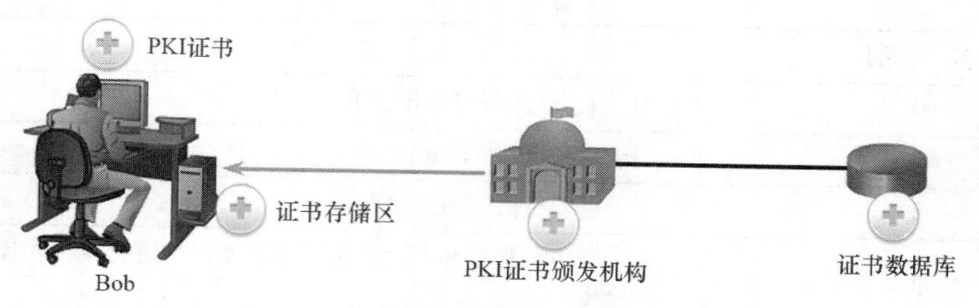

图 9-47　PKI 框架的元素

- **PKI 证书颁发机构（CA）**：CA 是可信第三方，它在进行身份验证之后向实体和个人颁发 PKI 证书。它使用自身私钥签署这些证书。
- **证书数据库**：证书存储区存储 CA 批准的所有证书。
- **PKI 证书**：证书包含实体或个人的公钥、证书用途、验证和颁发证书的 CA、证书有效期范围以及用于创建签名的算法。
- **证书存储区**：证书存储区位于本地计算机上，存储已颁发的证书和私钥。

图 9-48 所示为一个 PKI 的示例，步骤如下。

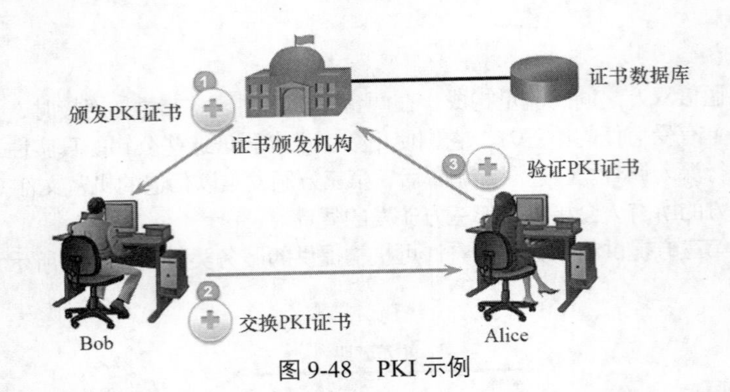

图 9-48 PKI 示例

1. Bob 首先向 CA 请求证书。CA 验证 Bob 的身份，并将 Bob 的证书存储在证书数据库中。
2. Bob 使用他的 PKI 证书和 Alice 通信。
3. Alice 使用 CA 的公钥与受信任的 CA 通信。CA 引用证书数据库来验证 Bob 的 PKI 证书。

注 意 并非所有的 PKI 证书都直接从 CA 获得。注册机构（RA）是一个从属 CA，并且由根 CA 进行认证以颁发特定用途的证书。

3. PKI 授权系统

许多供应商提供 CA 服务器作为托管服务或终端用户产品。其中的一些供应商包括 Symantec Group（VeriSign）、Comodo、Go Daddy Group、GlobalSign 和 DigiCert 等。

组织还可以使用 Microsoft Server 或 Open SSL 实现私有 PKI。

CA（特别是外包 CA）根据证书类别颁发证书，这种类别决定了证书的受信任程度。

表 9-10 提供了各个证书类别的描述。类编号取决于颁发证书时用于验证持有人身份的程序的严格程度。类编号越大，证书的受信任程度也越高。因此，5 类证书的受信任程度远远超过了较小类证书的受信任程度。

表 9-10 证书的类别

类 别	说 明
0	用于未执行检查的测试目的
1	用于专注于邮件验证的个人
2	用于需要身份证明的组织
3	用于服务器和软件签名，由证书颁发机构进行身份和权限的独立验证和检查
4	用于公司之间的在线商业交易
5	用于保障私人组织或政府的安全性

例如，1 类证书可能需要持有人回复邮件，来确认他们希望注册。这种确认是对持有人的一种不严格的身份验证。对于 3 类或 4 类证书，未来的持有人必须亲自出示至少两份官方身份证件来证明身份并验证公钥。

某些 CA 公钥已预先加载，例如 Web 浏览器中列出的那些公钥。图 9-49 所示为这台主机的证书存储区中包含的各种 VeriSign 证书。由列表中的任何 CA 签名的任何证书都将被浏览器视为合法，并将被自动信任。

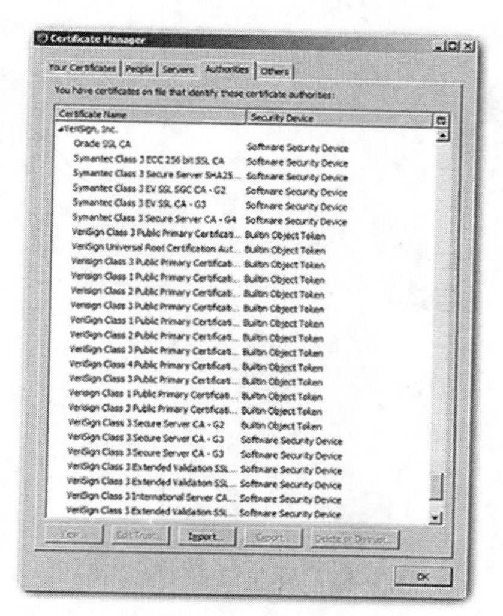

图 9-49 VeriSign 证书示例

注 意 企业也可以实施 PKI 供内部使用。PKI 可用于对访问网络的员工进行身份验证。在这种情况下，企业是它自己的 CA。

4. PKI 信任系统

PKI 可以形成不同的信任拓扑。最简单的是单根 PKI 拓扑。

如图 9-50 所示，一个 CA（称为根 CA）向终端用户颁发所有证书，这些终端用户通常在同一组织内。

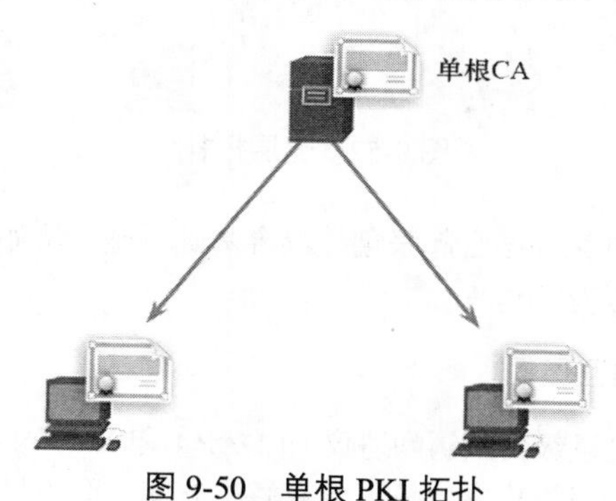

图 9-50 单根 PKI 拓扑

这种方法的好处是简单。但是，它很难用于大型环境，因为需要严格的集中管理，这会造成单点故障。

在较大的网络中，PKI CA 可以使用以下两种基本架构进行链接。

- **交叉认证 CA 拓扑**：如图 9-51 所示，这是一个 P2P 模型，其中单个 CA 通过交叉认证 CA 证书与其他 CA 建立信任关系。任一 CA 域中的用户也都确信他们可以互相信任。这提供了冗余并消除了单点故障。
- **分层 CA 拓扑**：如图 9-52 所示，最高级别的 CA 称为根 CA。它可以向终端用户和从属 CA 颁发证书。可以创建从属 CA 来支持各种业务单元、域或信任社区。根 CA 通过确保层次结构中的每个实体都符合最小的一组实践原则来维护已建立的“信任社区”。这种拓扑的好处是提高了可扩展性和可管理性。这种拓扑适用于大多数大型组织。但是，确定签名的流程链可能很困难。

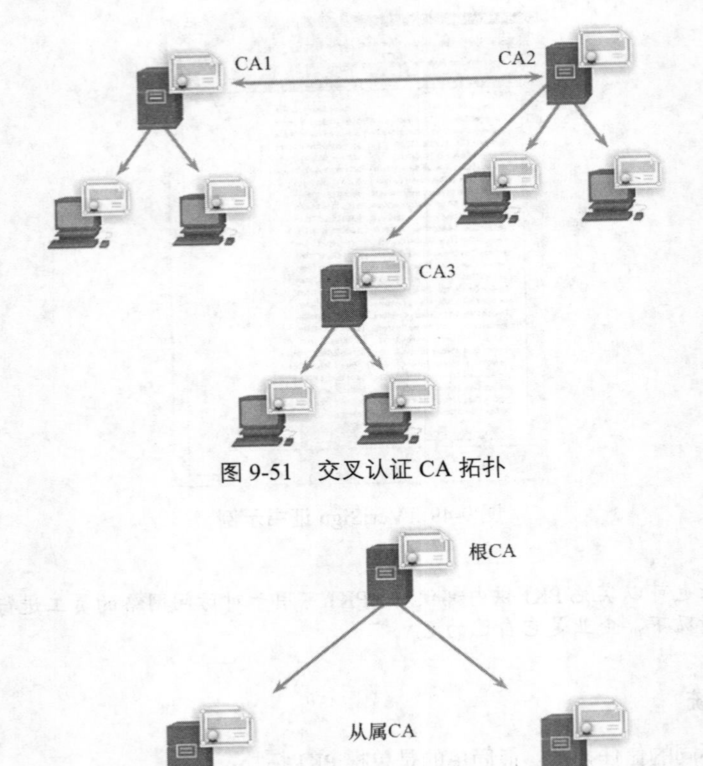

图 9-51　交叉认证 CA 拓扑

图 9-52　分层拓扑

可以将分层拓扑和交叉认证拓扑结合起来创建混合基础设施。例如，两个分层社区想要互相交叉认证，以便每个社区的成员可以互相信任。

5. 不同 PKI 供应商之间的互通性

PKI 与其支持服务（比如轻量级目录访问协议［LDAP］和 X.500 目录）之间的互通性是个令人担忧的问题，因为许多 CA 供应商已提出并实施了专有解决方案，而不是等待制定标准。

注　意　LDAP 和 X.500 是用于查询目录服务（例如 Microsoft Active Directory）以验证用户名和密码的协议。

为解决这一互通性问题，IETF 发布了 Internet X.509 Public Key Infrastructure Certificate Policy and Certification Practices Framework（RFC 2527）。第 3 版的 X.509（X.509v3）标准定义了数字证书的格式。

如图 9-53 所示，X.509 格式已被广泛应用在互联网的基础设施中。

图 9-53 中的应用如下所示。

- **SSL：**安全 Web 服务器使用 X.509v3 在 SSL 和 TLS 协议中进行网站身份验证，而 Web 浏览器使用 X.509v3 实现 HTTPS 客户端证书。SSL 是使用最广泛的基于证书的身份验证。
- **S/MIME：**使用安全/多用途互联网邮件扩展（S/MIME）协议来保护邮件的用户邮件代理，这些邮件代理使用 X.509。

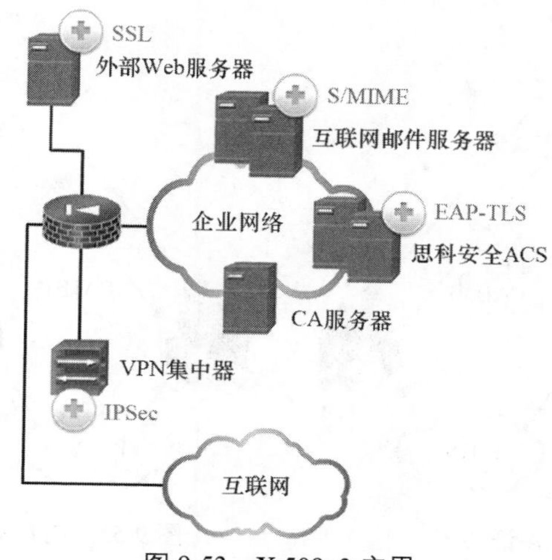

图 9-53 X.509v3 应用

- **EAP-TLS**：思科交换机可以使用证书对连接到 LAN 端口的终端设备进行身份验证，前述端口在相邻设备之间使用 802.1X。借助于含 TLS 的可扩展身份验证协议（EAP-TLS），身份验证可以由中央 ACS 来代理。
- **IPSec**：在 IPSec VPN 中，证书可以用作基于 IKE RSA 身份验证的公钥分配机制。IPSec VPN 使用 X.509。

6. 证书注册、身份验证和吊销

在 CA 身份验证过程中，与 PKI 联系的第一步是安全获取 CA 公钥的副本。利用 PKI 的所有系统必须拥有 CA 公钥（称为自签证书）。CA 公钥验证 CA 颁发的所有证书，这对 PKI 的正确操作至关重要。

注　意　只有根 CA 可以颁发自签证书。

对许多系统（比如 Web 浏览器）而言，会自动处理 CA 证书的分发。Web 浏览器预安装了一些公共 CA 根证书。组织还通过各种软件分发方法将其私有 CA 根证书推送到客户端。

主机系统使用证书注册过程来注册 PKI。为此，通过网络在带内检索 CA 证书，并使用电话在带外（OOB）执行身份验证。注册 PKI 的系统联系 CA，来为自己请求并获取数字身份证书，及获取 CA 的自签证书。最后一个阶段验证 CA 证书是否真实可靠，并执行 OOB 方法（例如简易老式电话系统[POTS]），来获取有效 CA 身份证书的指纹。

证书注册过程的第一部分包括获取 CA 的自签证书。

图 9-54 所示为如何检索 CA 证书，步骤如下所示。

1. Alice 和 Bob 请求包含 CA 公钥的 CA 证书。
2. 在收到 CA 证书后，Alice 和 Bob 请求系统使用公钥加密来验证证书的有效性。
3. Alice 和 Bob 打电话给 CA 管理员并验证证书的公钥和序列号来跟踪由他们的系统执行的技术验证。

检索 CA 证书后，Alice 和 Bob 向 CA 提交证书请求，如图 9-55 所示。

1. 两个系统转发证书请求，其中包括其公钥和一些识别信息。所有这些信息都用 CA 的公钥加密。
2. 当 CA 服务器收到证书请求时，CA 管理员会给 Alice 和 Bob 打电话以确认其提交了请求和公钥。CA 管理员向证书请求添加其他数据并进行数字签名，然后颁发证书。
3. 终端用户手动检索证书（或者由 SCEP 自动检索证书），然后将证书安装到系统中。

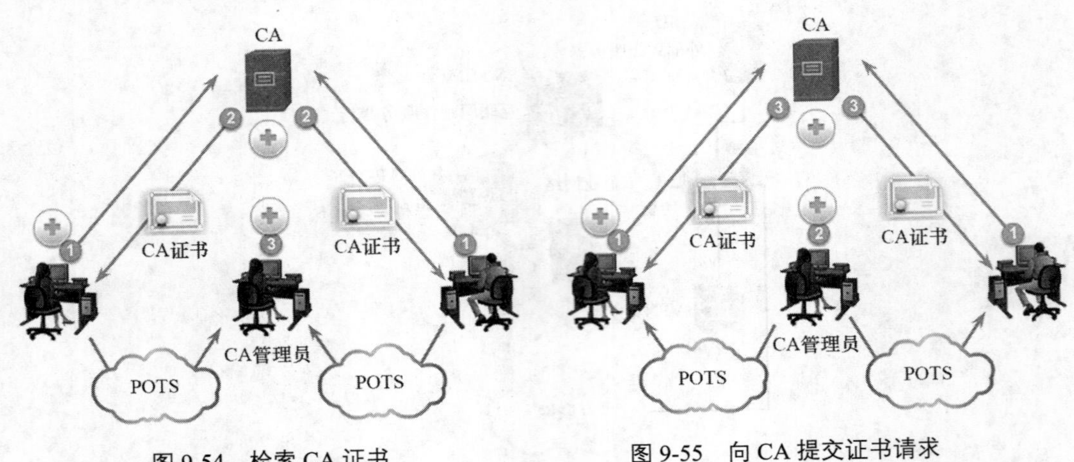

图 9-54 检索 CA 证书

图 9-55 向 CA 提交证书请求

在安装由同一 CA 签名的证书后，现在 Bob 和 Alice 可以相互进行身份验证了。如图 9-56 所示。

1. Alice 和 Bob 交换证书。CA 不再参与。
2. 各方验证证书上的数字签名，即计算证书明文部分的散列，使用 CA 公钥解密数字签名并比较结果。如果结果匹配，则证书被验证为由可信第三方签署，并接受 CA 验证的结果，即 Bob 是 Bob，Alice 是 Alice。

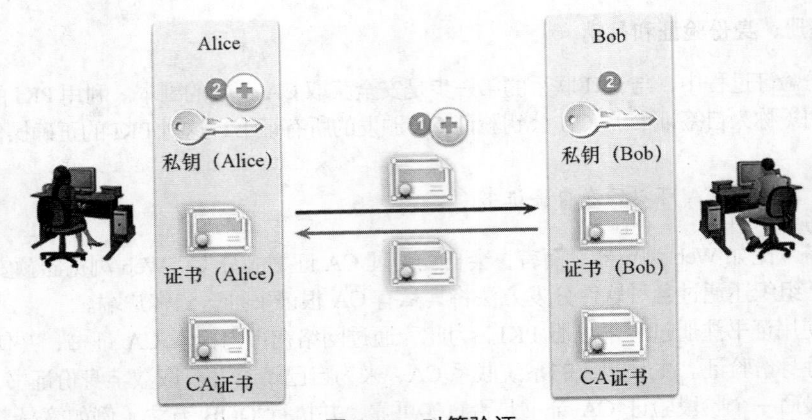

图 9-56 对等验证

认证过程不再需要 CA 服务器的参与，每个用户交换包含公钥的证书。

在有些情况下必须吊销证书。例如，在密钥被盗取或不再需要时，可以吊销数字证书。

以下是最常见的两种吊销方法。

- **证书吊销列表（CRL）**：已吊销证书序列号的列表，这些证书因已过期而失效。PKI 实体定期轮询 CRL 存储库以接收最新的 CRL。
- **在线证书状态协议（OCSP）**：一种互联网协议，用于查询 OCSP 服务器以获取 X.509 数字证书的吊销状态。撤销信息会立即推送到在线数据库。

9.2.3 密码学的应用与影响

在本小节中，您将会学到密码学的使用如何影响网络运营。

1. PKI 应用

企业可将 PKI 用在哪些地方？下面列出了 PKI 的常见用途。

- 基于 SSL/TLS 证书的对等身份验证。
- 使用 IPSec VPN 保护网络流量。
- 保护 HTTPS Web 流量。
- 使用 802.1X 认证控制网络访问。
- 使用 S/MIME 协议保护邮件。
- 保护即时消息。
- 使用代码签名审批和授权应用。
- 使用加密文件系统（EFS）保护用户数据。
- 使用智能卡实施双因素身份验证。
- 保护 USB 存储设备。

2. 加密网络事务

安全分析师必须能够识别并解决与在企业网络上允许 PKI 相关的解决方案相关的潜在问题。

思考 SSL/TLS 流量的增加将如何给企业带来重大的安全风险，因为流量是加密的，无法通过正常方式拦截和监控。用户可以通过 SSL/TLS 连接引入恶意软件或泄露机密信息。

威胁发起者可以使用 SSL/TLS 在网络中引入违法的行为、病毒、恶意软件、数据丢失和入侵企图。

其他 SSL/TLS 相关的问题可能与验证 Web 服务器的证书有关系。出现这种情况时，Web 浏览器将显示安全警告。与安全警告有关的 PKI 相关问题如下所示。

- **有效期日期范围**：X.509v3 证书指定"不早于"和"不晚于"日期。如果当前日期不在该范围内，Web 浏览器就会显示一条消息。证书到期可能只是管理员疏忽的结果，但也可能反映出更严重的情况。
- **签名验证错误**：如果浏览器不能验证证书上的签名，就无法保障证书中的公钥是真实可靠的。如果 CA 层次结构的根证书在浏览器的证书存储区中不可用，签名验证将会失败。

图 9-57 所示为思科 AnyConnect 安全移动客户端的签名验证错误示例。

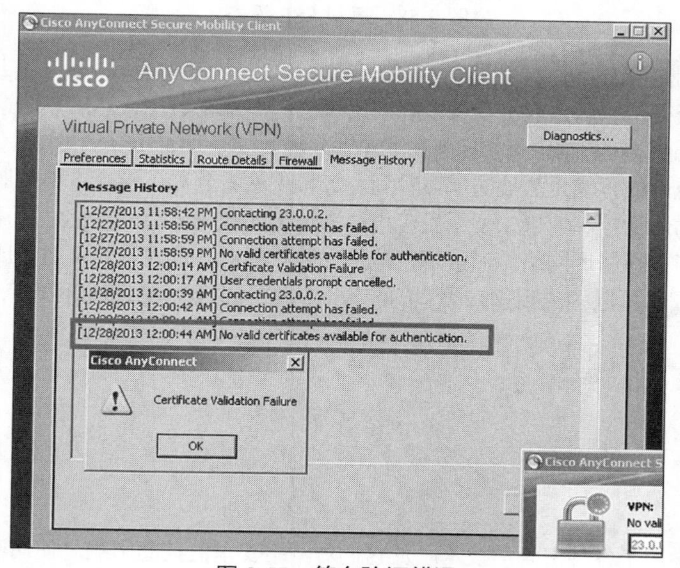

图 9-57 签名验证错误

由于 SSL/TLS 协议具有可扩展和模块化属性，因此其中的一些问题可以避免。这称为密码套件。密码套件的重要组成部分是消息认证码算法（MAC）、加密算法、密钥交换算法和认证算法。这些算法可以在不替换整个协议的情况下进行更改。由于不同的算法在不断发展，因此这非常有用。由于密码分析不断揭示这些算法的缺陷，因此可以更新密码套件来修补这些缺陷。当密码套件中的协议版本发生更改时，SSL/TLS 的版本号也会发生更改。

3. 加密和安全监控

当对数据包加密时，网络监控变得更具挑战性。但是，安全分析师必须了解这些挑战并尽可能地解决它们。例如，当使用站点到站点 VPN 时，应将 IPS 放置在能够监控未加密流量的位置。

但是，企业网络中 HTTPS 的增加带来了新的挑战。由于 HTTPS 引入端到端的加密 HTTP 流量（通过 TLS/SSL），因此不太容易查看用户流量。

安全分析师必须了解规避和解决这些问题的方法。安全分析师可以做的一些事情如下所示。

- 配置规则，以区分 SSL 和非 SSL 流量、HTTPS 和非 HTTPS SSL 流量。
- 使用 CRL 和 OCSP 通过服务器证书验证增强安全性。
- 实施反恶意软件保护和 HTTPS 内容的 URL 过滤。
- 部署思科 SSL 设备（见图 9-58）以解密 SSL 流量并将其发送至入侵防御系统（IPS）设备，从而确定通常被 SSL 隐藏的风险。

加密是动态的，且不断在变化。安全分析师必须熟悉加密算法和操作，才能调查与加密相关的安全事件。

图 9-58　思科 SSL 设备

加密影响安全调查的方式主要有两种。首先，攻击可以被定向，从而专门攻击加密算法本身。算法被破解且攻击者获得密钥后，攻击者可以解密捕获的所有加密数据，然后读取这些数据，从而暴露私有数据。由于可以通过对数据进行加密来隐藏数据，因此安全调查也受到影响。例如，使用 TLS/SSL 加密的命令与控制流量很可能无法被防火墙看到。如果无法看到和了解命令控制服务器和安全网络中受感染计算机之间的命令控制流量，便无法停止这一情况。攻击者将能够继续使用加密命令来感染更多的计算机，并可能创建僵尸网络。通过解密流量并将其与已知的攻击特征进行比较，或者通过检测异常的 TLS/SSL 流量，可以检测到这种类型的流量。这要么非常困难且耗时颇多，要么是个碰运气的过程。

9.3　小结

在本章中，您学习了各种密码学技术以及它们对网络安全监控的影响。使用密码学进行安全通信包含 4 个要素。

- 数据保密性：保证只有获得授权的用户才能阅读消息。
- 数据完整性：保证消息未被更改。
- 消息源真实性：保证消息不是伪造的，并且确实来自其声明的来源。
- 数据不可否认性：保证发送方不能否认或反驳所发送消息的有效性。

验证和确保数据完整性的一种主要方法是使用散列函数。使用散列函数时，对于两个不同的数据集，从计算上来说不可能得出相同的散列输出。众所周知的三个散列函数包括：

- 128 位摘要的 MD5；
- SHA-1；
- SHA-2。

要同时提供真实性和消息完整性，则将 HMAC 添加为散列函数的输入。如果双方共享一个密钥并使用 HMAC 函数进行认证，则一方在收到消息的合理 HMAC 摘要时，表明另一方为消息的发起方。

有两种加密算法用于确保数据的保密性：对称加密和非对称加密。

对称加密使用相同的密钥加密和解密数据。众所周知的对称加密算法包括：

- 数据加密标准（DES）；
- 3DES（三重 DES）；
- 高级加密标准（AES）；
- 软件优化加密算法（SEAL）；
- Rivest 密码（RC）。

非对称加密使用不同的密钥加密和解密数据。使用非对称密钥算法的协议示例包括：

- 互联网密钥交换（IKE）；
- 安全套接字层（SSL）；
- 安全 Shell（SSH）；
- 优良保密协议（PGP）。

Diffie-Hellma（DH）是一种非对称数学算法，它允许两台计算机生成相同的共享密钥，而不需要在此之前进行通信。新的共享密钥从未在发送方和接收方之间实际交换。

公钥基础设施（PKI）依赖于数字证书。数字证书提供数字签名、对源进行认证、保证数据完整性，以及为事务提供不可否认性。数字签名标准（DSS）的三个算法是：

- 数字签名算法（DSA）；
- Rivest-Shamir Adelman 算法（RSA）；
- 椭圆曲线数字签名算法（ECDSA）。

受信任的第三方组织（比如 VeriSign）验证数字证书的真实性。数字证书用在各种 PKI 应用中，包括：

- IPSec VPN；
- HTTPS 流量；
- 802.1X 认证；
- 邮件和即时消息安全；
- 代码签名；
- 加密文件系统（EFS）；
- 双因素身份验证；
- USB 设备安全。

复习题

请完成以下所有复习题，以检查您对本章主题和概念的理解情况。答案列在附录“复习题答案”中。

1. 如果非对称算法使用公钥加密数据，则使用什么来解密数据？
   A. DH
   B. 私钥
   C. 数字证书
   D. 其他公钥
2. 使用HMAC防止的是哪种类型的攻击？
   A. DoS
   B. DDoS
   C. 暴力攻击
   D. 中间人
3. 哪种算法可以确保数据保密性？
   A. MD5
   B. AES
   C. RSA
   D. PKI
4. 代码签名有什么用途？
   A. 数据加密
   B. 可靠的数据传输
   C. 源身份的秘密性
   D. 源.EXE文件的完整性
5. 两种对称加密算法是什么？（选择两项）
   A. 3DES
   B. MD5
   C. AES
   D. HMAC
   E. SHA
6. DH算法有什么用途？
   A. 提供不可否认性支持
   B. 支持邮件数据保密性
   C. 在建立VPN后加密数据流量
   D. 在两台未通信的主机之间生成共享密钥
7. 哪种加密技术可以同时实现数据完整性和不可否认性？
   A. 3DES
   B. HMAC
   C. MD5
   D. SHA-1
8. 在分层CA拓扑中，从属CA可以从哪里获得自身的证书？
   A. 仅从根CA
   B. 从根CA或自行生成
   C. 从根CA或同一级别的其他从属CA
   D. 从根CA或更高级别的其他从属CA
   E. 从根CA或树中其他位置的其他从属CA
9. 通过加密数据实现安全通信的目标是什么？
   A. 身份验证
   B. 可用性
   C. 保密性
   D. 完整性
10. 下列哪项正确描述了散列的使用？
    A. 散列可用于防止意外和蓄意变更
    B. 散列可用于检测意外和蓄意变更

C. 散列可用于检测意外变更，但不能防止蓄意变更

D. 散列可用于防止蓄意变更，但不能检测意外变更

11. 哪种 IETF 标准定义了 PKI 数字证书格式？

A. X.500

B. X.509

C. LDAP

D. SSL/TLS

12. 以下哪两项陈述正确描述了 PKI 中使用的证书类别？（选择两项）

A. 0 类证书用于测试目的

B. 0 类证书比 1 类证书更可信

C. 类别编号越小，证书越受信任

D. 5 类证书用于专注于邮件验证的用户

E. 4 类证书用于公司之间的在线商业交易

13. Alice 和 Bob 希望使用 CA 身份验证程序对彼此进行身份验证，必须先获得什么？

A. CA 自签证书

B. 两个 CA 机构的自签证书

C. 其他设备的自签证书和 CA 证书

D. 其他设备的自签证书和 SCEP 证书

第 10 章

终端安全和分析

学习目标

在学完本章后，您将能够回答下列问题：

- 减轻恶意软件危害的方法是什么；
- 基于主机的 IPS/IDS 日志条目的内容是什么；
- 怎样使用公共服务生成恶意软件分析报告；
- 怎样分类终端漏洞评估信息；
- 网络和服务器配置文件的价值是什么；
- 怎样分类 CVSS 报告；
- 合规性框架和报告方法是什么；
- 怎样使用安全设备管理技术保护数据和资产；
- 怎样使用信息安全管理系统保护资产。

终端是网络上数量最多的设备，因此也是大多数网络攻击的目标。网络安全分析师必须熟悉终端面临的威胁、保护终端免遭攻击的方法以及检测已被入侵的终端的方法。

本章将讨论如何调查终端漏洞和攻击。

10.1 终端保护

在本节中，您将会学到怎样使用恶意软件分析网站来生成恶意软件分析报告。

10.1.1 反恶意软件保护

在本小节中，您将会学到减轻恶意软件危害的方法。

1. 终端威胁

术语“终端”的定义有很多。在本课程中，可以将终端定义为网络上可以访问其他主机或被其他主机访问的主机。这显然包括计算机和服务器，但是许多其他设备也可以访问网络。随着物联网（IoT）的飞速发展，其他类型的设备现在也成为了网络上的终端，这包括联网的安全摄像头、控制器，甚至灯泡和家电。每个终端都可能成为恶意软件访问网络的途径。此外，云等新技术扩展了企业网的边界，将不由企业负责的互联网中的位置也包括在企业网内。

通过 VPN 远程访问网络的设备也是需要考虑的终端。这些终端可以从公共网络向 VPN 网络中注入恶意软件。

以下几点总结了恶意软件仍然是一项重大挑战的原因。

- 2015～2016 年间，超过 75%的组织都遭遇过广告软件感染。

- 从 2016 年到 2017 年初，全球垃圾邮件总量急剧增加（见图 10-1）。这些垃圾邮件中的 8%～10% 可以认为是恶意的（见图 10-2）。
- 针对 Android 移动操作系统的恶意软件是 2016 年发现的十类最常见恶意软件之一。
- 经发现，几种常见类型的恶意软件会在不到 24 小时内显著改变特性，以此躲避检测。

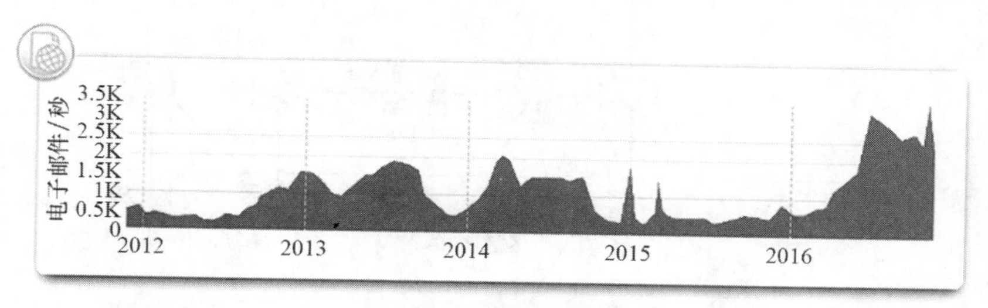

图 10-1　垃圾邮件总量

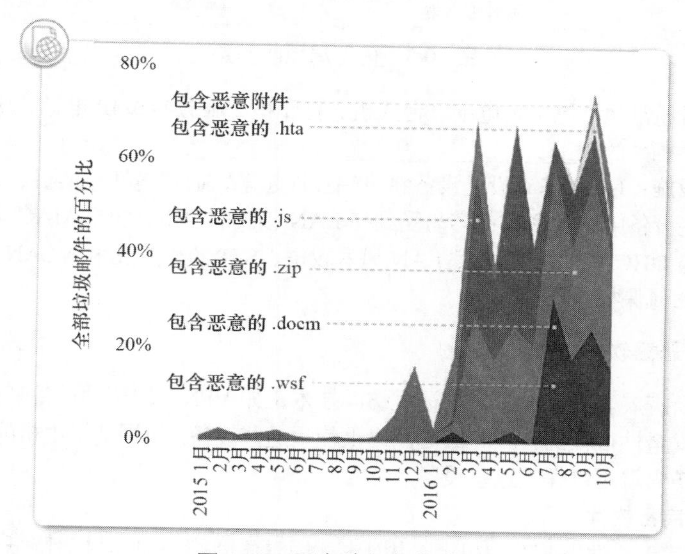

图 10-2　恶意垃圾邮件占比

2. 终端安全

企业网络遭到外部网络攻击的事件时常见诸报端。下面是此类攻击的一些示例。

- 组织的网络遭到 DoS 攻击，网络的公共访问功能被降低乃至停止。
- 组织的 Web 服务器遭到入侵，形象受损。
- 组织的数据服务器遭到入侵，机密信息被窃取。

因此，我们需要各种网络安全设备来保护网络边界，使网络免受来自外部的攻击。如图 10-3 所示，这些设备可能包括提供 VPN 服务的加固路由器、下一代防火墙（图 10-3 中的 ASA）、IPS 设备以及身份验证和审计服务器（在图 10-3 中为 AAA 服务器）。

然而，很多攻击来自网络内部，因此，保护内部 LAN 几乎与保护外部网络边界同等重要。如果没有安全的 LAN，组织内的用户仍然容易受到网络威胁和中断的影响，而这些可能会直接对组织的生产力和利润率造成损害。被渗透后的内部主机可能成为攻击者访问关键系统设备（如服务器和敏感信息）的起点。

具体而言，要保护的内部 LAN 元素有两个。

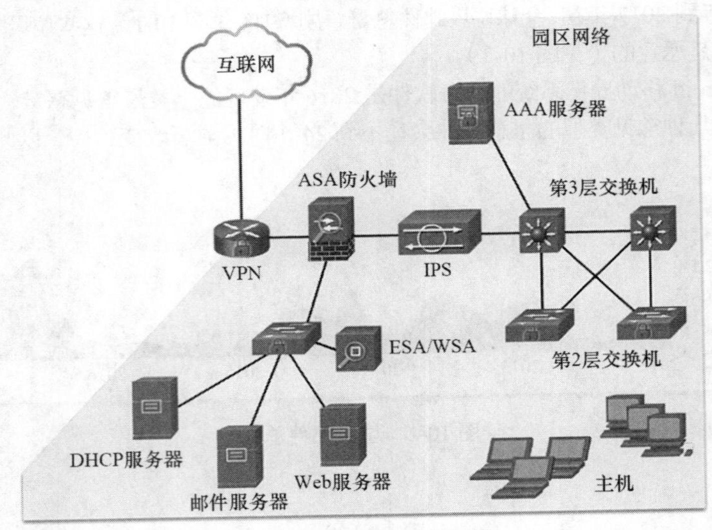

图 10-3 内部局域网元素

- **终端**：主机通常包括笔记本电脑、台式机、打印机、服务器和 IP 电话，所有这些都容易受到与恶意软件相关的攻击。
- **网络基础设施**：LAN 基础设施设备将终端互连起来，通常包括交换机、无线设备和 IP 电话设备。这些设备中的大多数都容易受到与 LAN 相关的攻击，包括 MAC 地址表溢出攻击、欺骗攻击、与 DHCP 相关的攻击、LAN 风暴攻击、STP 操纵攻击和 VLAN 攻击。

本章着重介绍如何保护终端。

3. 基于主机的恶意软件防护

网络边界在不断扩展。人们通过使用远程访问技术（如 VPN）的移动设备来访问公司网络资源。人们也在不安全或安全性很低的公共和家庭网络上使用这些设备。使用基于主机的防恶意软件/防病毒软件和基于主机的防火墙可以保护这些设备。

防恶意软件/防病毒软件

防恶意软件/防病毒软件安装在主机上，用于检测病毒和恶意软件，或者降低它们所造成的危害。例如 Windows Defender（图 10-4）、Norton Security、McAfee、Trend Micro 等。

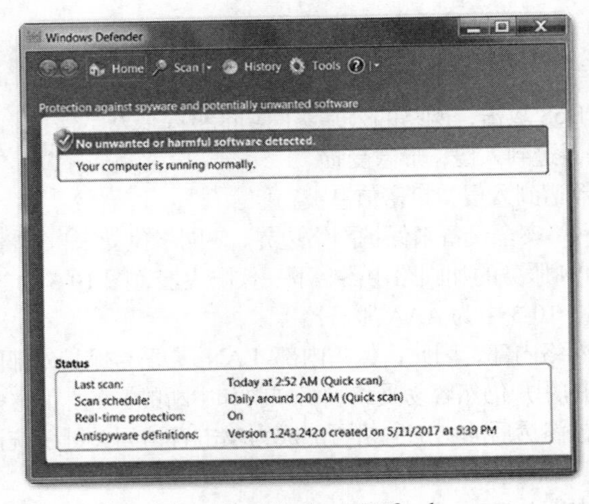

图 10-4 Windows Defender

防恶意软件程序可能使用3种不同的方法检测病毒。

- **基于签名**：此方法识别已知恶意软件文件的各种特征。
- **基于启发式**：此方法识别各种恶意软件共有的一般特征。
- **基于行为**：此方法分析各种可疑行为。

许多防病毒程序能够通过分析终端使用的数据来提供实时保护。这些程序还会扫描在实时识别之前可能已经进入系统的现有恶意软件。

基于主机的防病毒保护也称为基于代理的防病毒保护。基于代理的防病毒程序在每台受保护的计算机上运行。无代理防病毒保护从集中式系统对主机进行扫描。在多个操作系统实例同时在一个主机上运行的虚拟化环境中，无代理系统变得非常流行。在每个虚拟化系统中运行基于代理的防病毒程序可能会严重消耗系统资源，而适用于虚拟主机的无代理防病毒程序会使用特殊的安全虚拟设备，以在虚拟主机上执行优化的扫描任务。VMware 的 vShield 就是一个例子。

基于主机的防火墙

此软件安装在主机上。它将传入和传出连接限制为由该主机发起的连接。某些防火墙软件还可以防止主机感染病毒，并阻止受感染的主机将恶意软件传播到其他主机。此功能包含在某些操作系统中。例如，Windows 包含 Windows Defender 和 Windows Firewall（见图 10-5）。其他公司或组织提供了别的解决方案，例如 Linux iptables 和 TCP Wrapper 工具。本章后续内容将更加详细地讨论基于主机的防火墙。

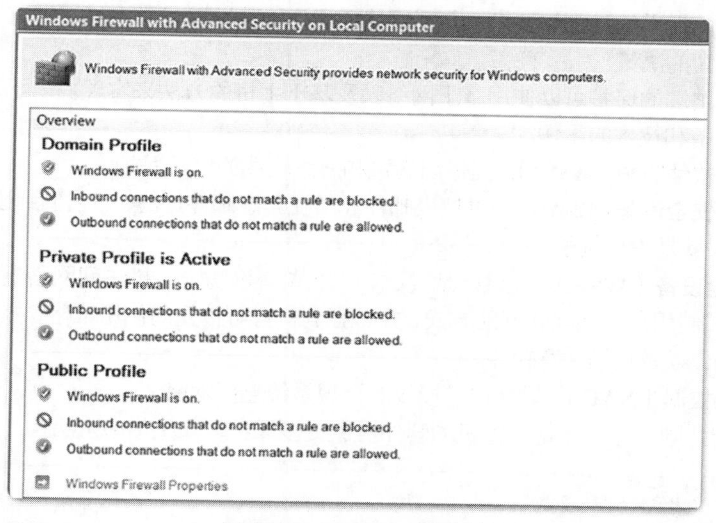

图 10-5　Windows 防火墙

基于主机的安全套件

建议在家庭网络以及企业网络上安装基于主机的安全套件产品。这些基于主机的安全套件包括防病毒、反网络钓鱼、安全浏览、基于主机的入侵防御系统和防火墙功能。这些不同的安全措施提供了一种分层防御，能抵御大多数常见威胁。

除了保护功能外，基于主机的安全产品还提供遥测功能。大多数基于主机的安全软件包括强大的日志记录功能，这对网络安全运营至关重要。一些基于主机的安全程序会将日志提交到中心位置进行分析。

有许多基于主机的安全程序和套件可供用户和企业使用。独立测试实验室 AV-TEST（图 10-6 所示为它的网站）对基于主机的保护进行了详尽回顾，并提供了许多其他安全产品相关的信息。

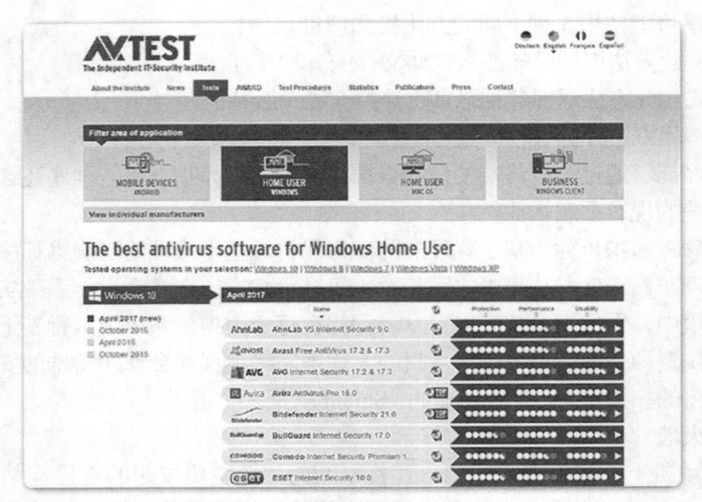

图 10-6　AV-TEST 网站

4. 基于网络的恶意软件防护

用于无边界网络的新安全架构通过使终端使用网络扫描元素来解决安全挑战。这些设备提供的扫描层比单个终端可能提供的扫描层要多。基于网络的恶意软件预防设备也能够在它们自己之间共享信息，从而做出更明智的决策。

无边界网络中终端的保护可以使用基于网络以及基于主机的方法来实现。以下是实施主机保护和网络级别保护的设备和技术的示例。

- **高级恶意软件防护（AMP）**：提供防病毒和恶意软件的终端保护。
- **电子邮件安全设备（ESA）**：提供垃圾邮件和潜在恶意邮件过滤，在它们到达终端前进行拦截。思科 ESA 就是一个例子。
- **Web 安全设备（WSA）**：提供网站过滤和黑名单，以防止主机访问网路上的危险位置。思科 WSA 可控制用户访问互联网的方式，并可强制执行可接受的使用策略、控制对特定网站和服务的访问，以及扫描恶意软件。
- **网络准入控制（NAC）**：只允许已授权的合规系统连接网络。

这些技术彼此协同工作，比基于主机的套件提供更多保护，如图 10-7 所示。

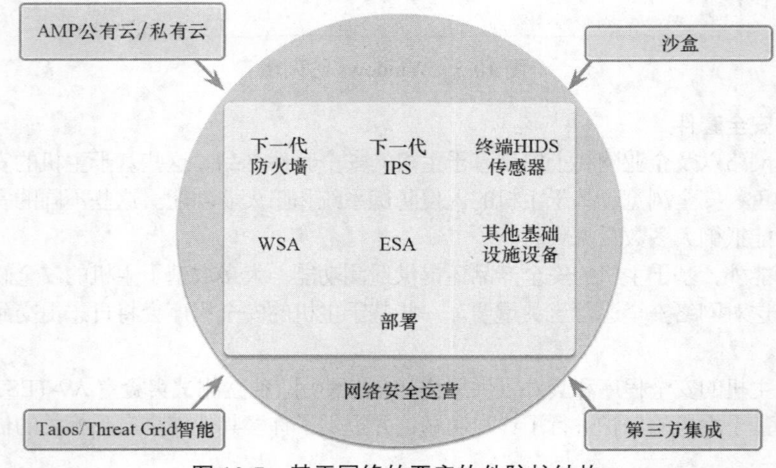

图 10-7　基于网络的恶意软件防护结构

5. 思科高级恶意软件防护（AMP）

思科高级恶意软件防护（AMP）针对恶意软件攻击从入侵预防到检测、响应和补救在内的所有阶段。AMP 是一款集成式、企业级恶意软件分析和保护解决方案，它在整个攻击过程中为组织提供全面保护。

- **攻击前**：AMP 使用来自思科 Talos 安全情报和研究团队以及 Threat Grid 威胁情报源的全球威胁情报，帮助加强防御，并防范各种已知威胁和新型威胁。
- **攻击中**：AMP 将获得的情报与已知的文件签名和思科 Threat Grid 的动态恶意软件分析技术相结合，来识别和阻止违反策略的文件类型和漏洞利用尝试，以及试图渗入网络的恶意文件。
- **攻击后**：AMP 可超越时间点检测功能（即进行不止一次的检测），持续监控和分析所有文件活动及流量（无论处置方式如何），以搜索任何恶意行为迹象。这不只发生在攻击后，在对文件执行最初的检查后也是如此。如果未知或之前被视为"良性"倾向的文件开始出现不良行为，AMP 将对其进行检测并立即向安全团队发出警报，提示出现危害迹象。然后，它会提供全面的可视性，以供深入了解恶意软件的源头、受影响的系统，以及恶意软件正在进行的活动。它还提供各种控件，以迅速地响应入侵，并且只需点击几下即可进行补救。这使得安全团队能够获得所需的深度可视性与可控性，以快速检测出攻击，确定造成的影响并在恶意软件造成损害之前并对其进行遏制。

思科 AMP 非常灵活，可以部署在终端、ASA 和 FirePOWER 防火墙及其他各种设备上，如 ESA、WSA 和 Meraki MX。

10.1.2 基于主机的入侵防御

在本小节中，您将学习如何解释基于主机的 IPS/IDS 日志条目。

1. 基于主机的防火墙

基于主机的防火墙是控制进出计算机流量的独立软件程序。防火墙应用程序也可用于 Android 手机和平板电脑。

基于主机的防火墙可以使用一组预定义的策略或配置文件，来控制进入和离开计算机的数据包。它们还可能具有可直接修改或直接创建的规则，以基于地址、协议和端口来控制访问。基于主机的防火墙应用程序还可以配置为在检测到可疑行为时向用户发出警报。然后，它们可以让用户选择允许或禁止违规应用程序在将来运行。

日志数据因防火墙应用程序而异。它通常包括事件发生的日期和时间、连接是否被允许或拒绝、有关数据包的源或目标 IP 地址的信息，以及封装的数据段的源和目的端口。此外，诸如 DNS 查询和其他常规事件之类的常见活动会显示在基于主机的防火墙日志中，因此，筛选以及其他解析技术对于检查大量的日志数据非常有用。

入侵防御的一种方法是使用分布式防火墙。分布式防火墙将基于主机的防火墙功能与集中式管理相结合。管理功能将规则推送到主机，并且还可能接收来自主机的日志文件。

无论是完全安装在主机上还是分布式的，基于主机的防火墙与基于网络的防火墙一样，都是网络安全的重要组成部分。以下是一些基于主机的防火墙示例。

- **Windows 防火墙**：最初包括在 Windows XP 中，使用基于配置文件的方法来配置防火墙功能。对公共网络的访问由限制性的公共（Public）防火墙配置文件来指派。专用（Private）配置文件用于通过其他安全设备（如具有防火墙功能的家庭路由器）与互联网隔离的计算机。域（Domain）配置文件是第三个可用的配置文件。它用于连接到受信任的网络，例如具有足够安全基础设施的业务网络。Windows 防火墙具有日志记录功能，可以使用自定义组安全策略从管理服务器进行集中管理，如系统中心 2012 配置管理器。

- **iptables**：这是一个允许 Linux 系统管理员配置网络访问规则的应用程序，这些访问规则是 Linux 内核 Netfilter 模块的一部分。
- **nftables**：nftables 是 iptables 的后继产品，是一个在 Linux 内核中使用简单虚拟机的 Linux 防火墙应用程序。代码在虚拟机内执行，虚拟机检查网络数据包并实施关于接受和转发数据包的决策规则。
- **TCP Wrapper**：这是一个 Linux 中基于规则的访问控制和日志记录系统。数据包基于 IP 地址和网络服务进行过滤。

2. 基于主机的入侵检测

基于主机的入侵检测和入侵防御之间的区别并不清晰。实际上，有些文件指的是基于主机的入侵检测和防御系统（HIPDS）。因为业界似乎倾向于使用缩写 HIDS，因此这里将使用 HIDS。

基于主机的入侵检测系统（HIDS）旨在保护主机免受已知和未知恶意软件的攻击。HIDS 可以对系统配置和应用活动执行详细的监控和报告。它可以提供日志分析、事件关联、完整性检查、策略执行、rootkit 检测和警报功能。HIDS 通常包括一个管理服务器终端，如图 10-8 所示。

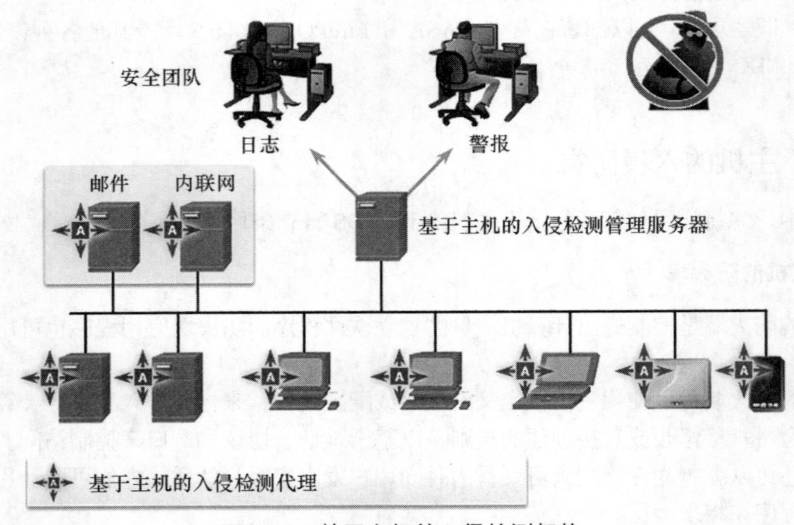

图 10-8　基于主机的入侵检测架构

HIDS 是一个综合性的安全应用，它结合了反恶意软件应用的功能与防火墙功能。HIDS 不仅可以检测恶意软件，而且即使恶意软件到达了主机也可以防止它执行。因为 HIDS 软件必须直接在主机上运行，所以它被当做基于代理的系统。

3. HIDS 操作

可以说，基于主机的安全系统既可以用作检测系统，也可以用作预防系统，因为它们可以防止已知攻击，并检测未知的潜在攻击。HIDS 同时使用主动和被动策略。HIDS 可以防止入侵，因为它使用签名来检测已知的恶意软件并防止它感染系统。然而，这种策略只对已知的威胁有用。签名对新的或零日威胁无效。此外，一些恶意软件还呈现出多态性。这意味着攻击者可能创建恶意软件的变体，通过更改恶意软件签名的某些方面来规避基于签名的检测，使其不会被检测到。一些额外的策略用于检测恶意软件避开签名检测后成功入侵的可能性。

- **基于异常**：将主机系统行为与训练好的基准模型进行比较。与基准之间的重大偏差可以理解为某种入侵的结果。如果检测到入侵，HIDS 可以记录入侵的详细信息，向安全管理系统发送警报，并采取措施防止攻击。测量的基线来源于用户和系统行为。由于除恶意软件之外的许多事情都可能导致系统行为发生变化，因此异常检测可能会造成许多错误的结果，从而增加了安全人员的工作量，同时降低了系统的可信度。
- **基于策略**：用预定义的规则或违规行为来描述常规的系统行为。违反这些政策将导致 HIDS 采取行动。HIDS 可能会试图关闭违反规则的软件进程，且可以记录这些事件并向相关人员发出违规警报。大多数 HIDS 软件都附带一组预定义的规则。对于某些系统，管理员可以创建自定义策略，这些策略可从中央策略管理系统分发给主机。

4. HIDS 产品

如今市场上有许多 HIDS 产品。它们中的大多数使用主机上的软件和某种集中式安全管理功能，从而可以与网络安全监控服务和威胁情报集成。例如思科 AMP、AlienVault USM、Tripwire 和 Open Source HIDS SECurity（OSSEC）。

OSSEC 使用安装在单个主机上的中央管理器服务器和代理。目前，代理仅适用于 Microsoft Windows 平台。对于其他平台，OSSEC 也可以作为无代理系统运行，并且可以部署在虚拟环境中。OSSEC 服务器还可以通过系统日志接收和分析来自各种网络设备和防火墙的警报。OSSEC 监控主机上的系统日志，还会执行文件完整性检查。OSSEC 可以检测 rootkit，也可以配置为在主机上运行脚本或应用程序，以响应事件触发器。

10.1.3 应用安全

在本小节中，您将会了解到攻击面、应用黑名单和白名单，以及沙盒。

1. 攻击面

之前讲过，漏洞是系统或其设计中可能被威胁利用的弱点。攻击面是攻击者可访问的既定系统中所有漏洞的集合。攻击面可以由以下各项组成：服务器或主机上的开放端口、面向互联网的服务器上运行的软件、无线网络协议甚至是用户。

攻击面在不断扩展，如图 10-9 所示。

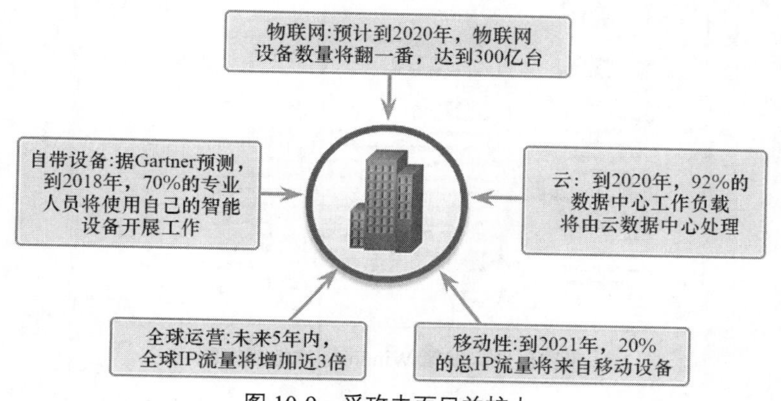

图 10-9 受攻击面日益扩大

更多的设备通过物联网（IoT）和自带设备（BYOD）连接到网络。许多网络流量现在在设备和云中的某些位置之间流动。移动设备的使用在继续增加。所有这些趋势都预示着未来 5 年全球 IP 流量将增加3倍。

美国系统网络安全协会描述了攻击面的3个部分。

- **网络攻击面：**利用网络中的漏洞实施攻击。这可以包括传统的有线和无线网络协议，以及智能手机或IoT设备使用的其他无线协议。网络攻击还会利用网络层和传输层的漏洞。
- **软件攻击面：**利用基于Web、云或主机的软件应用中的漏洞实施攻击。
- **人类攻击面：**利用用户行为中的弱点实施攻击。此类攻击包括社会工程学、受信任的内部人员的恶意行为和用户错误。

2. 应用黑名单和白名单

减少攻击面的一种方法是通过创建禁止的应用列表来限制潜在威胁的访问。这称为“黑名单”。

应用黑名单可以决定不允许哪些用户应用在计算机上运行，如图10-10所示。同样，白名单可以指定允许运行哪些程序（见图10-10）。这样，就可以防止已知的易受攻击的应用在网络主机上创建漏洞。

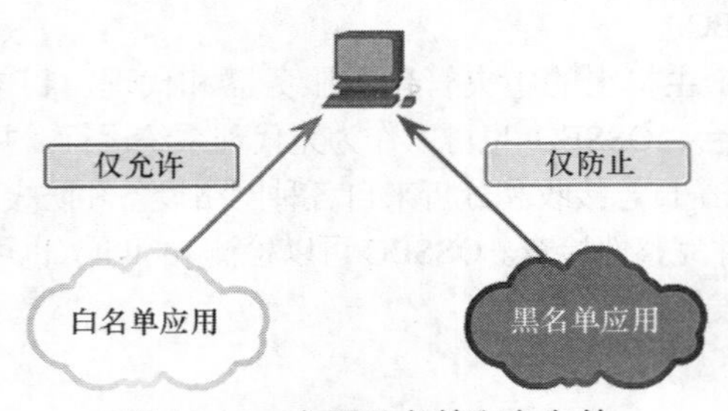

图10-10 应用黑名单和白名单

白名单按照组织确立的安全基线创建。基线确定了可接受的风险量，以及造成这一风险水平的环境因素。未加入白名单的软件可能会增加风险，违反既定的安全基线。

图10-11所示为Windows本地组策略编辑器（Local Group Policy Editor）黑名单和白名单设置。

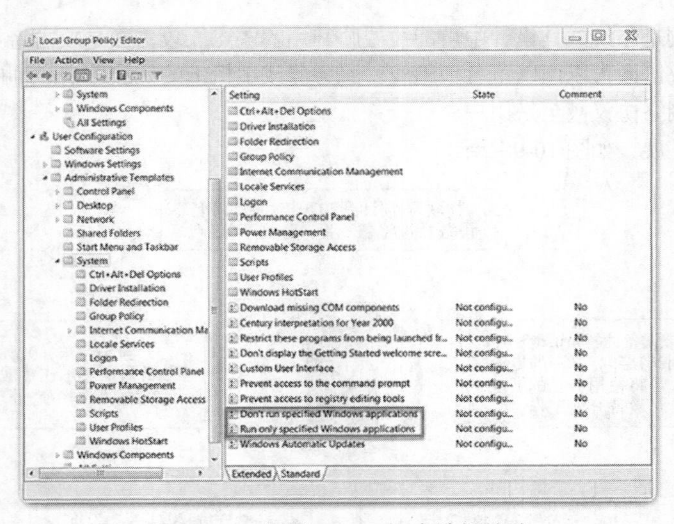

图10-11 编辑Windows本地组策略

图10-12所示为添加条目的方法，在本例中为在黑名单应用列表中添加条目。

也可以将网站列入白名单和黑名单。这些黑名单可以手动创建，也可以从各种安全服务中获取。可以通过安全服务不断更新黑名单，并分发到防火墙和使用它们的其他安全系统。思科的FireSIGHT

安全管理系统就是一个例子，此设备可以访问思科 Talos 安全情报服务来获取黑名单，然后可以将这些黑名单分发给企业网络中的安全设备。

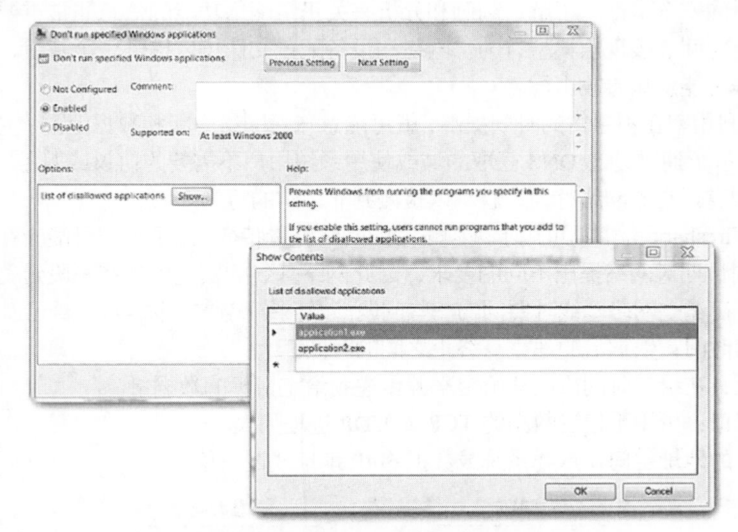

图 10-12 验证 Windows 黑名单应用

3. 基于系统的沙盒

沙盒是一种允许在安全环境中执行和分析可疑文件的技术。用于自动恶意软件分析的沙盒可提供分析恶意软件行为的工具。这些工具会观察所运行的未知恶意软件的效果，以确定恶意软件行为的特征，然后用来制定相应的防御措施。

如前所述，恶意软件经常发生变化，新的恶意软件会频繁出现。即使存在最强大的外围和基于主机的安全系统，恶意软件仍将进入网络。HIDS 和其他检测系统可以对已进入网络并在主机上执行的可疑恶意软件创建警报。思科 AMP 等系统可以通过网络跟踪文件的轨迹，并且可以"回滚"网络事件来获取下载文件的副本。然后，可以在沙盒中（如思科 Threat Grid Glovebox）执行此文件，以便系统记录此文件的活动。然后，可以使用此信息创建签名，以防止文件再次进入网络。这些信息还可用于创建检测规则和自动的行动，去识别其他被感染的系统。

Cuckoo 沙盒是一个免费的恶意软件分析系统沙盒。它可以在本地运行，分析提交给它的恶意软件样本。

还存在一些在线公共沙盒。这些服务允许上传恶意软件样本进行分析。其中一些服务包括 VirusTotal、Payload Security VxStream 沙盒和 Malwr。

10.2 终端漏洞评估

在本节中，您将会学到怎样分类终端漏洞评估信息。

10.2.1 网络和服务器配置文件

在本小节中，您将会学到怎样解释网络和服务器配置文件（profiling）的价值。

1. 网络配置文件

为了检测严重的安全事件，了解、刻画和分析有关正常网络功能的信息非常重要。网络、服务器和主机都会在特定时间点表现出典型行为。网络和设备配置文件可以提供一个基线，作为参考点。不明原因地偏离基线可能意味着攻击。

WAN 链路的利用率在不寻常的时间提高，就可能意味着网络中断和数据泄漏。主机开始访问无名的互联网服务器、解析通过动态 DNS 获取的域或使用系统用户不需要的协议或服务，也可能意味着遭受攻击。如果不知道正常的网络行为，就难以检测到非正常的行为。

NetFlow 和 Wireshark 等工具可用于刻画正常的网络流量特征。由于组织可能会在一天中的不同时间或一年中的不同日期对网络提出不同的要求，因此网络基线的实施应当在一段延长的时间中进行。如图 10-13 所示，在建立网络基线时要问的一些问题涉及网络配置文件中的重要元素。

- **会话持续时间**：数据流的建立与终止之间的时间。
- **总吞吐量**：在给定时间段内从给定来源传递到给定目标的数据量。
- **使用的端口**：可用于接受数据的 TCP 或 UDP 进程列表。
- **关键资产的地址空间**：重要系统或数据的 IP 地址或逻辑位置。

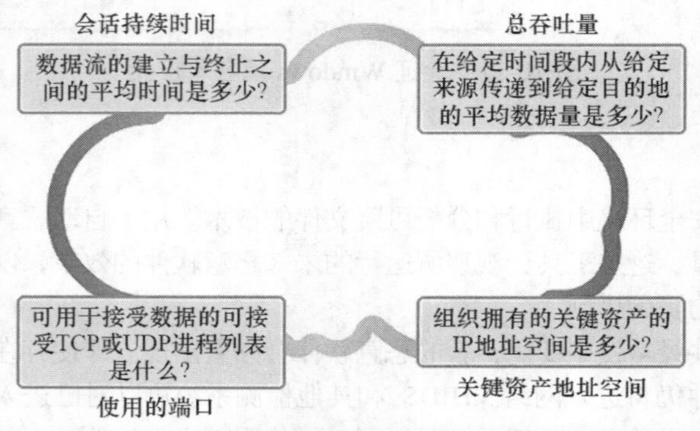

图 10-13　网络配置文件中的元素

此外，一份描述进出网络的典型流量类型的文件是了解网络行为的重要工具。恶意软件可以使用在正常网络运行期间不可见的端口。主机到主机的流量是另一个重要指标。大多数网络客户端直接与服务器通信，因此客户端之间的流量增加可能意味着恶意软件正在通过网络横向传播。最后，由 AAA、服务器日志或用户配置文件系统（如思科身份服务引擎［ISE］）揭示的用户行为的变化是另一个有价值的指标。了解单个用户通常如何使用网络有助于检测到用户账户的潜在攻击。如果用户突然在不寻常的时间从远程位置开始登录网络，且此行为偏离了已知规范，则应发出警报。

2. 服务器配置文件

服务器配置文件用于确立服务器可接受的操作状态。服务器配置文件是给定服务器的安全基线。它确立了特定服务器可接受的网络、用户和应用程序参数。

为了建立服务器配置文件，理解服务器要在网络中执行的功能非常重要。这些功能可以定义和记录各种操作和使用参数。服务器配置文件可以确立以下内容。

- **侦听端口**：允许在服务器上打开的 TCP 和 UDP 守护程序和端口。
- **用户账户**：定义用户访问和行为的参数。
- **服务账户**：定义了应用程序可以在给定主机上运行的服务类型。
- **软件环境**：包括允许在服务器上运行的任务、进程和应用。

3. 网络异常检测

网络行为由大量不同的数据描述，如数据包流的特性、数据包本身的特性以及多个来源的遥测。检测网络攻击的一种方法是使用大数据分析技术对这种多样的非结构化数据进行分析。

这就需要使用复杂的统计和机器学习技术，来比较正常性能基线和给定时间的网络性能。如有重大偏差，则可能表明存在攻击迹象。

异常检测可以识别蠕虫流量引起的网络拥塞，并显示扫描行为。异常检测还可以识别网络上正在扫描其他易受攻击主机的受感染主机。

图 10-14 所示为一种简化的算法，用于检测企业边界路由器上的异常情况。

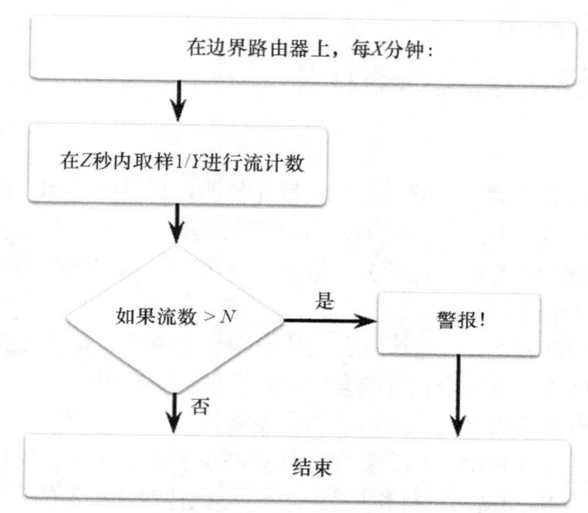

图 10-14　简单的异常检测算法样例

例如，网络安全分析师可以提供以下值：

- X=5
- Y=100
- Z=30
- N=500

现在，该算法可以解释为：每 5 分钟，对 30 秒内的数据流进行 1/100 的取样。如果流的数量大于 500，则生成警报。如果流的数量小于 500，则不执行任何操作。这是使用流量配置文件来识别数据丢失可能性的简单示例。

4. 网络漏洞测试

由于需要访问互联网，大多数组织以某种方式连接到公共网络。这些组织还必须向公众提供各种面向互联网的服务。由于存在大量潜在的漏洞，并且组织网络及其面向互联网的服务中可能产生新的漏洞，所以需要定期进行安全测试。可以使用各种工具和服务来评估网络安全。可以执行的测试有下面多种。

- **风险分析**：这是一门分析师用来评估漏洞为特定组织带来的风险的学科。风险分析包括评估攻击的可能性，确定可能的威胁发起者的类型，评估成功利用威胁将对组织造成的影响。
- **漏洞评估**：此测试使用软件来扫描面向互联网的服务器和内部网络，以查找各种类型的漏洞。

这些漏洞包括未知的感染、面向 Web 的数据库服务的弱点、缺少软件补丁、不必要的侦听端口等。漏洞评估工具包括开源 OpenVAS 平台、Microsoft Baseline Analyzer、Nessus、Qualys 和 FireEye Mandiant 服务。漏洞评估包括但不限于端口扫描。

- **渗透测试**：此种类型的测试使用授权的模拟攻击来测试网络安全的强度。具有黑客经验的内部人员或专业道德黑客可以识别可能成为威胁发起者目标的资产。可以利用一系列漏洞攻击来测试这些资产的安全性。通常使用的工具是模拟漏洞软件。渗透测试不仅能验证漏洞是否存在，而且它实际上能利用这些漏洞来确定成功进行漏洞攻击的潜在影响。Metasploit 是一种用于渗透测试的工具。Core Impact 工具提供渗透测试软件和服务。

10.2.2 通用漏洞评分系统

在本小节中，您将会学到怎样分类 CVSS 报告。

1. CVSS 概述

通用漏洞评分系统（CVSS）是一种风险评估，旨在传达计算机硬件和软件系统的通用属性和漏洞严重程度。CVSS 3.0 是一个与供应商无关的行业标准开放框架，使用各种指标来衡量漏洞的风险。这些权重结合在一起提供了漏洞固有风险的评分。数字评分可用于确定漏洞的紧迫性以及解决此漏洞的优先级。CVSS 的优势可以概括如下：

- 它提供了标准化的漏洞评分，这个评分对所有组织来说都是有意义的；
- 它提供了开放的框架，将每个指标的含义公开提供给所有用户；
- 它以对单个组织有意义的方式确定风险的优先级。

事件响应和安全小组论坛（FIRST）已被指定为 CVSS 的监管组织，其任务是在全球范围内推广 CVSS。版本 3.0 经过了 3 年的开发，思科和其他行业合作伙伴对此标准的设立做出了贡献。

2. CVSS 指标组

在执行 CVSS 评估之前，了解评估工具中使用的关键术语非常重要。

许多指标都涉及 CVSS 所谓的“授权机构”。授权机构是一种计算机实体，例如数据库、操作系统或虚拟沙盒，它授予和管理用户的访问和权限。

如图 10-15 所示，CVSS 使用 3 组指标来评估漏洞：基础指标、时间指标、环境指标。

基础指标组

这个指标组代表漏洞的特征，这些特征不随时间和环境变化而变化。它包含下面两类指标。

- **可利用性**：漏洞利用的特点，例如漏洞利用所需的媒介、复杂程度和用户交互。
- **影响指标**：漏洞利用对 CIA 三要素（保密性、完整性和可用性）的影响。

时间指标组

这个指标组衡量漏洞可能随时间变化，但不会随用户环境而变化的特征。随着时间的推移，漏洞将被检测到，漏洞的应对措施也将完善，漏洞的严重性也就随之发生变化。新漏洞的严重性可能很高，但随着补丁、签名和其他对策的开发，严重性会降低。

环境指标组

这个指标组从各方面衡量源于特定组织环境的漏洞。这些指标有助于指导组织内的后果，及帮助调整与组织的工作不太相关的指标。

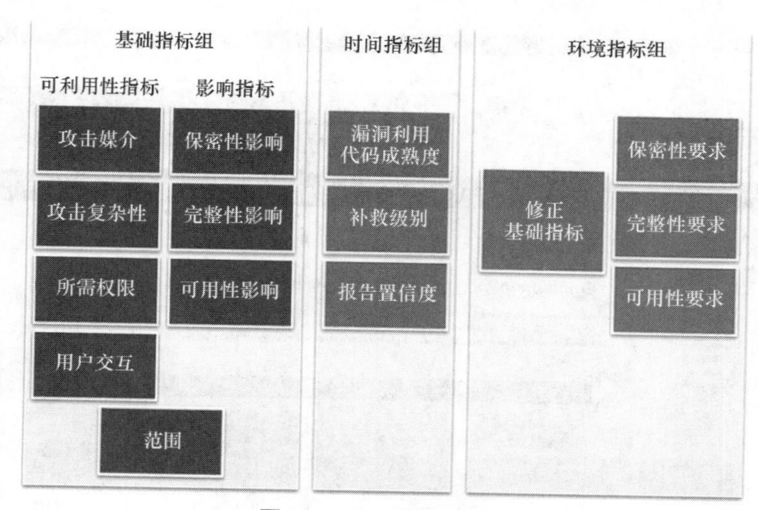

图 10-15 CVSS 指标组

3. CVSS 基础指标组

基础指标组可利用性指标包括以下标准。

- **攻击媒介**：这个指标反映的是威胁发起者到易受攻击组件的接近程度。威胁发起者距离易受攻击的组件越远，严重性就越高。靠近网络或位于网络内部的威胁发起者更易于被检测到和进行缓解。
- **攻击复杂性**：表示超出攻击者控制范围但必须存在（以确保成功利用漏洞）的组件、软件、硬件或网络数量的指标。
- **所需权限**：成功利用漏洞所需的访问级别的指标。
- **用户交互**：此指标表示要想成功地利用漏洞，是否需要用户交互。
- **范围**：表示漏洞利用是否必须涉及多个权限的指标。这表示为在漏洞利用期间初始授权是否更改为第二权限。

基础指标组中的影响指标随受影响组件的损失程度或后果而增加。影响指标组成部分如下所示。

- **保密性影响**：此指标用于衡量成功利用漏洞对保密性造成的影响。保密性是指仅限授权用户访问。
- **完整性影响**：此指标用于衡量成功利用漏洞对完整性造成的影响。完整性指信息的可信度和真实性。
- **可用性影响**：此指标用于衡量成功利用漏洞对可用性造成的影响。可用性指信息和网络资源的可访问性。消耗网络带宽、处理器周期或磁盘空间的攻击都会影响可用性。

4. CVSS 过程

CVSS 基础指标组是一种用来评估在软件和硬件系统中发现的安全漏洞的方法。它根据成功利用漏洞的特征来描述漏洞的严重性。其他指标组通过考虑时间和环境因素对基本严重性等级的影响，来修改基本严重性评分。

CVSS 过程使用一个称为 CVSS v3.0 计算器的工具，如图 10-16 所示。

该计算器类似于一个调查问卷，在该问卷中可以选择描述漏洞的每个指标组。在做出所有选择后，将生成一个评分。将鼠标悬停在每个指标和指标值上，可以显示相应的解释文本。在选择方式时，要为每个指标选择一个值，且每个指标只能选择一个值。

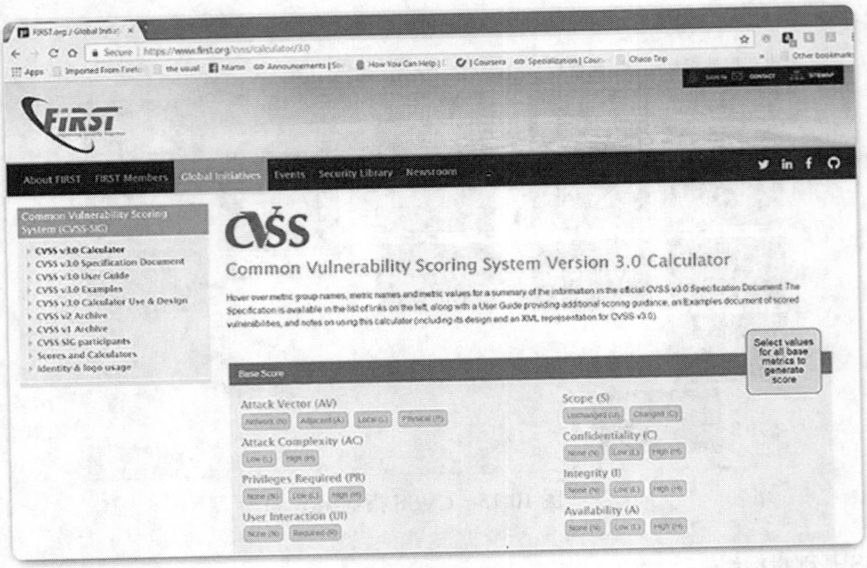

图 10-16 CVSS 计算器

有详细的用户指南定义了指标标准、常见漏洞评估示例以及指标值与最终评分的关系，可用于支持此过程。

在基础指标组完成后，将以数字形式显示严重性等级，如图 10-17 所示。

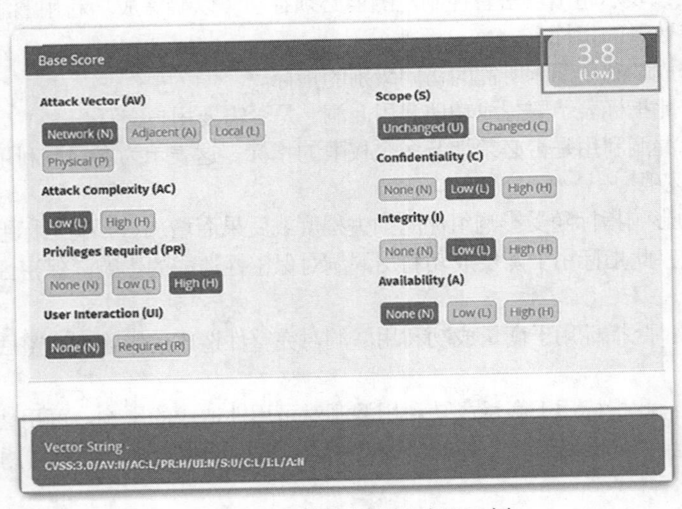

图 10-17 基本分数计算器示例

一个媒介字符串还会创建出来，以汇总所做的选择。如果其他指标组已完成，则这些值将追加到媒介字符串中。该字符串包括指标的首字母缩写和由冒号分隔的选定指标值的缩写形式。指标-值对用斜杠分隔。图 10-18 所示为基础指标组的示例媒介。媒介字符串使得评估结果易于共享和比较。

要计算时间或环境指标组的评分，必须首先完成基础指标组的计算。然后，时间和环境指标值会修改基础指标的结果，来提供一个总体评分。指标组评分的相互作用如图 10-19 所示。

CVSS:3.0/AV:N/AC:L/PR:H/UI:N/S:U/C:L/I/L/A:N

指标名称	首字母缩写	可能的值	值
攻击媒介	AV	[N,A,L,P]	N=网络 A=相邻 L=本地 P=物理
攻击复杂性	AC	[L,H]	L=低 H=高
所需权限	PR	[N,L,H]	N=无 L=低 H=高
用户交互	UI	[N,R]	N=无 R=需要
范围	S	[U,C]	U=不变 C=已更改
保密性影响	C	[H,L,N]	H=高 L=低 N=无
完整性影响	I	[H,L,N]	H=高 L=低 N=无
可用性影响	A	[H,L,N]	H=高 L=低

指标名称	值
攻击媒介(AV)	网络
攻击复杂性(AC)	低
所需权限(PR)	高
用户交互(UI)	无
范围(S)	不变
保密性影响(C)	低
完整性影响(I)	低
可用性影响(A)	无

图 10-18　基础指标组的向量示例

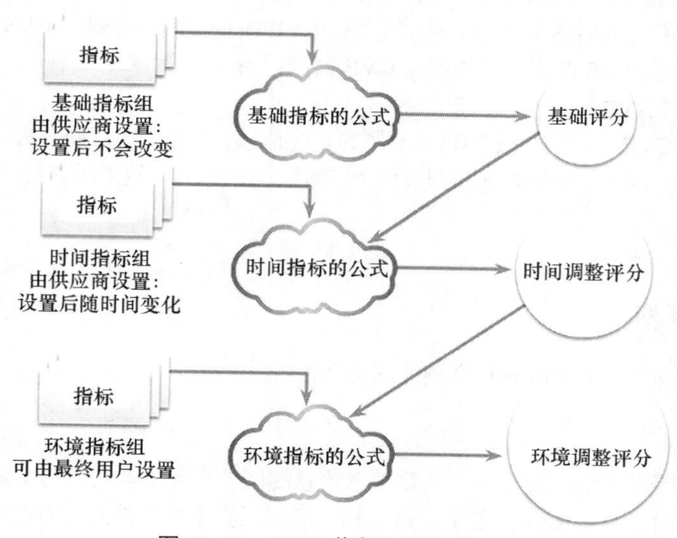

图 10-19　CVSS 指标组评分的交互

5. CVSS 报告

表 10-1 中显示了评分的范围和相应的定性意义。

表 10-1　CVSS 定性范围评分

评　级	CVSS 评分
无	0
低	0.1 ~ 3.9

续表

评 级	CVSS 评分
中	4.0 ~ 6.9
高	7.0 ~ 8.9
严重	9.0 ~ 10.0

通常，基础和时间指标组评分由在其产品中发现了漏洞的应用程序或安全供应商提供给客户。受影响的组织完善环境指标组，以根据本地环境对供应商提供的评分进行调整。

由此产生的评分有助于指导受影响的组织分配资源以解决漏洞。严重性等级越高，攻击的潜在影响越大，解决此漏洞的紧迫性就越强。虽然不像数字 CVSS 评分那样精确，但定性标签对于与无法理解评分的利益相关方交流非常有用。

一般而言，超过 3.9 的漏洞都应予以解决。评级越高，补救的紧迫性就越强。

6. 其他漏洞信息源

还有其他重要的漏洞信息源。它们与 CVSS 一起提供对漏洞严重性的全面评估。有两个系统在美国运作：CVE 和 NVD。

常见漏洞和风险（CVE）

这是一个通用名称字典，以 CVE 标识符的形式表示已知的网络安全漏洞。CVE 标识符提供了研究漏洞引用的标准方法。识别出漏洞后，可以使用 CVE 标识符访问修复程序。此外，威胁情报服务也使用 CVE 标识符，它们出现在各种安全系统日志中。CVE Details 网站提供了 CVSS 评分和 CVE 信息之间的联系。它允许按 CVSS 严重性等级浏览 CVE 漏洞记录。

国家漏洞数据库（NVD）

这个数据库使用 CVE 标识符并提供有关漏洞的其他信息，如 CVSS 威胁评分、技术细节、受影响的实体以及用于进一步调查的资源。该数据库由美国政府国家标准与技术研究院（NIST）机构创建并维护。

10.2.3 合规性框架

在本小节中，您将会学到怎样解释合规性框架和报告。

1. 合规性法规

近年来，我们总是能看到威胁发起者盗窃敏感信息的例子。大型零售商的安全漏洞导致数百万人的个人身份信息（PII）丢失。公司失去了宝贵的知识产权，造成数百万美元的收入损失。还有些安全漏洞造成了与国家安全有关的敏感信息丢失。

为预防类似的损失，一些安全合规性法规应运而生。这些法规为加强信息安全的实践提供了一个框架，同时还规定了对违规事件的响应操作和处罚。组织可以通过合规性评估和审核过程来验证合规性。评估可对是否满足合规性进行验证，以供参考。审计也可以对合规性进行验证，但可能会产生后果，如财务处罚或商业机会的损失。

本小节将讨论并区分重要且有广泛影响的合规性法规。

2. 监管标准概述

当前有 5 个主要的合规性法规。

支付卡行业数据安全标准（PCI-DSS）

PCI-DSS 是由 5 家大信用卡公司组成的支付卡行业安全标准理事会所维护的一套专有的非政府标准。该标准规定了商家和服务提供商对客户信用卡数据进行安全处理的要求。它规定了如何存储和传输信用卡信息的标准，以及何时必须从存储系统中删除客户信息。

PCI-DSS 适用于存储、处理和/或传输有关信用卡持卡人数据的任何实体。如图 10-20 所示，持卡人数据包括：

- 持卡人姓名；
- 主账号（PAN）；
- 到期日期；
- 服务代码（磁条的一部分）；
- 卡验证码（CVC）、卡验证值（CVV）、卡安全码（CSC）；
- 卡识别码（CID）；
- 磁条或芯片上存储的敏感数据。

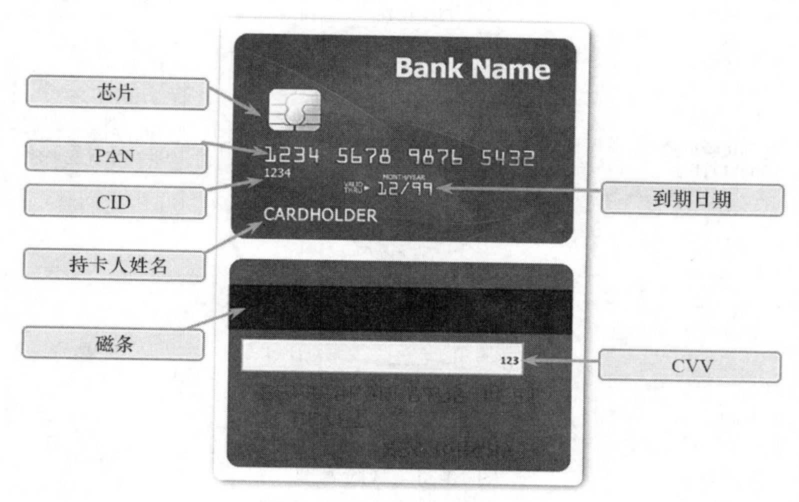

图 10-20 银行持卡人数据

许多网络管理平台在其安全管理相关功能中包含合规报告。

2002 年联邦信息安全管理法案（FISMA）

FISMA 是由 NIST 根据美国国会的一项法案设立的。FISMA 法规规定了美国政府系统和美国政府承包商的安全标准。FISMA 还规定了根据一系列风险级别对信息和信息系统进行分类的标准，以及每个风险类别中信息安全的要求。

2002 年萨班斯-奥克斯利法案（SOX）

SOX 针对公司控制和披露财务信息的方式，为所有美国上市公司的董事会、管理层和会计师事务所设定了新的要求或扩展的要求。该法案旨在确保财务实践和报告的完整性。它还规定了对财务信息和信息系统的访问控制。

金融服务现代化法案（GLBA）

GLBA 确定金融机构必须确保客户信息的安全性和保密性；保护此类信息的安全性或完整性不遭受任何预期的威胁或危害；防止客户信息遭到未经授权的访问或使用而对客户造成重大损害或不便。金融机构包括银行、经纪公司、保险公司等。

健康保险流通与责任法案（HIPAA）

HIPAA 要求以确保患者隐私和保密性的方式存储、维护并传输患者的所有可识别身份的医疗保健信息。HIPAA 规定了患者信息的受控访问策略和数据加密。HIPAA 规定了安全管理、员工安全和信息访问管理等领域的详细行政保障和实施规范。

10.2.4　安全设备管理

在本小节中，您将会学到怎样使用安全设备管理技术保护数据和资产。

1. 风险管理

风险管理涉及组织安全控制的选择和规范。它是持续的组织范围内的信息安全计划的一部分，涉及对组织的风险管理，或对与系统运营相关的个人的风险管理。

风险管理是一个持续、多步骤、周期性的过程，如图 10-21 所示。

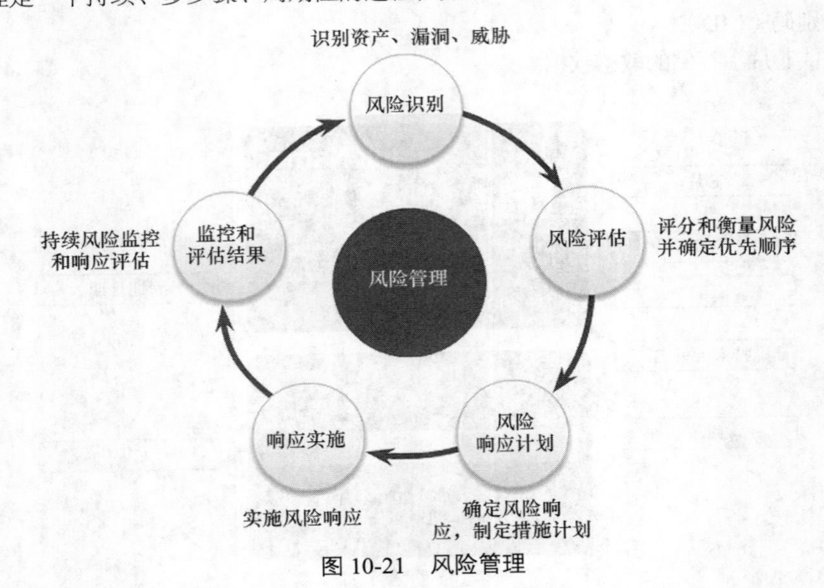

图 10-21　风险管理

风险被确定为威胁、漏洞和组织性质之间的关系。作为风险评估的一部分，首先要回答以下问题。

- 想要攻击我们的威胁发起者是谁。
- 威胁发起者可以利用的漏洞有哪些。
- 攻击会对我们造成怎样的影响。
- 发生不同攻击的可能性有多大。

NIST Special Publication 800-30 将风险评估描述为：

> 识别、评估和确定信息安全风险优先顺序的过程。评估风险需要仔细分析威胁和漏洞信息，以确定环境或事件可能对组织产生负面影响的程度，以及此类情况或事件发生的可能性。

风险评估中的一项强制性活动是识别威胁和漏洞，并将威胁与漏洞相匹配，也称为威胁-漏洞（T-V）配对。然后，可以将 T-V 对用作基线，用于在实施安全控制之前指示风险。可以将此基线与正在进行的风险评估相比较，作为评估风险管理有效性的一种手段。这部分风险评估称为确定组织的固有风险状况。

在确定风险后，可以对其进行评分或加权，以作为确定风险降低策略优先级的一种方式。例如，发现与多个威胁对应的漏洞可以获得更高的评分。此外，对机构影响最大的 T-V 对也将获得更高的权重。

根据各自的权重或评分，有 4 种潜在方法可以应对已确定的风险。

- **规避风险**：停止执行会带来风险的活动。风险评估的结果可能是，确定某项活动所涉及的风险大于该活动对组织的益处。如果证实确是如此，那么可以确定应该停止该活动。
- **降低风险**：通过采取措施减少漏洞来降低风险。这涉及实施本章前面讨论的管理方法。例如，如果一个组织使用的服务器操作系统经常受到威胁发起者的攻击，则可以通过确保在解决漏洞后立即对服务器进行修补来降低风险。
- **分摊风险**：将部分风险转移给其他方。一种风险分摊方式可以是将安全运营的某些方面外包给第三方。例如，雇佣一个安全即服务（SECaaS）CSIRT 来执行安全监控。另一个例子是购买保险，这将有助于减轻由于安全事件造成的一些财务损失。
- **保留风险**：接受风险及其后果。此策略适用于潜在影响低和缓解或降低成本相对较高的风险。其他可以保留的风险包括过于巨大，以至于无法避免、缓解或者分摊的风险。

2. 漏洞管理

根据 NIST 的说法，漏洞管理是一项旨在主动防止组织内存在的 IT 漏洞被利用的安全实践。预期的结果是减少花费在处理这些漏洞和漏洞利用上的时间和金钱。主动管理系统的漏洞可以减少或消除漏洞利用的可能性，并且所需的时间和精力要比发生漏洞利用后花费的时间和精力少很多。

漏洞管理需要一种基于供应商安全公告和其他信息系统（如 CVE）的可靠方法来识别漏洞。安全人员必须要有能力评估所受到的漏洞信息的影响，应能找到解决方案，并采用有效的手段来实施解决方案和评估其意外后果。最后，还应对解决方案进行测试，以验证漏洞是否已消除。

图 10-22 中所示的漏洞管理生命周期的步骤如下所述。

- **发现**：清点网络中的所有资产并识别主机详细信息（包括操作系统和开放服务），以识别漏洞。制定网络基线。定期自动识别安全漏洞。
- **确定资产的优先顺序**：将资产分类为组或业务单元，并根据资产组对于业务运营的重要性向其分配业务价值。
- **评估**：确定基线风险概况，以基于资产重要性、漏洞、威胁和资产分类消除风险。
- **报告**：根据您的安全策略，衡量与您的资产相关的业务风险级别。记录安全计划，监控可疑活动并描述已知漏洞。
- **补救**：根据业务风险确定优先顺序，并按风险顺序修复漏洞。
- **验证**：验证是否已通过后续审计消除了威胁。

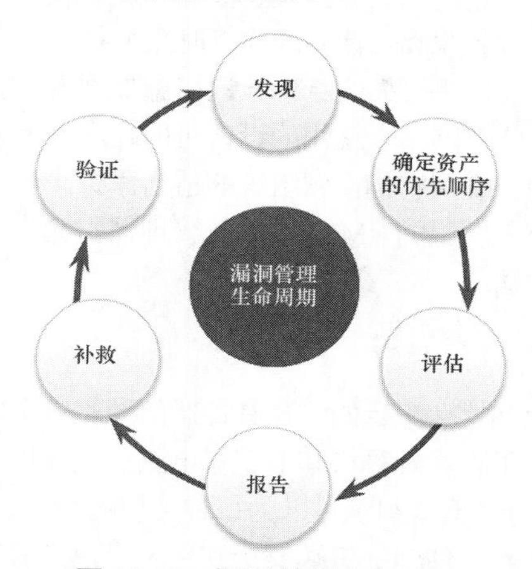

图 10-22 漏洞管理生命周期

3. 资产管理

资产管理涉及实施追踪系统，在整个企业内跟踪网络设备和软件的位置和配置。作为任何安全管理计划的一部分，组织必须知道哪些设备访问了网络、该设备在企业内部的位置和在网络上的逻辑位置，以及这些系统存储或可以访问哪些软件和数据。资产管理不仅跟踪公司资产和其他授权设备，还可用于识别网络上未授权的设备。

NIST 在 NISTIR 8011 Volume 2 中规定了每个相关设备应保存的详细记录。NIST 描述了用于实施资产管理过程的潜在技术和工具：

- 自动发现和清点设备的实际状态；
- 使用组织的信息安全计划中的策略、计划和程序阐明这些设备的所需状态；
- 识别不合规的授权资产；
- 修正或接受设备状态，所需状态定义的可能迭代；
- 定期或持续地重复该过程。

图 10-23 提供了此过程的概览。

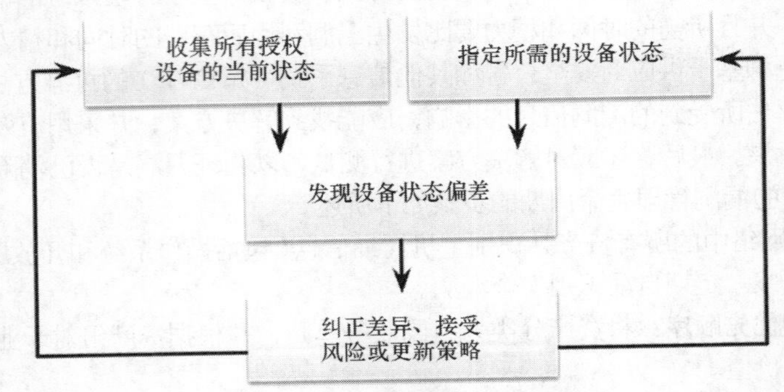

图 10-23 资产管理的操作概念

4. 移动设备管理

移动设备管理（MDM），对资产管理提出了特殊的挑战，在 BYOD 时代更是如此。移动设备不能在组织的经营场所进行物理控制。它们可能会丢失、被盗或被篡改，从而使数据和网络访问处于危险之中。MDM 计划的一部分是在设备脱离责任方的监管时采取行动。可以采取的措施包括：禁用丢失的设备、加密设备上的数据以及使用更可靠的身份验证措施加固设备访问。

由于移动设备的多样性，一些在网络上使用的设备可能在本质上就不那么安全。网络管理员应该假定所有移动设备都是不可信的，直到它们得到组织的适当保护。

如图 10-24 所示，MDM 系统（如思科 Meraki 系统管理器）允许安全人员配置、监控和更新来自云的一组非常多样化的移动客户端。

5. 配置管理

配置管理用于解决系统硬件和软件配置的清点其控制问题。安全的设备配置可降低安全风险。例如，一个组织为其工作人员提供了许多计算机和笔记本电脑。这就扩大了组织的受攻击面，因为每个系统都易受到漏洞攻击。为了便于管理，组织可以为每种类型的计算机创建基准软件映像和硬件配置。这些映像可能包括所需软件的基本软件包、终端安全软件、自定义的安全策略，用于控制用户对（可能易受攻击的）系统配置各方面的访问。硬件配置可以指定允许的网络接口类型和允许的外部存储类型。

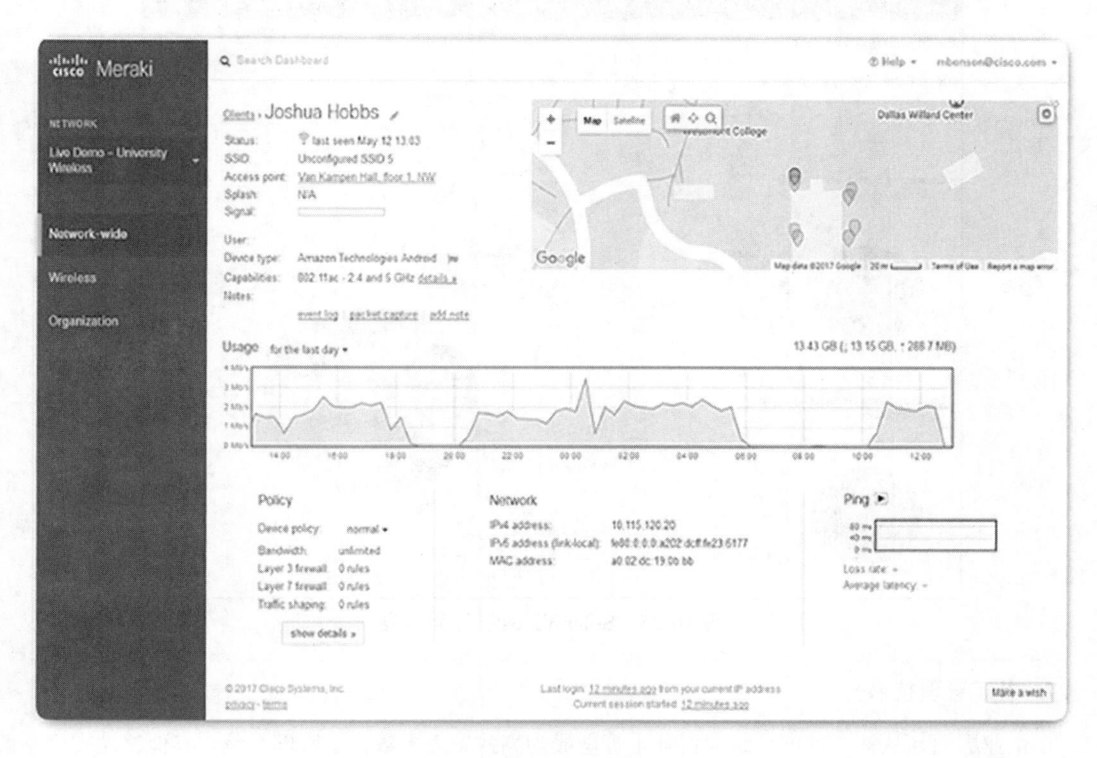

图 10-24 思科 Meraki 系统管理器

配置管理也可以扩展到网络设备和服务器的软件和硬件配置。按照 NIST 的定义，配置管理“包括一系列活动，重点是通过控制产品和系统配置的初始化、更改和监控过程，建立和维护产品和系统的完整性。”

对于网络设备，可以使用软件工具来备份配置、检测配置文件中的变更，并允许在多个设备上批量更改配置。

云数据中心和虚拟化的出现为众多服务器的管理带来了特殊的挑战。已开发的一些配置管理工具，如 Puppet、Chef、Ansible 和 SaltStack，能够有效地管理支持云计算的服务器。

6. 企业补丁管理

补丁管理与漏洞管理相关。漏洞通常出现在关键的客户端、服务器和网络设备操作系统和固件中。应用软件，特别是诸如 Acrobat、Flash 和 Java 之类的互联网应用和框架，也经常发现存在漏洞。补丁管理涉及软件修补的所有方面，包括识别所需的补丁，获取、分发、安装补丁和验证补丁是否安装在所有必需的系统上。安装补丁通常是缓解软件漏洞的最有效的方法。有时候，它们是唯一的解决方法。

某些安全合规性法规（如 SOX 和 HIPAA）要求进行补丁管理。如果未能系统而及时地实施补丁，可能会导致审计失败和遭受违规的处罚。补丁管理依赖资产管理数据来识别其上运行着待修补软件的系统。图 10-25 是 SolarWinds 补丁管理器工具的屏幕截图。

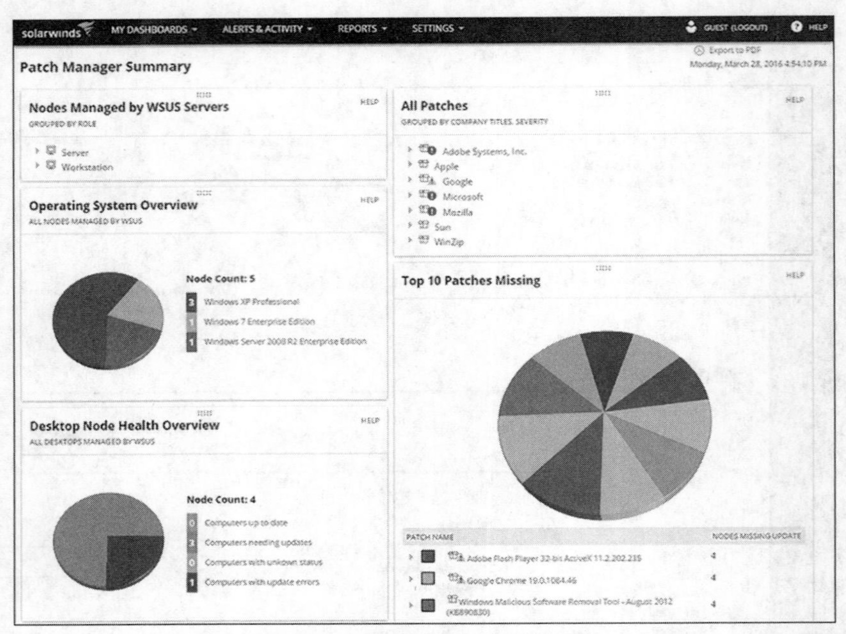

图 10-25 SolarWinds 补丁管理器

7. 补丁管理技术

在企业层面，从补丁管理系统运行补丁管理最为高效。大多数补丁管理系统与其他终端安全系统一样，都采用客户端集中式服务器架构。补丁管理技术有 3 种。

- **基于代理**：这需要在待修补的每个主机上运行软件代理。代理会报告主机上是否安装了易受攻击的软件。代理与补丁管理服务器通信，确定是否存在需要安装的补丁，并安装补丁（见图 10-26）。代理运行时具有足够的权限来允许它安装补丁。基于代理的方法是修补移动设备的首选方法。

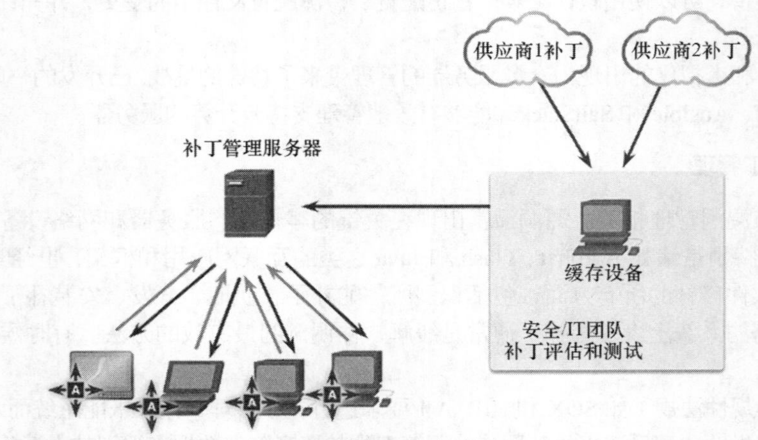

图 10-26 基于代理的补丁管理

- **无代理扫描**：补丁管理服务器扫描网络，以确定是否有需要修补的设备。服务器确定需要哪些补丁，并在客户端上安装这些补丁（见图 10-27）。只有位于扫描网段上的设备才能以这种方式进行修补。这对于移动设备来说可能是个问题。

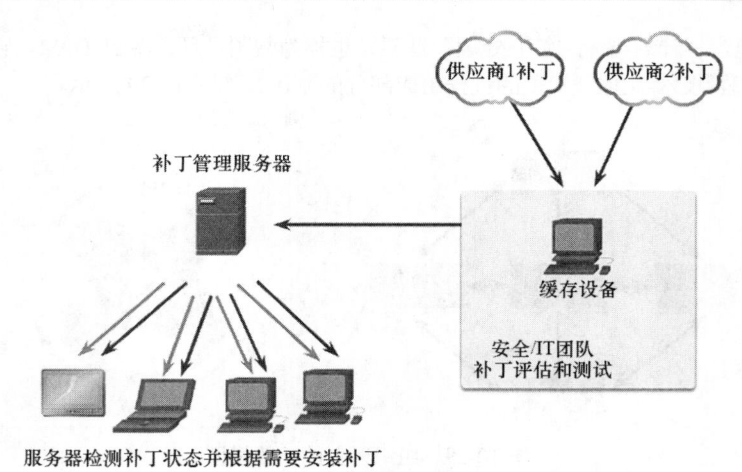

图 10-27 无代理扫描补丁管理

- **被动网络监控**：通过监控网络上的流量识别需要进行修补的设备（见图 10-28）。此方法仅对在其网络流量中包含版本信息的软件有效。

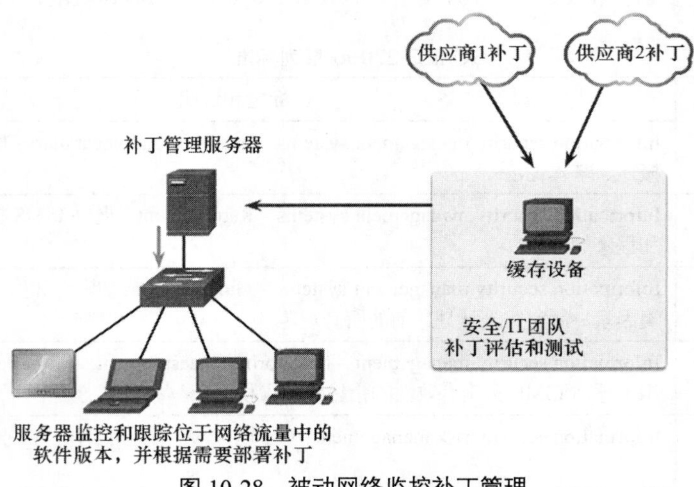

图 10-28 被动网络监控补丁管理

10.2.5 信息安全管理系统

在本小节中，您将会学到怎样使用信息安全管理系统保护资产。

1. 安全管理系统

信息安全管理系统（ISMS）由一个管理框架组成，组织通过该框架识别、分析和解决信息安全风险。ISMS 不基于服务器或安全设备，而是由一组实践组成，组织系统地应用这些实践来确保信息安全的持续改进。ISMS 提供了指导组织规划、实施、管理和评估信息安全计划的概念模型。

ISMS 是将诸如全面质量管理（TQM）与信息和相关技术控制目标（COBIT）等流行业务模式自然延伸到了网络安全领域进行使用。

ISMS 是一种系统性、多层次的网络安全方法。该方法包括人员、流程、技术和在风险管理过程中相互作用的文化。

ISMS 通常包含"计划-执行-检查-处理"框架，也称为戴明循环，源自 TQM。它被看作是对组织能力的"人员-过程-技术-文化"模型的过程组成部分的阐述，如图 10-29 所示。

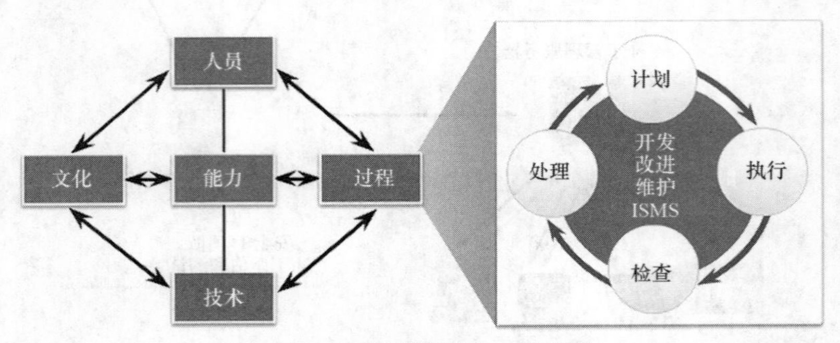

图 10-29 组织能力的一般模型

2. ISO-27001

ISO（国际标准化组织）是一个自愿采用的国际标准，有利于国家/地区之间开展业务。

ISO 与国际电工委员会（IEC）合作开发了 ISO/IEC 27000 系列 ISMS 规范，如表 10-2 所示。

表 10-2 ISO/IEC 27000 系列标准

标 准	标题和说明
ISO/IEC 27000	Information security management systems - Overview and vocabulary：标准系列简介、ISMS 概述、基本词汇
ISO/IEC 27001	Information security management systems – Requirement：提供 ISMS 概述以及 ISMS 流程和程序的要点
ISO/IEC 27002	Information security management systems – Guidance：成功设计和实施 ISMS 所必需的关键因素。制定实施计划之前的所有规范
ISO/IEC 27003	Information security management – Monitoring, measurement, analysis and evaluation：讨论用于评估 ISMS 实施有效性的指标和衡量程序
ISO/IEC 27004	Information security risk management：基于以风险为中心的管理方法对 ISMS 的实施提供支持

ISO 27001 认证是一个适用于 ISMS 的全球性的行业通用规范。图 10-30 所示为标准规定的行动与"计划-执行-检查-处理"周期之间的关系。

每个步骤的细节如下。

计划

- 了解相关业务目标。
- 定义活动范围。
- 访问和管理支持。
- 评估和定义风险。
- 执行资产管理和漏洞评估。

执行

- 创建并实施风险管理计划。
- 建立并执行风险管理策略和程序。
- 培训人员，分配资源。

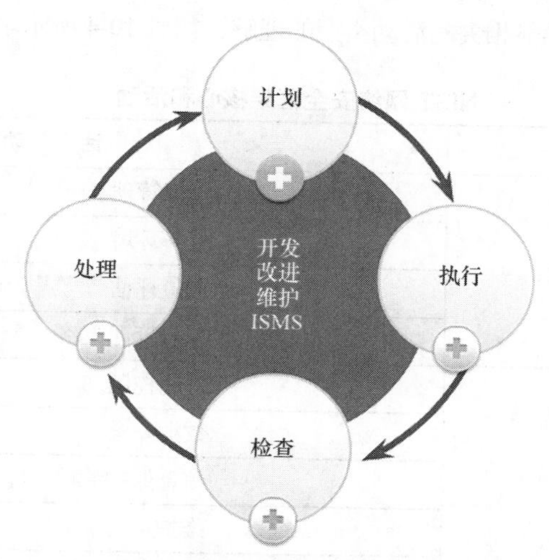

图 10-30 ISO 27001 ISMS“计划-执行-行动-处理”周期

检查

- 监控实施。
- 编译报告。
- 支持外部认证审计。

处理

- 持续审计流程。
- 持续改进流程。
- 采取纠正措施。
- 采取预防措施。

认证意味着一个组织的安全策略和程序已经过独立验证，可为有效管理机密客户信息的安全风险提供系统和主动的方法。

3. NIST 网络安全框架

本章已讲到，NIST 在网络安全领域起了很大作用。本章后续内容将讨论更多的 NIST 标准。

NIST 开发了网络安全框架，与 ISO/IEC 27000 一样，它是一套标准，旨在整合现有的标准、准则和实践，以帮助更好地管理和降低网络安全风险。该框架于 2014 年 2 月首发，并在继续发展中。

该框架包括为实现具体网络安全成果而建议的一系列活动，并参考了实现这些成果的指导实例。表 10-3 中定义的核心功能分为主类别和子类别。

表 10-3 NIST 网络安全框架核心和功能

核心功能	说明
识别	培养组织理解力，管理系统、资产、数据和功能面临的网络安全风险
保护	制定和实施适当的防护措施，确保交付关键基础设施服务
检测	制定和实施适当的活动，识别网络安全事件的发生
响应	制定和实施适当的活动，针对检测到的网络安全事件采取行动
恢复	制定和实施适当的活动，维护恢复能力计划，恢复任何因网络安全事件而受损的功能或服务

主类别提供了对与每个功能相关的活动类型的理解，如表 10-4 所示。

表 10-4 NIST 网络安全框架核心和活动

核心功能	活动
识别	资产管理
	业务环境
	风险评估
	风险管理策略
保护	访问控制
	数据安全
	信息保护流程和程序
	维护
	防护技术
检测	异常和事件
	安全持续监控
	检测流程
响应	响应计划
	通信
	分析
	缓解
	改进
恢复	恢复计划
	改进
	通信

许多类型的组织都以多种方式使用该框架。许多人发现它有助于提高认识以及改善与组织内的利益相关者（包括行政领导）间的沟通。该框架还改善了各组织之间的沟通，使企业合作伙伴、供应商和各部门能够分享网络安全预期。通过将框架映射到当前的网络安全管理方法，组织正在学习并展示它们如何与框架的标准、准则和最佳实践相匹配。一些缔约方利用该框架使内部政策与法规、监管和行业最佳实践协调。该框架还被用作评估风险和现行实践的战略规划工具。

10.3 小结

在本章中，您学习了调查终端漏洞和攻击的方法。网络设备和主机的反恶意软件提供了一种缓解攻击影响的方法。基于主机的个人防火墙是控制进出计算机流量的独立软件程序。基于主机的入侵检测系统（HIDS）旨在保护主机免受已知和未知恶意软件的攻击。HIDS 是一个综合安全应用，它结合了反恶意软件应用的功能与防火墙功能。基于主机的安全解决方案对于保护不断扩展的攻击面至关重要。

网络安全分析师和安全专家使用各种工具来执行终端漏洞评估。网络和设备分析提供了一个基线，用作识别与正常操作偏差的参考点。同样，服务器配置文件用于确立服务器的可接受操作状态。网络安全可以使用各种工具和服务来评估，如下所示。

- 风险分析：评估特定组织的漏洞所带来的风险。
- 漏洞评估：使用软件扫描面向互联网的服务器和内部网络，以查找各种类型的漏洞。
- 渗透测试：使用授权的模拟攻击来测试网络安全的强度。

通用漏洞评分系统（CVSS）是一种风险评估，旨在传达计算机硬件和软件系统的通用属性和漏洞严重程度。CVSS 的优势如下所示。

- 标准化的漏洞评分应当在整个组织中有意义。
- 开放的框架，将每个指标的含义公开提供给所有用户。
- 以对单个组织有意义的方式确定风险的优先级。

一些安全合规性法规已颁布，其中包括下面这些。

- **2002 年联邦信息安全管理法案（FISMA）**：规定了美国政府系统和美国政府承包商的安全标准。
- **2002 年萨班斯-奥克斯利法案（SOX）**：对美国公司控制和披露财务信息的方式提出了要求。
- **金融服务现代化法案（GLBA）**：规定金融机构必须保护客户信息的安全，防止对客户信息的威胁，并防止客户信息遭到未经授权的访问。
- **健康保险流通与责任法案（HIPAA）**：要求以确保患者隐私和保密性的方式存储、维护并传输患者的所有可识别身份的医疗保健信息。
- **支付卡行业数据安全标准（PCI-DSS）**：这是一个安全处理客户信用卡数据的专有的非政府标准。

风险管理涉及组织安全控制的选择和规范。根据各自的权重或评分，有 4 种潜在方法可以应对已确定的风险：

- 通过确定应停止的活动来规避风险；
- 通过实施管理方法减少漏洞来降低风险；
- 通过将安全运营的某些方面外包给第三方来转移和分摊风险；
- 保留和接受潜在影响低和/或缓解或降低成本相对较高的风险。

风险管理工具包括：

- 漏洞管理；
- 资产管理；
- 移动设备管理；
- 配置管理；
- 企业补丁管理。

组织可以使用信息安全管理系统（ISMS）来识别、分析和解决信息安全风险。ISO 和 NIST 提供了管理网络安全风险的标准。

复习题

请完成以下所有复习题，以检查您对本章主题和概念的理解情况。答案列在附录“复习题答案”中。

1. 哪种 HIDS 为基于开源的产品？

   A. Tripwire　　B. OSSEC

   C. Cisco AMP　　D. AlienVault USM

2. 在 Windows 防火墙中，何时应用域配置文件？
A. 当主机访问互联网时
B. 当主机检查来自企业邮件服务器的邮件时
C. 当主机连接可信网络（如企业内部网络）时
D. 当主机通过其他安全设备从互联网连接至隔离网络时

3. CVSS 提供哪项功能？
A. 风险评估　B. 渗透测试
C. 漏洞评估　D. 中央安全管理服务

4. 在解决已识别的风险时，哪种策略旨在通过采取措施减少漏洞来降低风险？
A. 分摊风险　B. 保留风险
C. 降低风险　D. 规避风险

5. 哪项合规性法规规定了美国政府系统和美国政府承包商的安全标准？
A. 金融服务现代化方案（GLBA）
B. 2002 年萨班斯-奥克斯利法案（SOX）
C. 健康保险流通与责任法案（HIPAA）
D. 2002 年联邦信息安全管理法案（FISMA）

6. 哪 3 种设备是网络终端的可能示例？（选择 3 项）
A. 路由器　B. 传感器
C. 无线接入点　D. 物联网控制器
E. VPN 设备　F. 网络安全摄像头

7. 哪种防恶意软件方法可以识别已知恶意软件文件的各种特征，以检测威胁？
A. 基于路由　B. 基于行为
C. 基于签名　D. 基于启发式方法

8. 根据美国系统网络安全协会（SANS）所述，哪种攻击面包括物联网设备使用的有线和无线协议中的漏洞？
A. 人类攻击面　B. 互联网攻击面
C. 网络攻击面　D. 软件攻击面

9. 在配置服务器时，什么定义了允许某个应用在服务器上执行的操作或运行的内容？
A. 用户账户　B. 侦听端口
C. 服务账户　D. 软件环境

10. CVSS 基础指标组的哪一类指标定义了漏洞利用的特点，例如漏洞攻击所需的媒介、复杂程度和用户交互？
A. 影响指标　B. 可利用性指标
C. 修正后的基础指标　D. 漏洞利用代码成熟度

11. 漏洞管理生命周期中的哪个步骤对整个网络中的所有资产进行清点并确定主机详细信息（包括操作系统和开放服务）？
A. 评估　B. 发现
C. 补救　D. 确定资产的优先顺序

12. 在网络安全评估中，哪种类型的测试可用于评估漏洞给特定组织带来的风险，包括评估攻击的可能性以及成功利用漏洞对组织的影响？
A. 风险分析　B. 端口扫描
C. 渗透测试　D. 漏洞评估

第 11 章

安全监控

学习目标

在学完本章后，您将能够回答下列问题：

- 通常的网络协议在安全监控环境下的行为是什么；
- 安全技术怎样影响监控通常网络行为的能力；
- 安全监控中用到哪些数据类型；
- 终端设备日志文件有哪些元素；
- 网络设备日志文件有哪些元素。

网络安全监控（NSM）使用各种类型的数据来检测、验证和遏制漏洞攻击。网络安全分析师的主要任务是使用 NSM 数据和工具验证成功或试图进行的漏洞利用。

在本章中，您将了解安全监控中使用的安全技术和日志文件。

11.1 技术和协议

在本节中，您将会学到安全技术怎样影响网络监控。

11.1.1 监控常用协议

在本小节中，您将会学到通常的网络协议在安全监控环境下的行为。

1. 系统日志和 NTP

通常出现在网络上的各种协议具有一些在安全监控中受到特别关注的特性。例如，系统日志和网络时间协议（NTP）对于网络安全分析师的工作至关重要。

系统日志标准是用于记录来自网络设备和终端的事件消息的标准，如图 11-1 所示。

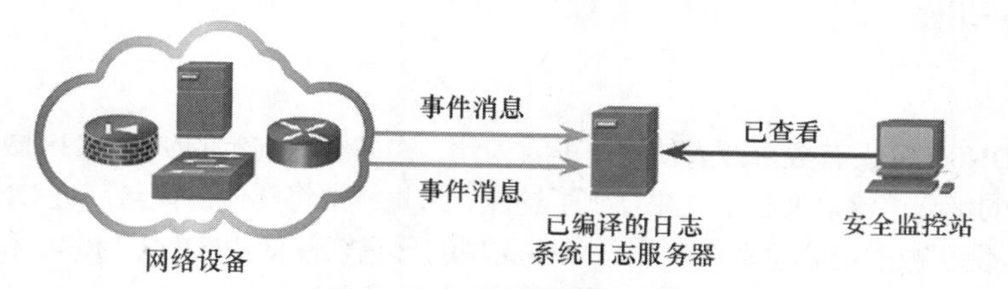

图 11-1　系统日志的运行

该标准允许采用系统中立的方式来传输、存储和分析消息。来自不同供应商的多种类型的设备可以使用系统日志向运行系统日志守护程序的中央服务器发送日志记录条目。这种集中化的日志收集有助于使安全监控切实可行。运行日志的服务器通常侦听 UDP 端口 514。

由于系统日志对于安全监控非常重要，因此系统日志服务器可能成为威胁发起者的目标。某些漏洞攻击（如涉及数据泄漏的攻击）可能需要很长时间才能完成，因为将数据从网络中窃取出来是一个非常缓慢的过程。一些攻击者可能试图隐藏数据窃取正在发生的事实。如果日志服务器包含的信息可能导致检测到漏洞利用行为，则攻击者会攻击这些日志服务器。黑客可能会试图阻止数据从系统日志客户端传输到服务器、篡改或销毁日志数据，或篡改创建和传输日志消息的软件。下一代（ng）系统日志实施（称为 syslog-ng）提供了增强功能，有助于防止以系统日志为目标的某些攻击。

2. NTP

系统日志消息通常带有时间戳。这可以将不同来源的消息按时间组织起来，以提供网络通信过程的视图。由于消息可能来自多个设备，因此设备共享一致的时钟非常重要。一种实现此目的的方法是让设备使用网络时间协议（NTP）。NTP 使用权威时间源的层次结构在网络设备之间共享时间信息，如图 11-2 所示。通过这种方式，共享一致时间信息的设备消息可以提交到系统日志服务器。NTP 在 UDP 端口 123 上运行。

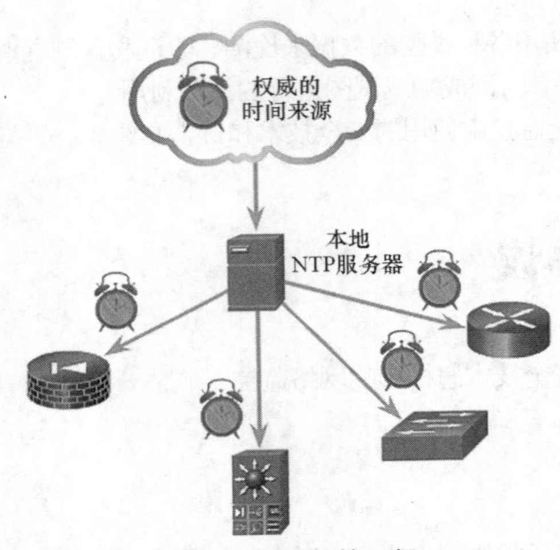

图 11-2 NTP 的运行

由于漏洞攻击事件可能会在通往目标系统的路径上的每个相关网络设备上留下痕迹，因此时间戳对于检测至关重要。威胁发起者可能试图攻击 NTP 基础设施，以便破坏用于关联网络事件的时间信息。这可以使得正在进行的攻击的痕迹变得错乱不清。此外，据说已有威胁发起者使用 NTP 系统通过客户端或服务器软件中的漏洞来引导 DDoS 攻击。虽然这些攻击不一定会导致安全监控数据损坏，但它们可能会破坏网络可用性。

3. DNS

域名服务（DNS）每天有数百万人使用。正因为此，许多组织制定的防范 DNS 威胁的策略不如防范其他类型攻击的策略严格。攻击者也注意到了这点，因此经常将其他协议封装进 DNS 协议中以躲避安全设备。DNS 现在被多类恶意软件使用。一些类型的恶意软件使用 DNS 与命令和控制（CnC）服务器通信，并伪装成正常 DNS 查询流量来窃取数据。各种类型的编码（如 Base64、8 位二进制和十六进制）可用于伪装数据和规避基本数据丢失预防（DLP）措施。

恶意软件会对窃取的数据进行编码，将其作为 DNS 查询的子域名部分，这个子域名是已被攻击者控制的域名服务器所在的域的子域名。例如，对 long-string-of-exfiltrated-data.example.com 的 DNS 查询会被转发到 example.com 的域名服务器，后者将记录 long-string-of-exfiltrated-data 并向恶意软件回复一个编码后的响应。图 11-3 中显示了 DNS 子域的使用情况。窃取的数据是框中显示的编码文本。威胁发起者收集此编码数据，对其进行解码和组合后，现在可以访问整个数据文件（如用户名/密码数据库）。

图 11-3 DNS 外泄

此类请求的子域名部分会比一般的请求长很多。网络分析师可以在 DNS 请求中使用子域的长度分布来构建描述正常性的数学模型。然后，他们可以使用该模型来比较观察结果并识别 DNS 查询过程的滥用。例如，网络上的主机向 aW4gcGxhY2UgdG8gcHJvdGVjdC.example.com 发送查询是不正常的。

对随机生成的域名或随机出现的超长子域的 DNS 查询应视为是可疑的，特别是当它们在网络上的出现次数急剧增加的时候。可以分析 DNS 代理日志来检测这些情况。另外，可以利用思科 Umbrella 被动 DNS 服务之类的服务来阻止可疑 CnC 和域漏洞利用的请求。

4. HTTP 和 HTTPS

超文本传输协议（HTTP）是万维网的主干协议。但是，HTTP 中携带的所有信息都以明文形式从源计算机传输到互联网上的目的地。HTTP 不保护数据免受恶意方的更改或拦截，这对隐私、身份和信息安全构成严重威胁。所有浏览活动都应认为是有风险的。

HTTP 的常见漏洞称为 iFrame（内嵌框架）注入。大多数基于 Web 的威胁都包含在 Web 服务器上植入的恶意软件脚本。然后，这些 Web 服务器通过加载 iFrame 将浏览器引导至受感染的服务器。在 iFrame 注入中，威胁发起者会破坏 Web 服务器，并通过在通常访问的网页上植入代码来创建不可见的 iFrame。加载 iFrame 时，恶意软件通常从另外一个 URL 处下载，这个 URL 与包含 iFrame 代码的网页不同。网络安全服务（如思科 Web 信誉过滤）可以检测到网站何时尝试将内容从不受信任的网站（甚至是 iFrame）发送到主机，如图 11-4 所示。

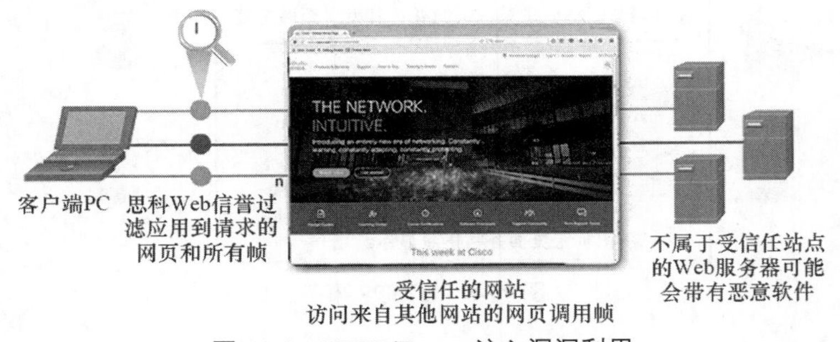

图 11-4 HTTP iFrame 注入漏洞利用

为了解决机密数据被更改或截取的问题，许多商业组织采用了 HTTPS 或采取仅限 HTTPS 的策略来保护其网站和服务的访问者。

HTTPS 通过使用安全套接字层（SSL）向 HTTP 协议添加加密层，如图 11-5 所示。这会使 HTTP 数据在离开源计算机时无法读取，直到到达服务器为止。注意，HTTPS 不是用于 Web 服务器安全的机制。它只在传输过程中保护 HTTP 协议流量。

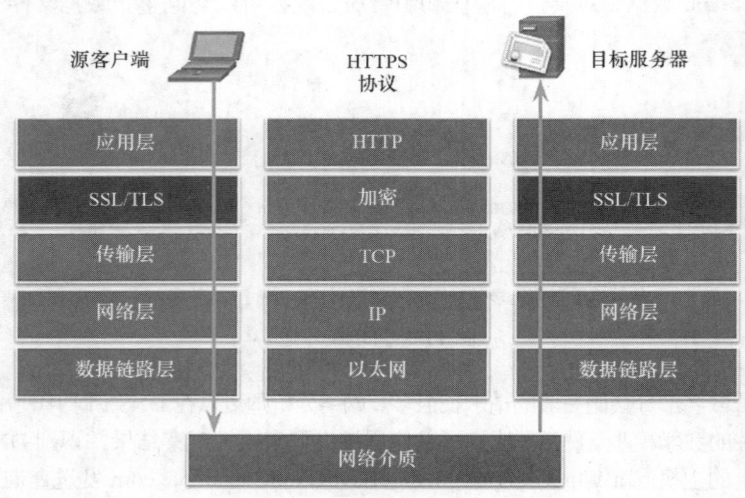

图 11-5 HTTPS 协议图

注 意 尽管当前一些网站仍然在使用 SSL，国际互联网工程任务组（IETF）于 2015 年 6 月在 RFC 7568 中将其弃用。TLS 的任何版本都比 SSL 更加安全。

不幸的是，加密的 HTTPS 流量使网络安全监控变得复杂。一些安全设备包含 SSL 解密和检查，但处理时会比较麻烦，还会带来隐私问题。此外，由于建立加密连接需涉及一些附加消息，因此 HTTPS 增加了数据包捕获的复杂性。图 11-6 对该过程进行了总结，并表示了在 HTTP 之上的额外开销。

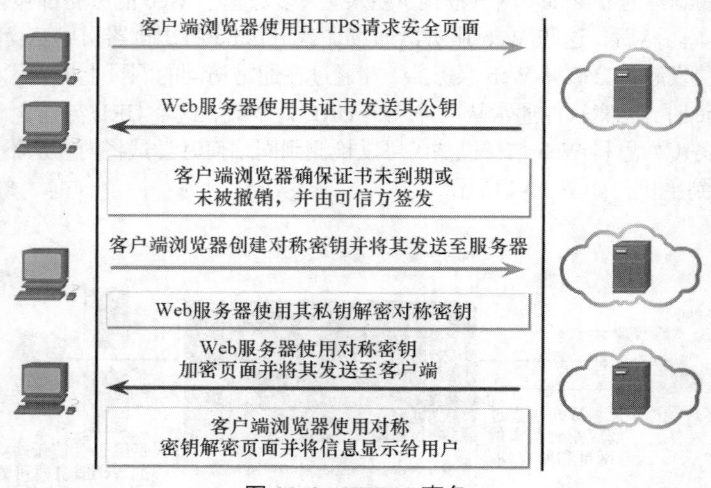

图 11-6 HTTPS 事务

5. 邮件协议

威胁发起者可使用邮件协议（例如 SMTP、POP3 和 IMAP）传播恶意软件、窃取数据或向恶意软件 CnC 服务器提供通道，如图 11-7 所示。

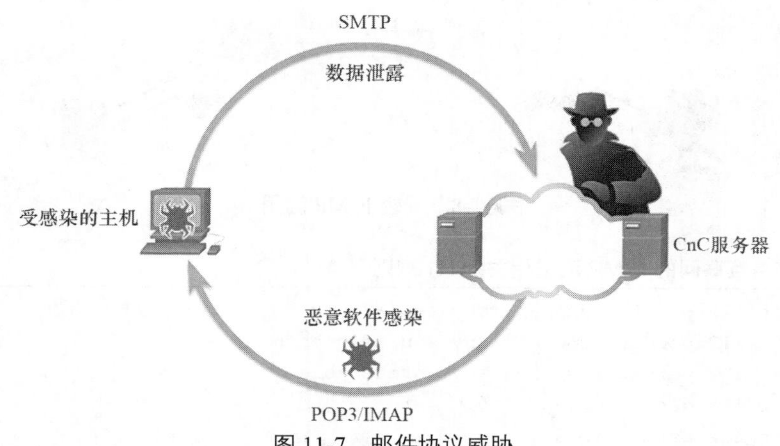

图 11-7 邮件协议威胁

SMTP 用于将数据从主机发送到邮件服务器或者用于在邮件服务器之间发送数据。与 DNS 和 HTTP 一样，它是一个常见的从网络发送邮件的协议。由于 SMTP 流量太多，因此无法始终监控它。但是，SMTP 过去曾被恶意软件用来从网络中窃取数据。在 2014 年索尼影业遭遇黑客攻击的事件中，其中一项漏洞利用就是使用 SMTP 从被攻陷的主机向 CnC 服务器泄漏用户详细信息。这些信息可能已经被用来对索尼影业网络中受保护的资源开展攻击。安全监控可以根据邮件的特点来识别此类流量。

IMAP 和 POP3 用于将邮件从邮件服务器下载到主机，因此，它们是负责将恶意软件带到主机的应用程序协议。安全监控可以识别恶意软件附件进入网络的时间以及第一个受感染的主机。然后，回顾性分析可以从那时起跟踪恶意软件的行为。通过这种方式，可以更好地理解恶意软件的行为并识别威胁。安全监控工具还可能允许恢复受感染的文件附件，以提交到恶意软件沙盒进行分析。

6. ICMP

ICMP 有许多合法用途，但是 ICMP 功能也被用来制造各种类型的漏洞。ICMP 可用于识别网络上的主机、网络结构以及确定网络上正在使用的操作系统。它也可用作各类 DoS 攻击的工具。

ICMP 还可以用于数据泄漏。ICMP 可用于监视或拒绝来自网络外部的服务，但是来自网络内部的 ICMP 流量有时反而会被忽略。但是，某些种类的恶意软件使用精心制作的 ICMP 数据包将文件从受感染的主机传输到威胁发起者，这种方法称为 ICMP 隧道。

有许多工具可用于制作隧道，例如 Hans 和 Ping Tunnel。

11.1.2 安全技术

在本小节中，您将会学到安全技术怎样影响监控常见网络协议的能力。

1. ACL

许多技术和协议可能会对安全监控产生影响。访问控制列表（ACL）就是其中之一。如果过于依赖 ACL，可能会产生一种虚假的安全感。ACL 和数据包过滤技术通常都会对不断发展的网络安全保护措施做出贡献。

图 11-8、例 11-1 和例 11-2 显示了使用 ACL 来仅允许特定类型的 ICMP 流量。

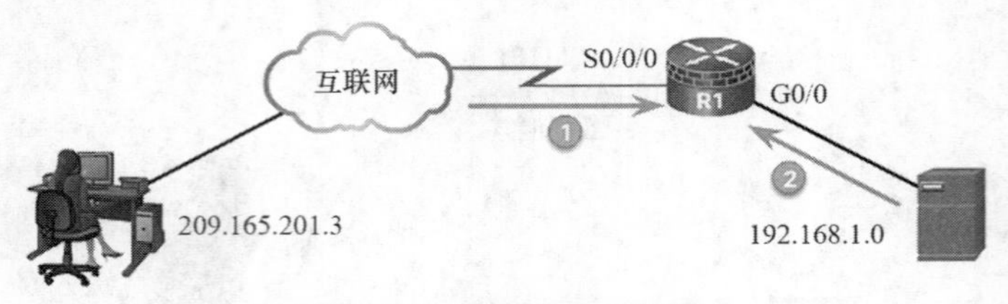

图 11-8 减轻 ICMP 滥用

例 11-1 来自互联网的 ICMP 流量相关的 R1 规则

```
access-list 112 permit icmp any any echo-reply
access-list 112 permit icmp any any source-quench
access-list 112 permit icmp any any unreachable
access-list 112 deny icmp any any
access-list 112 permit ip any any
```

例 11-2 来自网络内部的 ICMP 流量相关的 R1 规则

```
access-list 114 permit icmp 192.168.1.0  0.0.0.255 any echo
access-list 114 permit icmp 192.168.1.0  0.0.0.255 any parameter-problem
access-list 114 permit icmp 192.168.1.0  0.0.0.255 any packet-too-big
access-list 114 permit icmp 192.168.1.0  0.0.0.255 any source-quench
access-list 114 deny icmp any any
access-list 114 permit ip any any
```

位于地址 192.168.1.10 的服务器是内部网络的一部分，允许向位于 209.165.201.3 的外部主机发送 ping 请求。如果外部主机返回的 ICMP 流量是 ICMP 应答、源抑制（通知源降低流量速度）或任何 ICMP 不可达消息，则允许该流量。所有其他的 ICMP 流量类型都将被拒绝。例如，外部主机无法向内部主机发起 ping 请求。出站 ACL 允许报告各种问题的 ICMP 消息。这将允许 ICMP 隧道和数据泄漏。

攻击者可以确定 ACL 允许哪些 IP 地址、协议和端口。这可以通过端口扫描或渗透测试，或通过其他形式的侦查跟踪来完成。攻击者可以制作使用伪造源 IP 地址的数据包。应用程序可以在任意端口上建立连接。还可以操纵协议流量的其他特征，如 TCP 数据段中既定的标志。对所有新出现的数据包操纵技术进行预判和规则配置是不可能的。

为了检测和响应数据包操纵，需要采取更复杂的行为和基于情境的措施。思科下一代防火墙（NGFW）、高级恶意软件防护（AMP）、邮件和 Web 安全设备（ESA 和 WSA）能够解决基于规则的安全措施的缺点。

2. NAT 与 PAT

网络地址转换（NAT）和端口地址转换（PAT）可能会使安全监控复杂化。多个 IP 地址可映射到互联网上可见的一个或多个公共地址，从而隐藏网络中的单个 IP 地址（内部地址）。

图 11-9 所示为用作源地址（SA）和目的地址（DA）的内部和外部地址之间的关系。

这些内部和外部地址位于使用 NAT 与互联网上的目标通信的网络中。如果启用了 PAT，并且所有离开网络的 IP 地址都使用 209.165.200.226 内部全局地址来传输到互联网的流量，则很难记录在流量进入网络时请求和接收流量的特定内部设备。

这个问题与 NetFlow 数据尤其相关。NetFlow 流是单向的，并由它们共享的地址和端口定义。NAT 通常会中断通过 NAT 网关的流，使该点以外的流信息不可用。思科提供的安全产品能将流“缝合”在一起，即使 IP 地址已被 NAT 替换。

本章后续部分将详细介绍 NetFlow。

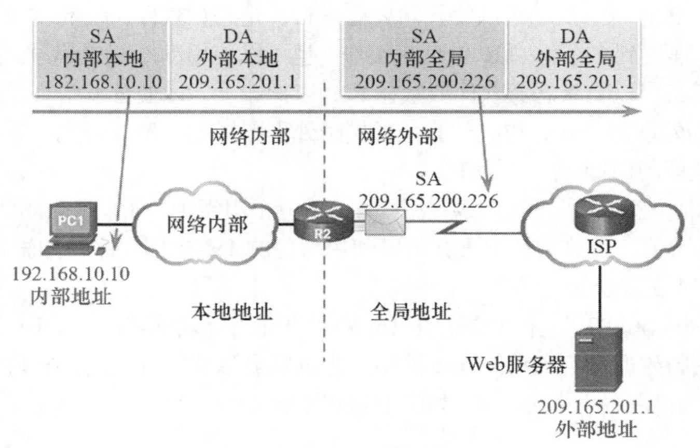

图 11-9 NAT 示例

3. 加密、封装和隧道

在讲解 HTTPS 时提到，加密可以使数据包的详细信息不可读，从而对安全监控造成挑战。加密是 VPN 技术的一部分。在 VPN 中，像 IP 这样普通的协议被用来传送加密的流量。加密的流量实质上会通过公共设施在网络之间建立虚拟点对点连接。加密使得 VPN 终端以外的其他任何设备都无法读取流量。

类似的技术可用于在内部主机和威胁发起者设备之间创建虚拟点对点连接。恶意软件可以建立一个加密隧道，该隧道驻留在一个通用、可信任的协议上，用于从网络中窃取数据。前面在讲解 DNS 时讨论过类似的数据窃取方法。

4. P2P 网络和 Tor

在图 11-10 所示的 P2P 网络中，主机可以同时以客户端和服务器的角色运行。

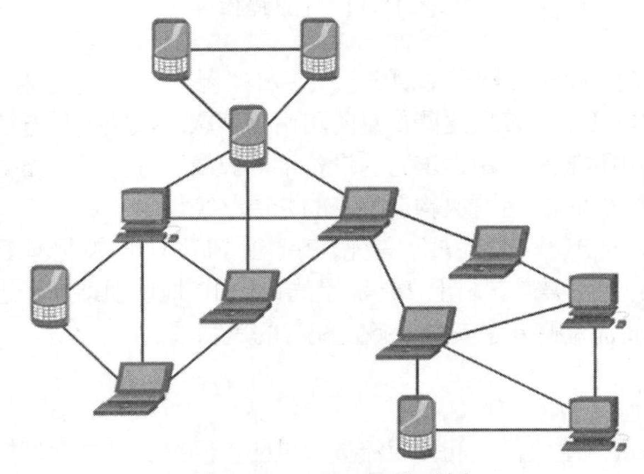

图 11-10 P2P 拓扑示例

存在 3 种类型的 P2P 应用程序：文件共享、处理器共享和即时消息。在文件共享 P2P 中，参与的计算机与 P2P 网络的成员共享文件。此类例子包括曾经流行的 Napster 和 Gnutella。比特币是一种 P2P 操作，涉及共享记录比特币余额和交易的分布式数据库（又称为账本）。BitTorrent 是一个 P2P 文件共享网络。

任何时候只要未知用户能够访问网络资源，安全性都是一个问题。公司网络上不应允许使用文件共享 P2P 应用程序。P2P 网络活动可以绕开防火墙保护，是恶意软件传播的常见媒介。P2P 本质上是动态的。它可以通过连接到多个目的 IP 地址来操作，也可以使用动态端口编号。共享文件经常会感染恶意软件，威胁发起者可以将其恶意软件放置在 P2P 客户端上，以便分发给其他用户。

共享 P2P 网络的处理器会向分布式计算任务捐赠处理器周期。癌症研究、寻找外星人，以及科学研究会使用捐赠的处理器周期分配计算任务。

即时消息（IM）也被认为是一个 P2P 应用程序。在一个组织中，如果项目团队的地理位置很分散，则 IM 将具有合理的价值。在这种情况下，可以使用专门的 IM 应用程序，如思科 Jabber 平台，它比使用公用服务器的 IM 更安全。

Tor 是一个软件平台和 P2P 主机网络，在 Tor 网络上充当互联网路由器。Tor 网络允许用户匿名浏览互联网。用户使用特殊的浏览器访问 Tor 网络。当浏览会话开始时，浏览器将在经过加密的 Tor 服务器网络上构建一个分层的端到端路径，如图 11-11 所示。

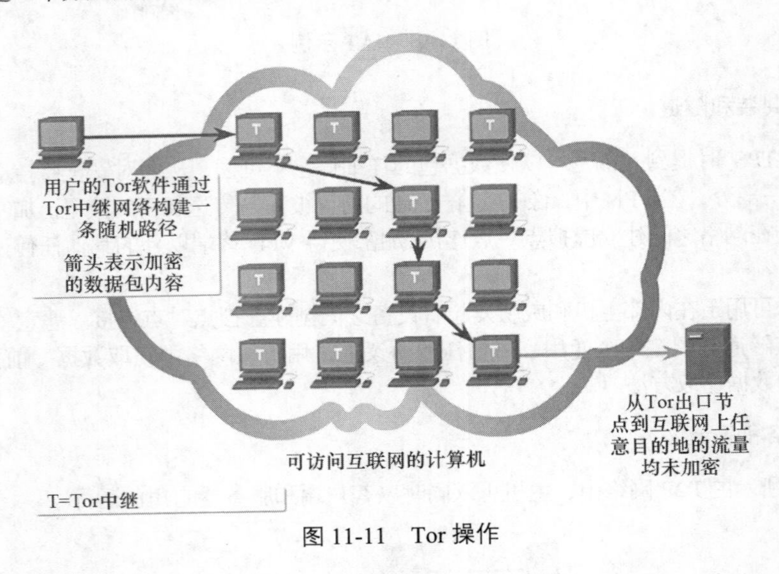

图 11-11　Tor 操作

当流量经过 Tor 中继时，每个加密层都像洋葱层一样“剥开”（因此称为“洋葱路由”）。这些层包含加密的下一跳信息，只能由需要读取这些信息的路由器读取。按照这种方法，没有单个设备了解到达目的地的整个路径，路由信息只可由请求它的设备读取。最后，在 Tor 路径的末尾，流量到达其互联网目的地。当通信返回到源时，将再次构造加密的分层路径。

Tor 向网络安全分析师提出了一些挑战。首先，Tor 在“暗网”中被犯罪组织广泛使用。此外，Tor 已被用作恶意软件 CnC 的通信渠道。由于 Tor 流量的目的 IP 地址通过加密进行了模糊处理，只知道下一跳 Tor 节点，因此 Tor 流量避开了安全设备上配置的黑名单。

5. 负载均衡

负载均衡涉及在设备或网络路径之间分配流量，以防止网络资源过度拥挤。如果存在冗余资源，则采用负载均衡算法或设备在这些资源之间分配流量，如图 11-12 所示。

在互联网上这样做的一种方法是通过各种技术，使用 DNS 将流量发送到域名相同但有多个 IP 地址的资源。在某些情况下，可能是分配到地理位置分散的服务器上。这可能导致单个互联网事务在传入的数据包中由多个 IP 地址表示。这可能会导致在捕获的数据包中出现可疑特征。此外，一些负载均衡管理器（LBM）设备使用探测器来测试不同路径的性能和不同设备的运行状况。例如，LBM 可以向正在发送负载均衡流量的不同服务器发送探测数据包，以检测服务器是否正在运行。这样做是为了避免将流量发送到不可用的资源。如果网络安全分析师不知道此流量是 LBM 操作的一部分，则可能将这些探测数据包视为可疑的流量。

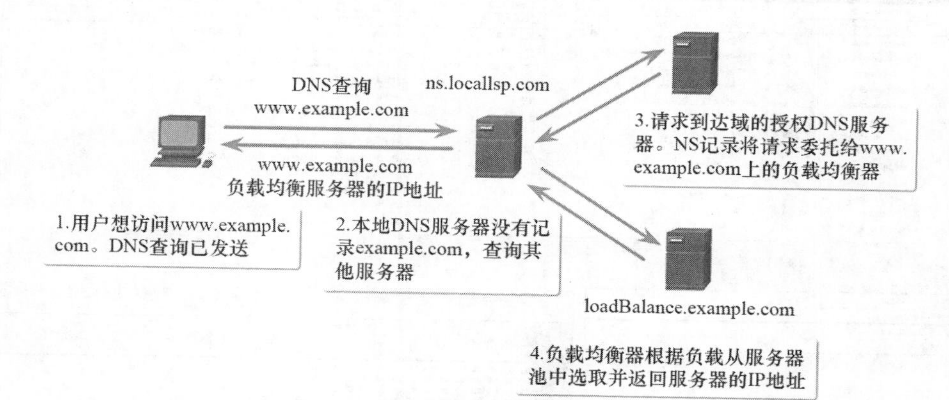

图 11-12 使用 DNS 委派进行负载均衡

11.2 日志文件

在本节中，您将会了解到安全监控中使用的日志文件的类型。

11.2.1 安全数据的类型

在本小节中，您将会了解到安全监控中使用的数据类型。

1. 警报数据

入侵防御系统（IPS）或入侵检测系统（IDS）在发现违反某个规则或与已知漏洞的签名相匹配的流量时会做出响应，由此生成的消息就是警报数据。网络 IDS（NIDS），例如 Snort，就配置了已知漏洞规则。警报由 Snort 生成，并可通过 Snorby 和 Sguil 等应用程序进行读取和搜索，它们都是 NSM 工具 Security Onion 套件的一部分。

用于确定 Snort 是否正在运行的测试站点是 www.testmyids.com。它包含一个仅显示文本 **uid=0(root)gid=0(root)groups=0(root)** 的网页。如果 Snort 运行正常，在主机访问此站点时，则会匹配签名并触发警报。这是一种验证 NIDS 是否正在运行的简单而无害的方法。

触发的 Snort 规则是：

```
alert ip any any->any any(msg:"GPL ATTACK_RESPONSE id check returned root";
   content:"uid=0|28|root|29|";fast_pattern:only;classtype:bad-unknown;
   sid:2100498;rev:8;)
```

如果网络中的任何 IP 地址从这样一个外部源接收数据，即这个外部源包含与 **uid=0(root)** 模式匹配的文本，则此规则将生成警报。该警报包含消息 **GPL ATTACK_RESPONSE id check returned root**。触发的 Snort 规则的 ID 为 **2100498**。

图 11-13 所示为在 Security Onion 控制台应用程序 Sguil 上访问并显示的一系列警报。

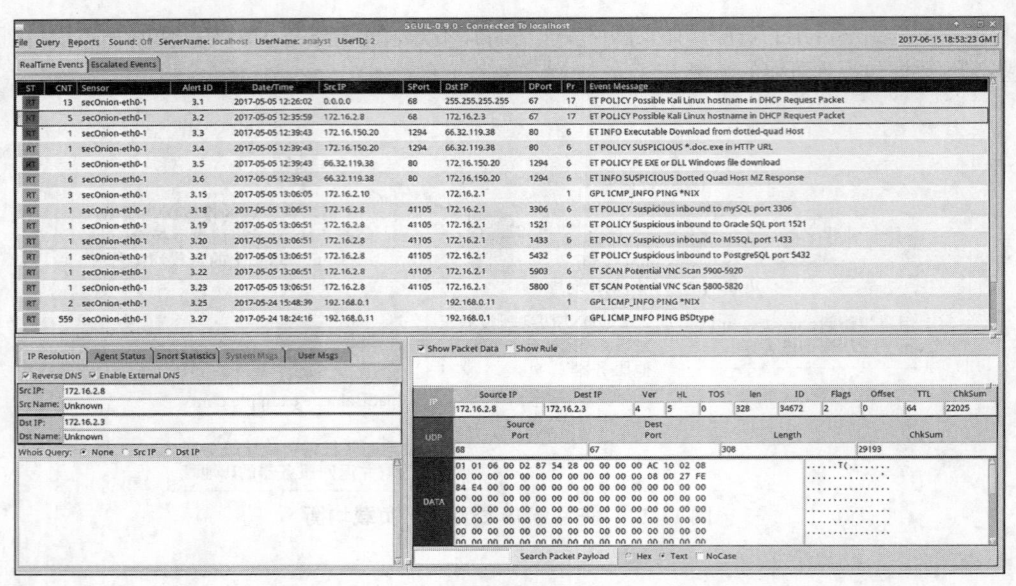

图 11-13　显示警报事件数据的 Sguil 控制台

2. 会话和事务数据

会话数据是两个网络终端（通常是客户端和服务器）之间的会话记录。服务器可能位于企业网络内部，也可能位于通过互联网访问的位置。会话数据是有关会话的数据，而不是客户端检索和使用的数据。会话数据包括标识信息，例如包含源和目的 IP 地址、源和目的端口号以及所用协议的 IP 代码的五元组。有关会话的数据通常包括会话 ID、源和目的传输的数据量以及与会话持续时间相关的信息。

Bro 是一个网络安全监控工具。图 11-14 显示了来自 Bro 连接日志的 3 个 HTTP 会话的部分输出。

1	2	3	4	5	6	7	8	9	10	11	12	13
ts	uid	id.orig_h	id.orig_p	id.resp_h	id.resp_p	proto	service	duration	orig_bytes	resp_bytes	orig_pkts	resp_pkts
1320279567	CEv1Z54N5gT3PwJLog	192.168.2.76	52034	174.129.249.33	80	tcp	http	0.082899	389	1495	5	4
1320279567	Cl6Ueb3SkSJHwASNN4	192.168.2.76	52035	184.72.234.3	80	tcp	http	2.56194	905	731	9	8
1320279567	CaTMSv1Sb8HtFunqii	192.168.2.76	52033	184.72.234.3	80	tcp	http	3.345539	1856	1445	15	13

图 11-14　Bro 会话数据：部分显示

下面描述了图 11-14 的每个域。

- 会话开始时间戳（UNIX 时间格式）。
- 唯一会话 ID。
- 发起会话的主机 IP 地址（源地址）。
- 源主机的协议端口（源端口）。
- 响应源主机的主机 IP 地址（目的地址）。
- 响应主机的协议（目的端口）。
- 会话的传输层协议。
- 应用层协议。
- 会话持续时间。
- 来自源主机的字节数。
- 来自响应主机的字节数。
- 来自源主机的数据包。
- 来自响应主机的数据包。

事务数据由网络会话期间交换的消息组成。这些事务可以在数据包捕获脚本中查看。服务器保存的设备日志还包含有关客户端和服务器之间发生的事务的信息。例如，会话可能包括从 Web 服务器的下载内容，如图 11-15 所示。表示请求和应答的事务将记录在服务器上的访问日志中，或者由像 Bro 这样的网络入侵检测系统记录。会话是组成请求时所涉及的所有流量，事务是请求本身。

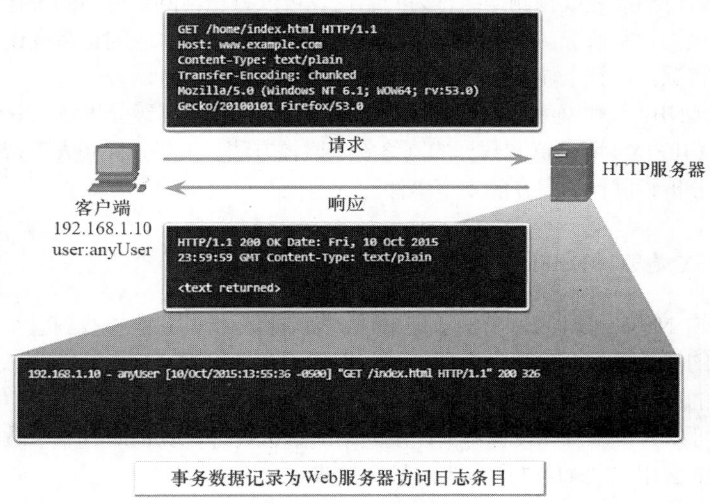

图 11-15　事务数据

3. 完整捕获的数据包

完整捕获的数据包是通常收集的最详细的网络数据。由于详细信息的数量较大，它们也是 NSM 中使用的最占存储空间且所需检索资源最多的数据类型。完整捕获的数据包不只包括有关网络对话的数据，如会话数据，还包括对话本身的实际内容。完整捕获的数据包包括邮件的文本、网页中的 HTML 以及进入或离开网络的文件。提取的内容可以从完整捕获的数据包中恢复，并针对违反业务和安全策略的恶意软件或用户行为进行分析。我们熟悉的工具 Wireshark 非常适合用于查看完整捕获的数据包，以及访问与网络会话相关的数据。

图 11-16 所示为思科 Prime Infrastructure 系统的网络分析监控器组件的界面，它与 Wireshark 一样，可以显示完整捕获的数据包。

NAM Packet Analyzer　Display Filter　Filter:　Apply　Clear　Tools
Capture: Session__http_1.pcap | Packets: 1-43271 of 43271

No.	Time	Source	Destination	Protocol	Length	Info
38333	2.691104	1.3.2.178	1.2.0.2	TCP	70	[TCP Dup ACK 34839#1] [TCP ACKed unseen segment] 54735 > http [ACK] ...
38334	2.691167	1.4.0.1	1.1.2.27	HTTP	1504	[TCP Previous segment not captured] Continuation or non-HTTP traffic[Packe...
38335	2.691175	1.4.0.1	1.1.2.27	HTTP	1504	[TCP Previous segment not captured] Continuation or non-HTTP traffic[Packe...
38336	2.691189	1.4.0.1	1.1.2.27	HTTP	1504	[TCP Previous segment not captured] Continuation or non-HTTP traffic[Packe...
38337	2.691193	1.4.0.1	1.1.2.27	HTTP	1504	[TCP Previous segment not captured] Continuation or non-HTTP traffic[Packe...
38338	2.691214	1.4.0.1	1.1.2.27	HTTP	1504	[TCP Previous segment not captured] Continuation or non-HTTP traffic[Packe...

```
Frame 1: 1504 bytes on wire (12032 bits), 1500 bytes captured (12000 bits)
Ethernet II, Src: 02:1a:c5:01:00:00 (02:1a:c5:01:00:00), Dst: 02:1a:c5:02:00:00 (02:1a:c5:02:00:00)
Internet Protocol Version 4, Src: 1.2.0.2 (1.2.0.2), Dst: 1.3.1.229 (1.3.1.229)
Transmission Control Protocol, Src Port: http (80), Dst Port: 55998 (55998), Seq: 1, Ack: 1, Len: 1438
Hypertext Transfer Protocol

0000   02 1A C5 02 00 00 02 1A C5 01 00 00 08 00 45 00   ..............E.
0010   05 DC 87 D5 40 00 20 06 C9 5B 01 02 00 02 01 03   ....@. ..[......
0020   01 E5 00 50 DA BE CF FD 2D 19 4F DA E7 D9 80 18   ...P....-.O.....
0030   1C 48 BE E1 00 00 01 01 08 0A AC 19 04 03 AB C7   .H..............
0040   79 16 37 BE 45 A5 2F B6 30 9C 7E 72 D7 50 D1 17   y.7.E./.0.~r.P..
0050   3B 71 79 A9 6B DD DD B8 17 58 97 B8 42 C7 9E 55   ;qy.k....X..B..U
0060   FF 2F 83 02 04 72 00 26 16 89 3C 21 68 B8 04 E0   ./...r.&..<!h...
0070   DD D4 DE 59 AB 69 AA A3 A0 BC D8 C9 61 B8 C4 CB   ...Y.i......a...
0080   FF 1E 7F BB 5A DC B3 FB DC 55 93 DD A9 79 83 35   ....Z....U...y.5
```

图 11-16　思科 Prime 网络分析模块：完整捕获的数据包

4. 统计数据

与会话数据一样，统计数据与网络流量相关。统计数据是通过分析其他形式的网络数据而产生的。通过这些分析，可以得出描述或预测网络行为的结论。可以将正常网络行为的统计特征与当前的网络流量进行比较，以检测异常情况。统计信息可用于表征网络流量模式中的正常变化量，以识别远远超出这些范围的网络状况。统计上显著的差异应该引发报警并立即进行调查。

网络行为分析（NBA）和网络行为异常检测（NBAD）是利用高级分析技术分析 NetFlow 或互联网协议流信息导出（IPFIX）网络遥测数据的网络安全监控方法。预测分析和人工智能等技术对详细的会话数据进行高级分析，以检测潜在的安全事件。

注 意 IPFIX 是思科 NetFlow 的开放标准版本。

利用统计分析的 NSM 工具的一个例子是思科认知威胁分析，它能够找到已绕过安全控制措施或者已通过未受监控的渠道（包括可移动介质）进入组织，并在组织环境中运行的恶意活动。认知威胁分析是一款基于云的产品，采用了机器学习和网络统计建模技术。它可以为网络中的流量建立基线，并识别异常。它还可以分析用户和设备行为以及网络流量，从而发现 CnC 通信、数据泄漏及基础设施中运行的可能有害的应用。图 11-17 所示为思科认知威胁分析的架构。

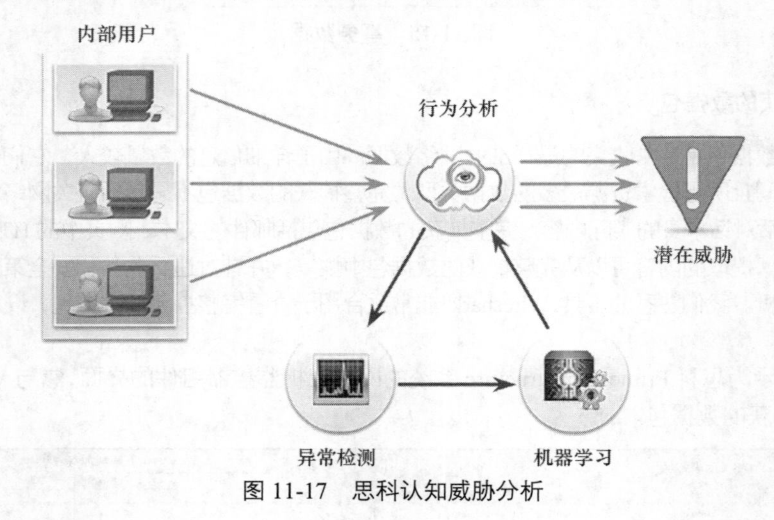

图 11-17 思科认知威胁分析

11.2.2 终端设备日志

在本小节中，您将会了解到一个终端设备日志文件的元素。

1. 主机日志

如前所述，基于主机的入侵保护（HIDS）在各个主机上运行。HIDS 不仅检测入侵，而且以基于主机的防火墙形式防止入侵。此软件会创建日志并将其存储在主机上。这会使用户很难了解企业主机上发生的情况，因此许多基于主机的保护都会通过某种方式将日志提交到集中日志管理服务器。这样，可以使用 NSM 工具从中心位置搜索日志。

HIDS 系统可以使用代理将日志提交到管理服务器。OSSEC 是一款流行的开源 HIDS，包含强大的日志收集和分析功能。Microsoft Windows 包括几种用于自动主机日志收集和分析的方法。Tripwire 是一款 Linux 版本的 HIDS，包括类似的功能。这些全都可以扩展到大型企业中。

Microsoft Windows 主机日志可通过事件查看器在本地查看。事件查看器保留下面 4 种类型的日志。

- **应用程序日志**：它们包含由各种应用程序记录的事件。
- **系统日志**：包括有关驱动程序、进程和硬件操作的事件。
- **安装日志**：记录有关软件安装的信息，包括 Windows 更新。
- **安全日志**：记录与安全相关的事件，例如登录尝试以及与文件或对象管理和访问相关的操作。

各种日志可以有不同的事件类型。表 11-1 列出了 Windows 主机日志的事件类型。

表 11-1　Windows 主机日志的事件类型

事件类型	说明
错误	指示严重问题（如数据丢失或功能丧失）的事件。例如，如果无法在启动过程中加载服务，将记录错误事件
警告	不一定重要但可能指示将来会出现的问题的事件。例如，当磁盘空间不足时，将记录警告事件。如果应用可以从事件中恢复且不会丧失功能或丢失数据，则通常可以将事件归类为警告事件
信息	描述应用、驱动程序或服务成功运行的事件。例如，当网络驱动程序成功加载后，记录为信息事件可能较为恰当。请注意，通常不适合在每次启动桌面应用时为其记录事件
审计成功	在成功进行了安全访问时记录的事件。例如，用户成功登录系统的尝试将被记录为审计成功事件
审计失败	在安全访问失败时记录的事件。例如，如果用户尝试访问网络驱动程序并失败，则此尝试将被记录为审计失败事件

安全日志仅包含审计成功或失败消息。在 Windows 计算机上，安全日志记录由本地安全机构子系统服务（LSASS）执行，该服务还负责在 Windows 主机上实施安全策略。LSASS 作为 lsass.exe 运行。它经常被恶意软件伪造。它应该从 Windows System32 目录运行。如果带有此名称或伪装名称（如 1sass.exe）的文件正在运行或正在从另一个目录中运行，则可能是恶意软件。

2. 系统日志

系统日志包括消息格式、客户端-服务器应用程序结构和网络协议的规范。可以将许多不同类型的网络设备配置为使用系统日志标准，来将事件记录到集中式系统日志服务器。

系统日志是一种客户端/服务器协议。系统日志是在 IETF 的系统日志工作组（RFC 5424）中定义的，并且受到多种平台上各种设备和接收器的支持。

系统日志发送器会向系统日志接收器发送一个小文本消息（小于 1KB）。系统日志接收器通常称为 syslogd、系统日志守护程序或系统日志服务器。系统日志消息可以通过 UDP（端口 514）和/或 TCP（通常是端口 5000）发送。虽然存在一些例外情况，例如 SSL 包装器，但这些数据通常通过网络以明文形式发送。

在线路上看到的系统日志消息的完整格式有 3 个不同的部分，如图 11-18 所示。

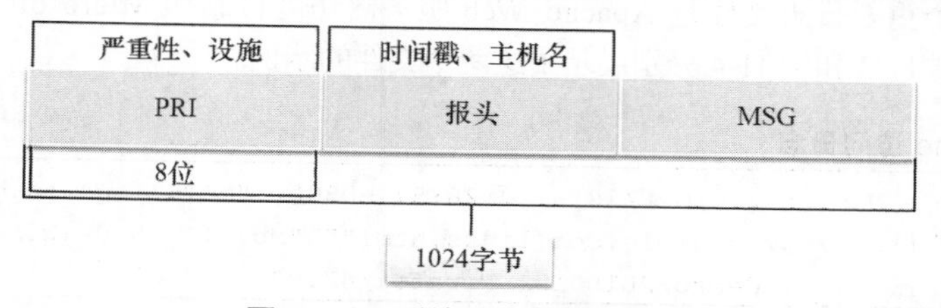

图 11-18　系统日志数据包格式

- PRI（优先级）；
- 报头；
- MSG（消息文本）。

PRI由两个元素组成，即消息的设施和严重性，它们都是整数值，如图11-19所示。

整数	严重性
0	紧急：系统不可用
1	警报：必须立即采取措施
2	严重：严重情况
3	错误：错误情况
4	警告：警告情况
5	注意：正常但比较重要的情况
6	信息：信息性的消息
7	调试：调试级消息

整数	设施
0	kern：内核消息
1	user：用户消息
2	mail：邮件系统
3	daemon：系统守护程序
4	auth：安全/授权消息
5	syslog：由syslogd内部生成的消息
6	lpr：行式打印机子系统
7	news：网络新闻子系统
8	uucp：UNIX到UNIX复制子系统
9	时间守护程序
10	authpriv：安全/授权消息
11	ftp：FTP守护程序
12	NTP子系统
13	日志审计
14	日志警报
15	cron: 时钟守护程序

优先级=（设施×8）+严重性

图11-19　系统日志严重性和设施

设施包括生成消息的各种来源，例如系统、进程或应用程序。日志服务器可以使用“设施”值将消息定向到适当的日志文件。严重性是定义消息严重性的值，范围为0~7。优先级（PRI）值的计算方式是将设施值乘以8，然后加上严重性值，如下所示。

优先级 =（设施 × 8）+ 严重性

优先级值是数据包中的第一个值，放在尖括号（<>）内。

消息的报头部分包含MMM DD HH:MM:SS格式的时间戳。如果时间戳前面有句点（.）或星号（*），则表示NTP出现了问题。报头部分还包括作为消息来源的设备的主机名或IP地址。

MSG部分包含系统日志消息的含义。这可以因设备制造商而异，并且可以进行定制。因此，这部分信息对网络安全分析师来说是最有意义和最有用的。

3. 服务器日志

服务器日志是用于网络安全监控的重要数据源。网络应用服务器（如邮件和Web服务器）保留访问和错误日志。DNS代理服务器的日志尤其重要，它记录网络上发生的所有DNS查询和响应。DNS代理日志有助于识别有可能已经访问了危险网站的主机，以及识别去往恶意软件命令和控制服务器的数据泄漏和连接。许多UNIX和Linux服务器使用系统日志。其他服务器可能使用专有的日志记录方式。日志文件事件的内容取决于服务器的类型。

需要熟悉的两个重要日志文件是Apache Web服务器访问日志和Microsoft互联网信息服务器（IIS）访问日志。例11-3和例11-4分别展示了这两个文件的示例。

例11-3　Apache访问日志

```
203.0.113.127 - dsmith [10/Oct/2016:10:26:57 -0500] "GET /logo_sm.gif HTTP/1.0"
  200 2254 ""http://www.example.com/links.html"" "Mozilla/5.0 (Windows NT 6.1;
  Win64; x64; rv:47.0) Gecko/20100101 Firefox/47.0"
```

例 11-4 IIS 访问日志

```
6/14/2016, 16:22:43, 203.0.113.24, -, W3SVC2, WEB3, 198.51.100.10, 80, GET, /home.
  htm, -, 200, 0, 15321, 159, 15, HTTP/1.1, Mozilla/5.0 (compatible; MSIE 9.0;
  Windows Phone OS 7.5; Trident/5.0; IEMobile/9.0), -, http://www.example.com
```

4. Apache HTTP 服务器访问日志

Apache HTTP 服务器访问日志记录了从客户端到服务器的资源请求。日志有以下两种格式：通用日志格式（CLF）和组合日志格式。后者是添加了引用站点和用户代理字段的 CLF。

CLF 格式的 Apache 访问日志（见例 11-3）中的字段如下。

- **请求主机的 IP 地址**：在例 11-3 中，地址为 203.0.113.127。
- **客户端标识**：这是不可靠的，经常被用来表示丢失或不可用数据的连字符 (-) 占位符替代。
- **用户 ID**：如果用户已通过 Web 服务器身份验证，则这是账户的用户名。对 Web 服务器的很多访问是匿名的，因此此值经常被连字符替代。
- **时间戳**：接收请求的时间，采用 DD/MMM/YYYY:HH:MM:SS(+|-) 区域格式。
- **请求**：请求方法、请求的资源和请求协议。
- **状态代码**：表示请求状态的 3 位数字代码。以 2 开头的代码代表成功，如例 11-3 中的 200。以 3 开头的代码表示重定向。以 4 开头的代码表示客户端错误。以 5 开头的代码表示服务器错误。
- **响应大小**：返回到客户端的数据的大小（以字节为单位）。

组合日志格式添加了以下两个字段。

- **引用站点**：发出请求的资源的 URL。如果用户直接在浏览器中输入 URL、从书签或从文档中的 URL 发出请求，则该值通常为连字符。
- **用户代理**：发出请求的浏览器的标识符。

表 11-2 对例 11-3 中每一个字段的值进行了说明。

表 11-2 Apache 访问日志项说明

字段	名　称	说　明	示　例
1	客户端 IP 地址	请求客户端的 IP 地址	203.0.113.127
2	客户端标识	客户端用户 ID，经常省略	-
3	用户 ID	已验证身份的用户名（如有）	dsmith
4	时间戳	请求的日期和时间	[10/Oct/2016:10:26:57-0500]
5	请求	请求方法和请求的资源	GET /logo_sm.gif HTTP/1.0
6	状态代码	HTTP 状态码	200
7	响应大小	返回客户端的字节数	2254
8	引用站点	客户端到达资源的位置（如有）	http://www.example.com/links.html
9	用户代理	客户端使用的浏览器	Mozilla/5.0 (Windows NT 6.1; Win64; x64; rv:47.0) Gecko/20100101 Firefox/47.0

注 意　统一资源标识符（URI）和统一资源定位器（URL）是不同的。URI 是引用诸如 example.com 之类来源的紧凑方法。URL 指定访问资源的方法，例如 https://www.example.com 或 ftp://www.example.com。

5. IIS 访问日志

Microsoft IIS 创建可通过事件查看器（Event Viewer）从服务器中查看的访问日志。事件查看器可以用来更容易地查看本机 IIS 日志格式。表 11-3 中对例 11-4 的每个字段进行了说明。本机 IIS 日志格式不可自定义。但是，IIS 可以以更多标准格式进行记录，如可以允许自定义的 W3C 扩展格式。

表 11-3 IIS 访问日志项说明

项 目	字 段	解 释	示 例
日期	date	活动发生的日期	6/14/2016
时间	time	活动发送的 UTC 时间	16:22:22
客户端 IP 地址	c-ip	发出请求的客户端 IP 地址	203.0.113.24
用户名	cs-username	经过身份验证的用户名	-
服务名称和实例编号	s-sitename	互联网服务名称和实例编号	W3SVC2
服务器名称	s-computername	生成日志条目的服务器名称	WEB3
服务器 IP 地址	s-ip	服务器的 IP 地址	198.51.100.10
服务器端口	s-port	服务的服务器端口	80
方法	cs-method	请求的操作（HTTP 方法）	GET
URI 资源	cs-uri-stem	操作目的	/home/htm
URI 查询	cs-uri-query	客户端试图执行的查询	-
HTTP 状态	sc-status	HTTP 状态码	200
Win32 状态	sc-win32-status	Windows 状态码	0
已发送字节数	sc-bytes	服务器发送的字节数	15321
已接收字节数	cs-bytes	服务器接收的字节数	159
所需时间	time-taken	操作所用的时间（毫秒）	15
协议版本	cs-version	协议版本	HTTP/1.1
用户代理	cs(User-Agent)	客户端使用的浏览器类型	Mozilla/5.0 (compatible; MSIE 9.0; Windows Phone OS 7.5; Trident/5.0; IEMobile/9.0)
cookie	cs(Cookie)	发送或接收的 cookie 类型（如有）	-
引用站点	cs(referrer)	提供当前站点链接的站点	http://www.example.com

6. SIEM 和日志收集

许多组织使用安全信息和事件管理（SIEM）技术来提供安全事件的实时报告和长期分析，如图 11-20 所示。

SIEM 结合了安全事件管理（SEM）和安全信息管理（SIM）工具的基本功能，通过以下功能提供企业网络的全面视图。

- **日志收集**：这些事件记录来自于整个组织的各种来源，提供重要的调查分析信息，并有助于解决合规性报告要求。
- **规范化**：这将来自不同系统的日志消息映射到一个通用数据模型，使组织能够连接和分析相关事件，即使它们最初是以不同的源格式记录的。
- **关联**：这将来自不同系统或应用程序的日志和事件链接起来，加快了对安全威胁的检测和响应。

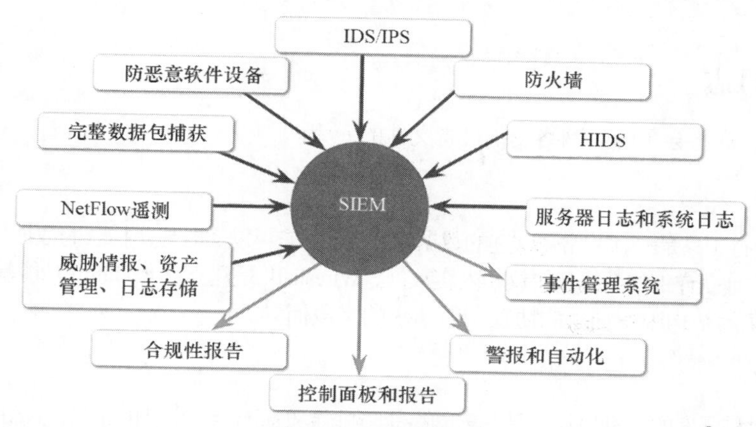

图 11-20 SIEM 组件

- **聚合**：通过合并重复的事件记录，可以减少事件数据量。
- **报告**：这将在实时监控和长期摘要（包括图形交互式控制面板）中显示关联的聚合事件数据。
- **合规性**：此报告旨在满足各种合规性法规的要求。

一款常用的 SIEM 是 Splunk，由思科的合作伙伴开发。图 11-21 显示了 Splunk 僵尸网络的控制面板。Splunk 广泛应用于 SOC。另一款受欢迎且开源的 SIEM 解决方案是 ELK，它集成了 Elasticsearch、Logstash 和 Kibana 应用程序。

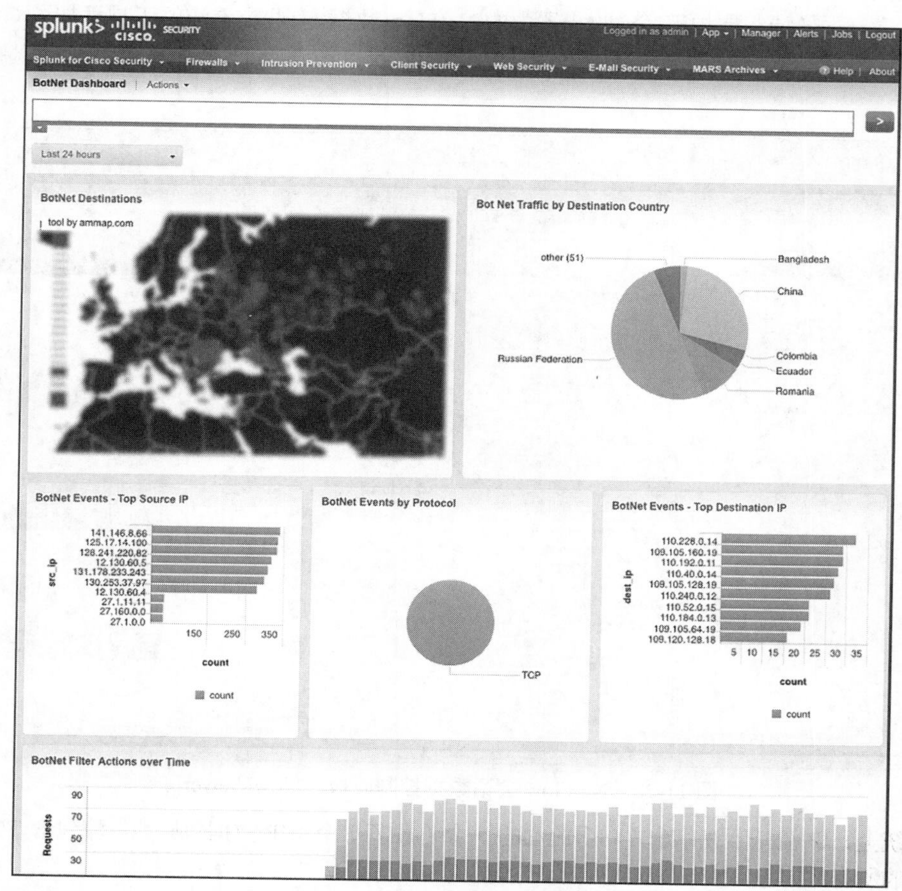

图 11-21 Splunk 僵尸网络控制面板

11.2.3　网络日志

在本小节中，您将会了解到网络设备日志文件的元素。

1. tcpdump

tcpdump 命令行工具是一款非常受欢迎的数据包分析器。它可以实时显示捕获的数据包，或将捕获的数据包写入文件。它捕获详细的数据包协议和内容数据。Wireshark 是建立在 tcpdump 功能基础之上的 GUI。

tcpdump 捕获的结构因所捕获的协议和所请求的字段而异。

2. NetFlow

NetFlow 是思科开发的一种协议，是一款网络故障排除和基于会话审计的工具。NetFlow 为 IP 应用高效提供一系列重要服务，包括网络流量审计、基于利用率的网络账单、网络规划、安全、拒绝服务监控功能和网络监控。NetFlow 可提供有关网络用户和应用程序、高峰使用时间以及流量路由的重要信息。

NetFlow 不像完整的数据包捕获一样捕获数据包的全部内容，而是记录有关数据包流的信息。例如，在 Wireshark 或 tcpdump 中可以查看捕获的完整数据包，而 NetFlow 收集元数据或有关流的数据，而不是流数据本身。

思科发明了 NetFlow，并允许它用作名为 IPFIX 的 IETF 标准的基础。IPFIX 基于思科 NetFlow 版本 9。

可以使用 nfdump 等工具查看 NetFlow 信息。与 tcpdump 类似，nfdump 提供了一个命令行实用工具，用于查看 nfcapd 捕获守护程序或收集器中的 NetFlow 数据。有些查看流的工具添加了 GUI 功能。图 11-22 所示为 FlowViewer 开源工具的屏幕。思科/Lancope Stealthwatch 技术增强了 NSM 对 NetFlow 数据的使用。

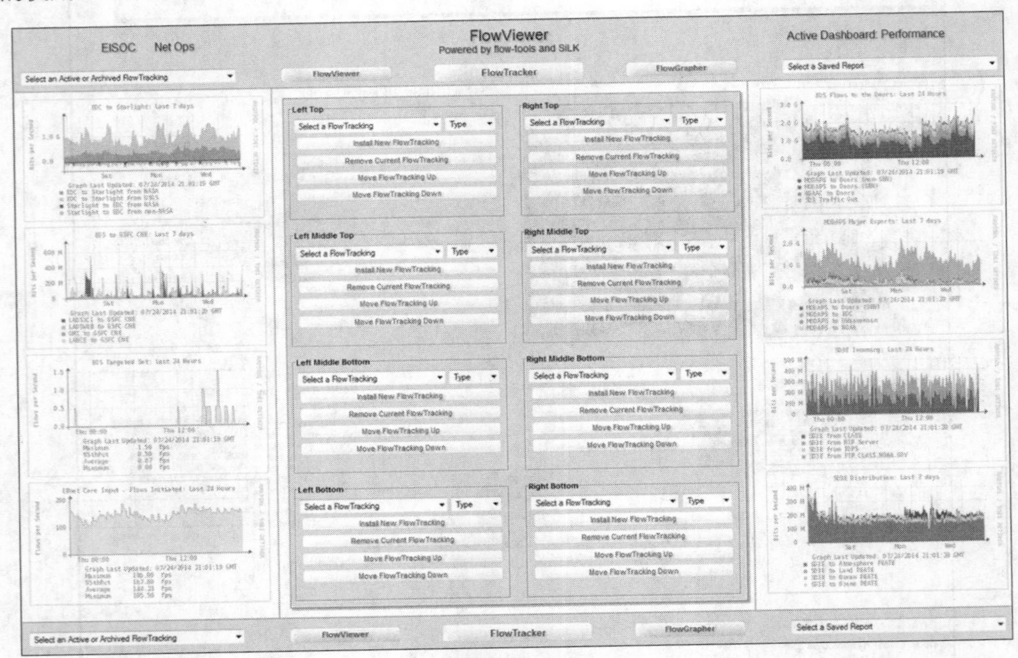

图 11-22　NetFlow 会话数据控制面板：FlowViewer

在传统上，IP 流基于在单个方向上流动的 5 个（最多 7 个）IP 数据包属性。流包含 TCP 会话终止前传输的所有数据包。NetFlow 使用的 IP 数据包属性有：

- IP 源地址；

- IP 目的地址；
- 源端口；
- 目的端口；
- 第 3 层协议类型；
- 服务类别；
- 路由器或交换机接口。

所有具有相同源/目的 IP 地址、源/目的端口、协议接口和服务类的数据包都分组到一个流中，然后对数据包和字节进行计数。这种指纹识别或确定流的方法是可扩展的，因为大量的网络信息被压缩到称为 NetFlow 缓存的 NetFlow 信息数据库中。

所有 NetFlow 流记录将包含上面列出的前 5 项，以及流开始和结束的时间戳。可能出现的附加信息是高度可变的，可以在 NetFlow 导出器设备上配置。导出器是一种设备，可以配置为创建流记录，并传输这些流记录以存储在 NetFlow 收集器设备上。例 11-5 以两个不同的方式展示了一个基本的 NetFlow 流记录。

例 11-5　简单的 NetFlow v5 流记录

```
Traffic Contribution: 8% (3/37)

Flow information:
IPV4 SOURCE ADDRESS:          10.1.1.2
IPV4 DESTINATION ADDRESS:     13.1.1.2
INTERFACE INPUT:              Se0/0/1
TRNS SOURCE PORT:             8974
TRNS DESTINATION PORT:        80
IP TOS:                       0x00
IP PROTOCOL:                  6
FLOW SAMPLER ID:              0
FLOW DIRECTION:               Input
ipv4 source mask:             /0
ipv4 destination mask:        /8
counter bytes:                205
ipv4 next hop address:        13.1.1.2
tcp flags:                    0x1b
interface output:             Fa0/0
counter packets:              5
timestamp first:              00:09:12.596
timestamp last:               00:09:12.606
ip source as:                 0
ip destination as:            0
```

流有许多属性是可用的。IPFIX 实体的 IANA 注册表列出了数百个，其中前 128 个最为常见。

虽然 NetFlow 在设计之初不是作为网络安全监控的工具，但它是网络安全事件分析中的有用工具。它可用于构建攻击的时间轴、了解单个主机行为、跟踪攻击者的移动，或者在网络中跟踪从一个主机到另一个主机的攻击。

3. 应用可视性与可控性

思科应用可视性与可控性（AVC）系统（见图 11-23）结合了多种技术，用来识别、分析和控制 1000 多种应用程序。这包括语音和视频、电子邮件、文件共享、游戏、P2P 和云计算型的应用程序。AVC 使用思科下一代基于网络的应用识别（NBAR2）来发现和分类网络上使用的应用。NBAR2 应用识别引擎支持 1000 多种网络应用。

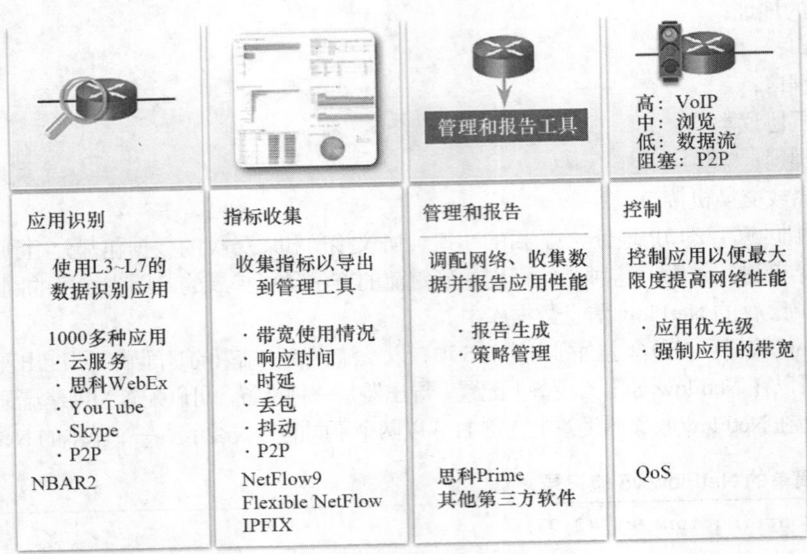

图 11-23 思科应用可视性与可控性

要真正了解此技术的重要性，请参考图 11-24。通过端口识别网络应用只能提供极小的粒度和对用户行为的可视性。但是，通过识别应用签名的应用可视性能够确定用户的操作，无论是远程会议还是将电影下载到他们的手机上。

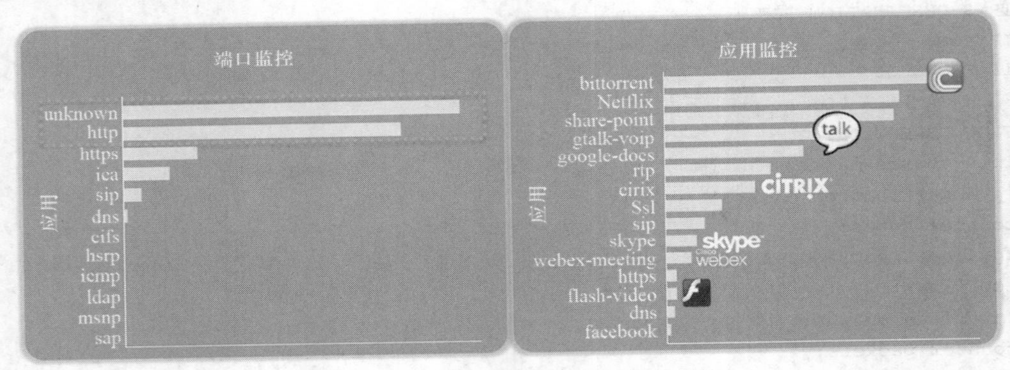

图 11-24 思科应用可视性与可控性示例

管理和报告系统（如思科 Prime）会分析应用并将分析数据呈现给控制面板报表，以供网络监控人员使用。应用程序使用率也可以通过服务质量分类和基于 AVC 信息的策略来控制。

4. 内容过滤器日志

提供内容过滤的设备，如思科邮件安全设备（ESA）和思科 Web 安全设备（WSA），提供多种安全监控功能。其中许多功能都可以用到日志记录。

例如，ESA 有 30 多个日志，可用于监控邮件传输、系统功能、防病毒、反垃圾邮件操作以及黑名单和白名单决策的大部分方面。大多数日志存储在文本文件中，可以在系统日志服务器上收集，也可以推送到 FTP 或 SCP 服务器。此外，还可以通过向负责监控和操作设备的管理员发送邮件，来监控有关设备本身及其子系统功能的警报。

WSA 设备提供类似深度的功能。WSA 能有效地充当 Web 代理，这意味着它为 HTTP 流量记录所有入站和出站事务信息。这些日志可以非常详细，并可自定义。它们可以配置为 W3C 兼容格式。WSA

可以配置为以各种方式将日志提交给服务器，包括系统日志、FTP 和 SCP。

WSA 可用的其他日志包括 ACL 决策日志、恶意软件扫描日志和 Web 信誉过滤日志。

图 11-25 所示为思科内容过滤设备提供的“深入了解”控制面板。

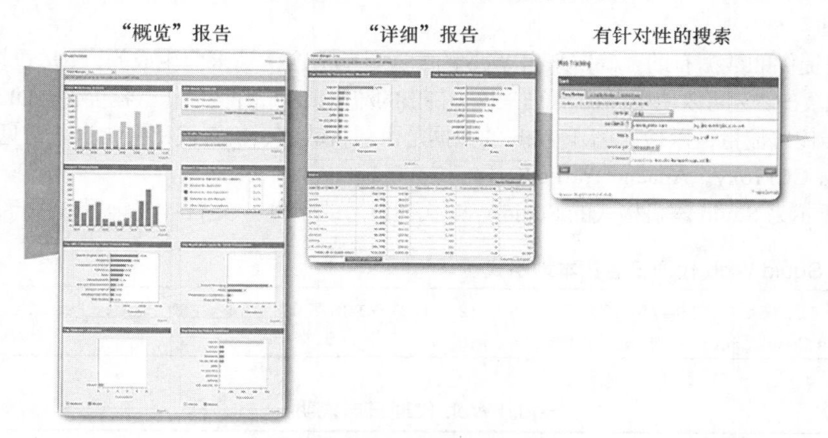

图 11-25 思科内容过滤面板

5. 思科设备中的日志记录

可以对思科安全设备进行配置，使其使用 SNMP 或系统日志向安全管理平台提交事件和警报。图 11-26 所示为由思科 ASA 设备生成的系统日志消息和由思科 IOS 设备生成的系统日志消息。

请注意，思科系统日志消息中的术语“设施”有两种含义。第一种是由系统日志标准确立的标准“设施”值的集。这些值在系统日志数据包的 PRI 消息部分中使用，用于计算消息优先级。思科使用 15～23 的一些值来确定思科日志的“设施”值，具体取决于平台。例如，思科 ASA 设备的系统日志“设施”值默认为 20，对应于 local4。其他“设施”值由思科分配，并出现在系统日志消息的 MSG 部分。

思科设备可能使用稍微不同的系统日志消息格式，并且可以使用助记符代替消息 ID，如图 11-26 所示。

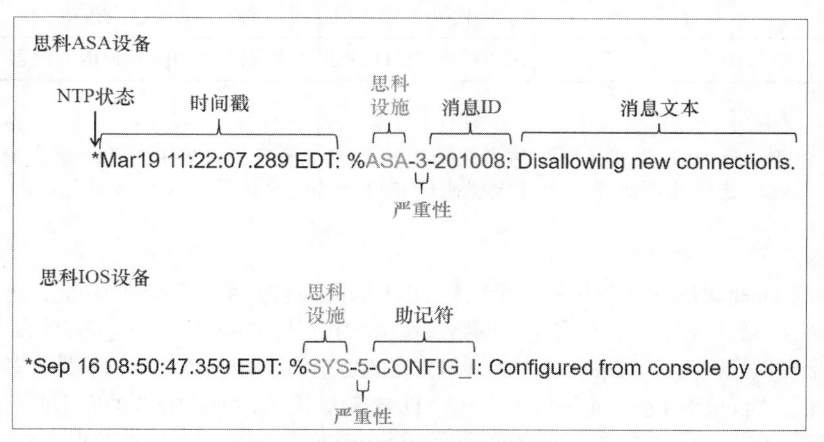

图 11-26 思科系统日志消息格式

6. 代理日志

代理服务器（如用于 Web 和 DNS 请求的服务器）包含有价值的日志，它们是网络安全监控的主要数据源。

代理服务器是充当网络客户端中介的设备。例如，企业可以配置 Web 代理来代表客户端处理 Web

请求。Web资源请求并非从客户端直接发送到服务器，而是首先发送到代理服务器。代理服务器发出资源请求并将资源返回给客户端。代理服务器会生成所有请求和响应的日志，然后可以分析这些日志，以确定发出请求的主机、确定被访问的目的是安全的还是具有潜在恶意的，并深入了解已下载的资源类型。

Web 代理

Web代理提供的数据有助于确定来自Web的响应是响应合法请求而生成的，还是看起来是响应而实际上是漏洞攻击。还可以使用Web代理来检查传出的流量，以此作为防止数据丢失（DLP）的手段。DLP包括扫描传出流量，以检测离开Web的数据是否包含敏感、机密或秘密信息。常见Web代理的例子有Squid、CCProxy、Apache Traffic Server和WinGate。

例11-6所示为Squid本机格式的Squid Web代理日志的示例。表11-4对字段值进行了解释。

例11-6 Squid Web代理日志：本地格式

```
1265939281.764    19478 172.16.167.228 TCP_MISS/200 864 GET http://www.example.com//
   images/home.png - NONE/- image/png
```

表11-4 Squid Web代理日志说明

字　段	说　明
1265939282	时间：采用UNIX时间戳格式，以毫秒为单位
19478	持续时间：从Squid接收、请求和响应的运行时间
172.16.31.7	客户端IP地址：发出请求的客户端的IP地址
TCP_MISS/200	结果代码：Squid结果代码和HTTP状态代码用斜线隔开
864	大小（以字节为单位）：发送到客户端的数据大小/数量
GET	请求方法：客户端所用的请求方法
http://www.example.com//images/home.png	URI/URL：所请求资源的地址
-	客户端标识：发出请求的客户端的RFC 1413值；默认情况下不使用
NONE/-	对等代码/对等主机：所咨询的邻居缓存服务器
Image/png	类型：响应HTTP报头中内容-类型值的MIME内容类型

注　意　开放的Web代理（即任何互联网用户都可以使用的代理）可用于对威胁发起者的IP地址进行混淆处理。开放代理地址可用于将网络流量列入黑名单。

OpenDNS

思科收购的OpenDNS公司提供了一个托管DNS服务，它扩展了DNS的功能，将安全增强加入其中。OpenDNS不是托管和维护黑名单、网络钓鱼保护和其他DNS相关安全的组织，而是在其自己的DNS服务上提供这些保护。OpenDNS能够将更多的资源用于管理DNS，这不是大多数组织能够负担的。在这方面，OpenDNS在一定程度上是作为DNS超级代理。OpenDNS的安全产品套件应用实时威胁情报来管理DNS访问和DNS记录的安全性。OpenDNS可以为订阅的企业提供DNS访问日志。例11-7所示为 OpenDNS 代理日志的示例。表11-5对每个字段进行了解释。组织可以选择订阅OpenDNS以获得DNS服务，而不是使用本地或ISP DNS服务器。

例11-7 OpenDNS Web代理日志

```
@40000000573b4e1a11876764 9.2 192.168.1.11 192.168.1.11 203.0.113.200 normal 0 -
   www.example.com. 1 0 18e7e3b69b 0 800000 0 com m7.dfx
```

表 11-5 OpenDNS Web 代理日志说明

字段	示例	解释
时间戳	@40000000573b4e1a11876764	TAI64N 格式的日志文件条目时间戳
版本	9.2	日志格式的版本
remoteIP	192.168.1.11	原始请求者的地址，如果不涉及代理，则与客户端地址相同
客户端	192.168.1.11	客户端地址
服务器	203.0.113.200	DNS 服务器 IP 地址
句柄	正常	常规操作或其他操作，如重定向、阻止等
origin_id	0	应用策略的设备 ID
其他来源 ID	-	其他来源设备列表
qname	www.example.com	查询的资源
qtype	1	查询类型
rcode	0	响应代码
dlink	18e7e3b69b	设备 ID
阻止类别	0	导致请求被阻止的相关类别
类别	8000000	类别或请求资源
标志	0	用于统计系统的事务特定标志
公用后缀	com	顶级域后缀
主机	m6.dfw	生成日志条目的主机名的前两个部分

7. NextGen IPS

众所周知，NextGen IPS（NGIPS）设备将网络安全扩展到 IP 地址和第 4 层端口号之外，扩展到应用程序层以及更外面。NexGen IPS 是比前几代网络安全设备提供更多功能的高级设备。其中一个功能是具有交互式特性的报表控制面板，它允许快速点击具体信息的报表，而不需要 SIEM 或其他事件相关器。

图 11-27 所示为思科的 NGIPS 设备的特性。

图 11-27 思科下一代 IPS 的主要功能

思科的 NGIPS 使用 Firepower 服务将多个安全层整合到一个单一的平台中。这有助于控制成本和简化管理。Firepower 服务包括应用可视性和可控性、Firepower NGIPS、基于信誉和基于类别的 URL 过滤，以及高级恶意软件防护（AMP）。Firepower 设备允许通过一个基于 Web 的 GUI（称为“事件查看器”）来监控网络安全。

常见的 NGIPS 事件如下所示。

- **连接事件**：连接日志包含有关 NGIPS 直接检测到的会话的数据。连接事件包括基本的连接属性，如时间戳、源和目的 IP 地址，以及有关记录连接原因的元数据，如哪个访问控制规则记录了该事件。
- **入侵事件**：系统检查网络上传输的数据包是否存在可能影响主机及其数据可用性、完整性和保密性的恶意活动。如果系统识别出潜在的入侵，会生成入侵事件；入侵事件是有关攻击源和攻击目标的日期、时间、攻击程序类型以及情境信息的记录。
- **主机或终端事件**：当主机出现在网络上时，系统可以检测到它，并记录设备硬件、IP 寻址和最后一次出现在网络上的详细信息。
- **网络发现事件**：网络发现事件表示在受监控网络中检测到的更改。这些更改是响应网络发现策略而记录的，这些策略指定要收集的数据类型、要监控的网段以及应用于事件收集的设备的硬件接口。
- **Netflow 事件**：网络发现可以使用多种机制，其中之一是使用导出的 NetFlow 流记录为主机和服务器生成新事件。

11.3　小结

在本章中，您了解了网络安全分析师是如何使用各种工具和技术来识别网络安全警报的。系统日志是一种常见的监控协议，可以记录各种事件。NTP 用于为这些事件添加时间戳。网络安全分析师应积极监控特别易受攻击的协议（如 DNS、HTTP、邮件协议和 ICMP）。

用于保护数据隐私的安全技术也使安全监控变得更加困难。如果过于依赖 ACL，可能会给人一种虚假的安全感。NAT 和 PAT 可能会隐藏网络内部的单个 IP 地址，使安全监控复杂化。加密的流量很难监控，因为除了 VPN 终端之外，任何其他设备都无法读取数据。P2P 网络活动可以规避防火墙保护，很难监控，是恶意软件传播的常见媒介。

日志文件是网络安全分析师用来监控网络安全性的数据。安全数据包括：

- 警报数据；
- 会话和事务数据；
- 完整捕获的数据包；
- 统计数据。

这些安全数据的来源包括各种日志：

- 主机日志；
- 系统日志；
- 服务器日志；
- Web 日志；
- 网络日志。

复习题

请完成以下所有复习题，以检查您对本章主题和概念的理解情况。答案列在附录“复习题答案”中。

1. 下列哪项正确描述了 tcpdump 工具？
   A. 它是一个命令行数据包分析器
   B. 它用于控制多个基于 TCP 的应用
   C. 它接受并分析 Wireshark 捕获的数据
   D. 它可以用于分析网络日志数据，以描述和预测网络行为
2. 哪种 Windows 主机日志事件类型描述应用、驱动程序或服务的成功运行？
   A. 错误
   B. 警告
   C. 信息
   D. 成功审计
3. NIDS/NIPS 已识别出威胁。系统将生成哪种类型的安全数据并将其发送至日志记录设备？
   A. 警报
   B. 会话
   C. 统计
   D. 事务
4. Tor 有何用途？
   A. 将处理器周期贡献给共享 P2P 网络的处理器中的分布式计算任务
   B. 允许用户匿名浏览互联网
   C. 通过不安全的链接（如互联网连接）安全连接到远程网络
   D. 检查传入流量并查找任何违反某项规则或与已知的漏洞攻击签名匹配的流量
5. 下列哪项正确描述了 NetFlow 的操作特性？
   A. NetFlow 捕获数据包的全部内容
   B. NetFlow 可以提供用户访问控制服务
   C. NetFlow 流记录可以通过 tcpdump 工具进行查看
   D. NetFlow 收集有关数据包流的元数据，而不是流数据本身
6. 哪种类型的安全数据可用于描述或预测网络行为？
   A. 警报
   B. 会话
   C. 统计
   D. 事务
7. 威胁发起者可以使用 DNS 与哪种类型的服务器进行通信？
   A. CnC
   B. 数据库
   C. NTP
   D. Web
8. 在思科 AVC 系统中，NBAR2 部署在哪个模块中？
   A. 控制
   B. 指标收集
   C. 应用识别
   D. 管理和报告
9. 安全分析师查看网络日志。数据将显示用户网络活动，如用户名、IP 地址、访问的网页和时间戳。分析师正在查看的是哪种类型的数据？
   A. 警报
   B. 会话
   C. 应用
   D. 事务
10. 哪种类型的服务器守护程序接受网络设备发送的消息，以创建日志条目的集合？
    A. SSH
    B. NTP

C. 系统日志　　D. AAA

11. 可使用哪种 Windows 工具查看主机日志?

A. 服务　　B. 事件查看器

C. 任务管理器　　D. 设备管理器

12. 设备在发送邮件的应用过程中可能会使用哪两种协议?（选择两项）

A. HTTP　　B. SMTP

C. POP　　D. IMAP

E. DNS　　F. POP3

第 12 章 入侵数据分析

学习目标

在学完本章后，您将能够回答下列问题：

- 警报的结构是什么；
- 警报是怎样分类的；
- 在网络安全监控（NSM）系统中使用的数据是怎样准备的；
- 怎样使用 Security Onion 工具集调查网络安全事件；
- 哪些网络监控工具能够加强工作流管理；
- 电子取证流程的作用是什么。

前文已经学习了安全监控以及网络安全分析师每天处理的数据类型等知识，现在请将注意力转向数据分析。

本章讨论如何报告、评估、上报网络安全警报并将其保留为证据。

注　意　上一章末尾安装了将在本章使用的多 VM 环境。阅读本章时，您会发现在运行 Security Onion VM 时非常有用，因为这能帮助您更加熟悉界面。

12.1 评估警报

在本节中，您将会了解评估警报的流程。

12.1.1 警报来源

在本小节中，您将会了解怎样识别警报的结构。

1. Security Onion

Security Onion 是一套用于评估警报的网络安全监控（NSM）工具，为网络安全分析师提供 3 项核心功能：

- 完整捕获的数据包和数据类型；
- 基于网络和基于主机的入侵检测系统；
- 警报分析工具。

Security Onion 运行于 Ubuntu Linux 发行版上，可以独立安装，也可以作为传感器和服务器平台安装。Security Onion 的一些组件由思科和 Riverbend Technologies 等公司拥有和维护，但作为开源工具提供。

注 意 在某些资源中，您可能会看到 Security Onion 缩写为 SO。在本课程中，我们将使用 Security Onion。

2. 用于收集警报数据的检测工具

Security Onion 包含许多组件。它是一个集成的环境，旨在简化完整 NSM 解决方案的部署。图 12-1 所示为 Security Onion 的一些组件协同工作的简化视图。

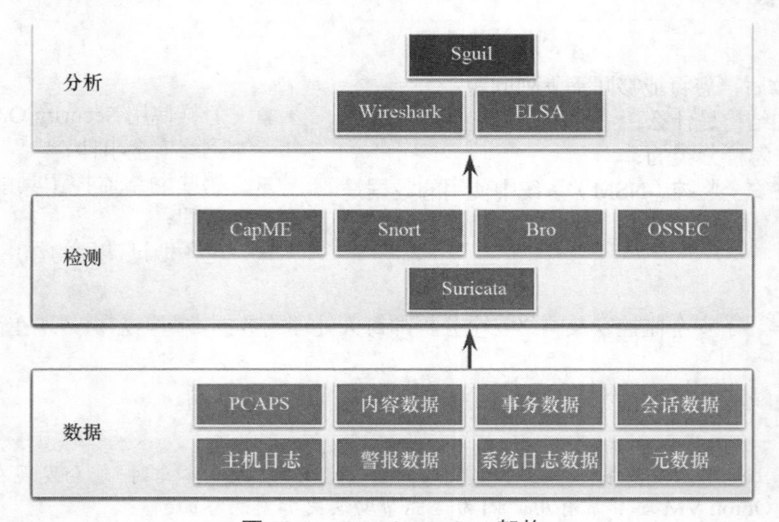

图 12-1 Security Onion 架构

在本书前文中，我们已经了解到可用于 NSM 的各种数据类型。这些数据类型（见图 12-1 的底部）由检测工具（见图 12-1 的中间部分）收集。

- **CapME**：这是一个 Web 应用程序，允许查看使用 tcpflow 或 Bro 工具呈现的 pcap 脚本。CapME 可以使用企业日志搜索和存档（ELSA）工具进行访问。CapME 为网络安全分析师提供了查看整个第 4 层会话的易于阅读的方法。CapME 作为 ELSA 的插件，使用它可以访问能在 Wireshark 中打开的相关 pcap 文件。
- **Snort**：这是一个基于网络的入侵检测系统（NIDS）。它是在 Sguil 分析工具中编入索引的一个重要的警报数据来源。Snort 使用规则和签名来生成警报。Snort 可以使用 Security Onion 的 PulledPork 组件自动下载新规则。Snort 和 PulledPork 是由思科赞助的开源工具。
- **Bro**：这是一款更多使用基于行为的方法进行入侵检测的 NIDS。Bro 不使用签名或规则，而是使用脚本形式的策略，来确定要记录哪些数据以及何时发出警报通知。Bro 还可以提交用于恶意软件分析的文件附件，阻止对恶意位置的访问，以及关闭看似违反安全策略的计算机。
- **OSSEC**：这是一个集成到 Security Onion 中的基于主机的入侵检测系统（HIDS）。它会主动监控主机系统操作，包括执行文件完整性监控、本地日志监控、系统过程监控和 rootkit 检测。OSSEC 警报和日志数据都可供 Sguil 和 ELSA 使用。OSSEC 要求在企业中的 Windows 计算机上运行代理。

- **Suricata**：这是一个使用基于签名的方法的 NIDS。它也可以用于内联入侵防御。它与 Bro 相似，但是 Suricata 使用本机多线程技术，这允许跨多个处理器内核分发数据包流处理。它还包括一些附加功能，例如基于信誉的拦截和对图形处理单元（GPU）的多线程支持，以提高性能。

3. 分析工具

Security Onion 通过以下工具将这些不同类型的数据和入侵检测系统（IDS）日志集成到单个平台中。

- **Sguil**：这提供了一个高级别的网络安全分析师控制台，用于调查来自各种来源的安全警报。Sguil 是调查安全警报的起点。通过直接从 Sguil 跳转到其他工具，网络安全分析师可以获得各种各样的数据源。
- **ELSA**：为各种 NSM 数据日志提供了接口。可以将日志记录源（如 HIDS、NIDS、防火墙、系统日志客户端和服务器、域服务等）配置为使其日志可供 ELSA 数据库使用。ELSA 配置为对不同来源的日志进行规范化，以便遵照通用模式来表示、存储和访问日志。ELSA 搜索功能直接与 Sguil 警报记录链接。使用 ELSA 的右键菜单，网络安全分析师可以轻松搜索 NSM 数据以获取警报的详细信息。
- **Wireshark**：这是一个集成到 Security Onion 套件中的数据包捕获应用程序。它可以直接从其他工具打开，并显示与分析相关的完整数据包捕获。

4. 生成警报

安全警报是由 NSM 工具、系统和安全设备生成的通知消息。警报可以有多种形式，具体取决于其来源。例如，系统日志支持严重性评级，可用于提醒网络安全分析师需要注意的事件。

在 Security Onion 中，Sguil 提供一个控制台，它将来自多个源的警报集成到一个时间戳队列中。网络安全分析师可以通过安全队列调查、分类、上报或撤销警报。作为专用的工作流管理系统的代替，如事件响应请求跟踪器（RTIR），网络安全分析师可以使用 Sguil 等应用程序的输出来协调 NSM 调查。

警报通常包括五元组信息（当可用时），以及时间戳和标识哪个设备或系统生成了警报的信息。五元组包含用于跟踪源和目标应用程序之间对话的以下信息。

- **SrcIP**：事件的源 IP 地址。
- **SPort**：事件的源（本地）第 4 层端口。
- **DstIP**：事件的目标 IP。
- **DPort**：事件的目标第 4 层端口。
- **Pr**：事件的 IP 协议编号。

其他信息包括对流量应用允许或拒绝访问的决定、数据包负载中的一些捕获数据，或者是已下载文件的散列值，或者是各种数据中的任何一个。

图 12-2 所示为 Sguil 应用程序窗口，窗口顶部是等待调查的警报队列。

可用于实时事件的字段如下。

- **ST**：这是事件的状态。RT 指实时（real time）。事件按照优先级进行颜色编码。优先级基于警报的类别。共有 4 个优先级：非常低、低、中、高。优先级由低到高，其颜色从淡黄色变为红色。
- **CNT**：这是同一源和目标 IP 地址检测到此事件的次数的计数。系统已确定这组事件是相关的。它们不是在此窗口中作为一个很长的关联事件系列报告出来，而是在此列中一次性列出并表明检测到的次数。较高的数字则表示存在安全问题，或需要调整事件签名以限制所报告的潜在虚假事件的数量。

- **传感器**：这是报告事件的代理。可用传感器及其标识号可在左侧“事件”窗口下方的窗格的“代理状态”选项卡中找到。这些数字也在警报 ID 列中使用。在“代理状态”窗格中，可以看到 OSSEC、pcap 和 Snort 传感器向 Sguil 报告。此外，还可以看到这些传感器的默认主机名，其中包括监控接口。注意，每个监控接口都有与之关联的 pcap 和 Snort 数据。
- **警报 ID**：这个由两部分组成的编号代表报告问题的传感器和该传感器的事件编号。从图 12-2 中可以看出，显示的最大事件数来自 OSSEC 传感器（1）。OSSEC 传感器报告了 8 组关联事件。在这些事件中，ID 1.24 就报告了 232 个事件。
- **日期/时间**：这是相关系列事件中第一个事件的时间戳。
- **事件消息**：这是事件的标识文本。这在触发警报的规则中进行了配置。关联的规则可以在右边的窗格中查看，就在数据包数据的上面。为此，请选中“显示规则”复选框。

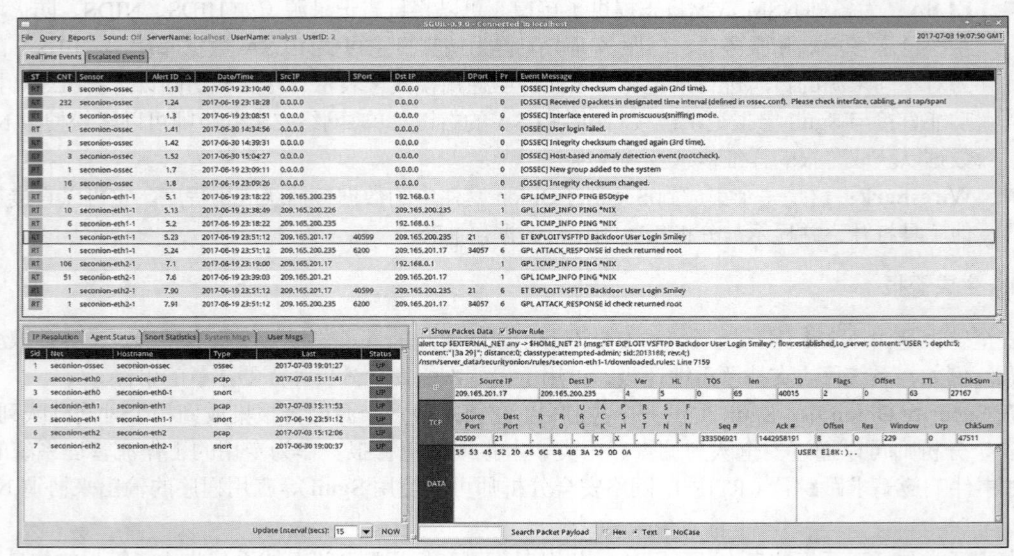

图 12-2 Sguil 窗口

根据安全技术，可以按规则、签名、异常或行为生成警报。不管它们是如何生成的，触发警报的条件必须以某种方式预先定义。

5. 规则和警报

警报可以来自多个来源。

- **NIDS**：Snort、Bro 和 Suricata。
- **HIDS**：OSSEC。
- **资产管理和监控**：被动资产检测系统（PADS）。
- **HTTP、DNS 和 TCP 事务**：由 Bro 和 pcap 记录。
- **系统日志消息**：多个来源。

Sguil 中显示的警报中的信息在消息格式上会有所不同，因为它们来自不同的来源。

图 12-3 中的 Sguil 警报是由在 Snort 中配置的规则触发的。

重要的是，网络安全分析师要能够解释触发警报的原因，以便对警报进行调查。因此，网络安全分析师应该了解 Snort 规则的组成部分，这是 Security Onion 中警报的主要来源。

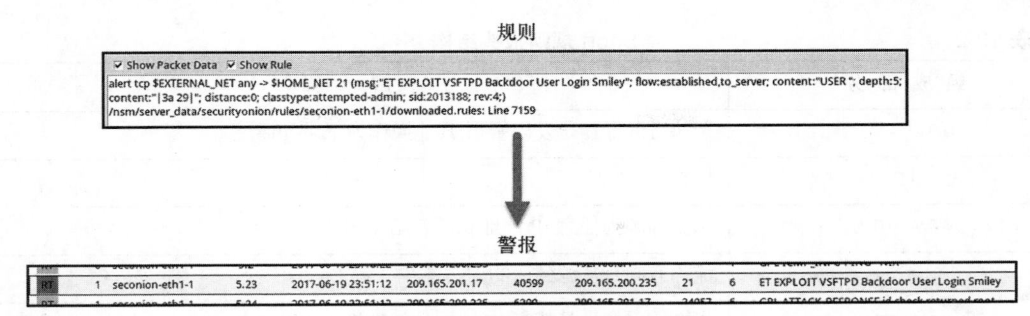

图 12-3 Sguil 警报和相关规则

6. Snort 规则结构

Snort 规则由两部分组成：规则报头和规则选项，如例 12-1 和表 12-1 所示。

例 12-1 Snort 规则

```
alert ip any any -> any any (msg:"GPL ATTACK_RESPONSE id check returned root";
  content:"uid=0|28|root|29|"; fast_pattern:only; classtype:bad-unknown;
  sid:2100498; rev:8;)
/nsm/server_data/securityonion/rules/seconion-eth1-1/downloaded.rules:Line 692
```

表 12-1 Snort 规则结构

组 成 部分	解 释
规则报头	包含要采取的操作、源和目的地址与端口以及流量流动方向
规则选项	包括要显示的消息、数据包内容详细信息、警报类型、源 ID 以及其他详细信息（例如规则的引用）
规则位置	由 Sguil 添加，指示规则在 Security Onion 文件架构中的位置以及在指定的规则文件中的位置

“规则报头”包含操作、协议、源和目标 IP 地址、网络掩码，以及源和目标端口信息。在例 12-1 中，规则报头为

```
alert ip any any -> any any
```

“规则选项”部分包含警报消息，以及应检查数据包的哪些部分来确定是否采取规则操作的相关信息。在例 12-1 中，规则操作包围在圆括号中：

```
(msg:"GPL ATTACK_RESPONSE id check returned root"; content:"uid=0|28|root|29|";
  fast_pattern:only; classtype:bad-unknown; sid:2100498; rev:8;)
```

“规则位置”有时由 Sguil 添加。规则位置是包含规则和规则所在位置的文件路径，以便在需要时能找到规则并进行修改或删除。在例 12-1 中，规则位置为

```
/nsm/server_data/securityonion/rules/seconion-eth1-1/downloaded.rules:Line 692
```

规则报头

表 12-2 所示为例 12-1 中规则报头的结构。

表 12-2 Snort 规则报头结构

组成部分	解释
alert	要执行的操作是发出警报;其他操作为记录和通过
ip	协议
any any	指定的源为任意 IP 地址和任意第 4 层端口
->	流的方向是从源到目的地
any any	指定的目的地是任意 IP 地址和任意第 4 层端口

规则报头包含操作、协议、寻址和端口信息。此外，还指示触发警报的流的方向。报头部分的结构在 Snort 警报规则之间是一致的。

可以将 Snort 配置为使用变量来表示内部和外部 IP 地址。变量**$HOME_NET** 和**$EXTERNAL_NET** 将出现在 Snort 规则中。使用它们可以无须为每个规则指定特定地址和掩码，从而简化了规则的创建。这些变量的值在 **snort.conf** 文件中配置。Snort 还允许在规则中指定单个 IP 地址、地址块或地址/地址块的组合。端口范围可以通过用冒号分隔范围的上值和下值来指定。也可以使用其他运算符。

规则选项

规则选项部分的结构是可变的。表 12-3 所示为例 12-1 中规则选项的结构。

表 12-3 Snort 规则选项结构

组成部分	解释
msg:	描述警告的文本
content:	指的是数据包的内容。在这种情况下，如果数据包数据中的任何地方出现文本“uid=0(root)”，将发送警报。还可以提供用来指定文本在数据负载中的位置的值
reference:	并不是所有的规则都有这个组成部分。它通常是指向一个 URL 的链接，该 URL 提供关于规则的更多信息。在这种情况下，sid 被超链接到 Internet 上规则的源位置
classtype:	攻击的类别。Snort 包含一组默认类别，这些类别具有 4 个优先级值
sid:	规则的唯一数字规则标识符
rev:	由 sid 表示的规则的修订

规则选项部分包含标识警报的文本消息，还包含有关警报的元数据，例如提供警报引用信息的 URL，也可以包含其他信息，例如规则的类型，以及规则和规则修订的唯一数字标识符。此外，可以在“选项”中指定数据包负载的特性。

Snort 规则消息可能包含规则的来源。Snort 规则的 3 个常见来源如下所示。

- **GPL**：由 Sourcefire 在 GPLv2 下创建并分发的旧版 Snort 规则。GPL 规则集未经思科 Talos 认证。它包括 Snort SID 编号 3464 和低于该值的 SID。GPL 包含在 Security Onion 内。
- **ET**：来自“新兴威胁”(Emerging Threats)的 Snort 规则。“新兴威胁”是多个源的 Snort 规则的集合点。ET 规则是 BSD 许可下的开源规则。ET 规则集包含来自多个类别的规则。Security Onion 中包含一组 ET 规则。
- **VRT**：这些规则可立即供订阅者使用，并在创建后 30 天内发布给注册用户，但有一些限制。它们现在由思科 Talos 创建和维护。

可以使用 Security Onion 包含的 PulledPork 规则管理实用程序，从 Snort.org 自动下载规则。

非 Snort 规则生成的警报使用 OSSEC 或 PADS 等标记来标识。此外，还可以创建自定义本地规则。

12.1.2 警报评估概述

在本小节中，您将会了解到怎样对警报进行分类。

1. 对警报评估的需求

随着新漏洞的发现和新威胁的发展，威胁格局在不断变化。用户和组织需求在变化，攻击面也不例外。威胁发起者已经学会如何快速改变它们的攻击特点，以逃避检测。

要设计出能防止所有攻击的措施是不可能的。漏洞攻击将不可避免地躲避保护措施，无论这些措施有多复杂。有时，我们能够采取的最好措施是在攻击发生期间或之后检测它们。检测规则要宁可错杀，不可放过。换言之，即使有时对无辜流量生成警报，也不能漏报恶意流量。因此，有必要让熟练的网络安全分析师调查警报，以确定是否确实发生了攻击。

一级网络安全分析师通常会使用像 Sguil 这样的工具来查看警报队列。如图 12-4 所示，从该工具可以跳转至 Bro、Wireshark 和 ELSA 这样的工具来验证警报是否代表实际攻击。

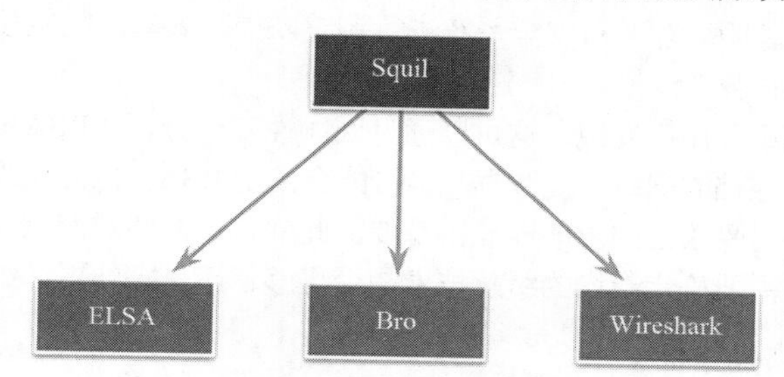

图 12-4 一级网络安全分析师的主要工具

2. 评估警报

安全事件借用医疗诊断中采用的一个方案进行分类。此分类方案用于指导行动和评估诊断程序。例如，当就诊者找医生进行例行检查时，医生的任务之一是确定就诊者是否患病。一个结果可以是正确诊断出疾病存在且就诊者患病。另一个结果可以是疾病不存在且就诊者健康。

问题在于，医生的诊断有可能是准确的，即为正诊，也可能是错误的，即为误诊。例如，医生可能会遗漏疾病的征兆，并错误地判断就诊者是健康的，而实际上是患病的。另一个可能的错误是将健康的就诊者诊断为患病。错误诊断会导致付出高昂代价或造成危险。

在网络安全分析中，网络安全分析师也面临同样的风险。这是类似于就诊者去看医生，并说："我生病了。"与医生一样，网络安全分析师需要确定这个诊断是否属实。网络安全分析师问道："系统说发生了一个漏洞攻击。此情况属实吗？"

表 12-4 所示为警报分类。

表 12-4 警报分类

	正 确	错 误
恶意（存在警报）	已发生事件	未发生事件
良性（不存加警报）	未发生事件	已发生事件

- **正确恶意检测**：警报经验证为真实的安全事件。
- **误报**：警报指示的安全事件有误。

另一种情况是没有生成警报。未生成警报的情况可以进行如下归类。

- **正确良性检测：**未发生安全事件。
- **漏报：**发生了安全事件但未检测到。

正确恶意检测是我们期望的警报类型。它们意味着生成警报的规则凑效了。

误报是我们不期望发生的警报类型。虽然它们不代表发生了未被检测到的攻击，但造成的代价高昂，因为网络安全分析师必须调查误报，这就会浪费用于调查表示真实漏洞攻击的警报的时间。

正确良性检测也是我们期望看到的结果。它们表示正常流量被正确地忽略了，并且未发出错误警报。

漏报是非常危险的情形。它们表明现有的安全系统未检测到漏洞攻击。这些事件可能会潜伏很长一段时间，并持续造成数据丢失和损害。

如果怀疑发生了正确恶意检测，有时一级网络安全分析师需要将警报上报给二级网络安全分析师。二级网络安全分析师将进行调查，以确认事件并确定可能已经造成的潜在损害。这些信息将由更高级的安全人员使用，他们将努力隔离损坏、解决漏洞、减轻威胁并处理报告要求。

网络安全分析师还可能负责通知安全人员发生了误报，特别是在网络安全分析师的时间受到严重影响的情况下。这种情况表明，需要对安全系统进行调整以提高效率。网络配置的合法更改或新下载的检测规则都可能导致误报突然激增。

漏报往往会在发生漏洞利用后发现。这可以通过回顾性安全分析（RSA）来实现。当新获得的规则或其他威胁情报应用于存档的网络安全数据时，可能会发生 RSA。因此，监控威胁情报以了解新的漏洞和攻击，并评估网络易受攻击的可能性非常重要。此外，还需要对漏洞攻击可能导致企业遭受的潜在损害进行评估。可能需要确定新增的缓解技术是否足够，还是需要更详细的分析。

3. 确定性分析与概率性分析

统计技术可用于评估在给定网络中成功进行漏洞攻击的风险。这种类型的分析可以帮助决策者更好地评估漏洞利用可能造成的损害，从而减轻威胁的成本。

两种常用的方法为确定性分析和概率性分析，可以总结如下。

- **确定性分析：**要想成功地进行漏洞利用，漏洞利用之前的所有步骤都必须成功。网络安全分析师了解成功地进行漏洞利用的步骤。
- **概率性分析：**根据进行漏洞利用之前每一步骤的可能性，使用统计技术预测发生漏洞利用的概率。

确定性分析根据漏洞的已知信息来评估风险。此分析假设漏洞利用要成功，攻击前的所有步骤也必须成功。这种类型的风险分析只能描述最坏的情况。然而，许多威胁发起者虽然知道执行漏洞利用的过程，但可能缺乏专业知识或技能来成功完成漏洞利用的每一步。这就使网络安全分析师有机会检测到该漏洞利用，并在其继续之前阻止它。

概率性分析通过估计漏洞利用中的一个步骤成功完成后下一个步骤也将成功的可能性，来估计漏洞攻击的成功概率。概率性分析在实时网络安全分析中特别有用，其中有众多变量在起作用，而且特定威胁发起者在进行攻击时可能会做出未知的决策。

概率性分析依赖于统计技术，其目的是根据前面事件的发生概率来估计本事件的发生概率。使用这种类型的分析，可以估计漏洞利用的最可能路径，并且安全人员的注意力可以集中在防止或检测最可能的漏洞利用上。

在确定性分析中，假定完成漏洞利用所需的所有信息都是已知的。漏洞利用的特征（例如使用特定端口号）可以从漏洞利用的其他实例中获知，或者因为使用了标准化端口而得知。在概率性分析中，假定将使用的端口号只能以一定程度的置信度进行预测。在这种情况下，无法确定性地分析使用动态端口号的漏洞利用。此类漏洞利用已经进行了优化，可避免使用静态规则的防火墙的检测。

12.2 使用网络安全数据

在本节中，您将会了解到怎样解释数据以确定警报的来源。

12.2.1 通用数据平台

在本小节中，您将会了解到怎样准备在 NSM 系统中使用的数据。

1. ELSA

ELSA 表示“企业日志搜索和存档”。顾名思义，ELSA 是一个企业级工具，用于搜索和存档来自多个源的 NSM 数据。ELSA 能够将日志文件条目规范化为一个通用模式，使其能在 ELSA Web 界面中显示出来。ELSA 的搜索遵循简单的语法，以及在需要的情况下，使用更复杂的基于正则表达式的模式进行搜索和过滤。ELSA 能够对大量的 NSM 数据编制索引、存档和进行搜索。

ELSA 通过 syslog-ng 接收日志，将日志存储在 MySQL 数据库中并使用 Sphinx Search 制作索引。数据由 Web 服务进程提供访问服务，用户通过浏览器访问。ELSA 用于处理大量数据，处理速度快且可扩展。

可以从 Sguil 跳转到 ELSA 执行搜索，或者也可以直接打开 ELSA。直接打开 ELSA 时，有大量预制的查询可供使用，也可以构造搜索。图 12-5 所示为 ELSA 界面及查询结果示例。

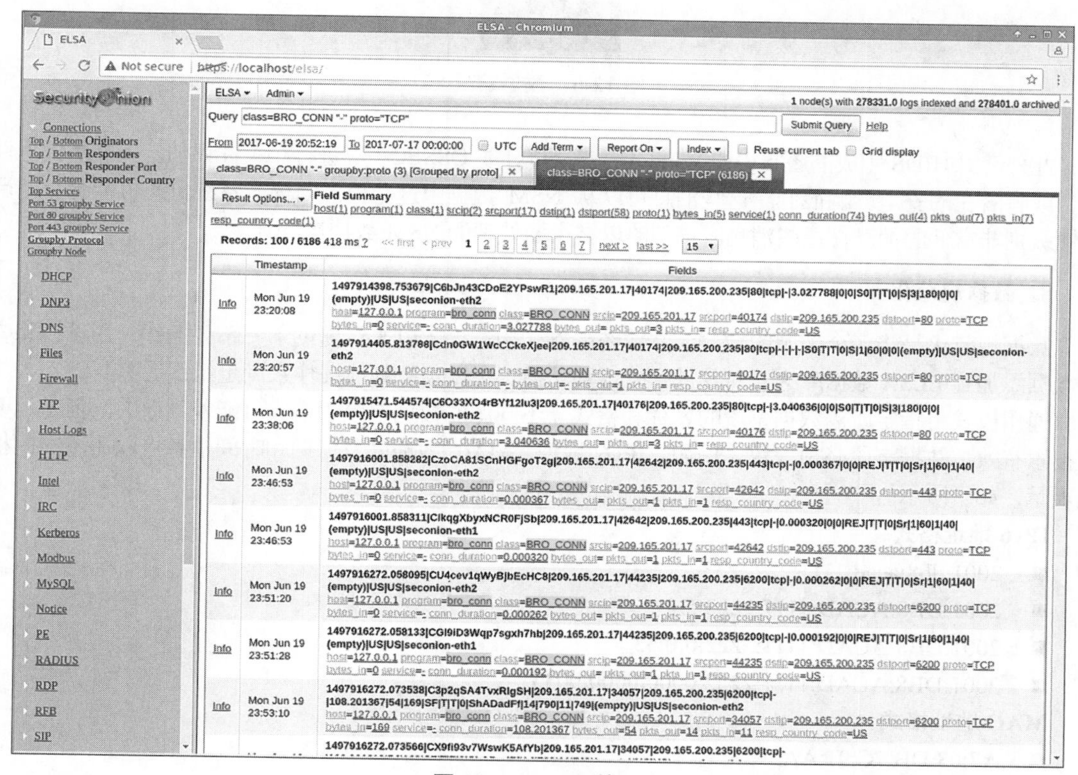

图 12-5 ELSA 接口

浏览器窗口左侧的框包含可用的预制查询类型的列表。每种类型的搜索均可扩展，以显示可满足网络安全分析师一般需求的各种查询。

2. 数据缩减

通过数据包捕获收集的网络流量以及网络和安全设备生成的日志文件条目和警报的数量可能非常巨大。即使近年来大数据技术取得了很大进展，处理、存储、访问和存档与 NSM 相关的数据仍是一项艰巨的任务。因此，确定应收集的网络数据非常重要。并非每个日志文件条目、数据包和警报都需要收集。通过限制数据量，像 ELSA 这样的工具将更加有用，如图 12-6 所示。

有些网络流量对 NSM 没有多大价值。加密数据（如 IPSec 或 SSL 流量）在很大程度上是不可读的。某些流量（如由路由协议或 STP 生成的流量）为常规流量，可排除在外。其他广播和多播协议通常可以从数据包捕获中排除，其他协议生成的大量常规流量也可以排除。

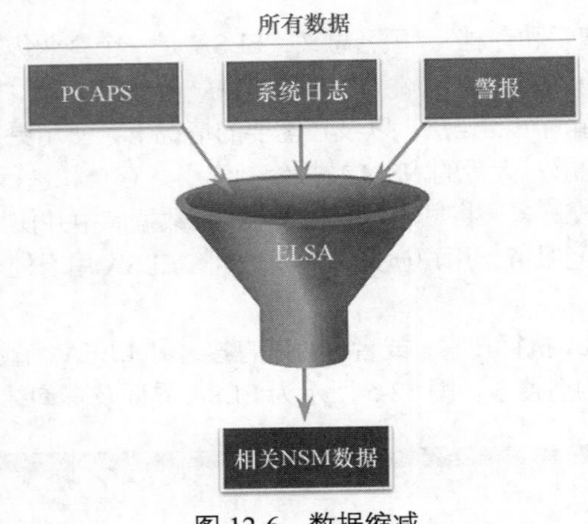

图 12-6　数据缩减

此外，由 HIDS 生成的警报（如 Windows 安全审计或 OSSEC）应进行相关性评估。一些是信息性的，或者潜在的安全影响很低。这些消息可以从 NSM 数据中过滤掉。同样，系统日志可能会存储严重性级别非常低的消息，这些消息应该忽略以减少要处理的 NSM 数据量。

3. 数据规范化

数据规范化是将多个来源的数据合并成统一格式的过程。ELSA 提供了一系列插件，用于在将安全数据添加到 ELSA 数据库之前对其进行处理和转换。可以创建其他插件来满足组织的需要。

通用模式将指定所需数据字段的名称和格式。不同源的数据字段的格式可能差异很大。但是，要使搜索有效，数据字段必须一致。例如，IPv6 地址、MAC 地址以及日期和时间信息可以用不同的格式表示，如下所示。

IPv6 地址格式

- 2001:db8:acad:1111:2222::33
- 2001:DB8:ACAD:1111:2222::33
- 2001:DB8:ACAD:1111:2222:0:0:33
- 2001:DB8:ACAD:1111:2222:0000:0000:0033

MAC 地址格式

- A7:03:DB:7C:91:AA
- A7-03-DB-7C-91-AA

- A70.3DB.7C9.1AA

日期格式

- Monday, July 24, 2017 7:39:35pm
- Mon, 24 Jul 2017 19:39:35 +0000
- 2017-07-24T19:39:35+00:00
- 1500925254

同样，各数据源的子网掩码、DNS 记录等的格式也会有所不同。

为了简化关联事件的搜索，非常有必要进行数据规范化。例如，如果 IPv6 地址的 NSM 数据中存在不同格式的值，则需要为每个变体创建单独的查询项，以便查询返回关联事件。

当 ELSA 显示一个日志文件条目时，原始条目以粗体显示，规范化条目显示在它的下面，带有 ELSA 字段标识符及其值，如图 12-7 所示。

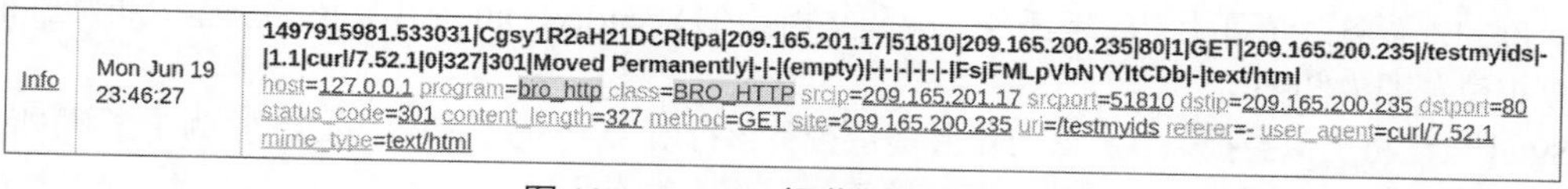

Info	Mon Jun 19 23:46:27	**1497915981.533031|Cgsy1R2aH21DCRltpa|209.165.201.17|51810|209.165.200.235|80|1|GET|209.165.200.235|/testmyids|-|1.1|curl/7.52.1|0|327|301|Moved Permanently|-|-|(empty)|-|-|-|-|-|-|FsjFMLpVbNYYltCDb|-|text/html** host=127.0.0.1 program=bro_http class=BRO_HTTP srcip=209.165.201.17 srcport=51810 dstip=209.165.200.235 dstport=80 status_code=301 content_length=327 method=GET site=209.165.200.235 uri=/testmyids referer=- user_agent=curl/7.52.1 mime_type=text/html

图 12-7 ELSA 规范化日志记录

表 12-5 所示为 ELSA 规范化图 12-7 中 Bro 日志项的方法。

表 12-5 ELSA 日志结构

Bro 日志格式字段	规范化和标记的 ELSA 日志格式字段
1497915982	Mon Jun 19
	23:46:27
Bro 日志格式字段	**规范化和标记的 ELSA 日志格式字段**
|209.165.201.17|51810|209.165.200.235|80|	srcip=209.165.201.17 srcport=51810 dstip=209.165.200.235 dstport=80
|327|301|	status_code=301 content_length=327
|GET|209.165.200.235|/testmyids|	method=GET site=209.165.200.235 uri=/testmyids

4. 数据存档

每个人都喜欢将数据收集和保存起来，以防不时之需。但是，由于存储和访问问题，无限期地保留 NSM 数据是不可行的。应当注意的是，某些类型的网络安全信息的保留期限可以由合规框架规定。例如，支付卡行业安全标准理事会（PCI DSS）要求将与受保护信息相关的用户活动的审计跟踪保留一年。

Security Onion 对于不同类型的 NSM 数据具有不同的数据保留期。对于 pcap 和原始 Bro 日志，securityonion.conf 文件中分配的值用来控制日志文件可使用的磁盘空间百分比。默认情况下，此值设置为 90%。对于 ELSA，存档日志的保留期取决于 elsa_node.conf 文件中设置的值。这些值与可用的存储空间量相关。默认情况下，Security Onion 配置的日志大小限制为 3GB，其指导准则是该值应该是 ELSA 当前使用的总磁盘空间的 90% ~ 95%。默认情况下，ELSA 将配置的日志大小的 33% 用于存档日志。可以选择配置 ELSA 将数据保留一段时间。配置文件中为此提供的值为 90 天。

默认情况下，Sguil 警报数据保留 30 天。此值在 securityonion.conf 文件中设置。

众所周知，Security Onion 需要大量的存储空间和 RAM 容量才能正常运行。根据网络的大小，可能需要太字节（terabyte）的存储空间。当然，根据组织的需要和能力，Security Onion 数据始终可以通过数据归档系统存档到外部存储。

> 注　意　不同类型的 Security Onion 数据的存储位置将因实施的 Security Onion 而异。

12.2.2　调查网络数据

在本小节中，您将会了解到怎样使用 Security Onion 工具集调查网络安全事件。

1. 在 Sguil 中工作

网络安全分析师的主要职责是验证安全警报。根据组织的不同，用于执行此操作的工具也会有所不同。例如，票务系统可用于管理任务分配和文档。在 Security Onion 中，网络安全分析师验证的第一个警报位置即为 Sguil。

Sguil 自动将类似警报关联到一行中并提供查看该行所表示的关联事件的方法。为了了解网络中发生的情况，对 CNT 列进行排序来显示频率最高的警报会很有用。

右键点击 CNT 值并选择 View Correlated Events（查看关联事件）将打开一个显示所有关联事件的选项卡。这可以帮助网络安全分析师了解 Sguil 接收关联事件的时间范围。请注意，每个事件都会收到一个唯一的事件 ID。RealTime Events 选项卡中仅显示一系列关联事件中的第一个事件 ID。图 12-8 所示为通过打开 View Correlated Events 菜单在 CNT 上排序的 Sguil 警报。

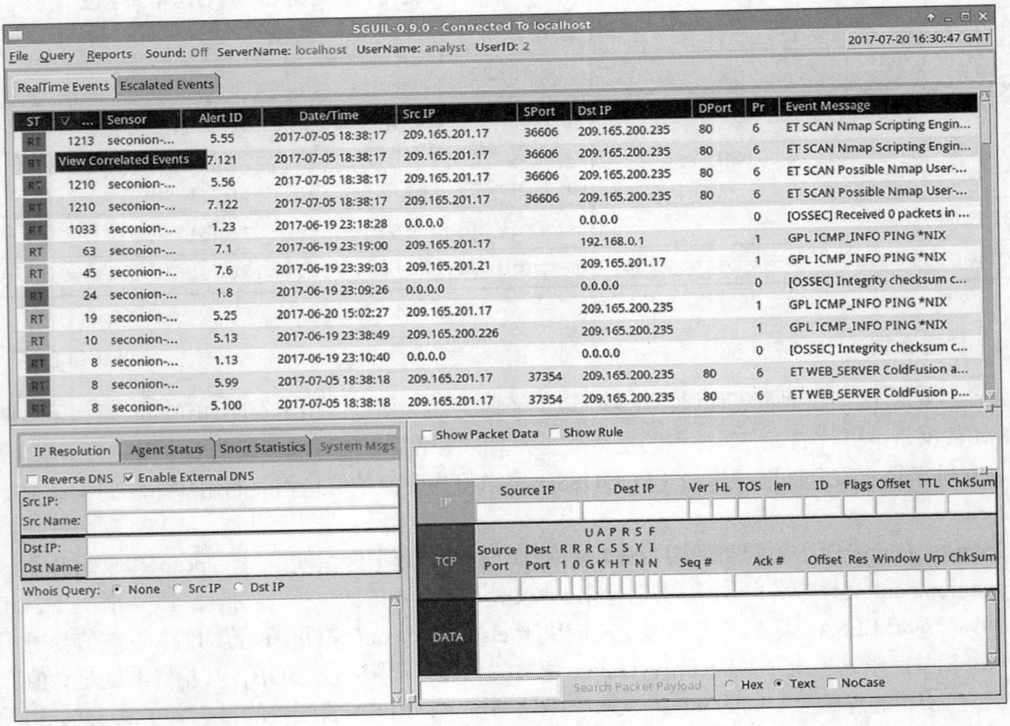

图 12-8　Sguil GUI

> 注　意　在图 12-8 中，CNT 列的标题是隐藏起来的。CNT 列位于 ST 列和 Sensor 列之间。

2. Sguil 查询

可以使用 Query Builder（查询生成器）在 Sguil 中构造查询。它在一定程度上简化了查询的构造，但网络安全分析师必须知道字段名以及字段值的一些问题。例如，Sguil 以整数形式存储 IP 地址。若要以点分十进制表示法查询 IP 地址，IP 地址值必须放在 INET_ATON() 函数中。Query Builder 从 Sguil Query 菜单打开。选择 Query Event Table 以搜索活动事件。

表 12-6 所示为可以直接查询的 Event Table（事件表）字段的名称。

表 12-6 事件表字段

字段名称	类型	说明
sid	int	此传感器的唯一 ID
cid	int	传感器的唯一事件编号
签名	varchar	人们可以阅读的事件名称（例如，“WEB IIS view source via translate header”）
时间戳	datetime	事件在传感器上发生的时间
status	int	分配给此事件的 Sguil 分类。未分类事件的优先级为 0
src_ip	int	事件的源 IP 地址。使用 INET_ATON()函数将地址转换为数据库的整数表示法
dst_ip	int	事件的目的 IP 地址。参见上一条目
src_port	int	触发事件的数据包的源端口
dst_port	int	触发事件的数据包的目的端口
ip_proto	int	数据包的 IP 协议类型（6= TCP, 17=UDP, 1=ICMP，但也可使用其他类型）

从 Query 菜单中选择 Show DataBase Tables 将显示对每个可查询表的字段名称和类型的引用。图 12-9 所示为 Query Builder 窗口中的简单时间戳和 IP 地址查询。请注意，使用 INET_ATON() 函数可以简化 IP 地址输入。

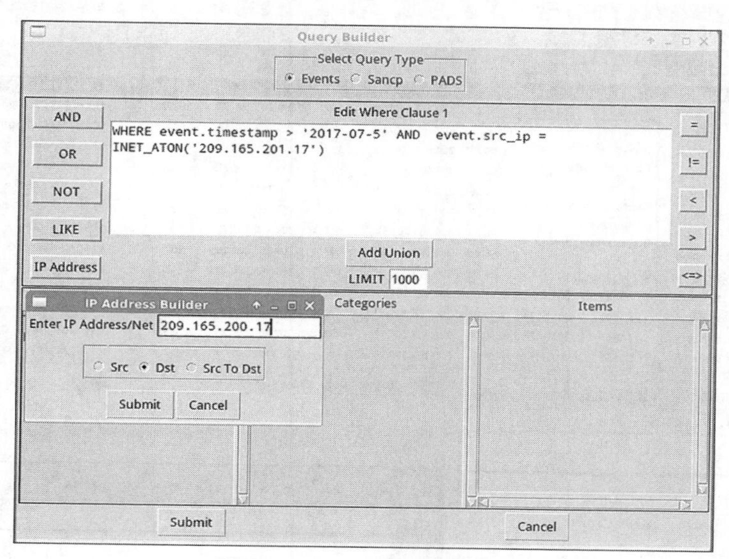

图 12-9 Sguil Query Builder

在图 12-10 中，网络安全分析师正在调查与 Emerging Threats（新兴威胁）警报关联的源端口 40754。在查询结束时，用户在 Query Builder 中创建了 WHERE event.src_port= ‘40754’ 部分。查询的其余部分由 Sguil 自动提供，并涉及如何检索、显示和呈现与事件关联的数据。

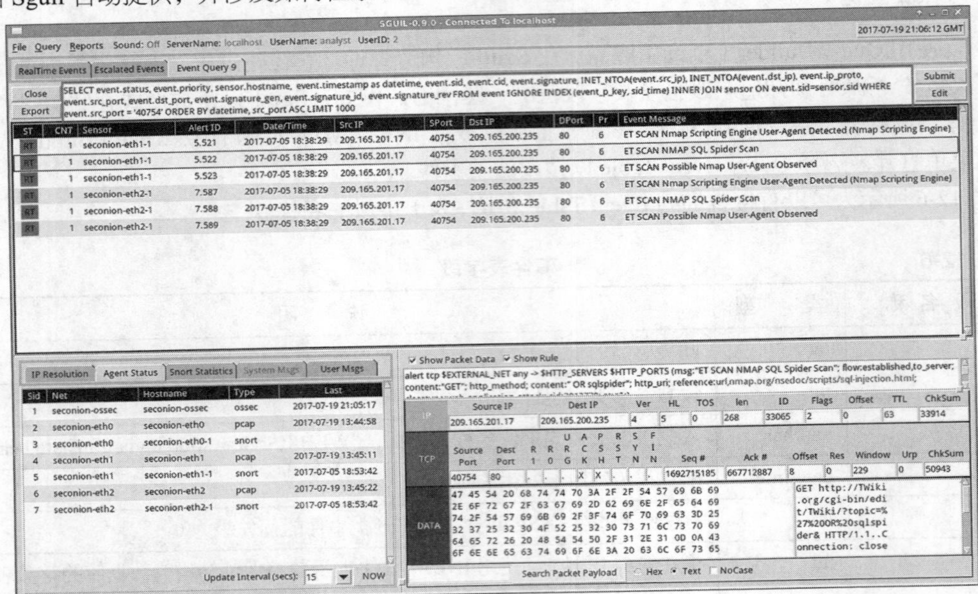

图 12-10 Query Builder 的结果

3. 从 Sguil 跳转

Sguil 为网络安全分析师提供了跳转到其他信息源或工具的功能。ELSA 中有可用的日志文件，Wireshark 中可以显示相关数据包捕获，还可以使用 TCP 会话脚本和 Bro 信息。图 12-11 中所示的菜单是通过右键点击 Alert ID 打开的。在该菜单中可以打开其他工具中的警报信息，这为网络安全分析师提供了丰富的情境信息。

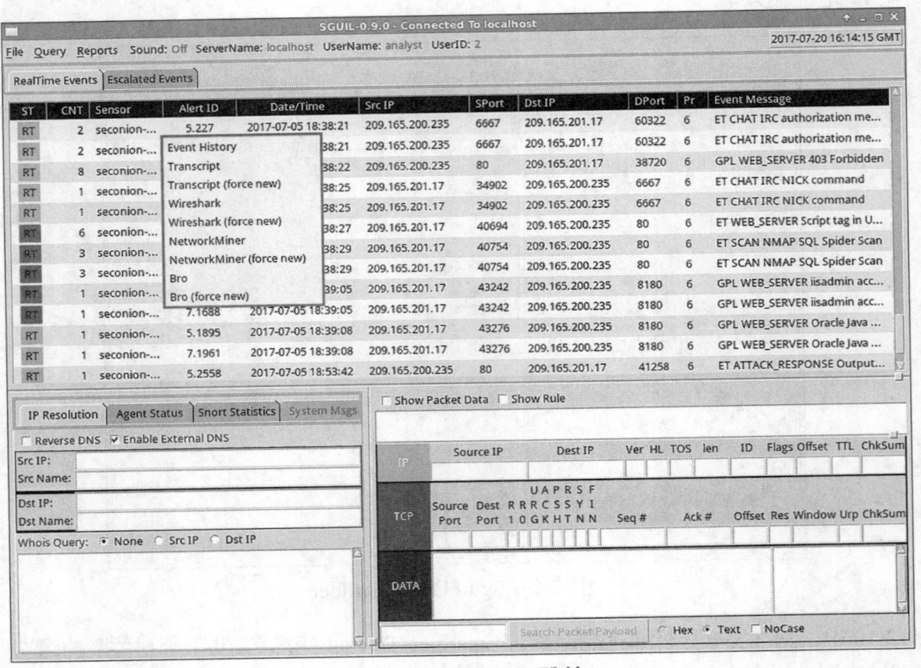

图 12-11 从 Sguil 跳转

此外，Sguil 还支持跳转到被动实时资产检测系统（PRADS）和安全分析师网络连接分析器（SANCP）信息。

PRADS 收集网络分析数据，包括网络上资产行为相关的信息。PRADS 是一个事件源，就像 Snort 和 OSSEC 一样。当警报指示内部主机可能已被攻陷时，也可以通过 Sguil 来查询。在 Sguil 外执行 PRADS 查询可以提供与警报相关的服务、应用和负载的信息。此外，PRADS 还会检测到网络上何时出现了新资产。

> **注　意**　Sguil 界面是指 PADS，而不是 PRADS。PADS 是 PRADS 的前身。PRADS 是 Security Onion 中实际使用的工具。PRADS 也用于填充 SANCP 表单。在 Security Onion 中，SANCP 的功能已被 PRADS 取代，但是在 Sguil 界面中仍然使用术语 SANCP。PRADS 收集数据，而 SANCP 代理在 SANCP 数据表中记录数据。

SANCP 功能关心的是收集和记录与网络流量和行为有关的统计信息。SANCP 提供了一种验证网络连接是否有效的方法。这通过应用规则来完成，这些规则指示应该记录哪些流量并指示流量应该标记的信息。

4. Sguil 中的事件处理

最后，Sguil 不仅是一个便于对警报进行调查的控制台，它还是一个用于处理警报的工具。在 Sguil 中可以通过 3 项任务来管理警报。首先，发现为误报的警报可以设为过期，方法是使用右键点击菜单或按 F8 键。过期的事件会从队列中消失。其次，如果网络安全分析师不确定如何处理事件，可以按 F9 键将其上报。警报将被移至 Sguil Escalated Events 选项卡。最后，可以对事件进行分类。分类针对的是真正的恶意事件。

Sguil 包括 7 个预置类别，可以使用图 12-12 中所示的菜单或按相应的功能键来分配这些类别。

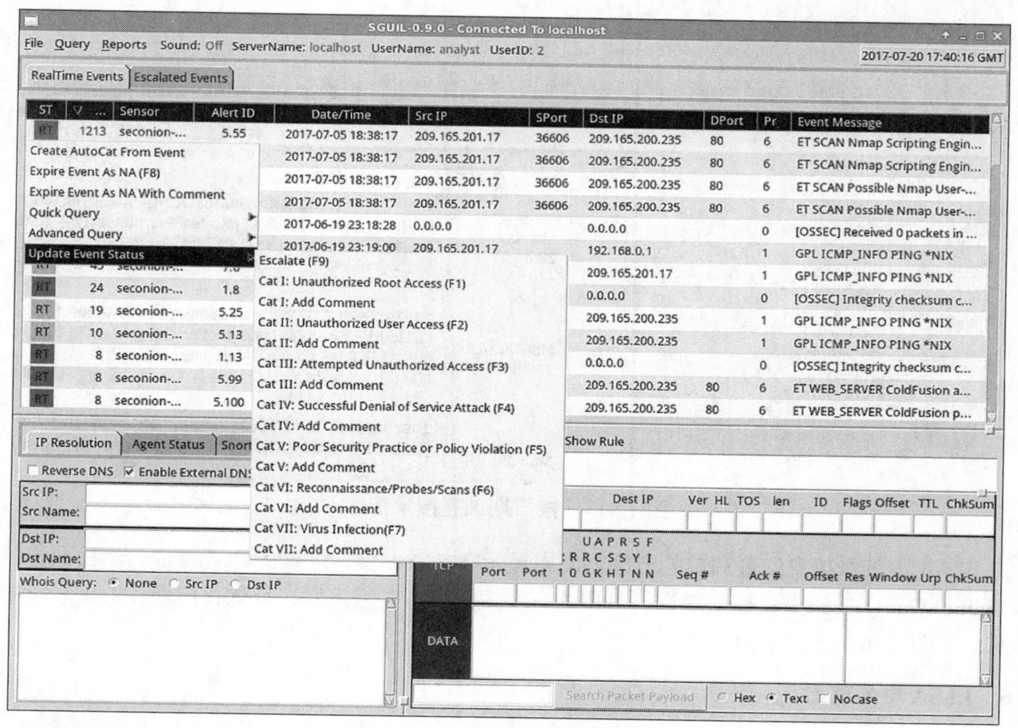

图 12-12　Sguil 中的事件处理

例如，按 F1 键会将事件分为 Cat Ⅰ。此外，还可以创建自动对事件进行分类的标准。分类事件假定已由网络安全分析师处理。事件分类后，将从 RealTime Events 列表中删除。但是，事件仍保留在数据库中，仍可以通过按类别发出的查询访问它。

5. 在 ELSA 中工作

ELSA 可以访问大量的日志文件条目。由于可以在 ELSA 中显示的日志数量非常大，因此设置了几个默认值，以最大限度地减少 ELSA 启动时显示的记录数量。需要知道的是，ELSA 将只检索前 48 小时的前 100 条记录。如果在此期间未生成任何记录（在生产网络中不太可能），则 ELSA 窗口将为空。要增加显示的记录数，可以将指令 **limit:1000** 添加到查询中。这指定了查询返回的记录数限制，在本例中为 1000。

要查看不同时间段记录的日志文件，可以点击 From 和 To 并使用弹出的日历菜单更改 From（开始）和 To（结束）日期，或者手动输入日期和时间。图 12-13 所示为弹出的日历菜单。此外，ELSA 必须提交查询才能显示记录。只是更改日期并不会刷新日志文件条目列表。

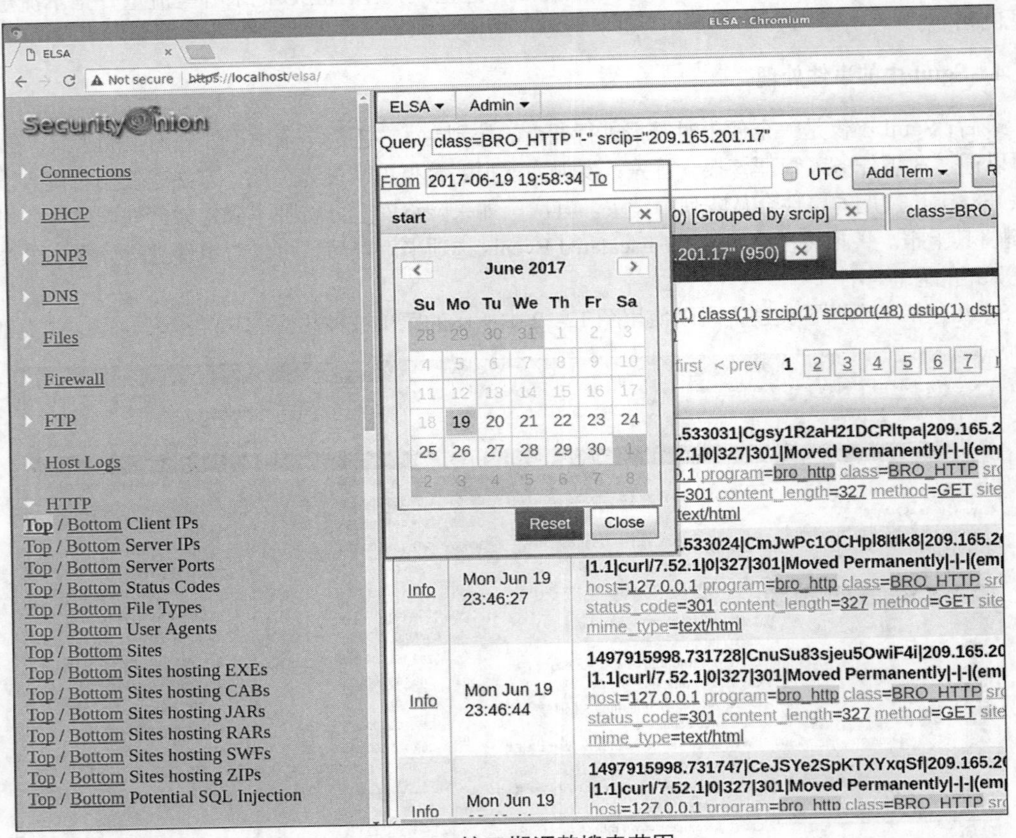

图 12-13 按日期调整搜索范围

在 ELSA 中查看信息的最简单的方法是发出显示在 ELSA 窗口左侧的内置查询，然后调整日期并使用 Submit Query 按钮重新提交查询。可用的有用搜索很多。点击后，查询将出现在查询字段中，如有必要，可以在其中进行编辑。

6. ELSA 中的查询

在 ELSA 中构建查询非常简单。有许多快捷方式可用于在不输入任何内容的情况下优化查询。

ELSA 使用了一种大致基于 Google 搜索语法的语法，非常自然。查询中只需包含 IP 地址就可工作。但是，由于可能会返回大量记录，因此可使用许多运算符和指令来帮助缩小搜索范围，并规定应显示哪些记录。

> **注 意** 高级 ELSA 查询不在本课程范围之内。在实验中，如有需要，则提供复杂的查询语句。

图 12-14 所示为对 IP 地址执行的查询。这将返回在给定时间和日期范围内包含该 IP 地址的所有记录。这不是很有用。但是，通过点击汇总搜索结果的 Field Summary 列表中的条目，可以很容易地缩小查询范围。

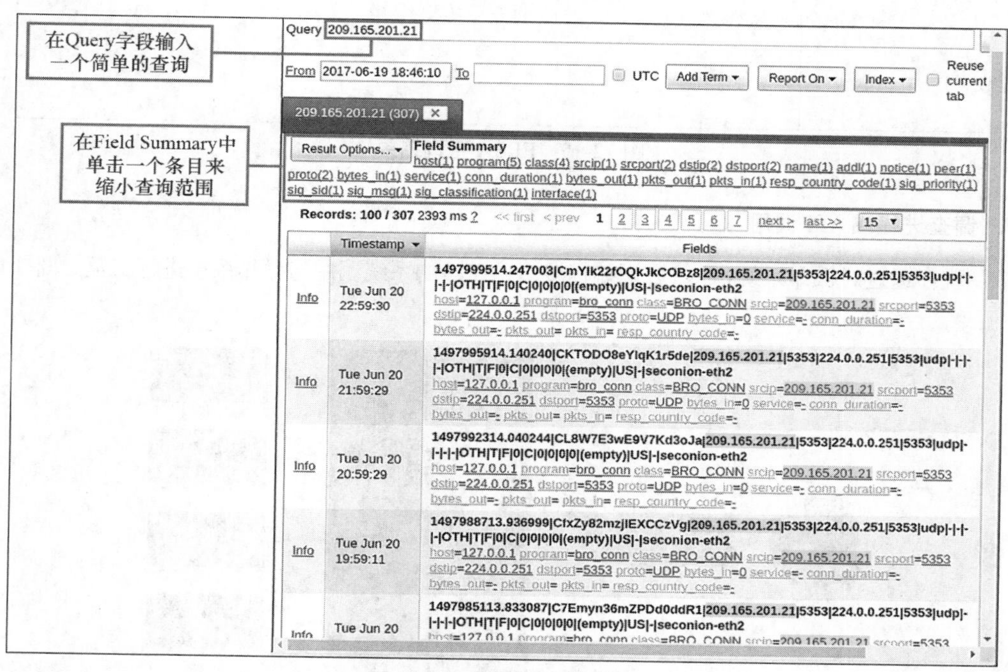

图 12-14 ELSA 中的查询

点击某个条目将显示一个摘要屏幕，其中用条形图描述了查询结果中显示的所有唯一值及其频率，如图 12-15 所示。点击 Volume 列中的条目将显示查询，以及添加到上一个查询中的值。可以重复此过程以轻松缩小搜索结果的范围。通过这种方式，可以为五元组和广泛的其他值构造查询。

ELSA 为查询结果中编入索引的每个字段提供字段摘要和值信息。这有助于基于广泛的值优化查询。此外，只需点击日志文件条目的 ELSA 规范化部分中的值或属性即可创建查询。

ELSA 查询还可以使用正则表达式创建用于匹配特定数据包内容的高级模式。正则表达式在 ELSA 中使用 grep 函数执行。grep 在 ELSA 查询中用作转换，也就是说它用于处理查询的结果。grep 转换用作基于文本的筛选器，用于告诉 ELSA 应该显示哪些记录。需要向 grep 函数传递要匹配的字段名称和要应用的正则表达式模式，例如 grep(field , pattern)。使用 | 符号的类 UNIX 管道可用于通过 ELSA 插件和转换来引导 ELSA 查询的输出。

ELSA 查询可以保存并命名为宏（marlo）。然后，可以在查询框中通过在查询名称前面输入美元符号（$）来调用这些查询。查询宏也可以与其他查询元素组合在一起。

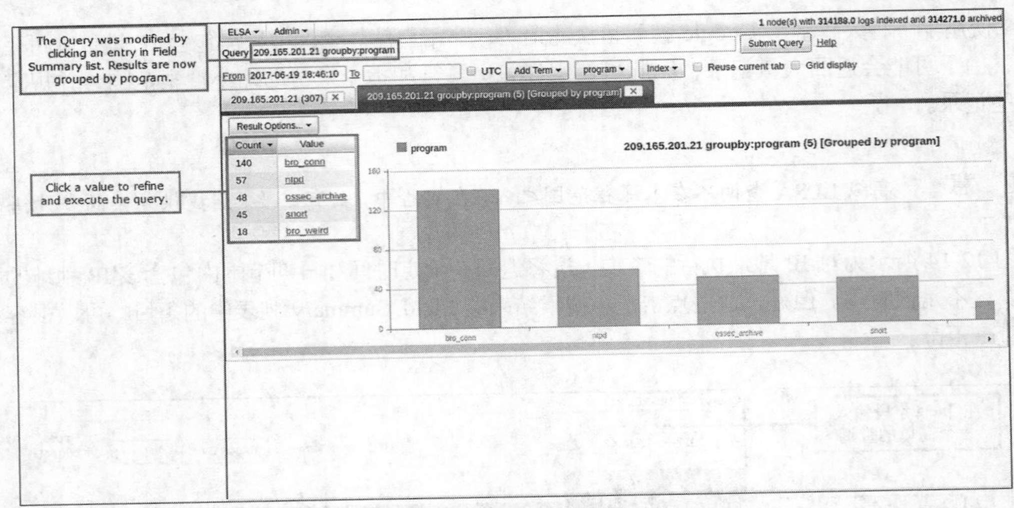

图 12-15　ELSA 查询结果

7. 调查进程或 API 调用

应用程序通过对操作系统（OS）应用编程接口（API）的系统调用与操作系统进行交互，如图 12-16 所示。

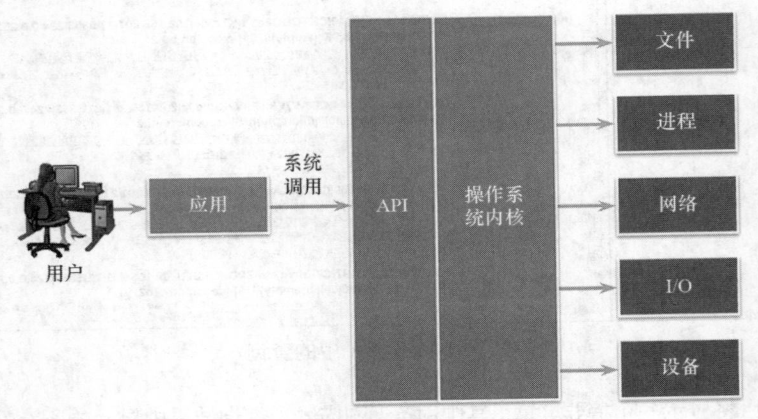

图 12-16　调查进程或 API 调用

这些系统调用允许访问系统操作的许多方面，例如：

- 软件过程控制；
- 文件管理；
- 设备管理；
- 信息管理；
- 通信。

恶意软件也可以进行系统调用。如果恶意软件可以诱使 OS 内核允许其进行系统调用，则很多漏洞利用会成为可能。

HIDS 软件能跟踪主机 OS 的操作。OSSEC 规则会检测基于主机的参数中的变更，如软件进程的执行、用户权限的更改以及注册表修改等。OSSEC 规则将在 Sguil 中触发警报。通过在主机 IP 地址上跳转到 ELSA，您可以根据创建警报的程序来选择警报类型。选择 OSSEC 作为 ELSA 中的源程序，可以查看主机上发生的 OSSEC 事件，包括恶意软件可能与 OS 内核进行了交互的征兆。

8. 调查文件的详细信息

直接打开 ELSA 时，会存在 Files（文件）的查询快捷方式。通过打开 Files 查询并在菜单中选择 MIME Types，将显示已下载的文件类型及其频率，如图 12-17 所示。

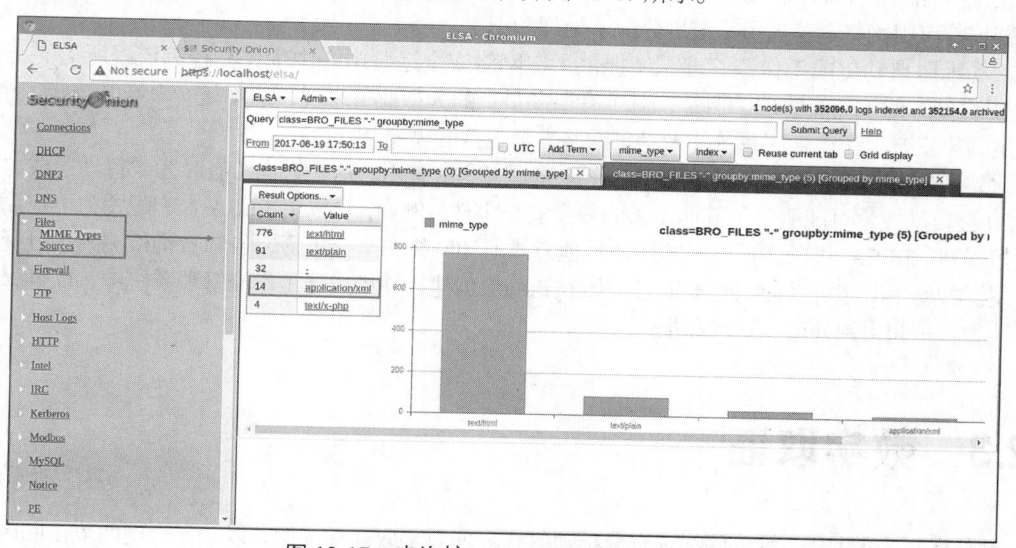

图 12-17 查询按 MIME Type 分组的文件

如果网络安全分析师对可执行的文件感兴趣，点击 application/xml 将显示在查询的时间范围内下载的可执行文件中的所有记录实例的记录。

图 12-18 所示为此查询返回的记录的详细信息。

图 12-18 ELSA 显示已下载文件的属性

显示的文件详细信息包括文件大小、发送和接收主机以及用于下载文件的协议。此外，还计算了该文件的 MD5 和 SHA-1 散列值，如下所示：

- md5 = d3f95e87a5531c708ed1e4507af5c88f
- sha1 = 2121db20cf1aa9cc6588650754ecdbad4866fd6d

如果网络安全分析师对文件存疑，则可以将散列值提交到在线网站，如 VirusTotal，来确定文件是否为已知的恶意软件。

12.2.3 提升网络安全分析师的工作能力

在本小节中，您将会了解到能够提升工作流管理的网络监控工具。

1. 控制面板与可视化

控制面板提供了数据和可视化效果的组合，旨在改善个人对大量信息的访问。控制面板通常是交互式的。网络安全分析师可以点击控制面板中的元素，来关注具体的详情和信息。例如，点击条形图中的条可以提供该条所表示的数据的明细信息。ELSA 包含设计自定义控制面板的功能。此外，Security Onion 中包含的其他工具（如 Squert）为 NSM 数据提供了可视化界面。

2. 工作流管理

由于网络安全监控的关键性，工作流的管理至关重要。这能提高网络运营团队的效率，加强员工的责任，并确保所有潜在警报得到妥善处理。在大型安全组织中，可以想见每天收到的警报数以千计。每个警报都应由网络运营人员系统地分配、处理和记录。

行动手册自动化或工作流管理系统提供了在网络安全运营中心中优化和控制流程所需的工具。Sguil 提供基本的工作流管理。但是，对于有很多员工的大型业务来说，这不是一个好的选择。相反，可以定制第三方工作流管理系统，来满足网络安全运营的需要。

此外，自动查询对于提高网络运营工作流的效率非常有用。这些查询（有时为“行动”或“行动手册”）会自动搜索可能避开了其他工具的复杂安全事件。例如，可以将 ELSA 查询配置为可定期运行的警报规则。ELSA 可以通过电子邮件或其他方式通知网络安全分析师，告知查询检测到了可疑的漏洞利用。行动手册还可以使用脚本语言（如 Python）创建，并集成到工作流管理系统中，以确保警报与其他警报一起得到处理、记录和报告。

12.3 数字取证

在本节中，您将会了解到网络安全分析师怎样处理数字取证和证据，以确保合理的攻击归因。

12.3.1 证据处理和攻击归因

在本小节中，您将会了解到数字取证流程的作用。

1. 数字取证

在已调查并确定了有效的警报后，将如何处理证据呢？网络安全分析师必然会发现犯罪活动的证据。为保护组织和防止网络犯罪，必须查明威胁发起者，向有关当局报告，并提供证据进行起诉。一级网络安全分析师通常是第一个发现犯罪行为的人。网络安全分析师必须知道如何妥善处理证据，并将其归因于威胁发起者。

数字取证是指恢复和调查数字设备上发现的与犯罪活动相关的信息。这些信息可以是存储设备上的数据、计算机易失性内存中的数据，也可以是网络数据（如 pcap 和日志）中保留的网络犯罪痕迹。

犯罪活动可以广泛地概括为源自组织内部或外部的活动两类。私人调查涉及组织内的个人。这些人可能只是以违反用户协议或其他非犯罪行为的方式行事。当个人涉嫌参与涉及盗窃或破坏知识产权的犯罪活动时，组织可以选择让执法机关介入，在这种情况下，调查将公开进行。内部用户也可能利用组织的网络从事与组织任务无关但违反各种法律法规的其他犯罪活动。在这种情况下，公职人员将进行调查。

当外部攻击者利用网络漏洞发起攻击并窃取或篡改数据时，需要收集证据来记录漏洞攻击的范围。各种管理机构规定了组织在各种类型的数据遭到破坏时必须采取的一系列行动。调查分析的结果有助于确定需要采取的行动。

例如，根据 HIPAA（健康保险流通与责任法案），如果与患者信息相关的数据发生泄露，必须向受影响的个人发出泄露通知。如果违规行为涉及国家/地区或司法辖区内的人数超过 500，则必须通知媒体以及受影响的个人。必须使用数字取证来调查哪些人受到了影响，并核实受影响的人数，以便能够按照 HIPAA 规定发出适当的通知。

组织本身有可能成为调查的对象。网络安全分析师会直接接触到详细说明组织成员行为的数字取证证据。分析师必须知道与保存和处理这些证据相关的要求。如果不这样做，可能会导致组织，甚至是网络安全分析师遭受刑事处罚，特别是如果确定有毁灭证据的意图。

2. 数字取证过程

组织为数字取证开发记录良好的流程和程序非常重要。法规遵从性可能要求这种文档，并且在进行公开调查时，当局可能会检查此文档。

对于需要制定数字取证计划的公司来说，NIST Special Publication 800-86，Guide to Integrating Forensic Techniques into Incident Response 是非常宝贵的指导资源。

NIST 将数字取证过程描述为 4 个步骤，如图 12-19 所示。

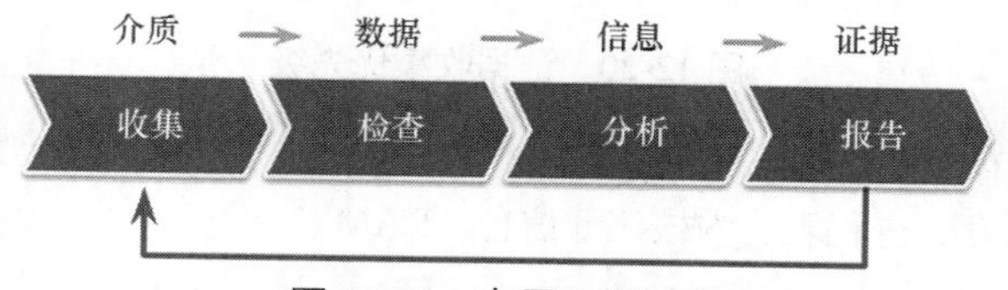

图 12-19　电子取证过程

1. 数据收集：识别取证数据的潜在来源，获取、处理并存储这些数据。这一步非常关键，因为必须特别注意不要损坏、丢失或忽略重要数据。

2. 检查：根据收集到的数据进行评估并提取相关信息。这可能涉及数据的解压或解密。可能需要删除与调查无关的信息。在收集的大量数据中识别真正的证据可能非常困难且耗时。

3. 分析：根据数据得出结论。应记录诸如人员、地点、时间、事件等重要特征。这一步还可能涉及多个来源的数据的相关性。

4. 报告：编制并展示根据分析得出的信息。报告应不偏不倚，在适当的情况下应提供多种解释。报告中应包含分析的局限性和遇到的问题。还应提出进一步调查和后续步骤的建议。

在图 12-19 中，请注意在取证过程中从介质到数据、信息、证据的转换。

3. 证据类型

在法律诉讼中，证据大致分为直接证据和间接证据。直接证据是指无可争辩地由被告拥有的证据，或者犯罪行为目击者的目击证据。

证据可以进一步分类，如下所示。

- **最佳证据**：指处于原始状态的证据。这种证据可以是被告使用的存储设备，也可以是经证明未被篡改的文件档案。
- **佐证证据**：指支持根据最佳证据得出的断言的证据。
- **间接证据**：指与其他事实相结合建立了一个假设的证据，这也称为旁证。例如，个人犯下类似罪行的证据可以支持该人犯下他们被指控罪行的断言。

4. 证据收集顺序

IETF RFC 3227 提供了收集数字证据的准则。它描述了根据数据的波动性收集数字证据的顺序，如图 12-20 所示。

存储在 RAM 中的数据是最易失的，当设备关闭时将丢失。此外，易失性存储器中的重要数据可能被常规计算机进程覆盖。因此，数字证据的收集应从最易失的证据开始，然后到最不易失的证据。从最易失到最不易失的证据收集顺序示例如下。

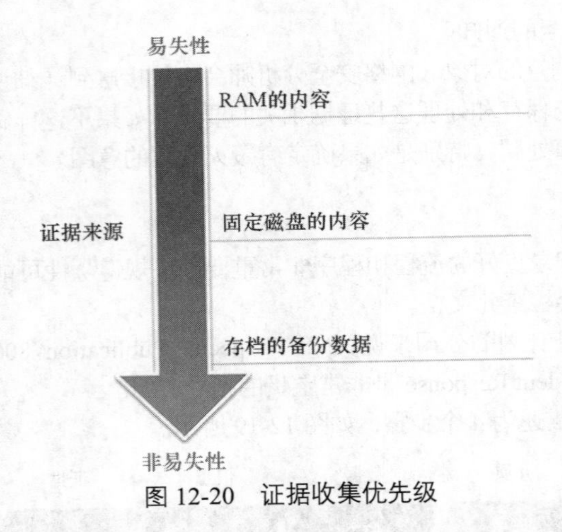

图 12-20 证据收集优先级

1. 存储寄存器、缓存。
2. 路由表、ARP 缓存、进程表、内核统计信息、RAM。
3. 临时文件系统。
4. 固定和可移动的非易失性媒体。
5. 远程日志记录和监控数据。
6. 物理互连和拓扑。
7. 存档媒体、磁带或其他备份。

还要收集证据所在系统的详细信息，包括谁可以访问这些系统以及他们的权限级别，这些都需要记录。此类详细信息应包括系统的硬件和软件配置。

5. 监管链

虽然证据可能是从被告人那里收集的，但证据有可能在收集后被篡改或伪造。要反驳这一论点，必须确定并遵循严格的监管链。

监管链涉及收集、处理和安全存储证据。应该保存以下详细记录。

- 发现并收集证据的人。
- 有关证据处理的所有细节，包括时间、地点和相关人员。
- 谁对证据负有主要责任，何时分配的责任，保管权在何时发生的变化。
- 在证据存储期间，谁可以实际接触到证据？应只限于最重要的人员接触数据。

6. 数据完整性和保存

在收集数据时，重要的是保留它的原始状态。应保留文件的时间戳。因此，应当复制原始证据，并且应当仅对原始证据的副本进行分析，以免意外丢失或更改证据。由于时间戳可能是证据的一部分，因此应避免从原始媒体打开文件。

用于创建调查中使用的证据副本的过程应记录在案。副本应尽可能是原始存储卷的直接的位级复制。易失性存储器可能包含取证证据，因此在设备关闭和证据丢失之前，应使用特殊工具来保存证据。除非安全人员明确告知，否则用户不应断开、拔出或关闭受感染的计算机。

7. 攻击归因

在评估了网络攻击的程度并收集和保存了证据之后，事件响应可以转向查明攻击的来源。众所周知，我们身边存在各种各样的威胁发起者，心怀不满的个人、黑客、网络犯罪分子和犯罪团伙，无所不包。有些犯罪分子在网络内部活动，有些则可能在世界的另一端发起攻击。网络犯罪的复杂性也不尽相同。激进主义者可以雇用大量训练有素的个人进行攻击和隐藏他们的踪迹，而其他威胁发起者可能会公开炫耀他们的犯罪活动。

威胁归因是指确定成功执行入侵或攻击事件的个人、组织或国家/地区。

通过对证据进行原则性和系统性的调查，可以确定相关威胁发起者。虽然通过查明事件的潜在动机来推测威胁发起者的身份可能有用，但要注意不能让这种偏见影响调查。例如，将攻击归咎于商业竞争对手可能会使调查偏离对犯罪团伙的调查。

在基于证据的调查中，事件响应小组将事件中使用的策略、技术和程序（TTP）与其他已知的漏洞攻击相关联，以识别威胁发起者。网络犯罪分子和其他犯罪分子一样，他们的罪行都有共同的特点。威胁情报来源可以帮助将调查确定的 TTP 映射到已知的类似攻击来源。然而，这凸显了威胁归因的问题。网络犯罪证据很少是直接证据。确定已知和未知威胁发起者之间 TTP 的共同点是间接证据。

有助于归因的威胁方面包括始发主机或域的位置、恶意软件中使用的代码的特征、使用的工具以及其他技术。有时，在国家/地区安全层面，威胁不能公开地归因，因为这样做会暴露需要保护的方法和功能。

对于内部威胁，资产管理起着主要作用。发现发起攻击的设备可以直接导向威胁发起者。IP 地址、MAC 地址和 DHCP 日志有助于将攻击中使用的地址跟踪到特定设备。在这方面，AAA 日志非常有用，因为它们能跟踪谁在什么时间访问了哪些网络资源。

12.4 小结

在本章中，您学习了如何使用 Security Onion 应用程序套件和分析入侵数据。您还了解了如何在电子取证调查中正确处理证据。

Security Onion 包含各种检测和分析工具，包括：

- CapME；
- Snort；
- Bro；
- OSSEC；
- Suricata；
- Wireshark；
- Elsa；
- Sguil。

在完成本章中的所有实验并使用过多 VM 环境后，您现在应该熟悉了这些工具、它们的用途以及对网络安全分析师的重要性。一些组织使用各种其他工具，并使用额外的工具作为 Security Onion 的补充。对 Security Onion 有了基本理解后，您将能够在新工作的培训期间驾轻就熟。

复习题

请完成以下所有复习题，以检查您对本章主题和概念的理解情况。答案列在附录“复习题答案”中。

1. 企业日志搜索和存档（ELSA）工具中使用了哪两种技术？（选择两项）
   A. MySQL
   B. CapME
   C. Suricata
   D. Sphinx Search
   E. Security Onion
2. 集成到 Security Onion 中的是哪种基于主机的入侵检测工具？
   A. OSSEC
   B. Snort
   C. Sguil
   D. Wireshark
3. 根据 NIST，电子取证过程中的哪一步涉及根据数据得出结论？
   A. 收集
   B. 检查
   C. 分析
   D. 报告
4. 正则表达式[24]将与哪两个字符串相匹配？（选择两项）
   A. Level1
   B. Level2
   C. Level3
   D. Level4
   E. Level5
5. 哪种警报分类表明已安装的安全系统未检测到漏洞利用？
   A. 漏报
   B. 正确良性检测
   C. 正确恶意检测
   D. 误报
6. 一名网络安全分析师将使用 Security Onion 验证安全警报。分析师应先使用哪个工具？
   A. Bro
   B. Sguil
   C. ELSA
   D. CapME
7. 数据规范化有何用途？
   A. 减少警报数据量
   B. 使警报数据传输速度更快
   C. 简化关联事件的搜索
   D. 加强警报数据的安全传输
8. 哪个术语可用于描述原始状态的证据？
   A. 佐证证据
   B. 最佳证据
   C. 间接证据
   D. 直接证据

第 13 章

事件响应和处理

学习目标

在学完本章后，您将能够回答下列问题：

- 网络杀伤链有哪些环节；
- 怎样使用钻石模型为入侵事件分类；
- 怎样对事件应用 VERIS 方案；
- 既定 CSIRT 的各种目标是什么；
- 怎样在事件场景中应用 NIST 800-61r2 事件处理流程。

在网络安全方面，威胁发起者在不断开发新的技术。新的威胁不断出现，必须对这些威胁进行检测和遏制，以便尽快恢复资产和通信。许多攻击者利用勒索、欺诈、身份盗用来获取经济利益。由于始终需要抵御这些攻击，很多事件响应模型应运而生。

本章介绍事件响应和处理模型及程序。其中包括网络杀伤链、钻石模型、VERIS 方案、NIST 有关计算机安全事件响应小组（CSIRT）架构的指南以及事件处理过程。

13.1 事件响应模型

在本节中，您将学习怎样在一起入侵事件中应用事件响应模型。

13.1.1 网络杀伤链

在本小节中，您将学会识别网络杀伤链的环节。

1. 网络杀伤链的环节

网络杀伤链由 Lockheed Martin 公司开发，用于识别并防止网络入侵。如图 13-1 所示，网络杀伤链有 7 个环节，有助于分析师了解威胁发起者的技术、工具和程序。

在对事件做出响应时，目标是在杀伤链进程中尽早检测并阻止攻击。越早阻止攻击，所导致的危害越小，攻击者了解目标网络的细节越少。

网络杀伤链说明了攻击者完成其目标必须完成的步骤。网络杀伤链中的环节如下。

1. 侦查跟踪。
2. 制作武器。
3. 运送武器。
4. 漏洞利用。

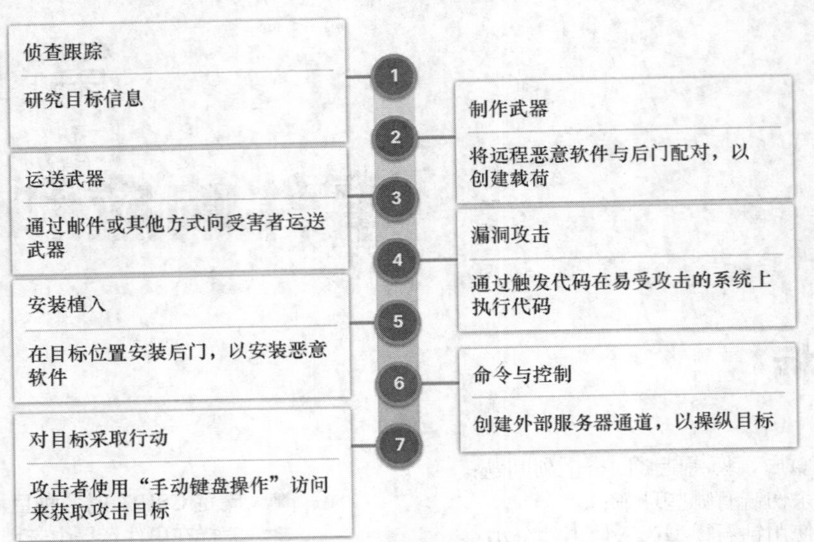

图 13-1　网络杀伤链

5. 安装植入。
6. 命令与控制（CnC）。
7. 对目标采取行动。

如果攻击者在任何阶段停止，则攻击链将会中断。打破杀伤链意味着防御者成功挫败了威胁发起者的入侵。威胁发起者只有执行到第 7 步才会成功。

> **注　意**　*威胁发起者是本课程中使用的术语，指的是挑起攻击的一方。然而，Lockheed Martin 公司在描述网络杀伤链时使用了“攻击者”一词。攻击者和威胁发起者这两个术语在这里可以互换使用。*

2. 侦查跟踪

侦查跟踪是指威胁发起者执行研究、收集情报并选择目标。如果值得发起攻击，系统将通知威胁发起者。任何公共信息均有助于确定攻击的经过、地点和方式。特别是对于大型组织，有很多公共可用的信息，包括新闻报道、网站、会议记录以及面向公众的网络设备。通过社交媒体渠道，可以获得有关员工的更多信息。

威胁发起者将选择已被忽略或未受保护的对象，因为它们被成功渗透和入侵的可能性更高。对威胁发起者获取的所有信息进行审查，以确定其重要性并确定其是否揭示了其他可能的攻击途径。

表 13-1 总结了此步骤中使用的一些战术和防御措施。

表 13-1　追查跟踪战术和防御示例

攻击者的战术	SOC 防御
规划并开展研究： ■ 获取邮件地址 ■ 在社交媒体网络上识别员工 ■ 收集各种公共关系信息（新闻稿、奖励情况、会议出席人员等） ■ 发现面向互联网的服务器	了解攻击者的意图 ■ 调查 Web 日志警报和历史搜索数据 ■ 数据挖掘浏览器分析 ■ 构建行动手册，检测指示侦查跟踪活动的浏览器行为 ■ 围绕侦查跟踪行为所针对的技术和人员确定防御优先顺序

3. 制作武器

此步骤旨在使用早期侦查跟踪获取的信息，针对组织中的特定目标系统开发武器。要开发此武器，设计者将使用已发现的资产漏洞并将其构建为可部署的工具。使用此工具之后，可以预计威胁发起者将实现其访问目标系统或网络、降低目标网络或整个网络健康状态的目标。威胁发起者将进一步检查网络和资产安全，以暴露其他弱点、获取其他资产的控制权或部署额外的攻击。

选择攻击的武器并不困难。威胁发起者需要查看哪些攻击可用于已发现的漏洞。有很多已创建并已经过大范围测试的工具。其中一个问题是，由于这些攻击已广为人知，防御者很可能也有所了解。使用零日攻击来避开检测通常更为有效。威胁发起者可能希望使用他已了解的网络和系统信息来开发自己的武器，以避开检测。

表 13-2 总结了此步骤中使用的一些战术和防御措施。

表 13-2 制作武器战术和防御实例

攻击者的战术	SOC 防御
准备并分阶段执行操作： ■ 获取用于传输恶意软件负载的自动化工具（武器传输工具） ■ 选择或创建将向受害者展示的文档 ■ 选择后门以及命令与控制（CnC）基础设施	检测和收集武器化工件： ■ 进行全面的恶意软件分析 ■ 建立针对已知武器传输工具的行为的检测 ■ 确定能进行定制攻击的恶意软件是过时的、现成的还是新的 ■ 收集文件和元数据，以供日后分析 ■ 确定哪些武器传输工具的工件在哪些 APT 活动中较为常见

4. 运送武器

在这一步中，使用传输媒介将武器运送到目标位置。可以通过使用网站、可移动的 USB 媒体或邮件附件运送武器。如果武器运送失败，则攻击将不会成功。威胁发起者将使用多种不同的方法增加传输负载的成功几率，例如加密通信、使代码看起来合法或对代码进行混杂处理。安全传感器非常先进，它们会检测到恶意代码，代码已被修改以避开检测的情况除外。代码可能会被修改为看似无恶意的代码，但仍需要对代码执行必要的操作，即使所需的时间很长。

表 13-3 总结了此步骤中使用的一些战术和防御措施。

表 13-3 运送武器战术和防御示例

攻击者的战术	SOC 防御

在目标位置启动恶意软件：
■ 直接针对向 Web 服务器
■ 通过以下方式间接传输：
  ■ 恶意邮件
  ■ U 盘上的恶意软件
  ■ 社交媒体交互
  ■ 入侵后的网站
	阻止恶意软件的传输：
	■ 分析用于传输的基础设施路径
	■ 了解要攻击的目标服务器、人员和可用数据
	■ 根据目标推断攻击者的意图
	■ 收集邮件和 Web 日志以进行取证重构

5. 漏洞利用

运送武器之后，威胁发起者将使用武器破解漏洞并获取目标的控制权。最常见的漏洞利用目标是应用、操作系统漏洞和用户。攻击者必须使用能获得预期效果的漏洞。这一点非常重要，这是因为如果进行了错误的漏洞攻击，攻击将无法成功，但 DoS 或系统多次重启等意外的负面影响将引起不必要的注意，使得网络安全分析师轻易获取各攻击以及威胁发起者的意图。

表 13-4 总结了此步骤中使用的一些战术和防御措施。

表 13-4 漏洞攻击战术和防御示例

攻击者的战术	SOC 防御
利用漏洞获取访问： ■ 利用软件、硬件或人为漏洞 ■ 获取或开发漏洞 ■ 对服务器漏洞使用攻击者触发的漏洞攻击 ■ 使用受害者触发的漏洞攻击，例如打开邮件附件和恶意的 Web 链接	培训员工、保护代码并强化设备： ■ 员工意识培训和邮件测试 ■ 关于代码保护的 Web 开发者培训 ■ 定期的漏洞扫描和渗透测试 ■ 实施终端强化措施 ■ 终端审核，通过调查分析确定漏洞来源

6. 安装植入

在这一步中，威胁发起者建立了进入系统的后门，以便继续访问该目标。为了保留此后门，远程访问不能向网络安全分析师或用户发出警报，这一点非常重要。访问方法必须通过反恶意软件扫描和计算机的重启才能保持有效。这种持久性访问还可以允许自动通信，这在需要多个通信通道以指挥僵尸网络时尤其有效。

表 13-5 总结了此步骤中使用的一些战术和防御措施。

表 13-5 安装植入战术和防御示例

攻击者的战术	SOC 防御
安装永久性后门： ■ 在 Web 服务器上安装 Web shell，以进行持久性访问 ■ 通过添加服务、自动运行密钥等创建持久性存在点 ■ 修改恶意软件的时间戳，使其显示为操作系统的一部分	检测、记录和分析安装活动： ■ 使用 HIPS 在常见安装路径上进行提醒或阻止 ■ 确定恶意软件是需要管理员权限还是仅需要用户权限 ■ 执行终端审核，以发现异常的文件创建操作 ■ 确定恶意软件是已知威胁还是新变型

7. 命令与控制

在这一步中，目的是在目标系统中建立命令与控制（CnC 或 C2）。遭受攻击的主机通常通过网络向互联网中的控制器发送信标。这是因为大多数恶意软件需要人工交互才能从网络中窃取数据。威胁发起者使用 CnC 通道向安装在目标上的软件发布命令。网络安全分析师必须能够检测到 CnC 通信，以便发现遭受攻击的主机。这可能是通过未经授权的互联网中继聊天 （IRC）流量或过多的流量来发现可能存疑的域。

表 13-6 总结了此步骤中使用的一些战术和防御措施。

表 13-6 安装植入战术和防御示例

攻击者的战术	SOC 防御
为目标操作打开通往 CnC 基础设施的双向通信通道： ■ 最常见的 CnC 通道通过网络、DNS 和邮件协议进行通信 ■ CnC 基础设施可能为攻击者所拥有或本身为另一个受害者网络	阻止操作的最后机会： ■ 研究可能存在的新 CnC 基础设施 ■ 通过恶意软件分析了解 CnC 基础设施 ■ 通过阻止或禁用 CnC 通道防止产生影响 ■ 整合互联网接入点的数量 ■ 自定义 Web 代理上的 CnC 协议块

8. 对目标采取行动

网络杀伤链的最后一步描述了威胁发起者实现其原始目标的情况。这可以是数据盗窃，也可以是执行 DDoS 攻击或使用入侵网络创建和发送垃圾邮件。此时，威胁发起者已深深扎根在组织系统中，隐藏了其行动并掩盖了行踪。从网络中清除威胁发起者极其困难。

表 13-7 总结了此步骤中使用的一些战术和防御措施。

表 13-7 对目标采取行动战术和防御示例

攻击者的战术	SOC 防御
获取成功攻击的奖励： ■ 收集用户凭证 ■ 权限提升 ■ 执行内部侦查跟踪 ■ 在环境中横向移动 ■ 收集并泄露数据 ■ 破坏系统 ■ 覆盖、修改或损坏数据	使用调查分析证据进行检测： ■ 编制事件响应行动手册 ■ 检测数据泄漏，横向移动和未经授权的凭证使用 ■ 立即对所有警报进行分析响应 ■ 对终端进行调查分析，以便快速分类 ■ 捕获网络数据包，以重现活动 ■ 开展损失评估

13.1.2 入侵的钻石模型

在本小节中，您学会使用钻石模型对一次入侵事件进行分类。

1. 钻石模型概述

钻石模型是由来自网络威胁情报和威胁调查中心的 Sergio Caltagirone、Andrew Pendergast 和 Christopher Bertz 开发的。入侵的钻石模型由 4 个部分组成，表示安全事件，如图 13-2 所示。

在钻石模型中，事件是限时活动，限定在特定步骤中，即攻击者使用对一些基础设施的控制能力来攻击受害者，从而获得特定的结果。

入侵事件的 4 个核心特征是攻击者、能力、基础设施和受害者。

■ **攻击者**：负责入侵的一方。

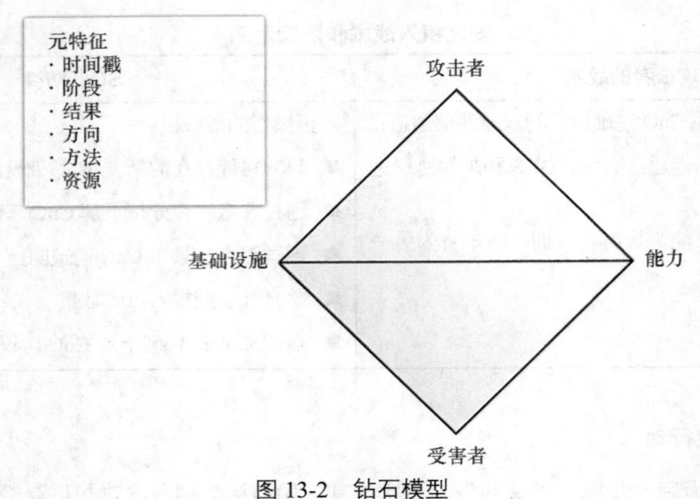

图 13-2　钻石模型

- **能力**：攻击者用来攻击受害者的工具或技术。
- **基础设施**：攻击者用来建立和维护命令与控制（CnC）的网络路径，而且在建立和维护 CnC 时会用到网络路径的能力。
- **受害者**：攻击的目标。但是，受害者一开始可能是攻击目标，但随后会被用作基础设施的一部分以发动其他攻击。

攻击者利用基础设施的能力攻击受害者。模型中的每一条线均显示每个部分如何到达另一个部分。例如，攻击者可能会使用一种能力（如恶意软件）通过邮件来攻击受害者。

元特征稍微扩展了模型，纳入了下列重要元素。

- **时间戳**：指示事件的开始和停止时间，是分组恶意活动的一个主要部分。
- **阶段**：这类似于网络杀伤链中的环节；恶意活动包括连续执行的两个或多个阶段，以实现预期结果。
- **结果**：描述攻击者从事件中所获取的东西。结果可记录为下列一项或多项：保密性受损、完整性受损、可用性受损。
- **方向**：指示事件在钻石模型中的方向。这包括攻击者到基础设施、基础设施到受害者、受害者到基础设施以及基础设施到攻击者。
- **方法**：用于对事件的通用类型进行分类，如端口扫描、网络钓鱼、内容交付攻击、SYN 泛洪等。
- **资源**：这些是攻击者用于入侵事件的一个或多个外部资源，如软件、攻击者的知识、信息（如用户名/密码）以及实施攻击的资产（硬件、资金、设施、网络访问）。

2. 在钻石模型中跳转

作为一名网络安全分析师，您可能会被要求使用钻石模型绘制一系列入侵事件。钻石模型非常适合用来描述攻击者如何从一个事件跳转至下一个事件。

例如，在图 13-3 中，员工报告其计算机行为异常。

安全技术人员进行主机扫描后发现计算机感染了恶意软件。恶意软件分析显示，恶意软件包含 CnC 域名列表。这些域名可解析出 IP 地址列表。然后，使用这些 IP 地址确定攻击者并调查日志，以确定组织中的其他受害者是否正在使用 CnC 通道。

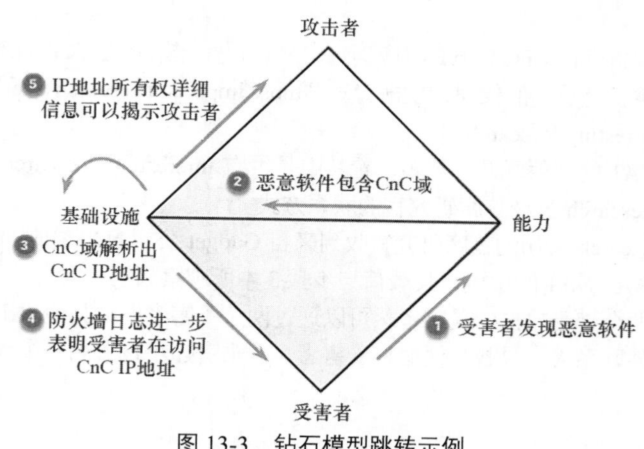

图 13-3　钻石模型跳转示例

3. 钻石模型与网络杀伤链

攻击者不仅仅在一个事件中操作。相反，事件均串在一个链中，其中每个事件必须在进行下一个事件之前成功完成。这一事件线程可以映射到本章前面讨论的网络杀伤链。

下文演示了一个端到端过程（见图 13-4），其中攻击者垂直穿过网络杀伤链，使用遭受攻击的主机水平切换至另一个受害者，然后开始另一个活动线程。

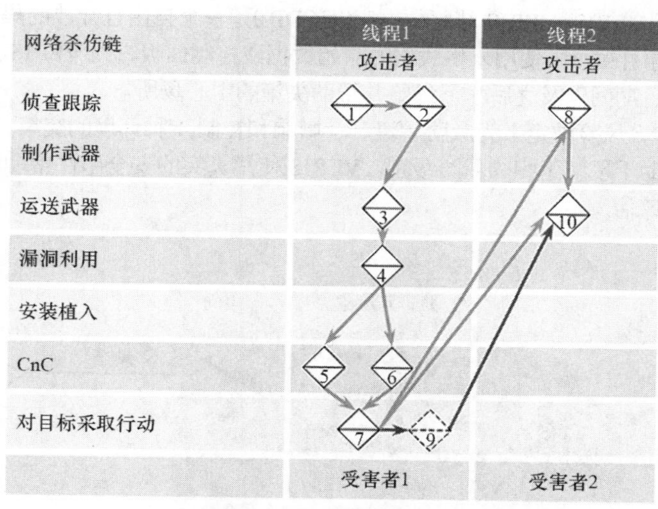

图 13-4　线程示例

1. 攻击者针对受害者的公司 Gadgets 进行 Web 搜索，获得了该公司的域名 gadgets.com。

2. 攻击者将新发现的域 gadets 发布的用于新的搜索“network administrator gadget.com”，发现了声称是 gadget.com 网络管理员的用户发布的论坛帖子。用户配置文件揭示了他们的邮件地址。

3. 攻击者向 gadget.com 网络管理员发送带有特洛伊木马的网络钓鱼邮件。

4. gadget.com 的一个网络管理员（NA1）打开恶意附件。这将执行随附的攻击程序，允许进一步执行代码。

5. NA1 被攻击的主机将 HTTP POST 消息发送到注册 CnC 控制器的 IP 地址。NA1 被攻击的主机反过来接收 HTTP 响应。

6. 从逆向工程中可以发现，恶意软件配有另外一个 IP 地址，该地址在第一个控制器没有响应时充当备份。

7. 通过向 NA1 主机发送 CnC HTTP 响应消息，恶意软件开始充当 TCP 新连接的代理。

8. 通过在 NA1 主机上建立的代理，攻击者对“most important research ever”进行 Web 搜索并发现受害者 2 的公司 Interesting Research。

9. 攻击者查看 NA1 的邮件联系人列表，看其中是否有 Interesting Research 公司的联系方式，结果发现了 Interesting Research 公司首席研究官的联系方式。

10. Interesting Research 公司的首席研究官收到来自 Gadget 公司 NA1 的邮件地址发送的鱼叉式网络钓鱼邮件，该邮件发自 NA1 的主机，其载荷与步骤 3 中所观察到的相同。

此时，攻击者有两个遭受攻击的受害者，可以通过两个受害者发动其他攻击。例如，攻击者可以挖掘首席研究官的邮件联系人，寻找其他潜在受害者。攻击者还可设置另一个代理来窃取首席研究官的所有文件。

13.1.3 VERIS 方案

在本小节中，您将会了解到怎样在一起事件中应用 VERIS 方案。

1. 什么是 VERIS 方案

由 Verizon 设计并存放在 GitHub 社区上的事件记录和事故共享词汇（VERIS）是一组指标，旨在以一种结构化和可重复的方式创建一种描述安全事件的方法。为了便于以匿名方式与社区共享安全事件的质量信息，创建了 VERIS。VERIS 社区数据库（VCDB）是一个自由且开放的集合，内容是以 VERIS 格式公开报道的安全事件。可以使用未格式化的原始数据或控制面板查找 VERIS 条目。VCDB 是安全社区在安全事件之前、期间以及之后学习经验并帮助决策的中心场所。

在 VERIS 方案中，风险被定义为威胁、资产、影响和控制 4 种环境的交集，如图 13-5 所示。来自每个环境的信息有助于了解组织的风险级别。VERIS 使用真实的安全事件帮助确定这些环境，从而有助于进行风险管理评估。

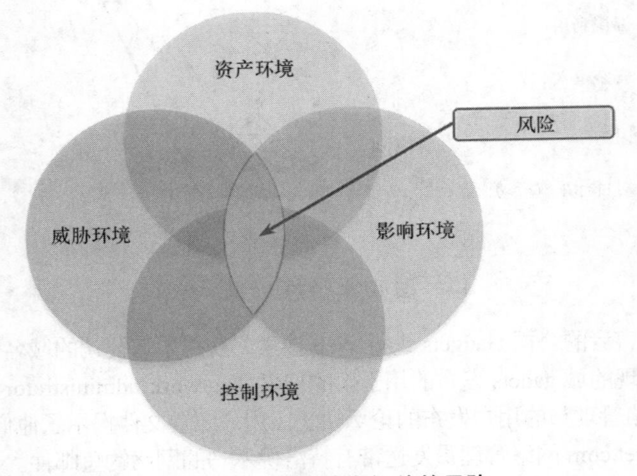

图 13-5 4 种环境交汇处的风险

2. 创建 VERIS 记录

创建记录以添加到数据库时，要从事件的基本事实开始。使用社区列出的 VERIS 元素将有所帮助。表 13-8 所示为可能存在的最基本的记录。框架不需要很复杂。在记录中，只有属性所在的字段为必填字段。随着对事件的了解越来越多，可以将数据添加进来。

表 13-8 基本的 VERIS 记录

变　量	值
timeline.incident.year	2017
scheme_version	1.3
incident_id	1
security_incident	已确认
discovery_method	未知
行动	未知
资产	未知
攻击者	未知
属性	未知

记录事件之后，您很可能会拥有比事件所发生年份更具体的信息。例如，可以通过将 VERIS 标签添加至现有记录的方式来记录月份和日期，如表 13-9 所示。事件的发现方式、事件发生情况的摘要以及任何有关事件类型的其他说明也应使用 VERIS 标签进行记录。任何变量、数据或文本均可使用 VERIS 标签作为 VERIS 记录的一部分予以记录。例如，在表 13-9 中，添加变量以记录“销售部门的 Debbie 报告她的计算机感染了恶意软件”。通过与 Debbie 的面谈并对她的计算机进行扫描，可以确定已通过受感染的 USB 驱动器安装了 rootkit。

表 13-9 向 VERIS 记录添加信息

变　量	值
timeline.incident.year	2017
timeline.incident.month	06
timeline.incident.day	20
summary	计算机感染了恶意软件
discovery.notes	由销售部门的 Debbie 报告
malware.notes	在 Debbie 的计算机中发现了 Rootkit
social.notes	Debbie 带来了一个受感染的 USB 驱动器并将其用在她的公司笔记本电脑上

在创建初始记录之后，应添加更多详细信息，以协助进行数据分析。VERIS 方案中唯一必需的两个字段为事件是否为真实的安全事件以及事件是如何发现的。大多数故障单系统允许将新字段添加至表单中。要向记录中添加更多详细信息，只需添加一个新字段并为其指定一个 VERIS 枚举项。Word 文档、Excel 电子表格或其他软件也可用于创建这些记录。还可以为事件记录创建专用的报告工具。

在记录了主要的详细信息之后，可以在继续记录事件的同时添加更多详细信息。输入到记录中的每一条信息均可能对组织以及对事件做出响应、防止并检测此类未来事件的其他人员有所帮助。社区中可用的数据越多，就越有可能防止未来事件的发生。

VERIS 可以记录受影响的组织的详细信息，如行业、员工人数或组织所在的国家/地区。当多个组织拥有类似事件的记录时，此信息可以在总体情况下有所帮助。此类统计信息可以共享，而不会暴露有关受影响组织的特定私有信息。

3. 顶级元素和二级元素

VERIS 方案有5个顶级元素，每个元素均提供事件不同方面的信息。每个顶级元素均包含多个二级元素，如图13-6所示。这些元素有助于对已收集的事件相关数据进行分类。

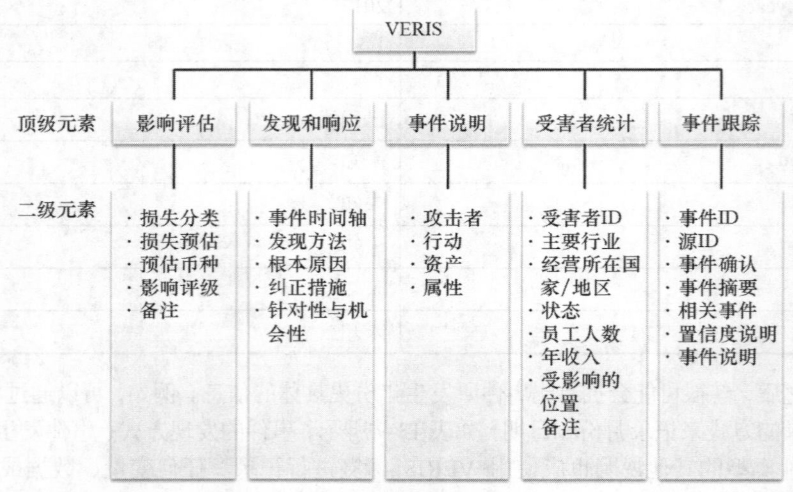

图13-6 VERIS 方案元素

影响评估

任何事件均有影响，无论其影响轻微还是广泛。通常，在事件发生之前甚至在对其进行补救之前，都很难确定影响的范围。用于影响评估的二级元素如下所示。

- **损失分类**：标识因事件所发生的损失类型。
- **损失预估**：这是对因事件而引起的总损失的预估。
- **预估币种**：在涉及多种类型时使用相同的币种。
- **影响评级**：这是一个指示事件总体影响的评级。它可以是介于1和100之间的数字，或是另一个等级，如评分等级。
- **备注**：可能有用的其他详细信息记录在此处。

发现和响应

这一部分用于事件的时间轴、事件发现的方法以及对事件做出的响应，包括补救方法。用于发现和响应的二级元素如下所示。

- **事件时间轴**：从发现事件到已遏制事件或恢复到完全正常运行状态的所有事件的时间轴。这一部分对于收集准备情况、威胁发起者的行动和受影响组织的响应等指标以及众多其他指标非常重要。
- **发现方法**：标识事件的发现方式。这可能是偶然或有意发现的。
- **根本原因**：标识导致事件发生的安全方面的任何弱点或故障。
- **纠正措施**：此变量用于记录将采取的措施，以在将来检测或防止此类事件。
- **针对性与机会性**：确定事件是蓄意的、有针对性的攻击，还是基于攻击者所发现机会而发生的随机事件。

事件说明

为完整说明一个事件，VERIS 使用 Verizon 风险团队开发的 A4 威胁模型。用于时间说明的二级元素（也称为4 A）如下所示。

- **攻击者**：谁的行动对资产产生了影响？

- **行动**：哪些行动对资产产生了影响？
- **资产**：哪些资产受到了影响？
- **属性**：资产是如何受到影响的？

应通过回答表 13-10 中的问题，使用相关的子元素来进一步细化这些元素。

表 13-10 事件说明子元素 extermal

攻击者	
变量	**问题**
actor.extermal	是否存在外部威胁发起者
actor.intermal	是否存在内部威胁发起者
actor.partner	是否存在搭档威胁发起者
actor.unknown	是否存在不知道的威胁发起者
行动	
变量	**问题**
action.hacking	是否存在黑客证据
action.malware	是否存在恶意软件的证据
actionr.social	是否存在社会工程学方面的证据
action.misuse	是否存在滥用权限的证据
action.error	是否存在导致事件的错误
action.physical	是否存在物理攻击的证据
action.environmental	是否存在导致事件的不可抗力
action.unknown	是否不确定所发生的状况
属性	
变量	**问题**
attribute.confidentiality	是否有可能泄露了机密信息
attribute.integrity	是否有任何的系统完整性受到影响
attribute.availability	是否存在任何可用性损失
attribute.unknown	是否不确定受到影响的因素
资产	
变量	**问题**
assets.assets.server	服务器是否受到事件的影响
assets.assets.network	网络设备是否受到影响
assets.assets.user	是否有任何终端用户设备受到影响
assets.assets.terminal	是否有任何终端设备受到影响（如 ATM、Kiosk 等）
assets.assets.media	事件是否对任何纸质文档或存储介质产生影响
assets.assets.people	是否有人员受到危害（例如社会工程学）
assets.assets.unknown	是否不确定受到影响的因素

受害者统计

这里用于说明已经历事件的组织。可以将组织的特征与其他组织进行比较，以确定是否存在事件的共同之处。用于受害者统计的二级元素如下所示。

- **受害者ID**：使用已经历过事件的组织对事件进行标识。
- **主要行业**：标识受影响组织开展业务所属的行业。这里输入了六位的北美行业分类系统（NAICS）代码。
- **经营所在的国家/地区**：用于记录组织经营所在的主要国家/地区。
- **状态**：仅在组织在美国境内经营业务时使用。
- **员工人数**：用于记录整个组织的规模，而不是部门或分支机构的规模。
- **年收入**：此变量可因为隐私而舍入。
- **受影响的位置**：标识受事件影响的任何其他区域或分支机构。
- **备注**：可能有用的其他详细信息记录在此处。

事件跟踪

这是为了记录有关事件的一般信息，以便组织可以随时确定、存储和检索事件。用于事件跟踪的二级元素如下所示。

- **事件ID**：这是存储和跟踪的唯一标识符。
- **源ID**：标识事件的报告者。
- **事件确认**：对事件进行区分，以明确事件是已知事件，还是疑似事件。
- **事件摘要**：提供事件的简短说明。
- **相关事件**：允许事件与类似事件相关联。
- **置信度评级**：用于评估所报告的事件信息准确性的评级。
- **事件说明**：允许记录未在其他VERIS字段中捕获的任何信息。

4. VERIS社区数据库

有些组织收集安全事件的数据，但这些数据并非免费提供给公众，或者其格式无法进行处理，需要对其进行转换方可使用。这使得研究安全事件趋势的研究人员和组织难以进行可靠的风险管理计算。

这就是VERIS社区数据库（VCDB）的用处所在。如果组织正确使用VERIS方案并有意愿参与，组织可以向VCDB提交安全事件详细信息，以供社区使用。VCDB越大，越健全，在安全事件的预防、检测和补救方面就越有用。此外，它将成为一种风险管理工具，而且可以保存组织数据、节省时间、精力和费用。

与任何数据库一样，它可以用来确定问题的答案。在组织规模类似、经营行业相同的情况下，它还可以用于找出组织与其他组织的差异。

13.2　事件处理

在本节中，您将会学到怎样在一起计算机安全事件中应用NIST 800-61r2中指定的标准。

13.2.1　CSIRT

在本小节中，您将会了解到给定CSIRT的多种目标。

1. CSIRT 概述

不同的组织之间对计算机安全事件的定义有所不同。通常，计算机安全事件是指违反安全策略的任何恶意或可疑行为，或威胁组织资产、信息系统或数据网络安全、保密性、完整性或可用性的任何事件。虽然此定义可能有些模糊，但有一些常见的计算机安全事件使用此定义：

- 恶意代码；
- 拒绝服务；
- 未经授权进入；
- 设备失窃；
- 恶意扫描或探测；
- 安全漏洞；
- 违反任一安全策略项目。

发生安全事件时，组织需要一种响应方式。计算机安全事件响应小组（CSIRT）是组织内部一个常见的团队，提供用于保护组织资产的服务和功能。CSIRT 不一定仅响应已发生的事件。CSIRT 还可提供主动服务和功能，如渗透测试、入侵检测甚至安全意识培训。这些类型的服务有助于预防事件的发生，但也会增加响应时间，减轻损害。在需要遏制和减轻安全事件的情况下，CSIRT 将协调并监督这些工作。

2. CSIRT 类型

在大型组织中，CSIRT 将重点调查计算机安全事件。信息安全团队（InfoSec）将专注于实施安全策略并监控安全事件。在小型组织中，CSIRT 将多次处理 InfoSec 团队的任务。每个组织各不相同。CSIRT 的目标必须与本组织的目标一致。有许多不同类型的 CSIRT 以及相关组织。

- **内部 CSIRT**：为其所在的组织提供事件处理服务。医院、银行、大学或建筑公司等任何组织均可设内部 CSIRT。
- **国家/地区 CSIRT**：为国家/地区提供事件处理服务。
- **协调中心**：协调多个 CSIRT 之间的事件处理。其中一个示例即为 US-CERT。US-CERT 对重大事件做出响应，分析威胁并与世界各地的其他网络安全专家和合作伙伴交换信息。
- **分析中心**：使用多个来源的数据，确定事件活动趋势。这些趋势有助于预测未来事件并提供早期预警，以尽快预防并减轻损害。VERIS 社区是分析中心的一个示例。
- **供应商团队**：为组织的软件或硬件漏洞提供修复服务。这些团队通常处理有关安全漏洞的客户报告。此团队还可充当组织的内部 CSIRT。
- **托管安全服务提供商（MSSP）**：将事件处理服务作为付费服务提供给其他组织。思科、Symantec、Verizon 和 IBM 均为托管安全服务提供商的示例。

3. CERT

计算机应急响应小组（CERT）与 CSIRT 类似，但并不相同。CERT 是归卡内基·梅隆大学所有的一个商标缩略词。CSIRT 是负责接收、查看和响应安全事件的组织。CERT 向人们提供安全意识、最佳实践和安全漏洞信息。CERT 不直接对安全事件做出响应。

许多国家/地区已请求 CERT 缩略词的使用许可。以下是一些较为突出的 CERT：

- US-CERT；
- 日本 CERT 协调中心；
- 印度计算机应急响应小组；
- 新加坡计算机应急响应小组；
- 澳大利亚 CERT。

13.2.2 NIST 800-61r2

在本小节中，您将会学到怎样对给定的事件场景应用 NIST 800-61r2 事件处理流程。

1. 建立事件响应能力

NIST Special Publication 800-61，Computer Security Incident Handling Guide（第 2 版）对其事件响应建议进行了详细说明。

注 意 虽然本章总结了 NIST 800-61r2 标准的很多内容，但应阅读这个完整的出版物，因为它涵盖了网络安全 CCNA SECOPS 考试的 6 个主要考试主题。请在互联网上查找“NIST 800-61r2”，下载 PDF 文件并学习。

NIST 800-61r2 标准为事件处理提供了指南，尤其是为分析事件相关数据以及确定每个事件的相应响应提供了指南。这些指南的遵循可以独立于特定的硬件平台、操作系统、协议或应用。

组织的第一步是建立计算机安全事件响应能力（CSIRC）。NIST 建议创建策略、计划和程序以建立和维持 CSIRC。

策略

事件响应策略详细说明了如何根据组织的任务、规模和职能处理事件。应定期审查策略，并进行调整，进而达成已制定路线图的目标。下面列出了策略元素：

- 管理承诺声明；
- 策略的目的和目标；
- 策略范围；
- 计算机安全事件的定义及相关术语；
- 组织结构以及角色、职责和权限级别的定义；
- 事件的优先级或严重性等级；
- 性能指标；
- 报告和联系方式。

计划元素

一个周全的事件响应计划有助于最大程度地降低事件造成的损害。此外，还可根据经验进行调整，使整个事件响应计划更加周全。它将确保事件响应中涉及的各方不仅对自己所做的事有清楚的认识，并且对其他方将要做的事有所了解。下面列出了计划元素：

- 任务；
- 策略和目标；
- 高级管理层批准；
- 事件响应的组织方法；
- 事件响应团队如何与组织其他部门以及其他组织保持通信；
- 用来衡量事件响应能力和有效性的指标；
- 成熟事件响应能力的路线图；
- 计划如何适用于整个组织。

程序元素

事件响应期间遵守的程序应遵循事件响应计划。遵循技术过程、使用技术、填写表格并遵循检查清单等程序均为标准操作程序（SOP）。应详细说明这些 SOP，以便在遵循这些程序时牢记组织的任务和目标。SOP可以最大程度地减少参与事件处理时处于压力之下的人员可能造成的错误。分享并实践这些程序，确保有用、准确和适当，这一点非常重要。

2. 事件响应利益相关者

组织内的其他团队和个人也可能参与事件处理。确保他们在事件处理之前保持合作，这一点非常重要。他们的专业知识和能力可以帮助CSIRT快速准确地处理事件。以下是一些安全事件处理中可能涉及的利益相关者。

- **管理**：管理人员制定每个人都必须遵守的策略。他们还将设计预算，并负责所有部门的人员配置。管理层必须与其他利益相关者协调事件响应，并尽量减少事件造成的损害。
- **信息保障**：在事件管理的某些阶段（如遏制或恢复阶段），可能需要此团队更改防火墙规则等内容。
- **IT支持**：这是组织内部与技术部门一起合作并最了解技术部门的团体。由于IT支持对安全事件有更深入的理解，他们更可能采取正确的行动，以最大程度地降低攻击的有效性或妥善保存证据。
- **法律部门**：最佳做法是让法律部门审查事件策略、计划和程序，确保其不违反任何法规。此外，如果任何事件具有法律影响，则需要法律专家参与其中。这可能包括起诉、证据收集或诉讼。
- **公共事务和媒体关系**：有时可能需要向媒体和公众通知事件，例如发生事件时他们的个人信息已被入侵。
- **人力资源**：如果事件由员工所导致，则人力资源部门可能需要执行相应的纪律措施。
- **业务连续性规划**：安全事件可能会改变组织的业务连续性。负责业务连续性的人员要意识到安全事件及其对整个组织的影响，这一点非常重要。这将使他们能够对计划和风险评估做出更改。
- **物理安全和设施管理**：由于物理攻击（如尾随或肩窥）导致发生安全事件时，可能需要这些团队了解情况并参与其中。它们还有责任保护包含调查证据的设施。

3. NIST事件响应生命周期

NIST定义了事件响应过程生命周期中的四个步骤，如图13-7所示。

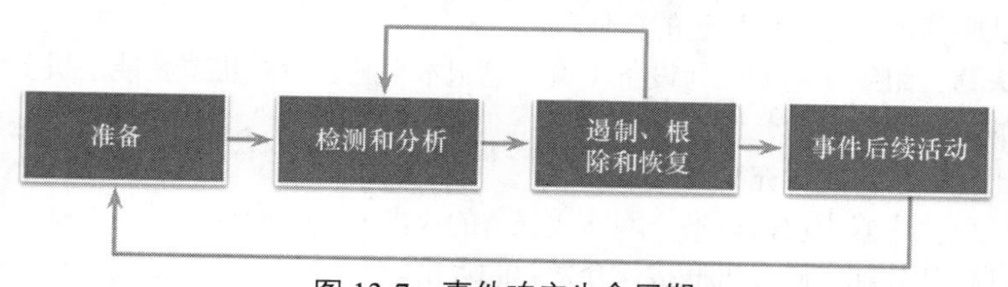

图13-7 事件响应生命周期

- **准备**：CSIRT成员接受事件响应方式方面的培训。
- **检测和分析**：通过连续监控，CSIRT快速识别、分析和验证事件。
- **遏制、根除和恢复**：CSIRT实施程序来遏制威胁、消除对组织资产的影响并使用备份恢复数据和软件。此阶段可能会返回到“检测和分析”阶段，以收集更多信息或扩大调查范围。
- **事件后续活动**：然后，CSIRT将记录事件的处理方式，提出未来响应变更建议并指定避免事件再次发生的方法。

事件响应生命周期是一个自我强化的学习过程，其中每个事件均报告过程，以便处理未来事件。下面将对每个阶段进行更详细的讨论。

4. 准备

准备阶段是指创建CSIRT并进行培训的阶段。这一阶段也是获取和部署团队调查事件所需工具和资产的阶段。下文显示了准备阶段将采取的行动示例。

- 创建组织过程，以解决响应团队中人员之间的通信。这包括利益相关者的联系信息、其他CSIRT、法律实施、问题跟踪系统、智能手机、加密软件等内容。
- 创建托管响应团队和SOC的设施。
- 获取用于事件分析和缓解的必要硬件和软件。这可能包括取证软件、空闲计算机、服务器和网络设备、备用设备、数据包嗅探器和协议分析器。
- 风险评估用于实施限制事件数量的控制措施。
- 在终端用户设备、服务器和网络设备上对安全硬件和软件部署进行验证。
- 编写用户安全意识培训材料。

还可能需要额外的事件分析资源。这些资源的示例包括关键资产列表、网络图、端口列表、关键文件的散列、系统和网络活动的基准读数。在准备处理安全事件时，缓解软件也是一个重要的项目。可能需要一个简洁的操作系统和应用安装文件，以从事件中恢复计算机。

通常，CSIRT可能已准备了一个简便工具箱。这是一个便携式工具箱，其中包括上文列出的多个项目，用于帮助建立快速响应能力。其中一些项目可能是已安装适当软件的笔记本电脑、备份媒体以及任何其他硬件、软件或信息，以帮助调查。必须定期检查这个工具箱，以安装更新并确保所有必要元素均具有可用性且随时可用。在CSIRT中部署简便工具箱，有助于确保团队成员了解其中物品的正确使用方法。

5. 检测和分析

由于安全事件发生的方式可能有很多种，因此，无法编制完全涵盖事件处理时每个要遵循的步骤的说明。不同类型的事件需要不同的响应。

攻击媒介

组织应准备好处理任何事件，但应专注于最常见的事件类型，以便能够迅速处理。下面是一些比较常见的攻击媒介类型。

- **Web**：从网站或网站托管的应用发起的任何攻击。
- **邮件**：从邮件或邮件附件发起的任何攻击。
- **丢失或失窃**：组织使用的任何设备（例如笔记本电脑、台式机或智能手机）均可提供发起攻击所需的信息。
- **假冒**：出于恶意意图冒充某物或某人时。
- **消耗**：任何使用暴力攻击设备、网络或服务的攻击。
- **媒介**：任何从外部存储或可插拔媒介发起的攻击。

检测

有些事件很容易被检测到，而另一些事件可能在数月之中都未被检测到。安全事件的检测可能是事件响应过程中最困难的阶段。有多种不同的事件检测方法，且并非所有方法都非常详细或提供详细的清晰度。有些自动检测方法可供使用，如防病毒软件或IDS。此外，还可通过用户报告进行手动检测。

准确确定事件类型和影响程度非常重要。有两种类型的事件迹象。

- **先兆**：这是一种表明未来可能会发生事件的迹象。检测到先兆之后，可以通过更改安全措施以专门解决所检测到的事件类型，来避免攻击。先兆的示例有日志条目显示了端口扫描响应或在组织的Web服务器上发现了新漏洞。

■ **指标**：这是一种事件可能已发生或当前正在发生的迹象。指标的一些示例包括主机被恶意软件感染、来自未知来源的多次失败登录或 IDS 警报。

分析

事件分析非常困难，因为并非所有指标均准确无误。在一个完美的世界里，应分析每个指标，从而查明其是否正确无误。由于所记录和报告的事件的数量和种类非常多，这一目标几乎是不可实现的。使用复杂的算法和机器学习通常有助于确定安全事件的有效性。这在每天都有数以千计甚至有数百万起事件的大型组织中更为普遍。可以使用的一种方法是网络和系统建档（profiling）。建档是衡量网络设备和系统中预期活动的特征，以便能够更容易地识别对其所做的更改。

当发现一个指标准确无误时，这并不一定意味着一个安全事件已经发生。一些指标的出现是由于安全原因之外的其他原因导致的。例如，对于连续崩溃的服务器，可能是 RAM 受损导致的，而并非发生了缓冲区溢出攻击。安全起见，必须分析模糊不清或互相矛盾的症状，以确定是否已发生合法的安全事件。CSIRT 必须迅速做出反应，以验证和分析事件。这可通过遵循预定义过程并记录每个步骤的方式来执行。

范围界定

当 CSIRT 认为事件已发生时，应立即进行初始分析，以确定事件的范围，例如受到影响的网络、系统或应用，发起事件的人员或工具，以及事件发生的方式。范围界定活动应为团队提供足够的信息来确定后续活动的优先顺序，例如遏制事件和更深入地分析事件的影响。

事件通知

事件响应团队分析并优先处理事件之后，需要通知相应的个人，以便所有相关人员发挥相应的作用。通常需通知的各方示例包括：

■ 首席信息官（CIO）；
■ 信息安全主管；
■ 本地信息安全官；
■ 组织内的其他事件响应小组；
■ 外部事件响应小组（如有需要）；
■ 系统所有者；
■ 人力资源部门（适用于涉及员工的情况，例如通过邮件进行骚扰）；
■ 公共事务部门（适用于可能引起公众注意的事件）；
■ 法律部门（适用于具有潜在法律后果的事件）；
■ US-CERT（需要联邦机构和系统代表联邦政府采取行动时）；
■ 执法部门（如有需要）。

6. 遏制、根除和恢复

检测到安全事件并进行充分的分析，确定了事件有效性之后，必须进行遏制，以便确定应对措施。需要在发生事件之前制定事件遏制战略和程序并在发生大规模损害之前实施。

遏制战略

对于每种事件类型，均应创建并强制执行遏制战略。以下是一些确定为每种事件类型所创建策略类型的条件。

■ 实施和完成解决方案需要多长时间。
■ 实施此战略需要多少时间和多少资源。
■ 保存证据的流程是什么。
■ 是否可以将攻击者重定向到沙盒，以确保 CSIRT 可以安全地记录攻击者使用的方法。
■ 对服务的可用性有什么影响。

- 资源或资产的损害程度如何。
- 战略的有效性如何。

在遏制期间，可能会造成的额外损害。例如，通常不建议断开遭受攻击的主机的网络连接。恶意进程可能会注意到这种与 CnC 控制器的连接中断，并在目标上触发数据擦除或加密。此时，经验和专业知识可有助于遏制事件超出遏制战略的范围。

证据

在事件发生期间，必须收集证据来解决它。证据对于相关机构随后进行的调查也至关重要。对保存的记录进行清晰、简明的记录至关重要。对于将在法庭上出示的证据，证据收集必须符合特定法规的要求。收集证据之后，必须进行适当的说明。这称为监管链。在记录监管链中所使用的证据时，一些最重要的记录项目如下所示。

- 恢复和储存所有证据的地点。
- 所有证据的识别标准，如序列号、MAC 地址、主机名或 IP 地址。
- 参与证据收集或处理的所有人员的身份信息。
- 证据收集以及每个实例的处理时间和日期。

为任何参与证据处理的人提供妥善保存证据方面的教育至关重要。

攻击者识别

攻击者识别的重要性仅次于主机和服务的遏制、根除和恢复。但是，识别攻击者将最大程度地降低对关键业务资产和服务的影响。以下是在安全事件期间试图识别发起攻击的主机所采取的一些最重要的行动。

- 使用事件数据库研究相关活动。此数据库可能是内部数据库或位于从其他组织收集数据并将其整合为时间数据库（如 VERIS 社区数据库）的组织中。
- 验证攻击者的 IP 地址，以确定其是否存活。主机可能会对连接请求做出响应，也可能不会响应。这可能是因为主机已被配置为忽略请求或已将该地址重新分配给其他主机。
- 使用互联网搜索引擎获取有关攻击的其他信息。可能已有其他组织或个人发布了从被识别的源 IP 地址发起的攻击的相关信息。
- 监控某些攻击者使用的通信通道，例如 IRC。由于用户在 IRC 通道内可能已经伪装或匿名化，因此他们可能会在这些通道中谈论其漏洞攻击。通常，从此类监控中收集的信息具有误导性，应视为线索，而不是事实。

根除、恢复和补救

在遏制之后，根除的第一步是确定所有需要补救的主机。必须消除安全事件的所有影响。这包括恶意软件感染和已遭受攻击的用户账户。此外，还必须更正或修补攻击者利用的所有漏洞，以防再次发生事件。

要恢复主机，请使用干净、最新的备份，如果没有可用备份或备份已遭受攻击，则使用安装介质重新构建。同时，全部更新并修补操作系统和所有主机上安装的软件。根据密码安全策略更改所有主机密码和关键系统的密码。此时可能是验证和升级网络安全、备份策略和安全策略的好时机。攻击者通常会再次攻击系统，或针对其他资源发起类似的攻击，因此应该尽可能避免出现这种情况。要专注于可以快速解决的问题，同时优先考虑关键系统和操作。

7. 事件后续活动

在事件响应活动根除了威胁且组织已开始从攻击影响中恢复之后，退后一步并定期与所有相关方会面，讨论已发生的事件以及处理事件时所有个人的行动，这一点非常重要。这将提供一个平台，以供学习哪些行动是正确的、哪些行动是错误的、可以改变的地方以及应改进的地方。

基于课程的强化

处理重大事件之后，组织应举办一次“经验总结”会议，以审查事件处理过程的有效性并确定现有安全控制和实践的必要强化措施。会议期间要回答的问题示例包括下列各项。

- 到底发生了什么事，是什么时候发生的？
- 员工和管理层在处理事件时的表现如何？
- 是否遵循了书面程序？此次事件中他们是否胜任？
- 什么信息需要立即知晓？
- 是否采取了任何可能抑制恢复的措施或行动？
- 在下次发生类似事件时，员工和管理层将有什么不同的做法？
- 如何改进与其他组织的信息共享？
- 哪些纠正措施可以防止将来发生类似事件？
- 将来应观察哪些前兆或指标来检测类似事件？
- 需要哪些额外工具或资源来检测、分析和缓解未来事件？

8. 事件数据收集和保留

通过举办“经验总结”会议，所收集的证据可用于确定事件的成本以便于进行预算，确定 CSIRT 的有效性并识别整个系统可能存在的安全缺陷。所收集的证据需要具有可行性。要仅收集可用于定义和细化事件处理过程的数据。

所处理的事件数量较多可能表明事件响应方法中的有些东西工作不正常，需要完善。它还可能表明 CSIRT 不称职。事件数量较少可能表明网络和主机安全已得到改进。它还可能表明缺乏事件检测。每种事件类型的数量可能更有效地显示 CSIRT 的优势和劣势，并实施安全措施。这些子类别可有助于锁定劣势所在，而不是是否存在劣势。

每个事件的时间均可以帮助了解所使用的总劳动量以及事件响应过程每个阶段的总时间。做出第一次响应之前的时间以及报告事件并在组织之外上报（如有必要）所需的时间也至关重要。

对每个事件进行客观评估非常重要。可以对已解决事件的响应进行分析，以确定其有效性。NIST 800-61r2 提供了执行事件客观评估的下列示例。

- 查看日志、表单、报告和其他事件文档，以遵守已制定的事件响应策略和程序。
- 识别已记录事件的先兆和指标，以确定事件记录和标识的有效程度。
- 确定事件是否在被检测到之前已造成了损害。
- 确定是否已识别事件的实际原因，确定攻击媒介、所利用的漏洞以及目标或受害系统、网络和应用的特征。
- 确定事件是否是先前事件的再次发生。
- 计算事件的预估经济损失（例如，受到事件负面影响的信息和关键业务流程）。
- 度量初始影响评估和最终影响评估之间的差异。
- 确定可以预防事件发生的措施（如有）。

对每起事件进行主观评估要求事件响应团队成员评估自身表现以及其他团队成员和整个团队的表现。另一个有价值的输入来源是资源的所有者，以便确定所有者是否认为事件得到了有效处理并且结果是否令人满意。

在每个组织内部，均应制定一项概述事件证据保留时间的策略。证据通常在事件发生后被保留数月或数年。以下是证据保留的一些决定性因素。

- **起诉**：当攻击者因安全事件被起诉时，应将证据保留到完成所有法律诉讼之后。这可能是数月或数年。在法律诉讼期间，不应忽视任何证据或认为其无关紧要。一个组织的策略可能会规定，任何涉及法律诉讼的事件证据永远不得删除或销毁。

- **数据保留**：组织可能会指定，特定类型的数据应保留特定的一段时间。邮件或文本等项目可能只需要保存 90 天。更重要的数据，如事件响应中使用的数据（没有提起法律诉讼），可能需要保留三年或更长时间。
- **成本**：如果有大量需要长期保存的硬件和存储介质，存储管理的成本可能较为昂贵。此外，请注意，随着技术的变更，还必须保存能够使用过时硬件和存储介质的功能设备。

9. 报告要求和信息共享

法律团队应咨询政府法规，以便准确确定组织报告事件的责任。此外，管理层还需要确定与其他利益相关者（如客户、供应商、合作伙伴等）进行的其他必要沟通。

除法律要求和利益相关者考虑事项之外，NIST 建议在组织之间进行协调，以共享事件的详细信息。例如，组织可以将事件记录在 VERIS 社区数据库中。

NIST 提供的有关信息共享的关键建议如下所示。

- 在事件发生之前，与外部各方规划事件协调事宜。
- 在开始任何协调工作之前，咨询法律部门。
- 在整个事件响应生命周期，执行事件信息共享。
- 尝试自动执行尽可能多的信息共享过程。
- 平衡信息共享的优点和共享敏感信息的缺点。
- 尽可能多地与其他组织共享相应的事件信息。

13.3 小结

在本章中，您已经了解了网络安全分析师管理网络安全事件常用的事件响应模型。

网络杀伤链指定攻击者完成其目标必须完成的环节。网络杀伤链中的环节如下所示。

1. 侦查跟踪。
2. 制作武器。
3. 运送武器。
4. 漏洞利用。
5. 安装植入。
6. 命令与控制。
7. 对目标采取行动。

如果攻击者在任何阶段停止，则攻击链将会中断。

入侵的钻石模型由 4 个部分组成，表示安全事件：攻击者、能力、基础设施和受害者。作为一名网络安全分析师，您可能会被要求使用钻石模型绘制一系列入侵事件。钻石模型非常适合用来描述攻击者如何从一个事件跳转至下一个事件。

在 VERIS 方案中，风险被定义为威胁、资产、影响和控制 4 种环境的交集。如果组织正确使用 VERIS 方案并有意愿参与，组织可以向 VCDB 提交安全事件详细信息，以供社区使用。

通常，计算机安全事件是指违反安全策略的任何恶意或可疑行为，或威胁组织资产、信息系统或数据网络安全、保密性、完整性或可用性的任何事件。

CSIRT 是组织内部一个常见的团队，提供响应安全事件的服务和功能。

CSIRT 类型包括：

- 内部 CSIRT；

- 国家/地区 CSIRT；
- 协调中心；
- 分析中心；
- 供应商团队；
- 托管安全服务提供商。

与 CSIRT 不同的是，CERT 向人们提供安全意识、最佳实践和安全漏洞信息。CERT 不直接对安全事件做出响应。

NIST 800-61r2 定义了事件响应过程生命周期的 4 个阶段：

- 准备；
- 检测和分析；
- 遏制、根除和恢复；
- 事件后续活动。

复习题

请完成以下所有复习题，以检查您对本章主题和概念的理解情况。答案列在附录“复习题答案”中。

1. 在 NIST 事件响应过程生命周期内，哪种类型的攻击媒介涉及使用暴力攻击设备、网络或服务？

A. 介质　　B. 假冒

C. 消耗　　D. 丢失或失窃

2. 哪个 NIST 事件响应生命周期阶段包括 CSIRT 的持续监控，以快速识别和验证事件？

A. 检测和分析　　B. 准备

C. 遏制、根除和恢复　　D. 事件后续活动

3. 哪个 NIST 事件响应生命周期阶段包括对计算机安全事件响应小组进行事件响应方式方面的培训？

A. 事件后续活动　　B. 遏制、根除和恢复

C. 检测和分析　　D. 准备

4. 运送武器之后，目标系统的哪 3 个方面最有可能被攻击？（选择 3 项）

A. 应用　　B. 用户账户

C. 操作系统漏洞　　D. 现有后门

E. 域名空间　　F. DHCP 配置

5. 钻石模型中的哪个元特征描述了攻击者用于入侵事件的工具和信息（如软件、黑帽知识库、用户名和密码）？

A. 结果　　B. 方向

C. 资源　　D. 方法

6. 在网络杀伤链的安装植入阶段，哪项活动通常由威胁发起者执行？

A. 获取用户账户的邮件地址

B. 获取用于传送恶意软件载荷的自动工具

C. 开放 CnC 基础设施的双向通信通道

D. 在目标服务器上安装 Web Shell，以进行持久性访问

7. VERIS 方案的哪个顶级元素将允许公司记录事件时间轴？

A. 发现和响应 B. 事件说明
C. 事件跟踪 D. 受害者统计

8. 处理安全威胁和使用网络杀伤链模型时，组织可使用哪两种方法帮助阻止系统的潜在漏洞利用？（选择两项）

A. 进行全面恶意软件分析
B. 向 Web 开发人员提供确保代码安全方面的培训
C. 收集邮件和 Web 日志以进行取证重构
D. 建立针对已知武器传输工具的行为的检测
E. 执行定期的漏洞扫描和渗透测试

9. 什么是监管链?

A. 有关事件相关证据保存的文档
B. 被攻击者利用的所有利益相关者列表
C. 如果事件由员工所导致，则组织可能会才采取纪律措施
D. 确保参与事件响应的各方了解如何收集证据的计划

10. 哪种类型的 CSIRT 组织负责确定趋势，以帮助预测未来安全事件并提供警告?

A. 分析中心 B. 供应商团队
C. 协调中心 D. 国家/地区 CSIRT

11. 哪种方法可以帮助阻止面向互联网的 Web 服务器上的潜在恶意软件传输方式（如网络杀伤链模型中所述）?

A. 建立针对已知恶意软件的行为的检测
B. 收集恶意软件文件和元数据以备将来进行分析
C. 分析文件所用的基础设施存储路径
D. 审核 Web 服务器，以便确定漏洞利用的来源

12. 根据 NIST 标准，哪个事件响应利益相关者负责与其他利益相关者协调事件响应事宜，以尽量减少事件造成的损害?

A. IT 支持 B. 管理
C. 法务部门 D. 人力资源

13. 威胁发起者扫描完组织的公共 Web 服务器的端口并识别出潜在漏洞之后，威胁发起者为准备和发起网络杀伤链中所定义的攻击而采取的下一阶段操作是什么?

A. 漏洞利用 B. 制作武器
C. 侦查跟踪 D. 对目标采取行动

附录A
复习题答案

第1章

1. C。勒索软件通常加密计算机上的数据，使这些数据不可访问，直到用户支付一定数额的费用为止。

2. D。网络战争是信息战（IW）的子集。它的目标是干扰（可用性）、破坏（完整性），或掠夺（机密性和隐私性）。它可以针对军事力量、关键设施，或其他利益，如经济目标。网络战争需要多个团队协同工作。僵尸网络可能作为发动攻击的多种工具中的一种。

3. A。安全信息和事件管理系统（SIEM）将来自多个源的数据组合在一起，帮助SOC人员收集和过滤数据、检测并分类威胁、分析和调查威胁，以及管理资源，以实施预防措施。

4. C、D、F。SOC应该包含以下技术：

- 事件收集、关联和分析；
- 安全监控；
- 安全控制；
- 日志管理；
- 漏洞评估；
- 漏洞跟踪；
- 威胁情报。

代理服务、用户认证，以及入侵预防系统（IPS）属于安全设备和机制，部署在网络设施中，由网络运营中心（NOC）管理。

5. C。激进黑客描述的是灰帽黑客，他们会举行集会，捍卫一个理念。

6. A。(ISC)²是一个国际非盈利组织，提供CISSP认证。

7. B。事件响应人员是SOC中的二级安全专业人员。如果响应人员无法解决故障单，就将其提交给下一级的支持人员，即三级主题专家（SME）。三级SME会深入调查这起事件。

8. A。在典型的SOC中，一级人员被称为警报分析师，也被称为网络运营分析师。

9. D。一个欺诈无线热点是指在一个企业或组织中运行，却没有得到该企业或组织正式许可的无线接入点。

第2章

1. B。主引导记录（MBR）包含一个小程序，负责定位并加载操作系统。BIOS执行这段代码，然后操作系统开始加载。

2. A。**net** 命令是 Windows 中非常重要的命令。一些常见的 **net** 命令如下所示。

- **net accounts**：为用户设置密码和登录要求。
- **net session**：列出或断开网络上一台计算机和其他计算机之间的会话。
- **net share**：创建、删除或管理共享资源。
- **net start**：启动网络服务或列出运行中的网络服务。
- **net stop**：停止网络服务。
- **net use**：连接、断开和显示共享网络资源相关的信息。
- **net view**：显示网络上的计算机和网络设备列表。

3. C。自动启动允许在 PC 启动时自动启动服务。用户启动应用时，进行的是手动启动过程。引导、开始或启动服务类型不可配置。

4. D。PowerShell 可执行的命令包括以下几类。

- **cmdlets**：这些命令执行操作，将输出或对象返回将要执行的下一个命令。
- **PowerShell 脚本**：这些是带有.ps1 扩展名且包含要执行的 PowerShell 命令的文件。
- **PowerShell 函数**：可在脚本中引用的代码。

5. B。注册表包含有关应用程序、用户、硬件、网络设置和文件类型的信息。注册表还包含每个用户的特有部分，其中包含该特定用户配置的设置。

6. B。有 20 多个 Windows 操作系统版本。Windows XP 将 64 位处理功能引入了 Windows 计算。

7. D。如果从一台主机向远程网络上的另一台主机执行 ping 操作成功，说明默认网关运行正常。在这种情况下，如果从一台主机向默认网关执行 ping 操作失败，则路由器接口可能应用了某些安全功能，阻止其响应 ping 请求。

8. C。**nslookup** 命令允许用户手动查询 DNS 服务器来解析给定的主机名。**ipconfig/displaydns** 命令只是显示之前已解析的 DNS 条目。**tracert** 命令可以检查数据包通过网络时所用的路径，并能通过自动查询 DNS 服务器来解析主机名。**net** 命令用于管理网络计算机、服务器、打印机和网络驱动器。

9. B。在 Windows 操作系统的“命令提示符”窗口中输入 CLI 命令。cd \命令用于将目录更改为 Windows 根目录。

10. A。32 位操作系统能够支持约 4GB 的内存。这是因为 2^{32}B 约为 4GB。

11. C。网络应用程序具有可以在 Windows 防火墙中打开或阻止的特定 TCP 或 UDP 端口。禁用自动 IP 地址分配可能会导致计算机根本无法连接到网络。启用 MAC 地址过滤在 Windows 中不可能实现，并且该操作仅阻止特定的网络主机而不阻止应用程序。更改默认的用户名和密码可以保护计算机不被未经授权的用户访问，但不能阻止应用程序访问。

12. A。Windows 任务管理器实用程序包括一个 User 选项卡，该选项卡可显示每个用户消耗的系统资源。

第 3 章

1. B。**man** 命令是手册（manual）的简称，用于获取有关 Linux 命令的文档。**man man** 命令将提供有关手册使用方式的文档。

2. C。Linux 是一个开源操作系统，任何人均可访问源代码，并对其进行检查、修改并重新编译。Linux 发行版由程序员社区维护，旨在连接网络并且不需要提供免费支持。

3. D。Linux 中使用配置文件来管理服务。当服务启动时，它会查找其配置文件，将这些配置文件加载到内存中并根据文件中的设置自行调整。

4. B。图形用户界面（GUI）被认为对用户更友好，因为它提供了带有界面和图标的操作系统，可便于定位应用并完成任务。

5. B。右键点击启动程序中托管的任何应用，即可访问快速列表。快速列表允许访问特定应用的一些任务。

6. C。进程是计算机程序的运行实例。多任务操作系统可同时执行多个进程。进程 ID（PID）用于识别进程。**ps** 或 **top** 命令可用于查看计算机上当前正在运行的进程。

7. B。PenTesting 被称为渗透测试，包括用于在网络或计算机中通过攻击来搜索漏洞的工具。

8. B。加固设备的基本最佳做法如下所示。

- 确保物理安全。
- 尽可能减少安装的软件包数量。
- 禁用不使用的服务。
- 使用 SSH 并禁止通过 SSH 登录根账户的操作。
- 保持系统更至最新。
- 禁用 USB 自动检测。
- 强制使用强密码。
- 强制定期更改密码。
- 防止用户重用旧密码。
- 定期查看日志。

9. B。系统始终按“用户”、“组”和“其他”顺序显示文件权限。在显示的示例中，该文件具有以下权限。

- 短划线（-）表示这是一个文件。如果是目录，第一根短划线将被 d 取代。
- 第一组字符表示用户权限（**rwx**）。拥有该文件的用户 **sales** 可以读取、写入并执行该文件。
- 第二组字符表示组权限（**rw-**）。拥有该文件的组 **staff** 可以读写该文件。
- 第三组字符表示任何其他用户或组权限(**r--**)。计算机上的任何其他用户或组只能读取该文件。

第 4 章

1. B。当客户端收到来自服务器的 DHCPOFFER 时，它回送一条 DHCPREQUEST 广播消息。收到 DHCPREQUEST 消息后，服务器响应单播 DHCPACK 消息。

2. B。OSI 模型的传输层有多项职责。主要职责之一就是将数据分成可在目的设备上按正确序列重组的数据块。

3. C。当某台网络设备必须与其他网络中的设备通信时，它会广播 ARP 请求来请求默认网关 MAC 地址。默认网关（RT1）使用其 MAC 地址单播 ARP 应答。

4. D。ARP（地址解析协议）通过将目的 MAC 地址映射到目的 IPv4 地址发挥作用。主机知道目的 IPv4 地址，并使用 ARP 解析对应的目的 MAC 地址。

5. A。FTP 是一种客户端/服务器协议。FTP 要求在客户端和服务器之间建立两个连接，并且使用 TCP 来提供可靠连接。使用 FTP，数据传输可以在任何一个方向进行。客户端可以从服务器下载（请求）数据或将数据上传（推送）到服务器。

6. B、C。OSI 传输层的功能相当于 TCP/IP 传输层，而 OSI 网络层相当于 TCP/IP 互联网层。OSI 数据链路层和物理层合在一起，相当于 TCP/IP 网络接入层。OSI 会话层（以及表示层）包含在 TCP/IP 应用层内。

7. A。TCP/IP 互联网层的功能与 OSI 网络层相同。TCP/IP 模型和 OSI 模型的传输层具有相同的功能。TCP/IP 应用层包括 OSI 第 5、6 和 7 层的相同功能。

8. D。IPv6 地址 2001:0000:0000:abcd:0000:0000:0000:0001 的最终压缩格式为 2001:0:0:abcd::1。前两个全零的十六进制数被分别压缩为一个零。三个连续的全零十六进制数可以压缩为一个双冒号::。最后一个十六进制数中的三个前导零可以删除。在一个地址中，双冒号::只能使用一次。

9. B、C、D。DNS、DHCP 和 FTP 都是 TCP/IP 协议簇中的应用层协议。ARP 和 PPP 是 TCP/IP 协议簇中的网络接入层协议，而 NAT 是互联网层协议。

10. D。只有与另一网络上的设备通信时，才需要默认网关。默认网关的缺失不会影响同一本地网络上设备之间的连接。

11. D。当所有设备需要同时接收相同的消息时，此条消息将以广播形式传输。当一台源主机将消息发送到一台目的主机时，通常采用单播传输。一台主机将相同消息发送到一组目的主机时，采用多播传输。双工通信是指介质在两个方向传输消息的能力。

第5章

1. C。防火墙用于根据访问控制策略允许或阻止网络之间的流量。

2. C。以太网交换机检查传入帧的源 MAC 地址。如果源 MAC 地址不在 MAC 地址表中，则交换机将其与关联入口以太网端口添加到表中。

3. D。中间设备向最终目的地发送网络消息。中间设备的示例包括防火墙、路由器、交换机、多层交换机和无线路由器。

4. C。TACACS+使用 TCP，加密整个数据包（不仅仅是密码），并将身份验证和授权分为两个不同的过程。思科安全 ACS 软件支持这两种协议。

5. D。可以将无线接入点手动设置为特定的频段或通道，以避免干扰区域中的其他无线设备。

6. C。入侵检测系统（IDS）使用一套规则（称为签名）识别网络中的恶意流量。

7. A。连接以太网星型拓扑的设备可以连接到集线器或交换机。

8. C。有两种方法可用于在网络设备上进行日期和时间设置：手动配置和自动使用网络时间协议（NTP）。通过使用源的分层系统，NTP 使所有设备的时间保持同步。

9. B。SNMP 是一种应用层协议，允许管理员管理并监控网络中的设备，如路由器、交换机和服务器。

第6章

1. D。黑客感染多台机器（僵尸），创建僵尸网络。僵尸发起分布式拒绝服务（DDoS）攻击。

2. B。特洛伊木马恶意软件的最佳描述，以及它与病毒和蠕虫的区别在于，它看起来是有用的软件，但却隐藏着恶意代码。特洛伊木马恶意软件可能会导致烦人的计算机问题，但还可能会导致严重的问题。一些特洛伊木马可能在互联网上进行散布，但是，它们也可以通过 U 盘和其他方式进行散布。具有明确目标的特洛伊木马恶意软件可能是最难检测的恶意软件。

3. D。恶意软件可以分为如下几类：

- 病毒（通过附加到其他程序或文件实现自我复制）；
- 蠕虫（不依赖其他程序，自行实现复制）；

- 特洛伊木马（伪装成合法文件或程序）；
- rootkit（获得对机器的特权访问，同时隐藏自身）；
- 间谍软件（从目标系统收集信息）；
- 广告软件（在获得或未获得同意的情况下提供广告）；
- 僵尸程序（等待黑客的命令）；
- 勒索软件（封锁计算机系统或冻结数据，直到收到赎金）。

4. B。恶意软件可以分为如下几类：
   - 病毒（通过附加到其他程序或文件实现自我复制）；
   - 蠕虫（不依赖其他程序，自行实现复制）；
   - 特洛伊木马（伪装成合法文件或程序）；
   - rootkit（获得对机器的特权访问，同时隐藏自身）；
   - 间谍软件（从目标系统收集信息）；
   - 广告软件（在获得或未获得同意的情况下提供广告）；
   - 僵尸程序（等待黑客的命令）；
   - 勒索软件（封锁计算机系统或冻结数据，直到收到赎金）。

5. D。激进黑客是一个术语，用来描述那些被认为是政治或意识形态的极端分子发起的网络攻击。激进黑客会对激进黑客议程中认定的敌人（个人或组织）发起攻击。

6. D。阻止用户访问网络资源是一种拒绝服务攻击。侦查跟踪攻击收集有关目标网络和系统的信息之后，从网络服务器中窃取数据可能是其目标。重定向数据流量以便进行监控是一种中间人攻击。

7. A。Nmap 工具是一个端口扫描器，用于确定哪些端口在特定网络设备上处于开放状态。在发起攻击之前会使用端口扫描器。

8. D。用于破解 WiFi 密码的常见方法包括社会工程学、暴力攻击和网络嗅探。

9. A。网络钓鱼使用欺骗手段说服人们泄露信息。激进黑客行为是出于特定原因（如政治或社会原因）进行的黑客攻击。脚本小子是使用免费脚本、软件和工具的年轻、缺乏经验的黑客。拒绝服务（DoS）攻击会导致一个或多个服务无法访问或无法正常工作。

10. A。蠕虫恶意软件可以在不被宿主程序触发的情况下自动执行并复制自身。这是一个重大的网络和互联网安全威胁。

11. A。网络安全人员必须熟悉端口号，以便识别被攻击的服务。周知端口 21 用于初始化 FTP 服务器的 FTP 连接。然后，周知端口 20 用于在两个设备之间传输数据。如果连接到 FTP 服务器的设备为未知设备且发起攻击，则攻击类型可能是 FTP 特洛伊木马。

12. D。邮件附件看起来像是有效软件，但实际上包含间谍软件，这展示了恶意软件隐藏自身的方式。阻止系统访问网站的攻击形式即 DoS 攻击。黑客使用搜索引擎优化（SEO）毒化来提高网站的排名，从而将用户导向托管恶意软件或使用社会工程学方法获取信息的恶意网站。由僵尸计算机组成的僵尸网络用于发起 DDoS 攻击。

13. B。病毒可能是恶意的并具有破坏性，也可能只是更改计算机的某些信息（如文本或图像），而不一定会导致计算机出现故障。病毒不仅可以通过共享媒体（如 CD 或记忆棒）传播，而且还可以通过互联网和邮件传播。

第7章

1. B。安全信息事件管理（SIEM）是一种在企业组织中使用的技术，旨在提供安全事件的实时报告和长期分析。Splunk是一个专有的SIEM系统。

2. C。防火墙和入侵防御系统（IPS）等网络安全设备使用预配置的规则识别网络中的恶意流量。有时，合法流量会被错误地识别为未经授权的流量或恶意流量。合法流量被错误地识别为未经授权的流量的情形称为误报。

3. C。在交换机上启用SPAN或端口镜像时，可以复制交换机发送和接收的帧，并将其转发到连接了分析设备的另一个端口（称为交换机端口或分析器接口）。

4. B。Wireshark是用于捕获网络流量的网络协议分析工具。Wireshark捕获的流量保存在PCAP文件中，其中包括接口信息和时间戳。

5. A。网络犯罪分子使用SQL注入破坏关系数据库，创建恶意SQL查询并获取敏感数据。

6. C。Wireshark是用于捕获网络流量的网络协议分析工具。Wireshark捕获的流量保存在PCAP文件中，其中包括接口信息和时间戳。

7. C。SIEM为管理员提供有关可疑活动来源的详细信息，例如用户信息、设备位置以及安全策略合规性。SIEM的一个基本功能是将不同系统的日志和事件关联，以加快对安全事件的检测和响应。

8. D。网络分流器是一种用于捕获流量以进行网络监控的常用技术。分流器通常是网络中通过内联方式实施的被动分流设备，它将所有流量（包括物理层错误）转发到分析设备。

9. C。DCHP耗竭攻击为网络客户端制造拒绝服务的情况。攻击者发送包含虚假MAC地址的DHCP发现消息，试图租赁所有IP地址。DHCP欺骗则是指网络犯罪分子配置欺诈DHCP服务器为网络客户端提供错误的IP配置信息。

10. A。在DoS（拒绝服务）攻击中，攻击者的目标是阻止合法用户访问网络服务。

11. C。NetFlow是一种在思科路由器和多层交换机上运行并收集转发数据包统计信息的思科技术。

第8章

1. A。洋蓟现用于提供一个直观的类比，来描述纵深防御安全方法。洋葱具有描述性，因为攻击者会“剥掉”网络防御机制的每一层。现在之所以使用洋蓟描述，是因为可以移动或移除单片花瓣或叶子，以显示敏感信息。

2. D。使用分层纵深防御安全方法时，安全层将通过组织（边缘、网络内部以及终端上）进行设置。各层协同工作，以创建安全架构。在这种环境下，一项保障措施失效并不影响其他保障措施的有效性。

3. C。身份验证方法用于加强访问控制系统。理解可用的身份验证方法很重要。

4. B。随着权限的提升，漏洞将被用于授予更高级别的权限。授予权限后，威胁发起者可以访问敏感信息或控制系统。

5. C、D。RADIUS是一种开放标准AAA协议，UDP端口1645或1812用于身份验证，UDP端口1646或1813用于审计。它将身份验证和授权合并为一个流程。

6. C。AAA中的一个组成部分是授权。通过AAA完成用户身份验证后，授权服务将确定该用户可以访问哪些资源，能够执行哪些操作。

7. A。业务策略设定了可接受用途的基准。公司政策确定了员工和雇主的行为规则和责任。公司政策保护劳动者权益以及公司的商业利益。

8. B。AAA中的一个组成部分是审计。通过AAA对用户进行身份验证之后，AAA服务器将保留经过身份验证的用户对设备所做操作的详细记录。

9. B。美国国土安全部（DHS）提供称为自动指标共享（AIS）的免费服务。AIS可以实现美国联邦政府与私人部门之间的网络威胁指标（如，恶意 IP 地址、网络钓鱼邮件的发件人地址等）实时交换。

10. D。公司安全策略的“远程访问策略”部分确定了远程用户访问网络的方式以及通过远程连接可访问的内容。

11. A。在用户对特定 AAA 数据源进行身份验证后立即实施 AAA 授权。

第 9 章

1. B。使用非对称算法时，公钥和私钥用于加密。任何密钥均可用于加密，但必须使用互补的匹配密钥进行解密。例如，如果公钥用于加密，则必须使用私钥解密。

2. D。因为仅发送方和接收方知道密钥，因此仅拥有此密钥访问权限的各方可以计算 HMAC 函数的摘要。这样可以抵御中间人攻击并提供数据来源的认证。

3. B。通过对称加密算法（包括 DES、3DES 和 AES）确保数据保密性。

4. D。代码签名用于验证从供应商网站下载的可执行文件的完整性。代码签名使用数字证书验证站点的身份。

5. A、C。MD5、HMAC 和 SHA 是散列算法。

6. D。DH 是一种非对称数学算法，它允许两台计算机生成完全相同的共享密钥，而不需要在此之前进行通信。非对称密钥系统对于任何类型的批量加密来说都极其缓慢。通常使用对称算法（例如 DES、3DES 或 AES）加密大部分流量，并使用 DH 算法创建对称加密算法使用的密钥。

7. B。加密散列消息认证码（HMAC 和 KHMAC）是指在散列函数中额外输入密钥的一种消息认证码。这会在完整性保证的基础上增加真实性。如果双方共享密钥并使用散列函数进行身份验证，则所收消息的 HMAC 摘要表明另一方是消息的发出者（不可否认性），因为另一方是唯一拥有密钥的另一个实体。3DES 是一种加密算法，MD5 和 SHA-1 是散列算法。

8. D。在分层 CA 拓扑中，CA 可以向终端用户和从属 CA 颁发证书，从属 CA 则将其证书颁发给终端用户、其他较低级别的 CA 或两者皆有。通过这种方法，可以构建由 CA 和终端用户组成的树，其中每个 CA 都可以向较低级别的 CA 和终端用户颁发证书。只有根 CA 可以在分层 CA 拓扑中颁发自签证书。

9. C。加密数据时，数据会被打乱，以保持数据的私密性和保密性，从而确保只有授权的收件人才可阅读此消息。散列函数是提供保密性的另一种方法。

10. C。散列仅可用于检测意外变更。攻击者可能会拦截和更改消息，重新计算散列值并将其附加到消息中。接收设备将验证附加的散列。

11. B。为解决不同 PKI 供应商之间的互操作性问题，IETF 发布了互联网 X.509 公钥基础设施证书策略和认证实践框架（RFC 2527）。该标准定义了数字证书的格式。

12. A、E。数字证书类别通过数字进行标识。类别编号越大，证书越可信。包括以下类别：

- 0 类用于未执行检查的测试目的；
- 1 类用于专注于邮件验证的个人；
- 2 类用于需要身份证明的组织；
- 3 类用于服务器和软件签名，由证书颁发机构进行身份和权限的独立验证和检查；
- 4 类用于公司之间的在线商业交易的安全性；
- 5 类用于保障私人组织或政府的安全性。

13. A。在 CA 身份验证流程中，访问 PKI 的第一步是获得 CA 本身的公钥（称为自签证书）副本。CA公钥可验证CA颁发的所有证书。

第10章

1. B。开源HIDS安全（OSSEC）软件是一个开源HIDS，使用待监控主机上安装的中央管理服务器和代理。

2. C。Windows防火墙配置中的域配置文件用于连接到可信网络（如企业网络），假定其拥有足够的安全基础设施。

3. A。通用漏洞评分系统（CVSS）是一种风险评估工具，旨在传达计算机硬件和软件系统的通用属性和漏洞严重程度。

4. C。有4项策略可用来应对已识别的风险。

- **规避风险：**停止执行会带来风险的活动。
- **降低风险：**通过采取措施减少漏洞来降低风险。
- **分摊风险：**将部分风险转移给其他方。
- **保留风险：**接受风险及其后果。

5. D。主要的合规性法规选项如下所示。

- **2002年联邦信息安全管理法案（FISMA）：**规定美国政府系统和美国政府承包商的安全标准。
- **2002年萨班斯-奥克斯利法案（SOX）：**针对公司控制和披露财务信息的方式，为所有美国上市公司的董事会、管理层和会计师事务所设定新的要求或扩展的要求。
- **金融服务现代化法案（GLBA）：**确定金融机构必须确保客户信息的安全性和保密性；保护此类信息的安全性或完整性不受到任何预期的威胁或危害；防止客户信息遭到未经授权的访问或使用而对客户造成重大损害或不便。
- **健康保险流通与责任法案（HIPAA）：**要求以确保患者隐私和保密性的方式存储、维护并传输患者的所有可识别身份的医疗保健信息。

6. B、D、F。物联网组件（如传感器、控制器和网络安全摄像头）在连接网络时是网络终端。路由器、VPN设备和无线接入点是中间设备的例子。

7. C。防恶意软件程序可能使用3种不同的方法检测病毒。

- 基于签名：通过识别已知恶意软件文件的各种特征。
- 基于启发式：通过识别各种恶意软件共有的一般特性。
- 基于行为：分析各种可疑行为。

8. C。美国系统网络安全协会描述了攻击面的3个部分。

- **网络攻击面：**利用网络中的漏洞。
- **软件攻击面：**利用Web、云或基于主机的软件应用中的漏洞。
- **人类攻击面：**利用用户行为中的弱点。

9. C。服务器配置文件的服务账户元素定义了应用允许在给定主机上运行的服务类型。

10. B。CVSS的基础指标组代表漏洞的特征，这些特征不随时间和环境变化而变化。它包含两类指标。

- **可利用性指标：**漏洞利用的特点，例如漏洞利用所需的媒介、复杂程度和用户交互。
- **影响指标：**漏洞利用对CIA三要素（保密性、完整性和可用性）的影响。

11. B。漏洞管理生命周期包括以下步骤。

- **发现：**清点网络中的所有资产并识别主机详细信息（包括操作系统和开放服务），以识别漏洞。

- **确定资产的优先顺序**：将资产分类为组或业务单元，并根据资产组对于业务运营的重要性向其分配业务价值。
- **评估**：确定基线风险概况，以基于资产重要性、漏洞威胁和资产分类消除风险。
- **报告**：根据您的安全策略，衡量与您的资产相关的业务风险级别。记录安全计划，监控可疑活动并描述已知漏洞。
- **补救**：根据业务风险确定优先顺序，并按风险顺序修复漏洞。
- **验证**：验证是否已通过后续审计消除了威胁。

12. A。在风险分析中，安全分析师对漏洞给特定组织带来的风险进行评估。风险分析包括评估攻击的可能性，确定可能的威胁发起者的类型，评估成功利用威胁将对组织造成的影响。

第 11 章

1. A。tcpdump 命令行工具是一种常用的数据包分析器。它可以实时显示数据包捕获，或将数据包捕获写入文件。

2. C。各种 Windows 主机日志可以有各种不同的事件类型。信息事件类型记录描述应用、驱动程序或服务成功运行的事件。

3. A。警报数据由 IPS 或 IDS 设备生成，以响应违反某项规则或与已知安全威胁签名匹配的流量。

4. B。Tor 是一个可作为路由器的软件平台和 P2P 网络主机。用户可以通过使用允许匿名浏览的特殊浏览器访问 Tor 网络。

5. D。NetFlow 不捕获数据包的全部内容。相反，NetFlow 收集元数据或有关流的数据，而不是流数据本身。可以使用 nfdump 和 FlowViewer 等工具查看 NetFlow 信息。

6. C。统计数据是通过分析其他形式的网络数据而产生的。这些分析的结论可用于描述或预测网络行为。

7. A。有些恶意软件使用 DNS 和命令与控制（CnC）服务器进行通信，以窃取流量（伪装成正常 DNS 查询流量的流量）中的数据。

8. C。AVC 使用思科下一代基于网络的应用识别（NBAR2）来发现网络中使用的应用并进行分类。

9. D。交易数据注重服务器进程所保存的设备日志反映的网络会话结果，如访问某个网站的用户详细信息。

10. C。系统日志对于安全监控非常重要，这是因为网络设备将周期性消息发送至系统日志服务器。可以检查这些日志，以检测网络中的不一致性以及存在的问题。

11. B。Windows 中的事件查看器可用于查看各种日志中的条目。

12. B、E。POP、POP3 和 IMAP 是用于从服务器检索邮件的协议。SMTP 是用于发送邮件的默认协议。发送方邮件服务器可以使用 DNS 查找目的邮件服务器的地址。HTTP 是用来发送和接收网页的协议。

第 12 章

1. A、D。企业日志搜索和存档（ELSA）是一种企业级工具，用于搜索和存档源自多个来源的

NSM 数据。ELSA 通过 syslog-ng 接收日志，将日志存储在 MySQL 数据库中并使用 Sphinx Search 制作索引。

2. A。OSSEC 集成在 Security Onion 中，是一种基于主机的入侵检测系统（HIDS），可以执行文件完整性监控、本地日志监控、系统进程监控和 rootkit 检测。

3. C。NIST 将数字取证过程描述为以下 4 个步骤。

- **数据收集**：识别取证数据的潜在来源，获取、处理并存储这些数据。
- **检查**：根据收集到的数据进行评估并提取相关信息。这可能涉及数据的解压或解密。
- **分析**：根据数据得出结论。应记录诸如人员、地点、时间、事件等重要特征。
- **报告**：编制并展示根据分析得出的信息。报告应不偏不倚，在适当的情况下应提供多种解释。

4. B、D。调查分析师可以使用正则表达式搜索大量文本信息以确定数据模式。正则表达式中使用的一些常用运算符如下所示。

- $：行尾。
- []：方括号内的任何单个值。
- *：前面的子表达式出现零次或多次。
- [^1]：除[^ 和] 指定的之外的任何字符。

5. A。漏报分类表示安全系统未检测到实际的漏洞攻击。

6. B。网络安全分析师的主要职责是验证安全警报。在 Security Onion 中，网络安全分析师将验证警报的第一个位置即为 Sguil，因为 Sguil 为调查来自各种来源的安全警报提供了一个高级控制台。

7. C。通过数据规范化，各种数据源合并为一种通用的显示格式，简化了类似或相关事件的搜索。

8. B。可对证据进行如下分类。

- **最佳证据**：是指原始状态的证据。它可能是被告使用的存储设备，也可以是经证明未被篡改的文件档案。
- **佐证证据**：指支持根据最佳证据得出的断言的证据。
- **间接证据**：指与其他事实相结合建立了一个假设的证据。

第 13 章

1. C。常见的攻击媒介包括媒体、消耗、假冒以及丢失或失窃。消耗攻击是指任何使用暴力的攻击。媒体攻击是指从存储设备发起的攻击。出于攻击目的更换某物或某人时将会发生假冒攻击，而丢失或失窃攻击则由组织内部的设备发起。

2. A。在 NIST 事件响应生命周期的检测和分析阶段，CSIRT 通过持续监控识别和验证事件。NIST 定义了事件响应生命周期的 4 个阶段。

3. D。在 NIST 事件响应生命周期的准备阶段，对 CSIRT 进行事件响应方面的培训。

4. A、B、C。攻击者运送了武器之后，最常见的漏洞利用目标是应用、操作系统漏洞和用户账户。威胁发起者将使用可获得预期效果的漏洞利用，悄悄执行操作并避免被检测到。

5. C。钻石模型中的资源元素可用于描述攻击者用于入侵事件的一个或多个外部资源。这些资源包括软件、攻击者的知识、信息（如用户名/密码）以及实施攻击的财产。

6. D。在网络杀伤链的安装植入阶段，威胁发起者建立进入系统的后门，以便继续访问该目标。

7. A。发现和响应元素用于记录事件时间轴、事件发现方法以及对事件做出的响应。事件跟踪用于记录事件的一般信息。

8. B、E。攻击者运送了武器之后，最常见的漏洞利用目标是应用、操作系统漏洞和用户账户。

除定期漏洞扫描和渗透测试等其他措施之外，向 Web 开发人员提供代码安全培训可有助于阻止系统的潜在漏洞利用。

9. A。监管链是指相关机构在调查期间使用的与事件相关的证据文档。

10. A。有许多不同类型的 CSIRT 以及相关的信息安全组织。分析中心使用来自多个来源的数据来确定安全事件趋势，以便预测未来事件并提供早期预警。这有助于减轻事件可能造成的损害。

11. C。无论是在文件上传还是 Web 请求过程中，威胁发起者可能会通过 Web 接口将武器发送至目标服务器。通过分析文件所用的基础设施存储路径，可以实施安全措施，以通过这些方法监控和检测恶意软件。

12. B。管理团队制定策略、设计预算，并负责所有部门的人员配置。管理层还负责与其他利益相关者协调事件响应，并尽量减少事件造成的损害。

13. B。网络杀伤链指定了 7 个步骤（或阶段）和序列，威胁发起者必须完成这些步骤和序列才能完成攻击。

- **侦查跟踪**：威胁发起者执行研究、收集情报并选择目标。
- **制作武器**：威胁发起者使用侦查跟踪阶段的信息开发针对特定目标系统的武器。
- **运送武器**：使用传输媒介将武器运送到目标位置。
- **漏洞利用**：威胁发起者使用所提供的武器来破坏漏洞并获得对目标的控制。
- **安装植入**：威胁发起者建立进入系统的后门，以便能继续访问该目标。
- **命令与控制（CnC）**：威胁发起者在目标系统中建立命令与控制（CnC）。
- **对目标采取行动**：威胁发起者能够对目标系统执行操作，从而实现原始目标。